国家出版基金资助项目
现代数学中的著名定理纵横谈丛书
丛书主编　王梓坤

CAUCHY INEQUALITY (II)

Cauchy不等式(下)

南秀全　编著

哈尔滨工业大学出版社
HARBIN INSTITUTE OF TECHNOLOGY PRESS

内容提要

本书详细介绍了柯西不等式的几种重要变形、柯西不等式的推广及其应用、与其他不等式的联合运用、排序不等式、排序不等式的应用、排序思想的应用、切比雪夫不等式及其应用、最新竞赛题选讲等内容,而且在重要章节后面都有相应的习题解答或提示.

本书通俗易懂,内容紧凑,收录了大量的数学竞赛试题及其解答,适合广大数学爱好者阅读.

图书在版编目(CIP)数据

Cauchy 不等式.下/南秀全编著.—哈尔滨:哈尔滨工业大学出版社,2017.6
(现代数学中的著名定理纵横谈丛书)
ISBN 978-7-5603-6722-4

Ⅰ.①C… Ⅱ.①南… Ⅲ.①不等式 Ⅳ.①O178

中国版本图书馆 CIP 数据核字(2017)第 148311 号

策划编辑	刘培杰 张永芹
责任编辑	张永芹 杜莹雪
封面设计	孙茵艾

出版发行　哈尔滨工业大学出版社
社　　址　哈尔滨市南岗区复华四道街 10 号　邮编 150006
传　　真　0451—86414749
网　　址　http://hitpress.hit.edu.cn
印　　刷　牡丹江邮电印务有限公司
开　　本　787mm×960mm　1/16　印张 29.75　字数 424 千字
版　　次　2017 年 6 月第 1 版　2017 年 6 月第 1 次印刷
书　　号　ISBN 978-7-5603-6722-4
定　　价　88.00 元

(如因印装质量问题影响阅读,我社负责调换)

◎代序

读书的乐趣

你最喜爱什么——书籍.

你经常去哪里——书店.

你最大的乐趣是什么——读书.

这是友人提出的问题和我的回答.真的,我这一辈子算是和书籍,特别是好书结下了不解之缘.有人说,读书要费那么大的劲,又发不了财,读它做什么?我却至今不悔,不仅不悔,反而情趣越来越浓.想当年,我也曾爱打球,也曾爱下棋,对操琴也有兴趣,还登台伴奏过.但后来却都一一断交,"终身不复鼓琴".那原因便是怕花费时间,玩物丧志,误了我的大事——求学.这当然过激了一些.剩下来唯有读书一事,自幼至今,无日少废,谓之书痴也可,谓之书橱也可,管它呢,人各有志,不可相强.我的一生大志,便是教书,而当教师,不多读书是不行的.

读好书是一种乐趣,一种情操;一种向全世界古往今来的伟人和名人求教的方法,一种和他们展开讨论的方式;一封出席各种活动、体验各种生活、结识各种人物的邀请信;一张迈进科学宫殿和未知世界的入场券;一股改造自己、丰富自己的强大力量.书籍是全人类有史以来共同创造的财富,是永不枯竭的智慧的源泉.失意时读书,可以使人重整旗鼓;得意时读书,可以使人头脑清醒;疑难时读书,可以得到解答或启示;年轻人读书,可明奋进之道;年老人读书,能知健神之理.浩浩乎!洋洋乎!如临大海,或波涛汹涌,或清风微拂,取之不尽,用之不竭.吾于读书,无疑义矣,三日不读,则头脑麻木,心摇摇无主.

潜能需要激发

我和书籍结缘,开始于一次非常偶然的机会.大概是八九岁吧,家里穷得揭不开锅,我每天从早到晚都要去田园里帮工.一天,偶然从旧木柜阴湿的角落里,找到一本蜡光纸的小书,自然很破了.屋内光线暗淡,又是黄昏时分,只好拿到大门外去看.封面已经脱落,扉页上写的是《薛仁贵征东》.管它呢,且往下看.第一回的标题已忘记,只是那首开卷诗不知为什么至今仍记忆犹新:

日出遥遥一点红,飘飘四海影无踪.

三岁孩童千两价,保主跨海去征东.

第一句指山东,二、三两句分别点出薛仁贵(雪、人贵).那时识字很少,半看半猜,居然引起了我极大的兴趣,同时也教我认识了许多生字.这是我有生以来独立看的第一本书.尝到甜头以后,我便千方百计去找书,向小朋友借,到亲友家找,居然断断续续看了《薛丁山征西》《彭公案》《二度梅》等,樊梨花便成了我心中的女英雄.我真入迷了.从此,放牛也罢,车水也罢,我总要带一本书,还练出了边走田间小路边读书的本领,读得津津有味,不知人间别有他事.

当我们安静下来回想往事时,往往会发现一些偶然的小事却影响了自己的一生.如果不是找到那本《薛仁贵征东》,我的好学心也许激发不起来.我这一生,也许会走另一条路.人的潜能,好比一座汽油库,星星之火,可以使它雷声隆隆、光照天地;但若少了这粒火星,它便会成为一潭死水,永归沉寂.

抄,总抄得起

好不容易上了中学,做完功课还有点时间,便常光顾图书馆.好书借了实在舍不得还,但买不到也买不起,便下决心动手抄书.抄,总抄得起.我抄过林语堂写的《高级英文法》,抄过英文的《英文典大全》,还抄过《孙子兵法》,这本书实在爱得狠了,竟一口气抄了两份.人们虽知抄书之苦,未知抄书之益,抄完毫末俱见,一览无余,胜读十遍.

始于精于一,返于精于博

关于康有为的教学法,他的弟子梁启超说:"康先生之教,专标专精、涉猎二条,无专精则不能成,无涉猎则不能通也."可见康有为强烈要求学生把专精和广博(即"涉猎")相结合.

在先后次序上,我认为要从精于一开始.首先应集中精力学好专业,并在专业的科研中做出成绩,然后逐步扩大领域,力求多方面的精.年轻时,我曾精读杜布(J. L. Doob)的《随机过程论》,哈尔莫斯(P. R. Halmos)的《测度论》等世界数学名著,使我终身受益.简言之,即"始于精于一,返于精于博".正如中国革命一样,必须先有一块根据地,站稳后再开创几块,最后连成一片.

丰富我文采,澡雪我精神

辛苦了一周,人相当疲劳了,每到星期六,我便到旧书店走走,这已成为生活中的一部分,多年如此.一次,偶然看到一套《纲鉴易知录》,编者之一便是选编《古文观止》的吴楚材.这部书提纲挈领地讲中国历史,上自盘古氏,直到明末,记事简明,文字古雅,又富于故事性,便把这部书从头到尾读了一遍.从此启发了我读史书的兴趣.

我爱读中国的古典小说,例如《三国演义》和《东周列国志》.我常对人说,这两部书简直是世界上政治阴谋诡计大全.即以近年来极时髦的人质问题(伊朗人质、劫机人质等),这些书中早就有了,秦始皇的父亲便是受害者,堪称"人质之父".

《庄子》超尘绝俗,不屑于名利.其中"秋水""解牛"诸篇,诚绝唱也.《论语》束身严谨,勇于面世,"己所不欲,勿施于人",有长者之风.司马迁的《报任少卿书》,读之我心两伤,既伤少卿,又伤司马;我不知道少卿是否收到这封信,希望有人做点研究.我也爱读鲁迅的杂文,果戈理、梅里美的小说.我非常敬重文天祥、秋瑾的人品,常记他们的诗句:"人生自古谁无死,留取丹心照汗青""休言女子非英物,夜夜龙泉壁上鸣".唐诗、宋词、《西厢记》《牡丹亭》,丰富我文采,澡雪我精神,其中精粹,实是人间神品.

读了邓拓的《燕山夜话》,既叹服其广博,也使我动了写《科学发现纵横谈》的心.不料这本小册子竟给我招来了上千封鼓励信.以后人们便写出了许许多多的"纵横谈".

从学生时代起,我就喜读方法论方面的论著.我想,做什么事情都要讲究方法,追求效率、效果和效益,方法好能事半而功倍.我很留心一些著名科学家、文学家写的心得体会和经验.我曾惊讶为什么巴尔扎克在51年短短的一生中能写出上百本书,并从他的传记中去寻找答案.文史哲和科学的海洋无边无际,先哲们的明智之光沐浴着人们的心灵,我衷心感谢他们的恩惠.

读书的另一面

以上我谈了读书的好处,现在要回过头来说说事情的另一面.

读书要选择.世上有各种各样的书:有的不值一看,有的只值看20分钟,有的可看5年,有的可保存一辈子,有的将永远不朽.即使是不朽的超级名著,由于我们的精力与时间有限,也必须加以选择.决不要看坏书,对一般书,要学会速读.

读书要多思考.应该想想,作者说得对吗?完全吗?适合今天的情况吗?从书本中迅速获得效果的好办法是有的放矢地读书,带着问题去读,或偏重某一方面去读.这时我们的思维处于主动寻找的地位,就像猎人追找猎物一样主动,很快就能找到答案,或者发现书中的问题.

有的书浏览即止,有的要读出声来,有的要心头记住,有的要笔头记录.对重要的专业书或名著,要勤做笔记,"不动笔墨不读书".动脑加动手,手脑并用,既可加深理解,又可避忘备查,特别是自己的灵感,更要及时抓住.清代章学诚在《文史通义》中说:"札记之功必不可少,如不札记,则无穷妙绪如雨珠落大海矣."

许多大事业、大作品,都是长期积累和短期突击相结合的产物.涓涓不息,将成江河;无此涓涓,何来江河?

爱好读书是许多伟人的共同特性,不仅学者专家如此,一些大政治家、大军事家也如此.曹操、康熙、拿破仑、毛泽东都是手不释卷,嗜书如命的人.他们的巨大成就与毕生刻苦自学密切相关.

王梓坤

前言

柯西（Cauchy，Augustin Louis 1789—1857），出生于巴黎,他的父亲路易·弗朗索瓦·柯西是法国波旁王朝的官员,在法国动荡的政治漩涡中一直担任公职.由于家庭的原因,柯西本人属于拥护波旁王朝的正统派,是一位虔诚的天主教徒.并且在数学领域,有很高的建树和造诣.

柯西的创造力惊人,在柯西的一生中,发表论文789篇,出版专著7本,全集共有十四开本24卷.从他23岁写出第一篇论文到68岁逝世的45年中,平均每月发表一至两篇论文.1849年,仅在法国科学院8月至12月的9次会上,他就提交了24篇短文和15篇研究报告.他的文章朴实无华、充满新意.柯西27岁即当选为法国科学院院士,还是英国皇家学会会员和许多国家的科学院院士.

柯西对数学的最大贡献是在微积分中引进了清晰和严格的表述与证明方法.正如著名数学家冯·诺伊曼所说:"严密性的统治地位基本上是由柯西重新建立起来的."在这方面他写下了三部专著:《分析教程》(1821年)

《无穷小计算教程》(1823年)《微分计算教程》(1826~1828年).他的这些著作,摆脱了微积分单纯的对几何、运动的直观理解和物理解释,引入了严格的分析上的叙述和论证,从而形成了微积分的现代体系.在数学分析中,可以说柯西比任何人的贡献都大,微积分的现代概念就是柯西建立起来的.因此,人们通常将柯西看作是近代微积分学的奠基者.

柯西的另一个重要贡献,是发展了复变函数的理论,取得了一系列重大成果.特别是他在1814年关于复数极限的定积分的论文,开始了他作为单复变量函数理论的创立者和发展者的伟大业绩.他还给出了复变函数的几何概念,证明了在复数范围内幂级数具有收敛圆,还给出了含有复积分限的积分概念以及残数理论等.

柯西还是探讨微分方程解的存在性问题的第一个数学家,他证明了微分方程在不包含奇点的区域内存在着满足给定条件的解,从而使微分方程的理论深化了.在研究微分方程的解法时,他成功地提出了特征带方法并发展了强函数方法.

柯西在代数学、几何学、数论等各个数学领域也都有建树.例如,他是置换群理论的一位杰出先驱者,他对置换理论做了系统的研究,并由此产生了有限群的表示理论.他还深入研究了行列式的理论,并得到了有名的宾内特(Binet)-柯西公式.他总结了多面体的理论,证明了费马关于多角数的定理等.

柯西对物理学、力学和天文学都做过深入的研究.特别在固体力学方面,奠定了弹性理论的基础,在这门学科中以他的姓氏命名的定理和定律就有16个之多,仅凭这项成就,就足以使他跻身于杰出的科学家之列.

柯西的一生对科学事业做出了卓越的贡献,但也出现过失误,特别是他作为科学院的院士、数学权威,在对待两位当时尚未成名的数学新秀阿贝尔(Abel)、伽罗瓦(Galois)都未给予应有的热情与关注,对阿贝尔关于椭圆函数论的一篇开创性论文,对伽罗瓦关于群论的一篇开创性论文,不仅未及时做出评论,而且还将他们送审的论文遗失了,这两件事常受到后世评论者的批评.

很多的数学定理和公式也都以他的名字来命名,以他的姓名命名的有:柯西积分、柯西公式、柯西不等式、柯西定理、柯西函数、柯西矩阵、柯西分布、柯西变换、柯西准则、柯西算子、柯西序列、柯西系统、柯西主值、柯西条件、柯西形式、柯西问题、柯西数据……,而其中以他的姓名命名的定理、公式、方程、准则等有多种.

在本套书中,我们重点来研究柯西不等式.我们知道,不等式是数学中的重要内容之一,也是解决数学问题的一种重要的思想方法.而柯西不等式又是不等式的理论基础和基石,它的应用十分广泛,特别是国内外各级各类的数学竞赛试题中,许多有关不等式的问题,若能适当地利用柯西不等式来求解,可以使问题获得相当简便的解法.

在本套书中,我们通过大量经典的各级各类数学问题,介绍了应用柯西不等式解题的一些常用方法与技巧,以及利用柯西不等式及其重要的变形解等式、方程、不等式、极值、几何问题等方面的应用,并对部分试题做了一般性的推广.通过书中问题的解答,可以发现在一个问题的众多解法中,利用柯西不等式来解,其方法往往是比较简捷的.因此,正确地理解和掌握柯西不等式的结构特征和一些巧妙的变形及它的一些应用技巧,是应用柯西不等式解题的关键.

排序不等式是许多重要不等式的来源,如算术-几何平均不等式、算术-调和平均不等式、柯西不等式、切比雪夫不等式等著名不等式都是它的直接推论,可以说排序不等式是一个"母不等式",而且它本身也是解很多数学问题,特别是一些难度较大、技巧性较强的数学竞赛问题的一个有力工具.因此,在本套书的第14~16章中,详细介绍了排序不等式及其变形、排序思想的应用.

在本套书的第17章中,还介绍了另一个著名的不等式——切比雪夫不等式在解数学问题中的应用.

本书内容全面,知识点丰富,是在柯西不等式研究领域一大重要突破,本套书的出版必会成为广大数学爱好者的心仪之作,同时可作为参考书使用.

由于本人水平有限,书中一定会存在许多不足之处,诚请广大读者批评指正.

第 11 章　柯西不等式的几种重要变形　//1

第 12 章　柯西不等式的推广及其应用　//28

第 13 章　柯西不等式与其他不等式的

联合运用　//73

第 14 章　排序不等式　//122

第 15 章　排序不等式的应用　//144

第 16 章　排序思想的应用　//185

第 17 章　切比雪夫不等式及其应用　//259

第 18 章　最新竞赛题选讲　//333

习题解答或提示　//368

柯西不等式的几种重要变形

柯西不等式有许多有趣的变形. 在证题时, 若能充分利用它的一些巧妙变形, 有时会收到意想不到的效果. 为了便于说明起见, 下面介绍几个有趣的变形, 并举例说明各种变形在证题中的应用.

由柯西不等式,得

$$\sqrt{\sum_{i=1}^{n} a_i^2 \cdot \sum_{i=1}^{n} b_i^2} \geqslant \sum_{i=1}^{n} a_i b_i$$

则

$$\sum_{i=1}^{n} a_i^2 - 2\sqrt{\sum_{i=1}^{n} a_i^2 \cdot \sum_{i=1}^{n} b_i^2} + \sum_{i=1}^{n} b_i^2 \leqslant \sum_{i=1}^{n} a_i^2 - 2\sum_{i=1}^{n} a_i b_i + \sum_{i=1}^{n} b_i^2$$

所以

$$\left| \sqrt{\sum_{i=1}^{n} a_i^2} - \sqrt{\sum_{i=1}^{n} b_i^2} \right| \leqslant \sqrt{\sum_{i=1}^{n} (a_i - b_i)^2} \tag{11.1}$$

其中当且仅当 $a_i = kb_i (i=1,2,\cdots,n)$ 时, 等号成立.

利用式(11.1)可以使某些无理不等式得到极为简便的证法.

例1 设 $a,b,c \in \mathbf{R}_+, x \in \mathbf{R}$, 求证

$$\sqrt{x^2+a} + \sqrt{(c-x)^2+b} \geqslant \sqrt{c^2+(\sqrt{a}+\sqrt{b})^2}$$

证明 由式(11.1), 得

Cauchy 不等式.下

$$\sqrt{c^2+(\sqrt{a}+\sqrt{b})^2}-\sqrt{x^2+a} \leqslant$$
$$|\sqrt{c^2+(\sqrt{a}+\sqrt{b})^2}-\sqrt{x^2+(\sqrt{a})^2}| \leqslant$$
$$\sqrt{(c-x)^2+(\sqrt{a}+\sqrt{b}-\sqrt{a})^2}=$$
$$\sqrt{(c-x)^2+b}$$

即

$$\sqrt{x^2+a}+\sqrt{(c-x)^2+b} \geqslant \sqrt{c^2+(\sqrt{a}+\sqrt{b})^2}$$

例 2 (1978 年罗马尼亚数学奥林匹克试题)设 $a \in \mathbf{R}$,求证

$$|\sqrt{a^2+a+1}-\sqrt{a^2-a+1}|<1$$

证明 由式(11.1),得

$$|\sqrt{a^2+a+1}-\sqrt{a^2-a+1}|=$$
$$\left|\sqrt{\left(a+\frac{1}{2}\right)^2+\left(\frac{\sqrt{3}}{2}\right)^2}-\sqrt{\left(a-\frac{1}{2}\right)^2+\left(\frac{\sqrt{3}}{2}\right)^2}\right| \leqslant$$
$$\sqrt{\left[a+\frac{1}{2}-\left(a-\frac{1}{2}\right)\right]^2+\left(\frac{\sqrt{3}}{2}-\frac{\sqrt{3}}{2}\right)^2}=1$$

又因为 $\dfrac{a+\frac{1}{2}}{\frac{\sqrt{3}}{2}} \neq \dfrac{a-\frac{1}{2}}{\frac{\sqrt{3}}{2}}$,所以上式等号不成立.故

$$|\sqrt{a^2+a+1}-\sqrt{a^2-a+1}|<1$$

利用式(11.1)很容易证明著名的三角形不等式:

设 $a,b \in \mathbf{R}$,则

$$\sqrt{\sum_{i=1}^{n}a_i^2}+\sqrt{\sum_{i=1}^{n}b_i^2} \geqslant \sqrt{\sum_{i=1}^{n}(a_i+b_i)^2} \quad (11.2)$$

当且仅当 $a_i=kb_i(i=1,2,\cdots,n)$ 时等号成立.

证明由读者自己完成.

例 3 求 $f(x)=|\sqrt{(x-a)^2+b^2}-\sqrt{(x-c)^2+d^2}|$ 的最大值.

解 将已知解析式两边平方可得

$$f^2(x)=|\sqrt{(x-a)^2+b^2}-\sqrt{(x-c)^2+d^2}|^2 \leqslant$$
$$(x-a-x+c)^2+(b-d)^2=(c-a)^2+(b-d)^2$$

第11章 柯西不等式的几种重要变形

当且仅当 $\dfrac{x-a}{b}=\dfrac{x-c}{d}$,即 $x=\dfrac{bc-ad}{b-d}$ 时,等号成立 $(b\neq d)$.

于是,当 $b\neq d$ 时,$f(x)$ 有最大值 $\sqrt{(a-c)^2+(b-d)^2}$;当 $b=d,a\neq c$ 时,$f(x)$ 无最大值.

例 4 解方程
$$|\sqrt{4x^2+4x+26}-\sqrt{x^2+4x+20}|=\sqrt{x^2-2x+2}$$

解 由式(11.1),得
$$|\sqrt{4x^2+4x+26}-\sqrt{x^2+4x+20}|=$$
$$|\sqrt{(2x+1)^2+5^2}-\sqrt{(x+2)^2+4^2}|\leqslant$$
$$\sqrt{(x-1)^2+1}=\sqrt{x^2-2x+2}$$

当且仅当 $(2x+1):5=(x+2):4$,即 $x=2$ 时,等号成立.

所以,原方程的根为 $x=2$.

例 5 解方程
$$\sqrt{1-\dfrac{1}{2}\sin\theta+\sin^2\theta}+\sqrt{1-\dfrac{2}{3}\sin\theta+\sin^2\theta}=1+\dfrac{\sqrt{30}}{6}$$

解 可得
$$\sqrt{1-\dfrac{1}{2}\sin\theta+\sin^2\theta}+\sqrt{1-\dfrac{2}{3}\sin\theta+\sin^2\theta}=$$
$$\sqrt{\left(\sin\theta-\dfrac{1}{4}\right)^2+\left(\dfrac{\sqrt{15}}{4}\right)^2}+$$
$$\sqrt{\left(\dfrac{1}{3}-\sin\theta\right)^2+\left(\dfrac{2}{3}\sqrt{2}\right)^2}\geqslant$$
$$\sqrt{\left(\sin\theta-\dfrac{1}{4}+\dfrac{1}{3}-\sin\theta\right)^2+\left(\dfrac{\sqrt{15}}{4}+\dfrac{2}{3}\sqrt{2}\right)^2}=$$
$$\sqrt{\left(\dfrac{1}{3}-\dfrac{1}{4}\right)^2+\left(\dfrac{\sqrt{15}}{4}+\dfrac{2}{3}\sqrt{2}\right)^2}=$$
$$1+\dfrac{\sqrt{30}}{6}$$

不等式取等号的条件是
$$\dfrac{\sin\theta-\dfrac{1}{4}}{\dfrac{1}{3}-\sin\theta}=\dfrac{\dfrac{\sqrt{15}}{4}}{\dfrac{2}{3}\sqrt{2}}$$

Cauchy 不等式. 下

解之得 $\sin\theta = \dfrac{1}{7}(13-2\sqrt{30})$.

所以 $\theta = n\pi + (-1)^n \arcsin \dfrac{13-2\sqrt{30}}{7}$ ($n\in \mathbf{Z}$).

例 6 已知 α 为锐角,且
$$\dfrac{\sqrt{\sin^2\alpha+\cos\alpha}+\sqrt{(\sin\alpha-1)^2+\cot\alpha}}{\sqrt{1+\cos\alpha+\cot\alpha+2\sqrt{\cos\alpha\cot\alpha}}} =$$

求 $\log_{\frac{3}{2}}\left(\sin^2\alpha+\sqrt{5}\sin\alpha+\dfrac{5}{4}\right)$ 的值.

解 由已知条件及不等式(11.2),得
$$\sqrt{\sin^2\alpha+\cos\alpha}+\sqrt{(\sin\alpha-1)^2+\cot\alpha} =$$
$$\sqrt{\sin^2\alpha+(\sqrt{\cos\alpha})^2}+\sqrt{(\sin\alpha-1)^2+(\sqrt{\cot\alpha})^2} \geqslant$$
$$\sqrt{[\sin\alpha+(1-\sin\alpha)]^2+(\sqrt{\cos\alpha}+\sqrt{\cot\alpha})^2} =$$
$$\sqrt{1+\cos\alpha+\cot\alpha+2\sqrt{\cos\alpha\cot\alpha}}$$

不等式取等号的条件是
$$\dfrac{\sin\alpha}{1-\sin\alpha} = \dfrac{\sqrt{\cos\alpha}}{\sqrt{\cot\alpha}}$$

化简整理得
$$(\sqrt{\sin\alpha})^2+\sqrt{\sin\alpha}-1 = 0$$

因为 $0<\sqrt{\sin\alpha}<1$,所以 $\sqrt{\sin\alpha} = \dfrac{-1+\sqrt{5}}{2}$.

上式两边平方得
$$\sin\alpha - \dfrac{3}{2} = -\dfrac{\sqrt{5}}{2}$$

故
$$原式 = \log_{\frac{3}{2}}\left(\sin\alpha+\dfrac{\sqrt{5}}{2}\right)^2 = \log_{\frac{3}{2}}\left(\dfrac{3}{2}\right)^2 = 2$$

类似地,可以求:

(1) 函数 $y = \sqrt{x^2-6x+13}+\sqrt{x^2+4x+40}$ 的最小值;

(2) 函数 $y = |\sqrt{x^2+2x+37}-\sqrt{x^2-4x+20}|$ 的最大值.

下面再介绍柯西不等式的一个有用的变形.

第11章 柯西不等式的几种重要变形

在柯西不等式中,令 $x_i^2 = b_i (i=1,2,\cdots,n)$,$y_i^2 = \dfrac{a_i^2}{b_i}$,即可得变形的不等式:

设 $a_i \in \mathbf{R}, b_i \in \mathbf{R}_+ (i=1,2,\cdots,n)$,则

$$\sum_{i=1}^n \frac{a_i^2}{b_i} \geqslant \frac{\left(\sum_{i=1}^n a_i\right)^2}{\sum_{i=1}^n b_i} \qquad (11.3)$$

等号成立当且仅当 $a_i = \lambda b_i (i=1,2,\cdots,n)$.

在柯西不等式中,令 $x_i = \sqrt{\dfrac{a_i}{b_i}}, y_i = \sqrt{a_i b_i}$,即可得变形的不等式:

设 a_i 是不全为零的非负实数,$b_i > 0 (i=1,2,\cdots,n)$,则

$$\sum_{i=1}^n \frac{a_i}{b_i} \geqslant \frac{\left(\sum_{i=1}^n a_i\right)^2}{\sum_{i=1}^n a_i b_i} \qquad (11.4)$$

等号当且仅当 $b_1 = b_2 = \cdots = b_n$ 时成立.

下面举例说明上面两个不等式的应用.

例 7 (1984 年全国高中数学联赛试题)设 $a_1, a_2, \cdots, a_n \in \mathbf{R}_+$,求证

$$\frac{a_1^2}{a_2} + \frac{a_2^2}{a_3} + \cdots + \frac{a_{n-1}^2}{a_n} + \frac{a_n^2}{a_1} \geqslant a_1 + a_2 + \cdots + a_n$$

证明 由不等式(11.3),得

$$\frac{a_1^2}{a_2} + \frac{a_2^2}{a_3} + \cdots + \frac{a_{n-1}^2}{a_n} + \frac{a_n^2}{a_1} \geqslant \frac{(a_1 + a_2 + \cdots + a_n)^2}{a_2 + a_3 + \cdots + a_n + a_1} = a_1 + a_2 + \cdots + a_n$$

例 8 已知 $x > 0, y > 0$,且 $x + 2y = 1$,求证:$\dfrac{1}{x} + \dfrac{1}{y} \geqslant 3 + 2\sqrt{2}$.

证明 由式(11.3),得

$$\frac{1}{x} + \frac{1}{y} = \frac{1}{x} + \frac{2}{2y} = \frac{1^2}{x} + \frac{(\sqrt{2})^2}{2y} \geqslant \frac{(1+\sqrt{2})^2}{x+2y} = (1+\sqrt{2})^2 = 3 + 2\sqrt{2}$$

例 9 (1998 年湖南省高中数学竞赛试题)设 $x, y \in (0,$

Cauchy 不等式. 下

$+\infty)$,且 $\dfrac{19}{x}+\dfrac{98}{y}=1$. 求 $x+y$ 的最小值.

解 因为 $x,y\in \mathbf{R}_+$,所以
$$1=\dfrac{19}{x}+\dfrac{98}{y}\geqslant \dfrac{(\sqrt{19}+\sqrt{98})^2}{x+y}$$
即
$$x+y\geqslant (\sqrt{19}+\sqrt{98})^2=117+14\sqrt{38}$$
当且仅当 $\dfrac{\sqrt{19}}{x}=\dfrac{\sqrt{98}}{y}$ 时等号成立,即
$$x=\sqrt{19}(\sqrt{19}+\sqrt{98}),y=\sqrt{98}(\sqrt{19}+\sqrt{98})$$
时取等号.

故 $(x+y)_{\min}=117+14\sqrt{38}$.

例 10 (1)(第 26 届莫斯科数学奥林匹克试题)已知 $a,b,c\in \mathbf{R}_+$. 求证: $\dfrac{a}{b+c}+\dfrac{b}{c+a}+\dfrac{c}{a+b}\geqslant \dfrac{3}{2}$.

(2)(2005 年白俄罗斯数学奥林匹克试题)设 a,b,c 是正实数,证明: $\dfrac{a^3-2a+2}{b+c}+\dfrac{b^3-2b+2}{c+a}+\dfrac{c^3-2c+2}{a+b}\geqslant \dfrac{3}{2}$.

证明 (1)由式(11.3),得
$$\dfrac{a}{b+c}+\dfrac{b}{c+a}+\dfrac{c}{a+b}=\dfrac{a^2}{a(b+c)}+\dfrac{b^2}{b(c+a)}+\dfrac{c^2}{c(a+b)}\geqslant$$
$$\dfrac{(a+b+c)^2}{2(ab+bc+ca)}\geqslant$$
$$\dfrac{3(ab+bc+ca)}{2(ab+bc+ca)}=\dfrac{3}{2}$$

(2)注意到对所有正数 a,b,c,有 $a^3-2a+2\geqslant a$,$b^3-2b+2\geqslant b$,$c^3-2c+2\geqslant c$. 则
$$\dfrac{a^3-2a+2}{b+c}+\dfrac{b^3-2b+2}{c+a}+\dfrac{c^3-2c+2}{a+b}\geqslant \dfrac{a}{b+c}+\dfrac{b}{c+a}+\dfrac{c}{a+b}$$

只需证明 $\dfrac{a}{b+c}+\dfrac{b}{c+a}+\dfrac{c}{a+b}\geqslant \dfrac{3}{2}$,由(1)即得证.

例 11 (第 26 届 IMO 试题)设 $a,b,c\in \mathbf{R}_+$,且 $abc=1$. 则
$$\dfrac{1}{a^3(b+c)}+\dfrac{1}{b^3(c+a)}+\dfrac{1}{c^3(a+b)}\geqslant \dfrac{3}{2}$$

证明 由式(11.3),得

第 11 章 柯西不等式的几种重要变形

$$\frac{1}{a^3(b+c)}+\frac{1}{b^3(c+a)}+\frac{1}{c^3(a+b)}=$$

$$\frac{a^2b^2c^2}{a^3(b+c)}+\frac{a^2b^2c^2}{b^3(c+a)}+\frac{a^2b^2c^2}{c^3(a+b)}=$$

$$\frac{b^2c^2}{a(b+c)}+\frac{a^2c^2}{b(c+a)}+\frac{a^2b^2}{c(a+b)}\geqslant$$

$$\frac{(ab+bc+ca)^2}{2(ab+bc+ca)}=\frac{ab+bc+ca}{2}\geqslant$$

$$\frac{3\sqrt[3]{ab\cdot bc\cdot ca}}{2}=\frac{3}{2}$$

例 12 (2004 年克罗地亚数学竞赛试题)证明:不等式 $\frac{a^2}{(a+b)(a+c)}+\frac{b^2}{(b+c)(b+a)}+\frac{c^2}{(c+a)(c+b)}\geqslant\frac{3}{4}$,对所有正实数 a,b,c 成立.

证明 由式(11.3),得

$$\frac{a^2}{(a+b)(a+c)}+\frac{b^2}{(b+c)(b+a)}+\frac{c^2}{(c+a)(c+b)}\geqslant$$

$$\frac{(a+b+c)^2}{(a+b)(a+c)+(b+c)(b+a)+(c+a)(c+b)}=$$

$$\frac{(a+b+c)^2}{a^2+b^2+c^2+3(ab+bc+ca)}=$$

$$\frac{(a+b+c)^2}{(a+b+c)^2+(ab+bc+ca)}\geqslant$$

$$\frac{(a+b+c)^2}{(a+b+c)^2+\frac{1}{3}(a+b+c)^2}=\frac{3}{4}$$

例 13 (2011 年浙江省高中数学联赛题)设 $a,b,c\in\mathbf{R}_+$,且 $\sqrt{a}+\sqrt{b}+\sqrt{c}=3$. 证明: $\frac{a+b}{2+a+b}+\frac{b+c}{2+b+c}+\frac{c+a}{2+c+a}\geqslant\frac{3}{2}$,并指明等号成立的条件.

证明 由式(11.3),得

$$\frac{a+b}{2+a+b}+\frac{b+c}{2+b+c}+\frac{c+a}{2+c+a}\geqslant\frac{(\sqrt{a+b}+\sqrt{c+b}+\sqrt{c+a})^2}{6+2(a+b+c)}$$

上式右边的分子 $=2(a+b+c)+2(\sqrt{a+b}\cdot\sqrt{b+c}+\sqrt{a+b}\cdot\sqrt{a+c}+\sqrt{a+c}\cdot\sqrt{c+b})\geqslant$

$$2(a+b+c)+2(b+\sqrt{ac}+a+\sqrt{bc}+c+\sqrt{ab})=$$

7

Cauchy 不等式. 下

$$3(a+b+c)+(\sqrt{a}+\sqrt{b}+\sqrt{c})^2=3(a+b+c+3)$$

其等号成立的条件是 $a=b=c=1$.

例 14 （1993 年第 34 届 IMO 预选题）设 $x,y,z,w\in \mathbf{R}_+$，证明：$\dfrac{x}{y+2z+3w}+\dfrac{y}{z+2w+3x}+\dfrac{z}{w+2x+3y}+\dfrac{w}{x+2y+3z}\geqslant \dfrac{2}{3}$.

证明 因为

$$\text{上式左边}=\sum \frac{x}{y+2z+3w}=\sum \frac{x^2}{x(y+2z+3w)}\geqslant$$

$$\frac{(\sum x)^2}{\sum x(y+2z+3w)}=\frac{(\sum x)^2}{4\sum xy}$$

$(x-y)^2+(x-z)^2+(x-w)^2+(y-z)^2+(y-w)^2+(z-w)^2=3(x^2+y^2+z^2+w^2)-2(xy+xz+xw+yz+yw+zw)=3(x+y+z+w)^2-8(xy+xz+xw+yz+yw+zw)\geqslant 0$

所以

$$\frac{(\sum x)^2}{\sum xy}\geqslant \frac{8}{3}$$

故原不等式成立.

例 15 （2004 年日本数学奥林匹克试题）正实数 a,b,c 满足 $a+b+c=1$. 求证：$\dfrac{1+a}{1-a}+\dfrac{1+b}{1-b}+\dfrac{1+c}{1-c}\leqslant 2\left(\dfrac{b}{a}+\dfrac{c}{b}+\dfrac{a}{c}\right)$.

不需证明等号成立的情况.

证明 所证不等式等价于

$$\frac{2a+b+c}{b+c}+\frac{2b+c+a}{c+a}+\frac{2c+a+b}{a+b}\leqslant 2\left(\frac{b}{a}+\frac{c}{b}+\frac{a}{c}\right) \Leftrightarrow$$

$$3+2\left(\frac{a}{b+c}+\frac{b}{c+a}+\frac{c}{a+b}\right)\leqslant 2\left(\frac{b}{a}+\frac{c}{b}+\frac{a}{c}\right) \Leftrightarrow$$

$$\frac{3}{2}\leqslant \left(\frac{a}{c}-\frac{a}{b+c}\right)+\left(\frac{b}{a}-\frac{b}{c+a}\right)+\left(\frac{c}{b}-\frac{c}{a+b}\right) \Leftrightarrow$$

$$\frac{3}{2}\leqslant \frac{ab}{c(b+c)}+\frac{bc}{a(c+a)}+\frac{ca}{b(a+b)}$$

由式(11.3)，得

第11章 柯西不等式的几种重要变形

$$\frac{ab}{c(b+c)}+\frac{bc}{a(a+c)}+\frac{ca}{b(a+b)}=$$

$$\frac{(ab)^2}{abc(b+c)}+\frac{(bc)^2}{abc(a+c)}+\frac{(ca)^2}{abc(a+b)}\geqslant$$

$$\frac{(ab+bc+ca)^2}{2abc(a+b+c)}=$$

$$\frac{a^2b^2+b^2c^2+c^2a^2+2abc(a+b+c)}{2abc(a+b+c)}\geqslant$$

$$\frac{abc(a+b+c)+2abc(a+b+c)}{2abc(a+b+c)}=\frac{3}{2}$$

例16 (第15届全俄中学生数学竞赛(十年级)试题) 设 $a\geqslant 0, b\geqslant 0, c\geqslant 0$ 且 $a+b+c\leqslant 3$,求证

$$\frac{a}{1+a^2}+\frac{b}{1+b^2}+\frac{c}{1+c^2}\leqslant\frac{3}{2}\leqslant\frac{1}{1+a}+\frac{1}{1+b}+\frac{1}{1+c}$$

证明 (1)由不等式(11.3),令 $a_i=1$,得

$$\sum_{i=1}^{n}\frac{1}{b_i}\geqslant\frac{n^2}{\sum_{i=1}^{n}b_i} \qquad (11.5)$$

在式(11.5)中,令 $n=3$,则

$$\frac{1}{1+a}+\frac{1}{1+b}+\frac{1}{1+c}\geqslant\frac{3^2}{3+(a+b+c)}\geqslant\frac{3^2}{3+3}=\frac{3}{2}$$

(2)因为 $1+a_i^2\geqslant 2a_i$,所以 $\frac{a_i}{1+a_i^2}\leqslant\frac{1}{2}$,所以

$$\frac{a}{1+a^2}+\frac{b}{1+b^2}+\frac{c}{1+c^2}\leqslant\frac{1}{2}+\frac{1}{2}+\frac{1}{2}=\frac{3}{2}$$

利用同样的方法和技巧可得如下推广:

推广 设 $a_i\geqslant 0$,且 $\sum_{i=1}^{n}a_i\leqslant n, n\geqslant 2, n\in\mathbf{N}$,则有:

(1) $\sum_{i=1}^{n}\frac{a_i}{1+a_i^2}\leqslant\frac{n}{2}\leqslant\sum_{i=1}^{n}\frac{1}{1+a_i}$;

(2) $\sum_{i=1}^{n}\left[\frac{-a_i+\sum_{i=1}^{n}a_i}{(n-1)-a_i^2+\sum_{i=1}^{n}a_i^2}\right]\leqslant$

$$\frac{n}{2}\leqslant n\cdot\sum_{i=1}^{n}\left[\frac{1}{(n-1)-a_i+\sum_{i=1}^{n}a_i}\right]$$

9

Cauchy 不等式. 下

例 17 (第 2 届"友谊杯"国际数学邀请赛试题) 设 a, b, c 为正数,求证

$$\frac{a^2}{b+c}+\frac{b^2}{c+a}+\frac{c^2}{a+b} \geqslant \frac{a+b+c}{2}$$

证明 由不等式(11.3),得

$$\frac{a^2}{b+c}+\frac{b^2}{c+a}+\frac{c^2}{a+b} \geqslant \frac{(a+b+c)^2}{(b+c)+(c+a)+(a+b)}=\frac{a+b+c}{2}$$

下面对上题作如下几种推广:

推广 1 (第 24 届全苏中学生(十年级)数学竞赛试题) 设 $a_1, a_2, \cdots, a_n$ 是正数,则

$$\frac{a_1^2}{a_1+a_2}+\frac{a_2^2}{a_2+a_3}+\cdots+\frac{a_{n-1}^2}{a_{n-1}+a_n}+\frac{a_n^2}{a_n+a_1} \geqslant$$

$$\frac{a_1+a_2+\cdots+a_{n-1}+a_n}{2}$$

特别地,若 $a_1+a_2+\cdots+a_n=1$,则有

$$\frac{a_1^2}{a_1+a_2}+\frac{a_2^2}{a_2+a_3}+\cdots+\frac{a_{n-1}^2}{a_{n-1}+a_n}+\frac{a_n^2}{a_n+a_1} \geqslant \frac{1}{2}$$

证明 因为 $a_i>0 (i=1,2,\cdots,n)$,所以

$$\frac{a_1^2}{a_1+a_2}+\frac{a_2^2}{a_2+a_3}+\cdots+\frac{a_{n-1}^2}{a_{n-1}+a_n}+\frac{a_n^2}{a_n+a_1} \geqslant$$

$$(a_1+a_2+\cdots+a_n)^2 \cdot [(a_1+a_2)+(a_2+a_3)+\cdots+$$

$$(a_{n-1}+a_n)+(a_n+a_1)]^{-1}=\frac{a_1+a_2+\cdots+a_n}{2}$$

推广 2 设 $a_i>0(i=1,2,\cdots,n)$,$s=\sum_{i=1}^{n} a_i$,则

$$\sum_{i=1}^{n} \frac{a_i^2}{s-a_i} \geqslant \frac{s}{n-1}$$

推广 3 设 $a_i>0(i=1,2,\cdots,n)$,且 $1 \leqslant p<n, p \in \mathbf{N}$,则

$$\frac{(a_1+a_2+\cdots+a_p)^2}{a_{p+1}+a_{p+2}+\cdots+a_n}+\frac{(a_2+a_3+\cdots+a_{p+1})^2}{a_{p+2}+a_{p+3}+\cdots+a_n+a_1}+\cdots+$$

$$\frac{(a_n+a_1+\cdots+a_{p-1})^2}{a_p+a_{p+1}+\cdots+a_{n-1}} \geqslant \frac{p^2}{n-p}(a_1+a_2+\cdots+a_n)$$

推广 4 设 $a_i>0(i=1,2,\cdots,n), 1 \leqslant p, m<n$,且 $p \neq m$,则

$$\frac{(a_1a_1+a_2a_2+\cdots+a_ma_m)^2}{a_1a_1+a_2a_2+\cdots+a_pa_p}+\frac{(a_1a_2+a_2a_3+\cdots+a_ma_{m+1})^2}{a_1a_2+a_2a_3+\cdots+a_pa_{p+1}}+\cdots+$$

10

第11章 柯西不等式的几种重要变形

$$\frac{(a_1a_n+a_2a_1+\cdots+a_ma_{m-1})^2}{a_1a_n+a_2a_1+\cdots+a_pa_{p-1}} \geqslant$$

$$\frac{(a_1+a_2+\cdots+a_m)^2}{a_1+a_2+\cdots+a_p} \cdot (a_1+a_2+\cdots+a_n) \qquad (11.6)$$

证明 设 $x_1=a_1a_1+a_2a_2+\cdots+a_ma_m$,$x_2=a_1a_2+a_2a_3+\cdots+a_ma_{m+1}$,$\cdots$,$x_n=a_1a_n+a_2a_1+\cdots+a_ma_{m-1}$.

所以

$$\sum_{i=1}^n x_i = a_1\sum_{i=1}^n a_i + a_2\sum_{i=1}^n a_i + \cdots + a_m\sum_{i=1}^n a_i = (a_1+a_2+\cdots+a_m)\sum_{i=1}^n a_i$$

同理可得,式(11.6)左边的分母的各项之和为

$$(a_1+a_2+\cdots+a_p) \cdot \sum_{i=1}^n a_i$$

于是由式(11.3)得

$$式(11.6)左边 \geqslant \frac{\left[(a_1+a_2+\cdots+a_m)\sum_{i=1}^n a_i\right]^2}{(a_1+a_2+\cdots+a_p)\sum_{i=1}^n a_i} = \frac{(a_1+a_2+\cdots+a_m)^2}{a_1+a_2+\cdots+a_p}\sum_{i=1}^n a_i$$

例 18 (1979 年全国中学生数学竞赛试题)已知 $\alpha,\beta\in\left(0,\frac{\pi}{2}\right)$,求证

$$\frac{1}{\cos^2\alpha}+\frac{1}{\sin^2\alpha\sin^2\beta\cos^2\beta}\geqslant 9$$

证明 因为

$$\frac{1}{\cos^2\alpha}+\frac{1}{\sin^2\alpha\sin^2\beta\cos^2\beta}=$$

$$\frac{1^2}{\cos^2\alpha}+\frac{1^2}{\sin^2\alpha\cos^2\beta}+\frac{1^2}{\sin^2\alpha\sin^2\beta}\geqslant$$

$$\frac{(1+1+1)^2}{\cos^2\alpha+\sin^2\alpha(\cos^2\beta+\sin^2\beta)}=9$$

等号当且仅当 $\dfrac{1}{\cos^2\alpha}=\dfrac{1}{\sin^2\alpha\cos^2\beta}=\dfrac{1}{\sin^2\alpha\sin^2\beta}$,即 $\alpha=\arctan\sqrt{2}$,

Cauchy 不等式·下

$\beta=\dfrac{\pi}{4}$ 时成立.

例 19 （1988 年《数学通报》第 3 期问题 522）已知 $x+2y+3z+4u+5v=30$,求 $\omega=x^2+2y^2+3z^2+4u^2+5v^2$ 的最小值.

解 因为
$$\omega=\dfrac{x^2}{1}+\dfrac{(2y)^2}{2}+\dfrac{(3z)^2}{3}+\dfrac{(4u)^2}{4}+\dfrac{(5v)^2}{5}\geqslant$$
$$\dfrac{(x+2y+3z+4u+5v)^2}{1+2+3+4+5}=\dfrac{30^2}{15}=60$$

等号当且仅当 $\dfrac{x}{1}=\dfrac{2y}{2}=\dfrac{3z}{3}=\dfrac{4u}{4}=\dfrac{5v}{5}$,即 $x=y=z=u=v=2$ 时成立,故 $\omega_{\min}=60$.

例 20 （1981 年第 22 届 IMO 试题）设 P 为 $\triangle ABC$ 内一点,P 到其三边 a,b,c 的距离分别为 x,y,z,求 $\dfrac{a}{x}+\dfrac{b}{y}+\dfrac{c}{z}$ 的极小值.

解 因为 $ax+by+cz=2S_{\triangle ABC}$ 是定值,故由不等式(11.4)得
$$\dfrac{a}{x}+\dfrac{b}{y}+\dfrac{c}{z}\geqslant\dfrac{(a+b+c)^2}{ax+by+cz}=\dfrac{(a+b+c)^2}{2S_{\triangle ABC}}$$

等号当且仅当 $x=y=z$ 时成立.故当 P 为 $\triangle ABC$ 的内心时
$$\left(\dfrac{a}{x}+\dfrac{b}{y}+\dfrac{c}{z}\right)_{\min}=\dfrac{(a+b+c)^2}{2S_{\triangle ABC}}$$

例 21 已知 a,b,c 是三角形的三边长,S 是三角形的面积,设 $p=\dfrac{a^2+b^2+c^2}{S}$,试确定 p 的最小值及取得最小值时的条件.

解 由式(11.3),知
$$p=\dfrac{a^2+b^2+c^2}{S}=\dfrac{a^2}{S}+\dfrac{b^2}{S}+\dfrac{c^2}{S}\geqslant\dfrac{(a+b+c)^2}{S+S+S}=\dfrac{(a+b+c)^2}{3S}$$

等号成立的条件是 $\dfrac{a}{S}=\dfrac{b}{S}=\dfrac{c}{S}$,即 $a=b=c$.

此时三角形为正三角形,且有
$$(a+b+c)^2=(3a)^2=9a^2$$
$$S=\dfrac{1}{2}a^2\sin 60°=\dfrac{\sqrt{3}}{4}a^2$$

第 11 章 柯西不等式的几种重要变形

$$\frac{(a+b+c)^2}{3S} = 4\sqrt{3}$$

故

$$\frac{a^2+b^2+c^2}{S} \geqslant 4\sqrt{3}$$

亦即

$$a^2+b^2+c^2 \geqslant 4\sqrt{3}\,S$$

这正是著名的 Weitzenboeck 不等式.

例 22 （1990 年《数学通报》第 8 期问题）设 x,y,z,λ,μ，$3\lambda-\mu$ 均大于 0，且 $x+y+z=1$，求证

$$f(x,y,z) = \frac{x}{\lambda-\mu x} + \frac{y}{\lambda-\mu y} + \frac{z}{\lambda-\mu z} \geqslant \frac{3}{3\lambda-\mu}$$

证明 因为

$$f(x,y,z) = \frac{x^2}{\lambda x - \mu x^2} + \frac{y^2}{\lambda y - \mu y^2} + \frac{z^2}{\lambda z - \mu z^2}$$

所以，由式(11.3)得

$$f(x,y,z) \geqslant \frac{(x+y+z)^2}{\lambda(x+y+z)-\mu(x^2+y^2+z^2)} = \frac{1}{\lambda-\mu(x^2+y^2+z^2)}$$

另外，有

$$x^2+y^2+z^2 \geqslant \frac{(x+y+z)^2}{3} = \frac{1}{3}$$

所以

$$f(x,y,z) \geqslant \frac{1}{\lambda-\mu\cdot\frac{1}{3}} = \frac{3}{3\lambda-\mu}$$

例 23 已知 $a,b,c>0$，且 $5a^4+4b^4+6c^4=90$，求证：$5a^3+2b^3+3c^3 \leqslant 45$.

证明 由不等式(11.4)，得

$$90 = \frac{5a^3}{\frac{1}{a}} + \frac{2b^3}{\frac{1}{2b}} + \frac{3c^3}{\frac{1}{2c}} \geqslant \frac{(5a^3+2b^3+3c^3)^2}{5a^2+b^2+\frac{3}{2}c^2}$$

又

$$90 = \frac{5a^2}{\frac{1}{a^2}} + \frac{b^2}{\frac{1}{4b^2}} + \frac{\frac{3c^2}{2}}{\frac{1}{4c^2}} \geqslant \frac{\left(5a^2+b^2+\frac{3}{2}c^2\right)^2}{5+\frac{1}{4}+\frac{3}{8}}$$

所以

$$5a^2+b^2+\frac{3}{2}c^2 \leqslant \frac{45}{2}$$

Cauchy 不等式．下

从而
$$90 \geqslant \frac{(5a^3+2b^3+3c^3)^2}{\frac{45}{2}}$$

所以 $5a^3+2b^3+3c^3 \leqslant 45$．

例 24 在 $\triangle ABC$ 中，求证
$$\sqrt{\tan\frac{A}{2}\tan\frac{B}{2}+5}+\sqrt{\tan\frac{B}{2}\tan\frac{C}{2}+5}+\sqrt{\tan\frac{C}{2}\tan\frac{A}{2}+5} \leqslant 4\sqrt{3}$$

证明 因为
$$A+B+C=\pi$$

所以
$$\tan\frac{A}{2}\tan\frac{B}{2}+\tan\frac{B}{2}\tan\frac{C}{2}+\tan\frac{C}{2}\tan\frac{A}{2}=1$$

所以
$$16 = \left(\tan\frac{A}{2}\tan\frac{B}{2}+5\right)+\left(\tan\frac{B}{2}\tan\frac{C}{2}+5\right)+$$
$$\left(\tan\frac{C}{2}\tan\frac{A}{2}+5\right) = $$
$$\frac{\left(\sqrt{\tan\frac{A}{2}\tan\frac{B}{2}+5}\right)^2}{1}+\frac{\left(\sqrt{\tan\frac{B}{2}\tan\frac{C}{2}+5}\right)^2}{1}+$$
$$\frac{\left(\sqrt{\tan\frac{C}{2}\tan\frac{A}{2}+5}\right)^2}{1} \geqslant$$
$$\frac{\left(\sqrt{\tan\frac{A}{2}\tan\frac{B}{2}+5}+\sqrt{\tan\frac{B}{2}\tan\frac{C}{2}+5}+\sqrt{\tan\frac{C}{2}\tan\frac{A}{2}+5}\right)^2}{1+1+1}$$

所以
$$\sqrt{\tan\frac{A}{2}\tan\frac{B}{2}+5}+\sqrt{\tan\frac{B}{2}\tan\frac{C}{2}+5}+\sqrt{\tan\frac{C}{2}\tan\frac{A}{2}+5} \leqslant 4\sqrt{3}$$

例 25 设 $x_1,x_2,\cdots,x_n>0, n>1$，且 $x_1+x_2+\cdots+x_n=1$，求 $f(x_1,x_2,\cdots,x_n)=\frac{x_1}{1-x_1}+\frac{x_2}{1-x_2}+\cdots+\frac{x_n}{1-x_n}$ 的最小值．

解 将不等式(11.4)变形，得
$$f(x_1,x_2,\cdots,x_n)=\frac{x_1}{1-x_1}+\frac{x_2}{1-x_2}+\cdots+\frac{x_n}{1-x_n} \geqslant$$

14

第 11 章 柯西不等式的几种重要变形

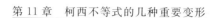

$$\frac{(x_1+x_2+\cdots+x_n)^2}{x_1+x_2+\cdots+x_n-(x_1^2+x_2^2+\cdots+x_n^2)} = \frac{1}{1-(x_1^2+x_2^2+\cdots+x_n^2)}$$

又因为

$$x_1^2+x_2^2+\cdots+x_n^2 = \frac{x_1^2}{1}+\frac{x_2^2}{1}+\cdots+\frac{x_n^2}{1} \geqslant \frac{(x_1+x_2+\cdots+x_n)^2}{1+1+\cdots+1} = \frac{1}{n}$$

所以

$$f(x_1,x_2,\cdots,x_n) \geqslant \frac{1}{1-\frac{1}{n}} = \frac{n}{n-1}$$

等号当且仅当 $1-x_1=1-x_2=\cdots=1-x_n$,即 $x_1=x_2=\cdots=x_n=\frac{1}{n}$ 时成立. 故

$$f(x_1,x_2,\cdots,x_n)_{\min} = \frac{n}{n-1}$$

例 26 若 $a_i > 0$,又 $\sum_{i=1}^{n} a_i = m$,求证

$$\sum_{i=1}^{n}\left(a_i+\frac{1}{a_i}\right)^2 \geqslant \frac{n(m^2+n^2)^2}{m^2 n^2}$$

证明 因为

$$\sum_{i=1}^{n}\left(a_i+\frac{1}{a_i}\right)^2 = \sum_{i=1}^{n}\frac{\left(a_i+\frac{1}{a_i}\right)^2}{1} \geqslant \frac{\left[\sum_{i=1}^{n}\left(a_i+\frac{1}{a_i}\right)\right]^2}{1+1+\cdots+1} = \frac{1}{n}\left(\sum_{i=1}^{n}a_i+\sum_{i=1}^{n}\frac{1}{a_i}\right)^2$$

又因为 $\sum_{i=1}^{n} a_i = m$,及

$$\sum_{i=1}^{n}\frac{1}{a_i} \geqslant \frac{(1+1+\cdots+1)^2}{a_1+a_2+\cdots+a_n} = \frac{n^2}{m}$$

所以 $\sum_{i=1}^{n}\left(a_i+\frac{1}{a_i}\right)^2 \geqslant \frac{1}{n}\left(m+\frac{n^2}{m}\right)^2 = \frac{n(m^2+n^2)^2}{m^2 n^2}.$

例 27 (1991 年亚太地区数学竞赛试题)设 $a_1, a_2, \cdots, a_n$,

Cauchy 不等式. 下

$b_1, b_2, \cdots, b_n$ 都是正实数,且 $\sum_{i=1}^{n} a_i = \sum_{i=1}^{n} b_i$,求证

$$\sum_{i=1}^{n} \frac{a_i^2}{a_i + b_i} \geqslant \frac{1}{2} \sum_{i=1}^{n} a_i$$

证明 由不等式(11.3),易得

$$\sum_{i=1}^{n} \frac{a_i^2}{a_i + b_i} \geqslant \frac{(\sum_{i=1}^{n} a_i)^2}{\sum_{i=1}^{n}(a_i + b_i)} = \frac{(\sum_{i=1}^{n} a_i)^2}{\sum_{i=1}^{n} a_i + \sum_{i=1}^{n} b_i} =$$

$$\frac{(\sum_{i=1}^{n} a_i)^2}{2 \sum_{i=1}^{n} a_i} = \frac{1}{2} \sum_{i=1}^{n} a_i$$

利用完全类似的方法,推广得:

设 $a_{11}, a_{12}, \cdots, a_{1n}, a_{21}, a_{22}, \cdots, a_{2n}, \cdots, a_{m1}, a_{m2}, \cdots, a_{mn}$ 全为

正实数,且 $\sum_{k=1}^{n} a_{1k} = \sum_{k=1}^{n} a_{2k} = \cdots = \sum_{k=1}^{n} a_{mk}$,则

$$\sum_{k=1}^{n} \left(\frac{a_{ik}^2}{\sum_{j=1}^{m} a_{jk}} \right) \geqslant \frac{1}{m} \sum_{k=1}^{n} a_{ik} \quad (1 \leqslant i \leqslant m, i \in \mathbf{N})$$

例28 (1990年第31届IMO备选题)设 a, b, c, d 为非负实数,且 $ab + bc + cd + da = 1$,求证

$$\frac{a^3}{b+c+d} + \frac{b^3}{c+d+a} + \frac{c^3}{d+a+b} + \frac{d^3}{a+b+c} \geqslant \frac{1}{3}$$

证明 当 a, b, c, d 中有一个(至多两个)为0时易证不等式,下面仅证 a, b, c, d 全大于0的情形.

记待证式左边为 S,则 S 可化为

$$S = \frac{a^4}{a(b+c+d)} + \frac{b^4}{b(c+d+a)} + \frac{c^4}{c(d+a+b)} + \frac{d^4}{d(a+b+c)}$$

于是由不等式(11.3),得

$$S \geqslant \frac{(a^2 + b^2 + c^2 + d^2)^2}{2[(ab+bc+cd+da) + ac + bd]} =$$

$$\frac{1}{9} [(a^2+b^2) + (b^2+c^2) + (c^2+d^2) + (d^2+a^2) +$$

$$(a^2+b^2+c^2+d^2)]^2 / 2(1 + ac + bd) \geqslant$$

第 11 章 柯西不等式的几种重要变形

$$\frac{[2(ab+bc+cd+da)+(a^2+c^2)+(b^2+d^2)]^2}{18(1+ac+bd)} =$$

$$\frac{[2+(a^2+c^2)+(b^2+d^2)](2+a^2+b^2+c^2+d^2)}{18(1+ac+bd)} \geqslant$$

$$\frac{(2+2ac+2bd)(2+a^2+b^2+c^2+d^2)}{18(1+ac+bd)} =$$

$$\frac{2+a^2+b^2+c^2+d^2}{9}$$

显然
$$a^2+b^2+c^2+d^2 \geqslant ab+bc+cd+da=1$$

所以 $S \geqslant \frac{2+1}{9} = \frac{1}{3}$.

当 a,b,c,d 中有一个或两个为 0 时,类似以上证法证明更易.

例 29 (1991 年第 32 届 IMO 加拿大训练题)设 $a_1, a_2, \cdots, a_n \in \mathbf{R}_+$,求证

$$\frac{(a_1+a_2+\cdots+a_n)^2}{2(a_1^2+a_2^2+\cdots+a_n^2)} \leqslant \frac{a_1}{a_2+a_3} + \frac{a_2}{a_3+a_4} + \cdots + \frac{a_n}{a_1+a_2}$$

证明 由柯西不等式的变形式

$$\left(\sum_{i=1}^n a_i b_i\right) \cdot \left(\sum_{i=1}^n \frac{a_i}{b_i}\right) \geqslant \left(\sum_{i=1}^n a_i\right)^2 \quad (a_i>0, b_i>0)$$

令 $b_i = a_{i+1} + a_{i+2}$,则有

$$\sum_{i=1}^n a_i(a_{i+1}+a_{i+2}) \sum_{i=1}^n \frac{a_i}{a_{i+1}+a_{i+2}} \geqslant \left(\sum_{i=1}^n a_i\right)^2$$

其中 $a_{n+i} = a_i$,于是

$$\sum_{i=1}^n \frac{a_i}{a_{i+1}+a_{i+2}} \geqslant \frac{\left(\sum_{i=1}^n a_i\right)^2}{\sum_{i=1}^n a_i(a_{i+1}+a_{i+2})}$$

若能证得

$$\frac{\left(\sum_{i=1}^n a_i\right)^2}{\sum_{i=1}^n a_i(a_{i+1}+a_{i+2})} \geqslant \frac{\left(\sum_{i=1}^n a_i\right)^2}{2\sum_{i=1}^n a_i^2}$$

则命题成立.而后者等价于

Cauchy 不等式. 下

$$2\sum_{i=1}^{n} a_i^2 \geqslant \sum_{i=1}^{n} a_i(a_{i+1}+a_{i+2}) \Leftrightarrow$$

$$\frac{1}{2}\sum_{i=1}^{n}[(a_i^2+a_{i+1}^2)+(a_i^2+a_{i+2}^2)] \geqslant \sum_{i=1}^{n} a_i(a_{i+1}+a_{i+2})$$

(11.7)

而 $a_i^2+a_{i+1}^2 \geqslant 2a_i a_{i+1}$, $a_i^2+a_{i+2}^2 \geqslant 2a_i a_{i+2}$.

所以不等式(11.7)成立,即原不等式成立.

不等式(11.3)可以推广为:

设 $a_1,a_2,\cdots,a_n$ 为任意实数,$n \geqslant 2$,$\sum_{i=1}^{n} a_i = A$,$b_1,b_2,\cdots,b_n$ 中有一个负数,$n-1$ 个正数,且 $\sum_{i=1}^{n} b_i = B < 0$,则

$$\sum_{i=1}^{n} \frac{a_i^2}{b_i} \geqslant \frac{A^2}{B}$$

(11.8)

当且仅当 $\dfrac{a_1}{b_1}=\dfrac{a_2}{b_2}=\cdots=\dfrac{a_n}{b_n}$ 时,式(11.8)等号成立.

证明 不妨设 $b_1<0,b_2,b_3,\cdots,b_n>0$. 因为 $-B>0$,由柯西不等式,有

$$[(-B)+b_2+\cdots+b_n]\cdot\left[\left(-\frac{A^2}{B}\right)+\frac{a_2^2}{b_2}+\cdots+\frac{a_n^2}{b_n}\right]=$$

$$[(\sqrt{-B})^2+(\sqrt{b_2})^2+\cdots+(\sqrt{b_n})^2]\cdot$$

$$\left[\left(\frac{A}{\sqrt{-B}}\right)^2+\left(\frac{-a_2}{\sqrt{b_2}}\right)^2+\cdots+\left(\frac{-a_n}{\sqrt{b_n}}\right)^2\right] \geqslant$$

$$(A-a_2-\cdots-a_n)^2 = a_1^2$$

注意到 $-B+b_2+\cdots+b_n=-b_1>0$,则

$$-\frac{A^2}{B}+\frac{a_2^2}{b_2}+\cdots+\frac{a_n^2}{b_n} \geqslant \frac{a_1^2}{-b_1}$$

移项即得不等式(11.8)成立.

根据柯西不等式等号成立的条件知,当且仅当

$$\frac{A}{-B}=\frac{-a_2}{b_2}=\cdots=\frac{-a_n}{b_n} \Leftrightarrow \frac{a_1}{b_1}=\frac{a_2}{b_2}=\cdots=\frac{a_n}{b_n}$$

时,式(11.8)取等号.

在应用不等式(11.8)解题时,一定要注意系数 b_i 中,有一个为负,且所有 b_i 之和为负.

第11章 柯西不等式的几种重要变形

例30 已知实数 a,b,c,d 满足条件 $a+b+c+d=1$,求函数 $y=8a^2+3b^2+2c^2-d^2$ 的最小值.

解 因为 $\dfrac{1}{8}+\dfrac{1}{3}+\dfrac{1}{2}-1=-\dfrac{1}{24}<0$,由式(11.8)有

$$y=\dfrac{a^2}{\dfrac{1}{8}}+\dfrac{b^2}{\dfrac{1}{3}}+\dfrac{c^2}{\dfrac{1}{2}}+\dfrac{d^2}{-1}\geqslant \dfrac{(a+b+c+d)^2}{\dfrac{1}{8}+\dfrac{1}{3}+\dfrac{1}{2}-1}=-24$$

当且仅当 $8a=3b=2c=-d$ 时等号成立.代入已知条件解得当 $a=-3,b=-8,c=-12,d=24$ 时,y 有最小值 -24.

例31 实数 a,b,c 满足 $a^2-2b^2-4c^2=5$,试求函数 $y=2a+b-3c$ 的取值范围.

解 据不等式(11.8)有
$$-5=-a^2+2b^2+4c^2=$$
$$\dfrac{(2a)^2}{-4}+\dfrac{b^2}{\dfrac{1}{2}}+\dfrac{(-3c)^2}{\dfrac{9}{4}}\geqslant$$
$$\dfrac{(2a+b-3c)^2}{-4+\dfrac{1}{2}+\dfrac{9}{4}}=\dfrac{y^2}{-\dfrac{5}{4}}$$

即 $$y^2\geqslant \dfrac{25}{4}$$

故 $$y\geqslant \dfrac{5}{2} \text{ 或 } y\leqslant -\dfrac{5}{2}$$

例32 在实数范围内解方程
$$\begin{cases}3x-y+z=-3\\ 3x^2-2y^2-z^2=6\end{cases}$$

解 由不等式(11.8)得
$$-3x^2+2y^2+z^2=$$
$$\dfrac{(3x)^2}{-3}+\dfrac{(-y)^2}{\dfrac{1}{2}}+\dfrac{z^2}{1}\geqslant$$
$$\dfrac{(3x-y+z)^2}{-3+\dfrac{1}{2}+1}=\dfrac{(-3)^2}{-\dfrac{3}{2}}=-6$$

当且仅当 $\dfrac{3x}{-3}=\dfrac{-y}{\dfrac{1}{2}}=\dfrac{z}{1}=\dfrac{-3}{-\dfrac{3}{2}}=2$ 时,即 $x=-2,y=-1,z=$

Cauchy 不等式. 下

2 时，等号成立.

由第二个方程知 $-3x^2+2y^2+z^2=-6$，因而原方程组有唯一的一组解
$$x=-2, y=-1, z=2$$

例 33 若实数 a,b,c,d 满足
$$a-3b+4c+d=1, a^2+b^2-c^2+d^2=1$$
试求出 d 的最大值与最小值.

解 据不等式(11.8)有
$$a^2+b^2-c^2=\frac{a^2}{1}+\frac{(-3b)^2}{9}+\frac{(4c)^2}{-16}\geqslant\frac{(a-3b+4c)^2}{1+9-16}$$
因为 $a^2+b^2-c^2=1-d^2$，$a-3b+4c=1-d$，则
$$1-d^2\geqslant\frac{(1-d)^2}{-6}$$
当且仅当 $\dfrac{a}{1}=\dfrac{-3b}{9}=\dfrac{4c}{-16}=\dfrac{1-d}{-6}$ 时等号成立. 上述不等式整理得 $5d^2+2d-7\leqslant 0$，解得
$$-\frac{7}{5}\leqslant d\leqslant 1$$

当 $a=b=c=0$ 时，d 有最大值 1.

当 $a=-\dfrac{2}{5}$，$b=\dfrac{6}{5}$，$c=\dfrac{8}{5}$ 时，d 有最小值 $-\dfrac{7}{5}$.

由以上几个例子可知，不等式(11.8)的应用是非常广泛的.

这里还要指出，不等式(11.8)可从指数的角度进行推广，即对任意自然数 m，有
$$\sum_{i=1}^{n}\frac{a_i^{2m}}{b_i^{2m-1}}\geqslant\frac{A^{2m}}{B^{2m-1}}$$
当且仅当 $\dfrac{a_1}{b_1}=\dfrac{a_2}{b_2}=\cdots=\dfrac{a_n}{b_n}$ 时上式取等号.

显然，不等式(11.8)是上式取 $m=1$ 的特例. 关于上式的证明及其应用这里不再赘述.

不等式(11.3)还可以推广为：

设 $a_i, b_i \in \mathbf{R}_+, i=1,2,\cdots,n, n\in\mathbf{N}, \alpha, \beta\in\mathbf{R}_+$，则

20

第 11 章 柯西不等式的几种重要变形

$$\left(\sum_{i=1}^{n}\frac{a_i^{\alpha+\beta}}{b_i^{\alpha}}\right)^{\beta} \geqslant \frac{\left(\sum_{i=1}^{n}a_i^{\beta}\right)^{\alpha+\beta}}{\left(\sum_{i=1}^{n}b_i^{\beta}\right)^{\alpha}} \tag{11.9}$$

当且仅当 $\dfrac{a_1}{b_1}=\dfrac{a_2}{b_2}=\cdots=\dfrac{a_n}{b_n}$ 时取等号.

证明 由加权平均不等式有：

若 $x_1, x_2 > 0, \lambda_1, \lambda_2 > 0$，且 $\lambda_1 + \lambda_2 = 1$，则

$$x_1^{\lambda_1} \cdot x_2^{\lambda_2} \leqslant \lambda_1 x_1 + \lambda_2 x_2$$

等号当且仅当 $x_1 = x_2$ 时成立. 得

$$a_i^{\beta} b_i^{\alpha} = (a_i^{\alpha+\beta})^{\frac{\beta}{\alpha+\beta}} \cdot (b_i^{\alpha+\beta})^{\frac{\alpha}{\alpha+\beta}} \leqslant \frac{\beta}{\alpha+\beta}a_i^{\alpha+\beta} + \frac{\alpha}{\alpha+\beta}b_i^{\alpha+\beta}$$

即

$$\frac{a_i^{\alpha+\beta}}{b_i^{\alpha}} \geqslant \frac{\alpha+\beta}{\beta}a_i^{\beta} - \frac{\alpha}{\beta}b_i^{\beta}$$

所以

$$\sum_{i=1}^{n}\frac{a_i^{\alpha+\beta}}{b_i^{\alpha}} \geqslant \frac{\alpha+\beta}{\beta}\sum_{i=1}^{n}a_i^{\beta} - \frac{\alpha}{\beta}\sum_{i=1}^{n}b_i^{\beta} \tag{11.10}$$

等号当且仅当 $a_i^{\alpha+\beta} = b_i^{\alpha+\beta}$，即 $a_i = b_i (1 \leqslant i \leqslant n)$ 时成立.

特别地，用 $\left[\dfrac{a_i^{\beta}}{\sum_{i=1}^{n}a_i^{\beta}}\right]^{\frac{1}{\beta}}$，$\left[\dfrac{b_i^{\beta}}{\sum_{i=1}^{n}b_i^{\beta}}\right]^{\frac{1}{\beta}}$ 代换式 (11.10) 中的 a_i，b_i，得

$$\sum_{i=1}^{n}\left[\dfrac{a_i^{\beta}}{\sum_{i=1}^{n}a_i^{\beta}}\right]^{\frac{\alpha+\beta}{\beta}} \cdot \left[\dfrac{\sum_{i=1}^{n}b_i^{\beta}}{b_i^{\beta}}\right]^{\frac{\alpha}{\beta}} \geqslant$$

$$\frac{\alpha+\beta}{\beta}\sum_{i=1}^{n}\dfrac{a_i^{\beta}}{\sum_{i=1}^{n}a_i^{\beta}} - \frac{\alpha}{\beta}\sum_{i=1}^{n}\dfrac{b_i^{\beta}}{\sum_{i=1}^{n}b_i^{\beta}} = 1$$

即

$$\frac{\left(\sum_{i=1}^{n}b_i^{\beta}\right)^{\frac{\alpha}{\beta}}}{\left(\sum_{i=1}^{n}a_i^{\beta}\right)^{\frac{\alpha+\beta}{\beta}}} \cdot \sum_{i=1}^{n}\frac{a_i^{\alpha+\beta}}{b_i^{\alpha}} \geqslant 1$$

Cauchy 不等式. 下

所以

$$\left(\sum_{i=1}^{n} \frac{a_i^{\alpha+\beta}}{b_i^{\alpha}}\right)^{\beta} \geqslant \frac{\left(\sum_{i=1}^{n} a_i^{\beta}\right)^{\alpha+\beta}}{\left(\sum_{i=1}^{n} b_i^{\beta}\right)^{\alpha}}$$

当且仅当 $\left[\dfrac{a_i^{\beta}}{\sum\limits_{i=1}^{n} a_i^{\beta}}\right]^{\frac{1}{\beta}} = \left[\dfrac{b_i^{\beta}}{\sum\limits_{i=1}^{n} b_i^{\beta}}\right]^{\frac{1}{\beta}}$,即

$$\frac{a_i}{b_i} = \left[\frac{\sum\limits_{i=1}^{n} a_i^{\beta}}{\sum\limits_{i=1}^{n} b_i^{\beta}}\right]^{\frac{1}{\beta}} \quad (1 \leqslant i \leqslant n)$$

时等号成立.

下列两例作为不等式(11.9)的应用.

例 34 设 $\theta, \varphi \in \left(0, \dfrac{\pi}{2}\right), n \in \mathbf{R}_+$,且 $\dfrac{\sec^{n+2}\theta}{\sec^n \varphi} - \dfrac{\tan^{n+2}\theta}{\tan^n \varphi} = 1$.

求证

$$\frac{\sec^{n+2}\varphi}{\sec^n \theta} - \frac{\tan^{n+2}\varphi}{\tan^n \theta} = 1$$

证明 由式(11.9)得

$$\frac{\sec^{n+2}\theta}{\sec^n \varphi} = \frac{\tan^{n+2}\theta}{\tan^n \varphi} + \frac{1^{n+2}}{1^n} \geqslant \left(\frac{(\tan^2 \theta + 1^2)^{n+2}}{(\tan^2 \varphi + 1^2)^n}\right)^{\frac{1}{2}} = \frac{\sec^{n+2}\theta}{\sec^n \varphi}$$

所以由式(11.9)取等号的条件知 $\tan \theta = \tan \varphi, \sec \theta = \sec \varphi$,故

$$\frac{\sec^{n+2}\varphi}{\sec^n \theta} - \frac{\tan^{n+2}\varphi}{\tan^n \theta} = \sec^2 \varphi - \tan^2 \varphi = 1$$

例 35 (1978 年第 20 届 IMO 试题 5 的推广)已知 $a_1, a_2, \cdots, a_k, \cdots$ 为两两各不相等的正整数,$\alpha, \beta \in \mathbf{R}_+$.求证:对任何自然数 n 都有

$$\sum_{k=1}^{n} \frac{a_k^{\alpha}}{k^{\alpha+\beta}} \geqslant \sum_{k=1}^{n} \frac{1}{k^{\beta}}$$

第11章 柯西不等式的几种重要变形

证明 易证 $\sum_{k=1}^{n} \dfrac{1}{k^{\beta}} \geqslant \sum_{k=1}^{n} \dfrac{1}{a_{k}^{\beta}}$,则由式(11.9),得

$$\sum_{k=1}^{n} \dfrac{a_{k}^{\alpha}}{k^{\alpha+\beta}} = \sum_{k=1}^{n} \left(\dfrac{\dfrac{1}{k^{\alpha+\beta}}}{\dfrac{1}{a_{k}^{\alpha}}} \right) \geqslant $$

$$\left[\dfrac{\left(\sum_{k=1}^{n} \dfrac{1}{k^{\beta}}\right)^{\alpha+\beta}}{\left(\sum_{k=1}^{n} \dfrac{1}{a_{k}^{\beta}}\right)^{\alpha}} \right]^{\frac{1}{\beta}} \geqslant \left[\dfrac{\left(\sum_{k=1}^{n} \dfrac{1}{k^{\beta}}\right)^{\alpha+\beta}}{\left(\sum_{k=1}^{n} \dfrac{1}{k^{\beta}}\right)^{\alpha}} \right]^{\frac{1}{\beta}} = \sum_{k=1}^{n} \dfrac{1}{k^{\beta}}$$

不等式(11.8)又可推广为:

设 $a_i, b_i \in \mathbf{R}_+ (i=1,2,\cdots,n), m,k \in \mathbf{N}$,且 $k > m$.则

$$\sum_{i=1}^{n} \dfrac{a_{i}^{k}}{b_{i}^{m}} \geqslant n^{1+m-k} \cdot \dfrac{\left(\sum_{i=1}^{n} a_i\right)^{k}}{\left(\sum_{i=1}^{n} b_i\right)^{m}} \qquad (11.11)$$

为证式(11.11),先证下面的不等式:

设 $a_{ij} \in \mathbf{R}_+ (i=1,2,\cdots,n; j=1,2,\cdots,m)$,则

$$\left(\sum_{i=1}^{n} \sqrt[m]{a_{i1} a_{i2} \cdots a_{im}}\right)^{m} \leqslant \left(\sum_{i=1}^{n} a_{i1}\right) \left(\sum_{i=1}^{n} a_{i2}\right) \cdots \left(\sum_{i=1}^{n} a_{im}\right)$$

$$(11.12)$$

证明 由算术平均不等式,得

$$\sqrt[m]{\dfrac{a_{i1} a_{i2} \cdots a_{im}}{\left(\sum_{j=1}^{n} a_{j1}\right) \cdots \left(\sum_{j=1}^{n} a_{jm}\right)}} \leqslant \dfrac{1}{m} \left(\dfrac{a_{i1}}{\sum_{j=1}^{n} a_{j1}} + \cdots + \dfrac{a_{im}}{\sum_{j=1}^{n} a_{jm}} \right)$$

将以上 n 个不等式相加,得

$$\sum_{i=1}^{n} \sqrt[m]{\dfrac{a_{i1} a_{i2} \cdots a_{im}}{\left(\sum_{j=1}^{n} a_{j1}\right) \cdots \left(\sum_{j=1}^{n} a_{jm}\right)}} \leqslant 1$$

所以

$$\left(\sum_{i=1}^{n} \sqrt[m]{a_{i1} a_{i2} \cdots a_{im}}\right)^{m} \leqslant \left(\sum_{i=1}^{n} a_{i1}\right) \left(\sum_{i=1}^{n} a_{i2}\right) \cdots \left(\sum_{i=1}^{n} a_{im}\right)$$

下面再来证不等式(11.11).

证明 由不等式(11.12),得

23

Cauchy 不等式. 下

$$\sum_{i=1}^{n} \frac{a_i^k}{b_i^m} \cdot \underbrace{\sum_{i=1}^{n} \sqrt[k-1]{b_i^m} \cdots \sum_{i=1}^{n} \sqrt[k-1]{b_i^m}}_{(k-1)\text{个}} \geqslant \left(\sum_{i=1}^{n} a_i\right)^k$$

$$\underbrace{\sum_{i=1}^{n} b_i \cdots \sum_{i=1}^{n} b_i}_{m\text{个}} \cdot \underbrace{(1+1+\cdots+1) \cdots (1+1+\cdots+1)}_{(k-m-1)\text{个}} \geqslant$$

$$\left(\sum_{i=1}^{n} \sqrt[k-1]{b_i^m}\right)^{k-1}$$

由以上两式得

$$\sum_{i=1}^{n} \frac{a_i^k}{b_i^m} \geqslant n^{1+m-k} \cdot \frac{\left(\sum_{i=1}^{n} a_i\right)^k}{\left(\sum_{i=1}^{n} b_i\right)^m}$$

证毕.

若 $a_1 \geqslant a_2 \geqslant \cdots \geqslant a_n > 0, 0 < b_1 \leqslant b_2 \leqslant \cdots \leqslant b_n$ 或 $0 < a_1 \leqslant a_2 \leqslant \cdots \leqslant a_n, b_1 \geqslant b_2 \geqslant \cdots \geqslant b_n > 0, r, s \geqslant 1$,则

$$\sum_{i=1}^{n} \frac{a_i^r}{b_i^s} \geqslant n^{1+s-r} \cdot \frac{\left(\sum_{i=1}^{n} a_i\right)^r}{\left(\sum_{i=1}^{n} b_i\right)^s} \tag{11.13}$$

证明 由切比雪夫(Chebyshev)不等式,得

$$\sum_{i=1}^{n} \frac{a_i^r}{b_i^s} \geqslant \frac{1}{n} \sum_{i=1}^{n} a_i^r \cdot \sum_{i=1}^{n} \frac{1}{b_i^s} \tag{11.14}$$

又由幂平均不等式,得

$$\sum_{i=1}^{n} a_i^r \geqslant n^{1-r} \left(\sum_{i=1}^{n} a_i\right)^r \tag{11.15}$$

$$\sum_{i=1}^{n} \frac{1}{b_i^s} \geqslant n^{1-s} \left(\sum_{i=1}^{n} \frac{1}{b_i}\right)^s \geqslant \frac{n^{1+s}}{\left(\sum_{i=1}^{n} b_i\right)^s} \tag{11.16}$$

由式(11.14),(11.15),(11.16),得

$$\sum_{i=1}^{n} \frac{a_i^r}{b_i^s} \geqslant n^{1+s-r} \cdot \frac{\left(\sum_{i=1}^{n} a_i\right)^r}{\left(\sum_{i=1}^{n} b_i\right)^s}$$

第11章 柯西不等式的几种重要变形

作为式(11.13)的推论有：

已知 $0 < a_1 \leqslant a_2 \leqslant \cdots \leqslant a_n, 0 < b_1 \leqslant b_2 \leqslant \cdots \leqslant b_n$ 或 $a_1 \geqslant a_2 \geqslant \cdots \geqslant a_n > 0, b_1 \geqslant b_2 \geqslant \cdots \geqslant b_n > 0, r,s \geqslant 1$，则

$$\sum_{i=1}^{n} \frac{1}{a_i^r b_i^s} \geqslant \frac{n^{1+s+r}}{\left(\sum_{i=1}^{n} a_i\right)^r \cdot \left(\sum_{i=1}^{n} b_i\right)^s}$$

例36 （1990年第31届IMO备选题）设 a,b,c,d 是满足 $ab+bc+cd+da=1$ 的非负实数．求证

$$\frac{a^3}{b+c+d} + \frac{b^3}{a+c+d} + \frac{c^3}{a+b+d} + \frac{d^3}{a+b+c} \geqslant \frac{1}{3}$$

证明 因为

$$ab+bc+cd+da=1$$

所以

$$(a+c)(b+d)=1$$

所以 $a+b+c+d = (a+c)+(b+d) \geqslant 2\sqrt{(a+c)(b+d)} = 2$．

由式(11.11)，得

$$\frac{a^3}{b+c+d} + \frac{b^3}{a+c+d} + \frac{c^3}{a+b+d} + \frac{d^3}{a+b+c} \geqslant$$

$$\frac{4^{1+1-3}(a+b+c+d)^3}{3(a+b+c+d)} = \frac{1}{12}(a+b+c+d)^2 \geqslant \frac{1}{3}$$

例37 （1987年第28届IMO备选题）若 a,b,c 是三角形的三边长，且 $2p=a+b+c$，则

$$\frac{a^n}{b+c} + \frac{b^n}{c+a} + \frac{c^n}{a+b} \geqslant \left(\frac{2}{3}\right)^{n-2} p^{n-1} \quad (n \geqslant 1)$$

证明 不妨设 $a \geqslant b \geqslant c$，则 $b+c \leqslant c+a \leqslant a+b$，于是由不等式(11.13)，得

$$\frac{a^n}{b+c} + \frac{b^n}{c+a} + \frac{c^n}{a+b} \geqslant \frac{3^{1+1-n}(a+b+c)^n}{2(a+b+c)} = \left(\frac{2}{3}\right)^{n-2} p^{n-1}$$

例38 设 a,b,c 为 $\triangle ABC$ 的三条边长，p 为其半周长，$k \in \mathbf{N}$．求证

$$\frac{b+c-a}{a^k A} + \frac{c+a-b}{b^k B} + \frac{a+b-c}{c^k C} \geqslant \frac{3^{1+k}(2p)^{1-k}}{\pi}$$

证明 不妨设 $a \geqslant b \geqslant c$，则 $b+c-a \leqslant c+a-b \leqslant a+b-c$，$a^k A \geqslant b^k B \geqslant c^k C$，于是由不等式(11.13)及不等式(11.12)，得

Cauchy 不等式. 下

$$\frac{b+c-a}{a^k A}+\frac{c+a-b}{b^k B}+\frac{a+b-c}{c^k C}=$$

$$\frac{b+c-a}{(\sqrt[k+1]{a^k A})^{k+1}}+\frac{c+a-b}{(\sqrt[k+1]{b^k B})^{k+1}}+\frac{a+b-c}{(\sqrt[k+1]{c^k C})^{k+1}} \geqslant$$

$$\frac{3^{1+k+1-1}(a+b+c)}{(\sqrt[k+1]{a^k A}+\sqrt[k+1]{b^k B}+\sqrt[k+1]{c^k C})^{k+1}} \geqslant$$

$$\frac{3^{1+k}(a+b+c)}{\pi(a+b+c)^k}=\frac{3^{k+1}(2p)^{1-k}}{\pi}$$

第11章 柯西不等式的几种重要变形

习题十一

1. (第26届独联体数学奥林匹克试题)证明:对任意数 $a>1, b>1$,有不等式 $\dfrac{a^2}{b-1}+\dfrac{b^2}{a-1} \geqslant 8$.

2. (1963年匈牙利数学奥林匹克试题)如果 α 是锐角,证明: $\left(1+\dfrac{1}{\sin\alpha}\right)\left(1+\dfrac{1}{\cos\alpha}\right) > 5$.

3. (1990年日本 IMO 代表第一轮选拔赛试题)设 $x>0, y>0, z>0$,且 $x+y+z=1$,求 $\dfrac{1}{x}+\dfrac{4}{y}+\dfrac{9}{z}$ 的最小值.

4. (2005年巴尔干地区数学奥林匹克试题)已知 a,b,c 是正实数,求证: $\dfrac{a^2}{b}+\dfrac{b^2}{c}+\dfrac{c^2}{a} \geqslant a+b+c+\dfrac{4(a-b)^2}{a+b+c}$,并指出等号何时成立.

5. 已知 $x,y,z \in \mathbf{R}_+$. 求证: $\dfrac{x}{2x+y+z}+\dfrac{y}{x+2y+z}+\dfrac{z}{x+y+2z} \leqslant \dfrac{3}{4}$.

6. (2004年吉林省高中数学竞赛试题)设 $a_i \in \mathbf{R}_+, i=1,2,\cdots,5$. 求 $\dfrac{a_1}{a_2+3a_3+5a_4+7a_5}+\dfrac{a_2}{a_3+3a_4+5a_5+7a_1}+\cdots+\dfrac{a_5}{a_1+3a_2+5a_3+7a_4}$ 的最小值.

柯西不等式的推广及其应用

第 12 章

在前面几章，我们已经讨论了柯西不等式及其一些重要变形的一些应用，在这里给出柯西不等式的推广以及它在解题中的应用.

定理 1 设 $a_{ij}(i=1,2,\cdots,m;j=1,2,\cdots,n)\in \mathbf{R}_+$，则

$$(a_{11}^n+a_{21}^n+\cdots+a_{m1}^n)(a_{12}^n+a_{22}^n+\cdots+a_{m2}^n)\cdots\cdot(a_{1n}^n+a_{2n}^n+\cdots+a_{mn}^n)\geqslant$$
$$(a_{11}a_{12}\cdots a_{1n}+a_{21}a_{22}\cdots a_{2n}+\cdots+a_{m1}a_{m2}\cdots a_{mn})^n \tag{12.1}$$

显然当 $n=2$ 时，式(12.1)就是柯西不等式，所以，我们把公式(12.1)称为推广了的柯西不等式.

证明 式(12.1)等价于

$$\sqrt[n]{a_{11}^n+a_{21}^n+\cdots+a_{m1}^n}\cdot\sqrt[n]{a_{12}^n+a_{22}^n+\cdots+a_{m2}^n}\cdots\cdot$$
$$\sqrt[n]{a_{1n}^n+a_{2n}^n+\cdots+a_{mn}^n}\geqslant$$
$$a_{11}a_{12}\cdots a_{1n}+a_{21}a_{22}\cdots a_{2n}+\cdots+a_{m1}a_{m2}\cdots a_{mn} \tag{12.2}$$

设

$$a_{11}^n+a_{21}^n+\cdots+a_{m1}^n=A_1^n$$
$$a_{12}^n+a_{22}^n+\cdots+a_{m2}^n=A_2^n$$
$$\vdots$$
$$a_{1n}^n+a_{2n}^n+\cdots+a_{mn}^n=A_n^n$$

于是式(12.2)可以变为

$$A_1A_2\cdots A_n\geqslant a_{11}a_{12}\cdots a_{1n}+a_{21}a_{22}\cdots a_{2n}+\cdots+a_{m1}a_{m2}\cdots a_{mn}$$

即

第 12 章 柯西不等式的推广及其应用

$$\frac{a_{11}a_{12}\cdots a_{1n}}{A_1A_2\cdots A_n}+\frac{a_{21}a_{22}\cdots a_{2n}}{A_1A_2\cdots A_n}+\cdots+\frac{a_{m1}a_{m2}\cdots a_{mn}}{A_1A_2\cdots A_n}\leqslant 1 \quad (12.3)$$

下面证明式(12.3)是成立的.

因为

$$\frac{a_{11}a_{12}\cdots a_{1n}}{A_1A_2\cdots A_n}\leqslant\frac{\dfrac{a_{11}^n}{A_1^n}+\dfrac{a_{12}^n}{A_2^n}+\cdots+\dfrac{a_{1n}^n}{A_n^n}}{n} \quad (12.4)$$

$$\frac{a_{21}a_{22}\cdots a_{2n}}{A_1A_2\cdots A_n}\leqslant\frac{\dfrac{a_{21}^n}{A_1^n}+\dfrac{a_{22}^n}{A_2^n}+\cdots+\dfrac{a_{2n}^n}{A_n^n}}{n} \quad (12.5)$$

$$\vdots$$

$$\frac{a_{m1}a_{m2}\cdots a_{mn}}{A_1A_2\cdots A_n}\leqslant\frac{\dfrac{a_{m1}^n}{A_1^n}+\dfrac{a_{m2}^n}{A_2^n}+\cdots+\dfrac{a_{mn}^n}{A_n^n}}{n} \quad (12.6)$$

将以上 m 个式子相加即得

$$\frac{a_{11}a_{12}\cdots a_{1n}}{A_1A_2\cdots A_n}+\frac{a_{21}a_{22}\cdots a_{2n}}{A_1A_2\cdots A_n}+\cdots+\frac{a_{m1}a_{m2}\cdots a_{mn}}{A_1A_2\cdots A_n}\leqslant$$

$$\frac{\dfrac{a_{11}^n+a_{21}^n+\cdots+a_{m1}^n}{A_1^n}+\cdots+\dfrac{a_{1n}^n+a_{2n}^n+\cdots+a_{mn}^n}{A_n^n}}{n}=$$

$$\frac{\overbrace{1+1+\cdots+1}^{n\,\uparrow\,1}}{n}=\frac{n}{n}=1$$

所以式(12.1)得证.

不等式(12.1)中的指数 n 可以推广到满足一定条件的实数 s,即:

设 $a_{ij}>0(i=1,2,\cdots,m;j=1,2,\cdots,n)$,$s$ 为不小于 n 的实数,则

$$(a_{11}^s+a_{21}^s+\cdots+a_{m1}^s)(a_{12}^s+a_{22}^s+\cdots+a_{m2}^s)\cdots(a_{1n}^s+a_{2n}^s+\cdots+a_{mn}^s)\geqslant$$
$$m^{n-s}(a_{11}a_{12}\cdots a_{1n}+a_{21}a_{22}\cdots a_{2n}+\cdots+a_{m1}a_{m2}\cdots a_{mn})^s \quad (12.7)$$

证明 因为 $\dfrac{s}{n}\geqslant 1$,所以

$$(a_{11}^s+a_{21}^s+\cdots+a_{m1}^s)(a_{12}^s+a_{22}^s+\cdots+a_{m2}^s)\cdots(a_{1n}^s+a_{2n}^s+\cdots+a_{mn}^s)=$$
$$[(a_{11}^{\frac{s}{n}})^n+(a_{21}^{\frac{s}{n}})^n+\cdots+(a_{m1}^{\frac{s}{n}})^n][(a_{12}^{\frac{s}{n}})^n+$$
$$(a_{22}^{\frac{s}{n}})^n+\cdots+(a_{m2}^{\frac{s}{n}})^n]\cdots[(a_{1n}^{\frac{s}{n}})^n+(a_{2n}^{\frac{s}{n}})^n+\cdots+(a_{mn}^{\frac{s}{n}})^n]\geqslant$$

Cauchy 不等式. 下

$$(a_{11}^{\frac{s}{n}}a_{12}^{\frac{s}{n}}\cdots a_{1n}^{\frac{s}{n}} + a_{21}^{\frac{s}{n}}a_{22}^{\frac{s}{n}}\cdots a_{2n}^{\frac{s}{n}} + \cdots + a_{m1}^{\frac{s}{n}}a_{m2}^{\frac{s}{n}}\cdots a_{mn}^{\frac{s}{n}})^n =$$

$$m^n \cdot \left[\frac{((a_{11}a_{12}\cdots a_{1n})^{\frac{s}{n}} + (a_{21}a_{22}\cdots a_{2n})^{\frac{s}{n}} + \cdots + (a_{m1}a_{m2}\cdots a_{mn})^{\frac{s}{n}}}{m}\right]^n \geqslant$$

$$m^n \cdot \left[\left(\frac{a_{11}a_{12}\cdots a_{1n} + a_{21}a_{22}\cdots a_{2n} + \cdots + a_{m1}a_{m2}\cdots a_{mn}}{m}\right)^{\frac{s}{n}}\right]^n =$$

$$m^{n-s}(a_{11}a_{12}\cdots a_{1n} + a_{21}a_{22}\cdots a_{2n} + \cdots + a_{m1}a_{m2}\cdots a_{mn})^s$$

即

$$(a_{11}^s + a_{21}^s + \cdots + a_{m1}^s)(a_{12}^s + a_{22}^s + \cdots + a_{m2}^s)\cdots(a_{1n}^s + a_{2n}^s + \cdots + a_{mn}^s) \geqslant m^{n-s}(a_{11}a_{12}\cdots a_{1n} + a_{21}a_{22}\cdots a_{2n} + \cdots + a_{m1}a_{m2}\cdots a_{mn})^s$$

若 $n=2, s \geqslant 2$,则式(12.7)即为

$$(a_{11}^s + a_{21}^s + \cdots + a_{m1}^s)(a_{12}^s + a_{22}^s + \cdots + a_{m2}^s) \geqslant m^{2-s}(a_{11}a_{12} + a_{21}a_{22} + \cdots + a_{m1}a_{m2})^s$$

若 $n=2, a_{12}=a_{22}=\cdots=a_{m2}=1, s \geqslant 2$,则

$$a_{11}^s + a_{21}^s + \cdots + a_{m1}^s \geqslant m^{1-s}(a_{11} + a_{21} + \cdots + a_{m1})^s$$

若 $s=n$,则不等式(12.7)即为不等式(12.1).

柯西不等式的另一种推广形式,即为赫尔德(Hölder)不等式.

赫尔德不等式 设 $a_{ij}(i=1,2,\cdots,n; j=1,2,\cdots,m)$ 是正实数,$\alpha_j(j=1,2,\cdots,m)$ 是正实数,且 $\alpha_1 + \alpha_2 + \cdots + \alpha_m = 1$,则

$$\left(\sum_{i=1}^n a_{i1}\right)^{\alpha_1} \left(\sum_{i=1}^n a_{i2}\right)^{\alpha_2} \cdots \left(\sum_{i=1}^n a_{im}\right)^{\alpha_m} \geqslant$$

$$a_{11}^{\alpha_1} a_{12}^{\alpha_2} \cdots a_{1m}^{\alpha_m} + a_{21}^{\alpha_1} a_{22}^{\alpha_2} \cdots a_{2m}^{\alpha_m} + \cdots + a_{n1}^{\alpha_1} a_{n2}^{\alpha_2} \cdots a_{nm}^{\alpha_m} =$$

$$\sum_{i=1}^n a_{i1}^{\alpha_1} a_{i2}^{\alpha_2} \cdots a_{im}^{\alpha_m} \tag{12.8}$$

下面先给出一个引理.

引理 对于非负实数 a, b 及满足 $\alpha + \beta = 1$ 的正实数 α, β,有

$$\alpha a + \beta b \geqslant a^\alpha b^\beta \tag{12.9}$$

由式(12.9)并利用数学归纳法可以证明下列命题:

对于任何非负实数 $a_1, a_2, \cdots, a_n$ 及满足 $\alpha_1 + \alpha_2 + \cdots + \alpha_n = 1$ 的正实数 $\alpha_1, \alpha_2, \cdots, \alpha_n$,有

第 12 章 柯西不等式的推广及其应用

$$\alpha_1 a_1 + \alpha_2 a_2 + \cdots + \alpha_n a_n \geqslant a_1^{\alpha_1} + a_2^{\alpha_2} + \cdots + a_n^{\alpha_n} \quad (12.10)$$

此不等式当且仅当 $a_1 = a_2 = \cdots = a_n$ 时等号成立.

以下证明(12.8).

证明 记 $A_1 = \sum\limits_{i=1}^{n} a_{i1}, A_2 = \sum\limits_{i=1}^{n} a_{i2}, \cdots, A_m = \sum\limits_{i=1}^{n} a_{im}$, 利用式(12.10) 有

$$\frac{\sum\limits_{i=1}^{n} a_{i1}^{\alpha_1} a_{i2}^{\alpha_2} \cdots a_{im}^{\alpha_m}}{A_1^{\alpha_1} A_2^{\alpha_2} \cdots A_m^{\alpha_m}} = \sum_{i=1}^{n} \left(\frac{a_{i1}}{A_1}\right)^{\alpha_1} \left(\frac{a_{i2}}{A_2}\right)^{\alpha_2} \cdots \left(\frac{a_{im}}{A_m}\right)^{\alpha_m} \leqslant$$

$$\sum_{i=1}^{n} \left(\alpha_1 \cdot \frac{a_{i1}}{A_1} + \alpha_2 \cdot \frac{a_{i2}}{A_2} + \cdots + \alpha_m \cdot \frac{a_{im}}{A_m}\right) =$$

$$\alpha_1 \sum_{i=1}^{n} \frac{a_{i1}}{A_1} + \alpha_2 \sum_{i=1}^{n} \frac{a_{i2}}{A_2} + \cdots + \alpha_m \sum_{i=1}^{n} \frac{a_{im}}{A_m} =$$

$$\alpha_1 + \alpha_2 + \cdots + \alpha_m = 1$$

于是式(12.8)成立.

特殊地,当 $m = 2$ 时,我们有:

定理 2 设 $a_1, a_2, \cdots, a_n; b_1, b_2, \cdots, b_n$ 是两组正实数, p, q 是正实数,且 $\dfrac{1}{p} + \dfrac{1}{q} = 1$,则

$$(a_1^p + a_2^p + \cdots + a_n^p)^{\frac{1}{p}} (b_1^q + b_2^q + \cdots + b_n^q)^{\frac{1}{q}} \geqslant$$
$$a_1 b_1 + a_2 b_2 + \cdots + a_n b_n \quad (12.11)$$

等号成立的充分必要条件是 $a_i^p = \lambda b_i^q (i = 1, 2, \cdots, n, \lambda > 0)$.

当 $p = q = 2$ 时,就是著名的柯西不等式,故赫尔德不等式是柯西不等式的更加广泛意义上的推广,定理 1 是定理 2 的特例.

证明 由杨氏(Young)不等式,得

$$\sum_{i=1}^{n} \left[\frac{a_i^p}{\sum\limits_{i=1}^{n} a_i^p}\right]^{\frac{1}{p}} \cdot \left[\frac{b_i^q}{\sum\limits_{i=1}^{n} b_i^q}\right]^{\frac{1}{q}} \leqslant$$

$$\sum_{i=1}^{n} \left[\frac{1}{p} \cdot \frac{a_i^p}{\sum\limits_{i=1}^{n} a_i^p}\right] + \sum_{i=1}^{n} \left[\frac{1}{q} \cdot \frac{b_i^q}{\sum\limits_{i=1}^{n} b_i^q}\right] = \frac{1}{p} + \frac{1}{q} = 1$$

等号成立的充分必要条件是

31

Cauchy 不等式. 下

$$\frac{a_i^p}{\sum_{i=1}^{n} a_i^p} = \frac{b_i^q}{\sum_{i=1}^{n} b_i^q}$$

即 $a_i^p = \lambda b_i^q (i=1,2,\cdots,n, \lambda > 0)$.

不等式(12.8)也可以变形为

$$\sum_{i=1}^{n} \frac{a_i^{m+1}}{b_i^m} \geq \frac{\left(\sum_{i=1}^{n} a_i\right)^{m+1}}{\left(\sum_{i=1}^{n} b_i\right)^m} \qquad (12.12)$$

等号成立的充分必要条件是 $a_i = \lambda b_i (i=1,2,\cdots,n)$，其中 $a_i > 0, b_i > 0 (i=1,2,\cdots,n), m > 0$ 或 $m < -1$.

证明 当 $m > 0$ 时，由式(12.11)得

$$\sum_{i=1}^{n} a_i = \sum_{i=1}^{n} \left(\frac{a_i}{b_i^{\frac{m}{m+1}}} \cdot b_i^{\frac{m}{m+1}}\right) \leq$$

$$\left[\sum_{i=1}^{n} \left(\frac{a_i}{b_i^{\frac{m}{m+1}}}\right)^{m+1}\right]^{\frac{1}{m+1}} \cdot \left[\sum_{i=1}^{n} (b_i^{\frac{m}{m+1}})^{\frac{m+1}{m}}\right]^{\frac{m}{m+1}} =$$

$$\left(\sum_{i=1}^{n} \frac{a_i^{m+1}}{b_i^m}\right)^{\frac{1}{m+1}} \cdot \left(\sum_{i=1}^{n} b_i\right)^{\frac{m}{m+1}}$$

故

$$\sum_{i=1}^{n} \frac{a_i^{m+1}}{b_i^m} \geq \frac{\left(\sum_{i=1}^{n} a_i\right)^{m+1}}{\left(\sum_{i=1}^{n} b_i\right)^m}$$

当 $m < -1$ 时，$-(m+1) > 0$，对于数组 $(b_1, b_2, \cdots, b_n)$ 和 $(a_1, a_2, \cdots, a_n)$ 有

$$\sum_{i=1}^{n} \frac{b_i^{-(m+1)+1}}{a_i^{-(m+1)}} \geq \frac{\left(\sum_{i=1}^{n} b_i\right)^{-(m+1)+1}}{\left(\sum_{i=1}^{n} a_i\right)^{-(m+1)}}$$

即

$$\sum_{i=1}^{n} \frac{a_i^{m+1}}{b_i^m} \geq \frac{\left(\sum_{i=1}^{n} a_i\right)^{m+1}}{\left(\sum_{i=1}^{n} b_i\right)^m}$$

等号成立当且仅当 $\left(\dfrac{a_i}{b_i^{\frac{m}{m+1}}}\right)^{m+1} = \mu(b_i^{\frac{m}{m+1}})^{\frac{m+1}{m}}$,即 $a_i = \lambda b_i$ 时成立 $(i=1,2,\cdots,n)$.

由式(12.11)可以推出另一个重要的不等式,即:

闵可夫斯基(Minkowski)不等式 设 $a_{1k}, a_{2k}, \cdots, a_{mk} (1 \leqslant k \leqslant n)$ 都是正实数,$p > 1$,则

$$\left[\sum_{k=1}^{n}(a_{1k}+a_{2k}+\cdots+a_{mk})^p\right]^{\frac{1}{p}} \leqslant$$
$$\left(\sum_{k=1}^{n}a_{1k}^p\right)^{\frac{1}{p}} + \left(\sum_{k=1}^{n}a_{2k}^p\right)^{\frac{1}{p}} + \cdots + \left(\sum_{k=1}^{n}a_{mk}^p\right)^{\frac{1}{p}}$$

证明 令 $N_k = a_{1k}+a_{2k}+\cdots+a_{mk} (1 \leqslant k \leqslant n)$, $\dfrac{1}{p}+\dfrac{1}{q}=1$(即 $(p-1)q=p$),那么

$$\sum_{k=1}^{n}(a_{1k}+a_{2k}+\cdots+a_{mk})^p =$$
$$\sum_{k=1}^{n}(a_{1k}+a_{2k}+\cdots+a_{mk})N_k^{p-1} =$$
$$\sum_{k=1}^{n}a_{1k}N_k^{p-1} + \sum_{k=1}^{n}a_{2k}N_k^{p-1} + \cdots + \sum_{k=1}^{n}a_{mk}N_k^{p-1}$$

由赫尔德不等式,有

$$\sum_{k=1}^{n}a_{1k}N_k^{p-1} \leqslant \left(\sum_{k=1}^{n}a_{1k}^p\right)^{\frac{1}{p}}\left(\sum_{k=1}^{n}N_k^{(p-1)q}\right)^{\frac{1}{q}}$$
$$\sum_{k=1}^{n}a_{2k}N_k^{p-1} \leqslant \left(\sum_{k=1}^{n}a_{2k}^p\right)^{\frac{1}{p}}\left(\sum_{k=1}^{n}N_k^{(p-1)q}\right)^{\frac{1}{q}}$$
$$\vdots$$
$$\sum_{k=1}^{n}a_{mk}N_k^{p-1} \leqslant \left(\sum_{k=1}^{n}a_{mk}^p\right)^{\frac{1}{p}}\left(\sum_{k=1}^{n}N_k^{(p-1)q}\right)^{\frac{1}{q}}$$

将以上 m 个式子相加,并将 $(p-1)q=p$ 代入得

$$\sum_{k=1}^{n}(a_{1k}+a_{2k}+\cdots+a_{mk})^p \leqslant$$
$$\left(\sum_{k=1}^{n}N_k^p\right)^{\frac{1}{q}}\left[\left(\sum_{k=1}^{n}a_{1k}^p\right)^{\frac{1}{p}} + \left(\sum_{k=1}^{n}a_{2k}^p\right)^{\frac{1}{p}} + \cdots + \left(\sum_{k=1}^{n}a_{mk}^p\right)^{\frac{1}{p}}\right]$$

由于 $N_k = a_{1k}+a_{2k}+\cdots+a_{mk} (1 \leqslant k \leqslant n)$,及 $1-\dfrac{1}{q}=$

Cauchy 不等式. 下

$\frac{1}{p}$，上式两端同时除以 $\left(\sum_{k=1}^{n} N_k^p\right)^{\frac{1}{q}}$ 即得.

特殊地,当 $m=2$ 时,有:

定理 3 若 $a_i, b_i \in \mathbf{R}_+, k > 1$,则

$$\left[\sum_{i=1}^{n}(a_i+b_i)^k\right]^{\frac{1}{k}} \leqslant \left(\sum_{i=1}^{n} a_i^k\right)^{\frac{1}{k}} + \left(\sum_{i=1}^{n} b_i^k\right)^{\frac{1}{k}} \quad (12.13)$$

当且仅当 $\frac{a_1}{b_1} = \frac{a_2}{b_2} = \cdots = \frac{a_n}{b_n}$ 时,等号成立.

证明 由不等式(12.11)得

$$\sum_{i=1}^{n}(a_i+b_i)^k =$$

$$\sum_{i=1}^{n} a_i(a_i+b_i)^{k-1} + \sum_{i=1}^{n} b_i(a_i+b_i)^{k-1} \leqslant$$

$$\left(\sum_{i=1}^{n} a_i^k\right)^{\frac{1}{k}} \left[\sum_{i=1}^{n}(a_i+b_i)^k\right]^{\frac{k-1}{k}} + \left(\sum_{i=1}^{n} b_i^k\right)^{\frac{1}{k}} \left[\sum_{i=1}^{n}(a_i+b_i)^k\right]^{\frac{k-1}{k}}$$

所以 $\left[\sum_{i=1}^{n}(a_i+b_i)^k\right]^{\frac{1}{k}} \leqslant \left(\sum_{i=1}^{n} a_i^k\right)^{\frac{1}{k}} + \left(\sum_{i=1}^{n} b_i^k\right)^{\frac{1}{k}}$.

易知,当且仅当 $\frac{a_1}{b_1} = \frac{a_2}{b_2} = \cdots = \frac{a_n}{b_n}$ 时,等号成立.

取 $p = 2$,即得

$$\left[\sum_{k=1}^{n}(a_{1k}+a_{2k}+\cdots+a_{mk})^2\right]^{\frac{1}{2}} \leqslant$$

$$\left(\sum_{k=1}^{n} a_{1k}^2\right)^{\frac{1}{2}} + \left(\sum_{k=1}^{n} a_{2k}^2\right)^{\frac{1}{2}} + \cdots + \left(\sum_{k=1}^{n} a_{mk}^2\right)^{\frac{1}{2}}$$

附 杨氏不等式 若 $x > 0, y > 0, \frac{1}{p} + \frac{1}{q} = 1$,且 $p > 1$ 时则有

$$x^{\frac{1}{p}} y^{\frac{1}{q}} \leqslant \frac{1}{p} x + \frac{1}{q} y$$

当且仅当 $x = y$ 时,等号成立.

下面举例说明推广了的柯西不等式在解题中的应用.

例 1 (1986 年《数学通讯》问题征解题)设 $a \geqslant c, b \geqslant c, c \geqslant 0$,求证

$$\sqrt{c(a-c)} + \sqrt{c(b-c)} \leqslant \sqrt{ab}$$

第 12 章 柯西不等式的推广及其应用

证明 由式(12.1),得
$$\sqrt{c(a-c)}+\sqrt{c(b-c)}=$$
$$\sqrt{c}\cdot\sqrt{a-c}+\sqrt{b-c}\cdot\sqrt{c}\leqslant$$
$$\sqrt{[c+(b-c)][(a-c)+c]}=\sqrt{ab}$$

例 2 若 $p,q\in \mathbf{R}_+$,且 $p^3+q^3=2$. 求证:$p+q\leqslant 2$.

证明 由式(12.1),得
$$p+q=1\cdot 1\cdot p+1\cdot 1\cdot q\leqslant$$
$$\sqrt[3]{(1^3+1^3)(1^3+1^3)(p^3+q^3)}=2$$

从上述论证过程易知,此题可推广为:

若 $p,q\in \mathbf{R}_+$,且 $p^n+q^n=2, n\in \mathbf{N}, n\geqslant 2$. 求证:$p+q\leqslant 2$.

例 3 已知三个正数 a,b,c 成等差数列,公差不为零,求证:当 $1<n\in\mathbf{N}$ 时,$a^n+c^n>2b^n$.

证明 由式(12.1),有
$$2b^n=2\left(\frac{a+c}{2}\right)^n=\frac{1}{2^{n-1}}(\underbrace{1\cdot 1\cdots 1}_{(n-1)\text{个}}\cdot a+\underbrace{1\cdot 1\cdots 1}_{(n-1)\text{个}}\cdot c)^n<$$
$$\frac{1}{2^{n-1}}(1^n+1^n)(1^n+1^n)\cdots(1^n+1^n)\cdot(a^n+c^n)=$$
$$\frac{1}{2^{n-1}}\cdot 2^{n-1}\cdot(a^n+c^n)$$

即
$$2b^n<a^n+c^n$$

例 4 (1983 年《数学通报》第 7 期问题 241)已知 $a,b,c\in \mathbf{R}_+$,求证
$$\frac{1}{a}+\frac{1}{b}+\frac{1}{c}\leqslant\frac{a^8+b^8+c^8}{(abc)^3}$$

证明 因为
$$\frac{1}{a}+\frac{1}{b}+\frac{1}{c}=\frac{1}{(abc)^3}(a^2b^3c^3+a^3b^2c^3+a^3b^3c^2)=$$
$$\frac{1}{(abc)^3}(aaccbbb+bbaaaccc+ccbbbaaa)\leqslant$$
$$\frac{1}{(abc)^3}\sqrt[8]{(a^8+b^8+c^8)\cdots(a^8+b^8+c^8)}=$$
$$\frac{1}{(abc)^3}\sqrt[8]{(a^8+b^8+c^8)^8}=\frac{a^8+b^8+c^8}{(abc)^3}$$

Cauchy 不等式. 下

所以 $\dfrac{1}{a}+\dfrac{1}{b}+\dfrac{1}{c}\leqslant\dfrac{a^8+b^8+c^8}{(abc)^3}$.

例 5 已知 $a_i\in\mathbf{R}_+(i=1,2,\cdots,n)$,当 $m\in\mathbf{N}$ 时,求证
$$\sqrt[m]{\dfrac{a_1^m+a_2^m+\cdots+a_n^m}{n}}\geqslant\dfrac{a_1+a_2+\cdots+a_n}{n}$$

证明 由式(12.1)知

$$(a_1^m+a_2^m+\cdots+a_n^m)\underbrace{\overbrace{(1^m+1^m+\cdots+1^m)}^{n\text{个}}\cdots\overbrace{(1^m+1^m+\cdots+1^m)}^{n\text{个}}}_{(m-1)\text{个}}\geqslant$$
$$(a_1+a_2+\cdots+a_n)^m$$

即 $(a_1^m+a_2^m+\cdots+a_n^m)n^{m-1}\geqslant(a_1+a_2+\cdots+a_n)^m$

所以 $\dfrac{a_1^m+a_2^m+\cdots+a_n^m}{n}\geqslant\left(\dfrac{a_1+a_2+\cdots+a_n}{n}\right)^m$

从而 $\sqrt[m]{\dfrac{a_1^m+a_2^m+\cdots+a_n^m}{n}}\geqslant\dfrac{a_1+a_2+\cdots+a_n}{n}$

例 6 已知 $a_i\in\mathbf{R}_+(i=1,2,\cdots,n),m\in\mathbf{N}$,求证
$$\sqrt[m+1]{\dfrac{a_1^{m+1}+a_2^{m+1}+\cdots+a_n^{m+1}}{n}}\geqslant\sqrt[m]{\dfrac{a_1^m+a_2^m+\cdots+a_n^m}{n}}$$

证明 由式(12.1),得

$$\underbrace{(a_1^{m+1}+a_2^{m+1}+\cdots+a_n^{m+1})\cdots(a_1^{m+1}+a_2^{m+1}+\cdots+a_n^{m+1})}_{m\text{个}}\cdot$$
$$(1^{m+1}+1^{m+1}+\cdots+1^{m+1})\geqslant(a_1^m+a_2^m+\cdots+a_n^m)^{m+1}$$

于是

$$(a_1^{m+1}+a_2^{m+1}+\cdots+a_n^{m+1})^m\cdot n\geqslant(a_1^m+a_2^m+\cdots+a_n^m)^{m+1}$$

两边同时除以 n^{m+1},得

$$\left(\dfrac{a_1^{m+1}+a_2^{m+1}+\cdots+a_n^{m+1}}{n}\right)^m\geqslant\left(\dfrac{a_1^m+a_2^m+\cdots+a_n^m}{n}\right)^{m+1}$$

所以

$$\sqrt[m+1]{\dfrac{a_1^{m+1}+a_2^{m+1}+\cdots+a_n^{m+1}}{n}}\geqslant\sqrt[m]{\dfrac{a_1^m+a_2^m+\cdots+a_n^m}{n}}$$

例 7 (1988 年《数学通讯》第 6 期有奖问题征解题)设 x,y,z 是正数,$x+y+z=\dfrac{3}{2}$,求证:$\left(x+\dfrac{1}{x}\right)\left(y+\dfrac{1}{y}\right)\left(z+\dfrac{1}{z}\right)\geqslant\dfrac{125}{8}$,等号成立当且仅当 $x=y=z$.

第12章 柯西不等式的推广及其应用

这个不等式可以推广为:

若 $x_1, x_2, \cdots, x_n \in \mathbf{R}_+$,且 $x_1 + x_2 + \cdots + x_n = \dfrac{n}{2}$,则

$$\left(x_1 + \frac{1}{x_1}\right)\left(x_2 + \frac{1}{x_2}\right)\cdots\left(x_n + \frac{1}{x_n}\right) \geqslant \left(\frac{5}{2}\right)^n$$

证明 易证函数 $f(x) = x + \dfrac{1}{x}$ 在 $x \in (0,1)$ 内是单调递减函数,又由已知条件得

$$\sqrt[n]{x_1 x_2 \cdots x_n} \leqslant \frac{x_1 + x_2 + \cdots + x_n}{n} = \frac{1}{2}$$

所以

$$\left(x_1 + \frac{1}{x_1}\right)\left(x_2 + \frac{1}{x_2}\right)\cdots\left(x_n + \frac{1}{x_n}\right) \geqslant$$

$$\left(\sqrt[n]{x_1 x_2 \cdots x_n} + \frac{1}{\sqrt[n]{x_1 x_2 \cdots x_n}}\right)^n \geqslant$$

$$\left(\frac{1}{2} + 2\right)^n = \left(\frac{5}{2}\right)^n$$

例 8 已知 α, β 为锐角,求证

$$\sin^3 \alpha + \cos^3 \alpha \cos^3 \beta + \cos^3 \alpha \sin^3 \beta \geqslant \frac{\sqrt{3}}{3}$$

证明 由式(12.1),得

$(\sin^3 \alpha + \cos^3 \alpha \cos^3 \beta + \cos^3 \alpha \sin^3 \beta) \cdot$
$(\sin^3 \alpha + \cos^3 \alpha \cos^3 \beta + \cos^3 \alpha \sin^3 \beta) \cdot (1^3 + 1^3 + 1^3) \geqslant$
$(\sin^2 \alpha + \cos^2 \alpha \cos^2 \beta + \cos^2 \alpha \sin^2 \beta)^3 = 1$

即

$$(\sin^3 \alpha + \cos^3 \alpha \cos^3 \beta + \cos^3 \alpha \sin^3 \beta)^2 \geqslant \frac{1}{3}$$

因为 α, β 是锐角,所以

$$\sin^3 \alpha + \cos^3 \alpha \cos^3 \beta + \cos^3 \alpha \sin^3 \beta \geqslant \frac{\sqrt{3}}{3}$$

例 9 已知 α, β 为锐角,求证

$$\sin^{-3} \alpha + \cos^{-3} \alpha \cos^{-3} \beta + \cos^{-3} \alpha \sin^{-3} \beta \geqslant 9\sqrt{3}$$

证明 由式(12.1),得

$(\sin^{-3} \alpha + \cos^{-3} \alpha \cos^{-3} \beta + \cos^{-3} \alpha \sin^{-3} \beta)(\sin^{-3} \alpha +$
$\cos^{-3} \alpha \cos^{-3} \beta + \cos^{-3} \alpha \sin^{-3} \beta)(\sin^2 \alpha + \cos^2 \alpha \cos^2 \beta +$
$\cos^2 \alpha \sin^2 \beta)(\sin^2 \alpha + \cos^2 \alpha \cos^2 \beta + \cos^2 \alpha \sin^2 \beta) \cdot$

Cauchy 不等式. 下

$$(\sin^2\alpha + \cos^2\alpha\cos^2\beta + \cos^2\alpha\sin^2\beta) \geqslant$$
$$[(\sqrt[5]{\sin^{-3}\alpha})^2(\sqrt[5]{\sin^2\alpha})^3 + (\sqrt[5]{\cos^{-3}\alpha\cos^{-3}\beta})^2 \cdot$$
$$(\sqrt[5]{\cos^2\alpha\cos^2\beta})^3 + (\sqrt[5]{\cos^{-3}\alpha\sin^{-3}\beta})^2 \cdot$$
$$(\sqrt[5]{\cos^2\alpha\sin^2\beta})^3]^5$$

即 $(\sin^{-3}\alpha + \cos^{-3}\alpha\cos^{-3}\beta + \cos^{-3}\alpha\sin^{-3}\beta)^2 \cdot 1^3 \geqslant 3^5$

因为 α,β 是锐角,所以
$$\sin^{-3}\alpha + \cos^{-3}\alpha\cos^{-3}\beta + \cos^{-3}\alpha\sin^{-3}\beta \geqslant 9\sqrt{3}$$

有兴趣的读者可以考虑如下问题:

若 $a_1,a_2,\cdots,a_n$ 都是锐角,$n\in\mathbf{N}$,求
$$y = \cos^k\alpha_1 + \sin^k\alpha_1\cos^k\alpha_2 + \sin^k\alpha_2\cos^k\alpha_3 + \cdots +$$
$$\sin^k\alpha_1\sin^k\alpha_2\cdots\sin^k\alpha_{n-2}\cos^k\alpha_{n-1} +$$
$$\sin^k\alpha_1\sin^k\alpha_2\cdots\sin^k\alpha_{n-2}\sin^k\alpha_{n-1}$$
$$(k = 3,4,5,\cdots \text{ 或 } k = -1,-2,-3,\cdots)$$

的最小值.

例 10 设 $a_i > 0 (i = 1,2,\cdots,n)$,$A_n = \dfrac{1}{n}(a_1 + a_2 + \cdots + a_n)$,$G_n = \sqrt[n]{a_1 a_2 \cdots a_n}$,证明:Popovic 不等式

$$\left(\dfrac{G_{n+1}}{A_{n+1}}\right)^{n+1} \leqslant \left(\dfrac{G_n}{A_n}\right)^n$$

证明 由柯西不等式的推广有

$(nA_n + a_{n+1})^{n+1} =$
$(A_n + A_n + \cdots + A_n + a_{n+1}) \cdot (A_n + A_n + \cdots + a_{n+1} + A_n) \cdots \cdot$
$(a_{n+1} + A_n + \cdots + A_n) \geqslant$
$(\sqrt[n+1]{A_n^n} \cdot \sqrt[n+1]{a_{n+1}} + \sqrt[n+1]{A_n^n} \cdot \sqrt[n+1]{a_{n+1}} + \cdots +$
$\sqrt[n+1]{A_n^n} \cdot \sqrt[n+1]{a_{n+1}})^{n+1} =$
$(n+1)^{n+1} a_{n+1} A_n^n$

于是
$$(nA_n + a_{n+1})^{n+1} \geqslant (n+1)^{n+1} a_{n+1} A_n^n$$
即
$$\left(\dfrac{G_{n+1}}{A_{n+1}}\right)^{n+1} \leqslant \left(\dfrac{G_n}{A_n}\right)^n$$

例 11 (1990 年江苏省数学夏令营试题) 设 $x_0, x_1, x_2, \cdots,$

第 12 章 柯西不等式的推广及其应用

x_n 都是正数,$n \geqslant 2$ 是正整数,求证

$$\left(\frac{x_0}{x_1}\right)^n + \left(\frac{x_1}{x_2}\right)^n + \cdots + \left(\frac{x_{n-1}}{x_n}\right)^n + \left(\frac{x_n}{x_0}\right)^n \geqslant$$

$$\frac{x_1}{x_0} + \frac{x_2}{x_1} + \cdots + \frac{x_n}{x_{n-1}} + \frac{x_0}{x_n}.$$

证明 由柯西不等式的推广得

$$\left[\left(\frac{x_0}{x_1}\right)^n + \left(\frac{x_1}{x_2}\right)^n + \cdots + \left(\frac{x_{n-1}}{x_n}\right)^n + \left(\frac{x_n}{x_0}\right)^n\right]\left[\left(\frac{x_1}{x_2}\right)^n + \cdots + \right.$$

$$\left.\left(\frac{x_{n-1}}{x_n}\right)^n + \left(\frac{x_n}{x_0}\right)^n + \left(\frac{x_0}{x_1}\right)^n\right]\cdots\left[\left(\frac{x_{n-1}}{x_n}\right)^n + \left(\frac{x_n}{x_0}\right)^n + \right.$$

$$\left.\left(\frac{x_0}{x_1}\right)^n + \cdots + \left(\frac{x_{n-2}}{x_{n-1}}\right)^n\right] \geqslant$$

$$\left[\frac{x_0}{x_1} \cdot \frac{x_1}{x_2} \cdots \cdot \frac{x_{n-1}}{x_n} + \frac{x_1}{x_2} \cdot \frac{x_2}{x_3} \cdots \cdot \frac{x_n}{x_0} + \cdots + \right.$$

$$\left.\frac{x_{n-1}}{x_n} \cdot \frac{x_n}{x_0} \cdot \frac{x_0}{x_1} \cdots \cdot \frac{x_{n-3}}{x_{n-2}} + \frac{x_n}{x_0} \cdot \frac{x_0}{x_1} \cdot \frac{x_1}{x_2} \cdots \cdot \frac{x_{n-2}}{x_{n-1}}\right]^n \geqslant$$

$$\left(\frac{x_0}{x_n} + \frac{x_1}{x_0} + \frac{x_2}{x_1} + \cdots + \frac{x_n}{x_{n-1}}\right)^n = \left(\frac{x_1}{x_0} + \frac{x_2}{x_1} + \cdots + \frac{x_n}{x_{n-1}} + \frac{x_0}{x_n}\right)^n$$

两边同时开 n 次方即得.

例 12 (第 39 届 IMO 预选题)设 x, y, z 是正实数,且 $xyz = 1$,证明:$\dfrac{x^3}{(1+y)(1+z)} + \dfrac{y^3}{(1+z)(1+x)} + \dfrac{z^3}{(1+x)(1+y)} \geqslant \dfrac{3}{4}$.

证明 由柯西不等式的推广得

$$\left[\frac{x^3}{(1+y)(1+z)} + \frac{y^3}{(1+z)(1+x)} + \frac{z^3}{(1+x)(1+y)}\right] \cdot$$

$$[(1+y)+(1+z)+(1+x)][(1+z)+(1+x)+(1+y)] \geqslant$$

$$(x+y+z)^3$$

所以

$$\frac{x^3}{(1+y)(1+z)} + \frac{y^3}{(1+z)(1+x)} + \frac{z^3}{(1+x)(1+y)} \geqslant$$

$$\frac{(x+y+z)^3}{(3+x+y+z)^2}.$$

令 $u = x+y+z$,则由均值不等式得

$$x+y+z \geqslant 3\sqrt[3]{xyz} = 3$$

39

Cauchy 不等式·下

设 $f(u)=\dfrac{u^3}{(3+u)^2}$，则 $f(u)=\dfrac{u}{\left(\dfrac{3}{u}+1\right)^2}$ 在 $[3,+\infty)$ 上是增函数，所以 $f(u)\geqslant\dfrac{3}{4}$.

从而

$$\dfrac{x^3}{(1+y)(1+z)}+\dfrac{y^3}{(1+z)(1+x)}+\dfrac{z^3}{(1+x)(1+y)}\geqslant\dfrac{3}{4}$$

例 13（第 45 届 IMO 预选题）设 $a,b,c>0$，且 $ab+bc+ca=1$，证明：$\sqrt[3]{\dfrac{1}{a}+6b}+\sqrt[3]{\dfrac{1}{b}+6c}+\sqrt[3]{\dfrac{1}{c}+6a}\leqslant\dfrac{1}{abc}$.

证明 由柯西不等式的推广得

$$(1+1+1)(1+1+1)\left[\left(\dfrac{1}{a}+6b\right)+\left(\dfrac{1}{b}+6c\right)+\left(\dfrac{1}{c}+6a\right)\right]\geqslant\left(\sqrt[3]{\dfrac{1}{a}+6b}+\sqrt[3]{\dfrac{1}{b}+6c}+\sqrt[3]{\dfrac{1}{c}+6a}\right)^3$$

即

$$9\left[\dfrac{1}{a}+\dfrac{1}{b}+\dfrac{1}{c}+6(a+b+c)\right]\geqslant\left(\sqrt[3]{\dfrac{1}{a}+6b}+\sqrt[3]{\dfrac{1}{b}+6c}+\sqrt[3]{\dfrac{1}{c}+6a}\right)^3$$

由均值不等式得 $ab+bc+ca=1\geqslant 3\sqrt[3]{a^2b^2c^2}$，即 $\dfrac{1}{abc}\geqslant 3\sqrt{3}$.

又 $(ab)^2+(bc)^2+(ca)^2\geqslant abc(a+b+c)$，即

$$\dfrac{1}{3abc}\geqslant a+b+c$$

$$\dfrac{1}{a}+\dfrac{1}{b}+\dfrac{1}{c}+6(a+b+c)=\dfrac{1}{abc}+6(a+b+c)\leqslant\dfrac{1}{abc}+\dfrac{2}{abc}=\dfrac{3}{abc}$$

因为 $\dfrac{1}{abc}\geqslant 3\sqrt{3}$，所以

$$9\left[\dfrac{1}{a}+\dfrac{1}{b}+\dfrac{1}{c}+6(a+b+c)\right]\leqslant\dfrac{27}{abc}\leqslant\left(\dfrac{1}{abc}\right)^3$$

从而

$$\sqrt[3]{\dfrac{1}{a}+6b}+\sqrt[3]{\dfrac{1}{b}+6c}+\sqrt[3]{\dfrac{1}{c}+6a}\leqslant\dfrac{1}{abc}$$

第 12 章 柯西不等式的推广及其应用

例 14 (2001 年第 42 届 IMO 试题)对所有正实数 a,b,c,证明

$$\frac{a}{\sqrt{a^2+8bc}}+\frac{b}{\sqrt{b^2+8ca}}+\frac{c}{\sqrt{c^2+8ab}} \geqslant 1$$

证明 由式(12.12)得,原不等式左边为

$$\sum \frac{a}{\sqrt{a^2+8bc}} = \sum \frac{a^{\frac{3}{2}}}{\sqrt{a^3+8abc}} = \sum \frac{a^{1+\frac{1}{2}}}{(a^3+8abc)^{\frac{1}{2}}} \geqslant$$

$$\frac{(\sum a)^{\frac{3}{2}}}{[(\sum a^3)+24abc]^{\frac{1}{2}}} \quad (12.14)$$

故欲证原不等式的左边大于或等于 1,就只需式(12.14)的右边大于或等于 1 即可

式(12.14)的右边 $\Leftrightarrow (\sum a)^3 \geqslant \sum a^3 + 24abc \Leftrightarrow$

$$\sum a^3 + 3\sum (a^2b+ab^2) + 6abc \geqslant$$

$$\sum a^3 + 24abc \Leftrightarrow$$

$$\sum (a^2b+ab^2) \geqslant 6abc$$

因为

$$\sum (a^2b+ab^2) \geqslant 6\sqrt[6]{\prod a^2b \prod ab^2} = 6\sqrt[6]{a^6b^6c^6} = 6abc$$

所以原不等式成立.

注 这里 $\sum, \prod$ 表示循环求和,循环求积.

例 15 若 $\sum_{i=1}^{n} x_i = 1, x_i \in \mathbf{R}_+$,则

$$\prod_{i=1}^{n}\left(x_i + \frac{1}{x_i}\right) \geqslant \left(n+\frac{1}{n}\right)^n$$

证明 因为函数 $f(x)=x+\frac{1}{x}$ 在 $x \in (0,1)$ 内是单调递减函数,又

$$\sqrt[n]{x_1 x_2 \cdots x_n} \leqslant \frac{x_1+x_2+\cdots+x_n}{n} = \frac{1}{n}$$

所以

$$\left(x_1+\frac{1}{x_1}\right)\left(x_2+\frac{1}{x_2}\right)\cdots\left(x_n+\frac{1}{x_n}\right) \geqslant$$

41

Cauchy 不等式. 下

$$\left(\sqrt[n]{x_1 x_2 \cdots x_n} + \frac{1}{\sqrt[n]{x_1 x_2 \cdots x_n}}\right)^n \geqslant$$
$$\left(\frac{1}{n} + n\right)^n = \left(n + \frac{1}{n}\right)^n.$$

此例许多书刊都探讨过其证明方法,但都较烦琐,上面的证法却相当简捷.

例 15 中的不等式可以推广为:

设 $a_i \in \mathbf{R}_+ (i=1,2,\cdots,n)$,且 $\sum_{i=1}^{n} a_i = 1$,则

$$\prod_{i=1}^{n}\left(a_i^k + \frac{1}{a_i^k}\right) \geqslant \left(n^k + \frac{1}{n^k}\right)^n \quad (n \in \mathbf{N}).$$

证明 由式(12.1),得

$$\left(a_1^k + \frac{1}{a_1^k}\right)\left(a_2^k + \frac{1}{a_2^k}\right)\cdots\left(a_n^k + \frac{1}{a_n^k}\right) \geqslant$$
$$\left[(\sqrt[n]{a_1 a_2 \cdots a_n})^k + \left(\frac{1}{\sqrt[n]{a_1 a_2 \cdots a_n}}\right)^k\right]^n$$

又

$$\sqrt[n]{a_1 a_2 \cdots a_n} \leqslant \frac{a_1 + a_2 + \cdots + a_n}{n} = \frac{1}{n}$$

且函数 $y = x + \dfrac{1}{x}$ 是 $[0,1]$ 上的单调递减函数.

所以

$$(\sqrt[n]{a_1 a_2 \cdots a_n})^k + \left(\frac{1}{\sqrt[n]{a_1 a_2 \cdots a_n}}\right)^k \geqslant \frac{1}{n^k} + n^k$$

故

$$\left(a_1^k + \frac{1}{a_1^k}\right)\left(a_2^k + \frac{1}{a_2^k}\right)\cdots\left(a_n^k + \frac{1}{a_n^k}\right) \geqslant \left(n^k + \frac{1}{n^k}\right)^n.$$

显然,当 $k=1$ 时,即为例 15 中的不等式.

例 16 设 $a_i \in \mathbf{R}_+ (i=1,2,\cdots,n)$,且 $\sum_{i=1}^{n} a_i = 1$. 求证:

$$\sum_{i=1}^{n}\left(\frac{1}{a_i}\right)^k \geqslant n^{k+1} \quad (k \in \mathbf{N}).$$

证明 因为

$$\left[\left(\frac{1}{a_1}\right)^k + \left(\frac{1}{a_2}\right)^k + \cdots + \left(\frac{1}{a_n}\right)^k\right] \cdot$$

第 12 章 柯西不等式的推广及其应用

$$\underbrace{(a_1+a_2+\cdots+a_n)\cdots(a_1+a_2+\cdots+a_n)}_{k\text{组}} \geqslant$$

$$\left[\left(\frac{1}{a_1}\right)(\sqrt[k]{a_1})^k+\left(\frac{1}{a_2}\right)\cdot(\sqrt[k]{a_2})^k+\right.$$

$$\left.\left(\frac{1}{a_3}\right)(\sqrt[k]{a_3})^k+\cdots+\left(\frac{1}{a_n}\right)(\sqrt[k]{a_n})^k\right]^{k+1}=n^{k+1}$$

所以

$$\sum_{i=1}^{n}\left(\frac{1}{a_i}\right)^k \geqslant n^{k+1}$$

例 17 设 $a_i \in \mathbf{R}_+ (i=1,2,\cdots,n)$,且 $\sum_{i=1}^{n} a_i = k$,求证

$$\sum_{i=1}^{n}\left(a_i+\frac{k}{a_i}\right)^m \geqslant n\left(n+\frac{k}{n}\right)^m \quad (m \geqslant 1)$$

证明 由式(12.1),得

$$(a_1^n+a_2^n+\cdots+a_m^n)\cdot\underbrace{(1^n+1^n+\cdots+1^n)\cdots(1^n+1^n+\cdots+1^n)}_{(n-1)\text{组}} \geqslant$$

$$(a_1+a_2+\cdots+a_m)^n$$

即

$$a_1^n+a_2^n+\cdots+a_m^n \geqslant m^{1-n}(a_1+a_2+\cdots+a_m)^n$$

因此

$$\left(a_1+\frac{k}{a_1}\right)^m+\left(a_2+\frac{k}{a_2}\right)^m+\cdots+\left(a_n+\frac{k}{a_n}\right)^m \geqslant$$

$$n^{1-m}\left[\left(a_1+\frac{k}{a_1}\right)+\left(a_2+\frac{k}{a_2}\right)+\cdots+\left(a_n+\frac{k}{a_n}\right)\right]^m=$$

$$n^{1-m}\left[(a_1+a_2+\cdots+a_n)+k\left(\frac{1}{a_1}+\frac{1}{a_2}+\cdots+\frac{1}{a_n}\right)\right]^m=$$

$$n^{1-m}[k+k(a_1^{-1}+a_2^{-1}+\cdots+a_n^{-1})]^m \geqslant$$

$$n^{1-m}[k+kn^{1-(-1)}(a_1+a_2+\cdots+a_n)^{-1}]^m=$$

$$n^{1-m}(k+kn^2 k^{-1})^m=n^{1-m}(k+n^2)^m=n\left(n+\frac{k}{n}\right)^m$$

当 $k=1, m=n=2$ 时,即为常见的不等式

$$\left(a_1+\frac{1}{a_1}\right)^2+\left(a_2+\frac{1}{a_2}\right)^2 \geqslant \frac{25}{2}$$

当 $k=1, m=2, n=3$,则

$$\left(a_1+\frac{1}{a_1}\right)^2+\left(a_2+\frac{1}{a_2}\right)^2+\left(a_3+\frac{1}{a_3}\right)^2 \geqslant \frac{100}{3}$$

Cauchy 不等式. 下

例 18 若 $a+b=1$,则 $a^n+b^n \geqslant \dfrac{1}{2^{n-1}}(n \in \mathbf{N})$.

证法一 这道题的常用证法是数学归纳法,也有一种十分巧妙的方法如下:

令 $a=\dfrac{1}{2}+t, b=\dfrac{1}{2}-t$,则

$$a^n+b^n=\left(\dfrac{1}{2}+t\right)^n+\left(\dfrac{1}{2}-t\right)^n=$$
$$\left[\left(\dfrac{1}{2}\right)^n+C_n^1\left(\dfrac{1}{2}\right)^{n-1}t+C_n^2\left(\dfrac{1}{2}\right)^{n-2}t^2+\cdots+t^n\right]+$$
$$\left[\left(\dfrac{1}{2}\right)^n-C_n^1\left(\dfrac{1}{2}\right)^{n-1}t+C_n^2\left(\dfrac{1}{2}\right)^{n-2}t^2+\cdots+(-1)^n t^n\right] \geqslant$$
$$2\left(\dfrac{1}{2}\right)^n=\dfrac{1}{2^{n-1}}$$

当且仅当 $a=b=\dfrac{1}{2}$ 时等号成立.

证法二 这个不等式若利用柯西不等式的推广形式来证,更显得简便.

$$(a^n+b^n)\underbrace{(1^n+1^n)\cdots(1^n+1^n)}_{(n-1)\text{组}} \geqslant$$
$$(a \cdot \underbrace{1 \cdot 1 \cdots 1}_{n-1\text{个}}+b \cdot \underbrace{1 \cdot 1 \cdots 1}_{n-1\text{个}})^n=(a+b)^n=1$$

即 $$(a^n+b^n) \cdot 2^{n-1} \geqslant 1$$

所以 $$a^n+b^n \geqslant \dfrac{1}{2^{n-1}}$$

当 $n=2,4$ 时,即为常见的不等式:

若 $a+b=1$,则 $a^2+b^2 \geqslant \dfrac{1}{2}$;

若 $a+b=1$,则 $a^4+b^4 \geqslant \dfrac{1}{8}$.

例 18 中的不等式还可以推广为:

若 $a_1+a_2+\cdots+a_n=1, m,n \in \mathbf{N}$ 且 $m \geqslant 2$,则

$$a_1^n+a_2^n+\cdots+a_m^n \geqslant \dfrac{1}{m^{n-1}}$$

读者利用柯西不等式的推广式容易证得.

例 19 (2006 年澳门数学奥林匹克试题)设 a,b,c 是正实数,

第 12 章 柯西不等式的推广及其应用

证明：$\dfrac{a^4}{a^4+\sqrt[3]{(a^6+b^6)(a^3+c^3)^2}}+\dfrac{b^4}{b^4+\sqrt[3]{(b^6+c^6)(b^3+a^3)^2}}+$

$\dfrac{c^4}{c^4+\sqrt[3]{(c^6+a^6)(c^3+b^3)^2}}\leqslant 1.$

证明 由柯西不等式的推广得

$(a^6+b^6)(a^3+c^3)^2=(a^6+b^6)(a^3+c^3)(a^3+c^3)\geqslant$
$$(a^2\cdot c\cdot c+b^2\cdot a\cdot a)^3=a^6(b^2+c^2)^3$$

于是
$$\dfrac{a^4}{a^4+\sqrt[3]{(a^6+b^6)(a^3+c^3)^2}}\leqslant\dfrac{a^2}{a^2+b^2+c^2}$$

同理
$$\dfrac{b^4}{b^4+\sqrt[3]{(b^6+c^6)(b^3+a^3)^2}}\leqslant\dfrac{b^2}{a^2+b^2+c^2}$$
$$\dfrac{c^4}{c^4+\sqrt[3]{(c^6+a^6)(c^3+b^3)^2}}\leqslant\dfrac{c^2}{a^2+b^2+c^2}$$

三式相加得
$$\dfrac{a^4}{a^4+\sqrt[3]{(a^6+b^6)(a^3+c^3)^2}}+\dfrac{b^4}{b^4+\sqrt[3]{(b^6+c^6)(b^3+a^3)^2}}+$$
$$\dfrac{c^4}{c^4+\sqrt[3]{(c^6+a^6)(c^3+b^3)^2}}\leqslant 1$$

例 20 设 $x_i>0, x_iy_i-z_i^2>0(i=1,2,\cdots,n)$，则
$$\dfrac{n^3}{\sum_{i=1}^n x_i\sum_{i=1}^n y_i-(\sum_{i=1}^n z_i)^2}\leqslant\sum_{i=1}^n\dfrac{1}{x_iy_i-z_i^2}$$

成立. 当且仅当 $x_1=x_2=\cdots=x_n, y_1=y_2=\cdots=y_n, z_1=z_2=\cdots=z_n$ 时取等号.

这是第 11 届 IMO 一道试题的推广($n=2$).

证明 令 $A_i=\sqrt{x_iy_i}+z_i, B_i=\sqrt{x_iy_i}-z_i(i=1,2,\cdots,n)$，运用柯西不等式及其推广有

$$\left[\sum_{i=1}^n x_i\sum_{i=1}^n y_i-(\sum_{i=1}^n z_i)^2\right]\sum_{i=1}^n\dfrac{1}{x_iy_i-z_i^2}\geqslant$$
$$\left[(\sum_{i=1}^n\sqrt{x_iy_i})^2-(\sum_{i=1}^n z_i)^2\right]\sum_{i=1}^n\dfrac{1}{(\sqrt{x_iy_i})^2-z_i^2}=$$

45

Cauchy 不等式·下

$$\sum_{i=1}^{n}(\sqrt{x_iy_i}+z_i)\sum_{i=1}^{n}(\sqrt{x_iy_i}-z_i)\sum_{i=1}^{n}\frac{1}{(\sqrt{x_iy_i}+z_i)(\sqrt{x_iy_i}-z_i)}=$$

$$\sum_{i=1}^{n}A_i \cdot \sum_{i=1}^{n}B_i \cdot \sum_{i=1}^{n}\frac{1}{A_iB_i} \geqslant$$

$$\Big(\sum_{i=1}^{n}\sqrt[3]{A_i} \cdot \sqrt[3]{B_i} \cdot \sqrt[3]{\frac{1}{A_iB_i}}\Big)^3 =$$

$$\Big(\sum_{i=1}^{n}1\Big)^3 = n^3$$

所以,原不等式成立.

根据柯西不等式推广的证明,知原不等式成立的条件是 $A_1=A_2=\cdots=A_n, x_1=x_2=\cdots=x_n, y_1=y_2=\cdots=y_n$,即 $x_1=x_2=\cdots=x_n, y_1=y_2=\cdots=y_n, z_1=z_2=\cdots=z_n$.

例 21 (第 31 届 IMO 预选题) 设 a,b,c,d 是满足 $ab+bc+cd+da=1$ 的非负实数,求证:$\dfrac{a^3}{b+c+d}+\dfrac{b^3}{c+d+a}+\dfrac{c^3}{d+a+b}+\dfrac{d^3}{a+b+c} \geqslant \dfrac{1}{3}$.

证法一 a,b,c,d 均为正实数,$ab+bc+cd+da=1$,即 $(a+c)(b+d)=1$,则

$$(a+b+c+d)^2 \geqslant 4(a+c)(b+d)=4$$

又

$$(\sqrt{a+b+c}+\sqrt{b+c+d}+\sqrt{c+d+a}+\sqrt{d+a+b})^2 \leqslant$$
$$4[(a+b+c)+(b+c+d)+(c+d+a)+(d+a+b)]=$$
$$12(a+b+c+d) \qquad (12.15)$$

由柯西不等式的推广得

$$\Big(\dfrac{a^3}{b+c+d}+\dfrac{b^3}{c+d+a}+\dfrac{c^3}{d+a+b}+\dfrac{d^3}{a+b+c}\Big) \cdot$$
$$(\sqrt{b+c+d}+\sqrt{c+d+a}+\sqrt{d+a+b}+\sqrt{a+b+c}) \cdot$$
$$(\sqrt{b+c+d}+\sqrt{c+d+a}+\sqrt{d+a+b}+\sqrt{a+b+c}) \geqslant$$
$$(a+b+c+d)^3 \qquad (12.16)$$

由不等式 (12.15) 和 (12.16) 得

$$\dfrac{a^3}{b+c+d}+\dfrac{b^3}{c+d+a}+\dfrac{c^3}{d+a+b}+\dfrac{d^3}{a+b+c} \geqslant$$

第 12 章 柯西不等式的推广及其应用

$$\frac{(a+b+c+d)^3}{12(a+b+c+d)} = \frac{(a+b+c+d)^2}{12} \geqslant \frac{1}{3}$$

当且仅当 $a=b=c=d=\dfrac{1}{2}$ 时等号成立.

证法二 由柯西不等式的推广得

$$\left(\frac{a^3}{b+c+d} + \frac{b^3}{c+d+a} + \frac{c^3}{d+a+b} + \frac{d^3}{a+b+c}\right) \cdot$$
$$[(b+c+d)+(c+d+a)+(d+a+b)+(a+b+c)] \cdot$$
$$(1+1+1+1) \geqslant (a+b+c+d)^3$$

所以

$$\frac{a^3}{b+c+d} + \frac{b^3}{c+d+a} + \frac{c^3}{d+a+b} + \frac{d^3}{a+b+c} \geqslant$$
$$\frac{(a+b+c+d)^2}{12} = \frac{(a+c+b+d)^2}{12}$$

而

$$(a+c)+(b+d) \geqslant 2\sqrt{(a+c)(b+d)} =$$
$$2\sqrt{ab+bc+cd+da} = 2$$

所以

$$\frac{a^3}{b+c+d} + \frac{b^3}{c+d+a} + \frac{c^3}{d+a+b} + \frac{d^3}{a+b+c} \geqslant \frac{1}{3}$$

例 22 (2004 年 MOP 试题)已知 a,b,c 是非负实数,求证:$\left(\dfrac{a+2b}{a+2c}\right)^3 + \left(\dfrac{b+2c}{b+2a}\right)^3 + \left(\dfrac{c+2a}{c+2b}\right)^3 \geqslant 3$.

证明 由柯西不等式的推广得

$$(1^3+1^3+1^3)(1^3+1^3+1^3)\left[\left(\frac{a+2b}{a+2c}\right)^3 + \left(\frac{b+2c}{b+2a}\right)^3 + \left(\frac{c+2a}{c+2b}\right)^3\right] \geqslant$$
$$\left(\frac{a+2b}{a+2c} + \frac{b+2c}{b+2a} + \frac{c+2a}{c+2b}\right)^3$$

即

$$9\left[\left(\frac{a+2b}{a+2c}\right)^3 + \left(\frac{b+2c}{b+2a}\right)^3 + \left(\frac{c+2a}{c+2b}\right)^3\right] \geqslant$$
$$\left(\frac{a+2b}{a+2c} + \frac{b+2c}{b+2a} + \frac{c+2a}{c+2b}\right)^3$$

由柯西不等式得

$$\left(\frac{a+2b}{a+2c} + \frac{b+2c}{b+2a} + \frac{c+2a}{c+2b}\right) + 3 =$$

Cauchy 不等式. 下

$$2(a+b+c)\left(\frac{1}{a+2c}+\frac{1}{b+2a}+\frac{1}{c+2b}\right)=$$

$$\frac{2}{3}\left[(a+2c)+(b+2a)+(c+2b)\right]\left(\frac{1}{a+2c}+\frac{1}{b+2a}+\frac{1}{c+2b}\right)\geqslant$$

$$\frac{2}{3}(1+1+1)^2=6$$

所以

$$\frac{a+2b}{a+2c}+\frac{b+2c}{b+2a}+\frac{c+2a}{c+2b}\geqslant 3$$

于是

$$\left(\frac{a+2b}{a+2c}\right)^3+\left(\frac{b+2c}{b+2a}\right)^3+\left(\frac{c+2a}{c+2b}\right)^3\geqslant 3$$

例 23 设 $a>0, b>0, n\geqslant 3, n\in \mathbf{N}, 0<x<\frac{\pi}{2}$,则函数

$$y=\frac{a}{\sin^n x}+\frac{b}{\cos^n x}$$

当 $x=\arctan\sqrt[n+2]{\frac{a}{b}}$ 时,有最小值

$$y_{\min}=\sqrt{(\sqrt[n+2]{a^2}+\sqrt[n+2]{b^2})^{n+2}}$$

证明 因为

$$(a^{\frac{2}{n+2}}+b^{\frac{2}{n+2}})^{n+2}=$$

$$\left[\underbrace{\sqrt[n+2]{\frac{a}{\sin^n x}}\cdot \sqrt[n+2]{\frac{a}{\sin^n x}}}\cdot \underbrace{\sqrt[n+2]{\sin^2 x}\cdot \sqrt[n+2]{\sin^2 x}\cdot \cdots \cdot \sqrt[n+2]{\sin^2 x}}_{n\text{个}}+\right.$$

$$\left.\sqrt[n+2]{\frac{b}{\cos^n x}}\cdot \sqrt[n+2]{\frac{b}{\cos^n x}}\cdot \underbrace{\sqrt[n+2]{\cos^2 x}\cdot \sqrt[n+2]{\cos^2 x}\cdot \cdots \cdot \sqrt[n+2]{\cos^2 x}}_{n\text{个}}\right]^{n+2}\leqslant$$

$$\left(\frac{a}{\sin^n x}+\frac{b}{\cos^n x}\right)\cdot \left(\frac{a}{\sin^n x}+\frac{b}{\cos^n x}\right)\cdot (\sin^2 x+\cos^2 x)\cdot$$

$$(\sin^2 x+\cos^2 x)\cdot \cdots \cdot (\sin^2 x+\cos^2 x)=$$

$$\left(\frac{a}{\sin^n x}+\frac{b}{\cos^n x}\right)^2$$

所以

$$\frac{a}{\sin^n x}+\frac{b}{\cos^n x}\geqslant (a^{\frac{2}{n+2}}+b^{\frac{2}{n+2}})^{\frac{n+2}{2}} \qquad (12.17)$$

第 12 章 柯西不等式的推广及其应用

由 $\dfrac{\sqrt[n+2]{\dfrac{a}{\sin^n x}}}{\sqrt[n+2]{\sin^2 x}}=\dfrac{\sqrt[n+2]{\dfrac{b}{\cos^n x}}}{\sqrt[n+2]{\cos^2 x}}$

得 $\dfrac{a}{\sin^{n+2} x}=\dfrac{b}{\cos^{n+2} x}$

所以 $\tan x=\left(\dfrac{a}{b}\right)^{\frac{1}{n+2}}$

即当且仅当 $x=\arctan \sqrt[n+2]{\dfrac{a}{b}}$ 时,式(12.17)取等号.

即 $y_{\min}=\sqrt{(\sqrt[n+2]{a^2}+\sqrt[n+2]{b^2})^{n+2}}$

例 24 (第 42 届 IMO 试题的加强)对所有的正实数 $a,b,c,\lambda \geqslant 8$,证明:对正数 a,b,c,有

$$\dfrac{a}{\sqrt{a^2+\lambda bc}}+\dfrac{b}{\sqrt{b^2+\lambda ca}}+\dfrac{c}{\sqrt{c^2+\lambda ab}}\geqslant \dfrac{3}{\sqrt{1+\lambda}} \quad (12.18)$$

证明 由柯西不等式的推广,得

$$\text{不等式左边}=\sum \dfrac{a}{\sqrt{a^2+\lambda bc}}=\sum \dfrac{a^{\frac{3}{2}}}{\sqrt{a^3+\lambda abc}}\geqslant \dfrac{\left(\sum a\right)^{\frac{3}{2}}}{\left[\sum (a^3+\lambda abc)\right]^{\frac{1}{2}}} \quad (12.19)$$

记
$$m=\dfrac{3(a+b)(b+c)(c+a)}{8(a^3+b^3+c^3)}, n=\dfrac{3abc}{a^3+b^3+c^3} \quad (12.20)$$

由基本不等式得

$$(a+b)(b+c)(c+a)\geqslant 2\sqrt{ab}\cdot 2\sqrt{bc}\cdot 2\sqrt{ca}=8abc$$

于是,有 $m\geqslant n$.

由幂平均值不等式有 $\dfrac{a^3+b^3+c^3}{3}\geqslant \left(\dfrac{a+b+c}{3}\right)^3$.

于是
$$9(a^3+b^3+c^3)\geqslant (a+b+c)^3=a^3+b^3+c^3+3(a+b)(b+c)(c+a)$$

即
$$8(a^3+b^3+c^3)\geqslant 3(a+b)(b+c)(c+a)$$

49

Cauchy 不等式. 下

亦即 $m \leqslant 1$, 则由式(12.20)得

$$\frac{\left(\sum a\right)^3}{\sum(a^3+\lambda abc)} = \frac{a^3+b^3+c^3+3(a+b)(b+c)(c+a)}{a^3+b^3+c^3+3\lambda abc} = \frac{1+8m}{1+\lambda n}$$
(12.21)

于是, 式(12.19)即为

$$\frac{a}{\sqrt{a^2+\lambda bc}} + \frac{b}{\sqrt{b^2+\lambda ca}} + \frac{c}{\sqrt{c^2+\lambda ab}} \geqslant \sqrt{\frac{1+8m}{1+\lambda n}} \quad (12.22)$$

下面只需证明

$$\sqrt{\frac{1+8m}{1+\lambda n}} \geqslant \frac{3}{\sqrt{1+\lambda}} \quad (12.23)$$

式(12.23) $\Leftrightarrow \frac{1+8m}{1+\lambda n} \geqslant \frac{9}{1+\lambda} \Leftrightarrow 1+8m+\lambda+8\lambda m \geqslant 9+9\lambda n \Leftrightarrow$

$$(\lambda-8)(1-n)+8(m-n)(1+\lambda) \geqslant 0 \quad (12.24)$$

利用 $\lambda \geqslant 8, 1 \geqslant m$ 及 $m \geqslant n$ 知式(12.24)成立. 所以, 不等式(12.18)成立.

例 25 (2007 年国家集训队考试题)设正实数 $a_1, a_2, \cdots, a_n$ 满足 $a_1+a_2+\cdots+a_n=1$, 求证

$$(a_1a_2+a_2a_3+\cdots+a_na_1) \cdot \left(\frac{a_1}{a_2^2+a_2}+\frac{a_2}{a_3^2+a_3}+\cdots+\frac{a_n}{a_1^2+a_1}\right) \geqslant \frac{n}{n+1}$$
(12.25)

证明 由柯西不等式的推广得

$$(a_1a_2+a_2a_3+\cdots+a_na_1) \cdot \left(\frac{a_1}{a_2^2+a_2}+\frac{a_2}{a_3^2+a_3}+\cdots+\frac{a_n}{a_1^2+a_1}\right) \cdot$$
$$[a_1(a_2+1)+a_2(a_3+1)+\cdots+a_n(a_1+1)] \geqslant$$
$$(a_1+a_2+\cdots+a_n)^3 = 1$$

即

$$(a_1a_2+a_2a_3+\cdots+a_na_1) \cdot \left(\frac{a_1}{a_2^2+a_2}+\frac{a_2}{a_3^2+a_3}+\cdots+\frac{a_n}{a_1^2+a_1}\right) \cdot$$
$$(a_1a_2+a_2a_3+\cdots+a_na_1+1) \geqslant 1 \quad (12.26)$$

记不等式(12.25)的左边为 S, 并令 $a_{n+1}=a_1$, 则式(12.26)即为

第12章 柯西不等式的推广及其应用

$$\frac{S^2}{\frac{a_1}{a_2^2+a_2}+\frac{a_2}{a_3^2+a_3}+\cdots+\frac{a_n}{a_1^2+a_1}}+S\geqslant 1 \quad (12.27)$$

由柯西不等式得

$$\left(\frac{a_1}{a_2^2+a_2}+\frac{a_2}{a_3^2+a_3}+\cdots+\frac{a_n}{a_1^2+a_1}\right)\cdot$$
$$\left[(a_2+1)+(a_3+1)+\cdots+(a_1+1)\right]\geqslant$$
$$\left(\frac{\sqrt{a_1}}{\sqrt{a_2}}+\frac{\sqrt{a_2}}{\sqrt{a_3}}+\cdots+\frac{\sqrt{a_n}}{\sqrt{a_1}}\right)^2\geqslant n^2$$

即

$$\frac{a_1}{a_2^2+a_2}+\frac{a_2}{a_3^2+a_3}+\cdots+\frac{a_n}{a_1^2+a_1}\geqslant\frac{n^2}{n+1} \quad (12.28)$$

由式(12.27),(12.28)得

$$\frac{S^2}{\frac{n^2}{n+1}}+S\geqslant\frac{S^2}{\frac{a_1}{a_2^2+a_2}+\frac{a_2}{a_3^2+a_3}+\cdots+\frac{a_n}{a_1^2+a_1}}+S\geqslant 1$$

整理得 $\left(\frac{n+1}{n}S-1\right)\left(\frac{1}{n}S+1\right)\geqslant 0$. 又 $S>0$,故 $S\geqslant\frac{n}{n+1}$.

例26 (1994年中国国家集训队第二次选拔考试试题)已知 $5n$ 个实数 $r_i, s_i, t_i, u_i, v_i (1\leqslant i\leqslant n)$ 都大于1,记 $R = \left(\frac{1}{n}\sum_{i=1}^{n}r_i\right), S = \left(\frac{1}{n}\sum_{i=1}^{n}s_i\right), T = \left(\frac{1}{n}\sum_{i=1}^{n}t_i\right), U = \left(\frac{1}{n}\sum_{i=1}^{n}u_i\right), V = \left(\frac{1}{n}\sum_{i=1}^{n}v_i\right)$. 求证:$\prod_{i=1}^{n}\frac{r_is_it_iu_iv_i+1}{r_is_it_iu_iv_i-1}\geqslant\left(\frac{RSTUV+1}{RSTUV-1}\right)^n$.

证明 设 $x_1, x_2, \cdots, x_n \in (1, +\infty)$,则由柯西不等式的推广有

$$(1+x_1)(1+x_2)\cdots(1+x_n)\geqslant(1+\sqrt[n]{x_1x_2\cdots x_n})^n$$

即

$$\sqrt[n]{(1+x_1)(1+x_2)\cdots(1+x_n)}\geqslant 1+\sqrt[n]{x_1x_2\cdots x_n}$$
$$(12.29)$$

在式(12.29)中将 x_i 换成 x_i-1,得

$$\sqrt[n]{(x_1-1)(x_2-1)\cdots(x_n-1)}\leqslant\sqrt[n]{x_1x_2\cdots x_n}-1$$
$$(12.30)$$

Cauchy 不等式.下

$(12.29) \div (12.30)$ 得

$$\sqrt[n]{\frac{(x_1+1)(x_2+1)\cdots(x_n+1)}{(x_1-1)(x_2-1)\cdots(x_n-1)}} \geqslant \frac{\sqrt[n]{x_1 x_2 \cdots x_n}+1}{\sqrt[n]{x_1 x_2 \cdots x_n}-1} \quad (12.31)$$

取 $x_i = r_i s_i t_i u_i v_i (i=1,2,\cdots,n)$,得

$$\prod_{i=1}^{n} \frac{r_i s_i t_i u_i v_i + 1}{r_i s_i t_i u_i v_i - 1} \geqslant \left(\frac{\sqrt[n]{\prod_{i=1}^{n} r_i s_i t_i u_i v_i} + 1}{\sqrt[n]{\prod_{i=1}^{n} r_i s_i t_i u_i v_i} - 1} \right)^n \quad (12.32)$$

由算术-几何平均值不等式得

$$\sqrt[n]{\prod_{i=1}^{n} r_i} \leqslant \frac{1}{n} \sum_{i=1}^{n} r_i = R$$

同理

$$\sqrt[n]{\prod_{i=1}^{n} s_i} \leqslant S, \sqrt[n]{\prod_{i=1}^{n} t_i} \leqslant T$$

$$\sqrt[n]{\prod_{i=1}^{n} u_i} \leqslant U, \sqrt[n]{\prod_{i=1}^{n} v_i} \leqslant V$$

所以

$$\sqrt[n]{\prod_{i=1}^{n} r_i s_i t_i u_i v_i} \leqslant RSTUV \quad (12.33)$$

又由于 $y = \dfrac{x+1}{x-1}$ 在 $(1,+\infty)$ 上是减函数,所以

$$\frac{\sqrt[n]{\prod_{i=1}^{n} r_i s_i t_i u_i v_i} + 1}{\sqrt[n]{\prod_{i=1}^{n} r_i s_i t_i u_i v_i} - 1} \geqslant \frac{RSTUV+1}{RSTUV-1} \quad (12.34)$$

由式(12.32),(12.34)知原不等式成立.

例 27 (2008 年伊朗国家集训队试题)已知 a,b,c 都是正数,且 $ab+bc+ca=1$,证明:$\sqrt{a^3+a} + \sqrt{b^3+b} + \sqrt{c^3+c} \geqslant 2\sqrt{a+b+c}$.

证明 由柯西不等式的推广得

$$(\sqrt{a^3+a} + \sqrt{b^3+b} + \sqrt{c^3+c})^2 \left(\frac{a^2}{a^2+1} + \frac{b^2}{b^2+1} + \frac{c^2}{c^2+1} \right) \geqslant$$

第 12 章　柯西不等式的推广及其应用

$(a+b+c)^3$

因此只需证明 $(a+b+c)^2 \geqslant 4\left(\dfrac{a^2}{a^2+1}+\dfrac{b^2}{b^2+1}+\dfrac{c^2}{c^2+1}\right)$，因为 $ab+bc+ca=1$，所以

$$a^2+1=a^2+ab+bc+ca=(a+b)(a+c)$$
$$b^2+1=(b+c)(b+a)$$
$$c^2+1=(c+a)(c+b)$$

即要证明

$$\dfrac{(a+b+c)^2}{ab+bc+ca} \geqslant 4\left[\dfrac{a^2}{(a+b)(a+c)}+\dfrac{b^2}{(b+c)(b+a)}+\dfrac{c^2}{(c+a)(c+b)}\right] \Leftrightarrow$$

$$\dfrac{a^2+b^2+c^2}{ab+bc+ca}+\dfrac{8abc}{(a+b)(b+c)(c+a)} \geqslant 2 \Leftrightarrow$$

$$\dfrac{(a-b)^2+(b-c)^2+(c-a)^2}{2(ab+bc+ca)}-\dfrac{c(a-b)^2+a(b-c)^2+b(c-a)^2}{(a+b)(b+c)(c+a)} \geqslant 0 \Leftrightarrow$$

$$\left[\dfrac{(a+b)(b+c)(c+a)}{ab+bc+ca}-2a\right](b-c)^2+$$

$$\left[\dfrac{(a+b)(b+c)(c+a)}{ab+bc+ca}-2b\right](c-a)^2+$$

$$\left[\dfrac{(a+b)(b+c)(c+a)}{ab+bc+ca}-2c\right](a-b)^2 \geqslant 0$$

记

$$f(a,b,c)=\left[\dfrac{(a+b)(b+c)(c+a)}{ab+bc+ca}-2a\right](b-c)^2+$$

$$\left[\dfrac{(a+b)(b+c)(c+a)}{ab+bc+ca}-2b\right](c-a)^2+$$

$$\left[\dfrac{(a+b)(b+c)(c+a)}{ab+bc+ca}-2c\right](a-b)^2=$$

$$S_a(b-c)^2+S_b(a-c)^2+S_c(a-b)^2$$

现在要证明 $f(a,b,c) \geqslant 0$.

不妨设 $a \geqslant b \geqslant c$，因为

$$(a-c)^2=(a-b)^2+(b-c)^2+2(a-b)(b-c) \geqslant (a-b)^2+(b-c)^2$$

所以

$$S_b=\dfrac{(a+b)(b+c)(c+a)}{ab+bc+ca}-2b=a+c-b-\dfrac{abc}{ab+bc+ca} \geqslant 0$$

所以

$$S_a(b-c)^2+S_b(a-c)^2+S_c(a-b)^2 \geqslant$$

53

Cauchy 不等式. 下

$$S_a(b-c)^2 + S_b[(a-b)^2 + (b-c)^2] + S_c(a-b)^2 =$$
$$(S_a+S_b)(b-c)^2 + (S_b+S_c)(a-b)^2$$

因为

$$S_c = \frac{(a+b)(b+c)(c+a)}{ab+bc+ca} - 2c = a+b-c - \frac{abc}{ab+bc+ca} \geqslant 0$$

因此只要证明 $S_a + S_b \geqslant 0$，而

$$S_a + S_b = b+c-a - \frac{abc}{ab+bc+ca} + a+c-b - \frac{abc}{ab+bc+ca} =$$
$$2\left(c - \frac{abc}{ab+bc+ca}\right) = \frac{2(a+b)c^2}{ab+bc+ca} \geqslant 0$$

所以 $f(a,b,c) \geqslant 0$.

例 28 已知 $a_1, a_2, \cdots, a_m \in \mathbf{R}_+$，且 $a_1 + a_2 + \cdots + a_m = 1$，$m, n \in \mathbf{N}$，求证

$$\left(\frac{1}{a_1^n} - 1\right)\left(\frac{1}{a_2^n} - 1\right)\cdots\left(\frac{1}{a_m^n} - 1\right) \geqslant (m^n - 1)^m$$

证明 因为

$$a_1 + a_2 + \cdots + a_m \geqslant m\sqrt[m]{a_1 a_2 \cdots a_m}$$

所以

$$\frac{1}{a_1 a_2 \cdots a_m} \geqslant m^m$$

又

$$\frac{1}{a_1} - 1 = \frac{a_2 + a_3 + \cdots + a_m}{a_1} \geqslant (m-1)\frac{\sqrt[m-1]{a_2 a_3 \cdots a_m}}{a_1}$$

$$\frac{1}{a_2} - 1 = \frac{a_1 + a_3 + \cdots + a_m}{a_2} \geqslant (m-1)\frac{\sqrt[m-1]{a_1 a_3 \cdots a_m}}{a_2}$$

$$\vdots$$

$$\frac{1}{a_m} - 1 = \frac{a_1 + a_2 + \cdots + a_{m-1}}{a_m} \geqslant (m-1)\frac{\sqrt[m-1]{a_1 a_2 \cdots a_{m-1}}}{a_m}$$

上述 m 个不等式相乘得

$$\sum_{i=1}^m \left(\frac{1}{a_i} - 1\right) \geqslant (m-1)^m \qquad (12.35)$$

由柯西不等式的推广有

$$\left(\frac{1}{a_1^{n-1}} + \frac{1}{a_1^{n-2}} + \cdots + \frac{1}{a_1} + 1\right) \cdot \left(\frac{1}{a_2^{n-1}} + \frac{1}{a_2^{n-2}} + \cdots + \frac{1}{a_2} + 1\right) \cdot \cdots \cdot$$

第 12 章 柯西不等式的推广及其应用

$$\left(\frac{1}{a_m^{n-1}}+\frac{1}{a_m^{n-2}}+\cdots+\frac{1}{a_m}+1\right) \geqslant$$

$$\left(\sqrt[m]{\left(\frac{1}{a_1 a_2 \cdots a_m}\right)^{n-1}}+\sqrt[m]{\left(\frac{1}{a_1 a_2 \cdots a_m}\right)^{n-2}}+\cdots+\sqrt[m]{\frac{1}{a_1 a_2 \cdots a_m}}+1\right)^m \geqslant$$

$$(m^{n-1}+m^{n-2}+\cdots+m+1)^m \qquad (12.36)$$

将(12.35),(12.36)两式相乘得

$$\sum_{i=1}^{m}\left(\frac{1}{a_i^n}-1\right) \geqslant (m^n-1)^m$$

若 $a,b \in \mathbf{R}_+$, $\frac{1}{a}+\frac{1}{b}=1$, 则 $a+b=ab$, 由例 28 得

$$(a^n-1)(b^n-1) \geqslant (2^n-1)^2$$

亦即

$$(a+b)^n-a^n-b^n \geqslant 2^{2n}-2^{n+1}$$

这就是 1988 年全国高中数学联赛题,下面我们从另一角度推广这道联赛题.

例 29 设 $a_1, a_2, \cdots, a_m$ 是正实数,且有 $\sum_{i=1}^{m}\frac{1}{a_i}=1$, 则对每一个 $n \in \mathbf{N}_+$, 都有 $\left(\sum_{i=1}^{m}a_i\right)^n - \sum_{i=1}^{m}a_i^n \geqslant m^{2n}-m^{n+1}$.

证明 因为 $\sum_{i=1}^{m}\frac{1}{a_i}=1 \geqslant m\sqrt[m]{\frac{1}{a_1 a_2 \cdots a_m}}$, 所以 $a_1 a_2 \cdots a_m \geqslant m^m$, 根据多项式展开定理有

$$\left(\sum_{i=1}^{m}a_i\right)^n = \sum \frac{n!}{n_1! n_2! \cdots n_m!} a_1^{n_1} a_2^{n_2} \cdots a_m^{n_m} \qquad (12.37)$$

其中 $n_1, n_2, \cdots, n_m$ 为非负整数,且 $n_1+n_2+\cdots+n_m=n$, 从而

$$\left(\sum_{i=1}^{m}a_i\right)^n - \sum_{i=1}^{m}a_i^n = {\sum}' \frac{n!}{n_1! n_2! \cdots n_m!} a_1^{n_1} a_2^{n_2} \cdots a_m^{n_m}$$

$$(12.38)$$

其中 $n_1, n_2, \cdots, n_m$ 为非负整数,且小于 $n, n_1+n_2+\cdots+n_m = n$(以下 ${\sum}'$ 均满足此条件),在式(12.38)中,将字母 a_i 均换成 1 得

$${\sum}' \frac{n!}{n_1! n_2! \cdots n_m!} = m^n - m \qquad (12.39)$$

由对称性可知

Cauchy 不等式. 下

$$\left(\sum_{i=1}^m a_i\right)^n - \sum_{i=1}^m a_i^n = \sum{}' \frac{n!}{n_1!n_2!\cdots n_m!} a_1^{n_1} a_2^{n_2} a_3^{n_3}\cdots a_m^{n_m} = \cdots =$$
$$\sum{}' \frac{n!}{n_1!n_2!\cdots n_m!} a_m^{n_1} a_1^{n_2}\cdots a_{m-2}^{n_{m-1}} a_{m-1}^{n_m}$$

将式(12.38)与上述 $m-1$ 个等式相乘,并应用柯西不等式的推广得

$$\left[\left(\sum_{i=1}^m a_i\right)^n - \sum_{i=1}^m a_i^n\right]^m =$$

$$\sum{}' \frac{n!}{n_1!n_2!\cdots n_m!} a_1^{n_1} a_2^{n_2}\cdots a_m^{n_m} \cdot \sum{}' \frac{n!}{n_1!n_2!\cdots n_m!} a_1^{n_1} a_2^{n_2}\cdots a_m^{n_m} \cdot \cdots$$

$$\sum{}' \frac{n!}{n_1!n_2!\cdots n_m!} a_m^{n_1} a_1^{n_2}\cdots a_{m-2}^{n_{m-1}} a_{m-1}^{n_m} \geq$$

$$\left[\sum{}' \frac{n!}{n_1!n_2!\cdots n_m!} (a_1 a_2\cdots a_{m-1} a_m)^{\frac{n_1}{m}} (a_2 a_3\cdots a_m a_1)^{\frac{n_2}{m}} \cdots\right.$$
$$\left.(a_m a_1 a_2\cdots a_{m-1})^{\frac{n_m}{m}}\right]^m =$$

$$\left[\sum{}' \frac{n!}{n_1!n_2!\cdots n_m!} (a_1 a_2\cdots a_{m-1} a_m)^{\frac{n_1+n_2+\cdots+n_m}{m}}\right]^m =$$

$$\left[\sum{}' \frac{n!}{n_1!n_2!\cdots n_m!} (a_1 a_2\cdots a_{m-1} a_m)^{\frac{n}{m}}\right]^m =$$

$$(a_1 a_2\cdots a_{m-1} a_m)^n \left(\sum{}' \frac{n!}{n_1!n_2!\cdots n_m!}\right)^m \geq$$

$$m^{mn}(m^n - m)^m = (m^{2n} - m^{n+1})^m$$

两边同时开 m 次方得

$$\left(\sum_{i=1}^m a_i\right)^n - \sum_{i=1}^m a_i^n \geq m^{2n} - m^{n+1}$$

例30 若 $a_i > 0, \lambda_i > 0 (i=1,2,\cdots,m), s \geq 1, r \geq 2$,且 $a_1 + a_2 + \cdots + a_m = A, \lambda_1 \lambda_2\cdots\lambda_m = t^m$,求证

$$\left(a_1^s + \frac{\lambda_1}{a_1^s}\right)^r + \left(a_2^s + \frac{\lambda_2}{a_2^s}\right)^r + \cdots + \left(a_m^s + \frac{\lambda_m}{a_m^s}\right)^r \geq$$
$$m\left[\left(\frac{A}{m}\right)^s + \left(\frac{m}{A}\right)^s t\right]^r$$

证明 由式(12.7)及幂平均不等式,得:

若 $\alpha \geq \beta > 0, a_i > 0 (i=1,2,\cdots,n)$,则

$$\left(\frac{a_1^\alpha + a_2^\alpha + \cdots + a_n^\alpha}{n}\right)^{\frac{1}{\alpha}} \geq \left(\frac{a_1^\beta + a_2^\beta + \cdots + a_n^\beta}{n}\right)^{\frac{1}{\beta}}$$

第 12 章 柯西不等式的推广及其应用

得

$$\left(a_1^s + \frac{\lambda_1}{a_1^s}\right)^r + \left(a_2^s + \frac{\lambda_2}{a_2^s}\right)^r + \cdots + \left(a_m^s + \frac{\lambda_m}{a_m^s}\right)^r \geqslant$$

$$m^{1-r}\left[a_1^s + \frac{\lambda_1}{a_1^s} + a_2^s + \frac{\lambda_2}{a_2^s} + \cdots + a_m^s + \frac{\lambda_m}{a_m^s}\right]^r =$$

$$m\left[\frac{a_1^s + a_2^s + \cdots + a_m^s}{m} + \frac{\frac{\lambda_1}{a_1^s} + \frac{\lambda_2}{a_2^s} + \cdots + \frac{\lambda_m}{a_m^s}}{m}\right]^r \geqslant$$

$$m\left[\left(\frac{a_1 + a_2 + \cdots + a_m}{m}\right)^s + \frac{\sqrt[m]{\lambda_1 \lambda_2 \cdots \lambda_m}}{\sqrt[m]{a_1^s a_2^s \cdots a_m^s}}\right]^r \geqslant$$

$$m\left[\left(\frac{A}{m}\right)^s + \frac{\sqrt[m]{t^m} \cdot m^s}{(a_1 + a_2 + \cdots + a_m)^s}\right]^r =$$

$$m\left[\left(\frac{A}{m}\right)^s + \left(\frac{m}{A}\right)^s t\right]^r$$

例 31 P 为 $\triangle ABC$ 内一点，AP、BP、CP 分别与 BC、AC、AB 交于点 M、N、R，若 $AP^s + BP^s + CP^s = a, 2 \leqslant r \leqslant s$，求证

$$\frac{1}{PM^r} + \frac{1}{PN^r} + \frac{1}{PR^r} \geqslant 3 \cdot 2^r \cdot \left(\frac{3}{a}\right)^{\frac{r}{s}}$$

证明 因为

$$\frac{AP}{PM} = \frac{\triangle ABP}{\triangle PBM} = \frac{\triangle ACP}{\triangle PCM} = \frac{\triangle ABP + \triangle ACP}{\triangle PBM + \triangle PCM} =$$

$$\frac{\triangle ABC - \triangle BPC}{\triangle BPC} = \frac{\triangle ABC}{\triangle BPC} - 1$$

（此处 $\triangle ABC$ 表示 $\triangle ABC$ 的面积，其余类似）

同理可证

$$\frac{BP}{PN} = \frac{\triangle ABC}{\triangle APC} - 1, \quad \frac{CP}{PR} = \frac{\triangle ABC}{\triangle APB} - 1$$

所以

$$\frac{AP}{PM} + \frac{BP}{PN} + \frac{CP}{PR} =$$

$$\triangle ABC\left(\frac{1}{\triangle PBC} + \frac{1}{\triangle APC} + \frac{1}{\triangle APB}\right) - 3 \geqslant$$

$$\triangle ABC\left(\frac{3^2}{\triangle PBC + \triangle APC + \triangle APB}\right) - 3 =$$

$$\frac{9\triangle ABC}{\triangle ABC} - 3 = 6$$

57

Cauchy 不等式. 下

另外,由于 $2 \leqslant r \leqslant s$,所以

$$AP^r + BP^r + CP^r \leqslant 3 \cdot \left(\frac{AP^s + BP^s + CP^s}{3}\right)^{\frac{r}{s}} = 3^{1-\frac{r}{s}} \cdot a^{\frac{r}{s}}$$

故

$$(AP^r + BP^r + CP^r)\left(\frac{1}{PM^r} + \frac{1}{PN^r} + \frac{1}{PR^r}\right) \geqslant$$

$$3^{2-r}\left(\frac{AP}{PM} + \frac{BP}{PN} + \frac{CP}{PR}\right)^r \geqslant 3^{2-r} \cdot 6^r = 3^2 \cdot 2^r$$

所以

$$\frac{1}{PM^r} + \frac{1}{PN^r} + \frac{1}{PR^r} \geqslant \frac{3^2 \cdot 2^r}{AP^r + BP^r + CP^r} \geqslant$$

$$\frac{3^2 \cdot 2^r}{3^{1-\frac{r}{s}} \cdot a^{\frac{r}{s}}} =$$

$$3 \cdot 2^r \cdot \left(\frac{3}{a}\right)^{\frac{r}{s}}$$

下面利用柯西不等式的推广解几道求极值的问题.

例 32 (2003年新加坡数学奥林匹克试题)若 x,y,z 都是正实数,求 $\dfrac{xyz}{(1+5x)(4x+3y)(5y+6z)(z+18)}$ 的最大值.

解 由柯西不等式的推广得
$(1+5x)(4x+3y)(5y+6z)(z+18) \geqslant$
$(\sqrt[4]{1 \cdot 4x \cdot 5y \cdot z} + \sqrt[4]{5x \cdot 3y \cdot 6z \cdot 18})^4 = 5\,120xyz$

所以 $\dfrac{xyz}{(1+5x)(4x+3y)(5y+6z)(z+18)}$ 的最大值是 $\dfrac{1}{5\,120}$.

当且仅当 $\dfrac{1}{5x} = \dfrac{4x}{3y} = \dfrac{5y}{6z} = \dfrac{z}{18} = k$ 时等号成立,于是 $k^4 = \dfrac{1}{5x} \cdot \dfrac{4x}{3y} \cdot \dfrac{5y}{6z} \cdot \dfrac{z}{18} = \left(\dfrac{1}{3}\right)^4$,即 $k = \dfrac{1}{3}$.

从而当 $x = \dfrac{3}{5}, y = \dfrac{12}{5}, z = 6$ 时,$\dfrac{xyz}{(1+5x)(4x+3y)(5y+6z)(z+18)}$ 取得最大值 $\dfrac{1}{5\,120}$.

例 33 已知 $a_1, a_2, \cdots, a_n$ 是正实数,且 $a_1 + a_2 + \cdots + a_n = 1$,$k$ 是正整数,求 $\dfrac{1}{a_1^k(1+a_1)} + \dfrac{1}{a_2^k(1+a_2)} + \cdots + \dfrac{1}{a_n^k(1+a_n)}$ 的最

第 12 章 柯西不等式的推广及其应用

小值.

解 设 $y = \dfrac{1}{a_1^k(1+a_1)} + \dfrac{1}{a_2^k(1+a_2)} + \cdots + \dfrac{1}{a_n^k(1+a_n)}$,由 $a_1 + a_2 + \cdots + a_n = 1$ 得 $1 = a_1 + a_2 + \cdots + a_n \geqslant n\sqrt[n]{a_1 a_2 \cdots a_n}$,于是 $\dfrac{1}{\sqrt[n]{a_1 a_2 \cdots a_n}} \geqslant n$,$k$ 是正整数,取 k 个 $(a_1 + a_2 + \cdots + a_n)$,由柯西不等式的推广有

$$(a_1 + a_2 + \cdots + a_n) \cdots (a_1 + a_2 + \cdots + a_n)[(1+a_1) + (1+a_2) + \cdots + (1+a_n)]\left[\dfrac{1}{a_1^k(1+a_1)} + \dfrac{1}{a_2^k(1+a_2)} + \cdots + \dfrac{1}{a_n^k(1+a_n)}\right] \geqslant$$

$$\left(\sqrt[k+2]{a_1^k} \cdot \sqrt[k+2]{1+a_1} \cdot \sqrt[k+2]{\dfrac{1}{a_1^k(1+a_1)}} + \sqrt[k+2]{a_2^k} \cdot \sqrt[k+2]{1+a_2} \cdot \sqrt[k+2]{\dfrac{1}{a_2^k(1+a_2)}} + \cdots + \sqrt[k+2]{a_n^k} \cdot \sqrt[k+2]{1+a_n} \cdot \sqrt[k+2]{\dfrac{1}{a_n^k(1+a_n)}}\right)^{k+2} = n^{k+2}$$

即

$$(n+1)y \geqslant n^{k+2}$$

所以

$$y \geqslant \dfrac{n^{k+2}}{n+1}$$

$\dfrac{1}{a_1^k(1+a_1)} + \dfrac{1}{a_2^k(1+a_2)} + \cdots + \dfrac{1}{a_n^k(1+a_n)}$ 的最小值是 $\dfrac{n^{k+2}}{n+1}$.

例 34 (2006 年日本数学奥林匹克试题) 已知 x_i, y_i, z_i ($i = 1, 2, 3$) 是正实数,$M = (x_1^3 + x_2^3 + x_3^3 + 1)(y_1^3 + y_2^3 + y_3^3 + 1)(z_1^3 + z_2^3 + z_3^3 + 1)$,$N = A(x_1 + y_1 + z_1)(x_2 + y_2 + z_2)(x_3 + y_3 + z_3)$,不等式 $M \geqslant N$ 恒成立,求 A 的最大值.

解 由柯西不等式的推广得

$$M = (x_1^3 + x_2^3 + x_3^3 + 1)(y_1^3 + y_2^3 + y_3^3 + 1)(z_1^3 + z_2^3 + z_3^3 + 1) =$$

$$\left(x_1^3 + x_2^3 + x_3^3 + \dfrac{1}{6} + \dfrac{1}{6} + \dfrac{1}{6} + \dfrac{1}{6} + \dfrac{1}{6} + \dfrac{1}{6}\right) \cdot$$

$$\left(\dfrac{1}{6} + \dfrac{1}{6} + \dfrac{1}{6} + y_1^3 + y_2^3 + y_3^3 + \dfrac{1}{6} + \dfrac{1}{6} + \dfrac{1}{6}\right) \cdot$$

$$\left(\dfrac{1}{6} + \dfrac{1}{6} + \dfrac{1}{6} + \dfrac{1}{6} + \dfrac{1}{6} + \dfrac{1}{6} + z_1^3 + z_2^3 + z_3^3\right) \geqslant$$

Cauchy 不等式. 下

$$\left(x_1\sqrt[3]{\left(\frac{1}{6}\right)^2}+x_2\sqrt[3]{\left(\frac{1}{6}\right)^2}+x_3\sqrt[3]{\left(\frac{1}{6}\right)^2}+\right.$$
$$y_1\sqrt[3]{\left(\frac{1}{6}\right)^2}+y_2\sqrt[3]{\left(\frac{1}{6}\right)^2}+y_3\sqrt[3]{\left(\frac{1}{6}\right)^2}+$$
$$\left.z_1\sqrt[3]{\left(\frac{1}{6}\right)^2}+z_2\sqrt[3]{\left(\frac{1}{6}\right)^2}+z_3\sqrt[3]{\left(\frac{1}{6}\right)^2}\right)^3=$$
$$\frac{1}{36}(x_1+x_2+x_3+y_1+y_2+y_3+z_1+z_2+z_3)^3 \quad (12.40)$$

由均值不等式得
$$(x_1+x_2+x_3)+(y_1+y_2+y_3)+(z_1+z_2+z_3)=$$
$$(x_1+y_1+z_1)+(x_2+y_2+z_2)+(x_3+y_3+z_3)\geqslant$$
$$3\sqrt[3]{(x_1+y_1+z_1)(x_2+y_2+z_2)(x_3+y_3+z_3)} \quad (12.41)$$

所以
$$M\geqslant\frac{27}{36}(x_1+y_1+z_1)(x_2+y_2+z_2)(x_3+y_3+z_3)=$$
$$\frac{3}{4}(x_1+y_1+z_1)(x_2+y_2+z_2)(x_3+y_3+z_3)$$

当且仅当 $x_i=y_i=z_i=\sqrt[3]{\frac{1}{6}}$ 时等号成立,故 A 的最大值是 $\frac{3}{4}$.

在本章的最后,举例说明赫尔德不等式在解题中的应用.

例 35 已知 a,b 是正的常数,x 是锐角,求函数 $y=\frac{a}{\sin^n x}+\frac{b}{\cos^n x}$ 的最小值.

解 设 $y=\frac{a}{\sin^n x}+\frac{b}{\cos^n x}$,由赫尔德不等式得
$$\left(\frac{a}{\sin^n x}+\frac{b}{\cos^n x}\right)^{\frac{2}{n+2}}(\sin^2 x+\cos^2 x)^{\frac{n}{n+2}}\geqslant$$
$$\left(\frac{a}{\sin^n x}\right)^{\frac{2}{n+2}}(\sin^2 x)^{\frac{n}{n+2}}+\left(\frac{b}{\cos^n x}\right)^{\frac{2}{n+2}}(\cos^2 x)^{\frac{n}{n+2}}=$$
$$a^{\frac{2}{n+2}}+b^{\frac{2}{n+2}}$$

即
$$y^{\frac{2}{n+2}}\geqslant a^{\frac{2}{n+2}}+b^{\frac{2}{n+2}}$$

而 $y>0$,所以

第12章 柯西不等式的推广及其应用

$$y \geq (a^{\frac{2}{n+2}} + b^{\frac{n}{n+2}})^{\frac{n+2}{2}}$$

当且仅当 $\dfrac{a}{\sin^{n+2}x} = \dfrac{b}{\cos^{n+2}x}$，即 $x = \arctan\sqrt[n+2]{\dfrac{a}{b}}$ 时等号成立. 则

$$y_{\min} = (a^{\frac{2}{n+2}} + b^{\frac{2}{n+2}})^{\frac{n+2}{2}}$$

例36 （2009年IMO预选题；2010年伊朗国家集训队试题）已知 a,b,c 是正数，且 $ab+bc+ca \leq 3abc$，证明：$\sqrt{\dfrac{a^2+b^2}{a+b}} + \sqrt{\dfrac{b^2+c^2}{b+c}} + \sqrt{\dfrac{c^2+a^2}{c+a}} + 3 \leq \sqrt{2(a+b)} + \sqrt{2(b+c)} + \sqrt{2(c+a)}$.

证明 由柯西不等式（平方平均不小于算术平均）得

$$\sqrt{2}\sqrt{a+b} = 2\sqrt{\dfrac{ab}{a+b}}\sqrt{\dfrac{1}{2}\left(2 + \dfrac{a^2+b^2}{ab}\right)} \geq$$

$$2\sqrt{\dfrac{ab}{a+b}} \cdot \dfrac{1}{2}\left(\sqrt{2} + \sqrt{\dfrac{a^2+b^2}{ab}}\right) =$$

$$\sqrt{\dfrac{2ab}{a+b}} + \sqrt{\dfrac{a^2+b^2}{a+b}}$$

同理

$$\sqrt{2}\sqrt{b+c} \geq \sqrt{\dfrac{2bc}{b+c}} + \sqrt{\dfrac{b^2+c^2}{b+c}}$$

$$\sqrt{2}\sqrt{c+a} \geq \sqrt{\dfrac{2ca}{c+a}} + \sqrt{\dfrac{c^2+a^2}{c+a}}$$

由赫尔德不等式得

$$\left(\sqrt{\dfrac{2ab}{a+b}} + \sqrt{\dfrac{2bc}{b+c}} + \sqrt{\dfrac{2ca}{c+a}}\right)^2 \left(\dfrac{a+b}{2ab} + \dfrac{b+c}{2bc} + \dfrac{c+a}{2ca}\right) \geq 27$$

所以

$$\sqrt{\dfrac{2ab}{a+b}} + \sqrt{\dfrac{2bc}{b+c}} + \sqrt{\dfrac{2ca}{c+a}} \geq 3\sqrt{\dfrac{3abc}{ab+bc+ca}} \geq 3$$

所以原不等式得证.

例37 （2010年美国集训队试题）已知 a,b,c 是正实数，且满足 $abc=1$，证明：$\dfrac{1}{a^5(b+2c)^2} + \dfrac{1}{b^5(c+2a)^2} + \dfrac{1}{c^5(a+2b)^2} \geq \dfrac{1}{3}$.

Cauchy 不等式. 下

证法一 设 $x=\dfrac{1}{a}, y=\dfrac{1}{b}, z=\dfrac{1}{c}$，则 $xyz=1$，原不等式等价于

$$(xyz)^2\left[\dfrac{x^3}{(2y+z)^2}+\dfrac{y^3}{(2z+x)^2}+\dfrac{z^3}{(2x+y)^2}\right]\geqslant\dfrac{1}{3}$$

即

$$\dfrac{x^3}{(2y+z)^2}+\dfrac{y^3}{(2z+x)^2}+\dfrac{z^3}{(2x+y)^2}\geqslant\dfrac{1}{3} \quad (12.42)$$

由赫尔德不等式得

$$[(2y+z)+(2z+x)+(2x+y)][(2y+z)+(2z+x)+(2x+y)] \cdot$$
$$\left[\dfrac{x^3}{(2y+z)^2}+\dfrac{y^3}{(2z+x)^2}+\dfrac{z^3}{(2x+y)^2}\right]\geqslant(x+y+z)^3$$

即

$$\dfrac{x^3}{(2y+z)^2}+\dfrac{y^3}{(2z+x)^2}+\dfrac{z^3}{(2x+y)^2}\geqslant\dfrac{1}{9}(x+y+z)$$

由均值不等式得 $x+y+z\geqslant 3\sqrt[3]{xyz}=3$，所以

$$\dfrac{x^3}{(2y+z)^2}+\dfrac{y^3}{(2z+x)^2}+\dfrac{z^3}{(2x+y)^2}\geqslant\dfrac{1}{3}$$

即

$$\dfrac{1}{a^5(b+2c)^2}+\dfrac{1}{b^5(c+2a)^2}+\dfrac{1}{c^5(a+2b)^2}\geqslant\dfrac{1}{3}$$

证法二 同证法一只需证式(12.42).

由柯西不等式得

$$\left[\dfrac{x^3}{(2y+z)^2}+\dfrac{y^3}{(2z+x)^2}+\dfrac{z^3}{(2x+y)^2}\right](x+y+z)\geqslant$$
$$\left(\dfrac{x^2}{2y+z}+\dfrac{y^2}{2z+x}+\dfrac{z^2}{2x+y}\right)^2$$

由柯西不等式得

$$\left(\dfrac{x^2}{2y+z}+\dfrac{y^2}{2z+x}+\dfrac{z^2}{2x+y}\right)[(2y+z)+(2z+x)+(2x+y)]\geqslant$$
$$(x+y+z)^2$$

所以

$$\dfrac{x^2}{2y+z}+\dfrac{y^2}{2z+x}+\dfrac{z^2}{2x+y}\geqslant\dfrac{x+y+z}{3}$$

因此

第 12 章 柯西不等式的推广及其应用

$$\frac{x^3}{(2y+z)^2}+\frac{y^3}{(2z+x)^2}+\frac{z^3}{(2x+y)^2}\geqslant \frac{x+y+z}{9}\geqslant \frac{\sqrt[3]{xyz}}{3}=\frac{1}{3}$$

例 38 （2002 年美国数学 MOP 夏令营试题）已知 a,b,c 是正数，证明：$\left(\frac{2a}{b+c}\right)^{\frac{2}{3}}+\left(\frac{2b}{c+a}\right)^{\frac{2}{3}}+\left(\frac{2c}{a+b}\right)^{\frac{2}{3}}\geqslant 3$.

证明 由赫尔德不等式得

$$\left[\left(\frac{2a}{b+c}\right)^{\frac{2}{3}}+\left(\frac{2b}{c+a}\right)^{\frac{2}{3}}+\left(\frac{2c}{a+b}\right)^{\frac{2}{3}}\right]^3 \cdot$$
$$[(2a)^2(b+c)^2+(2b)^2(c+a)^2+(2c)^2(a+b)^2]\geqslant$$
$$[2(a+b+c)]^4$$

因此只需证明

$$4(a+b+c)^4\geqslant 27[a^2(b+c)^2+b^2(c+a)^2+c^2(a+b)^2]$$

由多项式定理得

$$(a+b+c)^4=a^4+b^4+c^4+4[(a^3b+ab^3)+(b^3c+bc^3)+$$
$$(c^3a+ca^3)]+6(a^2b^2+b^2c^2+c^2a^2)+$$
$$12(a^2bc+ab^2c+abc^2)$$

所以只需证明

$$2(a^4+b^4+c^4)+8[(a^3b+ab^3)+(b^3c+bc^3)+(c^3a+ca^3)]\geqslant$$
$$15(a^2b^2+b^2c^2+c^2a^2)+3(a^2bc+ab^2c+abc^2)$$

由均值不等式得

$$(a^3b+ab^3)+(b^3c+bc^3)+(c^3a+ca^3)\geqslant 2(a^2b^2+b^2c^2+c^2a^2) \qquad (12.43)$$
$$a^2b^2+b^2c^2+c^2a^2\geqslant a^2bc+ab^2c+abc^2 \qquad (12.44)$$
$$a^4+b^4+c^4\geqslant a^2bc+ab^2c+abc^2 \qquad (12.45)$$

由 (12.43)×8+(12.44)+(12.45)×2 即得.

例 39 （2007 年波兰数学奥林匹克试题）已知 a,b,c 是非负实数，求证：$\sqrt[3]{a^3+7abc}+\sqrt[3]{b^3+7abc}+\sqrt[3]{c^3+7abc}\leqslant 2(a+b+c)$.

证明 由赫尔德不等式得

$$\sqrt[3]{a^3+7abc}+\sqrt[3]{b^3+7abc}+\sqrt[3]{c^3+7abc}\leqslant$$
$$(1^3+1^3+1^3)^{\frac{1}{3}}[(\sqrt[3]{a^3+7abc})^{\frac{3}{2}}+(\sqrt[3]{b^3+7abc})^{\frac{3}{2}}+$$
$$(\sqrt[3]{c^3+7abc})^{\frac{3}{2}}]^{\frac{2}{3}}$$

63

Cauchy 不等式. 下

所以
$$(\sqrt[3]{a^3+7abc}+\sqrt[3]{b^3+7abc}+\sqrt[3]{c^3+7abc})^3 \leqslant$$
$$3(\sqrt{a^3+7abc}+\sqrt{b^3+7abc}+\sqrt{c^3+7abc})^2$$

由柯西不等式得
$$(\sqrt{a^3+7abc}+\sqrt{b^3+7abc}+\sqrt{c^3+7abc})^2 \leqslant$$
$$(a+b+c)[(a^2+7bc)+(b^2+7ca)+(c^2+7ab)]=$$
$$(a+b+c)(a^2+b^2+c^2+7ab+7bc+7ca)$$

因为
$$a^2+b^2+c^2 \geqslant ab+bc+ca$$

所以
$$5(a^2+b^2+c^2) \geqslant 5(ab+bc+ca)$$

两边同时加上
$$3(a^2+b^2+c^2)+16(ab+bc+ca)$$

得
$$8(a+b+c)^2 \geqslant 3(a^2+b^2+c^2+7ab+7bc+7ca)$$

即
$$a^2+b^2+c^2+7ab+7bc+7ca \leqslant \frac{8}{3}(a+b+c)^2$$

从而
$$\sqrt[3]{a^3+7abc}+\sqrt[3]{b^3+7abc}+\sqrt[3]{c^3+7abc} \leqslant 2(a+b+c)$$

例 40（1984 年全国高中数学联赛试题最后一题的推广）

已知 $a_1,a_2,\cdots,a_n$ 是正实数，$p>0,q>0$，求证：$\dfrac{a_1^{p+q}}{a_2^q}+\dfrac{a_2^{p+q}}{a_3^q}+\cdots+\dfrac{a_{n-1}^{p+q}}{a_n^q}+\dfrac{a_n^{p+q}}{a_1^q} \geqslant a_1^p+a_2^p+\cdots+a_n^p.$

证明 由赫尔德不等式得
$$\left(\frac{a_1^{p+q}}{a_2^q}+\frac{a_2^{p+q}}{a_3^q}+\cdots+\frac{a_{n-1}^{p+q}}{a_n^q}+\frac{a_n^{p+q}}{a_1^q}\right)^{\frac{p}{p+q}}(a_2^p+a_3^p+\cdots+a_n^p+a_1^p)^{\frac{q}{p+q}} \geqslant$$
$$a_1^p+a_2^p+\cdots+a_n^p$$

所以
$$\left(\frac{a_1^{p+q}}{a_2^q}+\frac{a_2^{p+q}}{a_3^q}+\cdots+\frac{a_{n-1}^{p+q}}{a_n^q}+\frac{a_n^{p+q}}{a_1^q}\right)^p(a_2^p+a_3^p+\cdots+a_n^p+a_1^p)^q \geqslant$$
$$(a_1^p+a_2^p+\cdots+a_n^p)^{p+q}$$

第 12 章 柯西不等式的推广及其应用

即
$$\left(\frac{a_1^{p+q}}{a_2^q}+\frac{a_2^{p+q}}{a_3^q}+\cdots+\frac{a_{n-1}^{p+q}}{a_n^q}+\frac{a_n^{p+q}}{a_1^q}\right)^p \geqslant (a_1^p+a_2^p+\cdots+a_n^p)^p$$

从而
$$\frac{a_1^{p+q}}{a_2^q}+\frac{a_2^{p+q}}{a_3^q}+\cdots+\frac{a_{n-1}^{p+q}}{a_n^q}+\frac{a_n^{p+q}}{a_1^q} \geqslant a_1^p+a_2^p+\cdots+a_n^p$$

特殊地，取 $p=q=1$，我们就得到 1984 年全国高中数学联赛试题最后一题.

若 $a_1,a_2,\cdots,a_n$ 是正实数，$p>0,q>0$，则
$$\frac{a_1^2}{a_2}+\frac{a_2^2}{a_3}+\cdots+\frac{a_{n-1}^2}{a_n}+\frac{a_n^2}{a_1} \geqslant a_1+a_2+\cdots+a_n$$

例 41 （2009 年波兰数学奥林匹克试题）已知 a,b,c 是正实数，$n \geqslant 1$ 是正整数，证明：$\dfrac{a^{n+1}}{b+c}+\dfrac{b^{n+1}}{c+a}+\dfrac{c^{n+1}}{a+b} \geqslant \left(\dfrac{a^n}{b+c}+\dfrac{b^n}{c+a}+\dfrac{c^n}{a+b}\right)\sqrt[n]{\dfrac{a^n+b^n+c^n}{3}}$.

证法一 记 $S_n=\sqrt[n]{\dfrac{a^n+b^n+c^n}{3}}$，由赫尔德不等式得

$$\sqrt[n+1]{\frac{a^{n+1}+b^{n+1}+c^{n+1}}{3}} \geqslant \sqrt[n]{\frac{a^n+b^n+c^n}{3}}$$

于是
$$\left(\frac{a^{n+1}+b^{n+1}+c^{n+1}}{3}\right)^n \geqslant \left(\frac{a^n+b^n+c^n}{3}\right)^{n+1}$$

所以
$$\left(\frac{a^{n+1}+b^{n+1}+c^{n+1}}{a^n+b^n+c^n}\right)^n \geqslant \frac{a^n+b^n+c^n}{3}$$

即
$$S_n \leqslant \frac{a^{n+1}+b^{n+1}+c^{n+1}}{a^n+b^n+c^n}$$

要证明原不等式，只需证明
$$\frac{\dfrac{a^{n+1}}{b+c}+\dfrac{b^{n+1}}{c+a}+\dfrac{c^{n+1}}{a+b}}{\dfrac{a^n}{b+c}+\dfrac{b^n}{c+a}+\dfrac{c^n}{a+b}} \geqslant \frac{a^{n+1}+b^{n+1}+c^{n+1}}{a^n+b^n+c^n}$$

即证明

Cauchy 不等式. 下

$$(a^n+b^n+c^n)\left(\frac{a^{n+1}}{b+c}+\frac{b^{n+1}}{c+a}+\frac{c^{n+1}}{a+b}\right) \geqslant$$
$$(a^{n+1}+b^{n+1}+c^{n+1})\left(\frac{a^n}{b+c}+\frac{b^n}{c+a}+\frac{c^n}{a+b}\right) \quad (12.46)$$

两边同时乘以 $(a+b)(b+c)(c+a)$,知不等式(12.46)等价于
$$a^{n+3}b^n+a^nb^{n+3}+b^{n+3}c^n+b^nc^{n+3}+c^{n+3}a^n+c^na^{n+3} \geqslant$$
$$a^{n+2}b^{n+1}+a^{n+1}b^{n+2}+b^{n+2}c^{n+1}+b^{n+1}c^{n+2}+c^{n+2}a^{n+1}+c^{n+1}a^{n+2} \Leftrightarrow$$
$$a^nb^n(a+b)(a-b)^2+b^nc^n(b+c)(b-c)^2+c^na^n(c+a)(c-a)^2 \geqslant 0$$

证法二 记 $S_n = \sqrt[n]{\dfrac{a^n+b^n+c^n}{3}}$,由证法一得
$$S_n \leqslant \frac{a^{n+1}+b^{n+1}+c^{n+1}}{a^n+b^n+c^n}$$

容易证明 $\left\{\dfrac{a^{n+1}+b^{n+1}+c^{n+1}}{a^n+b^n+c^n}\right\}$ 单调递增,即
$$\frac{a^{n+1}+b^{n+1}+c^{n+1}}{a^n+b^n+c^n} \leqslant \frac{a^{n+2}+b^{n+2}+c^{n+2}}{a^{n+1}+b^{n+1}+c^{n+1}} \Leftrightarrow$$
$$a^nb^n(a-b)^2+b^nc^n(b-c)^2+c^na^n(c-a)^2 \geqslant 0$$

设 $m \geqslant n$,则
$$S_n \leqslant \frac{a^{m+1}+b^{m+1}+c^{m+1}}{a^m+b^m+c^m}$$

即
$$(a^m+b^m+c^m)S_n \leqslant a^{m+1}+b^{m+1}+c^{m+1} \quad (m=n, n+1, n+2, \cdots)$$
$$(12.47)$$

在原不等式中将 a, b, c 换成 $xa, xb, xc, x \in \mathbf{R}_+$,不等式不变,所以不妨设 $a+b+c=1$,则 $0<a,b,c<1$,所以只需在条件 $a+b+c=1$ 下证明不等式
$$S_n\left(\frac{a^n}{1-a}+\frac{b^n}{1-b}+\frac{c^n}{1-c}\right) \leqslant \frac{a^{n+1}}{1-a}+\frac{b^{n+1}}{1-b}+\frac{c^{n+1}}{1-c}$$

将不等式(12.47)相加得
$$S_n\left(\sum_{m=n}^{+\infty}a^m+\sum_{m=n}^{+\infty}b^m+\sum_{m=n}^{+\infty}c^m\right) \leqslant \sum_{m=n+1}^{+\infty}a^m+\sum_{m=n+1}^{+\infty}b^m+\sum_{m=n+1}^{+\infty}c^m$$

即
$$S_n\left(\sum_{m=n}^{+\infty}a^m+\sum_{m=n}^{+\infty}b^m+\sum_{m=n}^{+\infty}c^m\right) \leqslant \frac{a^{n+1}}{1-a}+\frac{b^{n+1}}{1-b}+\frac{c^{n+1}}{1-c}$$

$$\frac{a^{n+1}}{b+c}+\frac{b^{n+1}}{c+a}+\frac{c^{n+1}}{a+b}\geqslant \left(\frac{a^n}{b+c}+\frac{b^n}{c+a}+\frac{c^n}{a+b}\right)\sqrt[n]{\frac{a^n+b^n+c^n}{3}}$$

例 42 (第 3 届 CMO 试题 1 的推广)设 $a_1,a_2,\cdots,a_n$ 是给定的不为零的实数,如果不等式

$$r_1(x_1-a_1)+r_2(x_2-a_2)+\cdots+r_n(x_n-a_n)\leqslant$$
$$\sqrt[m]{x_1^m+x_2^m+\cdots+x_n^m}-\sqrt[m]{a_1^m+a_2^m+\cdots+a_n^m} \quad (12.48)$$

(其中 $m\geqslant 2, m\in \mathbf{N}_+$)对一切实数 $x_1,x_2,\cdots,x_n$ 恒成立,试求 $r_1,r_2,\cdots,r_n$ 的值.

解 以 $x_i=0(i=1,2,\cdots,n)$ 代入原不等式,得

$$-(r_1a_1+r_2a_2+\cdots+r_na_n)\leqslant -\sqrt[m]{a_1^m+a_2^m+\cdots+a_n^m}$$

即

$$r_1a_1+r_2a_2+\cdots+r_na_n\geqslant \sqrt[m]{a_1^m+a_2^m+\cdots+a_n^m} \quad (12.49)$$

以 $x_i=2a_i(i=1,2,\cdots,n)$ 代入原不等式,得

$$r_1a_1+r_2a_2+\cdots+r_na_n\leqslant \sqrt[m]{a_1^m+a_2^m+\cdots+a_n^m} \quad (12.50)$$

由式(12.49),(12.50)得

$$r_1a_1+r_2a_2+\cdots+r_na_n=\sqrt[m]{a_1^m+a_2^m+\cdots+a_n^m} \quad (12.51)$$

由赫尔德不等式得

$$r_1a_1+r_2a_2+\cdots+r_na_n=$$
$$r_1^{\frac{1}{m-1}}r_1^{\frac{1}{m-1}}\cdots r_1^{\frac{1}{m-1}}a_1+r_2^{\frac{1}{m-1}}r_2^{\frac{1}{m-1}}\cdots r_2^{\frac{1}{m-1}}a_2+\cdots+r_n^{\frac{1}{m-1}}r_n^{\frac{1}{m-1}}\cdots r_n^{\frac{1}{m-1}}a_n \leqslant$$
$$(r_1^{\frac{m}{m-1}}+r_2^{\frac{m}{m-1}}+\cdots+r_n^{\frac{m}{m-1}})^{\frac{m-1}{m}}(a_1^m+a_2^m+\cdots+a_n^m)^{\frac{1}{m}} \quad (12.52)$$

因此

$$(r_1^{\frac{m}{m-1}}+r_2^{\frac{m}{m-1}}+\cdots+r_n^{\frac{m}{m-1}})^{\frac{m-1}{m}}\geqslant 1$$

即

$$r_1^{\frac{m}{m-1}}+r_2^{\frac{m}{m-1}}+\cdots+r_n^{\frac{m}{m-1}}\geqslant 1 \quad (12.53)$$

将式(12.51)代入原不等式,得到

$$r_1x_1+r_2x_2+\cdots+r_nx_n\leqslant \sqrt[m]{x_1^m+x_2^m+\cdots+x_n^m}$$

取 $x_i=r_i^{\frac{1}{m-1}}(i=1,2,\cdots,n)$,代入得

$$r_1^{\frac{m}{m-1}}+r_2^{\frac{m}{m-1}}+\cdots+r_n^{\frac{m}{m-1}}\leqslant (r_1^{\frac{m}{m-1}}+r_2^{\frac{m}{m-1}}+\cdots+r_n^{\frac{m}{m-1}})^{\frac{1}{m}}$$

即

Cauchy 不等式. 下

$$r_1^{\frac{m}{m-1}}+r_2^{\frac{m}{m-1}}+\cdots+r_n^{\frac{m}{m-1}}\leqslant 1 \qquad (12.54)$$

由式(12.53),(12.54)可得

$$r_1^{\frac{m}{m-1}}+r_2^{\frac{m}{m-1}}+\cdots+r_n^{\frac{m}{m-1}}=1 \qquad (12.55)$$

将式(12.55)代入不等式(12.52),即得不等式(12.52)当且仅当

$$r_1^{\frac{1}{m-1}}:a_1=r_2^{\frac{1}{m-1}}:a_2=\cdots=r_n^{\frac{1}{m-1}}:a_n=$$
$$\sqrt[m]{r_1^{\frac{m}{m-1}}+r_2^{\frac{m}{m-1}}+\cdots+r_n^{\frac{m}{m-1}}}:\sqrt[m]{a_1^m+a_2^m+\cdots+a_n^m}=$$
$$1:\sqrt[m]{a_1^m+a_2^m+\cdots+a_n^m}$$

时,即 $r_i=\left(\dfrac{a_i}{\sqrt[m]{a_1^m+a_2^m+\cdots+a_n^m}}\right)^{m-1}$ $(i=1,2,\cdots,n)$ 时取等号.

将求得的 $r_i(i=1,2,\cdots,n)$ 的值代入原不等式(12.48)的左边,并利用柯西不等式的推广得

$$r_1(x_1-a_1)+r_2(x_2-a_2)+\cdots+r_n(x_n-a_n)=$$
$$(r_1x_1+r_2x_2+\cdots+r_nx_n)-(r_1a_1+r_2a_2+\cdots+r_na_n)\leqslant$$
$$\left(\sum_{i=1}^n r_i^{\frac{m}{m-1}}\right)^{\frac{m-1}{m}}\left(\sum_{i=1}^n x_i^m\right)^{\frac{1}{m}}-\sum_{i=1}^n\left[\left[\frac{a_i}{\sqrt[m]{\sum_{i=1}^n a_i^m}}\right]^{m-1}\cdot a_i\right]=$$
$$\left(\sum_{i=1}^n x_i^m\right)^{\frac{1}{m}}-\left(\sum_{i=1}^n a_i^m\right)^{\frac{1}{m}}$$

这就是说我们求得的 $r_i(i=1,2,\cdots,n)$ 的值能使不等式(12.48)对任意实数 $x_1,x_2,\cdots,x_n$ 恒成立.

第12章 柯西不等式的推广及其应用

习题十二

1. (1989年全国高中数学联赛试题)已知 $a_1, a_2, \cdots, a_n$ 是 n 个正数,满足 $a_1 a_2 \cdots a_n = 1$,求证:$(2+a_1)(2+a_2)\cdots(2+a_n) \geqslant 3^n$.

2. 已知 a, b 是正数,n 是正整数,证明:$\dfrac{a^n + b^n}{2} \geqslant \left(\dfrac{a+b}{2}\right)^n$.

3. (1)(1991年第24届全苏数学奥林匹克试题)二次三项式 $f(x) = ax^2 + bx + c$ 的所有系数是正的,且 $a+b+c=1$,证明:对满足 $x_1 x_2 \cdots x_n = 1$ 的任意正数 $x_1, x_2, \cdots, x_n$,有 $f(x_1)f(x_2)\cdots f(x_n) \geqslant 1$.

(2)(2009年西班牙数学奥林匹克试题)设 $a, b, c, x_1, x_2, \cdots, x_5$ 是正数,且 $a+b+c=1, x_1 x_2 \cdots x_5 = 1$. 证明:$(ax_1^2 + bx_1 + c)(ax_2^2 + bx_2 + c)\cdots(ax_5^2 + bx_5 + c) \geqslant 1$.

4. (1994年美国《大学生数学杂志》第4期征解题)若 $x_1, x_2, \cdots, x_n$ 都是正数,则 $x_1^{n+1} + x_2^{n+1} + \cdots + x_n^{n+1} \geqslant x_1 x_2 \cdots x_n (x_1 + x_2 + \cdots + x_n)$.

5. 已知 $a_1, a_2, \cdots, a_n; b_1, b_2, \cdots, b_n$ 是给定的两组正实数,$x_1, x_2, \cdots, x_n$ 是正的变量,求函数 $y = b_1^k x_1^k + b_2^k x_2^k + \cdots + b_n^k x_n^k$ 的最小值.

6. 已知 x, y, z 是正数,且 $x+y+z=1$,求证:$\dfrac{x^4}{y(1-y^2)} + \dfrac{y^4}{z(1-z^2)} + \dfrac{z^4}{x(1-x^2)} \geqslant \dfrac{1}{8}$.

7. (2005年塞尔维亚数学奥林匹克试题)已知 x, y, z 是正数,求证:$\dfrac{x}{\sqrt{y+z}} + \dfrac{y}{\sqrt{z+x}} + \dfrac{z}{\sqrt{x+y}} \geqslant \sqrt{\dfrac{3}{2}(x+y+z)}$.

8. (2002年澳门数学奥林匹克试题)已知 a, b 是正实数,证明:$\sqrt[3]{\dfrac{a}{b}} + \sqrt[3]{\dfrac{b}{a}} \leqslant \sqrt[3]{2\left(1+\dfrac{b}{a}\right)\left(1+\dfrac{a}{b}\right)}$.

9. (1982年德国国家队试题)已知 $x \geqslant 0, y \geqslant 0, z \geqslant 0$,证明:不等式 $8(x^3 + y^3 + z^3)^2 \geqslant 9(x^2 + yz)(y^2 + zx)(z^2 + xy)$.

10. (2000年新加坡数学奥林匹克试题)设 $a, b, c, d > 0$,且

Cauchy 不等式. 下

$a^2 + b^2 = (c^2 + d^2)^3$,求证:$\dfrac{c^3}{a} + \dfrac{d^3}{b} \geq 1$.

11.（2006 年奥地利数学奥林匹克试题）设 a,b,c 是正实数,证明:$3(a+b+c) \geq 8\sqrt[3]{abc} + \sqrt[3]{\dfrac{a^3+b^3+c^3}{3}}$.

12.（2005 年罗马尼亚数学奥林匹克试题）设 a,b,c 是正实数,且 $a+b+c \geq \dfrac{a}{b} + \dfrac{b}{c} + \dfrac{c}{a}$,证明:$\dfrac{a^3 c}{b(a+c)} + \dfrac{b^3 a}{c(a+b)} + \dfrac{c^3 b}{a(b+c)} \geq \dfrac{3}{2}$.

13.（2006 年《中等数学》第 3 期问题）已知 x,y,z 是正实数,且 $x+y+z=1$,证明:$\left(\dfrac{1}{x^2} - x\right)\left(\dfrac{1}{y^2} - y\right)\left(\dfrac{1}{z^2} - z\right) \geq \left(\dfrac{26}{3}\right)^3$.

14.（2006 年巴尔干数学奥林匹克试题（Aassila 不等式）的推广）已知 a,b,c 是正数
$$\dfrac{1}{a(1+b)} + \dfrac{1}{b(1+c)} + \dfrac{1}{c(1+a)} \geq \dfrac{3}{\sqrt[3]{abc}(1+\sqrt[3]{abc})} \quad (1)$$

15.（2010 年捷克斯洛伐克数学奥林匹克试题）设 x,y,z 为正实数,证明:$\sqrt{x^2+y^2} + \sqrt{y^2+z^2} + \sqrt{z^2+x^2} \leq 3\sqrt{2} \cdot \dfrac{x^3+y^3+z^3}{x^2+y^2+z^2}$.

16.（2003 年希腊数学奥林匹克试题）设 a,b,c,d,e 为正实数,且 $a^3 + ab + b^3 = c + d = 1$,证明:$\sum_{cyc}\left(a + \dfrac{1}{a}\right)^3 > 40$.

17.（2002 年摩尔多瓦国家集训队试题）$\alpha,\beta,x_1,x_2,\cdots,x_n(n \geq 1)$ 是正数,且 $x_1 + x_2 + \cdots + x_n = 1$,证明:不等式
$$\dfrac{x_1^3}{\alpha x_1 + \beta x_2} + \dfrac{x_2^3}{\alpha x_2 + \beta x_3} + \cdots + \dfrac{x_n^3}{\alpha x_n + \beta x_1} \geq \dfrac{1}{n(\alpha+\beta)}.$$

18.（1993 年意大利国家集训队试题）设 $x_1, x_2, \cdots, x_n (n \geq 2)$ 是正数,且 $x_1 + x_2 + \cdots + x_n = 1$,证明:不等式 $\sum_{i=1}^{n} \dfrac{1}{\sqrt{1-x_i}} \geq$

第12章 柯西不等式的推广及其应用

$n\sqrt{\dfrac{n}{n-1}}$.

19.（2001年捷克斯洛伐克-波兰联合竞赛试题）设正整数 $n \geqslant 2, a_1, a_2, \cdots, a_n$ 为 n 个非负实数，证明：不等式 $(a_1^3+1)(a_2^3+1)\cdots(a_n^3+1) \geqslant (a_1^2 a_2+1)(a_2^2 a_3+1)\cdots(a_n^2 a_1+1)$.

20.已知 $a_1, a_2, \cdots, a_n$ 是正实数，$k \geqslant 0$，n 是正整数，则
$$\prod_{i=1}^{n}(a_i^{n+k}-a_i^k+n) \geqslant \Big(\sum_{i=1}^{n}a_i\Big)^n$$

21.（1988年澳大利亚数学奥林匹克试题的推广）设 $a_1, a_2, \cdots, a_n > 0$，则 $\Big[\prod_{i=1}^{n}\prod_{j=1}^{n}\Big(1+\dfrac{a_i}{a_j}\Big)\Big]^{\frac{1}{n}} \geqslant 2^n$.

22.若 $x_i > 0 (i=1,2,\cdots,n), n \geqslant 2$，且
$$\dfrac{1}{1+x_1}+\dfrac{1}{1+x_2}+\cdots+\dfrac{1}{1+x_n}=1$$
求证：$x_1 x_2 \cdots x_n \geqslant (n-1)^n$.

23.（2006年伊朗数学奥林匹克试题）在 Rt△ABC 中，求最大的正实数 k，使得不等式 $a^3+b^3+c^3 \geqslant k(a+b+c)^3$ 成立.

24.（第30届IMO预选题）设 $k \geqslant 1, a_1, a_2, \cdots, a_n$ 为正实数，求证
$$\Big(\dfrac{a_1}{a_2+a_3+\cdots+a_n}\Big)^k+\Big(\dfrac{a_2}{a_1+a_3+\cdots+a_n}\Big)^k+\cdots+$$
$$\Big(\dfrac{a_n}{a_1+a_2+\cdots+a_{n-1}}\Big)^k \geqslant \dfrac{n^{k+1}}{(n-1)^k}$$

25.（2004年中国国家集训队试题）设 a,b,c 是正实数，求证
$$\dfrac{a+b+c}{3} \geqslant \sqrt[3]{\dfrac{(a+b)(b+c)(c+a)}{8}} \geqslant \dfrac{\sqrt{ab}+\sqrt{bc}+\sqrt{ca}}{3}$$

26.（2005年中国澳门地区数学奥林匹克试题）已知 x,y,z 是正数，求证：$\dfrac{x}{\sqrt{y^2+z^2}}+\dfrac{y}{\sqrt{z^2+x^2}}+\dfrac{z}{\sqrt{x^2+y^2}} > 2$.

27.（2005年乌克兰数学奥林匹克试题）设 a,b,c,x,y,z 是正数，证明
$$\dfrac{\sqrt[3]{a(b+1)yz}+\sqrt[3]{b(c+1)zx}+\sqrt[3]{c(a+1)xy}}{\sqrt[3]{(a+1)(b+1)(c+1)(x+1)(y+1)(z+1)}} \leqslant$$

Cauchy 不等式. 下

28.（2001 年 Baltic Way 竞赛试题）设 $a_1, a_2, \cdots, a_n > 0$，且 $\sum_{i=1}^{n} a_i^3 = 3, \sum_{i=1}^{n} a_i^5 = 5$，证明：$\sum_{i=1}^{n} a_i > \frac{3}{2}$.

29.（1）已知 $a_1, a_2, \cdots, a_n$ 是正实数，$\alpha > \beta > 0$，求证

$$\sqrt[\alpha]{\frac{a_1^\alpha + a_2^\alpha + \cdots + a_n^\alpha}{n}} < \sqrt[\beta]{\frac{a_1^\beta + a_2^\beta + \cdots + a_n^\beta}{n}}$$

（2）已知 $a_1, a_2, \cdots, a_n, p_1, p_2, \cdots, p_n$ 是正实数，$\alpha > \beta > 0$，求证

$$\sqrt[\alpha]{\frac{p_1 a_1^\alpha + p_2 a_2^\alpha + \cdots + p_n a_n^\alpha}{p_1 + p_2 + \cdots + p_n}} < \sqrt[\beta]{\frac{p_1 a_1^\beta + p_2 a_2^\beta + \cdots + p_n a_n^\beta}{p_1 + p_2 + \cdots + p_n}}$$

30.（1987 年越南数学奥林匹克试题）设 $a_1, a_2, \cdots, a_n > 0$，且 $a_1 + a_2 + \cdots + a_n = S$，对于任意非负整数 k, t，满足 $k \geq t$，证明：$\sum_{i=1}^{n} \frac{a_i^{2^k}}{(S - a_i)^{2^t - 1}} \geq \frac{S^{1 + 2^k - 2^t}}{(n-1)^{2^t - 1} n^{2^k - 2^t}}$.

柯西不等式与其他重要不等式的联合运用

柯西不等式虽然是一个很重要的解题工具,但在具体应用中,特别是一些难度较大的问题,经常要与其他重要不等式(如均值不等式、琴生不等式、舒尔不等式等)或其他数学方法联合运用,才能使问题得到简便地解决.本章通过一些例题加以说明.

例1 (2006年韩国数学奥林匹克试题)已知 x,y,z 是正数,求证:$xyz(x+2)(y+2)(z+2) \leqslant \left[1+\dfrac{2(xy+yz+zx)}{3}\right]^3$.

证明 因为
$$\left[1+\dfrac{2(xy+yz+zx)}{3}\right]^3 =$$
$$\left\{\dfrac{1}{3}\left[x\left(\dfrac{1}{x}+y+z\right)+y\left(x+\dfrac{1}{y}+z\right)+z\left(x+y+\dfrac{1}{z}\right)\right]\right\}^3 \geqslant$$
$$xyz\left(\dfrac{1}{x}+y+z\right)\left(x+\dfrac{1}{y}+z\right)\left(x+y+\dfrac{1}{z}\right)$$

由柯西不等式得
$$\left(x+\dfrac{1}{y}+z\right)\left(x+y+\dfrac{1}{z}\right) \geqslant (x+1+1)^2 = (x+2)^2$$
$$\left(x+y+\dfrac{1}{z}\right)\left(\dfrac{1}{x}+y+z\right) \geqslant (1+y+1)^2 = (y+2)^2$$

Cauchy 不等式. 下

$$\left(\frac{1}{x}+y+z\right)\left(x+\frac{1}{y}+z\right) \geqslant (1+1+z)^2 = (z+2)^2$$

三个不等式相乘并开方得

$$\left(\frac{1}{x}+y+z\right)\left(x+\frac{1}{y}+z\right)\left(x+y+\frac{1}{z}\right) \geqslant (x+2)(y+2)(z+2)$$

所以

$$xyz(x+2)(y+2)(z+2) \leqslant \left[1+\frac{2(xy+yz+zx)}{3}\right]^3$$

例 2 (2008年伊朗数学奥林匹克试题)设 x, y, z 是正实数,且 $xyz=1$,证明:

(1) $(1+x+y)^2+(1+y+z)^2+(1+z+x)^2 \geqslant 27$;

(2) $(1+x+y)^2+(1+y+z)^2+(1+z+x)^2 \leqslant 3(x+y+z)^2$.

且两个不等式等号成立的条件都是 $x=y=z=1$.

证明 (1)由柯西不等式和均值不等式得

$$3[(1+x+y)^2+(1+y+z)^2+(1+z+x)^2] \geqslant$$
$$[(1+x+y)+(1+y+z)+(1+z+x)]^2 =$$
$$[3+2(x+y+z)]^2 \geqslant$$
$$(3+2\times 3\sqrt[3]{xyz})^2 = 81$$

所以

$$(1+x+y)^2+(1+y+z)^2+(1+z+x)^2 \geqslant 27$$

等号成立的条件是 $x=y=z=1$.

(2)证法一:得

$$(1+x+y)^2+(1+y+z)^2+(1+z+x)^2 \leqslant 3(x+y+z)^2 \Leftrightarrow$$
$$x^2+y^2+z^2+4(xy+yz+zx) \geqslant 4(x+y+z)+3$$

设 $z=\max\{x,y,z\}$,则 $z \geqslant 1, xy=\frac{1}{z}$,记 $f(x,y,z)=x^2+y^2+z^2+4(xy+yz+zx)-4(x+y+z)-3$,则

$$f(x,y,z)-f(\sqrt{xy},\sqrt{xy},z)=$$
$$(x-y)^2+4(\sqrt{x}-\sqrt{y})^2(\sqrt{z}-1) \geqslant 0$$
$$f(\sqrt{xy},\sqrt{xy},z)=$$
$$6xy+8z\sqrt{xy}-8\sqrt{xy}+z^2-4z-3 \geqslant$$

第13章 柯西不等式与其他重要不等式的联合运用

$$\frac{6}{z}+\frac{8}{\sqrt{z}}(z-1)+z^2-4z-3=$$

$$\frac{6+z^3-4z^2-3z}{z}+\frac{8}{\sqrt{z}}(z-1)$$

证法二：得

$$(1+x+y)^2+(1+y+z)^2+(1+z+x)^2 \leqslant 3(x+y+z)^2 \Leftrightarrow$$
$$(x+y+z)^2+4(xy+yz+zx) \geqslant 4(x+y+z)+3$$

因为 $xyz=1$，由均值不等式得

$$2(xy+yz+zx) \geqslant 6\sqrt[3]{(xyz)^2}=6$$

所以只要证明

$$(x+y+z)^2+3 \geqslant 4(x+y+z) \Leftrightarrow$$
$$(x+y+z-3)(x+y+z-1) \geqslant 0$$

由均值不等式得 $x+y+z \geqslant 3\sqrt[3]{xyz}=3$. 所以上面的不等式成立.

例3（2006年罗马尼亚国家集训队试题）设 a,b,c 是正数，且 $a+b+c=1$，证明：$\dfrac{a^2}{b}+\dfrac{b^2}{c}+\dfrac{c^2}{a} \geqslant 3(a^2+b^2+c^2)$.

证明 因为 a,b,c 是正数，且 $a+b+c=1$，所以原不等式等价于

$$(a+b+c)\left(\frac{a^2}{b}+\frac{b^2}{c}+\frac{c^2}{a}\right) \geqslant 3(a^2+b^2+c^2) \Leftrightarrow$$

$$\frac{a^2(a+c)}{b}+\frac{b^2(a+b)}{c}+\frac{c^2(b+c)}{a} \geqslant 2(a^2+b^2+c^2) \quad (13.1)$$

由柯西不等式得

$$[b(a+c)+c(a+b)+a(b+c)] \cdot$$
$$\left[\frac{a^2(a+c)}{b}+\frac{b^2(a+b)}{c}+\frac{c^2(b+c)}{a}\right] \geqslant$$
$$[a(a+c)+b(a+b)+c(b+c)]^2$$

所以

$$2(ab+bc+ca)\left[\frac{a^2(a+c)}{b}+\frac{b^2(a+b)}{c}+\frac{c^2(b+c)}{a}\right] \geqslant$$
$$(a^2+b^2+c^2+ab+bc+ca)^2 \quad (13.2)$$

由均值不等式得

$$a^2+b^2+c^2+ab+bc+ca \geqslant 2\sqrt{(a^2+b^2+c^2)(ab+bc+ca)}$$

Cauchy 不等式·下

所以
$$(a^2+b^2+c^2+ab+bc+ca)^2 \geqslant 4(a^2+b^2+c^2)(ab+bc+ca)$$
代入式(13.2)得
$$\frac{a^2(a+c)}{b}+\frac{b^2(a+b)}{c}+\frac{c^2(b+c)}{a} \geqslant 2(a^2+b^2+c^2)$$

从而,原不等式成立.

例 4 (第 8 届中国香港数学奥林匹克试题)设 a,b,c,d 是正实数,且满足 $a+b+c+d=1$,求证:$6(a^3+b^3+c^3+d^3) \geqslant (a^2+b^2+c^2+d^2)+\frac{1}{8}$.

证明 由均值不等式得
$$a^3+\left(\frac{a+b+c+d}{4}\right)^3+\left(\frac{a+b+c+d}{4}\right)^3 \geqslant 3a\left(\frac{a+b+c+d}{4}\right)^2$$
$$b^3+\left(\frac{a+b+c+d}{4}\right)^3+\left(\frac{a+b+c+d}{4}\right)^3 \geqslant 3b\left(\frac{a+b+c+d}{4}\right)^2$$
$$c^3+\left(\frac{a+b+c+d}{4}\right)^3+\left(\frac{a+b+c+d}{4}\right)^3 \geqslant 3c\left(\frac{a+b+c+d}{4}\right)^2$$
$$d^3+\left(\frac{a+b+c+d}{4}\right)^3+\left(\frac{a+b+c+d}{4}\right)^3 \geqslant 3d\left(\frac{a+b+c+d}{4}\right)^2$$

将上述四个不等式相加并整理得
$$a^3+b^3+c^3+d^3 \geqslant \frac{1}{16}(a+b+c+d)^3 = \frac{1}{16}$$
即
$$2(a^3+b^3+c^3+d^3) \geqslant \frac{1}{8} \tag{13.3}$$

由柯西不等式得
$$a^2+b^2+c^2+d^2 = \frac{1}{4}(a^2+b^2+c^2+d^2)(1+1+1+1) \geqslant$$
$$\frac{1}{4}(a+b+c+d)^2 = \frac{1}{4} \tag{13.4}$$

再次利用柯西不等式得
$$a^3+b^3+c^3+d^3 = (a^3+b^3+c^3+d^3)(a+b+c+d) \geqslant (a^2+b^2+c^2+d^2)^2$$

结合式(13.4),得
$$a^3+b^3+c^3+d^3 \geqslant \frac{1}{4}(a^2+b^2+c^2+d^2) \tag{13.5}$$

第13章 柯西不等式与其他重要不等式的联合运用

由(13.3)+(13.5)×4,即得要证的不等式.

注 这里式(13.3)的证明实际上是对幂平均不等式的证明.

例5 (2003年伊朗数学奥林匹克试题)设 a,b,c 是正实数,当 $a^2+b^2+c^2+4abc=4$ 时,证明:$a+b+c\leqslant 3$.

证明 我们用反证法证明:若 $a+b+c>3$,则 $a^2+b^2+c^2+4abc>4$.

由舒尔不等式,得
$$2(a+b+c)(a^2+b^2+c^2)+9abc-(a+b+c)^3=$$
$$a(a-b)(a-c)+b(b-a)(b-c)+c(c-a)(c-b)\geqslant 0$$
所以
$$2(a+b+c)(a^2+b^2+c^2)+9abc\geqslant(a+b+c)^3$$
于是
$$2(a+b+c)(a^2+b^2+c^2)+3abc(a+b+c)>$$
$$2(a+b+c)(a^2+b^2+c^2)+3abc\cdot 3=$$
$$2(a+b+c)(a^2+b^2+c^2)+9abc\geqslant$$
$$(a+b+c)^3$$
即
$$2(a^2+b^2+c^2)+3abc>(a+b+c)^2>3^2=9 \quad (13.6)$$

又由柯西不等式得
$$(1^2+1^2+1^2)(a^2+b^2+c^2)\geqslant(a+b+c)^2>3^2=9$$
所以
$$a^2+b^2+c^2>3 \quad (13.7)$$

(13.6)+(13.7)得 $3(a^2+b^2+c^2)+3abc>12$,则 $a^2+b^2+c^2+abc>4$,与题设矛盾.于是 $a+b+c\leqslant 3$.

例6 (2001年韩国数学奥林匹克试题)已知 $a,b,c>0$,证明
$$\sqrt{(a^2b+b^2c+c^2a)(ab^2+bc^2+ca^2)}\geqslant$$
$$abc+\sqrt[3]{(a^3+abc)(b^3+abc)(c^3+abc)}$$

证明 因为
$$\sqrt{(a^2b+b^2c+c^2a)(ab^2+bc^2+ca^2)}=$$

77

Cauchy 不等式. 下

$$\frac{1}{2}\sqrt{[b(a^2+bc)+c(b^2+ca)+a(c^2+ab)]\cdot[c(a^2+bc)+a(b^2+ca)+b(c^2+ab)]} \geqslant$$

$$\frac{1}{2}[\sqrt{bc}(a^2+bc)+\sqrt{ca}(b^2+ca)+\sqrt{ab}(c^2+ab)] (柯西不等式) \geqslant$$

$$\frac{3}{2}\sqrt[3]{\sqrt{bc}(a^2+bc)\cdot\sqrt{ca}(b^2+ca)\cdot\sqrt{ab}(c^2+ab)} (均值不等式) =$$

$$\frac{1}{2}\sqrt[3]{\sqrt{bc}(a^2+bc)\cdot\sqrt{ca}(b^2+ca)\cdot\sqrt{ab}(c^2+ab)} +$$

$$\sqrt[3]{\sqrt{bc}(a^2+bc)\cdot\sqrt{ca}(b^2+ca)\cdot\sqrt{ab}(c^2+ab)} =$$

$$\frac{1}{2}\sqrt[3]{(a^3+abc)(b^3+abc)(c^3+abc)} +$$

$$\sqrt[3]{(a^3+abc)(b^3+abc)(c^3+abc)} =$$

$$\frac{1}{2}\sqrt[3]{(2\cdot\sqrt{a^3\cdot abc})(2\cdot\sqrt{b^3\cdot abc})(2\cdot\sqrt{c^3\cdot abc})} +$$

$$\sqrt[3]{(a^3+abc)(b^3+abc)(c^3+abc)} (均值不等式) =$$

$$abc+\sqrt[3]{(a^3+abc)(b^3+abc)(c^3+abc)}$$

说明:本题在应用柯西不等式时元素的选取十分巧妙,接下来均值不等式的反复使用,每一步都很到位,给人天衣无缝的感觉.

例 7 (2005 年英国数学奥林匹克试题)已知 a,b,c 是正数,求证:$\left(\dfrac{a}{b}+\dfrac{b}{c}+\dfrac{c}{a}\right)^2 \geqslant (a+b+c)\left(\dfrac{1}{b}+\dfrac{1}{c}+\dfrac{1}{a}\right)$.

证法一 由柯西不等式得

$$(1^2+1^2+1^2)\left(\frac{a^2}{b^2}+\frac{b^2}{c^2}+\frac{c^2}{a^2}\right) \geqslant \left(\frac{a}{b}+\frac{b}{c}+\frac{c}{a}\right)^2$$

由均值不等式得

$$\frac{a}{b}+\frac{b}{c}+\frac{c}{a} \geqslant 3$$

故

$$\frac{a^2}{b^2}+\frac{b^2}{c^2}+\frac{c^2}{a^2} \geqslant \frac{a}{b}+\frac{b}{c}+\frac{c}{a}$$

类似地,由 $\dfrac{a}{c}+\dfrac{b}{a}+\dfrac{c}{b} \geqslant 3$,可得

$$\frac{a^2}{b^2}+\frac{b^2}{c^2}+\frac{c^2}{a^2}+\frac{b}{a}+\frac{c}{b}+\frac{a}{c} \geqslant 3+\frac{a}{b}+\frac{b}{c}+\frac{c}{a}$$

第13章 柯西不等式与其他重要不等式的联合运用

两边同时加上 $\frac{b}{a}+\frac{c}{b}+\frac{a}{c}$，即得

$$\left(\frac{a}{b}+\frac{b}{c}+\frac{c}{a}\right)^2 \geqslant (a+b+c)\left(\frac{1}{b}+\frac{1}{c}+\frac{1}{a}\right)$$

证法二 作代换 $x=\frac{a}{b}, y=\frac{b}{c}, z=\frac{c}{a}$，则不等式即化为

$$x^2+y^2+z^2+2xy+2yz+2zx \geqslant x+y+z+xy+yz+zx+3$$

其中

$$xyz=1 \qquad (13.8)$$

即证

$$x^2+y^2+z^2+xy+yz+zx \geqslant x+y+z+3$$

可以证明 $x^2+yz \geqslant x+1$. 事实上

$$x^2+yz=x^2+\frac{1}{x} \geqslant x+1 \Leftrightarrow (x+1)(x-1)^2 \geqslant 0$$

同理，$y^2+zx \geqslant y+1, z^2+xy \geqslant z+1$，三式相加即得.

另证式(13.8)如下

$$x^2+1+y^2+1+z^2+1 \geqslant 2x+2y+2z$$
$$xy+yz+zx \geqslant 3\sqrt[3]{xyyzzx}=3$$
$$x+y+z \geqslant 3\sqrt[3]{xyz}=3$$

三式相加即得.

证法三 由柯西不等式得

$$\left(\frac{a}{b}+\frac{b}{c}+\frac{c}{a}\right)(ab+bc+ca) \geqslant (a+b+c)^2$$

$$\left(\frac{a}{b}+\frac{b}{c}+\frac{c}{a}\right)\left(\frac{1}{ab}+\frac{1}{bc}+\frac{1}{ca}\right) \geqslant \left(\frac{1}{b}+\frac{1}{c}+\frac{1}{a}\right)^2$$

而 $(ab+bc+ca)\left(\frac{1}{ab}+\frac{1}{bc}+\frac{1}{ca}\right)=(a+b+c)\left(\frac{1}{c}+\frac{1}{b}+\frac{1}{a}\right)$，

所以不等式得证.

例8 （2008年IMO预选题）设 a,b,c,d 是正数且满足 $abcd=1, a+b+c+d > \frac{a}{b}+\frac{b}{c}+\frac{c}{d}+\frac{d}{a}$. 证明

$$a+b+c+d < \frac{b}{a}+\frac{c}{b}+\frac{d}{c}+\frac{a}{d}$$

证法一 由柯西不等式得

$$(a+b+c+d)(ab+bc+cd+da) >$$

Cauchy 不等式. 下

$$\left(\frac{a}{b}+\frac{b}{c}+\frac{c}{d}+\frac{d}{a}\right)(ab+bc+cd+da)=(a+b+c+d)^2$$

所以 $ab+bc+cd+da > a+b+c+d$

只需证明

$$\frac{b}{a}+\frac{c}{b}+\frac{d}{c}+\frac{a}{d} > ab+bc+cd+da$$

由 $abcd=1$ 及均值不等式得

$$\left(\frac{b}{a}+\frac{c}{d}\right)+\left(\frac{c}{b}+\frac{d}{a}\right)+\left(\frac{d}{c}+\frac{a}{b}\right)+\left(\frac{a}{d}+\frac{b}{c}\right) \geqslant$$
$$2(bc+cd+da+ab)=2(ab+bc+cd+da) >$$
$$(ab+bc+cd+da)+(a+b+c+d) >$$
$$(ab+bc+cd+da)+\left(\frac{a}{b}+\frac{b}{c}+\frac{c}{d}+\frac{d}{a}\right)$$

所以

$$\frac{b}{a}+\frac{c}{b}+\frac{d}{c}+\frac{a}{d} > ab+bc+cd+da$$

证法二 由柯西不等式得

$$(a+b+c+d)(ab+bc+cd+da) >$$
$$\left(\frac{a}{b}+\frac{b}{c}+\frac{c}{d}+\frac{d}{a}\right)(ab+bc+cd+da) \geqslant$$
$$(a+b+c+d)^2$$

所以 $ab+bc+cd+da > a+b+c+d$

再由 $abcd=1$ 及柯西不等式得

$$\left(\frac{a}{b}+\frac{b}{c}+\frac{c}{d}+\frac{d}{a}\right)\left(\frac{d}{c}+\frac{a}{b}+\frac{b}{a}+\frac{c}{b}\right) \geqslant$$
$$\left(\sqrt{\frac{ad}{bc}}+\sqrt{\frac{ab}{cd}}+\sqrt{\frac{bc}{da}}+\sqrt{\frac{cd}{ab}}\right)^2=$$
$$(da+ab+bc+cd)^2 > (a+b+c+d)^2$$

又因为 $a+b+c+d > \frac{a}{b}+\frac{b}{c}+\frac{c}{d}+\frac{d}{a}$，所以

$$a+b+c+d < \frac{b}{a}+\frac{c}{b}+\frac{d}{c}+\frac{a}{d}$$

证法三 首先证明：若 $abcd=1$，则 $a+b+c+d$ 不超过 $\frac{a}{b}+\frac{b}{c}+\frac{c}{d}+\frac{d}{a}$ 与 $\frac{b}{a}+\frac{c}{b}+\frac{d}{c}+\frac{a}{d}$ 的加权平均.

第13章 柯西不等式与其他重要不等式的联合运用

由均值不等式得

$$a = \sqrt[4]{\frac{a^4}{abcd}} = \sqrt[4]{\frac{a}{b} \cdot \frac{a}{b} \cdot \frac{b}{c} \cdot \frac{a}{d}} \leqslant$$
$$\frac{1}{4}\left(\frac{a}{b} + \frac{a}{b} + \frac{b}{c} + \frac{a}{d}\right)$$

同理

$$b \leqslant \frac{1}{4}\left(\frac{b}{c} + \frac{b}{c} + \frac{c}{d} + \frac{b}{a}\right)$$

$$c \leqslant \frac{1}{4}\left(\frac{c}{d} + \frac{c}{d} + \frac{d}{a} + \frac{c}{b}\right)$$

$$d \leqslant \frac{1}{4}\left(\frac{d}{a} + \frac{d}{a} + \frac{a}{b} + \frac{d}{c}\right)$$

上面四式相加得

$$a+b+c+d \leqslant \frac{3}{4}\left(\frac{a}{b} + \frac{b}{c} + \frac{c}{d} + \frac{d}{a}\right) +$$
$$\frac{1}{4}\left(\frac{b}{a} + \frac{c}{b} + \frac{d}{c} + \frac{a}{d}\right)$$

由 $a+b+c+d > \frac{a}{b} + \frac{b}{c} + \frac{c}{d} + \frac{d}{a}$,得

$$a+b+c+d < \frac{b}{a} + \frac{c}{b} + \frac{d}{c} + \frac{a}{d}$$

例9 （1996年波兰数学奥林匹克试题）设 a,b,c 是正数，且 $a+b+c=1$,证明:$\frac{a}{1+a^2} + \frac{b}{1+b^2} + \frac{c}{1+c^2} \leqslant \frac{9}{10}$.

证明 由均值不等式得 $a^2 + \frac{1}{9} \geqslant \frac{2a}{3}, b^2 + \frac{1}{9} \geqslant \frac{2b}{3}, c^2 + \frac{1}{9} \geqslant \frac{2c}{3}$,所以

$$\frac{a}{1+a^2} + \frac{b}{1+b^2} + \frac{c}{1+c^2} \leqslant \frac{9}{10} \Leftrightarrow$$

$$\frac{a}{\frac{2a}{3}+\frac{8}{9}} + \frac{b}{\frac{2b}{3}+\frac{8}{9}} + \frac{c}{\frac{2c}{3}+\frac{8}{9}} \leqslant \frac{9}{10} \Leftrightarrow$$

$$\frac{a}{3a+4} + \frac{b}{3b+4} + \frac{c}{3c+4} \leqslant \frac{1}{5} \Leftrightarrow$$

$$\frac{3a}{3a+4} + \frac{3b}{3b+4} + \frac{3c}{3c+4} \leqslant \frac{3}{5} \Leftrightarrow$$

Cauchy 不等式. 下

$$\frac{4}{3a+4}+\frac{4}{3b+4}+\frac{4}{3c+4}\geqslant \frac{12}{5}\Leftrightarrow$$

$$\frac{1}{3a+4}+\frac{1}{3b+4}+\frac{1}{3c+4}\geqslant \frac{3}{5}$$

由柯西不等式得

$$[(3a+4)+(3b+4)+(3c+4)]\left(\frac{1}{3a+4}+\frac{1}{3b+4}+\frac{1}{3c+4}\right)\geqslant 9$$

因为 $a+b+c=1$,所以 $15\left(\frac{1}{3a+4}+\frac{1}{3b+4}+\frac{1}{3c+4}\right)\geqslant 9$,即

$$\frac{1}{3a+4}+\frac{1}{3b+4}+\frac{1}{3c+4}\geqslant \frac{3}{5}$$

例 10 （2006 巴尔干地区数学奥林匹克试题）对任意正实数 a,b,c,均有 $\frac{a^3}{b^2-bc+c^2}+\frac{b^3}{c^2-ca+a^2}+\frac{c^3}{a^2-ab+b^2}\geqslant a+b+c$.

证明 由柯西不等式得

$$\frac{a^3}{b^2-bc+c^2}+\frac{b^3}{c^2-ca+a^2}+\frac{c^3}{a^2-ab+b^2}=$$

$$\frac{a^4}{a(b^2-bc+c^2)}+\frac{b^4}{b(c^2-ca+a^2)}+\frac{c^4}{c(a^2-ab+b^2)}\geqslant$$

$$\frac{(a^2+b^2+c^2)^2}{a(b^2-bc+c^2)+b(c^2-ca+a^2)+c(a^2-ab+b^2)}$$

由舒尔不等式得

$(a^2+b^2+c^2)^2-(a+b+c)[a(b^2-bc+c^2)+b(c^2-ca+a^2)+c(a^2-ab+b^2)]=$
$a^4+b^4+c^4-(a^3b+ab^3)-(b^3c+bc^3)-(a^3c+ac^3)+abc(a+b+c)=$
$a^2(a-b)(a-c)+b^2(b-a)(b-c)+c^2(c-a)(c-b)\geqslant 0$

所以

$$\frac{a^3}{b^2-bc+c^2}+\frac{b^3}{c^2-ca+a^2}+\frac{c^3}{a^2-ab+b^2}\geqslant a+b+c$$

例 11 设 $x,y,z\in \mathbf{R}_+$,且 $x+y+z=1$,则 $\sum \frac{x}{y^2+y}\geqslant \frac{3}{4yz}$.

证法一 由柯西不等式得

$$\left(\frac{x}{y^2+y}+\frac{y}{z^2+z}+\frac{z}{x^2+x}\right)(xy+yz+zx)\geqslant$$

第 13 章 柯西不等式与其他重要不等式的联合运用

$$\left(\frac{x}{\sqrt{y+1}}+\frac{y}{\sqrt{z+1}}+\frac{z}{\sqrt{x+1}}\right)^2 \qquad (13.9)$$

又因为

$$\left(\frac{x}{\sqrt{y+1}}+\frac{y}{\sqrt{z+1}}+\frac{z}{\sqrt{x+1}}\right)(x\sqrt{y+1}+y\sqrt{z+1}+z\sqrt{x+1})\geqslant$$
$$(x+y+z)^2=1 \qquad (13.10)$$

$$(x\sqrt{y+1}+y\sqrt{z+1}+z\sqrt{x+1})^2=$$
$$[\sqrt{x}\cdot\sqrt{x(y+1)}+\sqrt{y}\cdot\sqrt{y(z+1)}+\sqrt{z}\cdot\sqrt{z(x+1)}]^2\leqslant$$
$$(x+y+z)[x(y+1)+y(z+1)+z(x+1)]=$$
$$xy+yz+zx+1\leqslant\frac{1}{3}(x+y+z)^2+1=\frac{4}{3}$$

所以

$$x\sqrt{y+1}+y\sqrt{z+1}+z\sqrt{x+1}\leqslant\frac{2}{\sqrt{3}} \qquad (13.11)$$

由式(13.10),(13.11)得

$$\frac{x}{\sqrt{y+1}}+\frac{y}{\sqrt{z+1}}+\frac{z}{\sqrt{x+1}}\geqslant\frac{\sqrt{3}}{2} \qquad (13.12)$$

由式(13.9),(13.12)得

$$\frac{x}{y^2+y}+\frac{y}{z^2+z}+\frac{z}{x^2+x}\geqslant\frac{3}{4(xy+yz+zx)}$$

证法二 由柯西不等式得

$$\left(\frac{x}{y^2+y}+\frac{y}{z^2+z}+\frac{z}{x^2+x}\right)(xy+yz+zx)\geqslant$$
$$\left(\frac{x}{\sqrt{y+1}}+\frac{y}{\sqrt{z+1}}+\frac{z}{\sqrt{x+1}}\right)^2 \qquad (13.13)$$

由权方和不等式和常用不等式 $xy+yz+zx\leqslant\frac{(x+y+z)^2}{3}$,得

$$\frac{x}{\sqrt{y+1}}+\frac{y}{\sqrt{z+1}}+\frac{z}{\sqrt{x+1}}=$$
$$\frac{x^{\frac{3}{2}}}{\sqrt{xy+x}}+\frac{y^{\frac{3}{2}}}{\sqrt{yz+y}}+\frac{z^{\frac{3}{2}}}{\sqrt{zx+z}}\geqslant$$
$$\frac{(x+y+z)^{\frac{3}{2}}}{\sqrt{xy+yz+zx+x+y+z}}=$$

Cauchy 不等式. 下

$$\frac{1}{\sqrt{xy+yz+zx+1}} \geqslant$$
$$\frac{1}{\sqrt{\frac{(x+y+z)^2}{3}+1}} = \frac{\sqrt{3}}{2} \qquad (13.14)$$

由式(13.13),(13.14)即得

$$\frac{x}{y^2+y}+\frac{y}{z^2+z}+\frac{z}{x^2+x} \geqslant \frac{3}{4(xy+yz+zx)}$$

例 12 (2006 年塔吉克斯坦数学奥林匹克试题)证明:对任意正数 a,b,c,d,有

$$\sqrt{\frac{a^2+b^2+c^2+d^2}{4}} \geqslant \sqrt[3]{\frac{abc+abd+acd+bcd}{4}}$$

证法一 由均值不等式得

$$\frac{abc+abd+acd+bcd}{4} =$$
$$\frac{1}{2}\left[ab\left(\frac{c+d}{2}\right)+cd\left(\frac{a+b}{2}\right)\right] \leqslant$$
$$\frac{1}{2}\left[\left(\frac{a+b}{2}\right)^2 \cdot \frac{c+d}{2}+\left(\frac{c+d}{2}\right)^2 \cdot \frac{a+b}{2}\right] =$$
$$\frac{a+b}{2} \cdot \frac{c+d}{2} \cdot \frac{a+b+c+d}{4} \leqslant$$
$$\left(\frac{a+b+c+d}{4}\right)^2 \cdot \frac{a+b+c+d}{4} = \left(\frac{a+b+c+d}{4}\right)^3$$

所以

$$\frac{a+b+c+d}{4} \geqslant \sqrt[3]{\frac{abc+abd+acd+bcd}{4}}$$

由柯西不等式得

$$(1^2+1^2+1^2+1^2)(a^2+b^2+c^2+d^2) \geqslant (a+b+c+d)^2$$

即

$$\sqrt{\frac{a^2+b^2+c^2+d^2}{4}} \geqslant \frac{a+b+c+d}{4}$$

于是

$$\sqrt{\frac{a^2+b^2+c^2+d^2}{4}} \geqslant \sqrt[3]{\frac{abc+abd+acd+bcd}{4}}$$

证法二 因为

第13章 柯西不等式与其他重要不等式的联合运用

$$\sqrt[3]{\frac{abc+abd+acd+bcd}{4}} =$$

$$\sqrt[3]{\frac{cd(a+b)+ab(c+d)}{4}} \leqslant$$

$$\sqrt[3]{\frac{\sqrt{2(a^2+b^2)} \cdot \frac{c^2+d^2}{2}+\sqrt{2(c^2+d^2)} \cdot \frac{a^2+b^2}{2}}{4}} =$$

$$\sqrt[3]{\frac{\sqrt{2(a^2+b^2)(c^2+d^2)} \cdot (\sqrt{a^2+b^2}+\sqrt{c^2+d^2})}{8}}$$

由均值不等式得

$$\sqrt[2]{(a^2+b^2)(c^2+d^2)} \leqslant a^2+b^2+c^2+d^2$$

又由柯西不等式得

$$\sqrt{a^2+b^2}+\sqrt{c^2+d^2} \leqslant \sqrt{2(a^2+b^2+c^2+d^2)}$$

所以

$$\sqrt[3]{\frac{abc+abd+acd+bcd}{4}} \leqslant \sqrt{\frac{a^2+b^2+c^2+d^2}{4}}$$

例 13 (2008 年 AIM 数学奥林匹克试题)设 $a,b,c \in \mathbf{R}_+$,且 $a+b+c=abc$. 证明:$(a+1)^2+(b+1)^2+(c+1)^2 \geqslant \sqrt[3]{(a+3)^2(b+3)^2(c+3)^2}$.

证法一 因为 $a,b,c>0$,且 $a+b+c=abc$,由均值不等式得 $a+b+c=abc \geqslant 3\sqrt[3]{abc}$,所以 $(a+b+c)^2=(abc)^2 \geqslant 27$,即 $a+b+c=abc \geqslant 3\sqrt{3}$,先证明不等式

$$(a+1)^2+(b+1)^2+(c+1)^2 \geqslant \frac{1}{3}[(a+3)^2+(b+3)^2+(c+3)^2]$$

而

$$(a+1)^2+(b+1)^2+(c+1)^2 \geqslant \frac{1}{3}[(a+3)^2+(b+3)^2+(c+3)^2] \Leftrightarrow$$

$$a^2+b^2+c^2 \geqslant 9.$$

由柯西不等式得 $(1+1+1)(a^2+b^2+c^2) \geqslant (a+b+c)^2 \geqslant 27$,所以 $a^2+b^2+c^2 \geqslant 9$

证法二 因为 $a,b,c>0$,且 $a+b+c=abc$,由均值不等式得 $a+b+c=abc \geqslant 3\sqrt[3]{abc}$,所以 $(a+b+c)^2=(abc)^2 \geqslant 27$,即 $a+b+c=abc \geqslant 3\sqrt{3}$,由均值不等式得

Cauchy 不等式. 下

$$(a+1)^2+(b+1)^2+(c+1)^2 \geqslant 3\sqrt[3]{(a+1)^2(b+1)^2(c+1)^2}$$

所以只要证明

$$3\sqrt[3]{(a+1)^2(b+1)^2(c+1)^2} \geqslant \sqrt[3]{(a+3)^2(b+3)^2(c+3)^2} \Leftrightarrow$$
$$3\sqrt{3}(a+1)(b+1)(c+1) \geqslant (a+3)(b+3)(c+3)$$

因为 $a+b+c=abc$,所以只要证明 $(6\sqrt{3}-10)abc+(3\sqrt{3}-3) \cdot (ab+bc+ca) \geqslant 27-3\sqrt{3}$,由均值不等式得

$$(ab+bc+ca)^2 \geqslant 3abc(a+b+c) = 3(abc)^2$$

所以

$$ab+bc+ca \geqslant \sqrt{3}\,abc$$

所以

$$(6\sqrt{3}-10)abc+(3\sqrt{3}-3)(ab+bc+ca) \geqslant$$
$$(6\sqrt{3}-10)abc+(3\sqrt{3}-3)\sqrt{3}\,abc=$$
$$(3\sqrt{3}-1)abc \geqslant (3\sqrt{3}-1)3\sqrt{3} = 27-3\sqrt{3}$$

例 14 (2001 年韩国数学奥林匹克试题)设 a,b,c 是正数,证明:$\sqrt{a^4+b^4+c^4}+\sqrt{a^2b^2+b^2c^2+c^2a^2} \geqslant \sqrt{a^3b+b^3c+c^3a}+\sqrt{ab^3+bc^3+ca^3}$.

证明 由于

$$\sqrt{a^4+b^4+c^4}+\sqrt{a^2b^2+b^2c^2+c^2a^2} \geqslant$$
$$\sqrt{a^3b+b^3c+c^3a}+\sqrt{ab^3+bc^3+ca^3} \Leftrightarrow$$
$$a^4+b^4+c^4+a^2b^2+b^2c^2+c^2a^2+$$
$$2\sqrt{a^4+b^4+c^4} \cdot \sqrt{a^2b^2+b^2c^2+c^2a^2} \geqslant$$
$$a^3b+b^3c+c^3a+ab^3+bc^3+ca^3+$$
$$2\sqrt{a^3b+b^3c+c^3a} \cdot \sqrt{ab^3+bc^3+ca^3}$$

下面先证明

$$a^4+b^4+c^4+a^2b^2+b^2c^2+c^2a^2 \geqslant a^3b+b^3c+c^3a+ab^3+bc^3+ca^3 \tag{13.15}$$

由均值不等式得 $a^2+b^2 \geqslant 2ab$,两边同时乘以 a^2+b^2 得

$$a^4+b^4+2a^2b^2 \geqslant 2(a^3b+ab^3)$$

同理

$$b^4+c^4+2b^2c^2 \geqslant 2(b^3c+bc^3)$$

第 13 章 柯西不等式与其他重要不等式的联合运用

$$c^4+a^4+2c^2a^2\geqslant 2(c^3a+ca^3)$$

三个不等式相加并两边同时除以 2 得式(13.15). 再证明

$$\sqrt{a^4+b^4+c^4} \cdot \sqrt{a^2b^2+b^2c^2+c^2a^2} \geqslant$$
$$\sqrt{a^3b+b^3c+c^3a} \cdot \sqrt{ab^3+bc^3+ca^3} \quad (13.16)$$

由柯西不等式得

$$(a^4+b^4+c^4)(a^2b^2+b^2c^2+c^2a^2)\geqslant(a^3b+b^3c+c^3a)^2 \tag{13.17}$$

$$(a^4+b^4+c^4)(c^2a^2+a^2b^2+b^2c^2)\geqslant(ca^3+ab^3+bc^3)^2 \tag{13.18}$$

式(13.17),(13.18)相乘并开四次方得式(13.16).(13.15)+2×(13.16)知原不等式成立.

例 15 (2007 年土耳其数学奥林匹克集训队试题)设 $a,b,c\in \mathbf{R}_+$,且 $a+b+c=1$.证明

$$\frac{1}{bc+2a^2+2a}+\frac{1}{ca+2b^2+2b}+\frac{1}{ab+2c^2+2c}\geqslant\frac{1}{ab+bc+ca} \tag{13.19}$$

证明 由已知条件,结合三元对称不等式,有

$$3(ab+bc+ca)\leqslant(a+b+c)^2=1$$

所以

$$\frac{1}{ab+bc+ca}\geqslant 3$$

于是,式(13.19)可变为

$$\frac{1}{bc+2a^2+2a}+\frac{1}{ca+2b^2+2b}+\frac{1}{ab+2c^2+2c}\geqslant 3 \tag{13.20}$$

将式(13.20)加权推广,可得

设 $a,b,c>0$,且 $a+b+c=1$,对 $\lambda,\mu,\upsilon>0$ 满足

$$S=2(\sqrt{\mu\upsilon}+\sqrt{\upsilon\lambda}+\sqrt{\lambda\mu})-(\lambda+\mu+\upsilon)>0$$

则有

$$P_\lambda=\frac{\lambda}{bc+2a^2+2a}+\frac{\mu}{ca+2b^2+2b}+\frac{\upsilon}{ab+2a^2+2a}\geqslant S \tag{13.21}$$

显然当 $\lambda=\mu=\upsilon=1$ 时,式(13.21)即可转化为式(13.20).

例 16 (2008 年伊朗国家集训队试题)已知 a,b,c 都是正

Cauchy 不等式. 下

数，且 $ab+bc+ca=1$，证明：$\sqrt{a^3+a}+\sqrt{b^3+b}+\sqrt{c^3+c}\geqslant 2\sqrt{a+b+c}$.

证明 因为 $ab+bc+ca=1$，所以
$$a^3+a=a^3+a(ab+bc+ca)=a(a+b)(c+a)$$
$$b^3+b=b(a+b)(b+c)$$
$$c^3+c=c(c+a)(b+c)$$

不等式两端齐次化知不等式等价于
$$\sqrt{a(a+b)(c+a)}+\sqrt{b(a+b)(b+c)}+\sqrt{c(c+a)(b+c)}\geqslant 2\sqrt{(a+b+c)(ab+bc+ca)}$$

两端平方知不等式等价于
$$\sum a^3+\sum a^2b+3abc+2\sum(a+b)\sqrt{ab(c+a)(b+c)}\geqslant 4\sum a^2b+12abc\Leftrightarrow$$
$$\sum a^3+2\sum(a+b)\sqrt{ab(c+a)(b+c)}\geqslant 3\sum a^2b+9abc$$

由舒尔不等式
$$\sum a^3+3abc\geqslant \sum a^2b$$

故只要证明
$$2\sum(a+b)\sqrt{ab(c+a)(b+c)}\geqslant 2\sum a^2b+12abc$$

即证明
$$\sum(a+b)\sqrt{ab(c+a)(b+c)}\geqslant \sum a^2b+6abc$$

由柯西不等式和均值不等式得
$$(a+b)\sqrt{ab(c+a)(b+c)}=$$
$$(a+b)\sqrt{ab(c+a)(c+b)}\geqslant$$
$$(a+b)(c+\sqrt{ab})\sqrt{ab}=$$
$$ab(a+b)+c\sqrt{ab}(a+b)\geqslant$$
$$a^2b+ab^2+2abc$$

所以
$$\sum(a+b)\sqrt{ab(c+a)(b+c)}\geqslant \sum a^2b+6abc$$

例17 （2008 年塞尔维亚数学奥林匹克试题）已知 a,b,c 是正数，且 $a+b+c=1$，证明

第13章 柯西不等式与其他重要不等式的联合运用

$$\frac{1}{bc+a+\frac{1}{a}}+\frac{1}{ca+b+\frac{1}{b}}+\frac{1}{ab+c+\frac{1}{c}} \leqslant \frac{27}{31}$$

证明 因为 $a+b+c=1$,所以

$$\frac{1}{bc+a+\frac{1}{a}}+\frac{1}{ca+b+\frac{1}{b}}+\frac{1}{ab+c+\frac{1}{c}} \leqslant \frac{27}{31} \Leftrightarrow$$

$$\frac{a}{abc+a^2+1}+\frac{b}{abc+b^2+1}+\frac{c}{abc+c^2+1} \leqslant \frac{27}{31} \Leftrightarrow$$

$$\frac{a}{abc+a^2+1}-a+\frac{b}{abc+b^2+1}-b+\frac{c}{abc+c^2+1}-c \leqslant -\frac{4}{31} \Leftrightarrow$$

$$\frac{a^2(bc+a)}{abc+a^2+1}+\frac{b^2(ca+b)}{abc+b^2+1}+\frac{c^2(ab+c)}{abc+c^2+1} \geqslant \frac{4}{31}$$

由柯西不等式得

$[(bc+a)(abc+a^2+1)+(ca+b)(abc+b^2+1)+(ab+c)(abc+c^2+1)] \cdot \left[\frac{a^2(bc+a)}{abc+a^2+1}+\frac{b^2(ca+b)}{abc+b^2+1}+\frac{c^2(ab+c)}{abc+c^2+1}\right] \geqslant$

$[a(bc+a)+b(ca+b)+c(ab+c)]^2$

令 $q=ab+bc+ca, r=abc$,因为 $a+b+c=1$,所以由公式

$$a^3+b^3+c^3-3abc=(a+b+c)[a^2+b^2+c^2-(ab+bc+ca)]$$

得

$$a^3+b^3+c^3=1+3r-3q$$

$(bc+a)(abc+a^2+1)+(ca+b)(abc+b^2+1)+$
$(ab+c)(abc+c^2+1)=$
$abc(ab+bc+ca)+abc(a+b+c)+(ab+bc+ca)+$
$abc(a+b+c)+(a^3+b^3+c^3)+(a+b+c)=$
$2-2q+5r+qr$

$a(bc+a)+b(ca+b)+c(ab+c)=3r+1-2q$

因此,只要证明

$31(3r+1-2q)^2-4(2-2q+5r+qr) \geqslant 0 \Leftrightarrow$

$279r^2-376qr+166r+124q^2-116q+23 \geqslant 0$ (13.22)

记 $f(r)=279r^2-376qr+166r+124q^2-116q+23$,由不等式 $(a+b+c)^2 \geqslant 3(ab+bc+ca)$ 得 $3q \leqslant 1$,则

$f'(r)=558r-376q+166=558r+166(1-3q)+122q>0$

即 $f(r)$ 是 $(0,+\infty)$ 上的增函数.

Cauchy 不等式. 下

由舒尔不等式得
$$(a+b+c)^3 - 4(a+b+c)(ab+bc+ca) + 9abc \geqslant 0$$
(13.23)

于是,$r \geqslant \dfrac{4q-1}{9}$,注意到 $1-3q \geqslant 0$ 得
$$f(r) = 279r^2 - 376qr + 166r + 124q^2 - 116q + 23 \geqslant$$
$$279\left(\dfrac{4q-1}{9}\right)^2 - 376q\left(\dfrac{4q-1}{9}\right) + 166\left(\dfrac{4q-1}{9}\right) +$$
$$124q^2 - 116q + 23 =$$
$$12q^2 - 28q + 8 = 4(1-3q)(2-q) \geqslant 0$$

所以不等式(13.22)成立.

例 18 (2011 年科索沃数学奥林匹克试题)已知 a,b,c 是正数,证明
$$\dfrac{\sqrt{a^3+b^3}}{a^2+b^2} + \dfrac{\sqrt{b^3+c^3}}{b^2+c^2} + \dfrac{\sqrt{c^3+a^3}}{c^2+a^2} \geqslant \dfrac{6(ab+bc+ca)}{(a+b+c)\sqrt{(a+b)(b+c)(c+a)}}$$

证明 不等式等价于
$$\sum_{cyc} \dfrac{\sqrt{(a^3+b^3)(a+b)}}{a^2+b^2} \cdot \sqrt{(b+c)(c+a)} \geqslant \dfrac{6(ab+bc+ca)}{a+b+c}$$

($\sum\limits_{cyc}$ 表示循环和)

由柯西不等式得 $\sqrt{(a^3+b^3)(a+b)} \geqslant a^2+b^2$,$\sqrt{(b+c)(c+a)} \geqslant c+\sqrt{ab}$,所以
$$\sum_{cyc} \dfrac{\sqrt{(a^3+b^3)(a+b)}}{a^2+b^2} \cdot \sqrt{(b+c)(c+a)} \geqslant$$
$$a+b+c+\sqrt{ab}+\sqrt{bc}+\sqrt{ca}$$

所以只要证明
$$a+b+c+\sqrt{ab}+\sqrt{bc}+\sqrt{ca} \geqslant \dfrac{6(ab+bc+ca)}{a+b+c}$$

即证明
$$(a+b+c)(a+b+c+\sqrt{ab}+\sqrt{bc}+\sqrt{ca}) \geqslant 6(ab+bc+ca)$$

亦即证明

第13章 柯西不等式与其他重要不等式的联合运用

$(a^2+b^2+c^2)+(a+b+c)(\sqrt{ab}+\sqrt{bc}+\sqrt{ca}) \geqslant 4(ab+bc+ca)$

由舒尔不等式

$$x^4+y^4+z^4 \geqslant (x^3y+xy^3)+(y^3z+yz^3)+(z^3x+zx^3)-xyz(x+y+z)$$

得

$$x^4+y^4+z^4+xyz(x+y+z) \geqslant (x^3y+xy^3)+(y^3z+yz^3)+(z^3x+zx^3)$$

$$x^4+y^4+z^4+(x^2+y^2+z^2)(xy+yz+zx) \geqslant 2[(x^3y+xy^3)+(y^3z+yz^3)+(z^3x+zx^3)]$$

所以

$$(a^2+b^2+c^2)+(a+b+c)(\sqrt{ab}+\sqrt{bc}+\sqrt{ca}) \geqslant 2\sum_{cyc}(a\sqrt{ab}+b\sqrt{ab})$$

只需证明 $\sum_{cyc}(a\sqrt{ab}+b\sqrt{ab}) \geqslant 2\sum_{cyc}ab$，由均值不等式知这是显然的.

例 19 （2008 年土耳其数学奥林匹克试题）设 $a,b,c \in \mathbf{R}_+$，且 $a+b+c=1$. 求证：$\dfrac{a^2b^2}{c^3(a^2-ab+b^2)}+\dfrac{b^2c^2}{a^3(b^2-bc+c^2)}+\dfrac{c^2a^2}{b^3(c^2-ca+a^2)} \geqslant \dfrac{3}{ab+bc+ca}$.

证法一 因为 $a+b+c=1$，所以原不等式等价于

$$\dfrac{a^2b^2}{c^3(a^2-ab+b^2)}+\dfrac{b^2c^2}{a^3(b^2-bc+c^2)}+\dfrac{c^2a^2}{b^3(c^2-ca+a^2)} \geqslant \dfrac{3(a+b+c)}{ab+bc+ca} \Leftrightarrow$$

$$\dfrac{(ab)^5}{a^2-ab+b^2}+\dfrac{(bc)^5}{b^2-bc+c^2}+\dfrac{(ca)^5}{c^2-ca+a^2} \geqslant \dfrac{3(a+b+c)(abc)^3}{ab+bc+ca}$$

由不等式 $(u+v+w)^2 \geqslant 3(uv+vw+wu)$ 得

$$(ab+bc+ca)^2 \geqslant 3abc(a+b+c)$$

所以只要证明

$$\dfrac{(ab)^5}{a^2-ab+b^2}+\dfrac{(bc)^5}{b^2-bc+c^2}+\dfrac{(ca)^5}{c^2-ca+a^2} \geqslant (abc)^2(ab+bc+ca) \Leftrightarrow$$

$$\dfrac{(ab)^3}{c^2(a^2-ab+b^2)}+\dfrac{(bc)^3}{a^2(b^2-bc+c^2)}+\dfrac{(ca)^3}{b^2(c^2-ca+a^2)} \geqslant (ab+bc+ca) \Leftrightarrow$$

Cauchy 不等式. 下

$$\frac{(ab)^3}{c^2(a^2-ab+b^2)}+\frac{(bc)^3}{a^2(b^2-bc+c^2)}+\frac{(ca)^3}{b^2(c^2-ca+a^2)}+$$

$$c(a+b)+a(b+c)+b(c+a) \geqslant 3(ab+bc+ca) \Leftrightarrow$$

$$\frac{(ab)^3+(bc)^3+(ca)^3}{c^2(a^2-ab+b^2)}+\frac{(ab)^3+(bc)^3+(ca)^3}{a^2(b^2-bc+c^2)}+$$

$$\frac{(ab)^3+(bc)^3+(ca)^3}{b^2(c^2-ca+a^2)} \geqslant 3(ab+bc+ca) \Leftrightarrow$$

$$[(ab)^3+(bc)^3+(ca)^3]\left[\frac{1}{c^2(a^2-ab+b^2)}+\frac{1}{a^2(b^2-bc+c^2)}+\frac{1}{b^2(c^2-ca+a^2)}\right] \geqslant 3(ab+bc+ca)$$

由柯西不等式得

$$\left[\frac{1}{c^2(a^2-ab+b^2)}+\frac{1}{a^2(b^2-bc+c^2)}+\frac{1}{b^2(c^2-ca+a^2)}\right] \cdot$$

$$[c^2(a^2-ab+b^2)+a^2(b^2-bc+c^2)+b^2(c^2-ca+a^2)] \geqslant 9$$

即

$$\frac{1}{c^2(a^2-ab+b^2)}+\frac{1}{a^2(b^2-bc+c^2)}+\frac{1}{b^2(c^2-ca+a^2)} \geqslant \frac{9}{2(a^2b^2+b^2c^2+c^2a^2)-abc(a+b+c)}$$

所以,只要证明

$$\frac{3[(ab)^3+(bc)^3+(ca)^3]}{2(a^2b^2+b^2c^2+c^2a^2)-abc(a+b+c)} \geqslant ab+bc+ca$$

令 $x=ab, y=bc, z=ca$,上述不等式等价于

$$\frac{3(x^3+y^3+z^3)}{2(x^2+y^2+z^2)-(xy+yz+zx)} \geqslant x+y+z \Leftrightarrow$$

$$x^3+y^3+z^3+3xyz \geqslant x^2y+xy^2+x^2z+xz^2+y^2z+yz^2$$

这就是舒尔不等式.

证法二 由舒尔不等式得

$$x^2(x-y)(x-z)+y^2(y-z)(y-x)+z^2(z-x)(z-y) \geqslant 0$$

即

$$x^4+y^4+z^4 \geqslant (x^3y+xy^3)+(y^3z+yz^3)+(z^3x+zx^3)-xyz(x+y+z) \geqslant 0$$

亦即

$$\left(\sum x^2\right)^2 \geqslant \sum[x(y^3+z^3)+x^2(y^2+z^2-yz)]$$

第13章 柯西不等式与其他重要不等式的联合运用

$$\left(\sum x^2\right)^2 \geqslant \sum \left[x(y^2+z^2-yz)\right]\sum x \quad (13.24)$$

令 $x=\dfrac{1}{a}, y=\dfrac{1}{b}, z=\dfrac{1}{c}$,代入式(13.24)得

$$\left(\sum \dfrac{1}{a^2}\right)^2 \geqslant \sum \left[\dfrac{1}{a}\left(\dfrac{1}{b^2}+\dfrac{1}{c^2}-\dfrac{1}{bc}\right)\right]\sum \dfrac{1}{a}$$

由柯西不等式得

$$\left[\sum \dfrac{b^2c^2}{a^3(b^2-bc+c^2)}\right]\sum \dfrac{b^2-bc+c^2}{ab^2c^2} \geqslant \left(\sum \dfrac{1}{a^2}\right)^2$$

故只需证明 $\sum \dfrac{1}{a}\cdot \sum ab \geqslant 3\sum a$,即 $\sum (ab-ac)^2 \geqslant 0$.

例20 (1997年日本数学奥林匹克试题)设 a,b,c 是正实数,求证:$\dfrac{(b+c-a)^2}{a^2+(b+c)^2}+\dfrac{(c+a-b)^2}{b^2+(c+a)^2}+\dfrac{(a+b-c)^2}{c^2+(a+b)^2}\geqslant \dfrac{3}{5}$.

证法一 将 a,b,c 分别换成 $\dfrac{a}{a+b+c},\dfrac{b}{a+b+c},\dfrac{c}{a+b+c}$,不等式不变,所以不妨假设 $a\geqslant b\geqslant c>0, a+b+c=1$

$$\dfrac{(b+c-a)^2}{a^2+(b+c)^2}+\dfrac{(c+a-b)^2}{b^2+(c+a)^2}+\dfrac{(a+b-c)^2}{c^2+(a+b)^2}\geqslant \dfrac{3}{5} \Leftrightarrow$$

$$f(a,b,c)=\dfrac{(b+c)a}{a^2+(b+c)^2}+\dfrac{(c+a)b}{b^2+(c+a)^2}+\dfrac{(a+b)c}{c^2+(a+b)^2}\leqslant \dfrac{6}{5}$$

由于

$$\dfrac{(b+c)a}{a^2+(b+c)^2}=\dfrac{(b+c)a}{a^2+\dfrac{1}{4}(b+c)^2+\dfrac{3}{4}(b+c)^2}\leqslant$$

$$\dfrac{(b+c)a}{2\sqrt{a^2\cdot \dfrac{1}{4}(b+c)^2}+\dfrac{3}{4}(b+c)^2}=$$

$$\dfrac{4a}{4a+3(b+c)}=\dfrac{4a}{4a+3(1-a)}=\dfrac{4a}{3+a}$$

所以,只要证 $\dfrac{4a}{3+a}+\dfrac{4b}{3+b}+\dfrac{4c}{3+c}\leqslant \dfrac{6}{5}$,即要证

$$\dfrac{1}{3+a}+\dfrac{1}{3+b}+\dfrac{1}{3+c}\geqslant \dfrac{9}{10}$$

由柯西不等式得

$$\left[(3+a)+(3+b)+(3+c)\right]\left(\dfrac{1}{3+a}+\dfrac{1}{3+b}+\dfrac{1}{3+c}\right)\geqslant 9$$

Cauchy 不等式. 下

而 $a+b+c=1$,所以
$$\frac{1}{3+a}+\frac{1}{3+b}+\frac{1}{3+c}\geqslant\frac{9}{10}$$

证法二 因为
$$\sum_{cyc}\frac{(b+c-a)^2}{a^2+(b+c)^2}=\sum_{cyc}\frac{(b^2+bc-ab)^2}{a^2b^2+(b^2+bc)^2}\geqslant$$
$$\frac{(a^2+b^2+c^2)^2}{\sum_{cyc}[a^2b^2+(b^2+bc)^2]}$$

所以只要证明
$$\frac{(a^2+b^2+c^2)^2}{\sum_{cyc}[a^2b^2+(b^2+bc)^2]}\geqslant\frac{3}{5}$$

即证明
$$(a^2+b^2+c^2)^2\geqslant 3(a^3b+b^3c+c^3a)$$

这是著名的 Vasile Cirtoaje 的不等式. 证明如下
$$\left(\sum_{cyc}a^2\right)^2-3\sum_{cyc}a^3b=$$
$$\sum_{cyc}a^4+2\sum_{cyc}b^2c^2-3\sum_{cyc}a^3b=$$
$$\sum_{cyc}a^4-\sum_{cyc}b^2c^2+3\left(\sum_{cyc}b^2c^2-\sum_{cyc}a^2bc\right)-3\left(\sum_{cyc}a^3b-\sum_{cyc}a^2bc\right)=$$
$$\frac{1}{2}\sum(b^2-c^2)^2+\frac{1}{2}\sum(ab+ac-2bc)^2-$$
$$\sum(b^2-c^2)(ab+ac-2bc)=$$
$$\frac{1}{2}\sum(b^2-c^2-ab-ac+2bc)^2\geqslant 0$$

例 21 (2009 年印度尼西亚奥林匹克集训队选拔试题)设 a,b,c 是正数,满足 $ab+bc+ca=3$,证明
$$3+(a-b)^2+(b-c)^2+(c-a)^2\geqslant$$
$$\frac{a+b^2c^2}{b+c}+\frac{b+c^2a^2}{c+a}+\frac{c+a^2b^2}{a+b}\geqslant 3$$

证法一 证明推广不等式
$$3+\frac{(a-b)^2+(b-c)^2+(c-a)^2}{2}\geqslant$$
$$\frac{a+b^2c^2}{b+c}+\frac{b+c^2a^2}{c+a}+\frac{c+a^2b^2}{a+b}\geqslant 3$$

第 13 章　柯西不等式与其他重要不等式的联合运用

因为 $(a+b+c)^2 \geqslant 3(ab+bc+ca) = 9$，所以，$a+b+c \geqslant 3$.

由柯西不等式得

$$\left(\frac{a}{b+c}+\frac{b}{c+a}+\frac{c}{a+b}\right)[a(b+c)+b(c+a)+c(a+b)] \geqslant (a+b+c)^2$$

即

$$\frac{a}{b+c}+\frac{b}{c+a}+\frac{c}{a+b} \geqslant \frac{(a+b+c)^2}{2(ab+bc+ca)} \geqslant \frac{a+b+c}{2}$$

于是

$$\frac{a+b^2c^2}{b+c}+\frac{b+c^2a^2}{c+a}+\frac{c+a^2b^2}{a+b} =$$

$$\frac{a}{b+c}+\frac{b}{c+a}+\frac{c}{a+b}+\frac{b^2c^2}{b+c}+\frac{c^2a^2}{c+a}+\frac{a^2b^2}{a+b} \geqslant$$

$$\frac{a+b+c}{2}+\frac{b^2c^2}{b+c}+\frac{c^2a^2}{c+a}+\frac{a^2b^2}{a+b} =$$

$$\left(\frac{a+b}{4}+\frac{a^2b^2}{a+b}\right)+\left(\frac{b+c}{4}+\frac{b^2c^2}{b+c}\right)+\left(\frac{c+a}{4}+\frac{c^2a^2}{c+a}\right) \geqslant$$

$$ab+bc+ca = 3$$

不等式右边获证.

为证明不等式左边，先证明一个引理.

引理　$\dfrac{a^2+b^2+c^2}{ab+bc+ca}+\dfrac{1}{2} \geqslant \dfrac{a}{b+c}+\dfrac{b}{c+a}+\dfrac{c}{a+b}$.

引理的证明　事实上，注意到

$$\frac{a}{b+c}+\frac{b}{c+a}+\frac{c}{a+b}-\frac{3}{2} = $$

$$\frac{(a+b)(a-b)^2+(b+c)(b-c)^2+(c+a)(c-a)^2}{2(a+b)(b+c)(c+a)}$$

得

$$\frac{a^2+b^2+c^2}{ab+bc+ca}+\frac{1}{2}-\left(\frac{a}{b+c}+\frac{b}{c+a}+\frac{c}{a+b}\right) =$$

$$\frac{a^2+b^2+c^2}{ab+bc+ca}-1-\left(\frac{a}{b+c}+\frac{b}{c+a}+\frac{c}{a+b}-\frac{3}{2}\right) =$$

$$\frac{(a-b)^2+(b-c)^2+(c-a)^2}{2(ab+bc+ca)} -$$

$$\frac{(a+b)(a-b)^2+(b+c)(b-c)^2+(c+a)(c-a)^2}{2(a+b)(b+c)(c+a)} \geqslant 0$$

所以
$$\frac{a^2+b^2+c^2}{ab+bc+ca}+\frac{1}{2}\geqslant\frac{a}{b+c}+\frac{b}{c+a}+\frac{c}{a+b}$$

回到原题.

因为 $ab+bc+ca=3$,所以由柯西不等式得

$$\frac{a^2+b^2+c^2}{2}=$$

$$\sqrt{\frac{1}{3}(a^2+b^2+c^2)^2\cdot\frac{ab+bc+ca}{4}}\geqslant$$

$$\sqrt{(a^2b^2+b^2c^2+c^2a^2)\cdot\left[\frac{a^2b^2}{(a+b)^2}+\frac{b^2c^2}{(b+c)^2}+\frac{c^2a^2}{(c+a)^2}\right]}\geqslant$$

$$\frac{a^2b^2}{a+b}+\frac{b^2c^2}{b+c}+\frac{c^2a^2}{c+a}$$

因为 $ab+bc+ca=3$,所以

$$3+\frac{(a-b)^2+(b-c)^2+(c-a)^2}{2}=$$

$$a^2+b^2+c^2=$$

$$\frac{5(a^2+b^2+c^2)}{6}+\frac{a^2+b^2+c^2}{6}\geqslant$$

$$\frac{5(a^2+b^2+c^2)}{6}+\frac{ab+bc+ca}{6}=$$

$$\frac{5(a^2+b^2+c^2)}{6}+\frac{1}{2}=$$

$$\frac{a^2+b^2+c^2}{2}+\frac{a^2+b^2+c^2}{3}+\frac{1}{2}=$$

$$\frac{a^2+b^2+c^2}{2}+\frac{a^2+b^2+c^2}{ab+bc+ca}+\frac{1}{2}\geqslant$$

$$\frac{a^2b^2}{a+b}+\frac{b^2c^2}{b+c}+\frac{c^2a^2}{c+a}+\frac{a}{b+c}+\frac{b}{c+a}+\frac{c}{a+b}$$

左边不等式得证.

证法二 同证法一加强不等式,左端的不等式用舒尔不等式证明.

这个不等式等价于

$$a^2+b^2+c^2\geqslant\frac{a}{b+c}+\frac{b}{c+a}+\frac{c}{a+b}+\frac{b^2c^2}{b+c}+\frac{c^2a^2}{c+a}+\frac{a^2b^2}{a+b}$$

由均值不等式得到 $(a+b+c)^2\geqslant3(ab+bc+ca)=9$,所以

第 13 章 柯西不等式与其他重要不等式的联合运用

$a+b+c \geqslant 3$. 因为

$$\frac{a}{b+c} = \frac{a(ab+bc+ca)}{3(b+c)} = \frac{a^2}{3} + \frac{abc}{3(b+c)} \leqslant \frac{a^2}{3} + \frac{a(b+c)}{12}$$

$$\frac{b^2c^2}{b+c} \leqslant \frac{bc(b+c)}{4}$$

同理

$$\frac{b}{c+a} \leqslant \frac{b^2}{3} + \frac{b(c+a)}{12}$$

$$\frac{c}{a+b} \leqslant \frac{c^2}{3} + \frac{c(a+b)}{12}$$

$$\frac{c^2a^2}{c+a} \leqslant \frac{ca(c+a)}{4}$$

$$\frac{a^2b^2}{a+b} \leqslant \frac{ab(a+b)}{4}$$

因此,只要证明

$$\frac{2(a^2+b^2+c^2)}{3} \geqslant \frac{1}{2} + \frac{ab(a+b)+bc(b+c)+ca(c+a)}{4} \Leftrightarrow$$

$$\frac{2(a^2+b^2+c^2)}{3} + \frac{3abc}{4} \geqslant \frac{1}{2} + \frac{(a+b+c)(ab+bc+ca)}{4}$$

由舒尔不等式

$$(a+b+c)^3 - 4(a+b+c)(ab+bc+ca) + 9abc \geqslant 0$$

所以

$$(a+b+c)[(a^2+b^2+c^2) - 2(ab+bc+ca)] + 9abc \geqslant 0$$

即

$$a^2+b^2+c^2 + \frac{9abc}{a+b+c} \geqslant 2(ab+bc+ca) = 6$$

所以

$$\frac{1}{4}\left(a^2+b^2+c^2 + \frac{9abc}{a+b+c}\right) \geqslant \frac{3}{2}$$

因此,只要证明

$$\frac{5(a^2+b^2+c^2)}{12} + 1 \geqslant \frac{3(a+b+c)}{4}$$

因为 $a^2+b^2+c^2 \geqslant \frac{(a+b+c)^2}{3}$,只要证明

$$\frac{5(a+b+c)^2}{36} + 1 \geqslant \frac{3(a+b+c)}{4} \Leftrightarrow$$

Cauchy 不等式.下

$$(a+b+c-3)(a+b+c-\frac{12}{5}) \geqslant 0$$

因为 $a+b+c \geqslant 3$,所以此不等式成立.

证法三 因为 $(a+b+c)^2 \geqslant 3(ab+bc+ca)=9$,所以
$$a+b+c \geqslant 3 \qquad (13.25)$$

由柯西不等式得
$$\left(\frac{a}{b+c}+\frac{b}{c+a}+\frac{c}{a+b}\right)[a(b+c)+b(c+a)+c(a+b)] \geqslant (a+b+c)^2$$

即
$$\frac{a}{b+c}+\frac{b}{c+a}+\frac{c}{a+b} \geqslant \frac{(a+b+c)^2}{2(ab+bc+ca)}=\frac{(a+b+c)^2}{6} \qquad (13.26)$$

$$\left(\frac{b^2c^2}{b+c}+\frac{c^2a^2}{c+a}+\frac{a^2b^2}{a+b}\right)[(b+c)+(c+a)+(a+b)] \geqslant (ab+bc+ca)^2=9$$

即
$$\frac{b^2c^2}{b+c}+\frac{c^2a^2}{c+a}+\frac{a^2b^2}{a+b} \geqslant \frac{9}{2(a+b+c)} \qquad (13.27)$$

由式(13.25),(13.26),(13.27)及均值不等式得
$$\frac{a+b^2c^2}{b+c}+\frac{b+c^2a^2}{c+a}+\frac{c+a^2b^2}{a+b} \geqslant$$
$$\frac{(a+b+c)^2}{6}+\frac{9}{2(a+b+c)} \geqslant$$
$$\sqrt{3(a+b+c)} \geqslant 3$$

右边不等式得证. 又
$$9+3[(a-b)^2+(b-c)^2+(c-a)^2] \geqslant$$
$$\frac{3a+3b^2c^2}{b+c}+\frac{3b+3c^2a^2}{c+a}+\frac{3c+3a^2b^2}{a+b} \Leftrightarrow$$
$$3(ab+bc+ca)+3[(a-b)^2+(b-c)^2+(c-a)^2] \geqslant$$
$$\frac{a(ab+bc+ca)+3b^2c^2}{b+c}+\frac{b(ab+bc+ca)+3c^2a^2}{c+a}+$$
$$\frac{c(ab+bc+ca)+3a^2b^2}{a+b} \Leftrightarrow$$
$$5(a^2+b^2+c^2)-3(ab+bc+ca) \geqslant$$

第13章 柯西不等式与其他重要不等式的联合运用

$$3\left(\frac{a^2b^2}{a+b}+\frac{b^2c^2}{b+c}+\frac{c^2a^2}{c+a}\right)+abc\left(\frac{1}{a+b}+\frac{1}{b+c}+\frac{1}{c+a}\right)$$

根据均值不等式得 $\frac{ab}{a+b}\leqslant\frac{1}{4}(a+b)$,所以 $\frac{abc}{a+b}\leqslant\frac{c(a+b)}{4}$,

从而

$$abc\left(\frac{1}{a+b}+\frac{1}{b+c}+\frac{1}{c+a}\right)\leqslant\frac{1}{2}(ab+bc+ca)$$

所以,只要证明

$$5(a^2+b^2+c^2)-3(ab+bc+ca)\geqslant$$
$$3\left(\frac{a^2b^2}{a+b}+\frac{b^2c^2}{b+c}+\frac{c^2a^2}{c+a}\right)+\frac{1}{2}(ab+bc+ca)$$

即证明

$$5(a^2+b^2+c^2)-\frac{7}{2}(ab+bc+ca)\geqslant 3\left(\frac{a^2b^2}{a+b}+\frac{b^2c^2}{b+c}+\frac{c^2a^2}{c+a}\right)$$

根据均值不等式 $a^2+b^2+c^2\geqslant ab+bc+ca$,及

$$\frac{a^2b^2}{a+b}\leqslant\frac{ab(a+b)}{4}$$
$$\frac{b^2c^2}{b+c}\leqslant\frac{bc(b+c)}{4}$$
$$\frac{c^2a^2}{c+a}\leqslant\frac{ca(c+a)}{4}$$

只要证明

$$\frac{3}{2}(a^2+b^2+c^2)\geqslant\frac{3}{4}[ab(a+b)+bc(b+c)+ca(c+a)]\Leftrightarrow$$
$$2(a^2+b^2+c^2)\geqslant ab(a+b)+bc(b+c)+ca(c+a)$$

因为 $(a+b+c)^2\geqslant 3(ab+bc+ca)$,注意到已知条件 $ab+bc+ca=3$,所以将上面的不等式两边齐次化,加强为证明

$$2(a^2+b^2+c^2)(ab+bc+ca)\geqslant$$
$$[ab(a+b)+bc(b+c)+ca(c+a)](a+b+c)\Leftrightarrow$$
$$a^3b+ab^3+b^3c+bc^3+c^3a+ca^3\geqslant$$
$$2(a^2b^2+b^2c^2+c^2a^2)\Leftrightarrow$$
$$ab(a-b)^2+bc(b-c)^2+ca(c-a)^2\geqslant 0$$

所以左边不等式得证.

例22 (2008年Oliforum竞赛试题)设 a,b,c 是正数,满足 $ab+bc+ca=3$,证明: $a^2+b^2+c^2+3\geqslant\frac{a(3+bc)^2}{(b+c)(b^2+3)}+$

Cauchy 不等式. 下

$$\frac{b(3+ca)^2}{(c+a)(c^2+3)}+\frac{c(3+ab)^2}{(a+b)(a^2+3)}.$$

证法一 由柯西不等式得 $(3+bc)^2 \leqslant (3+b^2)(3+c^2)$，等式

$$c^2+3=c^2+ab+bc+ca=(b+c)(c+a)$$

所以

$$\frac{a(3+bc)^2}{(b+c)(b^2+3)}+\frac{b(3+ca)^2}{(c+a)(c^2+3)}+\frac{c(3+ab)^2}{(a+b)(a^2+3)} \leqslant$$

$$\frac{a(3+c^2)}{b+c}+\frac{b(3+a^2)}{c+a}+\frac{c(3+b^2)}{a+b}=$$

$$a(a+c)+b(b+a)+c(c+b)=$$

$$a^2+b^2+c^2+ab+bc+ca=$$

$$a^2+b^2+c^2+3$$

等号成立当且仅当 $a=b=c=1$.

证法二 因为 $b^2+3=b^2+ab+bc+ca=(b+c)(a+b)$，所以

$$\frac{a(3+bc)^2}{(b+c)(b^2+3)}=\frac{a[a(b+c)+2bc]^2}{(b+c)^2(a+b)}=$$

$$\frac{a[a^2(b+c)^2+4bc(ab+bc+ca)]}{(b+c)^2(a+b)} \leqslant$$

$$\frac{a[a^2(b+c)^2+(b+c)^2(ab+bc+ca)]}{(b+c)^2(a+b)}=$$

$$\frac{a(a^2+ab+bc+ca)}{a+b}=a(a+c)$$

相加得

$$\frac{a(3+bc)^2}{(b+c)(b^2+3)}+\frac{b(3+ca)^2}{(c+a)(c^2+3)}+\frac{c(3+ab)^2}{(a+b)(a^2+3)} \leqslant$$

$$a(a+c)+b(b+a)+c(c+b)=$$

$$a^2+b^2+c^2+ab+bc+ca=$$

$$a^2+b^2+c^2+3$$

等号成立当且仅当 $a=b=c=1$.

例 23 （2007 年土耳其数学奥林匹克试题）已知 a,b,c 都是正实数，且 $a+b+c=3$，证明：$\dfrac{a^2+3b^2}{ab^2(4-ab)}+\dfrac{b^2+3c^2}{bc^2(4-bc)}+\dfrac{c^2+3a^2}{ca^2(4-ca)} \geqslant 4$.

第 13 章 柯西不等式与其他重要不等式的联合运用

证法一 由均值不等式得 $ab \leqslant \dfrac{(a+b)^2}{4} < \dfrac{(a+b+c)^2}{4} < 4$,

所以 $4-ab > 0$, 由均值不等式得

$$a^2+3b^2 = a^2+b^2+b^2+b^2 \geqslant 4\sqrt[4]{a^2b^6}$$

$$\sqrt{ab}(2-\sqrt{ab}) \leqslant \dfrac{[\sqrt{ab}+(2-\sqrt{ab})]^2}{4} = 1$$

所以

$$\dfrac{a^2+3b^2}{ab^2(4-ab)} = \dfrac{a^2+3b^2}{ab^2(2-\sqrt{ab})(2+\sqrt{ab})} \geqslant$$

$$\dfrac{4\sqrt[4]{a^2b^6}}{ab^2(2-\sqrt{ab})(2+\sqrt{ab})} =$$

$$\dfrac{4}{\sqrt{ab}(2-\sqrt{ab})(2+\sqrt{ab})} \geqslant \dfrac{4}{2+\sqrt{ab}}$$

于是

$$\dfrac{a^2+3b^2}{ab^2(4-ab)} + \dfrac{b^2+3c^2}{bc^2(4-bc)} + \dfrac{c^2+3a^2}{ca^2(4-ca)} \geqslant$$

$$4\left(\dfrac{1}{2+\sqrt{ab}} + \dfrac{1}{2+\sqrt{bc}} + \dfrac{1}{2+\sqrt{ca}}\right)$$

由柯西不等式得

$$\left(\dfrac{1}{2+\sqrt{ab}} + \dfrac{1}{2+\sqrt{bc}} + \dfrac{1}{2+\sqrt{ca}}\right) \cdot$$

$$[(2+\sqrt{ab})+(2+\sqrt{bc})+(2+\sqrt{ca})] \geqslant 9$$

即

$$\left(\dfrac{1}{2+\sqrt{ab}} + \dfrac{1}{2+\sqrt{bc}} + \dfrac{1}{2+\sqrt{ca}}\right)(6+\sqrt{ab}+\sqrt{bc}+\sqrt{ca}) \geqslant 9$$

又

$$\sqrt{ab}+\sqrt{bc}+\sqrt{ca} \leqslant \dfrac{a+b}{2}+\dfrac{b+c}{2}+\dfrac{c+a}{2} = a+b+c = 3$$

所以

$$\dfrac{1}{2+\sqrt{ab}} + \dfrac{1}{2+\sqrt{bc}} + \dfrac{1}{2+\sqrt{ca}} \geqslant$$

$$\dfrac{9}{6+\sqrt{ab}+\sqrt{bc}+\sqrt{ca}} \geqslant$$

Cauchy 不等式. 下

$$\frac{9}{6+3} = 1$$

所以

$$\frac{a^2+3b^2}{ab^2(4-ab)} + \frac{b^2+3c^2}{bc^2(4-bc)} + \frac{c^2+3a^2}{ca^2(4-ca)} \geqslant 4$$

证法二 记

$$A = \frac{a^2}{ab^2(4-ab)} + \frac{b^2}{bc^2(4-bc)} + \frac{c^2}{ca^2(4-ca)}$$

$$B = \frac{b^2}{ab^2(4-ab)} + \frac{c^2}{bc^2(4-bc)} + \frac{a^2}{ca^2(4-ca)}$$

要证明原不等式,只要证明 $A \geqslant 1, B \geqslant 1$.

由柯西不等式得

$$\left(\frac{4-ab}{a} + \frac{4-bc}{b} + \frac{4-ca}{c}\right)A \geqslant$$

$$\left(\frac{1}{b} + \frac{1}{c} + \frac{1}{a}\right)^2 =$$

$$\left(\frac{1}{a} + \frac{1}{b} + \frac{1}{c}\right)^2$$

设 $k = \frac{1}{a} + \frac{1}{b} + \frac{1}{c}$,则 $A \geqslant \frac{k^2}{4k-3}$.

由 $(a+b+c)\left(\frac{1}{a} + \frac{1}{b} + \frac{1}{c}\right) \geqslant 9$ 得 $k = \frac{1}{a} + \frac{1}{b} + \frac{1}{c} \geqslant 3$,

所以 $(k-1)(k-3) \geqslant 0$, 即 $k^2 - 4k + 3 \geqslant 0$, $\frac{k^2}{4k-3} \geqslant 1$. 于是 $A \geqslant 1$. 又

$$B = \frac{b^2}{ab^2(4-ab)} + \frac{c^2}{bc^2(4-bc)} + \frac{a^2}{ca^2(4-ca)} =$$

$$\frac{1}{a(4-ab)} + \frac{1}{b(4-bc)} + \frac{1}{c(4-ca)}$$

则

$$\left(\frac{4-ab}{a} + \frac{4-bc}{b} + \frac{4-ca}{c}\right)B \geqslant \left(\frac{1}{a} + \frac{1}{b} + \frac{1}{c}\right)^2$$

所以 $B \geqslant \frac{k^2}{4k-3} \geqslant 1$. 因此, $A + 3B \geqslant 4$.

例 24 (2008 年伊朗数学奥林匹克试题) 设 $x, y, z \in \mathbf{R}_+$, 且 $x + y + z = 3$. 证明

第13章 柯西不等式与其他重要不等式的联合运用

$$\frac{x^3}{y^3+8}+\frac{y^3}{z^3+8}+\frac{z^3}{x^3+8}\geqslant\frac{1}{9}+\frac{2}{27}(xy+yz+zx)$$

(13.28)

证明 由均值不等式得

$$x^2+y^2+z^2\geqslant xy+yz+zx$$

所以

$$(x+y+z)^2\geqslant 3(xy+yz+zx)$$

$$\frac{1}{9}+\frac{2}{27}(xy+yz+zx)\leqslant\frac{1}{3}$$

于是只要证明

$$\frac{x^3}{y^3+8}+\frac{y^3}{z^3+8}+\frac{z^3}{x^3+8}\geqslant\frac{1}{3}$$

同理,$(x^3+y^3+z^3)^2\geqslant 3(x^3y^3+y^3z^3+z^3x^3)$,由柯西不等式和均值不等式得

$$\frac{x^3}{y^3+8}+\frac{y^3}{z^3+8}+\frac{z^3}{x^3+8}\geqslant$$

$$\frac{(x^3+y^3+z^3)^2}{x^3y^3+y^3z^3+z^3x^3+8(x^3+y^3+z^3)}\geqslant$$

$$\frac{(x^3+y^3+z^3)^2}{\frac{1}{3}(x^3+y^3+z^3)^2+8(x^3+y^3+z^3)}=$$

$$\frac{x^3+y^3+z^3}{\frac{1}{3}(x^3+y^3+z^3)+8}$$

要证明 $\dfrac{x^3+y^3+z^3}{\frac{1}{3}(x^3+y^3+z^3)+8}\geqslant\dfrac{1}{3}$,只要证明 $x^3+y^3+z^3\geqslant 3$.

由柯西不等式得

$$(x+y+z)(x^3+y^3+z^3)\geqslant (x^2+y^2+z^2)^2$$

$$(1+1+1)(x^2+y^2+z^2)\geqslant (x+y+z)^2$$

所以

$$(x+y+z)(x^3+y^3+z^3)\geqslant (x^2+y^2+z^2)^2\geqslant$$

$$\left[\frac{(x+y+z)^2}{3}\right]^2$$

即 $x^3+y^3+z^3\geqslant 3$.

即式(13.28)成立,等号成立当且仅当 $x=y=z=1$.

Cauchy 不等式.下

例 25 （2010 年韩国数学奥林匹克试题）设 $a,b,c>0$，且 $ab+bc+ca=1$，证明

$$\sqrt{a^2+b^2+\frac{1}{c^2}}+\sqrt{b^2+c^2+\frac{1}{a^2}}+\sqrt{c^2+a^2+\frac{1}{b^2}}\geqslant\sqrt{33}$$

证法一 由柯西不等式得

$$\left(a^2+b^2+\frac{1}{c^2}\right)(1^2+1^2+3^2)\geqslant\left(a+b+\frac{3}{c}\right)^2$$

即

$$\sqrt{a^2+b^2+\frac{1}{c^2}}\geqslant\frac{a+b+\dfrac{3}{c}}{\sqrt{11}}$$

同理

$$\sqrt{b^2+c^2+\frac{1}{a^2}}\geqslant\frac{b+c+\dfrac{3}{a}}{\sqrt{11}},\sqrt{c^2+a^2+\frac{1}{b^2}}\geqslant\frac{c+a+\dfrac{3}{b}}{\sqrt{11}}$$

将这三个不等式相加得

$$\sqrt{a^2+b^2+\frac{1}{c^2}}+\sqrt{b^2+c^2+\frac{1}{a^2}}+\sqrt{c^2+a^2+\frac{1}{b^2}}\geqslant$$

$$\frac{2(a+b+c)+3\left(\dfrac{1}{a}+\dfrac{1}{b}+\dfrac{1}{c}\right)}{\sqrt{11}}=$$

$$\frac{2(a+b+c)+3\left(\dfrac{ab+bc+ca}{abc}\right)}{\sqrt{11}}=\frac{2(a+b+c)+\dfrac{3}{abc}}{\sqrt{11}}$$

因此只要证明 $2(a+b+c)+\dfrac{3}{abc}\geqslant 11\sqrt{3}$．由均值不等式得 $(a+b+c)^2\geqslant 3(ab+bc+ca)=3$，所以 $a+b+c\geqslant\sqrt{3}$，即 $2(a+b+c)\geqslant 2\sqrt{3}$，因为 $ab+bc+ca\geqslant 3\sqrt[3]{(abc)^2}$，所以 $\dfrac{1}{abc}\geqslant 3\sqrt{3}$，即 $\dfrac{3}{abc}\geqslant 9\sqrt{3}$，从而 $2(a+b+c)+\dfrac{3}{abc}\geqslant 11\sqrt{3}$．

证法二 两端平方，并利用柯西不等式得

$$2(a^2+b^2+c^2)+\left(\frac{1}{a^2}+\frac{1}{b^2}+\frac{1}{c^2}\right)+$$

$$2\left(\sqrt{a^2+b^2+\frac{1}{c^2}}\sqrt{b^2+c^2+\frac{1}{a^2}}+\right.$$

第13章 柯西不等式与其他重要不等式的联合运用

$$\sqrt{b^2+c^2+\frac{1}{a^2}}\sqrt{c^2+a^2+\frac{1}{b^2}}+$$

$$\sqrt{c^2+a^2+\frac{1}{b^2}}\sqrt{a^2+b^2+\frac{1}{c^2}}) \geqslant$$

$$2(a^2+b^2+c^2)+\left(\frac{1}{a^2}+\frac{1}{b^2}+\frac{1}{c^2}\right)+$$

$$2\left[\left(ab+bc+\frac{1}{ca}\right)+\left(bc+ca+\frac{1}{ab}\right)+\left(ca+ab+\frac{1}{bc}\right)\right]=$$

$$2(a^2+b^2+c^2)+\left(\frac{1}{a^2}+\frac{1}{b^2}+\frac{1}{c^2}\right)+$$

$$4(ab+bc+ca)+2\left(\frac{1}{ab}+\frac{1}{bc}+\frac{1}{ca}\right)=$$

$$2(a^2+b^2+c^2)+4(ab+bc+ca)+\left(\frac{1}{a}+\frac{1}{b}+\frac{1}{c}\right)^2$$

因为 $ab+bc+ca \geqslant 3\sqrt[3]{(abc)^2}$,所以 $\frac{1}{abc} \geqslant 3\sqrt{3}$.

由均值不等式得

$$a^2+b^2+c^2 \geqslant ab+bc+ca=1, \frac{1}{a}+\frac{1}{b}+\frac{1}{c}=\frac{1}{abc} \geqslant 3\sqrt{3}$$

所以

$$2(a^2+b^2+c^2)+4(ab+bc+ca)+\left(\frac{1}{a}+\frac{1}{b}+\frac{1}{c}\right)^2 \geqslant 6+27=33$$

所以

$$\sqrt{a^2+b^2+\frac{1}{c^2}}+\sqrt{b^2+c^2+\frac{1}{a^2}}+\sqrt{c^2+a^2+\frac{1}{b^2}} \geqslant \sqrt{33}$$

例 26（第 45 届 IMO 预选题）设 $a,b,c > 0$,且 $ab+bc+ca=1$,证明:$\sqrt[3]{\frac{1}{a}+6b}+\sqrt[3]{\frac{1}{b}+6c}+\sqrt[3]{\frac{1}{c}+6a} \leqslant \frac{1}{abc}$.

证法一 由幂平均值不等式得

$$\left(\frac{u+v+w}{3}\right)^3 \leqslant \frac{u^3+v^3+w^3}{3}$$

其中 u,v,w 均为正实数.

令 $u=\sqrt[3]{\frac{1}{a}+6b}, v=\sqrt[3]{\frac{1}{b}+6c}, w=\sqrt[3]{\frac{1}{c}+6a}$,则有

$$\sqrt[3]{\frac{1}{a}+6b}+\sqrt[3]{\frac{1}{b}+6c}+\sqrt[3]{\frac{1}{c}+6a} \leqslant$$

105

Cauchy 不等式. 下

$$\frac{3}{\sqrt[3]{3}}\sqrt[3]{\frac{1}{a}+6b+\frac{1}{b}+6c+\frac{1}{c}+6a} \leqslant$$
$$\frac{3}{\sqrt[3]{3}}\sqrt[3]{\frac{ab+bc+ca}{abc}+6(a+b+c)} \tag{13.29}$$

由于

$$a+b=\frac{1-ab}{c}=\frac{ab-(ab)^2}{abc}$$
$$b+c=\frac{1-bc}{a}=\frac{bc-(bc)^2}{abc}$$
$$c+a=\frac{1-ca}{b}=\frac{ca-(ca)^2}{abc}$$

于是

$$\frac{ab+bc+ca}{abc}+6(a+b+c)=$$
$$\frac{1}{abc}+3[(a+b)+(b+c)+(c+a)]=$$
$$\frac{1}{abc}\{4-3[(ab)^2+(bc)^2+(ca)^2]\}$$

由柯西不等式有
$$3[(ab)^2+(bc)^2+(ca)^2] \geqslant (ab+bc+ca)^2 = 1$$

故
$$\frac{3}{\sqrt[3]{3}}\sqrt[3]{\frac{ab+bc+ca}{abc}+6(a+b+c)} \leqslant \frac{3}{\sqrt[3]{abc}}$$

于是,只要证 $\frac{3}{\sqrt[3]{abc}} \leqslant \frac{1}{abc}$,即证 $a^2b^2c^2 \leqslant \frac{1}{27}$.

由平均值不等式可得
$$a^2b^2c^2=(ab)(bc)(ca) \leqslant \left(\frac{ab+bc+ca}{3}\right)^3=\frac{1}{27}$$

因此,结论成立.

当且仅当 $a=b=c=\frac{1}{\sqrt{3}}$ 时等号成立.

证法二 同证法一,得到不等式(13.29),由于 $x^2+y^2+z^2 \geqslant xy+yz+zx$.两边同时加上 $2(xy+yz+zx)$,得
$$(x+y+z)^2 \geqslant 3(xy+yz+zx)$$
即

第13章 柯西不等式与其他重要不等式的联合运用

$$\frac{(x+y+z)^2}{3} \geqslant xy+yz+zx$$

令 $x=ab, y=bc, z=ca$,得

$$abc(a+b+c) \leqslant \frac{(ab+bc+ca)^2}{3} = \frac{1}{3}$$

即

$$a+b+c \leqslant \frac{1}{3abc}$$

于是

$$\frac{ab+bc+ca}{abc} + 6(a+b+c) = \frac{1}{abc} + 6(a+b+c) \leqslant \frac{3}{abc}$$

下同证法一.

证法三 因为 $ab+bc+ca=1$,所以

$$\frac{1}{a} + 6b = \frac{ab+bc+ca}{a} + 6b = 7b+c+\frac{bc}{a}$$

同理

$$\frac{1}{b} + 6c = 7c+a+\frac{ca}{b}$$

$$\frac{1}{c} + 6a = 7a+b+\frac{ab}{c}$$

由幂平均值不等式得

$$\sqrt[3]{\frac{1}{a}+6b} + \sqrt[3]{\frac{1}{b}+6c} + \sqrt[3]{\frac{1}{c}+6a} \leqslant$$

$$\sqrt[3]{9\left[8(a+b+c)+\left(\frac{bc}{a}+\frac{ca}{b}+\frac{ab}{c}\right)\right]}$$

而

$$\frac{bc}{a}+\frac{ca}{b}+\frac{ab}{c} = \frac{1}{2}\left(\frac{ca}{b}+\frac{ab}{c}\right) + \frac{1}{2}\left(\frac{bc}{a}+\frac{ab}{c}\right) +$$

$$\frac{1}{2}\left(\frac{bc}{a}+\frac{ca}{b}\right) \geqslant a+b+c$$

所以

$$8(a+b+c)+\left(\frac{bc}{a}+\frac{ca}{b}+\frac{ab}{c}\right) =$$

$$6(a+b+c)+\left(\frac{bc}{a}+\frac{ca}{b}+\frac{ab}{c}\right) + 2(a+b+c) \leqslant$$

Cauchy 不等式·下

$$6(a+b+c)+\left(\frac{bc}{a}+\frac{ca}{b}+\frac{ab}{c}\right)+2\left(\frac{bc}{a}+\frac{ca}{b}+\frac{ab}{c}\right)=$$

$$6(a+b+c)+3\left(\frac{bc}{a}+\frac{ca}{b}+\frac{ab}{c}\right)=$$

$$3\,\frac{(ab+bc+ca)^2}{abc}=\frac{3}{abc}$$

于是

$$\sqrt[3]{\frac{1}{a}+6b}+\sqrt[3]{\frac{1}{b}+6c}+\sqrt[3]{\frac{1}{c}+6a}\leqslant\frac{3}{\sqrt[3]{abc}}$$

再由均值不等式得

$$ab+bc+ca=1\geqslant 3\sqrt[3]{a^2b^2c^2}$$

所以

$$\frac{3}{\sqrt[3]{abc}}\leqslant\frac{1}{abc}$$

从而

$$\sqrt[3]{\frac{1}{a}+6b}+\sqrt[3]{\frac{1}{b}+6c}+\sqrt[3]{\frac{1}{c}+6a}\leqslant\frac{1}{abc}$$

证法四 因为 a,b,c 是正数,所以由均值不等式得 $ab+bc+ca=1\geqslant 3\sqrt[3]{a^2b^2c^2}$,即 $\frac{1}{abc}\geqslant 3\sqrt{3}$. 又 $(ab)^2+(bc)^2+(ca)^2\geqslant abc(a+b+c)$,即

$$\frac{1}{3abc}\geqslant a+b+c$$

由均值不等式得

$$\sqrt[3]{\frac{1}{a}+6b}\cdot\sqrt[3]{3\sqrt{3}}\cdot\sqrt[3]{3\sqrt{3}}\leqslant\frac{\frac{1}{a}+6b+3\sqrt{3}+3\sqrt{3}}{3}=$$

$$2\sqrt{3}+2b+\frac{1}{3a}$$

所以

$$\sqrt[3]{\frac{1}{a}+6b}\leqslant\frac{2\sqrt{3}}{3}+\frac{2b}{3}+\frac{1}{9a}$$

同理

$$\sqrt[3]{\frac{1}{b}+6c}\leqslant\frac{2\sqrt{3}}{3}+\frac{2c}{3}+\frac{1}{9b}$$

第 13 章 柯西不等式与其他重要不等式的联合运用

$$\sqrt[3]{\frac{1}{c}+6a} \leqslant \frac{2\sqrt{3}}{3}+\frac{2a}{3}+\frac{1}{9c}$$

以上三式相加得

$$\sqrt[3]{\frac{1}{a}+6b}+\sqrt[3]{\frac{1}{b}+6c}+\sqrt[3]{\frac{1}{c}+6a} \leqslant$$

$$2\sqrt{3}+\frac{2}{3}(a+b+c)+\frac{1}{9}\left(\frac{1}{a}+\frac{1}{b}+\frac{1}{c}\right) \leqslant$$

$$\frac{2}{3abc}+\frac{2}{3}(a+b+c)+\frac{1}{9abc} \leqslant$$

$$\frac{2}{3abc}+\frac{2}{9abc}+\frac{1}{9abc}=\frac{1}{abc}$$

当且仅当 $a=b=c=\frac{\sqrt{3}}{3}$ 时上式等号成立.

证法五 因为 a,b,c 是正数,所以由均值不等式得 $ab+bc+ca=1 \geqslant 3\sqrt[3]{a^2b^2c^2}$,所以证明更强的不等式

$$\sqrt[3]{\frac{1}{a}+6b}+\sqrt[3]{\frac{1}{b}+6c}+\sqrt[3]{\frac{1}{c}+6a} \leqslant \frac{3}{\sqrt[3]{abc}} \Leftrightarrow$$

$$\sqrt[3]{bc+6ab^2c}+\sqrt[3]{ca+6abc^2}+\sqrt[3]{ab+6a^2bc} \leqslant 3$$

$$\sqrt[3]{bc+6ab^2c}=\sqrt[3]{bc+6ab^2c \cdot 1 \cdot 1} \leqslant$$

$$\frac{bc+6ab^2c+1+1}{3}=\frac{bc+6ab^2c+2}{3}$$

同理可得

$$\sqrt[3]{ca+6abc^2} \leqslant \frac{ca+6abc^2+2}{3}$$

$$\sqrt[3]{ab+6a^2bc} \leqslant \frac{ab+6a^2bc+2}{3}$$

注意到不等式

$$(ab+bc+ca)^2 \geqslant 3abc(a+b+c)$$

相加得

$$\sqrt[3]{bc+6ab^2c}+\sqrt[3]{ca+6abc^2}+\sqrt[3]{ab+6a^2bc} \leqslant$$

$$\frac{ab+bc+ca+6abc(a+b+c)+6}{3} \leqslant$$

$$\frac{ab+bc+ca+2(ab+bc+ca)^2+6}{3}=3$$

Cauchy 不等式. 下

例 27 （2007 年乌克兰数学奥林匹克试题）已知 $a,b,c \in \left(\dfrac{1}{\sqrt{6}}, +\infty\right)$，且 $a^2+b^2+c^2=1$，证明：$\dfrac{1+a^2}{\sqrt{2a^2+3ab-c^2}}+\dfrac{1+b^2}{\sqrt{2b^2+3bc-a^2}}+\dfrac{1+c^2}{\sqrt{2c^2+3ca-b^2}} \geqslant 2(a+b+c).$

证法一 因为

$$\dfrac{1+a^2}{\sqrt{2a^2+3ab-c^2}}+\dfrac{1+b^2}{\sqrt{2b^2+3bc-a^2}}+\dfrac{1+c^2}{\sqrt{2c^2+3ca-b^2}}=$$

$$\dfrac{a^2+b^2+c^2+a^2}{\sqrt{2a^2+3ab-c^2}}+\dfrac{a^2+b^2+c^2+b^2}{\sqrt{2b^2+3bc-a^2}}+\dfrac{a^2+b^2+c^2+c^2}{\sqrt{2c^2+3ca-b^2}} \geqslant$$

（看成 12 项，利用柯西不等式）

$$\dfrac{(4a+4b+4c)^2}{4\sqrt{2a^2+3ab-c^2}+4\sqrt{2b^2+3bc-a^2}+4\sqrt{2c^2+3ca-b^2}}=$$

$$\dfrac{4(a+b+c)^2}{\sqrt{2a^2+3ab-c^2}+\sqrt{2b^2+3bc-a^2}+\sqrt{2c^2+3ca-b^2}}$$

由柯西不等式得

$$\sqrt{2a^2+3ab-c^2}+\sqrt{2b^2+3bc-a^2}+\sqrt{2c^2+3ca-b^2} \leqslant$$

$$\sqrt{3[(2a^2+3ab-c^2)+(2b^2+3bc-a^2)+(2c^2+3ca-b^2)]}=$$

$$\sqrt{3(a^2+b^2+c^2+3ab+3bc+3ca)}$$

因此，只要证明

$$2(a+b+c) \geqslant \sqrt{3(a^2+b^2+c^2+3ab+3bc+3ca)} \Leftrightarrow$$

$$4(a+b+c)^2 \geqslant 3(a^2+b^2+c^2+3ab+3bc+3ca) \Leftrightarrow$$

$$a^2+b^2+c^2 \geqslant ab+bc+ca$$

这是显然的.

证法二 由不等式 $\dfrac{a^2}{b} \geqslant 2a-b$ 及 $ab \leqslant \dfrac{a^2+b^2}{2}$ 得

$$\dfrac{1+a^2}{\sqrt{2a^2+3ab-c^2}}=$$

$$\sqrt{\dfrac{(2a^2+b^2+c^2)^2}{2a^2+3ab-c^2}} \geqslant$$

$$\sqrt{2a^2+2b^2+3c^2-3ab} \geqslant$$

$$\sqrt{2a^2+2b^2+3c^2-\dfrac{3(a^2+b^2)}{2}}=$$

第13章 柯西不等式与其他重要不等式的联合运用

$$\sqrt{\frac{a^2+b^2+6c^2}{2}}=$$

$$\sqrt{\frac{a^2+b^2+c^2+c^2+c^2+c^2+c^2+c^2}{2}}\geqslant$$

$$\frac{a+b+c+c+c+c+c+c}{4}=\frac{a+b+6c}{4}$$

同理可得

$$\frac{1+b^2}{\sqrt{2b^2+3bc-a^2}}\geqslant\frac{6a+b+c}{4}$$

$$\frac{1+c^2}{\sqrt{2c^2+3ca-b^2}}\geqslant\frac{a+6b+c}{4}$$

将以上三个不等式相加得

$$\frac{1+a^2}{\sqrt{2a^2+3ab-c^2}}+\frac{1+b^2}{\sqrt{2b^2+3bc-a^2}}+\frac{1+c^2}{\sqrt{2c^2+3ca-b^2}}\geqslant 2(a+b+c)$$

例 28 （2009 年摩尔多瓦国家集训队试题）已知 $m,n\in\mathbf{N}$，$n\geqslant 2, a_i>0, i=1,2,\cdots,n$，并且 $a_1+a_2+\cdots+a_n=1$，证明

$$\frac{a_1^{2-m}+a_2+\cdots+a_{n-1}}{1-a_1}+\frac{a_2^{2-m}+a_3+\cdots+a_n}{1-a_2}+\cdots+$$

$$\frac{a_n^{2-m}+a_1+\cdots+a_{n-2}}{1-a_n}\geqslant n+\frac{n^m-n}{n-1}$$

证明 因为

$$\sum_{i=1}^n \frac{a_i^{2-m}+a_{i+1}+\cdots+a_{i-2}}{1-a_i}=$$

$$\sum_{i=1}^n \frac{a_i^{2-m}+1-a_{i-1}-a_i}{1-a_i}=$$

$$\sum_{i=1}^n \left(\frac{a_i^{2-m}-a_{i-1}}{1-a_i}+1\right)=$$

$$n+\sum_{i=1}^n \frac{a_i^{2-m}-a_{i-1}}{1-a_i}\quad (a_{-1}=a_{n-1})$$

因此，只要证明 $\sum_{i=1}^n \frac{a_i^{2-m}-a_{i-1}}{1-a_i}\geqslant\frac{n^m-n}{n-1}$.

根据均值不等式 $\sum_{i=1}^n \frac{1-a_{i-1}}{1-a_i}\geqslant n$，所以有：

(1)若 $m=0$，则

Cauchy不等式.下

$$\sum_{i=1}^{n}\frac{a_i^2-a_{i-1}}{1-a_i}=\sum_{i=1}^{n}\frac{a_i^2-1+1-a_{i-1}}{1-a_i}=$$

$$\sum_{i=1}^{n}\frac{1-a_{i-1}}{1-a_i}-\sum_{i=1}^{n}(1+a_i)=$$

$$\sum_{i=1}^{n}\frac{1-a_{i-1}}{1-a_i}-(n+1)\geqslant$$

$$n-(n+1)=-1=\frac{n^0-n}{n-1}=\frac{n^m-n}{n-1}$$

(2)若 $m=1$,则

$$\sum_{i=1}^{n}\frac{a_i-a_{i-1}}{1-a_i}=\sum_{i=1}^{n}\frac{a_i-1+1-a_{i-1}}{1-a_i}=$$

$$-n+\sum_{i=1}^{n}\frac{1-a_{i-1}}{1-a_i}\geqslant$$

$$0=\frac{n^1-n}{n-1}=\frac{n^m-n}{n-1}$$

(3)若 $m=2$,则

$$\sum_{i=1}^{n}\frac{1-a_{i-1}}{1-a_i}\geqslant n=\frac{n^2-n}{n-1}=\frac{n^m-n}{n-1}$$

(4)若 $m>2$,则

$$\sum_{i=1}^{n}\frac{a_i^{2-m}-a_{i-1}}{1-a_i}=\sum_{i=1}^{n}\frac{\frac{1}{a_i^{m-2}}-a_{i-1}}{1-a_i}=$$

$$\sum_{i=1}^{n}\frac{\frac{1}{a_i^{m-2}}-1+1-a_{i-1}}{1-a_i}=$$

$$\sum_{i=1}^{n}\frac{1-a_{i-1}}{1-a_i}+\sum_{i=1}^{n}\frac{1}{a_i^{m-2}}\cdot\frac{1-a_i^{m-2}}{1-a_i}\geqslant$$

$$n+\sum_{i=1}^{n}\frac{1}{a_i^{m-2}}\cdot(1+a_i+\cdots+a_i^{m-3})=$$

$$n+\sum_{i=1}^{n}\left(\frac{1}{a_i^{m-2}}+\frac{1}{a_i^{m-3}}+\cdots+\frac{1}{a_i}\right)=$$

$$n+\sum_{j=1}^{m-2}\sum_{i=1}^{n}\frac{1}{a_i^j}$$

由柯西不等式得 $\sum_{i=1}^{n}a_i \cdot \sum_{i=1}^{n}\frac{1}{a_i}\geqslant n^2$,并注意到 $\sum_{i=1}^{n}a_i=1$,

第13章 柯西不等式与其他重要不等式的联合运用

所以 $\sum_{i=1}^{n} \dfrac{1}{a_i} \geqslant n^2$，由幂平均值不等式得

$$\frac{1}{n}\sum_{i=1}^{n}\frac{1}{a_i^j} \geqslant \left(\frac{1}{n}\sum_{i=1}^{n}\frac{1}{a_i}\right)^j \geqslant n^j$$

因此

$$\sum_{j=1}^{m-2}\sum_{i=1}^{n}\frac{1}{a_i^j} \geqslant \sum_{j=1}^{m-2} n^{j+1} = \frac{n^2(n^{m-2}-1)}{n-1}$$

所以

$$\sum_{i=1}^{n}\frac{a_i^{2-m}-a_{i-1}}{1-a_i} \geqslant n + \frac{n^2(n^{m-2}-1)}{n-1} = \frac{n^m - n}{n-1}$$

例 29 （2010 年摩尔多瓦国家集训队试题）已知 x_1, x_2, $\cdots$, x_n 为正数，且 $x_1 x_2 \cdots x_n = 1$，证明

$$\frac{1}{x_1(x_1+1)} + \frac{1}{x_2(x_2+1)} + \cdots + \frac{1}{x_n(x_n+1)} \geqslant \frac{n}{2}$$

证法一 令 $x_i = \dfrac{a_i}{a_{i+1}}$, $i=1,2,\cdots,n$，其中 $a_{n+1}=a_1$，所证不等式化为 $\sum_{cyc} \dfrac{a_{i+1}^2}{a_i(a_i+a_{i+1})} \geqslant \dfrac{n}{2}$. 每一项加上 1 得到 $\sum_{cyc} \dfrac{a_i^2 + a_i a_{i+1} + a_{i+1}^2}{a_i(a_i+a_{i+1})} \geqslant \dfrac{3n}{2}$.

因为 $a_i^2 + a_i a_{i+1} + a_{i+1}^2 \geqslant \dfrac{3}{4}(a_i + a_{i+1})^2$，所以只要证明 $\sum_{cyc} \dfrac{a_i + a_{i+1}}{a_i} \geqslant 2n$，即只要证明 $\sum_{cyc} \dfrac{a_{i+1}}{a_i} \geqslant n$.

由均值不等式这是显然的.

证法二 令 $x_i = \dfrac{1}{a_i}$, $i=1,2,\cdots,n$，所证不等式化为 $\sum_{i=1}^{n} \dfrac{a_i^2}{a_i+1} \geqslant \dfrac{n}{2}$.

记 $t = \sum_{i=1}^{n} a_i$. 因为 $x_1 x_2 \cdots x_n = 1$，所以 $a_1 a_2 \cdots a_n = 1$，由均值不等式得 $t = \sum_{i=1}^{n} a_i \geqslant n$，由柯西不等式得

$$\sum_{i=1}^{n}\frac{a_i^2}{a_i+1} \sum_{i=1}^{n}(a_i+1) \geqslant \left(\sum_{i=1}^{n} a_i\right)^2$$

Cauchy 不等式·下

所以 $\sum_{i=1}^{n}\dfrac{a_i^2}{a_i+1}\geqslant\dfrac{(\sum_{i=1}^{n}a_i)^2}{n+\sum_{i=1}^{n}a_i}$,于是要证明

$$\dfrac{(\sum_{i=1}^{n}a_i)^2}{n+\sum_{i=1}^{n}a_i}\geqslant\dfrac{n}{2}\Leftrightarrow 2t^2\geqslant tn+n^2\Leftrightarrow t\geqslant 2$$

或利用函数 $f(x)=\dfrac{x^2}{n+x}$ 在 $(0,+\infty)$ 上是增函数.

例 30 (1999 年江苏省数学冬令营试题)已知 x,y,z 是正实数,且满足 $x^4+y^4+z^4=1$,求 $\dfrac{x^3}{1-x^8}+\dfrac{y^3}{1-y^8}+\dfrac{z^3}{1-z^8}$ 的最小值.

解 由柯西不等式

$$\left(\dfrac{x^3}{1-x^8}+\dfrac{y^3}{1-y^8}+\dfrac{z^3}{1-z^8}\right)[x^5(1-x^8)+y^5(1-y^8)+z^5(1-z^8)]\geqslant$$
$$(x^4+y^4+z^4)^2 \quad\quad (13.30)$$

由均值不等式得

$$8\cdot\sqrt[4]{\left(\dfrac{1}{3}\right)^9}x^4+x^{13}\geqslant 9\cdot\sqrt[9]{\left(\sqrt[4]{\left(\dfrac{1}{3}\right)^9}x^4\right)^8\cdot x^{13}}=x^5$$

所以

$$8\cdot\sqrt[4]{\left(\dfrac{1}{3}\right)^9}x^4\geqslant x^5-x^{13}$$

同理

$$8\cdot\sqrt[4]{\left(\dfrac{1}{3}\right)^9}y^4\geqslant y^5-y^{13}$$

$$8\cdot\sqrt[4]{\left(\dfrac{1}{3}\right)^9}z^4\geqslant z^5-z^{13}$$

上述三个不等式相加得

$$8\sqrt[4]{\left(\dfrac{1}{3}\right)^9}\geqslant x^5(1-x^8)+y^5(1-y^8)+z^5(1-z^8)$$
$$(13.31)$$

将式(13.31)代入式(13.30)得

第 13 章 柯西不等式与其他重要不等式的联合运用

$$\frac{x^3}{1-x^8} + \frac{y^3}{1-y^8} + \frac{z^3}{1-z^8} \geqslant \frac{9}{8}\sqrt[4]{3}$$

即 $\dfrac{x^3}{1-x^8} + \dfrac{y^3}{1-y^8} + \dfrac{z^3}{1-z^8}$ 的最小值是 $\dfrac{9}{8}\sqrt[4]{3}$. 在 $x=y=z=\sqrt[4]{\dfrac{1}{3}}$ 时取得最小值.

例 31 (2008 年摩尔多瓦国家集训队试题)设 $a_1, a_2, a_3, \cdots, a_n$ 是正实数,满足 $a_1 + a_2 + a_3 + \cdots + a_n \leqslant \dfrac{n}{2}$,求 $A = \sqrt{a_1^2 + \dfrac{1}{a_2^2}} + \sqrt{a_2^2 + \dfrac{1}{a_3^2}} + \cdots + \sqrt{a_n^2 + \dfrac{1}{a_1^2}}$ 的最小值.

解法一 利用闵可夫斯基不等式和柯西不等式得

$$A = \sqrt{a_1^2 + \frac{1}{a_2^2}} + \sqrt{a_2^2 + \frac{1}{a_3^2}} + \cdots + \sqrt{a_n^2 + \frac{1}{a_1^2}} \geqslant$$

$$\sqrt{(a_1+a_2+a_3+\cdots+a_n)^2 + \left(\frac{1}{a_1}+\frac{1}{a_2}+\cdots+\frac{1}{a_n}\right)^2} \geqslant$$

$$\sqrt{(a_1+a_2+a_3+\cdots+a_n)^2 + \frac{n^4}{(a_1+a_2+a_3+\cdots+a_n)^2}}$$

利用均值不等式得

$$(a_1+a_2+a_3+\cdots+a_n)^2 + \frac{\left(\dfrac{n}{2}\right)^4}{(a_1+a_2+\cdots+a_n)^2} \geqslant \frac{n^2}{2}$$

因为 $a_1 + a_2 + a_3 + \cdots + a_n \leqslant \dfrac{n}{2}$,所以

$$\frac{\dfrac{15n^4}{16}}{(a_1+a_2+\cdots+a_n)^2} \geqslant \frac{15n^2}{4}$$

于是

$$A \geqslant \sqrt{\frac{n^2}{2} + \frac{15n^2}{4}} = \sqrt{\frac{17n^2}{4}} = \frac{\sqrt{17}\,n}{2}$$

解法二 记 $a_1 + a_2 + a_3 + \cdots + a_n = s$,则 $f(s) = s^2 + \dfrac{n^4}{s^2}$ 在区间 $\left(0, \dfrac{n}{2}\right]$ 上单调递减,所以 $A \geqslant \dfrac{\sqrt{17}\,n}{2}$.

解法三 利用均值不等式得

Cauchy 不等式. 下

$$a_1^2 + \frac{1}{a_2^2} = a_1^2 + \frac{1}{16a_2^2} + \cdots + \frac{1}{16a_2^2} \geqslant 17\sqrt[17]{\frac{a_1^2}{(16a_2^2)^{16}}}$$

所以

$$A \geqslant \sqrt{17} \sum_{i=1}^{n} \sqrt[34]{\frac{a_i^2}{(16a_{i+1}^2)^{16}}} \quad (a_{n+1} = a_1)$$

再利用均值不等式得

$$\sum_{i=1}^{n} \sqrt[34]{\frac{a_i^2}{(16a_{i+1}^2)^{16}}} \geqslant \frac{n}{\left(\prod_{i=1}^{n} 16^{16n} a_i^{30}\right)^{\frac{1}{34n}}}$$

注意到 $\prod_{i=1}^{n} a_i \leqslant \left(\frac{a_1+a_2+a_3+\cdots+a_n}{n}\right)^n \leqslant \frac{1}{2^n}$,所以 $A \geqslant \frac{\sqrt{17}\,n}{2}.$

第13章 柯西不等式与其他重要不等式的联合运用

习题十三

1. (2001年巴尔干数学奥林匹克试题) 已知 a,b,c 是正实数,且 $a+b+c \geqslant abc$,则 $a^2+b^2+c^2 \geqslant \sqrt{3}abc$.

2. (2008年波兰数学奥林匹克试题) 已知 a,b,c 是非负实数,证明: $(a+b)^3+4c^3 \geqslant 4(\sqrt{a^3b^3}+\sqrt{b^3c^3}+\sqrt{c^3a^3})$.

3. (2011年摩纳哥数学奥林匹克试题) 设 $a,b>0$,且 $a+b=ab$,证明: $\dfrac{a}{b^2+4}+\dfrac{b}{a^2+4} \geqslant \dfrac{1}{2}$.

4. (2003年伊朗数学奥林匹克试题) 设 a,b,c 是正数,当 $a^2+b^2+c^2+abc=4$ 时,证明: $a+b+c \leqslant 3$.

5. (2002年JBMO试题) 设 a,b,c 是正实数,且 $abc=\dfrac{9}{4}$,证明: $a^3+b^3+c^3 > a\sqrt{b+c}+b\sqrt{c+a}+c\sqrt{a+b}$.

6. (2004年中国国家集训队培训试题) 已知实数 a,b,c,x,y,z 满足 $(a+b+c)(x+y+z)=3$,$(a^2+b^2+c^2)\cdot(x^2+y^2+z^2)=4$,求证: $ax+by+cz \geqslant 0$.

7. (2004年中国国家集训队试题) 设 a,b,c 是正实数,且 $a+b+c=1$,求证: $(ab)^{\frac{5}{4}}+(bc)^{\frac{5}{4}}+(ca)^{\frac{5}{4}} < \dfrac{1}{4}$.

8. (《数学通报》问题799) 设 x,y,z 是正数,证明 $\sqrt{x^2+xy+y^2}+\sqrt{y^2+yz+z^2}+\sqrt{z^2+zx+x^2} \leqslant \sqrt{3}xyz\left(\dfrac{1}{x^2}+\dfrac{1}{y^2}+\dfrac{1}{z^2}\right)$

9. (2003年摩尔多瓦国家集训队试题) 设 x,y,z 都是正数,且 $x+y+z \geqslant 1$,证明: $\dfrac{x\sqrt{x}}{y+z}+\dfrac{y\sqrt{y}}{z+x}+\dfrac{z\sqrt{z}}{x+y} \geqslant \dfrac{\sqrt{3}}{2}$.

10. (2002年阿尔巴尼亚数学奥林匹克试题) 设 a,b,c 是正数,证明: $\dfrac{1+\sqrt{3}}{3\sqrt{3}}(a^2+b^2+c^2)\left(\dfrac{1}{a}+\dfrac{1}{b}+\dfrac{1}{c}\right) \geqslant a+b+c+\sqrt{a^2+b^2+c^2}$.

11. (2004年克罗地亚数学奥林匹克试题) 证明:不等式

Cauchy 不等式. 下

$$\frac{a^2}{(a+b)(a+c)} + \frac{b^2}{(b+c)(b+a)} + \frac{c^2}{(c+b)(c+a)} \geq \frac{3}{4}$$ 对所有正实数 a,b,c 成立.

12. (2009 年 Oliforum 数学奥林匹克试题) 设 $a,b,c \in \mathbf{R}_+$, 证明
$$a+b+c \leq \frac{ab}{a+b} + \frac{bc}{b+c} + \frac{ca}{c+a} + \frac{1}{2}\left(\frac{ab}{c} + \frac{bc}{a} + \frac{ca}{b}\right)$$

13. (2005 年德国数学奥林匹克试题) 设 x,y,z 是正实数, 且 $x^2+y^2+z^2=3$, 证明: 不等式
$$\frac{xy}{xy+x+y} + \frac{yz}{yz+y+z} + \frac{zx}{zx+z+x} \leq 1$$

14. (2010 年伊朗数学奥林匹克夏令营试题) 设 a,b,c 是正实数, 证明
$$\frac{1}{a^2} + \frac{1}{b^2} + \frac{1}{c^2} + \frac{1}{(a+b+c)^2} \geq \frac{7}{25}\left(\frac{1}{a} + \frac{1}{b} + \frac{1}{c} + \frac{1}{a+b+c}\right)^2$$

15. (2008 年塔吉克斯坦数学奥林匹克试题) 已知 a,b,c 都是正实数, 且 $abc=1$, 证明:
$$\frac{1}{b(a+b)} + \frac{1}{c(b+c)} + \frac{1}{a(c+a)} \geq \frac{3}{2}.$$

16. (2000 年香港数学奥林匹克试题) 设 a,b,c 是正数, 且 $abc=1$, 证明:
$$\frac{1+ab^2}{c^3} + \frac{1+bc^2}{a^3} + \frac{1+ca^2}{b^3} \geq \frac{18}{a^3+b^3+c^3}.$$

17. (2010 年克罗地亚数学奥林匹克试题) 设 x,y,z 是正数, 且 $x+y+z=3$, 证明:
$$\frac{x^2}{x+y^2} + \frac{y^2}{y+z^2} + \frac{z^2}{z+x^2} \geq \frac{3}{2}.$$

18. (2007 年秘鲁数学奥林匹克试题) 设正数 a,b,c 满足条件 $a+b+c \geq \frac{1}{a} + \frac{1}{b} + \frac{1}{c}$. 求证
$$a+b+c \geq \frac{3}{a+b+c} + \frac{2}{abc} \tag{1}$$

19. (2010 年哈萨克斯坦数学奥林匹克试题) 设 a,b,c,d 是正实数, 证明:
$$\frac{a^2+b^2+c^2}{ab+bc+cd} + \frac{b^2+c^2+d^2}{bc+cd+da} + \frac{c^2+d^2+a^2}{cd+da+ab} + \frac{d^2+a^2+b^2}{da+ab+bc} \geq 4.$$

第13章 柯西不等式与其他重要不等式的联合运用

20. （2002年罗马尼亚数学奥林匹克试题）设 $0 < a,b,c < 1$，证明：$\sqrt{abc} + \sqrt{(1-a)(1-b)(1-c)} < 1$.

21. （2006年中国国家集训队培训试题）设 $a,b,c,\lambda > 0$，$a^{n-1} + b^{n-1} + c^{n-1} = 1 (n \geq 2)$，证明：$\dfrac{a^n}{b+\lambda c} + \dfrac{b^n}{c+\lambda a} + \dfrac{c^n}{a+\lambda b} \geq \dfrac{1}{1+\lambda}$.

22. （第39届IMO预选题）设 x,y,z 是正实数，且 $xyz=1$，证明：$\dfrac{x^3}{(1+y)(1+z)} + \dfrac{y^3}{(1+z)(1+x)} + \dfrac{z^3}{(1+x)(1+y)} \geq \dfrac{3}{4}$.

23. （2008年巴尔干地区部分学校数学竞赛试题）设 x,y,z 是正数，且满足 $x+y+z=1$，证明

$$\dfrac{1}{\sqrt{x+y}} + \dfrac{1}{\sqrt{y+z}} + \dfrac{1}{\sqrt{z+x}} \leq \sqrt{\dfrac{1}{2xyz}}$$

24. （2007年奥地利波兰数学奥林匹克试题）设 x,y,z 为非负实数，且 $xy+yz+zx+xyz=4$，证明

$$\dfrac{x}{\sqrt{y+z}} + \dfrac{y}{\sqrt{z+x}} + \dfrac{z}{\sqrt{x+y}} \geq \dfrac{\sqrt{2}}{2}(x+y+z)$$

25. （2010年吉尔吉斯斯坦数学奥林匹克试题）设 $x,y,z \in \mathbf{R}_+$，且 $x+y+z=1$。证明：$\sqrt{\dfrac{xy}{z+xy}} + \sqrt{\dfrac{yz}{x+yz}} + \sqrt{\dfrac{zx}{y+zx}} \leq \dfrac{3}{2}$.

26. （2008年乌克兰数学奥林匹克试题）已知 x,y,z 是非负实数，且 $x^2+y^2+z^2=3$，证明

$$T = \dfrac{x}{\sqrt{x^2+y+z}} + \dfrac{y}{\sqrt{y^2+z+x}} + \dfrac{z}{\sqrt{z^2+x+y}} \leq \sqrt{3}$$

(1)

27. （2007年保加利亚数学竞赛试题）若 $x,y,z > 0$，证明

$$\dfrac{(x+1)(y+1)^2}{3\sqrt[3]{z^2x^2}+1} + \dfrac{(y+1)(z+1)^2}{3\sqrt[3]{x^2y^2}+1} + \dfrac{(z+1)(x+1)^2}{3\sqrt[3]{y^2z^2}+1} \geq x+y+z+3$$

Cauchy 不等式.下

28.（1997 年摩尔多瓦数学奥林匹克试题）已知 $a_1, a_2,$ $a_3, \cdots, a_n$ 是正数，且 $a_1 a_2 a_3 \cdots a_n = 1$，证明：$\sqrt{a_1} + \sqrt{a_2} + \cdots + \sqrt{a_n} \leqslant a_1 + a_2 + \cdots + a_n$.

29.（2001 年南斯拉夫数学奥林匹克试题）设正实数 $x_1,$ $x_2, \cdots, x_{2\,001}$ 满足 $x_i^2 \geqslant x_1^2 + \dfrac{x_2^2}{2^3} + \dfrac{x_3^2}{3^3} + \cdots + \dfrac{x_{i-1}^2}{(i-1)^3}$，对 $2 \leqslant i \leqslant 2\,001$ 成立，证明：$\sum\limits_{i=2}^{2\,001} \dfrac{x_i}{x_1 + x_2 + \cdots + x_{i-1}} > 1.999$.

30.（2004 年波兰数学奥林匹克试题）设 $a_1, a_2, \cdots, a_n$ 是正实数，且 $a_1 + a_2 + \cdots + a_n = 1$，记 $H_k = \dfrac{k}{\dfrac{1}{a_1} + \dfrac{1}{a_2} + \cdots + \dfrac{1}{a_k}}$ ($k = 1, 2, \cdots, n$)，证明：$H_1 + H_2 + \cdots + H_n < 2$.

31.（1962 年 IMO 预选题）设 $a_1, a_2, a_3, \cdots, a_n$ 是正数，证明：$C_n^2 \sum\limits_{i<j} \dfrac{1}{a_i a_j} \geqslant 4 \left(\sum\limits_{i<j} \dfrac{1}{a_i + a_j} \right)^2$.

32.（1970 年 IMO 预选题）设 $u_1, u_2, \cdots, u_n$ 和 $v_1, v_2, \cdots, v_n$ 是实数，证明

$$1 + \sum_{i=1}^{n} (u_i + v_i)^2 \leqslant \dfrac{4}{3} \left(1 + \sum_{i=1}^{n} u_i^2 \right) \left(1 + \sum_{i=1}^{n} v_i^2 \right).$$

33.（1959～1966 年 IMO 预选题）(1) 设 $a_1, a_2, \cdots, a_n$ 是实数，n 是正整数，证明：$(a_1 + a_2 + \cdots + a_n)^2 \leqslant n(a_1^2 + a_2^2 + \cdots + a_n^2)$；

(2) 利用(1)的结果证明．如果实数 $a_1, a_2, \cdots, a_n$ 满足 $a_1 + a_2 + \cdots + a_n \geqslant \sqrt{(n-1)(a_1^2 + a_2^2 + \cdots + a_n^2)}$，证明：所有 $a_1,$ $a_2, \cdots, a_n$ 都是非负的．

34.（2005 年韩国数学奥林匹克试题）令 $\{a_1, a_2, a_3, \cdots\}$ 是一个无穷的正数数列．证明：不等式 $\sum\limits_{n=1}^{N} \alpha_n^2 \leqslant 4 \sum\limits_{n=1}^{N} a_n^2$ 对任意正整数 N 成立．其中 α_n 是 $a_1, a_2, \cdots, a_n$ 的平均值，即 $\alpha_n = \dfrac{a_1 + a_2 + a_3 + \cdots + a_n}{n}$.

35.（1981 年德国国家集训队试题的推广）设 $x_1, x_2, \cdots, x_n$

第13章 柯西不等式与其他重要不等式的联合运用

都是正数,求证:$\dfrac{x_1^2}{x_2^2}+\dfrac{x_2^2}{x_3^2}+\cdots+\dfrac{x_{n-1}^2}{x_n^2}+\dfrac{x_n^2}{x_1^2}\geqslant \dfrac{x_1}{x_2}+\dfrac{x_2}{x_3}+\cdots+\dfrac{x_{n-1}}{x_n}+\dfrac{x_n}{x_1}$.

36.(2009年中国北方数学邀请赛试题)若 $x,y,z\geqslant 0$,且满足 $x^2+y^2+z^2=3$,求证:$\dfrac{x^{2009}-2008(x-1)}{y+z}+\dfrac{y^{2009}-2008(y-1)}{z+x}+\dfrac{z^{2009}-2008(z-1)}{x+y}\geqslant \dfrac{1}{2}(x+y+z)$.

37.(1986年中国国家集训队选拔考试试题)设 $x_1,x_2,\cdots,x_n(n\geqslant 3)$ 为实数,令 $p=\sum\limits_{i=1}^{n}x_i$,$q=\sum\limits_{1\leqslant i<j\leqslant n}x_ix_j$. 求证:

(1) $\dfrac{n-1}{n}p^2-2q\geqslant 0$;

(2) $\left|x_i-\dfrac{p}{n}\right|\leqslant \dfrac{n-1}{n}\sqrt{p^2-\dfrac{2n}{n-1}q}\,(i=1,2,\cdots,n)$.

38.(2008年希腊数学奥林匹克试题)设 $a_1,a_2,a_3,\cdots,a_n$ 是正整数,证明:$\left(\dfrac{\sum\limits_{i=1}^{n}a_i^2}{\sum\limits_{i=1}^{n}a_i}\right)^{\frac{kn}{t}}\geqslant \prod\limits_{i=1}^{n}a_i$. 这里 $k=\max\{a_1,a_2,a_3,\cdots,a_n\}$,$t=\min\{a_1,a_2,a_3,\cdots,a_n\}$,并指出何时等式成立.

第14章 排序不等式

1. 一个排序问题

1978年全国高中数学竞赛有这样一道试题.

设有10人各拿提桶一只同时到水龙头前打水,设水龙头注满第 $i(i=1,2,\cdots,10)$ 个人的提桶时需 T_i min,假定这些 T_i 各不相同,问:

(1)当只有一个水龙头可用时,应如何安排这10个人的次序,使他们的总的花费时间(包括各人自己接水所花的时间)最少?最少时间等于多少?

(2)当有两个水龙头可用时,应如何安排这10个人的次序,使他们的总的花费时间最少?最少时间等于多少?(须证明你的论断)

解 我们把水桶从小到大编号,最小的是1号,最大的是10号.注满1号水桶所需的时间设为 t_1,注满2号水桶所需的时间设为 t_2,……,那么,显然有

$$t_1 < t_2 < \cdots < t_{10}$$

假设按从小到大的次序安排打水,第1号水桶在打水时,10个人都需要等 t_1 min,总共是 $10t_1$ min;第2号水桶打水时,9个人都需要等 t_2 min,总共是 $9t_2$ min;继续下去,到第10号水桶打水时,只有他一人在等,需要 t_{10} min.因此,10只水桶都打满水时,总的花费时间为

$$T = 10t_1 + 9t_2 + \cdots + 2t_9 + t_{10} \quad (14.1)$$

第14章 排序不等式

今设另一种次序是第 i_1 号桶先打,接着是第 i_2 号,……,一直到第 i_{10} 号桶.这里 $(i_1,i_2,\cdots,i_{10})$ 是 $(1,2,\cdots,10)$ 的任意一个排列.和上面的讨论一样,在这种安排下,10 人所花费的总时间为

$$T'=10t_{i_1}+9t_{i_2}+\cdots+2t_{i_9}+t_{i_{10}} \qquad (14.2)$$

因为

$$t_{i_1}+t_{i_2}+\cdots+t_{i_{10}}=t_1+t_2+\cdots+t_{10}$$
$$t_{i_1}+t_{i_2}+\cdots+t_{i_9}\geqslant t_1+t_2+\cdots+t_9$$
$$\vdots$$
$$t_{i_1}+t_{i_2}\geqslant t_1+t_2$$
$$t_{i_1}\geqslant t_1$$

把这 10 个式子两边分别相加,即得 $T'\geqslant T$.

所以,按 t_i 从小到大的次序安排,总的花费时间最少.

上面的结论,可以推广到更一般的情形,也就是下面我们所要证明的排序原理.

2. 排序原理及其推论

定义 设有两组实数 $a_1,a_2,\cdots,a_n$ 和 $b_1,b_2,\cdots,b_n$ 满足 $a_1\leqslant a_2\leqslant\cdots\leqslant a_n,b_1\leqslant b_2\leqslant\cdots\leqslant b_n,c_1,c_2,\cdots,c_n$ 是 $b_1,b_2,\cdots,b_n$ 的任一个排列,我们称 $S=\sum_{i=1}^{n}a_ib_i$ 为这两组实数的同序积之和; $\overline{S}=a_1b_n+a_2b_{n-1}+\cdots+a_nb_1$ 称为这两组实数的倒序积之和; $S_1=a_1c_1+a_2c_2+\cdots+a_nc_n$ 称为这两组实数的乱序积之和.则有

排序原理 I 设有两组实数 $a_1,a_2,\cdots,a_n$ 和 $b_1,b_2,\cdots,b_n$,满足 $a_1\leqslant a_2\leqslant\cdots\leqslant a_n,b_1\leqslant b_2\leqslant\cdots\leqslant b_n$,且 $c_1,c_2,\cdots,c_n$ 是 $b_1,b_2,\cdots,b_n$ 的任一个排列,则有:

$$\overline{S}\leqslant S_1\leqslant S$$

等号当且仅当 $a_1=a_2=\cdots=a_n$ 或 $b_1=b_2=\cdots=b_n$ 时成立.

证明 首先,因给定的数组 $b_1,b_2,\cdots,b_n$ 的排列 $c_1,c_2,\cdots,c_n$ 只有有限种,故不同的 $\sum_{i=1}^{n}a_ic_i$ 也只有有限个,它们当中必有最大值和最小值.

设 $i>j,c_i\geqslant c_j$,现在来比较两个和数

Cauchy 不等式. 下

$$S_1 = a_1 c_1 + \cdots + a_i c_i + \cdots + a_j c_j + \cdots + a_n c_n$$
$$S' = a_1 c_1 + \cdots + a_i c_j + \cdots + a_j c_i + \cdots + a_n c_n$$

这里 S' 是由调换 S_1 中 c_i 和 c_j 的位置而得到的.

因为
$$S_1 - S' = a_j c_j + a_i c_i - a_i c_j - a_j c_i = (c_i - c_j)(a_i - a_j) \geqslant 0$$

所以
$$S_1 \geqslant S'$$

由此可见,和数 S_1 中,最大的和数所对应的情况只能是数组 b_i 按小到大的顺序排列,而最小的和数只能是数组 b_i 按大到小的顺序排列. 这就是所要证明的不等式.

应该指出,这里确定和数 $\sum_{i=1}^{n} a_i c_i$ 的最大(小)值的存在是十分必要的.

推论 对于实数 $a_1, a_2, a_3, \cdots, a_n$,设 $a_{i_1}, a_{i_2}, \cdots, a_{i_n}$ 是它的任意一个排列,则
$$a_1 a_{i_1} + a_2 a_{i_2} + \cdots + a_n a_{i_n} \leqslant a_1^2 + a_2^2 + \cdots + a_n^2$$

证明 不妨设 $a_1 \leqslant a_2 \leqslant \cdots \leqslant a_n$,取 $b_k = a_k (k = 1, 2, \cdots, n)$,则 $b_1 \leqslant b_2 \leqslant \cdots \leqslant b_n$,且 $a_{i_1}, a_{i_2}, \cdots, a_{i_n}$ 是 $b_1, b_2, \cdots, b_n$ 的某种排列. 由排序原理 Ⅰ 得
$$a_1 a_{i_1} + a_2 a_{i_2} + \cdots + a_n a_{i_n} \leqslant a_1 b_1 + a_2 b_2 + \cdots + a_n b_n =$$
$$a_1^2 + a_2^2 + \cdots + a_n^2$$

3. 排序原理与一些重要不等式

利用排序原理,可以毫不困难地证明包括某些著名不等式在内的许多不等式. 下面举几个例子予以说明.

例 1 (算术-几何平均不等式)设 $x_i > 0 (i = 1, 2, \cdots, n)$,则 $\frac{1}{n}(x_1 + x_2 + \cdots + x_n) \geqslant \sqrt[n]{x_1 x_2 \cdots x_n}$. 其中等号当且仅当 $x_1 = x_2 = \cdots = x_n$ 时成立.

证明 我们构造两个数列
$$a_1 = \frac{x_1}{c}, a_2 = \frac{x_1 x_2}{c^2}, a_3 = \frac{x_1 x_2 x_3}{c^3}, \cdots, a_n = \frac{x_1 x_2 \cdots x_n}{c^n} = 1$$
$$b_1 = \frac{1}{a_1}, b_2 = \frac{1}{a_2}, b_3 = \frac{1}{a_3}, \cdots, b_n = \frac{1}{a_n} = 1$$

因为两个数列中的数互为倒数,所以和数: $a_1 b_1 + a_2 b_2 + \cdots +$

第 14 章 排序不等式

$a_n b_n$ 不大于 $a_1 b_n + a_2 b_1 + a_3 b_2 + \cdots + a_n b_{n-1}$,即

$$1 + 1 + \cdots + 1 \leqslant \frac{x_1}{c} + \frac{x_2}{c} + \cdots + \frac{x_n}{c}$$

$$n \leqslant \frac{x_1 + x_2 + \cdots + x_n}{c}$$

所以

$$c \leqslant \frac{x_1 + x_2 + \cdots + x_n}{n}$$

即

$$\sqrt[n]{x_1 x_2 \cdots x_n} \leqslant \frac{x_1 + x_2 + \cdots + x_n}{n}$$

等号当且仅当 $a_1 = a_2 = \cdots = a_n$ 时,或

$$\frac{x_1}{c} = \frac{x_1 \cdot x_2}{c^2} = \frac{x_1}{c} \cdot \frac{x_2}{c} = \frac{x_1}{c} \cdot \frac{x_2}{c} \cdot \frac{x_3}{c} = \cdots = \frac{x_1}{c} \cdot \frac{x_2}{c} \cdot \cdots \cdot \frac{x_n}{c} = 1$$

时成立,此时 $x_1 = x_2 = \cdots = x_n = c$.

例 2 (切比雪夫不等式)设 $a_1, a_2, \cdots, a_n; b_1, b_2, \cdots, b_n$ 为任意两组实数.

若 $a_1 \leqslant a_2 \leqslant \cdots \leqslant a_n$ 且 $b_1 \leqslant b_2 \leqslant \cdots \leqslant b_n$ 或 $a_1 \geqslant a_2 \geqslant \cdots \geqslant a_n$ 且 $b_1 \geqslant b_2 \geqslant \cdots \geqslant b_n$,则

$$\frac{1}{n}\left(\sum_{i=1}^{n} a_i b_i\right) \geqslant \left(\frac{1}{n}\sum_{i=1}^{n} a_i\right)\left(\frac{1}{n}\sum_{i=1}^{n} b_i\right) \quad (14.3)$$

若 $a_1 \leqslant a_2 \leqslant \cdots \leqslant a_n$ 且 $b_1 \geqslant b_2 \geqslant \cdots \geqslant b_n$ 或 $a_1 \geqslant a_2 \geqslant \cdots \geqslant a_n$ 且 $b_1 \leqslant b_2 \leqslant \cdots \leqslant b_n$,则

$$\frac{1}{n}\left(\sum_{i=1}^{n} a_i b_i\right) \leqslant \left(\frac{1}{n}\sum_{i=1}^{n} a_i\right)\left(\frac{1}{n}\sum_{i=1}^{n} b_i\right) \quad (14.4)$$

上述两式中的等号当且仅当 $a_1 = a_2 = \cdots = a_n$ 或 $b_1 = b_2 = \cdots = b_n$ 时成立.

证明 设 $a_1, a_2, \cdots, a_n, b_1, b_2, \cdots, b_n$ 是两个有相同次序的序列,由排序原理 I 得

$$a_1 b_1 + a_2 b_2 + \cdots + a_n b_n = a_1 b_1 + a_2 b_2 + \cdots + a_n b_n$$
$$a_1 b_1 + a_2 b_2 + \cdots + a_n b_n \geqslant a_1 b_2 + a_2 b_3 + \cdots + a_n b_1$$
$$a_1 b_1 + a_2 b_2 + \cdots + a_n b_n \geqslant a_1 b_3 + a_2 b_4 + \cdots + a_n b_2$$
$$\vdots$$
$$a_1 b_1 + a_2 b_2 + \cdots + a_n b_n \geqslant a_1 b_n + a_2 b_1 + \cdots + a_n b_{n-1}$$

把上述 n 个式子相加,得

Cauchy 不等式.下

$$n\sum_{i=1}^{n}a_ib_i \geqslant \left(\sum_{i=1}^{n}a_i\right)\left(\sum_{i=1}^{n}b_i\right)$$

上式两边同时除以 n^2,得

$$\frac{1}{n}\left(\sum_{i=1}^{n}a_ib_i\right) \geqslant \left(\frac{1}{n}\sum_{i=1}^{n}a_i\right)\left(\frac{1}{n}\sum_{i=1}^{n}b_i\right)$$

等号当且仅当 $a_1=a_2=\cdots=a_n$ 或 $b_1=b_2=\cdots=b_n$ 时成立.

同理可证式(14.4).

例 3 (算术-调和平均不等式)设 $x_i>0(i=1,2,\cdots,n)$,则

$$\frac{1}{n}\sum_{i=1}^{n}x_i \geqslant \frac{n}{\sum_{i=1}^{n}\frac{1}{x_i}}$$

其中等号当且仅当 $x_1=x_2=\cdots=x_n$ 时成立.

证明 不妨设 $x_1\geqslant x_2\geqslant\cdots\geqslant x_n>0$,则

$$\frac{1}{x_1}\leqslant\frac{1}{x_2}\leqslant\cdots\leqslant\frac{1}{x_n}$$

故由式(14.4)知

$$1=\frac{1}{n}\left(\sum_{i=1}^{n}x_i\cdot\frac{1}{x_i}\right)\leqslant\left(\frac{1}{n}\sum_{i=1}^{n}x_i\right)\left(\frac{1}{n}\sum_{i=1}^{n}\frac{1}{x_i}\right)$$

于是

$$\frac{1}{n}\sum_{i=1}^{n}x_i \geqslant \frac{n}{\sum_{i=1}^{n}\frac{1}{x_i}}$$

且由式(14.4)中等号成立的条件知,其中等号当且仅当 $a_1=a_2=\cdots=a_n$ 时成立.

例 4 (算术-均方根不等式)设 a_i 为实数,则

$$\sum_{i=1}^{n}a_i^2 \geqslant \frac{1}{n}\left(\sum_{i=1}^{n}a_i\right)^2$$

其中等号当且仅当 $a_1=a_2=\cdots=a_n$ 时成立.

证明 不妨设 $a_1\geqslant a_2\geqslant\cdots\geqslant a_n$,于是由式(14.3)知

$$\frac{1}{n}\left(\sum_{i=1}^{n}a_i^2\right)=\frac{1}{n}\left(\sum_{i=1}^{n}a_ia_i\right)\geqslant\left(\frac{1}{n}\sum_{i=1}^{n}a_i\right)\left(\frac{1}{n}\sum_{i=1}^{n}a_i\right)$$

从而有

$$\sum_{i=1}^{n}a_i^2 \geqslant \frac{1}{n}\left(\sum_{i=1}^{n}a_i\right)^2$$

且由式(14.3)中等号成立的条件知,其中等号当且仅当 $a_1=$

$a_2 = \cdots = a_n$ 时成立.

例 5 (柯西不等式)设 $a_1, a_2, \cdots, a_n$ 和 $b_1, b_2, \cdots, b_n$ 为正实数,则

$$\left(\sum_{i=1}^n a_i b_i\right)^2 \leqslant \left(\sum_{i=1}^n a_i^2\right)\left(\sum_{i=1}^n b_i^2\right)$$

等号当且仅当 $\dfrac{a_1}{b_1} = \dfrac{a_2}{b_2} = \cdots = \dfrac{a_n}{b_n}$ 时成立.

证明 不失一般性,可设 $a_1, a_2, \cdots, a_n$ 和 $b_1, b_2, \cdots, b_n$ 是有相反次序的正数序列,则由式(14.4)知

$$\sum_{i=1}^n a_i b_i \leqslant \frac{1}{n} \sum_{i=1}^n a_i \cdot \sum_{i=1}^n b_i$$

又因为算术平均值不大于平方平均值,则

$$\frac{1}{n} \sum_{i=1}^n a_i \cdot \sum_{i=1}^n b_i \leqslant \frac{1}{n} \sqrt{n \sum_{i=1}^n a_i^2} \cdot \sqrt{n \cdot \sum_{i=1}^n b_i^2} = \sqrt{\sum_{i=1}^n a_i^2} \cdot \sqrt{\sum_{i=1}^n b_i^2}$$

所以

$$\sum_{i=1}^n a_i b_i \leqslant \sqrt{\sum_{i=1}^n a_i^2} \cdot \sqrt{\sum_{i=1}^n b_i^2}$$

即

$$\left(\sum_{i=1}^n a_i b_i\right)^2 \leqslant \left(\sum_{i=1}^n a_i^2\right) \cdot \left(\sum_{i=1}^n b_i^2\right)$$

从上面的例子可知,许多重要的不等式都可以用排序原理 I 获得简单的证明.

下面给出本章开头的问题的解答:

(1)若按某一顺序放水时间依次为 $T_1, T_2, \cdots, T_{10}$,则总的等待时间为

$$T_1 + (T_1 + T_2) + \cdots + (T_1 + T_2 + \cdots + T_{10}) = 10T_1 + 9T_2 + \cdots + 2T_9 + T_{10}$$

不妨令 $T_1 < T_2 < \cdots < T_{10}$,又 $10 > 9 > \cdots > 2 > 1$,由排序原理 I,得

$$10T_{i_1} + 9T_{i_2} + \cdots + T_{i_{10}} > 10T_1 + 9T_2 + \cdots + T_{10}$$

所以,安排用时少的人先接水,总的花费时间最少.

(2)两个水龙头的情形:考虑两个水龙头上人数相等的情形,若一个水龙头上某一顺序放水时间依次为 $T_1, T_2, \cdots, T_5$,

另一个水龙头上按某一顺序放水时间依次为 $T'_1, T'_2, \cdots, T'_5$，则总的等待时间为

$$5T_1 + 4T_2 + \cdots + T_5 + 5T'_1 + 4T'_2 + \cdots + T'_5 =$$
$$5T_1 + 5T'_1 + 4T_2 + 4T'_2 + \cdots + T_5 + T'_5$$

在排序原理 I 中，取一个数组为
$$5,5,4,4,3,3,2,2,1,1$$
可见当 $T_1 \leqslant T'_1 \leqslant T_2 \leqslant T'_2 \leqslant T_3 \leqslant T'_3 \leqslant T_4 \leqslant T'_4 \leqslant T_5 \leqslant T'_5$ 时，总的等待时间最小.

显然使总的等待时间最少的排法可以不止一个. 由此可知，每个水龙头各分配 5 个，并按从小到大的次序轮流分配到 I，II 两个水龙头上去，总的等待时间最少.

若两个水龙头上人数不等，则在人数少的水龙头添上一定个数放水时间为 0 的人，使人数相等，再利用排序原理 I.

类似地可以讨论 n 个人 r 个水龙头的情况，等待时间最少的排序，就是按照放水时间由小到大的次序，依次在 r 个水龙头上放水，哪个水龙头上的人打完了水，后面等待着的第一人就上去打水.

4. 应用排序原理解题的常用方法与技巧

排序原理经常也称为排序不等式，利用排序不等式解题的关键是要根据问题的条件和结论，构造出恰当的序列，如何排好这个序列，其技巧性较高，序列排得好，事半功倍，排得不好，则"此路不通". 一般来说，对 n 元对称式均可对其有序化来应用排序不等式，下面介绍排序不等式的常见的几种应用方法与技巧.

Ⅰ. 巧妙变形与转化

很多要证明的不等式可先作适当的变形，使其适合排序的等价形式.

例 6 （W. Janous 猜想）设 x, y, z 为正数. 求证
$$\frac{z^2 - x^2}{x + y} + \frac{x^2 - y^2}{y + z} + \frac{y^2 - z^2}{z + x} \geqslant 0$$

证明 所证不等式等价于
$$\frac{z^2}{x+y} + \frac{y^2}{x+z} + \frac{x^2}{y+z} \geqslant \frac{x^2}{x+y} + \frac{y^2}{y+z} + \frac{z^2}{z+x} \qquad (14.5)$$

第 14 章 排序不等式

不妨设 $x \leqslant y \leqslant z$,则
$$x^2 \leqslant y^2 \leqslant z^2, x+y \leqslant x+z \leqslant y+z$$
$$\frac{1}{x+y} \geqslant \frac{1}{x+z} \geqslant \frac{1}{y+z}$$

知式(14.5)左边为顺序和,右边为乱序和.由排序不等式即知成立.这里"不妨设"(即有序化)意味着:不论 x,y,z 大小顺序如何,式(14.5)左边总是顺序和,这是能否应用排序不等式的关键.

例 7 (1975 年第 17 届 IMO 试题)已知 $x_i, y_i (i=1,2,\cdots,n)$ 是实数,且 $x_1 \geqslant x_2 \geqslant \cdots \geqslant x_n$,$y_1 \geqslant y_2 \geqslant \cdots \geqslant y_n$,又 $z_1, z_2, \cdots, z_n$ 是 $y_1, y_2, \cdots, y_n$ 的任意一个排列. 试证
$$\sum_{i=1}^{n}(x_i - y_i)^2 \leqslant \sum_{i=1}^{n}(x_i - z_i)^2$$

证明 因为
$$\sum_{i=1}^{n} y_i^2 = \sum_{i=1}^{n} z_i^2$$

故原不等式等价于
$$\sum_{i=1}^{n} x_i y_i \geqslant \sum_{i=1}^{n} x_i z_i$$

此式左边为顺序和,右边为乱序和,据排序不等式知其成立.

例 8 (1978 年第 20 届 IMO 试题)设 $a_1, a_2, \cdots, a_n$ 是两两互不相同的正整数,试证:$\sum_{k=1}^{n} \frac{a_k}{k^2} \geqslant \sum_{k=1}^{n} \frac{1}{k}$.

分析 这里 $a_1, a_2, \cdots, a_n$ 是给定的正整数,在左边和式 $\frac{a_1}{1^2} + \frac{a_2}{2^2} + \cdots + \frac{a_n}{n^2}$ 中不可轮换,如果用"不妨设" $a_1 \leqslant a_2 \leqslant \cdots \leqslant a_n$ 就错了.应通过有序转化达到目的.

证明 对于任意给定的正整数 n,将 $a_1, a_2, \cdots, a_n$ 按从小到大顺序排列为 $a_1' \leqslant a_2' \leqslant \cdots \leqslant a_n'$,这时 $a_1, a_2, \cdots, a_n$ 是 $a_1', a_2', \cdots, a_n'$ 的某种排列.

又因为
$$\frac{1}{n^2} < \frac{1}{(n-1)^2} < \cdots < \frac{1}{3^2} < \frac{1}{2^2} < \frac{1}{1^2}$$

由排序原理Ⅰ,得

Cauchy 不等式. 下

$$a'_1 \cdot \frac{1}{1^2} + a'_2 \cdot \frac{1}{2^2} + \cdots + a'_n \cdot \frac{1}{n^2} \leqslant$$
$$a_1 \cdot \frac{1}{1^2} + a_2 \cdot \frac{1}{2^2} + \cdots + a_n \cdot \frac{1}{n^2}$$

即
$$\sum_{k=1}^{n} \frac{a_k}{k^2} \geqslant \sum_{k=1}^{n} \frac{a'_k}{k^2}$$

又因为 $a'_1, a'_2, \cdots, a'_n$ 为两两不相等的正整数,所以 $a'_k \geqslant k$, $k = 1, 2, \cdots, n$. 于是

$$\sum_{k=1}^{n} \frac{a'_k}{k^2} \geqslant \sum_{k=1}^{n} \frac{k}{k^2} = \sum_{k=1}^{n} \frac{1}{k}$$

故
$$\sum_{k=1}^{n} \frac{a_k}{k^2} \geqslant \sum_{k=1}^{n} \frac{1}{k}$$

Ⅱ. 反复运用与联合运用

对于一些较为复杂的不等式,可反复运用排序不等式来解决,也可将多个不同乱序和不等式联合使用来解决.

例 9 设 a, b, c 为正数. 求证
$$\frac{a^3}{bc} + \frac{b^3}{ac} + \frac{c^3}{ab} \geqslant a + b + c \tag{14.6}$$

证明 不妨设 $a \leqslant b \leqslant c$, 则 $\frac{1}{bc} \leqslant \frac{1}{ac} \leqslant \frac{1}{ab}$. 式 (14.6) 左边为顺序和

$$\text{左边} = \frac{a}{bc} \cdot a^2 + \frac{b}{ac} \cdot b^2 + \frac{c}{ab} \cdot c^2 \geqslant$$
$$\frac{a}{bc} \cdot b^2 + \frac{b}{ac} \cdot c^2 + \frac{c}{ab} \cdot a^2 =$$
$$\frac{ab}{c} + \frac{ac}{b} + \frac{bc}{a} (\text{还是顺序和}) \geqslant$$
$$\frac{ac}{c} + \frac{bc}{b} + \frac{ab}{a} = a + b + c$$

这里两次使用了排序不等式.

例 10 (1990 年第 31 届 IMO 预选题) 设 a, b, c, d 是满足 $ab + bc + cd + ad = 1$ 的非负实数, 求证

$$\frac{a^3}{b+c+d} + \frac{b^3}{c+d+a} + \frac{c^3}{d+a+b} + \frac{d^3}{a+b+c} \geqslant \frac{1}{3}$$

证明 为了书写方便, 记 $A = \frac{a^2}{b+c+d}$, $B = \frac{b^2}{c+d+a}$, $C =$

第14章 排序不等式

$\dfrac{c^2}{d+a+b}$, $D = \dfrac{d^2}{a+b+c}$, 不失一般性, 设 $0 \leqslant a \leqslant b \leqslant c \leqslant d$, 于是 $0 \leqslant A \leqslant B \leqslant C \leqslant D$, 由排序原理 I, 有

$$aA + bB + cC + dD \geqslant bA + aB + dC + cD$$
$$aA + bB + cC + dD \geqslant cA + dB + aC + bD$$
$$aA + bB + cC + dD \geqslant dA + cB + bC + aD$$

将以上三个不等式相加, 得

$$3(aA + bB + cC + dD) \geqslant (b+c+d)A + (c+d+a)B +$$
$$(d+a+b)C + (a+b+c)D =$$
$$a^2 + b^2 + c^2 + d^2$$

另外由排序不等式或其他方法容易得到

$$a^2 + b^2 + c^2 + d^2 \geqslant ab + bc + cd + da = 1$$

故

$$3(aA + bB + cC + dD) \geqslant 1$$

由此立即得到所要证明的不等式.

例11 (1984年巴尔干数学奥林匹克试题) 已知 $a_1, a_2, \cdots, a_n$ 是正数, 且 $a_1 + a_2 + \cdots + a_n = 1$, 求证: $\dfrac{a_1}{2-a_1} + \dfrac{a_2}{2-a_2} + \cdots + \dfrac{a_n}{2-a_n} \geqslant \dfrac{n}{2n-1}$.

证明 因为 $a_1 + a_2 + \cdots + a_n = 1$, 所以 $2(a_1 + a_2 + \cdots + a_n) = 2$, 因为不等式是关于 $a_i (i=1,2,\cdots,n)$ 的对称的不等式, 不妨设 $0 < a_1 < a_2 < \cdots < a_n$, 且令 $A_1 = \dfrac{1}{2-a_1}$, $A_2 = \dfrac{1}{2-a_2}$, $\cdots$, $A_n = \dfrac{1}{2-a_n}$, 则有 $0 < A_1 < A_2 < \cdots < A_n$, 由排序不等式, 有

$$A_1 a_1 + A_2 a_2 + \cdots + A_n a_n \geqslant A_1 a_2 + A_2 a_3 + \cdots + A_n a_1$$
$$A_1 a_1 + A_2 a_2 + \cdots + A_n a_n \geqslant A_1 a_3 + A_2 a_4 + \cdots + A_n a_2$$
$$\vdots$$
$$A_1 a_1 + A_2 a_2 + \cdots + A_n a_n \geqslant A_1 a_n + A_2 a_1 + \cdots + A_n a_{n-1}$$

将以上 $n-1$ 个不等式相加得

$$(n-1)(A_1 a_1 + A_2 a_2 + \cdots + A_n a_n) \geqslant$$
$$A_1(a_2 + a_3 + \cdots + a_n) + A_2(a_1 + a_3 + \cdots + a_n) + \cdots +$$
$$A_n(a_1 + a_2 + \cdots + a_{n-1})$$

所以

Cauchy 不等式. 下

$$2(n-1)(A_1a_1+A_2a_2+\cdots+A_na_n) \geqslant$$
$$2A_1(a_2+a_3+\cdots+a_n)+2A_2(a_1+a_3+\cdots+a_n)+\cdots+$$
$$2A_n(a_1+a_2+\cdots+a_{n-1})$$

上式两端同时加上 $A_1a_1+A_2a_2+\cdots+A_na_n$,得
$$(2n-1)(A_1a_1+A_2a_2+\cdots+A_na_n) \geqslant$$
$$A_1[a_1+2(a_2+a_3+\cdots+a_n)]+$$
$$A_2[a_2+2(a_1+a_3+\cdots+a_n)]+\cdots+$$
$$A_n[a_n+2(a_1+a_2+\cdots+a_{n-1})]=$$
$$A_1(2-a_1)+A_2(2-a_2)+\cdots+A_n(2-a_n)=$$
$$1+1+\cdots+1=n$$

所以 $\quad A_1a_1+A_2a_2+\cdots+A_na_n \geqslant \dfrac{n}{2n-1}$

即 $\quad \dfrac{a_1}{2-a_1}+\dfrac{a_2}{2-a_2}+\cdots+\dfrac{a_n}{2-a_n} \geqslant \dfrac{n}{2n-1}$

例 12 （第 36 届 IMO 试题）设 a,b,c 为正实数，且 $abc=1$. 试证：$\dfrac{1}{a^3(b+c)}+\dfrac{1}{b^3(c+a)}+\dfrac{1}{c^3(a+b)} \geqslant \dfrac{3}{2}$.

分析 此题初看起来,左边为反序和,得不出"$\geqslant$"的结果. 但我们可先从条件 $abc=1$ 入手将原不等式变形.

证明 记上式左边为 S,则
$$S=\dfrac{(abc)^2}{a^3(b+c)}+\dfrac{(abc)^2}{b^3(c+a)}+\dfrac{(abc)^2}{c^3(a+b)}=$$
$$\dfrac{bc}{a(b+c)}\cdot bc+\dfrac{ac}{b(c+a)}\cdot ac+\dfrac{ab}{c(a+b)}\cdot ab$$

设 $a\leqslant b\leqslant c$,则 $ab\leqslant ac\leqslant bc$,$ab+ac\leqslant ab+bc\leqslant ac+bc$. 所以
$$\dfrac{1}{a(b+c)}\geqslant\dfrac{1}{b(a+c)}\geqslant\dfrac{1}{c(a+b)}$$

可知 S 为顺序和.由排序不等式知
$$S\geqslant\dfrac{bc}{a(b+c)}\cdot ac+\dfrac{ac}{b(a+c)}\cdot ab+\dfrac{ab}{c(a+b)}\cdot bc=$$
$$\dfrac{c}{a(b+c)}+\dfrac{a}{b(a+c)}+\dfrac{b}{c(a+b)},$$
$$S\geqslant\dfrac{bc}{a(b+c)}\cdot ab+\dfrac{ac}{b(a+c)}\cdot bc+\dfrac{ab}{c(a+b)}\cdot ac=$$
$$\dfrac{b}{a(b+c)}+\dfrac{c}{b(a+c)}+\dfrac{a}{c(a+b)}$$

两式相加,有

$$2S \geqslant \frac{1}{a} + \frac{1}{b} + \frac{1}{c} \geqslant 3\sqrt[3]{\frac{1}{a} \cdot \frac{1}{b} \cdot \frac{1}{c}} = 3$$

所以 $S \geqslant \frac{3}{2}$.

例 13 (2004 年德国队选拔考试试题,2007 年中国东南地区数学奥林匹克试题)设正实数 a,b,c 满足 $abc=1, n \in \mathbf{N}_+$. 求证

$$\frac{c^n}{a+b} + \frac{b^n}{c+a} + \frac{a^n}{b+c} \geqslant \frac{3}{2}$$

证明 不妨设 $a \geqslant b \geqslant c$. 则

$$a^{n-1} \geqslant b^{n-1} \geqslant c^{n-1}$$

且

$$\frac{a}{b+c} \geqslant \frac{b}{c+a} \geqslant \frac{c}{a+b}$$

由排序原理 I 知

$$\frac{c^n}{a+b} + \frac{b^n}{c+a} + \frac{a^n}{b+c} \geqslant \frac{ca^{n-1}}{a+b} + \frac{bc^{n-1}}{c+a} + \frac{ab^{n-1}}{b+c} (乱序和)$$

$$\frac{c^n}{a+b} + \frac{b^n}{c+a} + \frac{a^n}{b+c} \geqslant \frac{cb^{n-1}}{a+b} + \frac{ba^{n-1}}{c+a} + \frac{ac^{n-1}}{b+c} (乱序和)$$

又

$$\frac{c^n}{a+b} + \frac{b^n}{c+a} + \frac{a^n}{b+c} = \frac{c^n}{a+b} + \frac{b^n}{c+a} + \frac{a^n}{b+c}$$

三式相加并分解因式得

$$\frac{c^n}{a+b} + \frac{b^n}{c+a} + \frac{a^n}{b+c} \geqslant \frac{1}{3}\left(\frac{c}{a+b} + \frac{b}{c+a} + \frac{a}{b+c}\right)(a^{n-1} + b^{n-1} + c^{n-1})$$

显然

$$a^{n-1} + b^{n-1} + c^{n-1} \geqslant 3\sqrt[3]{(abc)^{n-1}} = 3$$

下面证明

$$\frac{c}{a+b} + \frac{b}{c+a} + \frac{a}{b+c} \geqslant \frac{3}{2}$$

即

$$2(a+b+c)\left(\frac{1}{a+b} + \frac{1}{b+c} + \frac{1}{c+a}\right) \geqslant 9$$

由柯西不等式知,上式显然成立.故

$$\frac{c^n}{a+b} + \frac{b^n}{c+a} + \frac{a^n}{b+c} \geqslant \frac{1}{3} \times \frac{3}{2} \times 3 = \frac{3}{2}$$

Cauchy 不等式. 下

Ⅲ. 综合运用

排序不等式与其他重要不等式混合应用,也是解决较难问题的有效方法.

例 14 (1989 年全国数学冬令营试题) $n \geqslant 2, x_1, x_2, \cdots, x_n$ 为正数,且 $x_1 + x_2 + \cdots + x_n = 1$. 求证

$$\frac{x_1}{\sqrt{1-x_1}} + \frac{x_2}{\sqrt{1-x_2}} + \cdots + \frac{x_n}{\sqrt{1-x_n}} \geqslant \frac{\sqrt{x_1} + \sqrt{x_2} + \cdots + \sqrt{x_n}}{\sqrt{n-1}}$$

(14.7)

证法一 设 $x_1 \leqslant x_2 \leqslant \cdots \leqslant x_n$. 易知式(14.7)左边为顺序和,记为 S. 则

$$S \geqslant \frac{x_2}{\sqrt{1-x_1}} + \frac{x_3}{\sqrt{1-x_2}} + \cdots + \frac{x_1}{\sqrt{1-x_n}}$$

$$S \geqslant \frac{x_3}{\sqrt{1-x_1}} + \frac{x_4}{\sqrt{1-x_2}} + \cdots + \frac{x_2}{\sqrt{1-x_n}}$$

$$\vdots$$

$$S \geqslant \frac{x_n}{\sqrt{1-x_1}} + \frac{x_1}{\sqrt{1-x_2}} + \cdots + \frac{x_{n-1}}{\sqrt{1-x_n}}$$

将以上 $n-1$ 个不等式相加,按列求和,有

$$(n-1)S \geqslant \frac{1-x_1}{\sqrt{1-x_1}} + \frac{1-x_2}{\sqrt{1-x_2}} + \cdots + \frac{1-x_n}{\sqrt{1-x_n}} =$$

$$\sqrt{1-x_1} + \sqrt{1-x_2} + \cdots + \sqrt{1-x_n}$$

于是,要证式(14.7)只需证明不等式

$$\sqrt{1-x_1} + \sqrt{1-x_2} + \cdots + \sqrt{1-x_n} \geqslant$$

$$\sqrt{n-1}(\sqrt{x_1} + \sqrt{x_2} + \cdots + \sqrt{x_n})$$

(14.8)

这里排序虽未得出最终结果,但已将原不等式转化为较简单且易证的不等式(14.8). 再由算术平均值不大于平方平均值,得

$$\frac{\sqrt{x_2} + \sqrt{x_3} + \cdots + \sqrt{x_n}}{n-1} \leqslant \sqrt{\frac{x_2 + x_3 + \cdots + x_n}{n-1}} = \sqrt{\frac{1-x_1}{n-1}}$$

即

$$\sqrt{x_2} + \sqrt{x_3} + \cdots + \sqrt{x_n} \leqslant \sqrt{n-1} \cdot \sqrt{1-x_1}$$

$$\sqrt{x_1} + \sqrt{x_3} + \cdots + \sqrt{x_n} \leqslant \sqrt{n-1} \cdot \sqrt{1-x_2}$$

第 14 章　排序不等式

$$\vdots$$

$$\sqrt{x_1}+\sqrt{x_2}+\cdots+\sqrt{x_{n-1}}\leqslant\sqrt{n-1}\cdot\sqrt{1-x_n}$$

将上面 n 个不等式相加，即得式(14.8)，从而证明了原不等式．

证法二　由于在 $\dfrac{x_i}{\sqrt{1-x_i}}$ 中，x_i 越大，$\dfrac{1}{\sqrt{1-x_i}}$ 越大，由排序不等式得

$$\sum_{i=1}^{n}\frac{x_i}{\sqrt{1-x_i}}\geqslant n\frac{\sum\limits_{i=1}^{n}x_i}{\sum\limits_{i=1}^{n}\sqrt{1-x_i}}=\frac{n}{\sum\limits_{i=1}^{n}\sqrt{1-x_i}}$$

只要证明 $n\sqrt{n-1}\geqslant\sum\limits_{i=1}^{n}\sqrt{1-x_i}\cdot\sum\limits_{i=1}^{n}\sqrt{x_i}$ 即可．

由柯西不等式

$$\Big(\sum_{i=1}^{n}\sqrt{1-x_i}\Big)^2\leqslant n\sum_{i=1}^{n}(1-x_i)=n\Big(n-\sum_{i=1}^{n}x_i\Big)=n(n-1)$$

$$\Big(\sum_{i=1}^{n}\sqrt{x_i}\Big)^2\leqslant n\sum_{i=1}^{n}x_i=n$$

从而

$$\sum_{i=1}^{n}\sqrt{1-x_i}\cdot\sum_{i=1}^{n}\sqrt{x_i}\leqslant\sqrt{n^2(n-1)}=n\sqrt{n-1}$$

从而原不等式成立．

例 15　（2007 年中国国家集训队考试题）设正实数 $a_1,a_2,\cdots,a_n$ 满足 $a_1+a_2+\cdots+a_n=1$，求证

$$(a_1a_2+a_2a_3+\cdots+a_na_1)\Big(\frac{a_1}{a_2^2+a_2}+\frac{a_2}{a_3^2+a_3}+\cdots+\frac{a_n}{a_1^2+a_1}\Big)\geqslant\frac{n}{n+1}$$

证明　①若 $a_1a_2+a_2a_3+\cdots+a_na_1\geqslant\dfrac{1}{n}$，由于 $a_1,a_2,\cdots,a_n$ 是正实数，所以 $a_1,a_2,\cdots,a_n$ 与 $\dfrac{1}{a_1^2+a_1},\dfrac{1}{a_2^2+a_2},\cdots,\dfrac{1}{a_n^2+a_n}$ 反序．由排序不等式和柯西不等式得

$$\frac{a_1}{a_2^2+a_2}+\frac{a_2}{a_3^2+a_3}+\cdots+\frac{a_n}{a_1^2+a_1}\geqslant$$

135

Cauchy 不等式. 下

$$\frac{a_1}{a_1^2+a_1}+\frac{a_2}{a_2^2+a_2}+\cdots+\frac{a_n}{a_n^2+a_n}=$$

$$\frac{1}{1+a_1}+\frac{1}{1+a_2}+\cdots+\frac{1}{1+a_n}\geqslant$$

$$\frac{(1+1+\cdots+1)^2}{(1+a_1)+(1+a_2)+\cdots+(1+a_n)}=$$

$$\frac{n^2}{n+1}$$

所以

$$(a_1a_2+a_2a_3+\cdots+a_na_1)\left(\frac{a_1}{a_2^2+a_2}+\frac{a_2}{a_3^2+a_3}+\cdots+\frac{a_n}{a_1^2+a_1}\right)\geqslant\frac{n}{n+1}$$

② 若 $a_1a_2+a_2a_3+\cdots+a_na_1<\frac{1}{n}$,记 $a_{n+1}=a_1$,则由排序不等式和柯西不等式得

原不等式左边 $=$

$$\sum_{1\leqslant i,j\leqslant n}a_ia_{i+1}\cdot\frac{a_j}{a_{j+1}^2+a_{j+1}}=$$

$$\frac{1}{2}\sum_{1\leqslant i,j\leqslant n}\left(a_ia_{i+1}\frac{a_j}{a_{j+1}^2+a_{j+1}}+a_ja_{j+1}\frac{a_i}{a_{i+1}^2+a_{i+1}}\right)=$$

$$\frac{1}{2}\sum_{1\leqslant i,j\leqslant n}a_ia_j\left(\frac{a_{i+1}}{a_{j+1}^2+a_{j+1}}+\frac{a_{j+1}}{a_{i+1}^2+a_{i+1}}\right)\geqslant$$

$$\left(a_{i+1},a_{j+1}\ \text{与}\ \frac{1}{a_{i+1}^2+a_{i+1}},\frac{1}{a_{j+1}^2+a_{j+1}}\ \text{反序}\right)$$

$$\frac{1}{2}\sum_{1\leqslant i,j\leqslant n}a_ia_j\left(\frac{a_{i+1}}{a_{i+1}^2+a_{i+1}}+\frac{a_{j+1}}{a_{j+1}^2+a_{j+1}}\right)=$$

$$\frac{1}{2}\sum_{1\leqslant i,j\leqslant n}a_ia_j\left(\frac{1}{a_{i+1}+1}+\frac{1}{a_{j+1}+1}\right)=$$

$$\sum_{1\leqslant i,j\leqslant n}a_ia_j\cdot\frac{1}{a_{i+1}+1}=\sum_{i=1}^n\frac{a_i}{a_{i+1}+1}\cdot\sum_{i=1}^n a_i\geqslant$$

$$\frac{\left(\sum_{i=1}^n a_i\right)^2}{\sum_{i=1}^n a_ia_{i+1}+\sum_{i=1}^n a_i}=\frac{1}{\sum_{i=1}^n a_ia_{i+1}+1}\geqslant$$

$$\frac{1}{\frac{1}{n}+1}=\frac{n}{n+1}$$

第 14 章 排序不等式

例 16 设 $a,b,c \in \mathbf{R}_+$,且 $a+b+c=1$.证明

$$\frac{a}{\sqrt{b^2+c}}+\frac{b}{\sqrt{c^2+a}}+\frac{c}{\sqrt{a^2+b}} \geqslant \frac{3}{2} \qquad (14.9)$$

证明 由柯西不等式得

$$\left(\sum \frac{b}{\sqrt{c^2+a}}\right)\sum b\sqrt{c^2+a} \geqslant \left(\sum a\right)^2$$

因此,要证不等式(14.9)只需证明

$$\sum b\sqrt{c^2+a} \leqslant \frac{2}{3}\left(\sum a\right)^2 \qquad (14.10)$$

由

$$\sum b\sqrt{c^2+a} = \sum \sqrt{b \cdot b(c^2+a)} \leqslant$$
$$\sqrt{\left(\sum a\right)\sum b(c^2+a)}$$

则只需证明

$$\sqrt{\left(\sum a\right)\sum b(c^2+a)} \leqslant \frac{2}{3}\left(\sum a\right)^2$$

即

$$9\sum b(c^2+a) \leqslant 4\left(\sum a\right)^3 \qquad (14.11)$$

由均值不等式得

$$a^2b+b^2c+c^2a \geqslant 3abc \Rightarrow a^2b+b^2c+c^2a-3abc \geqslant 0$$

由排序不等式得

$$a^3+b^3+c^3 \geqslant ab^2+bc^2+ca^2 \Rightarrow$$
$$a^3+b^3+c^3-(ab^2+bc^2+ca^2) \geqslant 0$$

故

$$4\left(\sum a\right)^3 - 9\sum b(c^2+a) =$$
$$4\left(\sum a\right)^3 - 9\sum b[c^2+a(a+b+c)] =$$
$$4\left[\sum a^3 + 3\sum a^2(b+c) + 6abc\right] -$$
$$9\left[\sum a^2(b+c) + a^2c + b^2a + c^2b + 3abc\right] =$$
$$4\sum a^3 + 3(a^2b+b^2c+c^2a) - 6(a^2c+b^2a+c^2b) - 3abc =$$
$$(a^2b+b^2c+c^2a-3abc) + 2[a(a-c)^2 +$$
$$b(b-a)^2 + c(c-b)^2] + 2[(a^3+b^3+c^3) -$$

Cauchy 不等式. 下

$$(ab^2 + bc^2 + ca^2)] \geqslant 0$$

因此,不等式(14.11)成立. 从而,不等式(14.9)成立.

例 17 设 $a, b, c \in \mathbf{R}_+$,求证

$$\frac{a}{\sqrt{a+b}} + \frac{b}{\sqrt{b+c}} + \frac{c}{\sqrt{c+a}} \geqslant \frac{\sqrt{a}+\sqrt{b}+\sqrt{c}}{\sqrt{2}} \quad (14.12)$$

当且仅当 $a=b=c$ 时,式(14.12)取等号.

证明 因为

$$2\left(\frac{a}{\sqrt{a+b}} + \frac{b}{\sqrt{b+c}} + \frac{c}{\sqrt{c+a}}\right)^2 - (\sqrt{a}+\sqrt{b}+\sqrt{c})^2 =$$

$$2\sum \frac{a^2}{a+b} + 4\sum \frac{ab}{\sqrt{a+b} \cdot \sqrt{b+c}} - \sum a - 2\sum \sqrt{bc} =$$

$$\sum \frac{a^2+b^2}{a+b} + \sum \frac{a^2-b^2}{a+b} + 4\sum \frac{ab}{\sqrt{a+b} \cdot \sqrt{b+c}} - \sum a - 2\sum \sqrt{bc} =$$

$$\sum \frac{a^2+b^2}{a+b} + 4\sum \frac{ab}{\sqrt{a+b} \cdot \sqrt{b+c}} - \sum a - 2\sum \sqrt{bc} =$$

$$4\sum \frac{ab}{\sqrt{a+b} \cdot \sqrt{b+c}} - \sum \frac{(a+b+4\sqrt{ab})(a+b) - 2(a^2+b^2)}{2(a+b)} =$$

$$4\sum \frac{ab}{\sqrt{a+b} \cdot \sqrt{b+c}} - \sum \frac{-a^2-b^2+4a\sqrt{ab}+4b\sqrt{ab}+2ab}{2(a+b)} =$$

$$4\sum \frac{ab}{\sqrt{a+b} \cdot \sqrt{b+c}} - \sum \frac{8ab - (\sqrt{a}-\sqrt{b})^4}{2(a+b)} \geqslant$$

$$4\left[\sum \frac{ab}{\sqrt{a+b} \cdot \sqrt{b+c}} - \sum \frac{ab}{a+b}\right]$$

因此,要证式(14.12)只需证

$$\sum \frac{ab}{\sqrt{a+b} \cdot \sqrt{b+c}} - \sum \frac{ab}{a+b} \geqslant 0$$

不妨设 $a \geqslant b \geqslant c$,则

$$\frac{ab}{\sqrt{a+b}} \geqslant \frac{ca}{\sqrt{c+a}} \geqslant \frac{bc}{\sqrt{b+c}}$$

$$\frac{1}{\sqrt{a+b}} \leqslant \frac{1}{\sqrt{c+a}} \leqslant \frac{1}{\sqrt{b+c}}$$

根据排序不等式,有

$$\sum \frac{ab}{\sqrt{a+b} \cdot \sqrt{b+c}} \geqslant \sum \frac{ab}{a+b}$$

138

第14章 排序不等式

因此，$\sum \dfrac{ab}{\sqrt{a+b} \cdot \sqrt{b+c}} - \sum \dfrac{ab}{a+b} \geqslant 0$，即得式(14.12)．

例 18 设 x, y, z 是非负实数，则

$$\dfrac{xy}{\sqrt{xy+yz}} + \dfrac{yz}{\sqrt{yz+zx}} + \dfrac{zx}{\sqrt{zx+xy}} \leqslant$$

$$\dfrac{3\sqrt{3}}{4} \cdot \sqrt{\dfrac{(y+z)(z+x)(x+y)}{x+y+z}} \tag{14.13}$$

设 $x+y+z=1$，则式(14.13)等价于

$$f = \sqrt{\dfrac{x}{(z+x)(x+y)} \cdot \dfrac{xy}{(y+z)(z+x)}} +$$

$$\sqrt{\dfrac{y}{(x+y)(y+z)} \cdot \dfrac{yz}{(z+x)(x+y)}} +$$

$$\sqrt{\dfrac{z}{(y+z)(z+x)} \cdot \dfrac{zx}{(x+y)(y+z)}} \leqslant \dfrac{3\sqrt{3}}{4}$$

由于 f 关于 x, y, z 轮换对称，不妨设 $x = \min\{x, y, z\}$．只需分 $x \leqslant y \leqslant z$ 和 $x \leqslant z \leqslant y$ 两种情况证明．由于两种情况的证明本质上完全相同，故只证第一种情况．

由

$$x \leqslant y \leqslant z \Rightarrow xy \leqslant zx \leqslant yz$$
$$(y+z)(z+x) \geqslant (y+z)(x+y) \geqslant (x+y)(z+x)$$

故

$$\dfrac{xy}{(y+z)(z+x)} \leqslant \dfrac{zx}{(x+y)(y+z)} \leqslant \dfrac{yz}{(z+x)(x+y)} \tag{14.14}$$

又由

$$x(y+z) \leqslant y(z+x) \leqslant z(x+y) \Rightarrow$$

$$\dfrac{x}{(z+x)(x+y)} \leqslant$$

$$\dfrac{y}{(x+y)(y+z)} \leqslant$$

$$\dfrac{z}{(y+z)(z+x)} \tag{14.15}$$

由式(14.14),(14.15)及排序不等式知

$$f \leqslant \sqrt{\dfrac{x^2 y}{(x+y)(z+x)^2(y+z)}} + \sqrt{\dfrac{xyz}{(x+y)^2(y+z)^2}} +$$

139

Cauchy不等式. 下

$$\sqrt{\frac{yz^2}{(z+x)^2(x+y)(y+z)}} \leqslant$$

$$\sqrt{\frac{xyz}{(x+y)^2(y+z)^2}} + \sqrt{\frac{y}{(x+y)(y+z)}} \leqslant$$

$$\sqrt{3\left[\frac{xyz}{(x+y)^2(y+z)^2} + \frac{y}{4(x+y)(y+z)} + \frac{y}{4(x+y)(y+z)}\right]}$$

因此,要证 $f \leqslant \dfrac{3\sqrt{3}}{4}$,只需证

$$\frac{xyz}{(x+y)^2(y+z)^2} + \frac{y}{2(x+y)(y+z)} \leqslant \frac{9}{16} \Leftrightarrow$$
$$16xyz + 8y(x+y)(y+z) \leqslant 9(x+y)^2(y+z)^2 \Leftrightarrow$$
$$16xyz + 8y(y+zx) \leqslant 9(y+zx)^2 \Leftrightarrow$$
$$9z^2x^2 + y^2 \geqslant 6xyz \Leftrightarrow (3xz-y)^2 \geqslant 0$$

因此,不等式(14.13)成立.

5. 排序原理 I 的推广

作为排序原理 I 的推广,我们有:

排序原理 II　设有两组正数:

(1) $a_1 \leqslant a_2 \leqslant \cdots \leqslant a_n$;

(2) $b_1 \leqslant b_2 \leqslant \cdots \leqslant b_n$.

(1)与(2)一对一地作幂 $a_i^{b_j}$,然后相乘,则同序时的积最大,倒序时的积最小. 即

$$a_1^{b_1} \cdot a_2^{b_2} \cdots a_n^{b_n} \geqslant a_1^{b_{i_1}} \cdot a_2^{b_{i_2}} \cdots a_n^{b_{i_n}} \geqslant a_1^{b_n} \cdot a_2^{b_{n-1}} \cdots a_n^{b_1}$$

其中 $i_1, i_2, \cdots, i_n$ 是 $1, 2, \cdots, n$ 的一个排列.

证明　由条件显然有 $\ln a_1 \leqslant \ln a_2 \leqslant \cdots \leqslant \ln a_n$,又 $b_1 \leqslant b_2 \leqslant \cdots \leqslant b_n$,由排序原理 I,知

$$b_1 \ln a_1 + b_2 \ln a_2 + \cdots + b_n \ln a_n \geqslant$$
$$b_{i_1} \ln a_1 + b_{i_2} \ln a_2 + \cdots + b_{i_n} \ln a_n \geqslant$$
$$b_n \ln a_1 + b_{n-1} \ln a_2 + \cdots + b_1 \ln a_n$$

即

$$a_1^{b_1} \cdot a_2^{b_2} \cdots a_n^{b_n} \geqslant a_1^{b_{i_1}} \cdot a_2^{b_{i_2}} \cdots a_n^{b_{i_n}} \geqslant a_1^{b_n} \cdot a_2^{b_{n-1}} \cdots a_n^{b_1}$$

等号当且仅当 $a_1 = a_2 = \cdots = a_n$ 或 $b_1 = b_2 = \cdots = b_n$ 时成立.

排序原理 III　设有 m 组非负数

$$a_{k1} \leqslant a_{k2} \leqslant \cdots \leqslant a_{kn} \quad (k=1, 2, \cdots, m)$$

第 14 章 排序不等式

从每组中取出一数相乘,再从剩下的数中每组取出一个数相乘,如此进行下去,一直到 n 次取完为止,然后相加,所得诸和中以

$$a_{11}a_{21}\cdots a_{m1} + a_{12}a_{22}\cdots a_{m2} + \cdots + a_{1n}a_{2n}\cdots a_{mn}$$

为最大.

证明 考虑两项

$$a_{1i_1} \cdot a_{2i_2} \cdot \cdots \cdot a_{mi_m} \ 与\ a_{1j_1} \cdot a_{2j_2} \cdot \cdots \cdot a_{mj_m}$$

不妨设 $a_{1i_1} \leqslant a_{1j_1}, a_{2i_2} \leqslant a_{2j_2}, \cdots, a_{ki_k} \leqslant a_{kj_k}, a_{k+1,i_{k+1}} \geqslant a_{k+1,j_{k+1}}, \cdots, a_{mi_m} \geqslant a_{mj_m}$,于是

$$a_{1i_1} \cdot a_{2i_2} \cdot \cdots \cdot a_{ki_k} \leqslant a_{1j_1} \cdot a_{2j_2} \cdot \cdots \cdot a_{kj_k}$$
$$a_{k+1,i_{k+1}} \cdot \cdots \cdot a_{mi_m} \geqslant a_{k+1,j_{k+1}} \cdot \cdots \cdot a_{mj_m}$$

由排序原理 I,有

$$a_{1i_1} \cdot a_{2i_2} \cdot \cdots \cdot a_{ki_k} \cdot a_{k+1,j_{k+1}} \cdot \cdots \cdot a_{mj_m} + a_{1j_1} \cdot a_{2j_2} \cdot \cdots \cdot a_{kj_k} \cdot a_{k+1,i_{k+1}} \cdot \cdots \cdot a_{mi_m} \geqslant a_{1i_1} \cdot a_{2i_2} \cdot \cdots \cdot a_{mi_m} + a_{1j_1} \cdot a_{2j_2} \cdot \cdots \cdot a_{mj_m}$$

即在此两项中把倒序改为同序后和不减少,经有限次改变后必可使 n 项中任何两项均无倒序,此和变为 $a_{11}a_{21}\cdots a_{m1} + a_{12}a_{22}\cdots a_{m2} + \cdots + a_{1n}a_{2n}\cdots a_{mn}$.因若不然,则必还有两项有倒序存在.又每次改变和不减少,所以

$$a_{11}a_{21}\cdots a_{m1} + a_{12}a_{22}\cdots a_{m2} + \cdots + a_{1n}a_{2n}\cdots a_{mn}$$

为最大.

排序原理 IV 设有两组非负数:

(1) $a_1 \leqslant a_2 \leqslant \cdots \leqslant a_n$;

(2) $b_1 \leqslant b_2 \leqslant \cdots \leqslant b_n$.

$a_{i_1}, a_{i_2}, \cdots, a_{i_n}$ 是 $a_1, a_2, \cdots, a_n$ 的任一排列,则

$$(a_1 + b_1)(a_2 + b_2)\cdots(a_n + b_n) \leqslant$$
$$(a_{i_1} + b_1)(a_{i_2} + b_2)\cdots(a_{i_n} + b_n) \leqslant$$
$$(a_n + b_1)(a_{n-1} + b_2)\cdots(a_1 + b_n)$$

证明 若 $a_i \leqslant a_j, b_i \leqslant b_j$,则

$$(a_i + b_j)(a_j + b_i) - (a_i + b_i)(a_j + b_j) = (a_j - a_i)(b_j - b_i) \geqslant 0$$

可见在 i 和 j 的两个位置上将倒序改为同序乘积不增大,由此即可证得排序原理 IV.

排序原理 V 设有 m 组非负数

Cauchy 不等式. 下

$$a_{k1} \leqslant a_{k2} \leqslant \cdots \leqslant a_{kn} \quad (k=1,2,\cdots,m)$$

从每组中取出一数相加,再从剩下的数中每组取出一数相加,如此进行下去,直到 n 次取完为止,然后相乘,所得诸乘积中,以

$$(a_{11}+a_{21}+\cdots+a_{m1}) \cdot (a_{12}+a_{22}+\cdots+a_{m2}) \cdot \cdots \cdot (a_{1n}+a_{2n}+\cdots+a_{mn}) \tag{14.16}$$

为最小.

证明 考虑 $(a_{1i_1}+a_{2i_2}+\cdots+a_{mi_m})$ 与 $(a_{1j_1}+a_{2j_2}+\cdots+a_{mj_m})$,不妨设 $a_{1i_1} \leqslant a_{1j_1}, a_{2i_2} \leqslant a_{2j_2}, \cdots, a_{ki_k} \leqslant a_{kj_k}, a_{k+1,i_{k+1}} \geqslant a_{k+1,j_{k+1}}, \cdots, a_{mi_m} \geqslant a_{mj_m}$,于是

$$a_{1i_1}+a_{2i_2}+\cdots+a_{ki_k} \leqslant a_{1j_1}+a_{2j_2}+\cdots+a_{kj_k}$$
$$a_{k+1,i_{k+1}}+\cdots+a_{mi_m} \geqslant a_{k+1,j_{k+1}}+\cdots+a_{mj_m}$$

由原理 IV,则

$$(a_{1i_1}+a_{2i_2}+\cdots+a_{ki_k}+a_{k+1,j_{k+1}}+\cdots+a_{mj_m}) \cdot$$
$$(a_{1j_1}+a_{2j_2}+\cdots+a_{kj_k}+a_{k+1,i_{k+1}}+\cdots+a_{mi_m}) \leqslant$$
$$(a_{1i_1}+a_{2i_2}+\cdots+a_{mi_m})(a_{1j_1}+a_{2j_2}+\cdots+a_{mj_m})$$

可见,在此两因子中把倒序改为同序后乘积不增大,经过有限次改变后必可使 n 个因子中任意两因子均无倒序,此乘积变为所要证的结论,因若不然,必有两因子有倒序存在. 又每次改变乘积不增大,故式 (14.16) 为最小.

为了讨论下面的乘幂形式的排序原理,我们先来看两个命题.

命题 1 若 $a,b \in \mathbf{R}$,且 $e<a<b$,其中 e 是自然对数的底,记 $x_1^{x_2}=[x_1,x_2]$,求证

$$[a,b]>[b,a]$$

证明 因为当 $x \geqslant e$ 时,函数 $y=\dfrac{\ln x}{x}$ 是减函数,所以当 $e<a<b$ 时,有 $\dfrac{\ln a}{a}>\dfrac{\ln b}{b}$,即 $[a,b]>[b,a]$.

命题 2 若 $a,b,c \in \mathbf{R}$,且 $e<a<b<c$,记 $x_1^{x_2^{x_3}}=[x_1,x_2,x_3]$,求证: $[a,b,c]>[c,b,a]$.

证明 由题设及命题 1,由 $[b,c]>[c,b]$,有 $[a,b^c]>[a,c^b]$,即 $[a,b,c]>[a,c,b]$;

第14章 排序不等式

由 $[a,b]>[b,a]$,有 $[c,a,b]>[c,b,a]$;

由 $[a,b]<[c,b]$,有 $[a^b,c^b]>[c^b,a^b]$,亦有 $[a,c^b]>[c,a^b]$,即 $[a,c,b]>[c,a,b]$。

故 $[a,b,c]>[a,c,b]>[c,a,b]>[c,b,a]$。

排序原理Ⅵ 若正实数 $a_i (i=1,2,\cdots,n,n\geqslant 2)$ 满足 $a<a_1<a_2<\cdots<a_n$。集合 $S=\{[a_{i_1},a_{i_2},\cdots,a_{i_n}] | a_{i_1},a_{i_2},\cdots,a_{i_n}$ 为 $a_1,a_2,\cdots,a_n$ 的一个排列$\}$ 中,元素的值以 $[a_1,a_2,\cdots,a_n]$ 为最大(顺序幂最大);以 $[a_n,a_{n-1},\cdots,a_1]$ 为最小(逆序幂最小)。其中

$$x_1^{x_2^{\cdots^{x_n}}}=[x_1,x_2,\cdots,x_n]$$

证明 由命题2易得

$$[a_{i_1},a_{i_2},\cdots,a_{i_k},a_{i_{k+1}},\cdots,a_{i_n}]>$$
$$[a_{i_1},a_{i_2},\cdots,a_{i_{k-1}},a_{i_{k+1}},a_{i_k},a_{i_{k+2}},\cdots,a_{i_n}]$$

其中 $a_{i_k}<a_{i_{k+1}}$ ($i=1,2,\cdots,n-1$),也就是说,当 $[a_{i_1},a_{i_2},\cdots,a_{i_n}]$ 中的相邻两数左小右大时,对调这两数,便使得整个乘幂的值减小。既然如此,我们总可以将 $[a_{i_1},a_{i_2},\cdots,a_{i_n}]$ 中最小的数 a_1 通过与相邻数对调而一步步挪到最右,同时使整个乘幂的值不断减小。同时,我们继续挪动 $a_2,a_3,\cdots,a_n$ 终于得到

$$[a_{i_1},a_{i_2},\cdots,a_{i_n}]\geqslant[a_n,a_{n-1},\cdots,a_1]$$

上式中等号当且仅当 $a_{i_1}=a_n,\cdots,a_{i_n}=a_1$ 时成立。类似可证

$$[a_{i_1},a_{i_2},\cdots,a_{i_n}]\leqslant[a_1,a_2,\cdots,a_n]$$

此式等号当且仅当 $a_{i_1}=a_1,\cdots,a_{i_n}=a_n$ 时成立。

运用排序原理Ⅵ,我们可以编写如下有关年号的趣题:

用年号的四个数码构成形如 $a^{b^{c^d}}$ 的数,并使其值最大。(参见(1985年上海市中学数学竞赛试题))

第15章 排序不等式的应用

排序不等式的基本思想是非常简单明了的,就像抽屉原则一样,几乎是人人都懂,但它却是论证不等式的重要工具之一.下面举例予以说明.

例1 (1985年匈牙利数学竞赛试题)假设 $b_1,b_2,\cdots,b_n$ 是正数 $a_1,a_2,\cdots,a_n$ 的某一排列,证明:$\sum_{i=1}^{n}\dfrac{a_i}{b_i}\geqslant n$.

证明 不妨设 $a_1\geqslant a_2\geqslant\cdots\geqslant a_n>0$,则
$$\frac{1}{a_1}\leqslant\frac{1}{a_2}\leqslant\cdots\leqslant\frac{1}{a_n}$$

注意到 $\dfrac{1}{b_1},\dfrac{1}{b_2},\cdots,\dfrac{1}{b_n}$ 是 $\dfrac{1}{a_1},\dfrac{1}{a_2},\cdots,\dfrac{1}{a_n}$ 的一个排列,故由排序原理Ⅰ得
$$n=a_1\cdot\frac{1}{a_1}+a_2\cdot\frac{1}{a_2}+\cdots+a_n\cdot\frac{1}{a_n}\leqslant$$
$$a_1\cdot\frac{1}{b_1}+a_2\cdot\frac{1}{b_2}+\cdots+a_n\cdot\frac{1}{b_n}$$

即
$$\frac{a_1}{b_1}+\frac{a_2}{b_2}+\cdots+\frac{a_n}{b_n}\geqslant n$$

例2 已知 $a,b,c\in\mathbf{R}_+$,求证
$$\frac{b^2c^2+c^2a^2+a^2b^2}{a+b+c}\geqslant abc$$

证明 不妨设 $a\geqslant b\geqslant c>0$,则
$$\frac{1}{a}\leqslant\frac{1}{b}\leqslant\frac{1}{c},bc\leqslant ca\leqslant ab$$

144

第15章 排序不等式的应用

由排序原理 I 得

$$\frac{bc}{a}+\frac{ca}{b}+\frac{ab}{c}\geqslant \frac{bc}{c}+\frac{ca}{a}+\frac{ab}{b}$$

即

$$\frac{b^2c^2+c^2a^2+a^2b^2}{abc}\geqslant a+b+c$$

亦即

$$\frac{b^2c^2+c^2a^2+a^2b^2}{a+b+c}\geqslant abc$$

例3 已知 $a,b,c\in \mathbf{R}_+$，且两两不等，求证

$$2(a^3+b^3+c^3)>a^2(b+c)+b^2(a+c)+c^2(a+b)$$

证明 不妨设 $a>b>c$，则 $a^2>b^2>c^2$，又 $b+c<a+c<a+b$，所以

$$a^2(b+c)+b^2(a+c)+c^2(a+b)<\frac{(a^2+b^2+c^2)(2a+2b+2c)}{3}$$

又 a^2,b^2,c^2 与 a,b,c 同序，所以

$$a^3+b^3+c^3>(a^2+b^2+c^2)\cdot \frac{a+b+c}{3}$$

即

$$2(a^3+b^3+c^3)>\frac{2(a^2+b^2+c^2)(a+b+c)}{3}$$

所以 $2(a^3+b^3+c^3)>a^2(b+c)+b^2(c+a)+c^2(a+b)$

例4 求证

$$\tan\alpha(\cot\beta+\cot\gamma)+\tan\beta(\cot\gamma+\cot\alpha)+\tan\gamma(\cot\alpha+\cot\beta)\geqslant 6$$

证明 不妨设 $\frac{\pi}{2}>\alpha\geqslant\beta\geqslant\gamma>0$，于是 $\tan\alpha\geqslant\tan\beta\geqslant\tan\gamma>0$，且 $\cot\beta+\cot\gamma\geqslant\cot\gamma+\cot\alpha\geqslant\cot\alpha+\cot\beta>0$，由切比雪夫不等式，得

$$\tan\alpha(\cot\beta+\cot\gamma)+\tan\beta(\cot\gamma+\cot\alpha)+\tan\gamma(\cot\alpha+\cot\beta)\geqslant$$

$$(\tan\alpha+\tan\beta+\tan\gamma)\cdot \frac{2(\cot\alpha+\cot\beta+\cot\gamma)}{3}\geqslant$$

$$3\sqrt[3]{\tan\alpha\tan\beta\tan\gamma}\cdot 2\sqrt[3]{\cot\alpha\cot\beta\cot\gamma}=6$$

例5 设 a,b,c 是正实数，求证

$$a+b+c\leqslant \frac{a^2+b^2}{2c}+\frac{b^2+c^2}{2a}+\frac{c^2+a^2}{2b}\leqslant \frac{a^3}{bc}+\frac{b^3}{ca}+\frac{c^3}{ab}$$

证明 由于不等式是关于 a,b,c 对称的，不妨设 $a\geqslant b\geqslant c>0$，于是

$$a^2\geqslant b^2\geqslant c^2, \frac{1}{c}\geqslant \frac{1}{b}\geqslant \frac{1}{a}$$

145

Cauchy 不等式. 下

由排序不等式,得

$$a^2 \cdot \frac{1}{a} + b^2 \cdot \frac{1}{b} + c^2 \cdot \frac{1}{c} \leqslant a^2 \cdot \frac{1}{b} + b^2 \cdot \frac{1}{c} + c^2 \cdot \frac{1}{a}$$

$$a^2 \cdot \frac{1}{a} + b^2 \cdot \frac{1}{b} + c^2 \cdot \frac{1}{c} \leqslant a^2 \cdot \frac{1}{c} + b^2 \cdot \frac{1}{a} + c^2 \cdot \frac{1}{b}$$

将以上两式相加得

$$2(a+b+c) \leqslant \frac{a^2+b^2}{c} + \frac{b^2+c^2}{a} + \frac{c^2+a^2}{b}$$

即

$$a+b+c \leqslant \frac{a^2+b^2}{2c} + \frac{b^2+c^2}{2a} + \frac{c^2+a^2}{2b}$$

为了证明后一个不等式,再考虑数组

$$a^3 \geqslant b^3 \geqslant c^3, \frac{1}{bc} \geqslant \frac{1}{ca} \geqslant \frac{1}{ab}$$

由排序不等式,得

$$a^3 \cdot \frac{1}{bc} + b^3 \cdot \frac{1}{ca} + c^3 \cdot \frac{1}{ab} \geqslant a^3 \cdot \frac{1}{ca} + b^3 \cdot \frac{1}{ab} + c^3 \cdot \frac{1}{bc}$$

$$a^3 \cdot \frac{1}{bc} + b^3 \cdot \frac{1}{ca} + c^3 \cdot \frac{1}{ab} \geqslant a^3 \cdot \frac{1}{ab} + b^3 \cdot \frac{1}{bc} + c^3 \cdot \frac{1}{ca}$$

将以上两个不等式相加再除以 2,得

$$\frac{a^2+b^2}{2c} + \frac{b^2+c^2}{2a} + \frac{c^2+a^2}{2b} \leqslant \frac{a^3}{bc} + \frac{b^3}{ca} + \frac{c^3}{ab}$$

例 6 (1963 年莫斯科数学竞赛试题)已知 $a, b, c > 0$,求证

$$\frac{a}{b+c} + \frac{b}{c+a} + \frac{c}{a+b} \geqslant \frac{3}{2} \qquad (15.1)$$

证明 因为式(15.1)左边是 a, b, c 的轮换对称式,所以不妨设 $a \geqslant b, a \geqslant c$.

若 $a \geqslant b \geqslant c$,则 $a+b \geqslant a+c \geqslant b+c$,由排序原理 I 得

$$\frac{a}{b+c} + \frac{b}{c+a} + \frac{c}{a+b} \geqslant \frac{b}{b+c} + \frac{c}{c+a} + \frac{a}{a+b}$$

$$\frac{a}{b+c} + \frac{b}{c+a} + \frac{c}{a+b} \geqslant \frac{c}{b+c} + \frac{a}{c+a} + \frac{b}{a+b}$$

两式相加即得式(15.1).

若 $a \geqslant c \geqslant b$,则 $a+c \geqslant a+b \geqslant c+b$,以上证明过程仍然成立.

例 7 (1983 年《数学通报》第 7 期问题)已知 $a > 0, b > 0, c > 0$,求证

第15章 排序不等式的应用

$$\frac{1}{a}+\frac{1}{b}+\frac{1}{c} \leqslant \frac{a^8+b^8+c^8}{a^3b^3c^3}$$

证明 不妨设 $a \geqslant b \geqslant c > 0$,则

$$\frac{1}{bc} \geqslant \frac{1}{ca} \geqslant \frac{1}{ab}$$

故

$$\frac{a^8+b^8+c^8}{a^3b^3c^3} = \frac{a^5}{b^3c^3}+\frac{b^5}{c^3a^3}+\frac{c^5}{a^3b^3} \geqslant$$

$$\frac{a^5}{c^3a^3}+\frac{b^5}{a^3b^3}+\frac{c^5}{b^3c^3} =$$

$$\frac{a^2}{c^3}+\frac{b^2}{a^3}+\frac{c^2}{b^3} \geqslant$$

$$\frac{a^2}{a^3}+\frac{b^2}{c^3}+\frac{c^2}{b^3} \geqslant$$

$$\frac{a^2}{a^3}+\frac{b^2}{b^3}+\frac{c^2}{c^3} =$$

$$\frac{1}{a}+\frac{1}{b}+\frac{1}{c}$$

上面证明过程中三次用到了排序原理Ⅰ.

例8 设 $x > 0$,求证

$$1+x+x^2+\cdots+x^{2n} \geqslant (2n+1)x^n$$

证明 正序列 $1, x, x^2, \cdots, x^n$ 与 $1, x, x^2, \cdots, x^n$ 有相同的次序,正序列 $1, x, x^2, \cdots, x^n$ 与 $x^n, x^{n-1}, \cdots, x, 1$ 有相反次序,而序列 $x^n, x^{n-1}, \cdots, x, 1$ 是序列 $1, x, x^2, \cdots, x^n$ 的一个排列.所以

$$1^2+x^2+x^4+\cdots+x^{2n} \geqslant 1 \cdot x^n + x \cdot x^{n-1}+\cdots+x^{n-1} \cdot x+x^n \cdot 1$$

即

$$1+x^2+x^4+\cdots+x^{2n} \geqslant (n+1)x^n \qquad (15.2)$$

又

$$1 \cdot x+x \cdot x^2+\cdots+x^{n-1} \cdot x^n+x^n \cdot 1 \geqslant$$
$$1 \cdot x^n+x \cdot x^{n-1}+\cdots+x^n \cdot 1$$

即

$$x+x^3+\cdots+x^{2n-1}+x^n \geqslant (n+1)x^n$$

亦即

$$x+x^3+\cdots+x^{2n-1} \geqslant nx^n \qquad (15.3)$$

两式(15.2),(15.3)相加,得

$$1+x+x^2+\cdots+x^{2n} \geqslant (2n+1)x^n$$

Cauchy 不等式. 下

例 9 (2012 年甘肃省高中数学竞赛题) 设 a,b,c 为正实数, 且 $a+b+c=1$. 求证

$$(a^2+b^2+c^2)\left(\frac{a}{b+c}+\frac{b}{a+c}+\frac{c}{a+b}\right)\geqslant\frac{1}{2}$$

证明 由排序不等式, 得

$$a^2+b^2+c^2\geqslant ab+bc+ca, a^2+b^2+c^2\geqslant ac+ba+cb$$

两式相加, 得

$$2(a^2+b^2+c^2)\geqslant a(b+c)+b(c+a)+c(a+b)$$

上式两边同时乘以 $\frac{a}{b+c}+\frac{b}{c+a}+\frac{c}{a+b}$, 有

$$2(a^2+b^2+c^2)\left(\frac{a}{b+c}+\frac{b}{c+a}+\frac{c}{a+b}\right)\geqslant$$

$$[a(b+c)+b(c+a)+c(a+b)]\left(\frac{a}{b+c}+\frac{b}{c+a}+\frac{c}{a+b}\right)\geqslant$$

$$(a+b+c)^2=1$$

所以 $(a^2+b^2+c^2)\left(\frac{a}{b+c}+\frac{b}{c+a}+\frac{c}{a+b}\right)\geqslant\frac{1}{2}$.

例 10 (1984 年全国高中数学联赛试题) 设 $x_1,x_2,\cdots,x_n$ 都是正数, 求证

$$\frac{x_1^2}{x_2}+\frac{x_2^2}{x_3}+\cdots+\frac{x_{n-1}^2}{x_n}+\frac{x_n^2}{x_1}\geqslant x_1+x_2+\cdots+x_n$$

证明 考虑到两个正数序列 x_i^2 和 $\frac{1}{x_i}(i=1,2,\cdots,n)$ 有相反的大小次序, 于是对 $\frac{1}{x_i}$ 的一个排列 $\frac{1}{x_2},\frac{1}{x_3},\cdots,\frac{1}{x_n},\frac{1}{x_1}$, 由排序原理 I, 得

$$\frac{x_1^2}{x_2}+\frac{x_2^2}{x_3}+\cdots+\frac{x_{n-1}^2}{x_n}+\frac{x_n^2}{x_1}\geqslant x_1^2\cdot\frac{1}{x_1}+x_2^2\cdot\frac{1}{x_2}+\cdots+x_n^2\cdot\frac{1}{x_n}$$

即

$$\frac{x_1^2}{x_2}+\frac{x_2^2}{x_3}+\cdots+\frac{x_{n-1}^2}{x_n}+\frac{x_n^2}{x_1}\geqslant x_1+x_2+\cdots+x_n$$

利用上述证法, 可得更一般的结论:

设 $x_i(i=1,2,\cdots,n)$ 都是正数, y_i 是 x_i 的任一排列, 且 $\alpha>0,\beta>0$, 那么

$$\frac{x_1^\alpha}{y_1^\beta}+\frac{x_2^\alpha}{y_2^\beta}+\cdots+\frac{x_n^\alpha}{y_n^\beta}\geqslant x_1^{\alpha-\beta}+x_2^{\alpha-\beta}+\cdots+x_n^{\alpha-\beta}$$

第 15 章 排序不等式的应用

例 11 （2005 年第 8 届中国香港数学奥林匹克试题）已知正实数 a,b,c,d 满足 $a+b+c+d=1$. 证明

$$6(a^3+b^3+c^3+d^3) \geqslant (a^2+b^2+c^2+d^2)+\frac{1}{8}$$

证法一 根据幂平均不等式,得

$$\frac{a^3+b^3+c^3+d^3}{4} \geqslant \left(\frac{a+b+c+d}{4}\right)^3 = \frac{1}{64}$$

所以

$$2(a^3+b^3+c^3+d^3) \geqslant \frac{1}{8} \qquad (15.4)$$

由均值不等式,得

$$a^2+b^2+c^2+d^2 \geqslant \frac{1}{4}(a+b+c+d)^2 = \frac{1}{4} \qquad (15.5)$$

由柯西不等式,得

$$a^3+b^3+c^3+d^3 = (a^3+b^3+c^3+d^3)(a+b+c+d) \geqslant (a^2+b^2+c^2+d^2)^2$$

综合式(15.5)得

$$a^3+b^3+c^3+d^3 \geqslant \frac{1}{4}(a^2+b^2+c^2+d^2) \qquad (15.6)$$

结合式(15.4),(15.6),即得所证不等式.

证法二 结论的不等式等价于

$$48(a^3+b^3+c^3+d^3) \geqslant 8(a^2+b^2+c^2+d^2)(a+b+c+d)+(a+b+c+d)^3$$

整理得

$$39(a^3+b^3+c^3+d^3) \geqslant 6(abc+bcd+cda+dab)+11[(a^2b+b^2c+c^2d+d^2a)+(ab^2+bc^2+cd^2+da^2)+(a^2c+b^2d+c^2a+d^2b)]$$

由均值不等式,得

$$\frac{a^3+b^3+c^3}{3} \geqslant abc, \quad \frac{b^3+c^3+d^3}{3} \geqslant bcd$$

$$\frac{c^3+d^3+a^3}{3} \geqslant cda, \quad \frac{d^3+a^3+b^3}{3} \geqslant dab$$

将以上四式相加,得

$$6(a^3+b^3+c^3+d^3) \geqslant 6(abc+bcd+cda+dab)$$

Cauchy 不等式. 下

于是,只需证明
$$33(a^3+b^3+c^3+d^3) \geq 11[(a^2b+b^2c+c^2d+d^2a)+$$
$$(ab^2+bc^2+cd^2+da^2)+$$
$$(a^2c+b^2d+c^2a+d^2b)]$$

不妨设 $a \geq b \geq c \geq d$,则可由排序不等式得到. 其中,等号成立当且仅当 $a=b=c=d=\dfrac{1}{4}$.

例 12 设 $a_1 \geq a_2 \geq \cdots \geq a_n \geq 0$, $b_1 \geq b_2 \geq \cdots \geq b_n \geq 0$, $i_1, i_2, \cdots, i_n$ 及 $j_1, j_2, \cdots, j_n$ 是 $1, 2, \cdots, n$ 的任意两个排列. 求证
$$\sum_{r=1}^{n}\sum_{s=1}^{n} \frac{a_{i_r} \cdot b_{j_s}}{r+s} \leq \sum_{r=1}^{n}\sum_{s=1}^{n} \frac{a_r \cdot b_s}{r+s}$$

证明 由排序原理 Ⅰ,得
$$\sum_{s=1}^{n} \frac{b_{j_s}}{r+s} \leq \sum_{s=1}^{n} \frac{b_s}{r+s}$$

所以
$$\sum_{r=1}^{n}\sum_{s=1}^{n} \frac{a_{i_r} b_{j_s}}{r+s} \leq \sum_{r=1}^{n} a_{i_r} \sum_{s=1}^{n} \frac{b_s}{r+s} = \sum_{s=1}^{n} b_s \sum_{r=1}^{n} \frac{a_{i_r}}{r+s} \leq$$
$$\sum_{s=1}^{n} b_s \sum_{r=1}^{n} \frac{a_r}{r+s} = \sum_{r=1}^{n}\sum_{s=1}^{n} \frac{a_r b_s}{r+s}$$

例 13 如果 $x_1, x_2, \cdots, x_m$ 都是正数,则
$$x_1^n + x_2^n + \cdots + x_m^n \geq \frac{1}{m^{n-1}}(x_1+x_2+\cdots+x_m)^n \quad (m, n \in \mathbf{Z})$$

若 $n>1, m>1$,则当 $x_1=x_2=\cdots=x_m$ 时取等号.

证明 不妨设
$$\left.\begin{array}{c} x_1 \leq x_2 \leq \cdots \leq x_m \\ x_1 \leq x_2 \leq \cdots \leq x_m \\ \vdots \\ x_1 \leq x_2 \leq \cdots \leq x_m \end{array}\right\} n \text{ 组} \qquad (15.7)$$

将每组中取出一数相乘,再从剩下的数中每组取出一数相乘,……,一直到 m 次取完为止,然后相加,设其和为 $\sum\limits_{i=1}^{m} x_{i1} x_{i2} \cdots x_{in}$,由排序原理 Ⅲ 知
$$x_1^n + x_2^n + \cdots + x_m^n \geq \sum_{i=2}^{m} x_{i1} x_{i2} \cdots x_{in} \qquad (15.8)$$

第15章 排序不等式的应用

然而将式(15.7)中每组取一数相乘,共有 m^n 种取法,因而有 m^n 个乘积,故由式(15.7)的对称性知它可组成 m^{n-1} 个形如(15.8)的不等式,相加后易知右边 $=(x_1+x_2+\cdots+x_m)^n$,因而有
$$m^{n-1}(x_1^n+x_2^n+\cdots+x_m^n) \geqslant (x_1+x_2+\cdots+x_m)^n$$
所以 $\quad x_1^n+x_2^n+\cdots+x_m^n \geqslant \dfrac{1}{m^{n-1}}(x_1+x_2+\cdots+x_m)^n$

当且仅当 $x_1=x_2=\cdots=x_m$ 时取等号.

例 14 设 $n\in \mathbf{N}, n\geqslant 2, 0<a_1 \leqslant a_2 \leqslant \cdots \leqslant a_n, r,s,t>0, a_1^t+a_2^t+\cdots+a_n^t=A, a_1^r a_2^s + a_2^r a_3^s + \cdots + a_n^r a_1^s = B$,则
$$\sum_{i=1}^n \frac{a_i^{r+s+t}}{A-a_i^t} \geqslant \frac{B}{n-1} \quad (15.9)$$
等号成立的充要条件是 $a_1=a_n$.

证明 令 $b_i=\dfrac{a_i^{r+s}}{A-a_i^t}, i=1,2,\cdots,n$,则
$$b_1 \leqslant b_2 \leqslant \cdots \leqslant b_n$$
又 $a_1^t \leqslant a_2^t \leqslant \cdots \leqslant a_n^t$,由排序原理 I 得
$$\sum_{i=1}^n a_i^t b_i \geqslant \sum_{i=1}^n a_i^t b_{i+j} \quad (j=1,2,\cdots,n-1) \quad (15.10)$$
($k>n$ 时,约定 $b_k=b_{k-n}$),将式(15.10)中各式相加得
$$(n-1)C \geqslant \sum_{i=1}^n (A-a_i^t)b_i = \sum_{i=1}^n a_i^{r+s} \quad (15.11)$$
其中 C 表示式(15.9)左边.因为
$$a_1^r \leqslant a_2^r \leqslant \cdots \leqslant a_n^r, a_1^s \leqslant a_2^s \leqslant \cdots \leqslant a_n^s$$
所以
$$\sum_{i=1}^n a_i^{r+s} = \sum_{i=1}^n a_i^r \cdot a_i^s \geqslant a_1^r a_2^s + a_2^r a_3^s + \cdots + a_n^r a_1^s = B$$
将上式代入式(15.11)得 $C \geqslant \dfrac{B}{n-1}$,此即式(15.9).

本题有很多重要的推论,例如若 $0<a\leqslant b\leqslant c\leqslant d$,有
$$\frac{a^3}{b+c+d}+\frac{b^3}{c+d+a}+\frac{c^3}{d+a+b}+\frac{d^3}{a+b+c} \geqslant \frac{ab+bc+cd+da}{3}$$

例 15 (1961年第 3 届 IMO 试题)若 a,b,c 表示 $\triangle ABC$ 三条边的长度,S 表示其面积,则 $a^2+b^2+c^2 \geqslant 4\sqrt{3}S$.

Cauchy 不等式. 下

证明 因为 b^2, c^2, a^2 是 a^2, b^2, c^2 的一个排列,所以由排序原理 I 的推论,得

$$a^2b^2 + b^2c^2 + c^2a^2 \leqslant a^4 + b^4 + c^4$$

所以

$$(a^2+b^2+c^2)^2 = a^4+b^4+c^4+2a^2b^2+2b^2c^2+2c^2a^2 \geqslant 3(a^2b^2+b^2c^2+c^2a^2)$$

所以
$$\frac{a^2b^2+b^2c^2+c^2a^2}{(a^2+b^2+c^2)^2} \leqslant \frac{1}{3}$$

因为 $S = \sqrt{p(p-a)(p-b)(p-c)}$

其中 $p = \dfrac{a+b+c}{2}$

所以

$$S = \frac{1}{4}(a^2+b^2+c^2)\sqrt{\frac{4(a^2b^2+b^2c^2+c^2a^2)}{(a^2+b^2+c^2)^2}-1} \leqslant$$

$$\frac{1}{4}(a^2+b^2+c^2)\sqrt{\frac{4}{3}-1} = \frac{1}{4\sqrt{3}}(a^2+b^2+c^2)$$

所以
$$a^2+b^2+c^2 \geqslant 4\sqrt{3}\,S$$

当且仅当 $a^2 = b^2 = c^2$ 即 $a = b = c$ 时,等号成立.

例 16 (1964 年第 6 届 IMO 试题)设 a, b, c 为某一三角形三条边长,求证

$$a^2(b+c-a) + b^2(c+a-b) + c^2(a+b-c) \leqslant 3abc$$

证明 不妨设

$$a \geqslant b \geqslant c \tag{15.12}$$

则

$$c(a+b-c) - b(a+c-b) = ac+bc-c^2-ab-bc+b^2 =$$
$$b^2-c^2+ac-ab =$$
$$(b+c)(b-c) - a(b-c) =$$
$$(b-c)(b+c-a) \geqslant 0$$

(因为 $b-c \geqslant 0, b+c-a > 0$)

即
$$c(a+b-c) \geqslant b(a+c-b)$$

同理可证

即
$$b(a+c-b) \geqslant a(b+c-a)$$

第15章 排序不等式的应用

$$c(a+b-c) \geqslant b(a+c-b) \geqslant a(b+c-a) \quad (15.13)$$

由式(15.12),(15.13)及排序原理 I,得

$$a^2(b+c-a)+b^2(c+a-b)+c^2(a+b-c) \leqslant$$
$$ab(b+c-a)+bc(c+a-b)+ca(a+b-c)=$$
$$3abc+ab(b-a)+bc(c-b)+ca(a-c)$$
$$a^2(b+c-a)+b^2(c+a-b)+c^2(a+b-c) \leqslant$$
$$ac(b+c-a)+ab(c+a-b)+bc(a+b-c)=$$
$$3abc+ab(a-b)+bc(b-c)+ca(c-a)$$

两式相加再除以 2 即得证.

例 17 (1982 年第 24 届 IMO 试题)设 a,b,c 是三角形的边长,求证

$$a^2b(a-b)+b^2c(b-c)+c^2a(c-a) \geqslant 0$$

证明 设 $a \geqslant b \geqslant c$,由例 16 的证法知

$$a(b+c-a) \leqslant b(c+a-b) \leqslant c(a+b-c)$$

但

$$\frac{1}{a} \leqslant \frac{1}{b} \leqslant \frac{1}{c}$$

故由排序定理 I,得

$$\frac{a}{c}(b+c-a)+\frac{b}{a}(c+a-b)+\frac{c}{b}(a+b-c) \leqslant$$
$$\frac{a}{a}(b+c-a)+\frac{b}{b}(c+a-b)+\frac{c}{c}(a+b-c)=a+b+c$$

所以

$$a^2b(b+c-a)+b^2c(c+a-b)+c^2a(a+b-c) \leqslant$$
$$a^2bc+b^2ca+c^2ab$$

移项即得

$$a^2b(a-b)+b^2c(b-c)+c^2a(c-a) \geqslant 0$$

若 $a \geqslant c \geqslant b$,同理可证.

例 18 (1992 年加拿大数学奥林匹克试题)设 $x,y,z \geqslant 0$,求证

$$x(x-z)^2+y(y-z)^2 \geqslant (x-z)(y-z)(x+y-z)$$

并确定何时等号成立.

证明 因为

$$x(x-z)^2+y(y-z)^2-(x-z)(y-z)(x+y-z)=$$
$$x^3-2x^2z+xz^2+y^3-2y^2z+yz^2-x^2y-xy^2+xyz+$$

153

Cauchy 不等式. 下

$$x^2z + xyz - xz^2 + xyz + y^2z - yz^2 - z^2(x+y-z) =$$
$$(x^3 - x^2z - x^2y) + (y^3 - y^2z - xy^2) + 3xyz - z^2(x+y-z) =$$
$$-x^2(y+z-x) - y^2(x+z-y) - z^2(x+y-z) + 3xyz$$

要证原不等式成立,仅需证明
$$x^2(y+z-x) + y^2(x+z-y) + z^2(x+y-z) - 3xyz \leqslant 0$$

因为该不等式是对称不等式,不妨设 $x \geqslant y \geqslant z$. 由于
$$x(y+z-x) - y(z+x-y) =$$
$$xy + xz - x^2 - yz - yx + y^2 =$$
$$z(x-y) + (y^2 - x^2) = (y-x)(y+x-z) \leqslant 0$$

同理 $\quad y(z+x-y) - z(x+y-z) \leqslant 0$

所以 $\quad x(y+z-x) \leqslant y(z+x-y) \leqslant z(x+y-z)$

由排序原理 I 得
$$x^2(y+z-x) + y^2(z+x-y) + z^2(x+y-z) \leqslant$$
$$xy(y+z-x) + yz(z+x-y) + zx(x+y-z) =$$
$$3xyz + xy(y-x) + yz(z-y) + xz(x-z) \qquad (15.14)$$
$$x^2(y+z-x) + y^2(z+x-y) + z^2(x+y-z) \leqslant$$
$$xz(y+z-x) + xy(z+x-y) + yz(x+y-z) =$$
$$3xyz + xy(x-y) + yz(y-z) + xz(z-x) \qquad (15.15)$$

两式 (15.14),(15.15) 相加,得
$$2[x^2(y+z-x) + y^2(x+z-y) + z^2(x+y-z)] \leqslant 6xyz$$

即
$$x^2(y+z-x) + y^2(x+z-y) + z^2(x+y-z) - 3xyz \leqslant 0$$

由排序原理 I 可知,等号成立的条件为 $x = y = z$ 或
$$x(y+z-x) = y(z+x-y) = z(x+y-z)$$

即 $\begin{cases} x=z \\ y=0 \end{cases}$,或 $\begin{cases} y=z \\ x=0 \end{cases}$,或 $\begin{cases} x=y \\ z=0 \end{cases}$,或 $x=y=z$.

例 19 (2007 年上海市高二年级数学竞赛试题)将 1,2,…,2 007 这 2 007 个数任意排列可得 2 007! 个不同数列.问其中是否存在 4 个数列
$$a_1, a_2, \cdots, a_{2\,007}; b_1, b_2, \cdots, b_{2\,007}$$
$$c_1, c_2, \cdots, c_{2\,007}; d_1, d_2, \cdots, d_{2\,007}$$

使得
$$a_1b_1 + a_2b_2 + \cdots + a_{2\,007}b_{2\,007} = 2(c_1d_1 + c_2d_2 + \cdots + c_{2\,007}d_{2\,007})$$

第15章 排序不等式的应用

证明你的结论.

证明 由排序不等式得

$$a_1b_1+a_2b_2+\cdots+a_{2007}b_{2007} \leqslant$$
$$1\times 1+2\times 2+\cdots+2007\times 2007=$$
$$\frac{2007\times 2008\times 4015}{6}=2\,696\,779\,140$$
$$c_1d_1+c_2d_2+\cdots+c_{2007}d_{2007} \geqslant$$
$$1\times 2007+2\times 2006+\cdots+2007\times 1=$$
$$\sum_{k=1}^{2007}k(2008-k)=$$
$$2008\sum_{k=1}^{2007}k-\sum_{k=1}^{2007}k^2=$$
$$2008\times\frac{2007\times 2008}{2}-2\,696\,779\,140=$$
$$1\,349\,397\,084$$

故

$$2(c_1d_1+c_2d_2+\cdots+c_{2007}d_{2007}) \geqslant$$
$$2\,698\,794\,168 > a_1b_1+a_2b_2+\cdots+a_{2007}b_{2007}$$

由此可见,满足条件的四个数列不存在.

例20 (1935年匈牙利数学奥林匹克试题)设 $0<p\leqslant a_i\leqslant q$ $(i=1,2,\cdots,n)$,$b_1,b_2,\cdots,b_n$ 是 $a_1,a_2,\cdots,a_n$ 的一个排列,求证

$$n\leqslant\frac{a_1}{b_1}+\frac{a_2}{b_2}+\cdots+\frac{a_n}{b_n}\leqslant n+\left[\frac{n}{2}\right]\left(\sqrt{\frac{p}{q}}-\sqrt{\frac{q}{p}}\right)^2$$

$$\left(\left[\frac{n}{2}\right]\text{表示不大于}\frac{n}{2}\text{的最大整数}\right)$$

证明 由均值不等式显然有

$$\frac{a_1}{b_1}+\frac{a_2}{b_2}+\cdots+\frac{a_n}{b_n}\geqslant n$$

从而只需证右边的不等式.不妨设

$$a_1\leqslant a_2\leqslant\cdots\leqslant a_n$$

根据排序不等式可知

$$\frac{a_1}{b_1}+\frac{a_2}{b_2}+\cdots+\frac{a_n}{b_n}\leqslant\frac{a_1}{a_n}+\frac{a_2}{a_{n-1}}+\cdots+\frac{a_n}{a_1}$$

155

Cauchy 不等式. 下

当 $n=2k$ 为偶数时,则

$$\frac{a_1}{b_1}+\cdots+\frac{a_n}{b_n}\leqslant\left(\frac{a_1}{a_n}+\frac{a_n}{a_1}\right)+\cdots+\left(\frac{a_k}{a_{k+1}}+\frac{a_{k+1}}{a_k}\right)$$

又对于 $x\in\left[\frac{p}{q},\frac{q}{p}\right]$ 有

$$x+\frac{1}{x}=\left|\sqrt{x}-\frac{1}{\sqrt{x}}\right|^2+2\leqslant\left(\sqrt{\frac{q}{p}}-\sqrt{\frac{p}{q}}\right)^2+2$$

从而

$$\frac{a_1}{b_1}+\cdots+\frac{a_n}{b_n}\leqslant 2k+k\left(\sqrt{\frac{q}{p}}-\sqrt{\frac{p}{q}}\right)^2=$$
$$n+\frac{n}{2}\left(\sqrt{\frac{q}{p}}-\sqrt{\frac{p}{q}}\right)^2$$

当 $n=2k-1$ 为奇数时,则

$$\frac{a_1}{b_1}+\cdots+\frac{a_n}{b_n}\leqslant\left(\frac{a_1}{a_n}+\frac{a_n}{a_1}\right)+\cdots+\left(\frac{a_{k-1}}{a_{k+1}}+\frac{a_{k+1}}{a_{k-1}}\right)+\frac{a_k}{a_k}\leqslant$$
$$2(k-1)+(k-1)\left(\sqrt{\frac{q}{p}}-\sqrt{\frac{p}{q}}\right)^2+1=$$
$$n+\frac{n-1}{2}\left(\sqrt{\frac{q}{p}}-\sqrt{\frac{p}{q}}\right)^2$$

综合以上两种情况,立即可得要证的不等式.

例 21 (1992 年上海市数学竞赛试题)设 n 是给定的自然数,$n\geqslant 3$,对 n 个给定的实数 $a_1,a_2,\cdots,a_n$,记 $|a_i-a_j|$ ($1\leqslant i,j\leqslant n$) 的最小值为 m,求在 $a_1^2+a_2^2+\cdots+a_n^2=1$ 的条件下,上述 m 的最大值.

解 不妨设 $a_1\leqslant a_2\leqslant\cdots\leqslant a_n$. 于是,$a_2-a_1\geqslant m$,$a_3-a_2\geqslant m$,$a_3-a_1\geqslant 2m,\cdots,a_n-a_{n-1}\geqslant m$,$a_j-a_i\geqslant (j-i)m$ ($1\leqslant i<j\leqslant n$)

$$\sum_{1\leqslant i<j\leqslant n}(a_i-a_j)^2\geqslant m^2\sum_{1\leqslant i<j\leqslant n}(i-j)^2=$$
$$m^2\sum_{k=1}^{n}\frac{k(k+1)(2k+1)}{6}=$$
$$\frac{m^2}{6}\sum_{k=1}^{n}[2k(k+1)(k+2)-3k(k+1)]=$$
$$\frac{m^2}{6}\left[\frac{1}{2}(n-1)n(n+1)(n+2)-\right.$$

第 15 章　排序不等式的应用

$$(n-1)n(n+1)\Big] = \frac{m^2}{12}n^2(n^2-1)$$

另外,由 $a_1^2 + a_2^2 + \cdots + a_n^2 = 1$ 可得

$$\sum_{1 \leqslant i < j \leqslant n}(a_i - a_j)^2 = n - 1 - 2\sum_{1 \leqslant i < j \leqslant n}a_i a_j = n - \Big(\sum_{i=1}^{n}a_i\Big)^2 \leqslant n$$

故

$$n \geqslant \frac{m^2}{12}n^2(n^2-1)$$

$$m \leqslant \sqrt{\frac{12}{n(n^2-1)}}$$

当且仅当 $a_1 + a_2 + \cdots + a_n = 0$,$a_1, a_2, \cdots, a_n$ 成等差数列时取等号,所以 m 的最大值是 $\sqrt{\frac{12}{n(n^2-1)}}$.

注　本题是根据 1990 年全国冬令营选拔考试题改编. 设 $a_1, a_2, \cdots, a_n (n \geqslant 2)$ 是 n 个互不相同的实数,$S = a_1^2 + a_2^2 + \cdots + a_n^2$,$M = \min(a_i - a_j)^2$,求证:$\frac{S}{M} \geqslant \frac{n(n^2-1)}{12}$.

例 22　(2007 年塞尔维亚数学奥林匹克试题)设 k 是给定的非负整数. 求证:对所有满足 $x + y + z = 1$ 的正实数 x, y, z,不等式

$$\frac{x^{k+2}}{x^{k+1} + y^k + z^k} + \frac{y^{k+2}}{y^{k+1} + z^k + x^k} + \frac{z^{k+2}}{z^{k+1} + x^k + y^k} \geqslant \frac{1}{7}$$

成立,并给出等号成立的条件.

证明　由柯西不等式知

$$\text{左式} \geqslant \frac{\Big(\sum x^{k+1}\Big)^2}{\sum x^k (x^{k+1} + y^k + z^k)} = \frac{\Big(\sum x^{k+1}\Big)^2}{\sum x^{2k+1} + 2\sum x^k y^k}$$

当 $k = 0$ 时,上式 $= \frac{1}{7}$.

下设 $k \geqslant 1$. 只需证

$$7\Big(\sum x^{k+1}\Big)^2 \geqslant \sum x^{2k+1} + 2\sum x^k y^k \Leftrightarrow$$

$$7\Big(\sum x^{k+1}\Big)^2 \geqslant \Big(\sum x^{2k+1}\Big)\Big(\sum x\Big) + 2\Big(\sum x^k y^k\Big)\Big(\sum x\Big)^2 \Leftrightarrow$$

Cauchy 不等式·下

$$7\sum x^{2k+2} + 14\sum x^{k+1}y^{k+1} \geqslant \sum x^{2k+2} + \sum x^{2k+1}(y+z) + 2\left(\sum x^k y^k\right)\left(\sum x^2\right) + 4\left(\sum x^k y^k\right)\left(\sum xy\right)$$

由排序不等式知

$$3\sum x^{k+1}y^{k+1} \geqslant \left(\sum x^k y^k\right)\left(\sum xy\right)$$

$$2\sum x^{2k+2} \geqslant \sum x^{2k+1}(y+z)$$

故只需证

$$4\sum x^{2k+2} + 2\sum x^{k+1}y^{k+1} \geqslant 2\left(\sum x^k y^k\right)\left(\sum x^2\right) \Leftrightarrow$$

$$2\sum x^{2k+2} + \sum x^{k+1}y^{k+1} \geqslant \sum x^k y^k(x^2+y^2) + \sum x^k y^k z^2$$

由排序不等式知

$$\sum x^{2k+2} \geqslant \sum x^k y^k z^2$$

故只需证

$$\sum x^{2k+2} + \sum x^{k+1}y^{k+1} \geqslant \sum x^k y^k(x^2+y^2) \Leftrightarrow$$

$$\sum x^{2k+2} \geqslant \sum x^k y^k(x^2+y^2-xy) \Leftrightarrow$$

$$\frac{1}{2}\sum(x^{2k+2}+y^{2k+2}) \geqslant \sum x^k y^k\left(\frac{x^3+y^3}{x+y}\right) \Leftarrow$$

$$(x^{2k+2}+y^{2k+2})(x+y) \geqslant 2x^k y^k(x^3+y^3) \Leftarrow$$

$$(x^{2k+2}+y^{2k+2})(x+y) \geqslant (x^{2k}+y^{2k})(x^3+y^3) \Leftrightarrow$$

$$xy(x^{2k+1}+y^{2k+1}) \geqslant xy(x^2 y^{2k-1}+x^{2k-1}y^2) \Leftrightarrow$$

$$x^{2k+1}+y^{2k+1} \geqslant x^2 y^{2k-1}+x^{2k-1}y^2$$

由排序不等式,最后一个不等式显然成立.

例 23 (1991 年第 32 届 IMO 备选题)设 $\frac{1}{2} \leqslant p \leqslant 1, a_i \geqslant 0, 0 \leqslant b_i \leqslant p, i=1,2,\cdots,n, n \geqslant 2.$ 如果 $\sum_{i=1}^{n} a_i = \sum_{i=1}^{n} b_i = 1,$ 求证

$$\sum_{i=1}^{n} b_i \prod_{\substack{1 \leqslant j \leqslant n \\ i \neq j}} a_j \leqslant \frac{p}{(n-1)^{n-1}}$$

证明 设 $A_i = a_1 a_2 \cdots a_{i-1} a_{i+1} \cdots a_n,$ 由排序原理 I,不妨设 $b_1 \geqslant b_2 \geqslant \cdots \geqslant b_n, A_1 \geqslant A_2 \geqslant \cdots \geqslant A_n.$ 由于 $0 \leqslant b_i \leqslant p,$ 且

$$\sum_{i=1}^{n} b_i = 1, \frac{1}{2} \leqslant p \leqslant 1$$

第15章 排序不等式的应用

易知 $\sum_{i=1}^{n} b_i A_i \leqslant pA_1 + (1-p)A_2 \leqslant p(A_1 + A_2)$

由均值不等式

$$A_1 + A_2 = a_3 a_4 \cdots a_n (a_2 + a_1) \leqslant \left(\frac{1}{n-1}\sum_{i=1}^{n} a_i\right)^{n-1}$$

又 $\sum_{i=1}^{n} a_i = 1$

所以 $\sum_{i=1}^{n} b_i A_i \leqslant \dfrac{p}{(n-1)^{n-1}}$

例 24 （1992年中国数学奥林匹克试题）设 $x_1, x_2, \cdots, x_n$ 为非负数. 记 $x_{n+1} = x_1, a = \min\{x_1, x_2, \cdots, x_n\}$. 求证

$$\sum_{j=1}^{n} \frac{1+x_j}{1+x_{j+1}} \leqslant n + \frac{1}{(1+a)^2}\sum_{j=1}^{n}(x_j - a)^2$$

并证明等号成立当且仅当 $x_1 = x_2 = \cdots = x_n$.

证明 设 $y_1, y_2, \cdots, y_n$ 为 $x_1, x_2, \cdots, x_n$ 的一个排列，且 $0 \leqslant y_1 \leqslant y_2 \leqslant \cdots \leqslant y_n$. 于是 $1 \leqslant 1+y_1 \leqslant 1+y_2 \leqslant \cdots \leqslant 1+y_n$. 由排序不等式，有

$$\sum_{j=1}^{n} \frac{1+x_j}{1+x_{j+1}} \leqslant \sum_{j=1}^{n} \frac{1+y_j}{1+y_{n-j+1}}$$

只要能证得

$$\sum_{j=1}^{n} \frac{1+y_j}{1+y_{n-j+1}} \leqslant n + \frac{1}{(1+a)^2}\sum_{j=1}^{n}(y_j - a)^2$$

即可.

由于

$$\frac{1+y_j}{1+y_{n-j+1}} + \frac{1+y_{n-j+1}}{1+y_j} - 2 = \frac{(y_j - y_{n-j+1})^2}{(1+y_j)(1+y_{n-j+1})} \leqslant \frac{(y_j - y_{n-j+1})^2}{(1+a)^2}$$

所以 $\sum_{j=1}^{n} \dfrac{1+y_j}{1+y_{n-j+1}} \leqslant n + \dfrac{1}{(1+a)^2}\sum_{j=\left[\frac{n}{2}\right]}^{n}(y_j - a)^2$

所以 $\sum_{j=1}^{n} \dfrac{1+x_j}{1+x_{j+1}} \leqslant n + \dfrac{1}{(1+a)^2}\sum_{j=1}^{n}(x_j - a)^2$

又等号成立当且仅当 $y_j = y_{n-j+1}$ 或 $y_j \neq y_{n-j+1}, (1+a)^2 =$

Cauchy 不等式.下

$(1+y_j)(1+y_{n-j+1})$ 时,由 $a \leqslant y_j, y_{n-j+1}$ 有
$$y_j = y_{n-j+1} = a \quad (j=1,2,\cdots,n)$$

这就证明了 $y_1 = \cdots = y_n = a$, 即 $x_1 = \cdots = x_n = a$.

例 25 (1988 年第 2 届国际"友谊杯"数学邀请赛试题)设 a,b,c 都是正数, 求证
$$\frac{a^2}{b+c} + \frac{b^2}{c+a} + \frac{c^2}{a+b} \geqslant \frac{a+b+c}{2}$$

证明 不妨设 $a \geqslant b \geqslant c$, 则 $a^2 \geqslant b^2 \geqslant c^2$, 且
$$\frac{1}{b+c} \geqslant \frac{1}{c+a} \geqslant \frac{1}{a+b}$$

因此由排序原理 I 得
$$\frac{a^2}{b+c} + \frac{b^2}{c+a} + \frac{c^2}{a+b} \geqslant \frac{b^2}{b+c} + \frac{c^2}{c+a} + \frac{a^2}{a+b}$$

及
$$\frac{a^2}{b+c} + \frac{b^2}{c+a} + \frac{c^2}{a+b} \geqslant \frac{c^2}{b+c} + \frac{a^2}{c+a} + \frac{b^2}{a+b}$$

两式相加得
$$2\left(\frac{a^2}{b+c} + \frac{b^2}{c+a} + \frac{c^2}{a+b}\right) \geqslant \frac{b^2+c^2}{b+c} + \frac{c^2+a^2}{c+a} + \frac{a^2+b^2}{a+b} \quad (15.16)$$

又由柯西不等式得
$$(b+c)^2 = (1 \cdot b + 1 \cdot c)^2 \leqslant (1^2+1^2)(b^2+c^2)$$

所以
$$\frac{b^2+c^2}{b+c} \geqslant \frac{b+c}{2}$$

同理 $\frac{c^2+a^2}{c+a} \geqslant \frac{c+a}{2}, \frac{a^2+b^2}{a+b} \geqslant \frac{a+b}{2}$

因此,代入式(15.16)得
$$2\left(\frac{a^2}{b+c} + \frac{b^2}{c+a} + \frac{c^2}{a+b}\right) \geqslant a+b+c$$

因此,不等式得证.

推广 1 对于 n 个正实数 $a_1, a_2, \cdots, a_n$, 有
$$\frac{a_1^2}{a_2+a_3+\cdots+a_n} + \frac{a_2^2}{a_1+a_3+\cdots+a_n} + \cdots + \frac{a_n^2}{a_1+a_2+\cdots+a_{n-1}} \geqslant \frac{a_1+a_2+\cdots+a_n}{n-1}$$

证明 不妨设 $a_1 \geqslant a_2 \geqslant \cdots \geqslant a_n$, 则
$$\frac{1}{a_2+a_3+\cdots+a_n} \geqslant \frac{1}{a_1+a_3+\cdots+a_n} \geqslant \cdots \geqslant \frac{1}{a_1+a_2+\cdots+a_{n-1}}$$

第15章 排序不等式的应用

$n-1$ 次地利用排序原理 I, 并且相加, 得

$$(n-1)\left(\frac{a_1^2}{a_2+a_3+\cdots+a_n}+\frac{a_2^2}{a_1+a_3+\cdots+a_n}+\cdots+\frac{a_n^2}{a_1+a_2+\cdots+a_{n-1}}\right)\geqslant$$

$$\frac{a_2^2+a_3^2+\cdots+a_n^2}{a_2+a_3+\cdots+a_n}+\frac{a_1^2+a_3^2+\cdots+a_n^2}{a_1+a_3+\cdots+a_n}+\cdots+\frac{a_1^2+a_2^2+\cdots+a_{n-1}^2}{a_1+a_2+\cdots+a_{n-1}} \quad (15.17)$$

由柯西不等式, 得

$$(a_2+a_3+\cdots+a_n)^2\leqslant(1^2+1^2+\cdots+1^2)(a_2^2+a_3^2+\cdots+a_n^2)$$

所以

$$\frac{a_2^2+a_3^2+\cdots+a_n^2}{a_2+a_3+\cdots+a_n}\geqslant\frac{a_2+a_3+\cdots+a_n}{n-1}$$

同理有

$$\frac{a_1^2+a_3^2+\cdots+a_n^2}{a_1+a_3+\cdots+a_n}\geqslant\frac{a_1+a_3+\cdots+a_n}{n-1}$$

$$\vdots$$

$$\frac{a_1^2+a_2^2+\cdots+a_{n-1}^2}{a_1+a_2+\cdots+a_{n-1}}\geqslant\frac{a_1+a_2+\cdots+a_{n-1}}{n-1}$$

代入式(15.17)得

$$(n-1)\left(\frac{a_1^2}{a_2+a_3+\cdots+a_n}+\frac{a_2^2}{a_1+a_3+\cdots+a_n}+\cdots+\frac{a_n^2}{a_1+a_2+\cdots+a_{n-1}}\right)\geqslant a_1+a_2+\cdots+a_n$$

由此可得所要证的不等式.

推广 2 对于正数 a,b,c 及 $0<m<n$, 有

$$\frac{a^n}{b^m+c^m}+\frac{b^n}{c^m+a^m}+\frac{c^n}{a^m+b^m}\geqslant\frac{a^{n-m}+b^{n-m}+c^{n-m}}{2}$$

证明 (略).

例 26 (1988 年理科试验班复试试题) 设 $x_1,x_2,\cdots,x_n$ 与 $a_1,a_2,\cdots,a_n$ 是满足条件: (1) $x_1+x_2+\cdots+x_n=0$; (2) $|x_1|+|x_2|+\cdots+|x_n|=1$; (3) $a_1\geqslant a_2\geqslant\cdots\geqslant a_n$ 的两组任意实数 ($n\geqslant 2$), 为了使不等式 $|a_1x_1+a_2x_2+\cdots+a_nx_n|\leqslant A(a_1-a_n)$ 成立, 那么数 A 的最小值是多少?

解 为方便起见, 将集合 $X=\{x_1,x_2,\cdots,x_n\}$ 划分为两个子集: $A=\{\alpha_1,\alpha_2,\cdots,\alpha_s\}$ (这里 $\alpha_i\in X, i=1,2,\cdots,s$, 且 $\alpha_1\geqslant\alpha_2\geqslant\cdots\geqslant\alpha_s\geqslant 0$, 设 $\sum_{i=1}^{s}\alpha_i=b$), $B=\{\beta_1,\beta_2,\cdots,\beta_t\}$ (这里 $\beta_i\in X, i=1,2,\cdots,t$, 且 $0\geqslant\beta_1\geqslant\beta_2\geqslant\cdots\geqslant\beta_t$, 设 $\sum_{i=1}^{t}\beta_i=-c$). 于是由题设

Cauchy 不等式 · 下

得
$$\sum_{i=1}^{n} x_i = b - c = 0, \sum_{i=1}^{n} |x_i| = b + c = 1$$

解之,得
$$b = c = \frac{1}{2}$$

现在考察 $\{a_1 x_1 + a_2 x_2 + \cdots + a_n x_n\}$,不妨设
$$\sum_{i=1}^{n} a_i x_i = a_1 x_1 + a_2 x_2 + \cdots + a_n x_n \geq 0$$

因为若 $\sum_{i=1}^{n} a_i x_i < 0$,可取 $x_i' = -x_i, i = 1, 2, \cdots, n$. 此时 $\sum_{i=1}^{n} x_i' = 0, \sum_{i=1}^{n} |x_i'| = 1$ 及 $\left| \sum_{i=1}^{n} a_i x_i \right| = \left| \sum_{i=1}^{n} a_i x_i' \right|$,不影响结论的一般性.

于是由排序原理 I,得
$$\sum_{i=1}^{n} a_i x_i \leq a_1 \alpha_1 + a_2 \alpha_2 + \cdots + a_s \alpha_s + a_{s+1} \beta_1 + a_{s+2} \beta_2 + \cdots + a_n \beta_t$$

注意到 $a_1 \geq a_i, \alpha_i \geq 0$,则 $a_1 \alpha_i \geq a_i \alpha_i$,这里 $i = 1, 2, \cdots, s$. 又 $a_{s+i} \geq a_n$ 及 $\beta_i \leq 0$,有 $a_{s+i} \beta_i \leq a_n \beta_i$,这里 $i = 1, 2, \cdots, t$. 于是
$$\sum_{i=1}^{n} a_i x_i \leq \sum_{i=1}^{s} a_i \alpha_i + \sum_{i=1}^{t} a_{s+i} \beta_i \leq$$
$$a_1 \sum_{i=1}^{s} \alpha_i + a_n \sum_{i=1}^{t} \beta_i =$$
$$\frac{1}{2}(a_1 - a_n)$$

综合上述可知,满足题设不等式的 A 的最小值是 $\frac{1}{2}$.

本例中,若取 $a_i = \frac{1}{i}, i = 1, 2, \cdots, n$,则得
$$\left| x_1 + \frac{x_2}{2} + \cdots + \frac{x_n}{n} \right| \leq \frac{1}{2} - \frac{1}{2n}$$

这就是 1989 年全国高中数学联赛第二试第 2 题.

例 27 (1992 年中国数学奥林匹克队选拔赛试题) 给定自然数 $n \geq 2$,求最小正数 λ,使得对任意正数 $a_1, a_2, \cdots, a_n$ 及 $\left[0, \frac{1}{2} \right]$ 中任意 n 个数 $b_1, b_2, \cdots, b_n$,只要 $a_1 + a_2 + \cdots + a_n =$

第 15 章　排序不等式的应用

$b_1+b_2+\cdots+b_n=1$，就有
$$a_1a_2\cdots a_n\leqslant \lambda(a_1b_1+a_2b_2+\cdots+a_nb_n)$$

证明　不妨设对一切 $i=1,2,\cdots,n$，有 $a_i>0$，否则左式为 0，不值一提.

令 $M=a_1a_2\cdots a_n$，$A_i=\dfrac{M}{a_i}$，$i=1,2,\cdots,n$，易知 $f(x)=\dfrac{M}{x}$ 为凸函数.

又注意到 $b_i\geqslant 0$，且 $\sum\limits_{i=1}^{n}b_i=1$，知 $\sum\limits_{i=1}^{n}a_ib_i$ 为 $a_1,a_2,\cdots,a_n$ 的加权平均，即凸组合. 从而，由 $f(x)$ 的凸性知

$$\dfrac{M}{\sum\limits_{i=1}^{n}a_ib_i}\leqslant \sum\limits_{i=1}^{n}b_i\dfrac{M}{a_i}=\sum\limits_{i=1}^{n}b_iA_i \qquad (15.18)$$

我们来对式（15.18）右端寻求最小的上界. 由排序原理可知，当 $b_1\geqslant b_2\geqslant \cdots \geqslant b_n$，$A_1\geqslant A_2\geqslant \cdots \geqslant A_n$ 时，式（15.18）右端最大，因此，宜考虑此种情况下的上界. 此时，有

$$\sum_{i=1}^{n}b_iA_i\leqslant b_1A_1+(1-b_1)A_2$$

由于 $0\leqslant b_1\leqslant \dfrac{1}{2}$，$A_1\geqslant A_2$，所以，有

$$\sum_{i=1}^{n}b_iA_i\leqslant \dfrac{1}{2}(A_1+A_2)=$$
$$\dfrac{1}{2}(a_1+a_2)a_3\cdots a_n\leqslant$$
$$\dfrac{1}{2}\left(\dfrac{(a_1+a_2)+a_3+\cdots+a_n}{n-1}\right)^{n-1}=$$
$$\dfrac{1}{2}\left(\dfrac{1}{n-1}\right)^{n-1}$$

这样一来，便知
$$\lambda\leqslant \dfrac{1}{2}\left(\dfrac{1}{n-1}\right)^{n-1}$$

又当 $a_1=a_2=\dfrac{1}{2(n-1)}$，$a_3=\cdots=a_n=\dfrac{1}{n-1}$，$b_1=b_2=\dfrac{1}{2}$，$b_3=\cdots=b_n=0$ 时，有

Cauchy 不等式. 下

$$a_1 a_2 \cdots a_n = \frac{1}{4}\left(\frac{1}{n-1}\right)^n =$$
$$\frac{1}{2}\left(\frac{1}{n-1}\right)^{n-1} \cdot (b_1 a_1 + b_2 a_2) =$$
$$\frac{1}{2}\left(\frac{1}{n-1}\right)^{n-1} \sum_{i=1}^{n} b_i a_i$$

综上所述,知
$$\lambda = \frac{1}{2}\left(\frac{1}{n-1}\right)^{n-1}$$

例 28 (2006 年中国国家队集训队试题)设 x,y,z 是正实数,且满足 $x+y+z=1$. 求证

$$\frac{xy}{\sqrt{xy+yz}} + \frac{yz}{\sqrt{yz+xz}} + \frac{xz}{\sqrt{xz+xy}} \leqslant \frac{\sqrt{2}}{2} \quad (15.19)$$

根据命题者介绍,本题最初的形式是一个更强的不等式

$$\frac{xy}{\sqrt{xy+yz}} + \frac{yz}{\sqrt{yz+xz}} + \frac{xz}{\sqrt{xz+xy}} \leqslant$$
$$\frac{3\sqrt{3}}{4}\sqrt{(x+y)(y+z)(z+x)} \quad (15.20)$$

因考虑到它难度偏大,从而,减弱为现在的形式.

先给出不等式(15.20)的证明.

证明 显然,式(15.20)等价于

$$f = \sqrt{\frac{x}{(z+x)(x+y)} \cdot \frac{xy}{(y+z)(z+x)}} +$$
$$\sqrt{\frac{y}{(x+y)(y+z)} \cdot \frac{yz}{(z+x)(x+y)}} +$$
$$\sqrt{\frac{z}{(y+z)(z+x)} \cdot \frac{zx}{(x+y)(y+z)}} \leqslant \frac{3\sqrt{3}}{4}$$

由于 f 关于 x,y,z 轮换对称,不妨设 $x=\min\{x,y,z\}$. 只须分 $x \leqslant y \leqslant z$ 和 $x \leqslant z \leqslant y$ 两种情况证明. 由于两种情况的证明本质上完全相同,故仅证第一种情况.

由 $\qquad x \leqslant y \leqslant z \Rightarrow xy \leqslant zx \leqslant yz$
$$(y+z)(z+x) \geqslant (y+z)(x+y) \geqslant (x+y)(z+x)$$

故
$$\frac{xy}{(y+z)(z+x)} \leqslant \frac{zx}{(x+y)(y+z)} \leqslant \frac{yz}{(z+x)(x+y)} \quad (15.21)$$

第15章 排序不等式的应用

又

$$x(y+z) \leqslant y(z+x) \leqslant z(x+y) \Rightarrow$$

$$\frac{x}{(z+x)(x+y)} \leqslant \frac{y}{(x+y)(y+z)} \leqslant \frac{z}{(y+z)(z+x)} \tag{15.22}$$

由式(15.21),(15.22)及排序不等式知

$$f \leqslant \sqrt{\frac{x^2 y}{(x+y)(z+x)^2(y+z)}} + \sqrt{\frac{xyz}{(x+y)^2(y+z)^2}} + \sqrt{\frac{yz^2}{(z+x)^2(x+y)(y+z)}} =$$

$$\sqrt{\frac{xyz}{(x+y)^2(y+z)^2}} + 2 \cdot \frac{1}{2}\sqrt{\frac{y}{(x+y)(y+z)}} \leqslant$$

$$\sqrt{3\left[\frac{xyz}{(x+y)^2(y+z)^2} + 2 \cdot \frac{1}{4}\frac{y}{(x+y)(y+z)}\right]}$$

因此,要证 $f \leqslant \dfrac{3\sqrt{3}}{4}$,只需证

$$\frac{xyz}{(x+y)^2(y+z)^2} + \frac{1}{2} \cdot \frac{y}{(x+y)(y+z)} \leqslant \frac{9}{16} \Leftrightarrow$$

$$16xyz + 8y(x+y)(y+z) \leqslant 9(x+y)^2(y+z)^2 \Leftrightarrow$$

$$9x^2z^2 + y^2 \geqslant 6xyz \Leftrightarrow (3xz-y)^2 \geqslant 0$$

因此,不等式(15.20)成立.

评注:因为 $(x+y)(y+z)(z+x) \leqslant \left[\dfrac{2(x+y+z)}{3}\right]^3 = \dfrac{8}{27}$,

所以,由不等式(15.20)可推出不等式(15.19).只因这一改动,不仅降低了难度,而且诱发出许多巧妙的证法.

回到原题.

证法一 令 $x=a^2, y=b^2, z=c^2$,则 $a^2+b^2+c^2=1$.于是,式(15.19)等价于

$$\sum \frac{a^2 b^2}{\sqrt{a^2 b^2 + b^2 c^2}} \leqslant \frac{\sqrt{2}}{2}$$

因为 $\sqrt{a^2 b^2 + b^2 c^2} \geqslant \dfrac{\sqrt{2}}{2}(ab+bc)$,故只需证

$$A = \sum \frac{a^2 b^2}{ab+bc} \leqslant \frac{1}{2}$$

Cauchy 不等式. 下

构造对偶式 $B = \sum \dfrac{b^2 c^2}{ab+bc}$，则

$$A - B = \sum \dfrac{a^2 b^2 - b^2 c^2}{ab+bc} = \sum (ab - bc) = 0$$

因此，$A = B$.

故

$$A \leqslant \dfrac{1}{2} \Leftrightarrow A + B \leqslant 1 \Leftrightarrow \sum \dfrac{a^2 b^2 + b^2 c^2}{ab+bc} \leqslant 1 \Leftrightarrow$$

$$\sum \left(b \cdot \dfrac{a^2+c^2}{a+c}\right) \leqslant \sum b^2$$

而

$$\sum \left(b \cdot \dfrac{a^2+c^2}{a+c}\right) - \sum b^2 =$$

$$\sum \left(b \cdot \dfrac{a^2+c^2}{a+c} - b^2\right) =$$

$$\sum \dfrac{b}{a+c}\left[a(a-b) + c(c-b)\right] =$$

$$\sum \dfrac{ab(a-b)}{a+c} + \sum \dfrac{bc(c-b)}{a+c} =$$

$$\sum \dfrac{ab(a-b)}{a+c} + \sum \dfrac{ab(b-a)}{c+b} =$$

$$\sum \left[ab(a-b)\left(\dfrac{1}{a+c} - \dfrac{1}{b+c}\right)\right] =$$

$$-\sum \dfrac{ab(a-b)^2}{(a+c)(b+c)} \leqslant 0$$

因此，不等式(15.19)成立.

证法二 注意到

$$\dfrac{2x}{x+z} + 9xy \geqslant 6\sqrt{2} \cdot \dfrac{x\sqrt{y}}{\sqrt{x+z}} = \dfrac{6\sqrt{2}\,xy}{\sqrt{xy+zy}}$$

则

$$\dfrac{xy}{\sqrt{xy+zy}} \leqslant \dfrac{1}{6\sqrt{2}}\left(\dfrac{2x}{x+z} + 9xy\right)$$

于是，只需证

$$\sum \dfrac{2x}{x+z} + 9\sum xy \leqslant \dfrac{\sqrt{2}}{2} \times 6\sqrt{2} = 6$$

即

$$9\sum xy \leqslant \sum \dfrac{2z}{x+z}$$

第 15 章 排序不等式的应用

由柯西不等式有

$$\sum \frac{z}{x+z} \cdot \sum z(x+z) \geqslant \left(\sum x\right)^2 = 1$$

则

$$\sum \frac{z}{x+z} \geqslant \frac{1}{x^2+y^2+z^2+xy+yz+zx} = \frac{1}{\left(\sum x\right)^2 - \sum xy}$$

所以,只需证

$$9\sum xy \leqslant \frac{2}{\left(\sum x\right)^2 - \sum xy}$$

即

$$9\beta \leqslant \frac{2}{\alpha^2 - \beta}$$

其中 $\alpha = x+y+z, \beta = xy+yz+zx$.

因为

$$9b(\alpha^2-\beta) \leqslant 2 = 2\alpha^4 \Leftrightarrow (\alpha^2-3\beta)(2\alpha^2-3\beta) \geqslant 0$$

而 $\alpha^2 \geqslant 3\beta$,所以不等式 (15.19) 成立.

例 29 已知 n 是大于 1 的整数,正实数 $a_i (i=1, 2, \cdots, n)$ 满足 $\sum_{i=1}^{n} a_i = 1$. 令 $a_{n+1} = a_1$. 求证:

(1) $\sum_{i=1}^{n} \frac{1-a_i}{a_{i+1}} \geqslant (n-1)^2 \sum_{i=1}^{n} \frac{a_i}{1-a_i}$;

(2) $\sum_{i=1}^{n} \frac{a_i}{1+a_i-a_{i+1}} \leqslant \frac{n-1}{n} \sum_{i=1}^{n} \frac{a_i}{1-a_i}$.

证明 (1) 令 $a_0 = a_n$. 对任意的 $i(i=1,2,\cdots,n)$,由均值不等式得

$$\frac{a_i}{1-a_{i+1}} = \frac{a_i}{\sum_{\substack{1 \leqslant j \leqslant n \\ j \neq i+1}} a_j} \leqslant \frac{a_i}{(n-1)\sqrt[n-1]{\prod_{\substack{1 \leqslant j \leqslant n \\ j \neq i+1}} a_j}} =$$

$$\frac{1}{n-1} \sqrt[n-1]{\prod_{\substack{1 \leqslant j \leqslant n \\ j \neq i+1}} \frac{a_i}{a_j}} \leqslant \frac{1}{(n-1)^2} \sum_{\substack{1 \leqslant j \leqslant n \\ j \neq i+1}} \frac{a_i}{a_j}$$

故

$$\sum_{i=1}^{n} \frac{a_i}{1-a_{i+1}} \leqslant \frac{1}{(n-1)^2} \sum_{i=0}^{n-1} \sum_{\substack{1 \leqslant j \leqslant n \\ j \neq i+1}} \frac{a_i}{a_j} =$$

Cauchy 不等式. 下

$$\frac{1}{(n-1)^2}\left[\sum_{i=1}^n a_i \sum_{i=1}^n \frac{1}{a_i} - \sum_{i=1}^n \frac{a_i}{a_{i+1}}\right] =$$

$$\frac{1}{(n-1)^2} \sum_{i=1}^n \frac{1-a_i}{a_{i+1}}$$

因此

$$\sum_{i=1}^n \frac{1-a_i}{a_{i+1}} \geqslant (n-1)^2 \sum_{i=1}^n \frac{a_i}{1-a_{i+1}}$$

当且仅当 $a_i = \frac{1}{n}(i=1,2,\cdots,n)$ 时,上式等号成立.

(2) 设 $i_1, i_2, \cdots, i_n$ 是 $1, 2, \cdots, n$ 的一个排列,满足 $a_{i_1} \geqslant a_{i_2} \geqslant \cdots \geqslant a_{i_n}$. 因此

$$\frac{1}{1-a_{i_1}} \geqslant \frac{1}{1-a_{i_2}} \geqslant \cdots \geqslant \frac{1}{1-a_{i_n}}$$

由排序不等式得

$$\sum_{i=1}^n \frac{a_i}{1-a_i} = \sum_{j=1}^n \frac{a_{i_j}}{1-a_{i_j}} \geqslant \sum_{i=1}^n \frac{a_i}{1-a_{i+1}} \quad (15.23)$$

由柯西不等式得

$$\sum_{i=1}^n \frac{a_i}{1-a_i} \geqslant \frac{\left(\sum_{i=1}^n a_i\right)^2}{\sum_{i=1}^n a_i - \sum_{i=1}^n a_i^2} \geqslant$$

$$\frac{\left(\sum_{i=1}^n a_i\right)^2}{\sum_{i=1}^n a_i - \frac{1}{n}\left(\sum_{i=1}^n a_i\right)^2} =$$

$$\frac{n}{n-1} \quad (15.24)$$

对任意的 $i(i=1,2,\cdots,n)$,由均值不等式得

$$\frac{a_i}{1+a_i-a_{i+1}} = \frac{a_i}{a_i + (n-1) \cdot \frac{1-a_{i+1}}{n-1}} \leqslant$$

$$\frac{a_i}{n\sqrt[n]{\frac{a_i(1-a_{i+1})^{n-1}}{(n-1)^{n-1}}}} =$$

第15章 排序不等式的应用

$$\frac{n-1}{n}\sqrt[n]{\frac{1}{n-1}\left(\frac{a_i}{1-a_{i+1}}\right)^{n-1}} \leqslant$$

$$\frac{n-1}{n^2}\left[(n-1)\cdot\frac{a_i}{1-a_{i+1}}+\frac{1}{n-1}\right]$$
(15.25)

由式(15.23),(15.24),(15.25)得

$$\sum_{i=1}^{n}\frac{a_i}{1+a_i-a_{i+1}}\leqslant\frac{(n-1)^2}{n^2}\sum_{i=1}^{n}\frac{a_i}{1-a_{i+1}}+\frac{1}{n}\leqslant$$

$$\frac{(n-1)^2}{n^2}\sum_{i=1}^{n}\frac{a_i}{1-a_i}+\frac{n-1}{n^2}\sum_{i=1}^{n}\frac{a_i}{1-a_i}=$$

$$\frac{n-1}{n}\sum_{i=1}^{n}\frac{a_i}{1-a_i}$$

当且仅当 $a_i=\frac{1}{n}(i=1,2,\cdots,n)$ 时,上式等号成立.

例30 (第3届全国数学奥林匹克命题比赛获奖题目)已知 $a,b,c\in(0,\sqrt{2})$,且满足 $a^2+b^2+c^2+abc=4$. 证明

$$\frac{a^2}{b+c}+\frac{b^2}{c+a}+\frac{c^2}{a+b}\geqslant\frac{1}{4}(1+2abc)+\frac{1}{4}\sqrt{3(a^2+b^2+c^2)}$$

证明 由于所证不等式是关于 a,b,c 的对称不等式,不妨设 $a\leqslant b\leqslant c$.

先证明

$$\frac{a^2}{b+c}+\frac{b^2}{c+a}+\frac{c^2}{a+b}\geqslant\frac{1}{2}\sqrt{3(a^2+b^2+c^2)} \quad (15.26)$$

由柯西不等式得

$$\frac{a^2}{b+c}+\frac{b^2}{c+a}+\frac{c^2}{a+b}\geqslant$$

$$\frac{(a^2+b^2+c^2)^2}{a^2(b+c)+b^2(c+a)+c^2(a+b)}=$$

$$\frac{(a^2+b^2+c^2)^2}{a^2b+a^2c+b^2c+b^2a+c^2a+c^2b} \quad (15.27)$$

由 $a\leqslant b\leqslant c$,知 $a^2\leqslant b^2\leqslant c^2$.

由排序不等式知

$a^3+b^3+c^3\geqslant a^2b+b^2c+c^2a, a^3+b^3+c^3\geqslant a^2c+b^2a+c^2b$

$2(a^3+b^3+c^3)\geqslant a^2b+b^2c+c^2a+a^2c+b^2a+c^2b \quad (15.28)$

Cauchy 不等式. 下

由不等式(15.27),(15.28)知
$$\frac{a^2}{b+c}+\frac{b^2}{c+a}+\frac{c^2}{a+b}\geqslant$$
$$\frac{(a^2+b^2+c^2)^2}{a^2b+a^2c+b^2c+b^2a+c^2a+c^2b}=$$
$$\frac{3(a^2+b^2+c^2)^2}{3(a^2b+a^2c+b^2c+b^2a+c^2a+c^2b)}\geqslant$$
$$\frac{3(a^2+b^2+c^2)^2}{2(a^2b+a^2c+b^2c+b^2a+c^2a+c^2b)+2(a^3+b^3+c^3)}=$$
$$\frac{3(a^2+b^2+c^2)^2}{2(a^2+b^2+c^2)(a+b+c)}=\frac{3(a^2+b^2+c^2)}{2(a+b+c)} \qquad (15.29)$$

由三元均值不等式得
$$3(a^2+b^2+c^2)\geqslant(a+b+c)^2 \qquad (15.30)$$

由式(15.29),(15.30)知
$$\frac{a^2}{b+c}+\frac{b^2}{c+a}+\frac{c^2}{a+b}\geqslant$$
$$\frac{3(a^2+b^2+c^2)}{2(a+b+c)}=$$
$$\frac{\sqrt{3(a^2+b^2+c^2)}\sqrt{3(a^2+b^2+c^2)}}{2(a+b+c)}\geqslant$$
$$\frac{\sqrt{3(a^2+b^2+c^2)}}{2}$$

故不等式(15.26)成立.

由不等式(15.26)要证明原不等式成立,只需证明
$$a+b+c\geqslant 1+2abc \qquad (15.31)$$

用三角换元法证明.

令 $a=2\cos A, b=2\cos B\left(\angle A, \angle B\in\left(0,\frac{\pi}{2}\right)\right)$. 则由
$a^2+b^2+c^2+abc=4\Rightarrow$
$(2\cos A)^2+(2\cos B)^2+c^2+4c\cos A\cdot\cos B=4\Rightarrow$
$c^2+4c\cos A\cdot\cos B+2[(2\cos^2 A-1)+(2\cos^2 B-1)]=0\Rightarrow$
$c^2+2c[\cos(A+B)+\cos(A-B)]+4\cos(A+B)\cdot\cos(A-B)=0\Rightarrow$
$[c+2\cos(A+B)][c+2\cos(A-B)]=0$

而

第15章 排序不等式的应用

$$\angle A, \angle B \in \left(0, \frac{\pi}{2}\right) \Rightarrow$$

$$\angle A - \angle B \in \left(-\frac{\pi}{2}, \frac{\pi}{2}\right) \Rightarrow$$

$$\cos(A-B) > 0 \Rightarrow$$

$$c + 2\cos(A-B) > 0 \Rightarrow$$

$$c + 2\cos(A+B) = 0 \Rightarrow$$

$$c = -2\cos(A+B) = 2\cos[\pi - (A+B)] = 2\cos C$$

由 $c > 0$,知 $\angle C \in \left(0, \frac{\pi}{2}\right)$. 又

$$\angle C = \pi - (\angle A + \angle B) \Rightarrow$$

$$\angle A + \angle B + \angle C = \pi$$

$$\left(\angle A, \angle B, \angle C \in \left(0, \frac{\pi}{2}\right)\right)$$

所以,$\angle A, \angle B, \angle C$ 可构成锐角 $\triangle ABC$ 的三个内角.

因此,不等式(15.31)等价于在 $\triangle ABC$ 中有

$$2(\cos A + \cos B + \cos C) \geqslant 1 + 16\cos A \cdot \cos B \cdot \cos C$$
$$(15.32)$$

下面证明不等式(15.32)成立.

由 $a \leqslant b \leqslant c$,知 $\angle A \leqslant \frac{\pi}{3}$. 设

$$x = \cos \frac{B-C}{2}, \quad y = \sin \frac{A}{2}$$

则 $x = \cos \frac{B-C}{2} \geqslant \cos \frac{B+C}{2} = \sin \frac{A}{2} = y \Rightarrow 0 < y < \frac{\sqrt{2}}{2} < x \leqslant 1$.

又

$$\cos A = 1 - 2\sin^2 \frac{A}{2} = 1 - 2y^2$$

$$\cos B + \cos C = 2\cos \frac{B+C}{2} \cdot \cos \frac{B-C}{2} = 2xy$$

$$\cos B \cdot \cos C = \frac{1}{2}[\cos(B+C) + \cos(B-C)] =$$

$$\frac{1}{2}\left(2\cos^2 \frac{B+C}{2} - 1 + 2\cos^2 \frac{B-C}{2} - 1\right) =$$

$$\sin^2 \frac{A}{2} + \cos^2 \frac{B-C}{2} - 1 = x^2 + y^2 - 1$$

则

$$\cos A + \cos B + \cos C = 1 + 2xy - 2y^2$$

171

Cauchy 不等式. 下

$$\cos A \cdot \cos B \cdot \cos C = (1-2y^2)(x^2+y^2-1)$$

由此知不等式(15.32)等价于

$$2(1+2xy-2y^2) \geqslant$$

$$1+16(1-2y^2)(x^2+y^2-1) \quad \left(0 < y < \frac{\sqrt{2}}{2} < x \leqslant 1\right) \quad (15.33)$$

即 $f(x) = 16(1-2y^2)x^2 - 4xy - 32y^4 + 52y^2 - 17 \leqslant 0$

由 $y = \sin\frac{A}{2} \in \left(0, \frac{\sqrt{2}}{2}\right) \Rightarrow 1-2y^2 > 0$

所以, $f(x)$ 是关于 x 的二次函数.

从而,要证明 $f(x) \leqslant 0$,只需证 $f(y) \leqslant 0$, $f(1) \leqslant 0$ 即可.

由

$$f(y) = 16(1-2y^2)y^2 - 4y^2 - 32y^4 + 52y^2 - 17 =$$
$$-64y^4 + 64y^2 - 17 = -16(2y^2-1)^2 - 1 \leqslant 0$$
$$f(1) = 16(1-2y^2) - 4y - 32y^4 + 52y^2 - 17 =$$
$$-32y^4 + 20y^2 - 4y - 1 =$$
$$-(8y^2+8y+1)(2y-1)^2 \leqslant 0$$

知不等式(15.33)成立. 从而,不等式(15.31),(15.32)成立.

故原不等式得证.

例 31 设 $a_i \in \mathbf{R}_+ (i=1,2,\cdots,n)$, $k,l,m \in \mathbf{N}$, 且 $m \geqslant 2l$. 则

$$\sum_{t=0}^{n-1} \frac{a_{t+1}^m}{\sum_{j=0}^{k-1} a_{i+t+j}^l} \geqslant \frac{1}{k} \sum_{i=1}^n a_i^{m-l} \quad (a_0 = a_n, a_{n+i} = a_i) \quad (15.34)$$

证明 由柯西不等式,得

$$\sum_{t=0}^{n-1} \frac{a_{t+1}^m}{\sum_{j=0}^{k-1} a_{i+t+j}^l} \cdot \sum_{t=0}^{n-1} a_{t+1}^{m-2l} \cdot \sum_{j=0}^{k-1} a_{i+t+j}^l \geqslant \left(\sum_{i=1}^n a_i^{m-l}\right)^2$$

由 $m \geqslant 2l$, $m, l \in \mathbf{N}$ 和排序不等式,得

$$k \sum_{i=1}^n a_i^{m-l} \geqslant \sum_{t=0}^{n-1} a_{t+1}^{m-2l} a_{i+t}^l + \sum_{t=0}^{n-1} a_{t+1}^{m-2l} a_{i+t+1}^l + \cdots +$$
$$\sum_{t=0}^{n-1} a_{t+1}^{m-2l} a_{i+t+k-1}^l =$$
$$\sum_{t=0}^{n-1} a_{t+1}^{m-2l} \cdot \sum_{j=0}^{k-1} a_{i+t+j}^l$$

由此可得不等式(15.34).

第15章 排序不等式的应用

注意到 $m \geq 2l$,由幂平均不等式,得

$$\sum_{i=1}^{n} a_i^{m-l} \geq \frac{1}{n^{m-l-1}} \Big(\sum_{i=1}^{n} a_i\Big)^{m-l}$$

于是,得如下推论:

推论 设 $a_i \in \mathbf{R}_+ (i=1,2,\cdots,n), k,l,m \in \mathbf{N}$,且 $m \geq 2l$.则

$$\sum_{i=0}^{n-1} \frac{a_{i+1}^m}{\sum_{j=0}^{l} a_{i+t+j}^{k-1}} \geq \frac{1}{kn^{m-l-1}} \Big(\sum_{i=1}^{n} a_i\Big)^{m-l} \quad (a_0 = a_n, a_{n+i} = a_i)$$

由不等式(15.34),可以得到一类不等式.如:

(1) 当 $m=2, k=l=1, i=2$ 时,得:

(1984 年全国高中数学联赛试题)设 $a_1, a_2, \cdots, a_n$ 均为正实数.则

$$\sum_{i=1}^{n} \frac{a_i^2}{a_{i+1}} \geq \sum_{i=1}^{n} a_i \quad (a_{n+1} = a_1)$$

(2) 当 $n=3, m=k=i=2, l=1$ 时,得:

(第二届友谊杯国际数学竞赛试题)设 $a_1, a_2, a_3 \in \mathbf{R}_+$,则

$$\frac{a_1^2}{a_2 + a_3} + \frac{a_2^2}{a_3 + a_1} + \frac{a_3^2}{a_1 + a_2} \geq \frac{a_1 + a_2 + a_3}{2}$$

例32 (2005 年第 46 届 IMO 试题)设正实数 x, y, z 满足 $xyz \geq 1$. 证明

$$\frac{x^5 - x^2}{x^5 + y^2 + z^2} + \frac{y^5 - y^2}{y^5 + z^2 + x^2} + \frac{z^5 - z^2}{z^5 + x^2 + y^2} \geq 0 \quad (15.35)$$

证明 原不等式可变形为

$$\frac{x^2 + y^2 + z^2}{x^5 + y^2 + z^2} + \frac{x^2 + y^2 + z^2}{y^5 + z^2 + x^2} + \frac{x^2 + y^2 + z^2}{z^5 + x^2 + y^2} \leq 3$$

由柯西不等式及题设条件 $xyz \geq 1$,得

$$(x^5 + y^2 + z^2)(yz + y^2 + z^2) \geq$$
$$\big[x^2 (xyz)^{\frac{1}{2}} + y^2 + z^2\big]^2 \geq$$
$$(x^2 + y^2 + z^2)^2$$

即

$$\frac{x^2 + y^2 + z^2}{x^5 + y^2 + z^2} \leq \frac{yz + y^2 + z^2}{x^2 + y^2 + z^2}$$

同理

$$\frac{x^2 + y^2 + z^2}{y^5 + z^2 + x^2} \leq \frac{zx + z^2 + x^2}{x^2 + y^2 + z^2}$$

$$\frac{x^2 + y^2 + z^2}{z^5 + x^2 + y^2} \leq \frac{xy + x^2 + y^2}{x^2 + y^2 + z^2}$$

Cauchy 不等式.下

把上面三个不等式相加,并利用 $x^2+y^2+z^2 \geqslant xy+yz+zx$,得

$$\frac{x^2+y^2+z^2}{x^5+y^2+z^2}+\frac{x^2+y^2+z^2}{y^5+z^2+x^2}+\frac{x^2+y^2+z^2}{z^5+x^2+y^2} \leqslant 2+\frac{xy+yz+zx}{x^2+y^2+z^2} \leqslant 3$$

注 本题的平均分为 0.91.摩尔多瓦选手 Boreico Iurie 的解法获得了特别奖.他的证法如下:

因为

$$\frac{x^5-x^2}{x^5+y^2+z^2}-\frac{x^5-x^2}{x^3(x^2+y^2+z^2)}=$$

$$\frac{x^2(x^3-1)^2(y^2+z^2)}{x^3(x^5+y^2+z^2)(x^2+y^2+z^2)} \geqslant 0$$

所以

$$\sum \frac{x^5-x^2}{x^5+y^2+z^2} \geqslant \sum \frac{x^5-x^2}{x^3(x^2+y^2+z^2)} =$$

$$\frac{1}{x^2+y^2+z^2} \sum \left(x^2-\frac{1}{x}\right) \geqslant$$

(因为 $xyz \geqslant 1$)

$$\frac{1}{x^2+y^2+z^2} \sum (x^2-yz) \geqslant 0$$

下面对式(15.35)作一些推广:

显然

式(15.35)⇔

$$\frac{x^5}{x^5+y^2+z^2}+\frac{y^5}{y^5+z^2+x^2}+\frac{z^5}{z^5+x^2+y^2} \geqslant$$

$$\frac{x^2}{x^5+y^2+z^2}+\frac{y^2}{y^5+z^2+x^2}+\frac{z^2}{z^5+x^2+y^2}$$

引理 正实数 x,y,z 满足 $xyz \geqslant 1$,实数 a,b 满足 $a>b \geqslant 0$.证明:

$$x^a+y^a+z^a \geqslant x^b+y^b+z^b$$

证明 不妨设 $x \geqslant y \geqslant z$.则

$$x^b \geqslant y^b \geqslant z^b, x^{a-b} \geqslant y^{a-b} \geqslant z^{a-b}$$

由排序不等式有

$$x^b y^{a-b}+y^b z^{a-b}+z^b x^{a-b} \leqslant x^a+y^a+z^a$$
$$x^b z^{a-b}+y^b x^{a-b}+z^b y^{a-b} \leqslant x^a+y^a+z^a$$

故

第15章 排序不等式的应用

$$(x^b+y^b+z^b)(x^{a-b}+y^{a-b}+z^{a-b})=$$
$$(x^a+y^a+z^a)+(x^by^{a-b}+y^bz^{a-b}+z^bx^{a-b})+$$
$$(x^bz^{a-b}+y^bx^{a-b}+z^by^{a-b})\leqslant$$
$$3(x^a+y^a+z^a)$$

又
$$(x^b+y^b+z^b)(x^{a-b}+y^{a-b}+z^{a-b})\geqslant$$
$$(x^b+y^b+z^b)3\sqrt[3]{x^{a-b}y^{a-b}z^{a-b}}\geqslant 3(x^b+y^b+z^b)$$

则 $\qquad x^a+y^a+z^a\geqslant x^b+y^b+z^b$

命题 1 正实数 x,y,z 满足 $xyz\geqslant 1$,实数 a,b 满足 $4b\geqslant a>b\geqslant 0$. 证明

$$\frac{x^a}{x^a+y^b+z^b}+\frac{y^a}{y^a+z^b+x^b}+\frac{z^a}{z^a+x^b+y^b}\geqslant 1$$

证明 由 $xyz\geqslant 1,\dfrac{a-b}{3}>0$ 知

$$x^{\frac{a-b}{3}}\geqslant \frac{1}{y^{\frac{a-b}{3}}z^{\frac{a-b}{3}}}$$

因为 $4b\geqslant a>b\geqslant 0$ 及排序不等式有

$$y^b+z^b\geqslant y^{\frac{4b-a}{3}}z^{\frac{a-b}{3}}+z^{\frac{4b-a}{3}}y^{\frac{a-b}{3}}=(y^{\frac{a-b}{3}}z^{\frac{a-b}{3}})(y^{\frac{5b-2a}{3}}+z^{\frac{5b-2a}{3}})$$

故
$$x^{\frac{a-b}{3}}(y^b+z^b)\geqslant \frac{(y^b+z^b)}{y^{\frac{a-b}{3}}z^{\frac{a-b}{3}}}\geqslant y^{\frac{5b-2a}{3}}+z^{\frac{5b-2a}{3}}$$

利用柯西不等式有

$$\frac{x^a(x^a+y^b+z^b)}{(x^a+y^b+z^b)^2}\geqslant$$
$$\frac{x^{\frac{2a+b}{3}}\left[x^{\frac{4a-b}{3}}+x^{\frac{a-b}{3}}(y^b+z^b)\right]}{(x^{\frac{2a+b}{3}}+y^{\frac{2a+b}{3}}+z^{\frac{2a+b}{3}})(x^{\frac{4a-b}{3}}+y^{\frac{5b-2a}{3}}+z^{\frac{5b-2a}{3}})}\geqslant$$
$$\frac{x^{\frac{2a+b}{3}}}{x^{\frac{2a+b}{3}}+y^{\frac{2a+b}{3}}+z^{\frac{2a+b}{3}}}$$

即
$$\frac{x^a}{x^a+y^b+z^b}\geqslant \frac{x^{\frac{2a+b}{3}}}{x^{\frac{2a+b}{3}}+y^{\frac{2a+b}{3}}+z^{\frac{2a+b}{3}}}$$

同理

Cauchy 不等式. 下

$$\frac{y^a}{y^a+z^b+x^b} \geqslant \frac{y^{\frac{2a+b}{3}}}{y^{\frac{2a+b}{3}}+z^{\frac{2a+b}{3}}+x^{\frac{2a+b}{3}}}$$

$$\frac{z^a}{z^a+x^b+y^b} \geqslant \frac{z^{\frac{2a+b}{3}}}{z^{\frac{2a+b}{3}}+x^{\frac{2a+b}{3}}+y^{\frac{2a+b}{3}}}$$

以上三式相加即得命题 1.

命题 2 正实数 x,y,z 满足 $xyz \geqslant 1$,实数 a,b 满足 $3b \geqslant a > b \geqslant 0$. 证明

$$\frac{x^b}{x^a+y^b+z^b}+\frac{y^b}{y^a+z^b+x^b}+\frac{z^b}{z^a+x^b+y^b} \leqslant 1$$

证明 易知 $0 \leqslant 3b-a < 2b$. 由引理得

$$x^{3b-a}+y^{3b-a}+z^{3b-a} \leqslant x^{2b}+y^{2b}+z^{2b}$$

由柯西不等式有

$$(x^a+y^b+z^b)(x^{2b-a}+y^b+z^b) \geqslant (x^b+y^b+z^b)^2$$

则

$$\frac{x^b}{x^a+y^b+z^b} = \frac{x^b(x^{2b-a}+y^b+z^b)}{(x^a+y^b+z^b)(x^{2b-a}+y^b+z^b)} \leqslant \frac{x^{3b-a}+x^by^b+x^bz^b}{(x^b+y^b+z^b)^2}$$

同理

$$\frac{y^b}{y^a+z^b+x^b} \leqslant \frac{y^{3b-a}+y^bz^b+y^bx^b}{(x^b+y^b+z^b)^2}$$

$$\frac{z^b}{z^a+x^b+y^b} \leqslant \frac{z^{3b-a}+z^bx^b+z^by^b}{(x^b+y^b+z^b)^2}$$

故

$$\frac{x^b}{x^a+y^b+z^b}+\frac{y^b}{y^a+z^b+x^b}+\frac{z^b}{z^a+x^b+y^b} \leqslant$$

$$\frac{(x^{3b-a}+y^{3b-a}+z^{3b-a})+2(x^by^b+y^bz^b+z^bx^b)}{(x^b+y^b+z^b)^2} =$$

$$\frac{(x^{3b-a}+y^{3b-a}+z^{3b-a})+2(x^by^b+y^bz^b+z^bx^b)}{(x^{2b}+y^{2b}+z^{2b})+2(x^by^b+y^bz^b+z^bx^b)} \leqslant 1$$

由命题 1,2 可得:

命题 3 正实数 x,y,z 满足 $xyz \geqslant 1$,实数 a,b 满足 $3b \geqslant a > b \geqslant 0$. 证明

$$\frac{x^a}{x^a+y^b+z^b}+\frac{y^a}{y^a+z^b+x^b}+\frac{z^a}{z^a+x^b+y^b} \geqslant$$

第 15 章 排序不等式的应用

$$1 \geqslant \frac{x^b}{x^a+y^b+z^b}+\frac{y^b}{y^a+z^b+x^b}+\frac{z^b}{z^a+x^b+y^b}$$

当 $a=5, b=2$ 时,满足命题 3 的条件,即得到第 46 届 IMO 第 3 题的推广

$$\frac{x^5}{x^5+y^2+z^2}+\frac{y^5}{y^5+z^2+x^2}+\frac{z^5}{z^5+x^2+y^2} \geqslant$$

$$1 \geqslant \frac{x^2}{x^5+y^2+z^2}+\frac{y^2}{y^5+z^2+x^2}+\frac{z^2}{z^5+x^2+y^2}$$

在本章的最后,我们利用排序不等式来探讨一些三角形中边角关系之间的一些不等式.先看一个简单的问题.

例 33 用 A, B, C 表示 $\triangle ABC$ 的三个内角的弧度数, a, b, c 表示其对边,求证

$$\frac{aA+bB+cC}{a+b+c} \geqslant \frac{\pi}{3}$$

证明 显然,序列 a, b, c 与序列 A, B, C 有相同的次序,得

$$aA+bB+cC=aA+bB+cC$$
$$aA+bB+cC=bA+cB+aC$$
$$aA+bB+cC=cA+aB+bC$$

以上三式相加,得

$$3(aA+bB+cC) \geqslant (a+b+c)(A+B+C)=(a+b+c)\pi$$

即

$$\frac{aA+bB+cC}{a+b+c} \geqslant \frac{\pi}{3}$$

由这个简单的问题,我们可以利用排序不等式,再结合三角形边角的一些量得到许多不等式.

在任意 $\triangle ABC$ 中,不妨设三边长为 $a \leqslant b \leqslant c$. 则有:

三个角的弧度数 $A \leqslant B \leqslant C$;

三角函数 $\sin A \leqslant \sin B \leqslant \sin C, \cos A \geqslant \cos B \geqslant \cos C$;

三条高 $h_a \geqslant h_b \geqslant h_c$, $\frac{1}{h_a} \leqslant \frac{1}{h_b} \leqslant \frac{1}{h_c}$;

三条中线 $m_a \geqslant m_b \geqslant m_c$, $\frac{1}{m_a} \leqslant \frac{1}{m_b} \leqslant \frac{1}{m_c}$;

三条平分角线 $t_a \geqslant t_b \geqslant t_c$, $\frac{1}{t_a} \leqslant \frac{1}{t_b} \leqslant \frac{1}{t_c}$.

上述排序使得应用排序不等式有良好基础,再配合常见定理(正弦定理,余弦定理,面积公式)及以下常用不等式

177

Cauchy 不等式. 下

$$\sin A + \sin B + \sin C \leqslant \frac{3\sqrt{3}}{2}$$

$$\cos A + \cos B + \cos C \leqslant \frac{3}{2}$$

$$a^2 + b^2 + c^2 \geqslant 4\sqrt{3}\Delta\ (\Delta\ \text{为面积})$$

$$h_a + h_b + h_c \leqslant \frac{\sqrt{3}}{2}(a+b+c)$$

$$\frac{1}{h_a} + \frac{1}{h_b} + \frac{1}{h_c} \geqslant \frac{2}{\sqrt{3}}\left(\frac{1}{a}+\frac{1}{b}+\frac{1}{c}\right)$$

$$t_a + t_b + t_c \leqslant \frac{\sqrt{3}}{2}(a+b+c)$$

$$\frac{1}{t_a} + \frac{1}{t_b} + \frac{1}{t_c} \geqslant \frac{2}{\sqrt{3}}\left(\frac{1}{a}+\frac{1}{b}+\frac{1}{c}\right)$$

$$m_a + m_b + m_c > \frac{3}{4}(a+b+c)$$

$$m_a + m_b + m_c \leqslant \frac{3}{2}\sqrt{a^2+b^2+c^2}$$

可以得到一系列排序结果:

(1) $\frac{\pi p}{3} \leqslant aA + bB + cC < \frac{\pi}{2}p\ (p=a+b+c\ \text{为周长})$;

(2) $a\sin A + b\sin B + c\sin C \geqslant \frac{\sqrt{3}}{2}p$;

(3) $a\cos A + b\cos B + c\cos C \leqslant \frac{1}{2}p$;

(4) $A\sin A + B\sin B + C\sin C < \pi$;

(5) $Ah_a + Bh_b + Ch_c \leqslant \frac{\sqrt{3}}{6}\pi p$;

(6) $\frac{a}{h_a} + \frac{b}{h_b} + \frac{c}{h_c} \geqslant 2\sqrt{3}$;

(7) $\frac{\sin A}{h_a} + \frac{\sin B}{h_b} + \frac{\sin C}{h_c} \geqslant \frac{\sqrt{3}}{4} \cdot \frac{p}{\Delta} \geqslant \frac{\sqrt{3}}{R}$;

(8) $at_a + bt_b + ct_c \leqslant \frac{\sqrt{3}}{6}p^2$;

(9) $\frac{a}{t_a} + \frac{b}{t_b} + \frac{c}{t_c} \geqslant 2\sqrt{3}$;

178

第 15 章 排序不等式的应用

(10) $\dfrac{A}{t_a}+\dfrac{B}{t_b}+\dfrac{C}{t_c}\geqslant \dfrac{2\sqrt{3}\pi}{p}$；

(11) $t_a\sin A+t_b\sin B+t_c\sin C\leqslant \dfrac{3}{4}p$；

(12) $\dfrac{m_a}{a}+\dfrac{m_b}{b}+\dfrac{m_c}{c}\geqslant \dfrac{3\sqrt{3}}{2}$；

(13) $am_a+bm_b+cm_c<\dfrac{1}{3}p^2$；

(14) $Am_a+Bm_b+Cm_c<\dfrac{\pi}{3}p$；

(15) $m_a\sin A+m_b\sin B+m_c\sin C\leqslant \dfrac{\sqrt{3}}{2}p$.

下面对其中的两式,给出其证明.

例 34 在 $\triangle ABC$ 中,求证

$$\dfrac{\pi}{3}p\leqslant aA+bB+cC<\dfrac{\pi}{2}p$$

证明 记 $M=aA+bB+cC$(M 为顺序和),则

$$M\geqslant aB+bC+cA$$
$$M\geqslant aC+bA+cB$$

三式相加,有

$$3M\geqslant a(A+B+C)+b(A+B+C)+c(A+B+C)=\pi(a+b+c)$$

所以

$$M\geqslant \dfrac{\pi}{3}p$$

又因为 $a<\dfrac{p}{2},b<\dfrac{p}{2},c<\dfrac{p}{2}$,所以

$$M<\dfrac{p}{2}A+\dfrac{p}{2}B+\dfrac{p}{2}C=\dfrac{\pi}{2}p$$

综上有 $\dfrac{\pi}{3}p\leqslant M<\dfrac{\pi}{2}p$.

例 35 在 $\triangle ABC$ 中,求证

$$\dfrac{\sin A}{h_a}+\dfrac{\sin B}{h_b}+\dfrac{\sin C}{h_c}\geqslant \dfrac{\sqrt{3}}{R}$$

证明 上式左边为顺序和,记为 M. 由切比雪夫不等式有

$$M\geqslant \dfrac{1}{3}\left(\dfrac{1}{h_a}+\dfrac{1}{h_b}+\dfrac{1}{h_c}\right)(\sin A+\sin B+\sin C)$$

Cauchy 不等式. 下

再由不等式 $\dfrac{1}{h_a}+\dfrac{1}{h_b}+\dfrac{1}{h_c}\geqslant \dfrac{2}{\sqrt{3}}\left(\dfrac{1}{a}+\dfrac{1}{b}+\dfrac{1}{c}\right)$ 及 $\sin A+\dfrac{a}{2R}$(正弦定理)有

$$M\geqslant \dfrac{1}{3}\cdot \dfrac{2}{\sqrt{3}}\left(\dfrac{1}{a}+\dfrac{1}{b}+\dfrac{1}{c}\right)\left(\dfrac{a}{2R}+\dfrac{b}{2R}+\dfrac{c}{2R}\right)=$$

$$\dfrac{1}{3\sqrt{3}R}\left(\dfrac{1}{a}+\dfrac{1}{b}+\dfrac{1}{c}\right)(a+b+c)\geqslant \dfrac{1}{3\sqrt{3}R}\cdot 3^2=\dfrac{\sqrt{3}}{R}$$

顺便指出，各式取等号的条件是 $\triangle ABC$ 为等边三角形.

例 36 $\triangle ABC$ 三边为 a,b,c，外接圆半径为 R，则

$$1+\dfrac{|(a-b)(b-c)(a-c)|}{abc}\leqslant \dfrac{3\sqrt{3}R}{\sum a} \quad (15.36)$$

当且仅当 $\triangle ABC$ 为正三角形时，式(15.36)取等号.

证明 不妨设 $a\geqslant b\geqslant c$，则式(15.36)变为

$$\dfrac{abc\cdot \sum a}{abc}+\dfrac{(\sum a)(a-b)(b-c)(a-c)}{abc}\leqslant 3\sqrt{3}R\Leftrightarrow$$

$$\dfrac{ab(a^2-b^2+c^2)+bc(a^2+b^2-c^2)+ca(-a^2+b^2+c^2)}{abc}\leqslant 3\sqrt{3}R\Leftrightarrow$$

$$\sum \sin A\cos B\leqslant \dfrac{3\sqrt{3}}{4} \quad (15.37)$$

今证式(15.37)成立.

由所设 $a\geqslant b\geqslant c$，有 $\sin A\geqslant \sin B\geqslant \sin C$，$\cos A\leqslant \cos B\leqslant \cos C$，因此根据排序不等式得到

$\sin A\cos B+\sin B\cos C+\sin C\cos A\leqslant$

$\sin A\cos C+\sin B\cos B+\sin C\cos A=$

$\sin B+\sin B\cos B=$

$4\sin \dfrac{B}{2}\cos^3 \dfrac{B}{2}=$

$\sqrt{\dfrac{16}{3}\cdot 3\sin^2 \dfrac{B}{2}\cdot \cos^2 \dfrac{B}{2}\cdot \cos^2 \dfrac{B}{2}\cdot \cos^2 \dfrac{B}{2}}\leqslant$

$\sqrt{\dfrac{16}{3}\cdot \left(\dfrac{3}{4}\right)^4}=\dfrac{3\sqrt{3}}{4}$

当且仅当 $A=B=C=\dfrac{\pi}{3}$ 时取等号，从而式(15.37)成立.

第 15 章 排序不等式的应用

式(15.36)获证.

注 式(15.37)又等价于下面代数不等式:设 $x,y,z \in \mathbf{R}$,且 $y+z, z+x, x+y, \sum yz$ 均为正数,则

$$\frac{x}{\sqrt{x+y}} + \frac{y}{\sqrt{y+z}} + \frac{z}{\sqrt{z+x}} \leqslant \frac{3\sqrt{3}}{4} \cdot \sqrt{\frac{\prod(y+z)}{\sum yz}} \tag{15.38}$$

当且仅当 $x=y=z$ 时,式(15.38)取等号.

例 37 (2014 年越南数学奥林匹克试题)记 x,y,z 为正实数,求下述表达式的最大值

$$P = \frac{x^3 y^4 z^3}{(x^4+y^4)(xy+z^2)^3} + \frac{y^3 z^4 x^3}{(y^4+z^4)(yz+x^2)^3} + \frac{z^3 x^4 y^3}{(z^4+x^4)(zx+y^2)^3}$$

证明 先证明最大值为 $\frac{3}{16}$.

事实上,由

$$x^4 + y^4 \geqslant xy(x^2+y^2) \text{ 及 } (xy+z^2)^2 \geqslant 4xyz^2$$

有

$$(x^4+y^4)(xy+z^2)^3 \geqslant$$
$$4x^2 y^2 z^2 (x^2+y^2)(xy+z^2) \geqslant$$
$$4x^2 y^2 z^2 (z^2 x^2 + z^2 y^2 + 2x^2 y^2)$$

故

$$\frac{x^3 y^4 z^3}{(x^4+y^4)(xy+z^2)^3} \leqslant \frac{xy^2 z}{4(z^2 x^2 + z^2 y^2 + 2x^2 y^2)}$$

再证明 $\sum \frac{xy^2 z}{z^2 x^2 + z^2 y^2 + 2x^2 y^2} \leqslant \frac{3}{4}$.

令 $a=xy, b=yz, c=zx$,即要证 $\sum \frac{ab}{2a^2+b^2+c^2} \leqslant \frac{3}{4}$.

若 $a \geqslant b \geqslant c$,则 $ab \geqslant ac \geqslant bc$,且

$$\frac{1}{2c^2+a^2+b^2} \geqslant \frac{1}{2b^2+c^2+a^2} \geqslant \frac{1}{2a^2+b^2+c^2}$$

根据排序不等式知

$$\sum \frac{ab}{2a^2+b^2+c^2} \leqslant \sum \frac{ab}{2c^2+a^2+b^2}$$

又根据均值不等式及柯西不等式知

Cauchy 不等式. 下

$$4\sum \frac{ab}{2c^2+a^2+b^2} \leqslant \sum \frac{(a+b)^2}{2c^2+a^2+b^2} \leqslant$$
$$\sum \left(\frac{a^2}{c^2+a^2}+\frac{b^2}{c^2+b^2}\right) = 3$$

其他情形类似可证明.

当且仅当 $x=y=z$ 时,上式等号成立.

第15章 排序不等式的应用

习题十五

1. (2002年加拿大数学奥林匹克试题)证明:对于任意正实数 a,b,c 均有 $\dfrac{a^3}{bc}+\dfrac{b^3}{ca}+\dfrac{c^3}{ab}\geqslant a+b+c$.

2. (2007年中欧数学奥林匹克试题)已知 a,b,c,d 是正实数,且满足 $a+b+c+d=4$,证明: $a^2bc+b^2cd+c^2da+d^2ab\leqslant 4$.

3. (第29届俄罗斯数学奥林匹克试题)设 a,b,c 是正数,它们的和等于1,证明: $\dfrac{1}{1-a}+\dfrac{1}{1-b}+\dfrac{1}{1-c}\geqslant \dfrac{2}{1+a}+\dfrac{2}{1+b}+\dfrac{2}{1+c}$.

4. (2002年爱尔兰数学奥林匹克试题)设 $0<x,y,z<1$,证明: $\dfrac{x}{1-x}+\dfrac{y}{1-y}+\dfrac{z}{1-z}\geqslant \dfrac{3\sqrt[3]{xyz}}{1-\sqrt[3]{xyz}}$.

5. (2005年乌克兰数学奥林匹克试题)设 $x,y,z\in\left(0,\dfrac{\pi}{2}\right)$,证明: $x+y+z\geqslant x\left(\dfrac{\sin y}{\sin x}\right)+y\left(\dfrac{\sin z}{\sin y}\right)+z\left(\dfrac{\sin x}{\sin z}\right)$.

6. (1988年全苏数学奥林匹克试题)设 α,β,γ 是一个三角形的三个内角.求证: $2\left(\dfrac{\sin\alpha}{\alpha}+\dfrac{\sin\beta}{\beta}+\dfrac{\sin\gamma}{\gamma}\right)\leqslant \left(\dfrac{1}{\beta}+\dfrac{1}{\gamma}\right)\sin\alpha+\left(\dfrac{1}{\gamma}+\dfrac{1}{\alpha}\right)\sin\beta+\left(\dfrac{1}{\alpha}+\dfrac{1}{\beta}\right)\sin\gamma$.

7. 正数 a,b,c 满足 $abc=1$,n 为正整数,求证:

    (1) $\dfrac{1}{1+2a}+\dfrac{1}{1+2b}+\dfrac{1}{1+2c}\geqslant 1$;

    (2) $\dfrac{c^n}{a+b}+\dfrac{b^n}{c+a}+\dfrac{a^n}{b+c}\geqslant \dfrac{3}{2}$.

8. 设 $a_1,a_2,\cdots,a_n$ 是满足 $\sum_{i=1}^{n}a_i^2=S$ 的正实数,求证

$$\dfrac{a_1^3}{a_2+a_3+\cdots+a_n}+\dfrac{a_2^3}{a_1+a_3+\cdots+a_n}+\cdots+\dfrac{a_n^3}{a_1+a_2+\cdots+a_{n-1}}\geqslant \dfrac{S}{n-1}$$

9. (2003年亚太地区数学奥林匹克试题)设 a,b,c 是一个三角形的三条边的边长,且 $a+b+c=1$,若正整数 $n\geqslant 2$,证明

$$\sqrt[n]{a^n+b^n}+\sqrt[n]{b^n+c^n}+\sqrt[n]{c^n+a^n}<1+\dfrac{\sqrt[n]{2}}{2}$$

Cauchy 不等式. 下

10. 设正实数 a,b,c 满足 $a^3+b^3+c^3=3$. 证明
$$\frac{ab+a}{a^2+a+3}+\frac{bc+b}{b^2+b+3}+\frac{ca+c}{c^2+c+3}\leqslant\frac{6}{5}$$

11. 设 $x,y,z\in\mathbf{R}_+$,且满足 $xyz=1,a>0$. 证明
$$\sum\frac{x^{a+3}+y^{a+3}}{x^2+xy+y^2}\geqslant 2.$$

12. 设 $x_i,y_i\in[a,b](0<a<b,i=1,2,\cdots,n),\sum_{i=1}^{n}x_i^2=\sum_{i=1}^{n}y_i^2$. 证明
$$\sum_{i=1}^{n}\frac{x_i^3}{y_i}+\sum_{i=1}^{n}\frac{y_i^3}{x_i}+2\sum_{i=1}^{n}x_iy_i<4n\cdot\frac{a^4b+b^5}{a^3+ab^2}$$

13. 已知 $0\leqslant a_1\leqslant a_2\leqslant\cdots\leqslant a_n\leqslant 1$,求 $\sum_{1\leqslant i<j\leqslant n}(a_j-a_i+1)^2+4\sum_{i=1}^{n}a_i^2$ 的最大值.

14. 找出所有的整数 m,使得 $m\times m$ 的正方形可被分割成五个矩形子块,使得其各边长恰为 $1,2,\cdots,10$ 的一个排列.

第16章 排序思想的应用

当一个数学问题出现多个元素时,若按一定的规则将其重新排列,做出有序化假设,是一种有效的"增设已知条件". 例如,当我们说"不妨设……"时,实际上是在给题目增加已知条件(增设),这种增设不改变题意并且有助于解题,排序本身就给问题增加了一个不等式条件,这样就可以降低问题的抽象度或复杂性,并提供了一个解题的突破口. 这种解决问题的方式,通常称为排序思想. 先看下面的问题.

例1 给定 20 个互不相等的正整数,它们均不超过 100. 求证:它们两两相减(大数减小数)所得的差中,至少有 3 个相等.

分析 20 个正整数两两相减,其差有 $C_{20}^2 = 190$(个),它们都大于 0,且这些差都介于 1 到 99 之间,共有 99 个值. 现在这 190 个差,只有 99 个值,按抽屉原理,这 190 个差中可以没有 3 个差相等. "正难则反",因此,不妨从反面考虑,通过计算来构造矛盾. 虽然我们并不知道给定的 20 个数是哪些数,但可以用字母表示这些数.

证明 作有序化假设,记这 20 个互不相等的正整数从小到大依次为 $a_1 < a_2 < \cdots < a_{20}$.

若命题不成立,则

$$a_{20} - a_{19}, a_{19} - a_{18}, \cdots, a_2 - a_1$$

这 19 个正整数中也没有 3 个相同.

从而 1,2,3,4,5,6,7,8,9 在其中最多出现 2 次. 故

Cauchy 不等式. 下

$$100 < a_{20} - a_1 = (a_{20} - a_{19}) + (a_{19} - a_{18}) + \cdots + (a_2 - a_1) \geq$$
$$2(1 + 2 + \cdots + 9) + 10 = 100$$

矛盾. 因而命题得证.

从上面的问题的解答可以看出, 一般地, 如果一个数学问题涉及一批可以比较大小的对象(实数, 长度, 角度等), 它们之间没有事先规定顺序, 那么, 在解题时, 可以假定它们能按某种顺序(数的大小, 线段的长短, 角的大小等)排列起来, 排列之后, 常有助于思考, 因此, 排序思想也是一种重要的解题策略. 下面通过一些具体例子加以说明.

1. 在解不定方程中的应用

例 2 (1989 年苏州市高中数学竞赛试题)求不定方程
$$x^x + y^y + z^z + u^u = w^w$$
的所有正整数解.

解 设 (x, y, z, u, w) 是方程的一组正整数解, 于是由有序化思想, 可令 $0 < x \leq y \leq z \leq u$, 于是 $w \geq u + 1$, 且
$$4u^u \geq w^w \geq (u+1)^{u+1}$$
即
$$4 > 4 \cdot \frac{u^u}{(u+1)^u} \geq u + 1$$

可见 $u < 3$, 于是 $u = 1$ 或 $u = 2$.

当 $u = 1$ 时, 必有 $x = y = z = 1$, 于是 $w = 2$.

当 $u = 2$ 时, 则 $x^x + y^y + z^z + 2^2 \leq 4 \cdot 2^2 < 3^3 \leq w^w$.

因此, 经检验, 原方程有且仅有一解
$$x = y = z = u = 1, w = 2$$

说明: (1) 利用排序法, 可使未知量 x, y, z, u 的取值范围大大缩小. 排序后由于仅有两种情形, 从而使问题容易求解.

(2) 类似本题的解法, 可以求不定方程 $x! + y! + z! = w!$ 的所有正整数解. 答: $x = y = z = 2, w = 3$.

例 3 (1988 年全国初中数学联赛试题)求不定方程 $x_1 + x_2 + x_3 + x_4 + x_5 = x_1 x_2 x_3 x_4 x_5$ 的所有正整数解.

解 设 $(x_1, x_2, x_3, x_4, x_5)$ 是原方程的一个正整数解, 利用有序化思想, 可令 $0 < x_1 \leq x_2 \leq x_3 \leq x_4 \leq x_5$, 于是有
$$5x_1 \leq x_1 x_2 x_3 x_4 x_5 \leq 5x_5$$
即

第16章 排序思想的应用

$$x_1 x_2 x_3 x_4 \leqslant 5 \leqslant x_2 x_3 x_4 x_5 \qquad (16.1)$$

由式(16.1)及 $x_i(i=1,2,\cdots,5)$ 都是正整数,则恰有如下两种可能:

(1) $x_1=x_2=1, x_3=x_4=2$;

(2) $x_1=x_2=x_3=1, x_4 \leqslant 5$.

在(1)时,得 $x_5=2$;在(2)时,得 $(x_4-1)(x_5-1)=4$,于是有 $x_4=x_5=3$ 或 $x_4=2, x_5=5$. 经验证, $x_1=x_2=1, x_3=x_4=x_5=2$ 及 $x_1=x_2=x_3=1, x_4=x_5=3$ 及 $x_1=x_2=x_3=1, x_4=2, x_5=5$ 都是原方程的整数解. 因此,原方程的任一正整数解 $(x_1, x_2, x_3, x_4, x_5)$,其中 $x_1, \cdots, x_5$ 必是下面的三个数列 $1,1,2,2,2;1,1,1,3,3;1,1,1,2,5$ 之一的任一排列.

说明:本例针对原方程两端的对称性,利用有序化思想,使一般问题化归为特殊问题,从而便于求解.

例 4 求不定方程

$$\frac{1}{x}+\frac{1}{y}+\frac{1}{z}=\frac{5}{6} \qquad (16.2)$$

的正整数解的个数.

解 先令

$$1 \leqslant x \leqslant y \leqslant z \qquad (16.3)$$

于是 $\frac{1}{x} \geqslant \frac{1}{y} \geqslant \frac{1}{z}$,故由式(16.2)得

$$\frac{1}{x} < \frac{1}{x}+\frac{1}{y}+\frac{1}{z} \leqslant \frac{3}{x}$$

即

$$\frac{1}{x} < \frac{5}{6} \leqslant \frac{3}{x}$$

于是 $\frac{6}{5} < x \leqslant \frac{18}{5}$,故 $x=2$ 或 3.

(1) 当 $x=2$ 时,由式(16.2),(16.3)知 y 只能取 $2,3,4,5,6$,于是代入式(16.2)得

$$\frac{1}{z}=-\frac{1}{6}, 0, \frac{1}{12}, \frac{2}{15}, \frac{1}{6}$$

由于 z 是正整数,故 $z=12$ 或 6. 所以 $(x,y,z)=(2,4,12), (2,6,6)$.

(2) 当 $x=3$ 时,由式(16.2),(16.3)知 y 只能取 $3,4,5$,再

187

Cauchy 不等式·下

代入式(16.2)得 $\dfrac{1}{z} = \dfrac{1}{6}, \dfrac{1}{4}, \dfrac{3}{10}$. 由于 z 是正整数,故 $z=6$ 或 4. 所以 $(x,y,z) = (3,3,6), (3,4,4)$.

因 $(2,4,12)$ 中三数的任一排序都是式(16.2)的正整数解,故有 6 解,而 $(2,6,6), (3,4,4)$ 中每个三数的任一排列也都是式(16.2)的正整数解,于是就有 9 个解.

故不定方程(16.2)共有 15 个正整数解.

例 5 求方程组

$$\begin{cases} x - \dfrac{1}{y} = 1 \\ y - \dfrac{1}{z} = 1 \\ z - \dfrac{1}{x} = 1 \end{cases} \quad (16.4)$$

的实数解.

解 根据题设知 x, y, z 全不为 0,且由式(16.4)得

$$\begin{cases} xy - 1 = y \\ yz - 1 = z \\ xz - 1 = x \end{cases} \quad (16.5)$$

先令

$$x \geqslant y \geqslant z \quad (16.6)$$

由式(16.5)得

$$xz - 1 = x \geqslant xy - 1 = y \geqslant z = yz - 1$$

于是

$$xz \geqslant xy \geqslant yz \quad (16.7)$$

(1) 若 $x > 0$, 则由式(16.7)得 $z \geqslant y$, 又由式(16.6)得 $y = z$, 代入式(16.5)得 $x = y$, 即得 $x = y = z$.

(2) 若 $x < 0$, 则由式(16.6)得 $y < 0$, 由式(16.7)得 $x \leqslant z$, 再由式(16.6)得 $x = y = z$.

因此,由式(16.5)得一个方程 $x^2 - x - 1 = 0$, 解得

$$x = \dfrac{1 \pm \sqrt{5}}{2}$$

故原方程组的解为

第 16 章 排序思想的应用

$$x=y=z=\frac{1\pm\sqrt{5}}{2}$$

例 6 解方程组

$$\begin{cases} |a_1-a_2|x_2+|a_1-a_3|x_3+|a_1-a_4|x_4=1 \\ |a_2-a_1|x_1+|a_2-a_3|x_3+|a_2-a_4|x_4=1 \\ |a_3-a_1|x_1+|a_3-a_2|x_2+|a_3-a_4|x_4=1 \\ |a_4-a_1|x_1+|a_4-a_2|x_2+|a_4-a_3|x_3=1 \end{cases}$$

其中 a_1,a_2,a_3,a_4 是不相等的实数.

分析 注意到方程组中交换各数的下标时,原方程组不变,不妨先把 a_1,a_2,a_3,a_4 有序化,令 $a_1>a_2>a_3>a_4$,于是可去掉方程组中系数的绝对值符号,即

$$\begin{cases} (a_1-a_2)x_2+(a_1-a_3)x_3+(a_1-a_4)x_4=1 & (16.8) \\ (a_1-a_2)x_1+(a_2-a_3)x_3+(a_2-a_4)x_4=1 & (16.9) \\ (a_1-a_3)x_1+(a_2-a_3)x_2+(a_3-a_4)x_4=1 & (16.10) \\ (a_1-a_4)x_1+(a_2-a_4)x_2+(a_3-a_4)x_3=1 & (16.11) \end{cases}$$

再由 (16.8)−(16.9),(16.9)−(16.10),(16.10)−(16.11),并利用 $a_1>a_2>a_3>a_4$ 的性质,可得

$$\begin{cases} x_2+x_3+x_4=x_1 \\ -x_2+x_3+x_4=x_1 \\ -x_2-x_3+x_4=x_1 \end{cases}$$

解之,得

$$x_1=x_4=\frac{1}{a_1-a_4}, x_2=x_3=0$$

解 设 $a_{t_1}>a_{t_2}>a_{t_3}>a_{t_4}$ (t_1,t_2,t_3,t_4 是 1,2,3,4 的某一排列). 利用上述分析,即可解得

$$x_{t_1}=x_{t_4}=\frac{1}{a_1-a_4}, x_{t_2}=x_{t_3}=0$$

例 7 (1987 年中国国家队选拔赛试题)试求所有正整数 n,使方程

$$x^3+y^3+z^3=nx^2y^2z^2 \qquad (16.12)$$

有正整数解.

解 不妨设 $x\geqslant y\geqslant z$,则

$$3x^3\geqslant x^3+y^3+z^3=nx^2y^2z^2$$

189

Cauchy 不等式·下

故
$$3x \geq ny^2z^2 \tag{16.13}$$

因为 $y, z \in \mathbf{Z}$,所以
$$1+y^3z^3 \geq y^3+z^3 = nx^2y^2z^2-x^3 = x^2(ny^2z^2-x) \geq x^2$$

即
$$1+y^3z^3 \geq x^2 \tag{16.14}$$

由式(16.13),(16.14)得
$$9(1+y^3z^3) \geq 9x^2 \geq n^2y^4z^4 \tag{16.15}$$

(1)若 $yz>1$,则 $y^4z^4>1+y^3z^3$. 由式(16.15)得 $9>n^2$. 故 $n=1$ 或 2.

(2)若 $yz=1$,则由式(16.15)得 $18 \geq n^2$. 即 $n \leq 4$.

这样,已证明了式(16.12)在 $n>4$ 时无正整数解. 下面就 $n=1,2,3,4$ 分别进行讨论.

① $n=1$ 时,式(16.12)有解
$$x=3, y=2, z=1$$

② $n=2$ 时,式(16.12)化为
$$x^3+y^3+z^3 = 2x^2y^2z^2 \tag{16.16}$$

由式(16.15)得 $9(1+y^3z^3) \geq 4y^4z^4$. 所以 $yz \leq 2$.

1°. 若 $yz=1$,则式(16.16)化为
$$x^3+2 = 2x^2$$

此方程若有解,则 x 为偶数,从而 $2x^2-x^3$ 为 4 的倍数,不能等于 2,矛盾. 故方程(16.16)无解.

2°. 若 $yz=2$,则式(16.16)化为
$$x^3+9 = 8x^2$$

即
$$(x+1)(x^2-9x+9) = 0$$

此时上式无正整数解,所以式(16.16)无解.

③ $n=3$ 时,式(16.12)有解
$$x=y=z=1$$

④ $n=4$ 时,式(16.12)化为
$$x^3+y^3+z^3 = 4x^2y^2z^2 \tag{16.17}$$

由(2)知 $yz=1$,故式(16.17)化为
$$x^3+2 = 4x^2$$

第16章　排序思想的应用

若上式有解,则 x 为偶数.而 $4x^2-x^3$ 为 4 的倍数,矛盾.故此时式(16.12)无解.

综上知,当 $n=1$ 或 3 时,式(16.12)有正整数解.

2. 在证明不等式中的应用

例 8　(1992 年第 24 届加拿大数学奥林匹克试题)已知 $x,y,z>0$,证明:不等式
$$x(x-z)^2+y(y-z)^2\geqslant(x-z)(y-z)(x+y-z)$$
并确定等号何时成立.

证法一　原不等式等价于
$$x^3+y^3+z^3+3xyz\geqslant x^2y+xy^2+y^2z+yz^2+z^2x+zx^2\Leftrightarrow$$
$$x(x-y)(x-z)+y(y-x)(y-z)+z(z-x)(z-y)\geqslant 0$$
$$(16.18)$$

式(16.18)是关于 x,y,z 对称的.不妨设 $x\geqslant y\geqslant z$,令
$$x=z+\delta_1,y=z+\delta_2,\delta_1\geqslant\delta_2\geqslant 0$$

那么式(16.18)即为
$$(z+\delta_1)(\delta_1-\delta_2)\delta_1+(z+\delta_2)(\delta_2-\delta_1)\delta_2+z\delta_1\delta_2\geqslant 0\Leftrightarrow$$
$$(\delta_1-\delta_2)[(z+\delta_1)\delta_1-(z+\delta_2)\delta_2]+z\delta_1\delta_2\geqslant 0\quad(16.19)$$

式(16.19)显然成立,从而式(16.18)成立,命题得证.由(16.19)知当且仅当 $\delta_1=\delta_2=0$ 时,即 $x=y=z$ 时等号成立.

证法二　原不等式即
$$x^3+y^3+z^3+3xyz\geqslant x^2y+xy^2+y^2z+yz^2+z^2x+zx^2$$

由对称性,可设 $x\geqslant z\geqslant y$,于是
$$x(x-z)^2+y(y-z)^2\geqslant 0\geqslant(x-z)(y-z)(x+y-z)$$

当且仅当 $x=y=z$ 时等号成立.

评注:不等式(16.18)即为舒尔(Schur)不等式
$$x^r(x-y)(x-z)+y^r(y-x)(y-z)+z^r(z-x)(z-y)\geqslant 0$$
在 $r=1$ 时的特例.

例 9　设 $a,b,c\geqslant 0$,则
$$\sum\frac{1}{4b^2+4c^2-bc}\geqslant\frac{9}{7\sum a^2}$$
当且仅当 $a=b=c$,或 a,b,c 中有一个为零,其余两个相等时,取等号.

证明　由对称性,可设 $a\geqslant b\geqslant c\geqslant 0$,则

191

Cauchy 不等式. 下

$$\sum \frac{7(a^2+b^2+c^2)}{4b^2+4c^2-bc} - 9 =$$

$$\left[2\sum \frac{a^2+b^2+c^2}{b^2+c^2} - 9\right] - \left[2\sum \frac{a^2+b^2+c^2}{b^2+c^2} - \sum \frac{7(a^2+b^2+c^2)}{4b^2+4c^2-bc}\right] =$$

$$\frac{2\sum a^6 - \sum a^4(b^2+c^2)}{\prod(b^2+c^2)} - \sum a^2 \cdot \sum \left(\frac{2}{b^2+c^2} - \frac{7}{4b^2+4c^2-bc}\right) =$$

$$\sum \frac{(b+c)^2(b-c)^2}{(c^2+a^2)(a^2+b^2)} - \sum \frac{(a^2+b^2+c^2)(b-c)^2}{(b^2+c^2)(4b^2+4c^2-bc)} =$$

$$\sum \left\{\left[\frac{(b+c)^2}{(c^2+a^2)(a^2+b^2)} - \frac{a^2+b^2+c^2}{(b^2+c^2)(4b^2+4c^2-bc)}\right](b-c)^2\right\}$$

由上可知,只需证

$$\sum \left\{\left[\frac{(b+c)^2}{(c^2+a^2)(a^2+b^2)} - \frac{a^2+b^2+c^2}{(b^2+c^2)(4b^2+4c^2-bc)}\right](b-c)^2\right\} \geqslant 0$$

即证

$$\sum \left\{\left[(b+c)^2(b^2+c^2)(4b^2+4c^2-bc) - (c^2+a^2)(a^2+b^2)(a^2+b^2+c^2)\right] \cdot \frac{(b-c)^2}{4b^2+4c^2-bc}\right\} \geqslant 0 \tag{16.20}$$

另外,由 $a \geqslant b \geqslant c \geqslant 0$,易得到

$$\frac{(a-c)^2}{4c^2+4a^2-ca} \geqslant \frac{(b-c)^2}{4b^2+4c^2-bc}$$

及

$$(a+b)^2(a^2+b^2)(4a^2+4b^2-ab) -$$
$$(b^2+c^2)(c^2+a^2)(a^2+b^2+c^2) \geqslant 0$$
$$(c+a)^2(c^2+a^2)(4c^2+4a^2-ca) -$$
$$(a^2+b^2)(b^2+c^2)(a^2+b^2+c^2) \geqslant 0$$

因此

式(16.20)左边 $\geqslant [(c+a)^2(c^2+a^2)(4c^2+4a^2-ca) -$
$$(a^2+b^2)(b^2+c^2)(a^2+b^2+c^2) +$$
$$(b+c)^2(b^2+c^2)(4b^2+4c^2-bc) -$$
$$(c^2+a^2)(a^2+b^2)(a^2+b^2+c^2)] \cdot \frac{(b-c)^2}{4b^2+4c^2-bc} \geqslant$$
$$[(10a^2c^4+14a^3c^3+10a^4c^2+7a^5c+4a^6) +$$
$$(10b^2c^4+14b^3c^3+10b^4c^2+7b^5c+4b^6) -$$

第16章 排序思想的应用

$$2(a^2+b^2)c^4-3(a^2+b^2)^2c^2-(a^2+b^2)^3]\cdot\frac{(b-c)^2}{4b^2+4c^2-bc}\geqslant 0$$

故式(16.20)成立,原命题获证.由上式证明易知取等号条件.

例10 (2000年第29届美国数学奥林匹克试题)证明:对所有正实数 a,b,c,有

$$(a^3+b^3+abc)^{-1}+(b^3+c^3+abc)^{-1}+(c^3+a^3+abc)^{-1}\leqslant (abc)^{-1}$$

证明 去分母并化简,原不等式等价于

$$a^6(b^3+c^3)+b^6(c^3+a^3)+c^6(a^3+b^3)\geqslant 2a^2b^2c^2(a^3+b^3+c^3) \quad (16.21)$$

由对称性,不妨设 $a\geqslant b\geqslant c$.

因为

$$2a^2b^2c^2(a^3+b^3+c^3)\leqslant (a^4+b^4)c^5+(b^4+c^4)a^5+(c^4+a^4)b^5$$

而

$$a^6(b^3+c^3)+b^6(c^3+a^3)+c^6(a^3+b^3)-$$
$$(a^4+b^4)c^5-(b^4+c^4)a^5-(c^4+a^4)b^5=$$
$$a^5b^3(a-b)+a^5c^3(a-c)-b^5a^3(a-b)+$$
$$b^5c^3(b-c)-c^5a^3(a-c)-c^5b^3(b-c)=$$
$$(a-b)a^3b^3(a^2-b^2)+(a-c)a^3c^3(a^2-c^2)+(b-c)b^3c^3(b^2-c^2)\geqslant 0$$

所以不等式(16.21)成立.

例11 (2004年中国西部数学奥林匹克试题)求证:对任意正实数 a,b,c,都有

$$1<\frac{a}{\sqrt{a^2+b^2}}+\frac{b}{\sqrt{b^2+c^2}}+\frac{c}{\sqrt{c^2+a^2}}\leqslant \frac{3}{2}\sqrt{2}$$

证明 令 $x=\frac{b^2}{a^2}, y=\frac{c^2}{b^2}, z=\frac{a^2}{c^2}$.则 $x,y,z\in\mathbf{R}_+, xyz=1$.

于是,只需证明

$$1<\frac{1}{\sqrt{1+x}}+\frac{1}{\sqrt{1+y}}+\frac{1}{\sqrt{1+z}}\leqslant\frac{3\sqrt{2}}{2}$$

不妨设 $x\leqslant y\leqslant z$. 令 $A=xy$,则 $z=\frac{1}{A}, A\leqslant 1$. 故

$$\frac{1}{\sqrt{1+x}}+\frac{1}{\sqrt{1+y}}+\frac{1}{\sqrt{1+z}}>\frac{1}{\sqrt{1+x}}+\frac{1}{\sqrt{1+\frac{1}{x}}}=\frac{1+\sqrt{x}}{\sqrt{1+x}}>1$$

Cauchy 不等式. 下

设 $u = \dfrac{1}{\sqrt{1+A+x+\frac{A}{x}}}$,则 $u \in \left(0, \dfrac{1}{1+\sqrt{A}}\right]$,当且仅当 $x = \sqrt{A}$ 时,$u = \dfrac{1}{1+\sqrt{A}}$. 于是

$$\left(\dfrac{1}{\sqrt{1+x}} + \dfrac{1}{\sqrt{1+y}}\right)^2 = \left(\dfrac{1}{\sqrt{1+x}} + \dfrac{1}{\sqrt{1+\frac{A}{x}}}\right)^2 =$$

$$\dfrac{1}{1+x} + \dfrac{1}{1+\frac{A}{x}} + \dfrac{2}{\sqrt{1+A+x+\frac{A}{x}}} =$$

$$\dfrac{2+x+\frac{A}{x}}{1+A+x+\frac{A}{x}} + \dfrac{2}{\sqrt{1+A+x+\frac{A}{x}}} =$$

$$1+(1-A)u^2+2u$$

令 $f(u) = (1-A)u^2 + 2u + 1$. 则 $f(u)$ 在 $u \in \left(0, \dfrac{1}{1+\sqrt{A}}\right]$ 上是增函数,所以

$$\dfrac{1}{\sqrt{1+x}} + \dfrac{1}{\sqrt{1+y}} \leqslant \sqrt{f\left(\dfrac{1}{1+\sqrt{A}}\right)} = \dfrac{2}{\sqrt{1+\sqrt{A}}}$$

令 $\sqrt{A} = v$. 则

$$\dfrac{1}{\sqrt{1+x}} + \dfrac{1}{\sqrt{1+y}} + \dfrac{1}{\sqrt{1+z}} \leqslant$$

$$\dfrac{2}{\sqrt{1+\sqrt{A}}} + \dfrac{1}{\sqrt{1+\frac{1}{A}}} = \dfrac{2}{\sqrt{1+v}} + \dfrac{\sqrt{2}\,v}{\sqrt{2(1+v^2)}} \leqslant$$

$$\dfrac{2}{\sqrt{1+v}} + \dfrac{\sqrt{2}\,v}{1+v} = \dfrac{2}{\sqrt{1+v}} + \sqrt{2} - \dfrac{\sqrt{2}}{1+v} =$$

$$-\sqrt{2}\left(\dfrac{1}{\sqrt{1+v}} - \dfrac{\sqrt{2}}{2}\right)^2 + \dfrac{3\sqrt{2}}{2} \leqslant \dfrac{3\sqrt{2}}{2}$$

例 12 已知 $a, b, c \geqslant 0$,则

$$(a^2 - bc)\sqrt{a^2 + 4bc} + (b^2 - ca)\sqrt{b^2 + 4ca} +$$
$$(c^2 - ab)\sqrt{c^2 + 4ab} \geqslant 0$$

第16章 排序思想的应用

证明 由对称性,设 $a \geqslant b \geqslant c$,且记

$$x = (a^2 - bc)(b+c), y = (b^2 - ca)(c+a), z = (c^2 - ab)(a+b)$$

$$A = \frac{\sqrt{a^2 + 4bc}}{b+c}, B = \frac{\sqrt{b^2 + 4ca}}{c+a}, C = \frac{\sqrt{c^2 + 4ab}}{a+b}$$

则容易验证

$$x + y + z = 0, x \geqslant 0, z \leqslant 0$$

又 $x - y = ab(a-b) + 2(a^2 - b^2)c + (a-b)c^2 \geqslant 0$

及

$$A^2 - B^2 = \frac{a^4 - b^4 + 2(a^3 - b^3)c + (a^2 - b^2)c^2 + 4abc(a-b) - 4(a-b)c^3}{(b+c)^2(c+a)^2} \geqslant$$

$$\frac{4abc(a-b) - 4(a-b)c^3}{(b+c)^2(c+a)^2} = \frac{4c(a-b)(ab - c^2)}{(b+c)^2(c+a)^2} \geqslant 0$$

即有 $A - B \geqslant 0$.

又易知有

$$2(Ax + By + Cz) = (A-B)(x-y) - (A+B-2C)z$$

由上已知 $A - B \geqslant 0, x - y \geqslant 0, z \leqslant 0$,因此,若能证 $A + B - 2C \geqslant 0$,则

$$Ax + By + Cz \geqslant 0$$

即可证得原式.

要证 $A + B - 2C \geqslant 0$,由 $A + B \geqslant 2\sqrt{AB}$ 知,只要证 $AB \geqslant C^2$,又由于

$$AB = \frac{\sqrt{a^2 + 4bc} \cdot \sqrt{b^2 + 4ca}}{(b+c)(c+a)} \geqslant \frac{ab + 4c\sqrt{ab}}{(b+c)(c+a)}$$

因此,只要证

$$\frac{ab + 4c\sqrt{ab}}{(b+c)(c+a)} \geqslant \frac{c^2 + 4ab}{(a+b)^2} \Leftrightarrow$$

$$(a+b)^2(ab + 4c\sqrt{ab}) \geqslant (b+c)(c+a)(c^2 + 4ab) \Leftrightarrow$$

$$ab(a-b)^2 + 2c\sqrt{ab}(a+b)(\sqrt{a} - \sqrt{b})^2 +$$

$$[(a+b)^2\sqrt{ab} - (b+c)(c+a)c] +$$

$$c\sqrt{ab}[(a+b)^2 - 4c\sqrt{ab}] \geqslant 0$$

此式在 $a \geqslant b \geqslant c$ 情况下显然成立.原命题获证.由证明中知,当且仅当 $a = b = c$ 或 a, b, c 中有一个为零,其余两个相等时原不等式取等号.

195

Cauchy 不等式. 下

例 13 (2008年中国国家队集训测试题)设 $x,y,z \in \mathbf{R}_+$,求证

$$\frac{xy}{z}+\frac{yz}{x}+\frac{zx}{y} > 2\sqrt[3]{x^3+y^3+z^3}.$$

证法一 欲证的不等式等价于

$$\left(\frac{xy}{z}+\frac{yz}{x}+\frac{zx}{y}\right)^3 > 8(x^3+y^3+z^3) \Leftrightarrow$$

$$\left(\frac{xy}{z}\right)^3+\left(\frac{yz}{x}\right)^3+\left(\frac{zx}{y}\right)^3+6xyz+3x^3\left(\frac{y}{z}+\frac{z}{y}\right)+$$

$$3y^3\left(\frac{x}{z}+\frac{z}{x}\right)+3z^3\left(\frac{y}{x}+\frac{x}{y}\right) > 8(x^3+y^3+z^3)$$

因为 $\frac{y}{z}+\frac{z}{y} \geq 2, \frac{x}{z}+\frac{z}{x} \geq 2, \frac{y}{x}+\frac{x}{y} \geq 2$,所以只需证

$$\left(\frac{xy}{z}\right)^3+\left(\frac{yz}{x}\right)^3+\left(\frac{zx}{y}\right)^3+6xyz > 2(x^3+y^3+z^3)$$

(16.22)

不妨设 $x \geq y \geq z$,记 $f(x,y,z)=\left(\frac{xy}{z}\right)^3+\left(\frac{yz}{x}\right)^3+\left(\frac{zx}{y}\right)^3+6xyz-2(x^3+y^3+z^3)$,下证 $f(x,y,z)-f(y,y,z) \geq 0, f(y,y,z) > 0$.

事实上

$$f(x,y,z)-f(y,y,z)=$$

$$\left(\frac{xy}{z}\right)^3+\left(\frac{yz}{x}\right)^3+\left(\frac{zx}{y}\right)^3+6xyz-2(x^3+y^3+z^3)-$$

$$\left[\left(\frac{y^2}{z}\right)^3+z^3+z^3+6y^2z-2(y^3+y^3+z^3)\right]=$$

$$\left(\frac{xy}{z}\right)^3-\frac{y^6}{z^3}+\left(\frac{yz}{x}\right)^3+\left(\frac{zx}{y}\right)^3-2z^3+6yz(x-y)-2(x^3-y^3)=$$

$$(x^3-y^3)\left[\frac{y^3}{z^3}+\frac{z^3}{y^3}-2+\frac{6yz}{x^2+xy+y^2}-\frac{z^3}{x^3}\right]$$

而 $x^3-y^3 \geq 0, \frac{y^3}{z^3}+\frac{z^3}{y^3} \geq 2, \frac{6yz}{x^2+xy+y^2}-\frac{z^3}{x^3} \geq \frac{2yz}{x^2}-\frac{z^3}{x^3}=\frac{z(2xy-z^2)}{x^3} > 0$,所以 $f(x,y,z)-f(y,y,z) \geq 0$.

又

第16章 排序思想的应用

$$f(y,y,z) = \left(\frac{y^2}{z}\right)^3 + z^3 + z^3 + 6y^2z - 2(y^3 + y^3 + z^3) =$$
$$\frac{y^6}{z^3} + 2y^2z + 2y^2z + 2y^2z - 4y^3 \geqslant$$
$$4\sqrt[4]{2^3 y^{12}} - 4y^3 = 4(\sqrt[4]{8} - 1)y^3 > 0$$

从而式(16.22)得证,原命题得证.

证法二 记 $\frac{xy}{z}=a^2, \frac{yz}{x}=b^2, \frac{zx}{y}=c^2$,则 $y=ab, z=bc, x=ca$. 原不等式等价于

$$(a^2+b^2+c^2)^3 > 8(a^3b^3+b^3c^3+c^3a^3)$$

左边 $= \sum a^6 + 3\sum(a^4b^2+a^2b^4) + 6a^2b^2c^2 \geqslant$
$$4\sum(a^4b^2+a^2b^4) + 3a^2b^2c^2 \quad (舒尔不等式)$$

而 $4\sum(a^4b^2+a^2b^4) \geqslant$ 右边,所以原不等式成立.

例14 (1980年第9届美国数学奥林匹克试题)设 a,b,c 是区间 $[0,1]$ 中的数,证明

$$\frac{a}{b+c+1}+\frac{b}{c+a+1}+\frac{c}{a+b+1}+(1-a)(1-b)(1-c) \leqslant 1$$

证法一 不失一般性,设 $0 \leqslant a \leqslant b \leqslant c \leqslant 1$. 于是

$$\frac{a}{b+c+1}+\frac{b}{c+a+1}+\frac{c}{a+b+1} \leqslant \frac{a+b+c}{a+b+1}$$

因而,如果能证明

$$\frac{a+b+c}{a+b+1}+(1-a)(1-b)(1-c) \leqslant 1 \quad (16.23)$$

即可.

因为

$$(1+a+b)(1-a)(1-b) \leqslant (1+a+b+ab)(1-a)(1-b) =$$
$$(1-a^2)(1-b^2) \leqslant 1$$

所以不等式(16.23)的左边为

$$\frac{a+b+1}{a+b+1}+\frac{c-1}{a+b+1}+(1-a)(1-b)(1-c) =$$
$$1 - \frac{1-c}{a+b+1}[1-(1+a+b)(1-a)(1-b)] \leqslant 1$$

故不等式(16.23)成立,从而原不等式成立.

197

Cauchy 不等式. 下

证法二 欲证的不等式等价于
$$1-(1-a)(1-b)(1-c) \geqslant \frac{a}{1+b+c}+\frac{b}{1+c+a}+\frac{c}{1+a+b}$$

不妨设 $0 \leqslant a \leqslant b \leqslant c \leqslant 1$,那么 $1-a^2 \leqslant 1$,所以
$$1-a \leqslant \frac{1}{1+a}$$

同样
$$1-b \leqslant \frac{1}{1+b}$$
$$\frac{1}{1+a+b} \geqslant \frac{1}{(1+a)(1+b)} \geqslant (1-a)(1-b)$$

所以
$$1-(1-a)(1-b)(1-c) \geqslant 1-(1-c)\frac{1}{1+a+b}=\frac{a+b+c}{1+a+b}$$

因为 $0 \leqslant a \leqslant b \leqslant c \leqslant 1$,故
$$\frac{a}{b+c+1}+\frac{b}{c+a+1}+\frac{c}{a+b+1} \leqslant \frac{a+b+c}{1+a+b}$$

从而命题得证.

证法三 令
$$F(a,b,c)=\frac{a}{b+c+1}+\frac{b}{c+a+1}+\frac{c}{a+b+1}+(1-a)(1-b)(1-c)$$

于是要证明的就是 $F(a,b,c)$ 在 $0 \leqslant a,b,c \leqslant 1$ 范围内的最大值是 1.

固定 a,b,c 中的任意两个,$F(a,b,c)$ 的四项中每一项都是其余一个变量的下凸函数(极限情形是直线).例如固定 a,b, $F(a,b,c)$ 的第一、二项作为 c 的函数,其图像是等边双曲线在横轴上方的一支,显然是下凸函数(读者可自行验证其凸性),第三、四项是 c 的一次函数,其图像是直线,故也可以认为是下凸函数.

不难验证,下凸函数的和还是下凸函数,所以 $F(a,b,c)$ 是关于 c 的下凸函数.

因为 $F(a,b,c)$ 对于任何一个变量来说都是下凸函数,所以它本身也就是下凸函数.而下凸函数图像的一般的最高点显然是它的一个端点,所以 $F(a,b,c)$ 只在 a,b,c 各取 0 或 1 时才能

达到最大值. a,b,c 的不同取值有 $2^3=8$(种),每一种取法,$F(a,b,c)=1$. 故 $F(a,b,c)$ 在 $0 \leqslant a,b,c \leqslant 1$ 上的最大值为 1.

说明:这个问题可以推广为:

设 $0 \leqslant x_i \leqslant 1, i=1,2,\cdots,n, x_1+x_2+\cdots+x_n=S$,那么

$$\sum_{i=1}^{n} \frac{x_i}{1+S-x_i} + \prod_{i=1}^{n}(1-x_i) \leqslant 1 \quad (16.24)$$

下面给出一个证明.

不失一般性,不妨设 $0 \leqslant x_1 \leqslant x_2 \leqslant \cdots \leqslant x_n \leqslant 1$,因为不等式(16.24)的左边不超过

$$\sum_{i=1}^{n} \frac{x_i}{1+S-x_n} + \prod_{i=1}^{n}(1-x_i) =$$

$$1+(x_n-1)\left[\frac{1}{1+S-x_n} - \prod_{i=1}^{n-1}(1-x_i)\right]$$

由于 $x_n-1 \leqslant 0$,欲证上式 $\leqslant 1$,只需证

$$\frac{1}{1+S-x_n} \geqslant \prod_{i=1}^{n-1}(1-x_i)$$

即

$$(1+S-x_n)\prod_{i=1}^{n-1}(1-x_i) \leqslant 1 \quad (16.25)$$

因为

$$(1+S-x_n)\prod_{i=1}^{n-1}(1-x_i) \leqslant$$

$$\prod_{i=1}^{n-1}(1+x_i)\prod_{i=1}^{n-1}(1-x_i) = \prod_{i=1}^{n-1}(1-x_i^2) \leqslant 1$$

故式(16.25)成立,从而证得了式(16.24).

3. 在证明条件不等式中的应用

例 15 设 $x_1,x_2,\cdots,x_6$ 都是自然数,且

$$x_1+x_2+\cdots+x_6 = x_1 x_2 \cdots x_6 \quad (16.26)$$

求证

$$1 < \frac{x_1+x_2+x_3+x_4+x_5+x_6}{6} \leqslant 2 \quad (16.27)$$

证明 由式(16.26)可知,$x_1,x_2,\cdots,x_6$ 不可能全是 1,故式(16.27)的左端不等号成立;为了证式(16.27)右端的不等

Cauchy 不等式. 下

式. 令 $x_1 \geq x_2 \geq \cdots \geq x_k > 1$, 且 $x_k = \cdots = x_6 = 1$, 改写 $x_i = 1 + y_i$ ($i = 1, 2, \cdots, k$), 于是式(16.26)即为

$$y_1 + \cdots + y_k + 6 = (1 + y_1) \cdots (1 + y_k) \quad (16.28)$$

而 $y_1 \geq y_2 \geq \cdots \geq y_k \geq 1$, 则要证的不等式可写为

$$\frac{y_1 + \cdots + y_k}{6} \leq 1 \quad (16.29)$$

若 $k \geq 3$, 那么由式(16.28)右边展开得

$$y_1 + \cdots + y_k + 6 = 1 + y_1 + \cdots + y_k + y_1 y_2 + \cdots + y_1 y_k +$$
$$y_2 y_3 + \cdots + y_2 y_k + \cdots > 1 + 2(y_1 + \cdots + y_k)$$

故 $6 > y_1 + \cdots + y_k$, 即得式(16.29).

若 $k = 2$, 那么式(16.28)即为

$$y_1 + y_2 + 6 = (1 + y_1)(1 + y_2)$$

于是 $6 = 1 + y_1 y_2 = y_1 + y_2 + (y_1 - 1)(y_2 - 1) \geq y_1 + y_2$, 即得式(16.29).

若 $k = 1$, 则与式(16.28)矛盾, 由此证毕.

(1991年江苏省高中数学竞赛试题) 类似证明, 可得:

设 $x_1, x_2, \cdots, x_n$ 全是自然数, 且

$$x_1 + x_2 + \cdots + x_n = x_1 x_2 \cdots x_n \quad (n \geq 2)$$

则

$$1 < \frac{x_1 + x_2 + \cdots + x_n}{n} \leq 2$$

例 16 设 $x_1, x_2, x_3, x_4 > 0$, $x_1 + x_2 + x_3 + x_4 = \pi$. 求证

$$\sin x_1 \sin x_2 \sin x_3 \sin x_4 < \frac{1}{2}$$

证明 不妨假设 $x_1 \leq x_2 \leq x_3 \leq x_4$. 若 $x_4 \geq \frac{\pi}{2}$, 则 $x_1 + x_2 + x_3 \leq \frac{\pi}{2}$, 于是

$$\sin x_1 \sin x_2 \sin x_3 \sin x_4 \leq \sin x_1 \sin x_2 \sin x_3 <$$
$$x_1 x_2 x_3 \leq \left(\frac{x_1 + x_2 + x_3}{3}\right)^3 \leq$$
$$\frac{1}{27} \cdot \frac{\pi^3}{8} < \frac{1}{2}$$

若 $x_4 < \frac{\pi}{2}$, 则

第16章 排序思想的应用

$$\sin x_1 \sin x_2 \sin x_3 \sin x_4 < x_1 x_2 x_3 x_4 \leqslant \left(\frac{x_1+x_2+x_3+x_4}{4}\right)^4 = \left(\frac{\pi}{4}\right)^4 < \frac{1}{2}$$

例17 （1990年全国高中数学冬令营选拔赛试题）设 $a_1, a_2, \cdots, a_n (n \geqslant 2)$ 是 n 个互不相同的实数，$S = a_1^2 + a_2^2 + \cdots + a_n^2$，$M = \min\limits_{1 \leqslant i < j \leqslant n}(a_i - a_j)^2$. 求证

$$\frac{S}{M} \geqslant \frac{n(n^2-1)}{12}$$

证明 不妨设

$$a_1 < a_2 < \cdots < a_n$$

当 $j > i$ 时

$$a_j - a_i = (a_j - a_{j-1}) + (a_{j-1} - a_{j-2}) + \cdots + (a_{i+1} - a_i) \geqslant (j-i)\sqrt{M}$$

所以

$$\sum_{1 \leqslant i < j \leqslant n}(a_j - a_i)^2 \geqslant M \sum_{1 \leqslant i < j \leqslant n}(j-i)^2 =$$
$$M \sum_{k=1}^{n-1}(1^2 + 2^2 + \cdots + k^2) =$$
$$M \sum_{k=1}^{n-1} \frac{k(k+1)(2k+1)}{6} =$$
$$M \left(2 \sum_{k=1}^{n-1} C_{k+2}^3 - \sum_{k=1}^{n-1} C_{k+1}^2\right) =$$
$$M(2C_{n+2}^4 - C_{n+1}^3) =$$
$$M \cdot \frac{n^2(n+1)(n-1)}{12} \quad (16.30)$$

另一方面

$$\sum_{1 \leqslant i < j \leqslant n}(a_j - a_i)^2 = (n-1)S - 2\sum_{1 \leqslant i < j \leqslant n} a_i a_j =$$
$$nS - (a_1 + \cdots + a_n)^2 \leqslant nS \quad (16.31)$$

由式(16.30),(16.31)即得结论.

例18 （1954年第17届莫斯科数学奥林匹克试题）已知100个正数 $x_1, x_2, \cdots, x_{100}$ 满足

$$\begin{cases} x_1^2 + x_2^2 + \cdots + x_{100}^2 > 10\ 000 \\ x_1 + x_2 + \cdots + x_{100} < 300 \end{cases}$$

201

Cauchy 不等式. 下

求证:可在它们之中找出 3 个数,使得这 3 个数之和大于 100.

证明 不妨设 $x_1 \geqslant x_2 \geqslant x_3 \geqslant x_4 \geqslant \cdots \geqslant x_{100}$,记
$$x_1 + x_2 + x_3 = s, x_3 = \lambda$$
令 $\delta = x_2 - x_3 \geqslant 0$,由 $x_1 \geqslant x_2$,易知
$$(x_1 + \delta)^2 + (x_2 - \delta)^2 \geqslant x_1^2 + x_2^2$$
所以
$$x_1^2 + x_2^2 + x_3^2 \leqslant (s - 2\lambda)^2 + 2\lambda^2 \qquad (16.32)$$
由 $\lambda \geqslant x_4 \geqslant x_5 \geqslant \cdots \geqslant x_{100}$ 和 $x_4 + x_5 + \cdots + x_{100} < 300 - s$ 可得
$$x_4^2 + x_5^2 + \cdots + x_{100}^2 \leqslant \lambda(x_4 + x_5 + \cdots + x_{100}) < (300 - s)\lambda$$
$$\qquad (16.33)$$
式(16.32)和式(16.33)相加得到
$$x_1^2 + x_2^2 + x_3^2 + x_4^2 + \cdots + x_{100}^2 \leqslant 6\lambda^2 + (300 - 5s)\lambda + s^2$$
记 $f(\lambda) = 6\lambda^2 + (300 - 5s)\lambda + s^2$. 由于 $0 < \lambda \leqslant \dfrac{s}{3}$,又
$$f(0) = s^2, f\left(\frac{s}{3}\right) = \frac{2}{3} s^2 + (300 - 5s)\frac{s}{3} + s^2 = 100s$$
所以
$$x_1^2 + x_2^2 + \cdots + x_{100}^2 \leqslant \max(s^2, 100s)$$
再由 $x_1^2 + x_2^2 + \cdots + x_{100}^2 > 10\,000$,可得
$$s = x_1 + x_2 + x_3 > 100$$

例 19 (1994 年第 35 届 IMO 试题)设 m 和 n 是正整数,$a_1, a_2, \cdots, a_m$ 是集合 $\{1, 2, \cdots, n\}$ 中的不同元素,每当 $a_i + a_j \leqslant n, 1 \leqslant i \leqslant j \leqslant m$,就有某个 $k, 1 \leqslant k \leqslant m$,使得 $a_i + a_j = a_k$. 求证
$$\frac{a_1 + a_2 + \cdots + a_m}{m} \geqslant \frac{n+1}{2}$$

证明 不妨设 $a_1 > a_2 > \cdots > a_m$. 关键在于证明,对于任意 i,当 $1 \leqslant i \leqslant m$ 时,有
$$a_i + a_{m+1-i} \geqslant n+1 \qquad (16.34)$$
用反证法,若存在某个 $i, 1 \leqslant i \leqslant m$ 时,有
$$a_i + a_{m+1-i} \leqslant n \qquad (16.35)$$
由 $a_1 > a_2 > \cdots > a_m > 0$,得
$$a_i < a_i + a_m < a_i + a_{m-1} < \cdots < a_i + a_{m+1-i} \leqslant n$$
由题目条件,$a_i + a_m, a_i + a_{m-1}, \cdots, a_i + a_{m+1-i}$,一共 i 个不同的正整数,每个都应是 $a_1, a_2, \cdots, a_{i-1}$ 之一,于是式(16.34)成

第16章 排序思想的应用

立,从而
$$2(a_1+a_2+\cdots+a_m)=(a_1+a_m)+(a_2+a_{m-1})+\cdots+(a_m+a_1)\geqslant m(n+1)$$
即 $\dfrac{a_1+a_2+\cdots+a_m}{m}\geqslant\dfrac{n+1}{2}.$

例20 (1984年第47届莫斯科数学奥林匹克试题)已知5个非负数之和为1,求证:可以把这些数排在一个圆周上,使得每两个相邻的数乘积之和不大于 $\dfrac{1}{5}$.

证法一 用 x_1,x_2,x_3,x_4,x_5 表示已知的5个数,并记
$$x_{5k+r}=x_r$$
其中 k 为非负整数,$r\in\{1,2,3,4,5\}$. 由于 $\sum_{i=1}^{5}x_i=1$,则
$$\sum_{i=1}^{5}x_i^2+2\sum_{i=1}^{5}x_ix_{i+1}+2\sum_{i=1}^{5}x_{2i-1}x_{2i+1}=1$$
由柯西不等式
$$1=\Big(\sum_{i=1}^{5}x_i\Big)^2\leqslant 5\cdot\sum_{i=1}^{5}x_i^2$$
从而
$$\sum_{i=1}^{5}x_ix_{i+1}+\sum_{i=1}^{5}x_{2i-1}x_{2i+1}\leqslant\dfrac{2}{5}$$
于是 $\sum_{i=1}^{5}x_ix_{i+1}$ 和 $\sum_{i=1}^{5}x_{2i-1}x_{2i+1}$ 中必有一个不大于 $\dfrac{1}{5}$,即 $x_1x_2+x_2x_3+x_3x_4+x_4x_5+x_5x_1$ 和 $x_1x_3+x_3x_5+x_5x_2+x_2x_4+x_4x_1$ 中必有一个不大于 $\dfrac{1}{5}$.

由此立即可知要证的结论成立.

证法二 用 x_1,x_2,x_3,x_4,x_5 表示已知的5个数,不妨设 $x_1\leqslant x_2\leqslant x_3\leqslant x_4\leqslant x_5$,令
$$a=x_3-x_1,b=x_3-x_2,c=x_4-x_3,d=x_5-x_3$$
则 a,b,c,d 非负,且
$$x_1+x_2+x_3+x_4+x_5=5x_3-a-b+c+d=1 \quad(16.36)$$
于是
$$x_1x_4+x_4x_3+x_3x_2+x_2x_5+x_5x_1=$$
$$(x_3-a)(x_3+c)+(x_3+c)x_3+x_3(x_3-b)+$$
$$(x_3-b)(x_3+d)+(x_3+d)(x_3-a)$$

Cauchy 不等式. 下

记上式右端为 S,则
$$S = 5x_3^2 - ax_3 + cx_3 - ac + cx_3 - bx_3 -$$
$$bx_3 + dx_3 - bd + dx_3 - ax_3 - ad =$$
$$5x_3^2 - 2(a+b-c-d)x_3 - ac - bd - ad$$

由式(16.36)可得
$$S = 2x_3 - 5x_3^2 - ac - bd - ad =$$
$$-5\left(x_3 - \frac{1}{5}\right)^2 + \frac{1}{5} - ac - bd - ad \leq \frac{1}{5}$$

于是 $\quad x_1x_4 + x_4x_3 + x_3x_2 + x_2x_5 + x_5x_1 \leq \frac{1}{5}$

由此立即可知要证的结论成立.

例 21 (2006 年第 46 届 IMO 预选题)已知实数 p, q, r, s 满足
$$p + q + r + s = 9, p^2 + q^2 + r^2 + s^2 = 21$$

证明:存在 (p, q, r, s) 的一个排列 (a, b, c, d),使得 $ab - cd \geq 2$.

证明 假设 $p \geq q \geq r \geq s$. 若 $p + q \geq 5$,则
$$p^2 + q^2 + 2pq \geq 25 = 4 + (p^2 + q^2 + r^2 + s^2) \geq 4 + p^2 + q^2 + 2rs$$
即 $pq - rs \geq 2$.

若 $p + q < 5$,则 $4 < r + s \leq p + q < 5$.

注意到
$$(pq + rs) + (pr + qs) + (ps + qr) =$$
$$\frac{1}{2}[(p+q+r+s)^2 - (p^2+q^2+r^2+s^2)] = 30$$

因为
$$(p-s)(q-r) \geq 0, (p-q)(r-s) \geq 0$$
所以
$$pq + rs \geq pr + qs \geq ps + qr$$
所以
$$pq + rs \geq 10$$
又因为
$$0 \leq (p+q) - (r+s) < 1$$
所以

第16章 排序思想的应用

$$(p+q)^2-2(p+q)(r+s)+(r+s)^2<1$$

结合

$$(p+q)^2+2(p+q)(r+s)+(r+s)^2=9^2$$

所以

$$(p+q)^2+(r+s)^2<41$$

所以

$$41=21+2\times10\leqslant(p^2+q^2+r^2+s^2)+2(pq+rs)=$$
$$(p+q)^2+(r+s)^2<41$$

矛盾.

例22 已知 $a\geqslant b\geqslant c>0$,且 $a+b+c=3$.求证

$$\frac{a}{c}+\frac{b}{a}+\frac{c}{b}\geqslant 3+|(a-1)(b-1)(c-1)|\quad(16.37)$$

证明 记 $Q=|(a-1)(b-1)(c-1)|$.

(1) 当 $a\geqslant 1\geqslant b\geqslant c$ 时

$$Q=(a-1)(b-1)(c-1)=2+abc-ab-bc-ca$$

因为

$$\frac{a}{c}+ac+\frac{b}{a}+ab+\frac{c}{b}+bc\geqslant 2a+2b+2c=6\quad(16.38)$$

又 $a+b+c\geqslant 3\sqrt[3]{abc}$,所以 $abc\leqslant 1$.

由式(16.38)得

$$\frac{a}{c}+\frac{b}{a}+\frac{c}{b}\geqslant 6+abc-1-ab-bc-ca=3+Q$$

(2) 当 $a\geqslant b\geqslant 1\geqslant c$ 时

$$Q=(a-1)(b-1)(1-c)=ab+bc+ca-2-abc\geqslant 0$$

所以

$$ab+bc+ca\geqslant 2+abc\quad(16.39)$$

又

$$\frac{a}{c}+ab^2c\geqslant 2ab,\ \frac{b}{a}+abc^2\geqslant 2bc,\ \frac{c}{b}+a^2bc\geqslant 2ac$$

所以

$$\frac{a}{c}+\frac{b}{a}+\frac{c}{b}\geqslant 2(ab+bc+ca)-3abc\geqslant$$
$$ab+bc+ca+2-2abc(由式(16.39))\geqslant$$
$$ab+bc+ca+1-abc=3+Q$$

例23 设 $a,b,c\in \mathbf{R}_+$,且 $abc=1$.求证

Cauchy 不等式. 下

$$\frac{1}{a}+\frac{1}{b}+\frac{1}{c}+\frac{3}{a+b+c} \geq 4$$

解 设 $a=\frac{x}{y}, b=\frac{y}{z}, c=\frac{z}{x}(x,y,z\in \mathbf{R}_+)$.

不妨设 $x\geq y\geq z$. 则
$$y^2z+z^2x+x^2y-(x^2z+y^2x+z^2y)=$$
$$(x-y)(y-z)(x-z)\geq 0$$

故
$$\frac{1}{a}+\frac{1}{b}+\frac{1}{c}+\frac{3}{a+b+c}=$$
$$\frac{y}{x}+\frac{z}{y}+\frac{x}{z}+\frac{3}{\frac{x}{y}+\frac{y}{z}+\frac{z}{x}}=$$
$$\frac{y^2z+z^2x+x^2y}{xyz}+\frac{3}{\frac{x^2z+y^2x+z^2y}{xyz}}\geq$$
$$\frac{x^2z+y^2x+z^2y}{xyz}+\frac{3}{\frac{x^2z+y^2x+z^2y}{xyz}}$$

令 $t=\frac{x^2z+y^2x+z^2y}{xyz}=\frac{x}{y}+\frac{y}{z}+\frac{z}{x}\geq 3$

则 $y=t+\frac{3}{t}$ 在 $[3,+\infty)$ 上是增函数.

所以 $y\geq 4$, 即
$$\frac{1}{a}+\frac{1}{b}+\frac{1}{c}+\frac{3}{a+b+c}\geq 4$$

注 分式换元的思想在解决有些问题时还是比较方便的,不仅适用范围比较广,而且有利于将其进行推广.

例如:设 $a,b,c,d,e\in \mathbf{R}_+$, 且 $abcde=1$. 求证
$$\frac{a+abc}{1+ab+abcd}+\frac{b+bcd}{1+bc+bcde}+\frac{c+cde}{1+cd+cdea}+$$
$$\frac{d+dea}{1+de+deab}+\frac{e+eab}{1+ea+eabc}\geq \frac{10}{3}$$

例 24 (2003 年中国国家集训队试题) 设 $x,y,z\geq 0$, 且 $x^2+y^2+z^2=1$, 求证: $1\leq \frac{x}{1+yz}+\frac{y}{1+zx}+\frac{z}{1+xy}\leq \sqrt{2}$.

证法一 由对称性, 不妨设 $x\leq y\leq z$, 根据切比雪夫不等

第16章 排序思想的应用

式和柯西不等式,我们有

$$\frac{x}{1+yz}+\frac{y}{1+zx}+\frac{z}{1+xy}\geqslant$$

$$\frac{1}{3}(x+y+z)\left(\frac{1}{1+yz}+\frac{1}{1+zx}+\frac{1}{1+xy}\right)\geqslant\frac{3(x+y+z)}{3+(xy+yz+zx)}=$$

$$\frac{6(x+y+z)}{5+(x^2+y^2+z^2)+2(xy+yz+zx)}\geqslant\frac{6(x+y+z)}{5+(x+y+z)^2}$$

$$\frac{6(x+y+z)}{5+(x+y+z)^2}\geqslant 1 \Leftrightarrow [(x+y+z)-1][(x+y+z)-5]\leqslant 0$$

因为 x,y,z 是非负实数,且 $x^2+y^2+z^2=1$,所以由柯西不等式得

$$3(x^2+y^2+z^2)\geqslant (x+y+z)^2$$

从而

$$1=x^2+y^2+z^2\leqslant x+y+z\leqslant \sqrt{3}$$

所以

$$[(x+y+z)-1][(x+y+z)-5]\leqslant 0$$

另一方面,由对称性,不妨设 $x\leqslant y\leqslant z$,我们有

$$\frac{x}{1+yz}+\frac{y}{1+zx}+\frac{z}{1+xy}\leqslant \frac{x+y+z}{1+xy}$$

只需证明 $\frac{x+y+z}{1+xy}\leqslant \sqrt{2}$,即 $x+y+z-\sqrt{2}xy\leqslant \sqrt{2}$,即

$$x+y+\sqrt{1-x^2-y^2}-\sqrt{2}xy\leqslant \sqrt{2}$$

只需证明

$$1-x^2-y^2\leqslant (\sqrt{2}+\sqrt{2}xy-x-y)^2 \Leftrightarrow$$

$$2(x+y)^2-2\sqrt{2}(x+y)xy+2x^2y^2+2xy-2\sqrt{2}(x+y)+1\geqslant 0 \Leftrightarrow$$

$$[\sqrt{2}(x+y)-xy-1]^2+(xy)^2\geqslant 0$$

等号成立当且仅当 $xy=0$,且 $x+y=\frac{\sqrt{2}}{2}$,即 $x=0,y=\frac{\sqrt{2}}{2}$ 时取到,这时 $z=\frac{\sqrt{2}}{2}$.

例 25 (2009 年伊朗国家集训队试题)设 a,b,c 是正数,且 $a+b+c=3$,证明: $\frac{1}{2+a^2+b^2}+\frac{1}{2+b^2+c^2}+\frac{1}{2+c^2+a^2}\leqslant \frac{3}{4}$.

Cauchy 不等式. 下

证明 不妨设 $a \geqslant b \geqslant c > 0$，设 $f(a,b,c) = \dfrac{1}{2+a^2+b^2} + \dfrac{1}{2+b^2+c^2} + \dfrac{1}{2+c^2+a^2}$，我们证明

$$f(a,b,c) \leqslant f\left(a, \dfrac{b+c}{2}, \dfrac{b+c}{2}\right)$$

即

$$\dfrac{2}{2+a^2+\left(\dfrac{b+c}{2}\right)^2} + \dfrac{1}{2+\left(\dfrac{b+c}{2}\right)^2+\left(\dfrac{b+c}{2}\right)^2} \geqslant$$

$$\dfrac{1}{2+a^2+b^2} + \dfrac{1}{2+b^2+c^2} + \dfrac{1}{2+c^2+a^2}$$

事实上

$$\dfrac{2}{2+a^2+\left(\dfrac{b+c}{2}\right)^2} - \left(\dfrac{1}{2+a^2+b^2} + \dfrac{1}{2+c^2+a^2}\right) =$$

$$\dfrac{1}{2+a^2+\left(\dfrac{b+c}{2}\right)^2} - \dfrac{1}{2+a^2+b^2} +$$

$$\dfrac{1}{2+a^2+\left(\dfrac{b+c}{2}\right)^2} - \dfrac{1}{2+c^2+a^2} =$$

$$\dfrac{b^2 - \left(\dfrac{b+c}{2}\right)^2}{\left[2+a^2+\left(\dfrac{b+c}{2}\right)^2\right](2+a^2+b^2)} +$$

$$\dfrac{c^2 - \left(\dfrac{b+c}{2}\right)^2}{\left[2+a^2+\left(\dfrac{b+c}{2}\right)^2\right](2+a^2+c^2)} =$$

$$\dfrac{b-c}{4\left[2+a^2+\left(\dfrac{b+c}{2}\right)^2\right]} \left(\dfrac{3b+c}{2+a^2+b^2} - \dfrac{b+3c}{2+a^2+c^2}\right) =$$

$$\dfrac{b-c}{4\left[2+a^2+\left(\dfrac{b+c}{2}\right)^2\right]} \cdot$$

$$\dfrac{2(2+a^2)(b-c) + c^2(3b+c) - b^2(b+3c)}{(2+a^2+b^2)(2+a^2+c^2)} =$$

第 16 章 排序思想的应用

$$\frac{(b-c)^2}{4\left[2+a^2+\left(\frac{b+c}{2}\right)^2\right]} \cdot \frac{2(2+a^2)-(b^2+c^2+4bc)}{(2+a^2+b^2)(2+a^2+c^2)} \geqslant 0$$

因为 $b^2+c^2 \geqslant 2\left(\frac{b+c}{2}\right)^2$,所以

$$\frac{1}{2+\left(\frac{b+c}{2}\right)^2+\left(\frac{b+c}{2}\right)^2} - \frac{1}{2+b^2+c^2} \geqslant 0$$

于是

$$f(a,b,c) \leqslant f\left(a,\frac{b+c}{2},\frac{b+c}{2}\right)$$

记 $x=\frac{b+c}{2}$,我们证明 $f(a,x,x) \leqslant \frac{3}{4}$. 这里 $a \geqslant x$, $a+2x=3$, 显然 $0 < x \leqslant 1$, $a=3-2x$, 所以

$$f(a,x,x) = \frac{2}{2+a^2+x^2} + \frac{1}{2+2x^2} =$$

$$\frac{2}{2+(3-2x)^2+x^2} + \frac{1}{2+2x^2} \leqslant \frac{3}{4} \Leftrightarrow$$

$$6[2+(3-2x)^2+x^2](x^2+1) \geqslant$$

$$16(x^2+1)+4[2+(3-2x)^2+x^2] \Leftrightarrow$$

$$(6x^2+2)(5x^2-12x+11)-16(x^2+1) \geqslant 0 \Leftrightarrow$$

$$5x^4-12x^3+10x^2-4x+1 \geqslant 0 \Leftrightarrow$$

$$(x-1)^2(5x^2-2x+1) \geqslant 0 \Leftrightarrow$$

$$(x-1)^2[4x^2+(x-1)^2] \geqslant 0$$

此不等式显然成立.

所以 $\frac{1}{2+a^2+b^2} + \frac{1}{2+b^2+c^2} + \frac{1}{2+c^2+a^2} \leqslant \frac{3}{4}$ 得证.

例 26 (1998 年第 39 届国际数学奥林匹克预选题) 设 x, y, z 是正实数,且 $xyz=1$. 证明

$$\frac{x^3}{(1+y)(1+z)} + \frac{y^3}{(1+z)(1+x)} + \frac{z^3}{(1+x)(1+y)} \geqslant \frac{3}{4}$$

证明 原不等式等价于

$$x^4+x^3+y^4+y^3+z^4+z^3 \geqslant \frac{3}{4}(1+x)(1+y)(1+z)$$

由于对任意正数 u,v,w,有

$$u^3+v^3+w^3 \geqslant 3uvw$$

Cauchy 不等式. 下

因此,只需证明

$$x^4+x^3+y^4+y^3+z^4+z^3 \geqslant \frac{1}{4}[(x+1)^3+(y+1)^3+(z+1)^3]$$
(16.40)

令
$$f(t)=t^4+t^3-\frac{1}{4}(t+1)^3$$
$$g(t)=(t+1)(4t^2+3t+1)$$

则
$$f(t)=\frac{1}{4}(t-1)g(t)$$

且 $g(t)$ 是在 $(0,+\infty)$ 上的严格递增函数. 显然,式(16.40)等价于

$$f(x)+f(y)+f(z) \geqslant 0$$

即

$$\frac{1}{4}(x-1)g(x)+\frac{1}{4}(y-1)g(y)+\frac{1}{4}(z-1)g(z) \geqslant 0 \quad (16.41)$$

因此,只需证明式(16.41)即可.

不妨设 $x \geqslant y \geqslant z$,则 $g(x) \geqslant g(y) \geqslant g(z) > 0$,由 $xyz=1$ 得 $x \geqslant 1, z \leqslant 1$,从而有

$$(x-1)g(x) \geqslant (x-1)g(y)$$
$$(z-1)g(y) \leqslant (z-1)g(z)$$

故

$$\frac{1}{4}(x-1)g(x)+\frac{1}{4}(y-1)g(y)+\frac{1}{4}(z-1)g(z) \geqslant$$

$$\frac{1}{4}[(x-1)+(y-1)+(z-1)]g(y) =$$

$$\frac{1}{4}(x+y+z-3)g(y) \geqslant \frac{1}{4}(3\sqrt[3]{xyz}-3)g(y) = 0$$

从而原不等式成立. 等号当且仅当 $x=y=z$ 时成立.

例 27 设 $a,b,c \in \mathbf{R}_+$,且 $abc=1$. 证明

$$\frac{1}{\sqrt{1+a}}+\frac{1}{\sqrt{1+b}}+\frac{1}{\sqrt{1+c}} \leqslant \frac{3\sqrt{2}}{2}$$

解 直接利用条件 $abc=1$ 将其降为一元问题很难做到,不过可以先将 ab 看作一个整体使三元变为二元,再通过放缩

第16章 排序思想的应用

将二元转化为一元.

不妨设 $a \leqslant b \leqslant c$,令 $A=ab$,则

$$c = \frac{1}{A} (A \leqslant 1)$$

设 $u = \dfrac{1}{\sqrt{1+A+a+\dfrac{A}{a}}}$,则 $u \in \left(0, \dfrac{1}{1+\sqrt{A}}\right]$,当且仅当 $a = \sqrt{A}$ 时,$u = \dfrac{1}{1+\sqrt{A}}$.

故

$$\left(\frac{1}{\sqrt{1+a}} + \frac{1}{\sqrt{1+b}}\right)^2 = \left(\frac{1}{\sqrt{1+a}} + \frac{1}{\sqrt{1+\dfrac{A}{a}}}\right)^2 =$$

$$\frac{1}{1+a} + \frac{1}{1+\dfrac{A}{a}} + \frac{2}{\sqrt{1+A+a+\dfrac{A}{a}}} =$$

$$\frac{2+a+\dfrac{A}{a}}{1+A+a+\dfrac{A}{a}} + \frac{2}{\sqrt{1+A+a+\dfrac{A}{a}}} =$$

$$(1-A)u^2 + 2u + 1$$

令 $f(u) = (1-A)u^2 + 2u + 1$,则 $f(u)$ 在 $u \in \left(0, \dfrac{1}{1+\sqrt{A}}\right]$ 上是增函数.所以

$$\frac{1}{\sqrt{1+a}} + \frac{1}{\sqrt{1+b}} \leqslant \sqrt{f\left(\frac{1}{1+\sqrt{A}}\right)} = \frac{2}{\sqrt{1+\sqrt{A}}}$$

令 $\sqrt{A} = v$,则

$$\frac{1}{\sqrt{1+a}} + \frac{1}{\sqrt{1+b}} + \frac{1}{\sqrt{1+c}} \leqslant$$

$$\frac{2}{\sqrt{1+v}} + \frac{v}{\sqrt{1+v^2}} =$$

$$\frac{2}{\sqrt{1+v}} + \frac{\sqrt{2}\,v}{\sqrt{2(1+v^2)}} \leqslant$$

$$\frac{2}{\sqrt{1+v}} + \frac{\sqrt{2}\,v}{1+v} =$$

Cauchy 不等式. 下

$$-\sqrt{2}\left(\frac{1}{\sqrt{1+v}}-\frac{\sqrt{2}}{2}\right)^2+\frac{3\sqrt{2}}{2}\leqslant\frac{3\sqrt{2}}{2}$$

注 利用降元思想解此类问题,解题过程比较复杂,且只能解决比较简单的情形.另外,笔者发现,例 27 是第四届中国西部数学奥林匹克第 8 题的一个"源头".题目是:

求证:对任意的正实数 a,b,c,都有

$$1<\frac{a}{\sqrt{a^2+b^2}}+\frac{b}{\sqrt{b^2+c^2}}+\frac{c}{\sqrt{c^2+a^2}}\leqslant\frac{3\sqrt{2}}{2}$$

该题只要通过代换"$x=\frac{b^2}{a^2},y=\frac{c^2}{b^2},z=\frac{a^2}{c^2}$",就可转化为例 27.

例 28 (2006 年中国国家队集训测试题)设 x,y,z 是正实数且满足 $x+y+z=1$. 求证

$$\frac{xy}{\sqrt{xy+yz}}+\frac{yz}{\sqrt{yz+xz}}+\frac{xz}{\sqrt{xz+xy}}\leqslant\frac{\sqrt{2}}{2}$$

证明 因为

$$(x+y)(y+z)(z+x)\leqslant\left(\frac{2(x+y+z)}{3}\right)^3=\frac{8}{27}$$

所以我们只需证明更强一点的结论

$$\frac{xy}{\sqrt{xy+yz}}+\frac{yz}{\sqrt{yz+xz}}+\frac{xz}{\sqrt{xz+xy}}\leqslant$$

$$\frac{3\sqrt{3}}{4}\sqrt{(x+y)(y+z)(z+x)}\Leftrightarrow$$

$$f=\sqrt{\frac{x}{(x+z)(x+y)}\cdot\frac{xy}{(y+z)(z+x)}}+$$

$$\sqrt{\frac{y}{(x+y)(y+z)}\cdot\frac{yz}{(z+x)(x+y)}}+$$

$$\sqrt{\frac{z}{(y+z)(z+x)}\cdot\frac{zx}{(x+y)(y+z)}}\leqslant\frac{3\sqrt{3}}{4}$$

由于 f 关于 x,y,z 轮换对称,不妨设 $x=\min\{x,y,z\}$,下只需分两种情况:(1) $x\leqslant y\leqslant z$ 和(2) $x\leqslant z\leqslant y$ 证明便可,由于这两种情况的证明在本质上完全相同,我们仅证情况(1).

由 $x\leqslant y\leqslant z\Rightarrow xy\leqslant zx\leqslant yz$
$(y+z)(z+x)\geqslant(y+z)(x+y)\geqslant(x+y)(z+x)$

第16章 排序思想的应用

于是

$$\frac{xy}{(y+z)(z+x)} \leqslant \frac{zx}{(x+y)(y+z)} \leqslant \frac{yz}{(z+x)(x+y)} \quad (16.42)$$

而

$$x(y+z) \leqslant y(z+x) \Rightarrow$$

$$\frac{x}{(z+x)(x+y)} \leqslant \frac{y}{(x+y)(y+z)}$$

同理 $\dfrac{y}{(x+y)(y+z)} \leqslant \dfrac{z}{(y+z)(z+x)}$

从而

$$\frac{x}{(z+x)(x+y)} \leqslant \frac{y}{(x+y)(y+z)} \leqslant \frac{z}{(y+z)(z+x)} \quad (16.43)$$

由式(16.42),(16.43)及排序不等式知

$$f \leqslant \sqrt{\frac{x^2 y}{(x+y)(z+x)^2(y+z)}} + \sqrt{\frac{xyz}{(x+y)^2(y+z)^2}} +$$

$$\sqrt{\frac{yz^2}{(z+x)^2(x+y)(y+z)}} =$$

$$\sqrt{\frac{xyz}{(x+y)^2(y+z)^2}} + \sqrt{\frac{y}{(x+y)(y+z)}} \left(\frac{x}{z+x} + \frac{z}{z+x} \right) =$$

$$\sqrt{\frac{xyz}{(x+y)^2(y+z)^2}} + 2 \cdot \frac{1}{2} \sqrt{\frac{y}{(x+y)(y+z)}} \leqslant$$

$$\sqrt{3 \left(\frac{xyz}{(x+y)^2(y+z)^2} + 2 \cdot \frac{1}{4} \frac{y}{(x+y)(y+z)} \right)}$$

因此要证 $f \leqslant \dfrac{3\sqrt{3}}{4}$,只需证明

$$\frac{xyz}{(x+y)^2(y+z)^2} + \frac{1}{2} \frac{y}{(x+y)(y+z)} \leqslant \frac{9}{16} \Leftrightarrow$$

$$16xyz + 8y(x+y)(y+z) \leqslant 9(x+y)^2(y+z)^2 \Leftrightarrow$$

$$9x^2 z^2 + y^2 \geqslant 6xyz \Leftrightarrow$$

$$(3xz - y)^2 \geqslant 0$$

例29 (1984年第25届国际数学奥林匹克试题)已知 x,y,z 都是非负实数且 $x+y+z=1$,求证

$$0 \leqslant xy + yz + zx - 2xyz \leqslant \frac{7}{27}$$

213

Cauchy 不等式.下

证法一 不妨设 $x\geqslant y\geqslant z$,则 $0\leqslant z\leqslant\frac{1}{3}$,由于
$$xy-2xyz=xy(1-2z)\geqslant 0$$
所以
$$xy+yz+zx-2xyz\geqslant 0$$

另一方面,若 $x\geqslant\frac{1}{2}$,则 $yz-2xyz\leqslant 0$,所以
$$xy+yz+zx-2xyz\leqslant xy+zx=x(1-x)\leqslant\frac{1}{4}<\frac{7}{27}$$

若 $x<\frac{1}{2}$,则 $y<\frac{1}{2}$,$z<\frac{1}{2}$.由于
$$(1-2x)(1-2y)(1-2z)=1-2+4(xy+yz+zx)-8xyz$$
又由均值不等式
$$(1-2x)(1-2y)(1-2z)\leqslant\left(\frac{3-2(x+y+z)}{3}\right)^3=\frac{1}{27}$$
从而
$$xy+yz+zx-2xyz\leqslant\frac{1}{4}\left(\frac{1}{27}+1\right)=\frac{7}{27}$$

证法二 $xy+yz+zx-2xyz\geqslant 0$ 的证明与证法一中的相同.不妨设 $x\geqslant y\geqslant z$,令 $x=\frac{1}{3}+\delta_1$,$y=\frac{1}{3}+\delta_2$,$z=\frac{1}{3}+\delta_3$,则 $\delta_1\geqslant 0$,$-\frac{1}{3}\leqslant\delta_3\leqslant 0$,$\delta_1+\delta_2+\delta_3=0$,且
$$xy+yz+zx-2xyz=\frac{7}{27}+\frac{1}{3}(\delta_1\delta_2+\delta_2\delta_3+\delta_3\delta_1)-2\delta_1\delta_2\delta_3$$
由于
$$0=(\delta_1+\delta_2+\delta_3)^2=\delta_1^2+\delta_2^2+\delta_3^2+2(\delta_1\delta_2+\delta_2\delta_3+\delta_3\delta_1)$$
所以
$$xy+yz+zx-2xyz=\frac{7}{27}-\frac{1}{6}(\delta_1^2+\delta_2^2+\delta_3^2)-2\delta_1\delta_2\delta_3$$

若 $\delta_2\leqslant 0$,则 $\delta_1\delta_2\delta_3\geqslant 0$,所以
$$xy+yz+zx-2xyz\leqslant\frac{7}{27}$$

若 $\delta_2>0$,由 $\delta_3=-(\delta_1+\delta_2)$,则
$$\delta_1^2+\delta_2^2+\delta_3^2=2(\delta_1-\delta_2)^2+6\delta_1\delta_2$$
于是

第16章 排序思想的应用

$$xy+yz+zx-2xyz=\frac{7}{27}-\frac{1}{3}(\delta_1-\delta_2)^2-\delta_1\delta_2-2\delta_1\delta_2\delta_3\leqslant$$

$$\frac{7}{27}-\delta_1\delta_2(1+2\delta_3)<\frac{7}{27}$$

例 30 （2008 年江西省高中数学竞赛试题）设 x,y,z 为非负实数,满足 $xy+yz+zx=1$. 证明

$$\frac{1}{x+y}+\frac{1}{y+z}+\frac{1}{z+x}\geqslant\frac{5}{2}$$

证明 由 $xy+yz+zx=1$, 知 x,y,z 三个数中至多有一个为 0.

据对称性,不妨设 $x\geqslant y\geqslant z\geqslant 0$. 则

$$x>0, y>0, z\geqslant 0, xy\leqslant 1$$

（1）当 $x=y$ 时,条件式变为

$$x^2+2xz=1\Rightarrow z=\frac{1-x^2}{2x}\quad(x^2\leqslant 1)$$

而

$$\frac{1}{x+y}+\frac{1}{y+z}+\frac{1}{z+x}=\frac{1}{2x}+\frac{2}{z+x}=$$

$$\frac{1}{2x}+\frac{2}{\frac{1-x^2}{2x}+x}=$$

$$\frac{1}{2x}+\frac{4x}{1+x^2}$$

于是,只要证 $\dfrac{1}{2x}+\dfrac{4x}{1+x^2}\geqslant\dfrac{5}{2}$, 即

$$1+9x^2-5x-5x^3\geqslant 0$$

亦即 $(1-x)(5x^2-4x+1)\geqslant 0$. 此为显然.

取等号当且仅当 $x=y=1, z=0$.

（2）证明:对所有满足 $xy+yz+zx=1$ 的非负实数 x,y,z, 皆有

$$\frac{1}{x+y}+\frac{1}{y+z}+\frac{1}{z+x}\geqslant\frac{5}{2}$$

显然, x,y,z 三个数中至多有一个为 0.

据对称性,设 $x\geqslant y\geqslant z\geqslant 0$. 则

$$x>0, y>0, z\geqslant 0, xy\leqslant 1$$

Cauchy 不等式.下

令 $x=\cot A, y=\cot B$($\angle A, \angle B$ 为锐角).再以 $\angle A, \angle B$ 为内角,构作 $\triangle ABC$.则

$$\cot C = -\cot(A+B) = \frac{1-\cot A \cdot \cot B}{\cot A + \cot B} = \frac{1-xy}{x+y} = z \geqslant 0$$

于是,$\angle C \leqslant 90°$,且由 $x \geqslant y \geqslant z \geqslant 0$ 知

$$\cot A \geqslant \cot B \geqslant \cot C \geqslant 0$$

因此,$\angle A \leqslant \angle B \leqslant \angle C \leqslant 90°$,即 $\triangle ABC$ 是一个非钝角三角形.

下面采用调整法.

对于任一个以 $\angle C$ 为最大角的非钝角 $\triangle ABC$,固定最大角 $\angle C$,将 $\triangle ABC$ 调整为以 $\angle C$ 为顶角的等腰 $\triangle A'B'C$ ($\angle A' = \angle B' = \frac{\angle A + \angle B}{2}$),且设 $t = \cot \frac{A+B}{2} = \tan \frac{C}{2}$,记

$$f(x,y,z) = \frac{1}{x+y} + \frac{1}{y+z} + \frac{1}{z+x}$$

据(1)知 $f(t,t,z) \geqslant \frac{5}{2}$.

接下来证明:$f(x,y,z) \geqslant f(t,t,z)$,即

$$\frac{1}{x+y} + \frac{1}{y+z} + \frac{1}{z+x} \geqslant \frac{1}{2t} + \frac{2}{t+z} \quad (16.44)$$

即要证

$$\left(\frac{1}{x+y} - \frac{1}{2t}\right) + \left(\frac{1}{y+z} + \frac{1}{z+x} - \frac{2}{t+z}\right) \geqslant 0 \quad (16.45)$$

先证

$$x+y \geqslant 2t \Leftarrow$$

$$\cot A + \cot B \geqslant 2\cot \frac{A+B}{2} \Leftarrow$$

$$\frac{\sin(A+B)}{\sin A \cdot \sin B} \geqslant \frac{2\cos \frac{A+B}{2}}{\sin \frac{A+B}{2}} \Leftarrow$$

$$\sin^2 \frac{A+B}{2} \geqslant \sin A \cdot \sin B \Leftarrow$$

$$1 - \cos(A+B) \geqslant 2\sin A \cdot \sin B \Leftarrow$$

$$\cos(A-B) \leqslant 1 \quad (16.46)$$

上式显然成立.

第16章 排序思想的应用

由于在 $\triangle A'B'C$ 中,$t^2+2tz=1$,则

$$\frac{2}{t+z}=\frac{2(t+z)}{(t+z)^2}=\frac{2(t+z)}{1+z^2}$$

而在 $\triangle ABC$ 中,有

$$\frac{1}{y+z}+\frac{1}{z+x}=\frac{x+y+2z}{(y+z)(z+x)}=\frac{x+y+2z}{1+z^2}$$

因此,式(16.45)变为

$$(x+y-2t)\left[\frac{1}{1+z^2}-\frac{1}{2t(x+y)}\right]\geqslant 0 \quad (16.47)$$

只要证

$$\frac{1}{1+z^2}-\frac{1}{2t(x+y)}\geqslant 0 \quad (16.48)$$

即证 $2t(x+y)\geqslant 1+z^2$.

注意式(16.46)以及 $z=\dfrac{1-t^2}{2t}$,只要证

$$4t^2\geqslant 1+\left(\frac{1-t^2}{2t}\right)^2 \Leftarrow 15t^4\geqslant 1+2t^2 \Leftarrow t^2(15t^2-2)\geqslant 1 \quad (16.49)$$

由于三角形的最大角 $\angle C$ 满足

$$60°\leqslant \angle C\leqslant 90°$$

而 $t=\cot\dfrac{A+B}{2}=\tan\dfrac{C}{2}$,则 $\dfrac{1}{\sqrt{3}}\leqslant t\leqslant 1$. 所以

$$t^2(15t^2-2)\geqslant \frac{1}{3}\left(15\times\frac{1}{3}-2\right)=1$$

故式(16.49)成立. 因此,式(16.48)得证.

由式(16.46),(16.48)得式(16.47)成立.

从而,式(16.44)成立,即 $f(x,y,z)\geqslant f(t,t,z)$.

因此,本题得证.

例31 已知 $x_i(i=1,2,\cdots,n)\in \mathbf{R}_+,n\geqslant 4$,且 $\prod\limits_{i=1}^{n}x_i=1$.

证明

$$\sum_{i=1}^{n}\frac{1}{x_i}+\frac{2n+1}{\sum\limits_{i=1}^{n}x_i}\geqslant \frac{(n+1)^2}{n}$$

证明 记

Cauchy 不等式. 下

$$A = \frac{1}{x_1} + \frac{1}{x_2} + \cdots + \frac{1}{x_n} + \frac{2n+1}{x_1+x_2+\cdots+x_n}$$

由对称性不妨设 $x_1 \geqslant x_2 \geqslant \cdots \geqslant x_n$. 令 $f(x_1) = A$.

将 $x_2, x_3, \cdots, x_{n-1}$ 视为常数, $x_n = \dfrac{1}{x_1 x_2 \cdots x_{n-1}}$.

则

$$f'(x_1) = -\frac{1}{x_1^2} + \frac{1}{x_1 x_n} + \frac{-(2n+1)}{(x_1+x_2+\cdots+x_n)^2}\left(1 - \frac{1}{x_1^2 x_2 \cdots x_{n-1}}\right) =$$

$$-\frac{1}{x_1^2} + \frac{1}{x_1 x_n} + \frac{(2n+1)(x_n - x_1)}{x_1(x_1+x_2+\cdots+x_n)^2} =$$

$$\frac{(x_1 - x_n)[(x_1+x_2+\cdots+x_n)^2 - (2n+1)x_1 x_n]}{x_1^2 x_n (x_1+x_2+\cdots+x_n)^2} =$$

$$\frac{(x_1-x_n)[(x_1+x_2+\cdots+x_n) - \sqrt{2n+1}\sqrt{x_1 x_n}]}{x_1^2 x_n (x_1+x_2+\cdots+x_n)^2} \cdot$$

$$[(x_1+x_2+\cdots+x_n) + \sqrt{2n+1}\sqrt{x_1 x_n}]$$

(1) 当 $x_1 + x_2 + \cdots + x_n > \sqrt{2n+1}\sqrt{x_1 x_n}$ 时, $f'(x_1) > 0$. 于是, 当 $x_1 = x_n$ 时, $f(x_1)$ 取最小值, 此时

$$x_1 = x_2 = \cdots = x_n = 1, A_{\min} = \frac{(n+1)^2}{n}.$$

(2) 当 $x_1 + x_2 + \cdots + x_n \leqslant \sqrt{2n+1}\sqrt{x_1 x_n}$ 时

$$A \geqslant \frac{1}{x_1} + \frac{1}{x_2} + \cdots + \frac{1}{x_n} + \frac{2n+1}{\sqrt{2n+1}\sqrt{x_1 x_n}} \geqslant$$

$$\frac{2}{\sqrt{x_1 x_n}} + \frac{1}{x_2} + \frac{1}{x_3} + \cdots + \frac{1}{x_{n-1}} + \frac{\sqrt{2n+1}}{\sqrt{x_1 x_n}} \geqslant$$

$$n\sqrt[n]{2\sqrt{2n+1}} = n(8n+4)^{\frac{1}{2n}}.$$

由

$$n(8n+4)^{\frac{1}{2n}} > \frac{(n+1)^2}{n} \Leftrightarrow$$

$$(8n+4)^{\frac{1}{4}} > \left(\frac{n+1}{n}\right)^n \Leftrightarrow$$

$$\frac{n+1}{n}(8n+4)^{\frac{1}{4}} > \left(\frac{n+1}{n}\right)^{n+1} \tag{16.50}$$

当 $b > a > 0$ 时

$$b^{n+1} - a^{n+1} = (b-a)(b^n + b^{n-1}a + \cdots + ba^{n-1} + a^n) >$$
$$(n+1)a^n(b-a)$$

第 16 章 排序思想的应用

又 $\dfrac{n+1}{n} > \dfrac{n+2}{n+1}$,取 $b=\dfrac{n+1}{n}$,$a=\dfrac{n+2}{n+1}$,代入上式得

$$\left(\dfrac{n+1}{n}\right)^{n+1} - \left(\dfrac{n+2}{n+1}\right)^{n+1} > (n+1)\left(\dfrac{n+2}{n+1}\right)^n \dfrac{1}{n(n+1)}$$

故

$$\left(\dfrac{n+1}{n}\right)^{n+1} > \left(\dfrac{n+2}{n+1}\right)^n \left(\dfrac{1}{n} + \dfrac{n+2}{n+1}\right) \quad (16.51)$$

又

$$\dfrac{1}{n} + \dfrac{n+2}{n+1} - \left(\dfrac{n+2}{n+1}\right)^2 =$$

$$\dfrac{1}{n} + 1 + \dfrac{1}{n+1} - \left[1 + \dfrac{2}{n+1} + \dfrac{1}{(n+1)^2}\right] =$$

$$\dfrac{1}{n} - \dfrac{1}{n+1} - \dfrac{1}{(n+1)^2} =$$

$$\dfrac{1}{n(n+1)} - \dfrac{1}{(n+1)^2} =$$

$$\dfrac{1}{n(n+1)^2} > 0$$

则

$$\dfrac{1}{n} + \dfrac{n+2}{n+1} > \left(\dfrac{n+2}{n+1}\right)^2 \quad (16.52)$$

由式(16.51),(16.52)得

$$\left(\dfrac{n+1}{n}\right)^{n+1} > \left(\dfrac{n+2}{n+1}\right)^{n+2}$$

故数列 $\left\{\left(\dfrac{n+1}{n}\right)^{n+1}\right\}$ 为单调递减数列. 从而,当 $n \geqslant 4$ 时

$$\left(\dfrac{n+1}{n}\right)^{n+1} \leqslant \left(\dfrac{5}{4}\right)^5 \approx 3.0518$$

又当 $n \geqslant 4$ 时

$$\dfrac{n+1}{n}(8n+4)^{\frac{1}{4}} \geqslant \dfrac{5}{4} \times \sqrt{6} \approx 3.0619$$

于是,式(16.50)当 $n \geqslant 4$ 时恒成立.

从而,$A > \dfrac{(n+1)^2}{n}$.

4. 在解几何问题中的应用

例 32 在 $\triangle ABC$ 中,三边长为 a,b,c,则:

Cauchy 不等式.下

(1) 以 $\left|\dfrac{b^2-c^2}{a}\right|$, $\left|\dfrac{c^2-a^2}{b}\right|$, $\left|\dfrac{a^2-b^2}{c}\right|$ 为边可以组成三角形三边;

(2) 以 $\dfrac{|b-c|}{\sqrt{a}}$, $\dfrac{|c-a|}{\sqrt{b}}$, $\dfrac{|a-b|}{\sqrt{c}}$ 为边可以组成三角形三边.

证明 (1)不妨设 $b \geqslant c \geqslant a$,则

$$\dfrac{c^2-a^2}{b}+\dfrac{b^2-a^2}{c} \geqslant \dfrac{b^2-c^2}{a} \Leftrightarrow$$

$$\dfrac{c^2-a^2}{b}+\dfrac{b^2-c^2}{c}+\dfrac{c^2-a^2}{c} \geqslant \dfrac{b^2-c^2}{a} \Leftrightarrow$$

$$(c^2-a^2)\left(\dfrac{1}{b}+\dfrac{1}{c}\right) \geqslant (b^2-c^2)\left(\dfrac{1}{a}-\dfrac{1}{c}\right) \Leftrightarrow$$

$$\dfrac{(c+a)(c+b)(c-a)}{bc} \geqslant \dfrac{(b+c)(b-c)(c-a)}{ac}$$

只需证

$$\dfrac{c+a}{b} \geqslant \dfrac{b-c}{a} \Leftrightarrow c \geqslant b-a$$

同理可证

$$\dfrac{b^2-c^2}{a}+\dfrac{b^2-a^2}{c} \geqslant \dfrac{c^2-a^2}{b}$$

$$\dfrac{b^2-c^2}{a}+\dfrac{c^2-a^2}{b} \geqslant \dfrac{b^2-a^2}{c} \Leftrightarrow$$

$$\dfrac{b^2-c^2}{a}+\dfrac{c^2-a^2}{b} \geqslant \dfrac{b^2-c^2}{c}+\dfrac{c^2-a^2}{c} \Leftrightarrow$$

$$\dfrac{b^2-c^2}{a}-\dfrac{b^2-c^2}{c} \geqslant \dfrac{c^2-a^2}{c}-\dfrac{c^2-a^2}{b} \Leftrightarrow$$

$$\dfrac{b+c}{a} \geqslant \dfrac{c+a}{b} \Leftrightarrow (a+b+c)(b-a) \geqslant 0$$

由 $b \geqslant c \geqslant a$ 知上式成立.

(2) 类似证之.

例 33 (2006 年第 47 届 IMO 预选题)设 a,b,c 是一个三角形的三边长,证明

$$\dfrac{\sqrt{b+c-a}}{\sqrt{b}+\sqrt{c}-\sqrt{a}}+\dfrac{\sqrt{c+a-b}}{\sqrt{c}+\sqrt{a}-\sqrt{b}}+\dfrac{\sqrt{a+b-c}}{\sqrt{a}+\sqrt{b}-\sqrt{c}} \leqslant 3$$

证法一 注意到

第16章 排序思想的应用

$$\sqrt{a} + \sqrt{b} > \sqrt{a+b} > \sqrt{c}$$
$$\sqrt{b} + \sqrt{c} > \sqrt{a}, \sqrt{c} + \sqrt{a} > \sqrt{b}$$

设 $x = \sqrt{b} + \sqrt{c} - \sqrt{a}, y = \sqrt{c} + \sqrt{a} - \sqrt{b}, z = \sqrt{a} + \sqrt{b} - \sqrt{c}$. 则 $x, y, z > 0$, 有

$$b + c - a = \left(\frac{z+x}{2}\right)^2 + \left(\frac{x+y}{2}\right)^2 - \left(\frac{y+z}{2}\right)^2 = $$
$$\frac{x^2 + xy + xz - yz}{2} = x^2 - \frac{1}{2}(x-y)(x-z)$$

故

$$\frac{\sqrt{b+c-a}}{\sqrt{b}+\sqrt{c}-\sqrt{a}} = \sqrt{1 - \frac{(x-y)(x-z)}{2x^2}} \leqslant $$
$$1 - \frac{(x-y)(x-z)}{4x^2}$$

其中, 最后一步用到了不等式 $\sqrt{1+2u} \leqslant 1+u$.

同理

$$\frac{\sqrt{c+a-b}}{\sqrt{c}+\sqrt{a}-\sqrt{b}} \leqslant 1 - \frac{(y-z)(y-x)}{4y^2}$$
$$\frac{\sqrt{a+b-c}}{\sqrt{a}+\sqrt{b}-\sqrt{c}} \leqslant 1 - \frac{(z-x)(z-y)}{4z^2}$$

将上面三式相加, 只需证明

$$\frac{(x-y)(x-z)}{x^2} + \frac{(y-z)(y-x)}{y^2} + \frac{(z-x)(z-y)}{z^2} \geqslant 0 \quad (16.53)$$

不妨设 $x \leqslant y \leqslant z$, 于是

$$\frac{(x-y)(x-z)}{x^2} = \frac{(y-x)(z-x)}{x^2} \geqslant \frac{(y-x)(z-x)}{y^2} = $$
$$-\frac{(y-z)(y-x)}{y^2} \geqslant \frac{(z-x)(z-y)}{z^2} \geqslant 0$$

从而, 式(16.53)成立.

证法二 不妨设 $a \geqslant b \geqslant c$. 于是

$$\sqrt{a+b-c} - \sqrt{a} = \frac{(a+b-c)-a}{\sqrt{a+b-c}+\sqrt{a}} \leqslant \frac{b-c}{\sqrt{b}+\sqrt{c}} = \sqrt{b}-\sqrt{c}$$

因此

$$\frac{\sqrt{a+b-c}}{\sqrt{a}+\sqrt{b}-\sqrt{c}} \leqslant 1 \qquad (16.54)$$

221

Cauchy 不等式. 下

设 $p=\sqrt{a}+\sqrt{b}, q=\sqrt{a}-\sqrt{b}$,则
$$a-b=pq\ (p\geqslant 2\sqrt{c})$$

由柯西不等式有

$$\left(\frac{\sqrt{b+c-a}}{\sqrt{b}+\sqrt{c}-\sqrt{a}}+\frac{\sqrt{c+a-b}}{\sqrt{c}+\sqrt{a}-\sqrt{b}}\right)^2=\left(\frac{\sqrt{c-pq}}{\sqrt{c}-q}+\frac{\sqrt{c+pq}}{\sqrt{c}+q}\right)^2\leqslant$$

$$\left(\frac{c-pq}{\sqrt{c}-q}+\frac{c+pq}{\sqrt{c}+q}\right)\left(\frac{1}{\sqrt{c}-q}+\frac{1}{\sqrt{c}+q}\right)=\frac{2(c\sqrt{c}-pq^2)}{c-q^2}\cdot\frac{2\sqrt{c}}{c-q^2}=$$

$$4\cdot\frac{c^2-\sqrt{c}pq^2}{(c-q^2)^2}\leqslant 4\cdot\frac{c^2-2cq^2}{(c-q^2)^2}\leqslant 4$$

从而

$$\frac{\sqrt{b+c-a}}{\sqrt{b}+\sqrt{c}-\sqrt{a}}+\frac{\sqrt{c+a-b}}{\sqrt{c}+\sqrt{a}-\sqrt{b}}\leqslant 2$$

结合式(16.54)即得所证不等式.

例34 设 $\triangle ABC$ 的三边长为 $a,b,c\geqslant 0$. 证明

$$a^n\cos A+b^n\cos B+c^n\cos C\leqslant\frac{1}{2}(a^n+b^n+c^n)$$

证明 由对称性,不妨设 $a\geqslant b\geqslant c$,则 $a^n\geqslant b^n\geqslant c^n$,且 $\cos A\leqslant\cos B\leqslant\cos C$. 于是

$$(a^n-b^n)(\cos A-\cos B)\leqslant 0$$

即

$$a^n\cos A+b^n\cos B\leqslant a^n\cos B+b^n\cos A$$

同理

$$b^n\cos B+c^n\cos C\leqslant b^n\cos C+c^n\cos B$$

$$c^n\cos C+a^n\cos A\leqslant c^n\cos A+a^n\cos C$$

三式相加,并且两边同时加上 $a^n\cos A+b^n\cos B+c^n\cos C$,得

$$3(a^n\cos A+b^n\cos B+c^n\cos C)\leqslant$$
$$(a^n+b^n+c^n)(\cos A+\cos B+\cos C)$$

再注意到,熟知的三角形不等式

$$\cos A+\cos B+\cos C\leqslant\frac{3}{2}$$

即得所证不等式. 易知等号当且仅当 $a=b=c$ 时成立.

例35 设 α,β,γ 是任意一个锐角三角形的三个内角,求证

第16章 排序思想的应用

2. $\left(\dfrac{\sin 2\alpha}{\alpha}+\dfrac{\sin 2\beta}{\beta}+\dfrac{\sin 2\gamma}{\gamma}\right)\geqslant$
$\left(\dfrac{1}{\beta}+\dfrac{1}{\gamma}\right)\sin 2\alpha+\left(\dfrac{1}{\gamma}+\dfrac{1}{\alpha}\right)\sin 2\beta+\left(\dfrac{1}{\alpha}+\dfrac{1}{\beta}\right)\sin 2\gamma$

证明 不失一般性,可设 $\alpha\leqslant\beta\leqslant\gamma$,则
$$\dfrac{1}{\alpha}\geqslant\dfrac{1}{\beta}\geqslant\dfrac{1}{\gamma}$$

又由题设易知 $\pi-2\alpha,\pi-2\beta,\pi-2\gamma$ 可作为一个三角形的三内角,设它们所对的边为 a,b,c,则由正弦定理知
$$a:b:c=\sin(\pi-2\alpha):\sin(\pi-2\beta):\sin(\pi-2\gamma)=$$
$$\sin 2\alpha:\sin 2\beta:\sin 2\gamma$$

因为 $\alpha\leqslant\beta\leqslant\gamma$,所以 $\pi-2\alpha\geqslant\pi-2\beta\geqslant\pi-2\gamma$.

于是由三角形的边角关系,知 $a\geqslant b\geqslant c$.

所以
$$\sin 2\alpha\geqslant\sin 2\beta\geqslant\sin 2\gamma$$

于是
$$(\sin 2\alpha-\sin 2\beta)\left(\dfrac{1}{\alpha}-\dfrac{1}{\beta}\right)\geqslant 0$$

即
$$\left(\dfrac{\sin 2\alpha}{\alpha}+\dfrac{\sin 2\beta}{\beta}\right)\geqslant\dfrac{\sin 2\alpha}{\beta}+\dfrac{\sin 2\beta}{\alpha}$$

同理
$$\dfrac{\sin 2\beta}{\beta}+\dfrac{\sin 2\gamma}{\gamma}\geqslant\dfrac{\sin 2\beta}{\gamma}+\dfrac{\sin 2\gamma}{\beta}$$
$$\dfrac{\sin 2\gamma}{\gamma}+\dfrac{\sin 2\alpha}{\alpha}\geqslant\dfrac{\sin 2\gamma}{\alpha}+\dfrac{\sin 2\alpha}{\gamma}$$

三式相加,即得欲证的不等式.

例36 已知 a,b,c 是 $\triangle ABC$ 的 $\angle A$,$\angle B$,$\angle C$ 所对的边,且 $m\in \mathbf{R}_+$,求证
$$\dfrac{a}{m+a}+\dfrac{b}{m+b}>\dfrac{c}{m+c}$$

证明 设 c 边最长,且对三边 a,b,c 排序:$a\leqslant b\leqslant c$.

因为 $\qquad a+b>c$

所以
$$\dfrac{a}{m+a}+\dfrac{b}{m+b}\geqslant\dfrac{a}{m+b}+\dfrac{b}{m+b}=\dfrac{a+b}{m+b}>\dfrac{c}{m+b}\geqslant\dfrac{c}{m+c}$$

若 c 不是最长边,重新对 a,b,c 排序:$a\leqslant c\leqslant b$,则 $b-c\geqslant 0$.

于是

223

Cauchy 不等式.下

$$\frac{b}{m+b}-\frac{c}{m+c}=\frac{m(b-c)}{(m+b)(m+c)}\geqslant 0$$

即 $$\frac{b}{m+b}\geqslant\frac{c}{m+c}$$

但 $$\frac{a}{m+a}>0$$

故 $$\frac{a}{m+a}+\frac{b}{m+b}>\frac{c}{m+c}$$

例 37 (1981 年第 10 届美国数学奥林匹克试题)如果 $\angle A, \angle B, \angle C$ 是三角形的三个内角,证明

$$-2<\sin 3A+\sin 3B+\sin 3C\leqslant\frac{3}{2}\sqrt{3}$$

并确定何时等号成立.

证法一 不失一般性,不妨设 $\angle A\leqslant\angle B\leqslant\angle C$.

(1) 对于 $\sin 3A+\sin 3B+\sin 3C$ 的下界,因为 $\angle A\leqslant 60°$, $\sin 3A\geqslant 0$. 并且 $\sin 3B\geqslant-1,\sin 3C\geqslant-1$,于是

$$\sin 3A+\sin 3B+\sin 3C\geqslant-2$$

等号成立必须 $\sin 3A=0,\sin 3B=\sin 3C=-1$,所以 $\angle A=0°$, $\angle B=\angle C=90°$.但这不能构成三角形,因此

$$\sin 3A+\sin 3B+\sin 3C>-2$$

(2) 对于 $\sin 3A+\sin 3B+\sin 3C$ 的上界,注意到 $\frac{3\sqrt{3}}{2}>2$, $\sin 3A,\sin 3B,\sin 3C$ 中的每一项都不大于 1,所以为了取得最大值,$\sin 3A,\sin 3B,\sin 3C$ 都必须是正的.

因为 $\angle A+\angle B+\angle C=180°$,所以

$$0°<\angle A\leqslant\angle B<60°,120°<\angle C<180°$$

令 $\angle D=\angle C-120°$,那么 $\angle D>0°$,且

$$3\angle A+3\angle B+3\angle D=180°$$

因为 $f(x)=\sin x$ 在 $[0,\pi]$ 上是上凸函数,所以根据琴生不等式,有

$$\sin 3A+\sin 3B+\sin 3C=\sin 3A+\sin 3B+\sin 3D\leqslant$$

$$3\sin\frac{3A+3B+3D}{3}=3\sin 60°=\frac{3\sqrt{3}}{2}$$

其中取等号当且仅当 $3\angle A=3\angle B=3\angle D=60°$,即 $\angle A=$

第16章 排序思想的应用

$\angle B=20°, \angle C=140°$时成立.

证法二 不失一般性,设$\angle A \leqslant \angle B \leqslant \angle C$. 那么$\angle C \geqslant 60°$,
$\angle A+\angle B \leqslant 180°-60°=120°$,且

$$0 \leqslant \frac{3}{2}(\angle B-\angle A) \leqslant \frac{3}{2}(\angle B+\angle A) \leqslant 180°$$

所以

$$\sin 3A+\sin 3B+\sin 3C=2\sin\frac{3(A+B)}{2}\cos\frac{3(B-A)}{2}+\sin 3C \geqslant$$
$$2\sin\frac{3(A+B)}{2}\cos\frac{3(B+A)}{2}+\sin 3C=$$
$$\sin 3(A+B)+\sin 3C \geqslant -2$$

等号成立必须有

$$\sin 3C=-1, \sin 3(A+B)=-1, B-A=B+A$$

从而必须:$\angle A=0°, \angle B=\angle C=90°$. 但这不能构成三角形,因此

$$\sin 3A+\sin 3B+\sin 3C > -2$$

下面考虑 $\sin 3A+\sin 3B+\sin 3C$ 的上界. 如下

$$\sin 3A+\sin 3B=2\sin\frac{3(A+B)}{2}\cos\frac{3(B-A)}{2} \leqslant$$
$$2\sin\frac{3(A+B)}{2}$$

令 $\alpha=\frac{3}{2}(A+B)$,那么

$$\sin 3A+\sin 3B+\sin 3C \leqslant$$
$$2\sin\alpha+\sin(3\times 180°-2\alpha)=$$
$$2\sin\alpha+\sin 2\alpha=2\sin\alpha(1+\cos\alpha)=$$
$$8\sin\frac{\alpha}{2}\cos^3\frac{\alpha}{2}=$$
$$8\sqrt{\sin^2\frac{\alpha}{2}\cos^6\frac{\alpha}{2}} \quad (0°<\frac{\alpha}{2}\leqslant 90°)$$

由于

$$3\sin^2\frac{\alpha}{2}\cos^6\frac{\alpha}{2}=$$
$$3\sin^2\frac{\alpha}{2}\cdot\cos^2\frac{\alpha}{2}\cdot\cos^2\frac{\alpha}{2}\cdot\cos^2\frac{\alpha}{2} \leqslant$$

225

Cauchy 不等式·下

$$\left[\frac{\left(3\sin^2\frac{\alpha}{2}+\cos^2\frac{\alpha}{2}+\cos^2\frac{\alpha}{2}+\cos^2\frac{\alpha}{2}\right)}{4}\right]^4=\left(\frac{3}{4}\right)^4$$

所以

$$\sin 3A+\sin 3B+\sin 3C\leqslant 8\sqrt{\sin^2\frac{\alpha}{2}\cos^6\frac{\alpha}{2}}\leqslant$$
$$8\times\sqrt{\frac{1}{3}\times\left(\frac{3}{4}\right)^4}=\frac{3\sqrt{3}}{2}$$

等号当且仅当 $3\sin^2\frac{\alpha}{2}=\cos^2\frac{\alpha}{2}$,$\cos\frac{3(B-A)}{2}=1$.即 $\sin^2\frac{\alpha}{2}=\frac{1}{4}$,$\cos^2\frac{\alpha}{2}=\frac{3}{4}$,$\frac{3(\angle B-\angle A)}{2}=0°$时成立,解得 $\angle A=\angle B=20°$,$\angle C=140°$.

例 38 (1961 年第 3 届 IMO 试题)如图 16.1,设 P 为 $\triangle ABC$ 内任意一点,直线 AP,BP,CP 交三角形的对边于点 D,点 E,点 F,求证:$\frac{AP}{PD},\frac{BP}{PE},\frac{CP}{PF}$ 中至少有一个不大于 2,也至少有一个不小于 2.

图 16.1

证明 不妨设

$$\frac{PD}{AD}\leqslant\frac{PE}{BE}\leqslant\frac{PF}{CF}$$

因为

$$\frac{PD}{AD}+\frac{PE}{BE}+\frac{PF}{CF}=\frac{S_{\triangle PBC}}{S_{\triangle ABC}}+\frac{S_{\triangle PCA}}{S_{\triangle ABC}}+\frac{S_{\triangle PAB}}{S_{\triangle ABC}}=\frac{S_{\triangle ABC}}{S_{\triangle ABC}}=1$$

所以

$$\frac{PD}{AD}\leqslant\frac{1}{3},\frac{PF}{CF}\geqslant\frac{1}{3}$$

即

$$\frac{AD}{PD}\geqslant 3,\frac{CF}{PF}\leqslant 3$$

即

$$1+\frac{AP}{PD}\geqslant 3,1+\frac{CP}{PF}\leqslant 3$$

因此

$$\frac{AP}{PD}\geqslant 2,\frac{CP}{PF}\leqslant 2$$

例 39 $\triangle ABC$ 的内切圆切三边 AB,BC,CA 于点 D,点 E,点 F,且 AB,BC,CA 被切点分成的两线段之比都属于开区

第16章 排序思想的应用

间 $\left(\frac{1}{2}, 2\right)$. 求证: $\triangle ABC$ 为锐角三角形.

证明 如图 16.2, 设 $AD = AF = p$, $BD = BE = q$, $CE = CF = r$. 不失一般性, 对切线长 p, q, r 作排序: $p \geqslant q \geqslant r$. 由此知, 边 AB 最长, 它所对的 $\angle C$ 最大.

图 16.2

由余弦定理得

$$\cos C = \frac{(r+p)^2 + (r+q)^2 - (p+q)^2}{2(r+p)(r+q)}$$

因为 $\frac{1}{2} < \frac{p}{r} < 2$, 所以 $p < 2r$. 当然 $q < 2r$.

于是

$$(r+p)^2 + (r+q)^2 - (p+q)^2 =$$
$$2(r^2 + pr + qr - pq) > 2(r^2 + pr + qr - 2rq) =$$
$$2r(r+p-q) > 2r(r+r-2r) = 0$$

所以 $\cos C > 0$, 即 $\angle C$ 为锐角.

于是 $\angle A, \angle B$ 亦为锐角, 故 $\triangle ABC$ 为锐角三角形.

例 40 若 $\triangle ABC$ 内或边上任一点到三边的距离之和为定值(最大边或最小边上的高), 则 $\triangle ABC$ 是正三角形.

证明 不妨设三边长分别为 a, b, c, 且 $a \geqslant b \geqslant c$, $\triangle ABC$ 内任一点 P, 到三边的距离分别为 h_a, h_b, h_c, BC 边上的高为 H_a, 则由题设得

$$h_a + h_b + h_c = H_a \tag{16.55}$$

又因为 $ah_a + bh_b + ch_c = 2S_{\triangle ABC} = aH_a$, 由正弦定理得

$$h_a \sin A + h_b \sin B + h_c \sin C = H_a \sin A \tag{16.56}$$

式(16.55)乘以 $\sin A$ 后减去式(16.56), 得

$$h_b(\sin A - \sin B) + h_c(\sin A - \sin C) = 0 \tag{16.57}$$

注意到由 $a \geqslant b \geqslant c$, 可得 $\sin A \geqslant \sin B \geqslant \sin C$, 故

$$\sin A - \sin B \geqslant 0, \sin A - \sin C \geqslant 0$$

又 h_a, h_b, h_c 全为正数, 由式(16.57)得

$$\sin A - \sin B = 0, \sin A - \sin C = 0$$

即

$$\sin A = \sin B = \sin C$$

故

$$a = b = c$$

Cauchy 不等式.下

当 $h_a+h_b+h_c=H_c$（H_c 是 AB 边上的高）时，同理可证.

例 41 （2003 年第 15 届亚太地区数学奥林匹克试题）设 a,b,c 是一个三角形的三条边的边长，且 $a+b+c=1$. 若整数 $n\geqslant 2$，证明

$$\sqrt[n]{a^n+b^n}+\sqrt[n]{b^n+c^n}+\sqrt[n]{c^n+a^n}<1+\frac{\sqrt[n]{2}}{2}$$

证明 设 $a\geqslant b\geqslant c>0$. 因为 $a+b+c=1$，则

$$\left(b+\frac{c}{2}\right)^n=b^n+C_n^1 b^{n-1}\frac{c}{2}+C_n^2 b^{n-2}\frac{c^2}{4}+\cdots+C_n^n\frac{c^n}{2^n}\geqslant$$

$$b^n+\left[C_n^1\cdot\frac{1}{2}+C_n^2\left(\frac{1}{2}\right)^2+\cdots+C_n^n\left(\frac{1}{2}\right)^n\right]c^n=$$

$$b^n+\left[\left(\frac{1}{2}+1\right)^n-1\right]c^n$$

因为 $n\geqslant 2$，则

$$\left(\frac{1}{2}+1\right)^n-1>1$$

所以

$$\left(b+\frac{c}{2}\right)^n>b^n+c^n$$

故

$$\sqrt[n]{b^n+c^n}<b+\frac{c}{2} \tag{16.58}$$

同理

$$\sqrt[n]{a^n+c^n}<a+\frac{c}{2} \tag{16.59}$$

又因为 $a<\frac{1}{2}$，$b<\frac{1}{2}$，则

$$\sqrt[n]{a^n+b^n}<\sqrt[n]{\left(\frac{1}{2}\right)^n+\left(\frac{1}{2}\right)^n}=\frac{\sqrt[n]{2}}{2} \tag{16.60}$$

(16.58)+(16.59)+(16.60)，得

$$\sqrt[n]{a^n+b^n}+\sqrt[n]{b^n+c^n}+\sqrt[n]{c^n+a^n}<1+\frac{\sqrt[n]{2}}{2}$$

例 42 （2008 年第 7 届中国女子数学奥林匹克试题）求最小常数 $a>1$，使得对正方形 $ABCD$ 内部任一点 P，都存在 $\triangle PAB$，$\triangle PBC$，$\triangle PCD$，$\triangle PDA$ 中的某两个三角形，使得它们的面积之比属于区间 $[a^{-1},a]$ 图 16.3.

第 16 章 排序思想的应用

解 a 的最小值为 $\dfrac{1+\sqrt{5}}{2}$.

首先证明 $a_{\min} \leqslant \dfrac{1+\sqrt{5}}{2}$. 记 $\varphi = \dfrac{1+\sqrt{5}}{2}$.

不妨设正方形边长为 $\sqrt{2}$. 取正方形 $ABCD$ 内部一点 P，令 S_1, S_2, S_3, S_4 分别表示 $\triangle PAB, \triangle PBC, \triangle PCD, \triangle PDA$ 的面积，不妨设 $S_1 \geqslant S_2 \geqslant S_4 \geqslant S_3$.

图 16.3

令 $\lambda = \dfrac{S_1}{S_2}, \mu = \dfrac{S_2}{S_4}$. 如果 $\lambda, \mu > \varphi$, 由

$$S_1 + S_3 = S_2 + S_4 = 1$$

得 $\dfrac{S_2}{1-S_2} = \mu, S_2 = \dfrac{\mu}{1+\mu}$. 故

$$S_1 = \lambda S_2 = \dfrac{\lambda \mu}{1+\mu} = \dfrac{\lambda}{1+\dfrac{1}{\mu}} > \dfrac{\varphi}{1+\dfrac{1}{\varphi}} = \dfrac{\varphi^2}{1+\varphi} = 1$$

矛盾. 故 $\min\{\lambda, \mu\} \leqslant \varphi$, 这表明 $a_{\min} \leqslant \varphi$.

另一方面,对于任意 $a \in (1, \varphi)$, 取定 $t \in \left(a, \dfrac{1+\sqrt{5}}{2}\right)$, 使得 $b = \dfrac{t^2}{1+t} > \dfrac{8}{9}$. 在正方形 $ABCD$ 内取点 P, 使得 $S_1 = b, S_2 = \dfrac{b}{t}$, $S_3 = \dfrac{b}{t^2}, S_4 = 1-b$, 则有

$$\dfrac{S_1}{S_2} = \dfrac{S_2}{S_3} = t \in \left(a, \dfrac{1+\sqrt{5}}{2}\right)$$

$$\dfrac{S_3}{S_4} = \dfrac{b}{t^2(1-b)} > \dfrac{b}{4(1-b)} > 2 > a$$

由此得到, 对任意 $i, j \in \{1,2,3,4\}$, 有 $\dfrac{S_i}{S_j} \in [a^{-1}, a]$, 这表明 $a_{\min} = \varphi$.

例 43 在锐角 $\triangle ABC$ 中, 若 $n \in \mathbf{N}$, 则

$$\dfrac{\cos^n A}{\cos B + \cos C} + \dfrac{\cos^n B}{\cos C + \cos A} + \dfrac{\cos^n C}{\cos A + \cos B} \geqslant \dfrac{3}{2^n} \quad (16.61)$$

证明 分两部分用数学归纳法证明.

(1) n 为偶数.

Cauchy 不等式. 下

① 当 $n=0$ 时

式(16.61)左边 $= \dfrac{1}{\cos B+\cos C}+\dfrac{1}{\cos C+\cos A}+\dfrac{1}{\cos A+\cos B} \geqslant$

$$\dfrac{3}{\sqrt[3]{(\cos B+\cos C)(\cos C+\cos A)(\cos A+\cos B)}} \geqslant$$

$$\dfrac{9}{(\cos B+\cos C)+(\cos C+\cos A)+(\cos A+\cos B)} =$$

$$\dfrac{1}{2} \cdot \dfrac{9}{\cos A+\cos B+\cos C} \geqslant 3 = 右边$$

所以,当 $n=0$ 时,式(16.61)成立.

② 假设当 $n=2k(k\in \mathbf{N})$ 时式(16.61)成立,即

$$\dfrac{\cos^{2k}A}{\cos B+\cos C}+\dfrac{\cos^{2k}B}{\cos C+\cos A}+\dfrac{\cos^{2k}C}{\cos A+\cos B} \geqslant \dfrac{3}{2^{2k}}$$

由原命题的对称性,不妨设

$$\angle A \leqslant \angle B \leqslant \angle C$$

则 $\cos A \geqslant \cos B \geqslant \cos C$,且

$$\dfrac{\cos^{2k}A}{\cos B+\cos C} \geqslant \dfrac{\cos^{2k}B}{\cos C+\cos A} \geqslant \dfrac{\cos^{2k}C}{\cos A+\cos B}$$

当 $n=2k+2(k\in \mathbf{N})$ 时,由切比雪夫不等式得

式(16.61)左边 $=$

$$\dfrac{\cos^{2k}A}{\cos B+\cos C}\cos^2 A+\dfrac{\cos^{2k}B}{\cos C+\cos A}\cos^2 B+\dfrac{\cos^{2k}C}{\cos A+\cos B}\cos^2 C \geqslant$$

$$\dfrac{1}{3}\left(\dfrac{\cos^{2k}A}{\cos B+\cos C}+\dfrac{\cos^{2k}B}{\cos C+\cos A}+\dfrac{\cos^{2k}C}{\cos A+\cos B}\right) \cdot$$

$$(\cos^2 A+\cos^2 B+\cos^2 C) \geqslant$$

$$\dfrac{1}{3} \cdot \dfrac{3}{2^{2k}} \cdot \dfrac{3}{4} = \dfrac{3}{2^{2k+2}} = 右边$$

由数学归纳法知,当 $n=2k(k\in \mathbf{N})$ 时式(16.61)成立.

(2) n 为奇数.

① 当 $n=1$ 时

式(16.61)左边 $= \dfrac{\cos A}{\cos B+\cos C}+\dfrac{\cos B}{\cos C+\cos A}+\dfrac{\cos C}{\cos A+\cos B} \geqslant$

$$\dfrac{3}{2} = 右边$$

② 假设当 $n=2k+1(k\in \mathbf{N})$ 时式(16.61)成立,此时证明过

第16章 排序思想的应用

程与 n 取偶数时的②类似.

由归纳法原理知,当 $n=2k+1(k\in \mathbf{N})$ 时式(16.61)成立.

综合(1),(2)知,当 n 取自然数时式(16.61)均成立.

注 以上证明过程中用到了三个熟知的不等式.

在 $\triangle ABC$ 中,有:

① $\cos A+\cos B+\cos C \leqslant \dfrac{3}{2}$;

② $\cos^2 A+\cos^2 B+\cos^2 C \geqslant \dfrac{3}{4}$.

③ 对任意正实数 a,b,c,有

$$\frac{a}{b+c}+\frac{b}{c+a}+\frac{c}{a+b} \geqslant \frac{3}{2}$$

例 44 在锐角 $\triangle ABC$ 中,证明:$\dfrac{\sin(A-B)\cdot \sin(A-C)}{\sin 2A}+\dfrac{\sin(B-A)\cdot \sin(B-C)}{\sin 2B}+\dfrac{\sin(C-A)\cdot \sin(C-B)}{\sin 2C} \geqslant 0$.

证法一 注意到

$$\frac{\sin(A-B)\cdot \sin(A-C)}{\sin 2A}=$$

$$\frac{\sin A\cdot \cos B\cdot \sin(A-C)-\sin B\cdot \cos A\cdot \sin(A-C)}{2\sin A\cdot \cos A}=$$

$$\frac{\cos B(\sin A\cdot \cos C-\cos A\cdot \sin C)}{2\cos A}-$$

$$\frac{\sin B(\sin A\cdot \cos C-\cos A\cdot \sin C)}{2\sin A}=$$

$$\frac{\cos B\cdot \cos C\cdot \sin A}{2\cos A}-\frac{\cos B\cdot \sin C}{2}-$$

$$\frac{\sin B\cdot \cos C}{2}+\frac{\sin B\cdot \sin C\cdot \cos A}{2\sin A}=$$

$$\frac{\cos B\cdot \cos C\cdot \sin A}{2\cos A}-\frac{\sin(B+C)}{2}+\frac{\sin B\cdot \sin C\cdot \cos A}{2\sin A}=$$

$$\frac{\cos B\cdot \cos C\cdot \sin A}{2\cos A}-\frac{\sin A}{2}+\frac{\sin B\cdot \sin C\cdot \cos A}{2\sin A}$$

同理

$$\frac{\sin(B-A)\cdot \sin(B-C)}{\sin 2B}=\frac{\cos C\cdot \cos A\cdot \sin B}{2\cos B}-\frac{\sin B}{2}+\frac{\sin C\cdot \sin A\cdot \cos B}{2\sin B}$$

Cauchy 不等式. 下

$$\frac{\sin(C-A) \cdot \sin(C-B)}{\sin 2C} = \frac{\cos A \cdot \cos B \cdot \sin C}{2\cos C} - \frac{\sin C}{2} + \frac{\sin A \cdot \sin B \cdot \cos C}{2\sin C}$$

因此,所证不等式化为

$$\left(\frac{\sin A \cdot \sin B \cdot \cos C}{\sin C} + \frac{\cos A \cdot \cos B \cdot \sin C}{\cos C}\right) +$$

$$\left(\frac{\sin B \cdot \sin C \cdot \cos A}{\sin A} + \frac{\cos B \cdot \cos C \cdot \sin A}{\cos A}\right) +$$

$$\left(\frac{\sin C \cdot \sin A \cdot \cos B}{\sin B} + \frac{\cos C \cdot \cos A \cdot \sin B}{\cos B}\right) \geqslant$$

$$\sin A + \sin B + \sin C \tag{16.62}$$

令 $x = \cot A, y = \cot B, z = \cot C$. 则 $x, y, z \in \mathbf{R}_+$, $xy + yz + zx = 1$. 因此

$$\frac{\sin A \cdot \sin B \cdot \cos C}{\sin C} + \frac{\cos A \cdot \cos B \cdot \sin C}{\cos C} =$$

$$\frac{1}{\sqrt{1+x^2}} \cdot \frac{1}{\sqrt{1+y^2}} \cdot z + \frac{x}{\sqrt{1+x^2}} \cdot \frac{y}{\sqrt{1+y^2}} \cdot \frac{1}{z} =$$

$$\frac{z^2 + xy}{z\sqrt{(1+x^2)(1+y^2)}}$$

同理

$$\frac{\sin B \cdot \sin C \cdot \cos A}{\sin A} + \frac{\cos B \cdot \cos C \cdot \sin A}{\cos A} = \frac{x^2 + yz}{x\sqrt{(1+y^2)(1+z^2)}}$$

$$\frac{\sin C \cdot \sin A \cdot \cos B}{\sin B} + \frac{\cos C \cdot \cos A \cdot \sin B}{\cos B} = \frac{y^2 + zx}{y\sqrt{(1+z^2)(1+x^2)}}$$

于是,只要证

$$\frac{x^2 + yz}{x\sqrt{(1+y^2)(1+z^2)}} + \frac{y^2 + zx}{y\sqrt{(1+z^2)(1+x^2)}} + \frac{z^2 + xy}{z\sqrt{(1+x^2)(1+y^2)}} \geqslant$$

$$\frac{1}{\sqrt{1+x^2}} + \frac{1}{\sqrt{1+y^2}} + \frac{1}{\sqrt{1+z^2}} \tag{16.63}$$

又

$$1 + x^2 = xy + yz + zx + x^2 = (x+y)(x+z)$$
$$1 + y^2 = xy + yz + zx + y^2 = (x+y)(y+z)$$
$$1 + z^2 = xy + yz + zx + z^2 = (x+z)(y+z)$$

故式(16.63)化为

第 16 章 排序思想的应用

$$\frac{x^2+yz}{x\sqrt{y+z}}+\frac{y^2+zx}{y\sqrt{z+x}}+\frac{z^2+xy}{z\sqrt{x+y}} \geqslant$$

$$\sqrt{y+z}+\sqrt{z+x}+\sqrt{x+y}$$

上式关于 x,y,z 对称,故设 $x \geqslant y \geqslant z$. 由于

$$\frac{x^2+yz}{x\sqrt{y+z}}-\sqrt{y+z}=\frac{x^2-x(y+z)+yz}{x\sqrt{y+z}}=\frac{(x-y)(x-z)}{x\sqrt{y+z}}$$

$$\frac{y^2+zx}{y\sqrt{z+x}}-\sqrt{z+x}=\frac{(y-z)(y-x)}{y\sqrt{z+x}}$$

$$\frac{z^2+xy}{z\sqrt{x+y}}-\sqrt{x+y}=\frac{(z-x)(z-y)}{z\sqrt{x+y}}$$

即要证

$$\frac{(x-y)(x-z)}{x\sqrt{y+z}}+\frac{(y-z)(y-x)}{y\sqrt{z+x}}+\frac{(z-x)(z-y)}{z\sqrt{x+y}} \geqslant 0$$
(16.64)

因为 $\dfrac{(x-y)(x-z)}{x\sqrt{y+z}} \geqslant 0$

$$\frac{(y-z)(y-x)}{y\sqrt{z+x}}+\frac{(z-x)(z-y)}{z\sqrt{x+y}}=$$

$$(y-z)\left(\frac{x-z}{z\sqrt{x+y}}-\frac{x-y}{y\sqrt{z+x}}\right)=$$

$$(y-z)\left(\frac{x-z}{\sqrt{z-xyz}}-\frac{x-y}{\sqrt{y-xyz}}\right) \geqslant 0$$

所以,式(16.64)成立.

因此结论得证.

证法二 据对称性,不妨设 $\angle A \geqslant \angle B \geqslant \angle C$. 则 $60° \leqslant \angle A < 90°$, $\angle B+\angle C > 90°$, $45° < \angle B \leqslant \angle A$. 所以

$$\sin 2A = \sin(180°-2A) \leqslant \sin(180°-2B) = \sin 2B$$

$$\frac{\sin(A-B) \cdot \sin(B-C)}{\sin 2A} \geqslant \frac{\sin(A-B) \cdot \sin(B-C)}{\sin 2B}$$

则

$$\frac{\sin(B-A) \cdot \sin(B-C)}{\sin 2B} \geqslant \frac{\sin(B-A) \cdot \sin(B-C)}{\sin 2A}$$

故

Cauchy 不等式. 下

$$\frac{\sin(A-B)\cdot\sin(A-C)}{\sin 2A}+\frac{\sin(B-A)\cdot\sin(B-C)}{\sin 2B}\geqslant$$

$$\frac{\sin(A-B)\cdot\sin(A-C)}{\sin 2A}+\frac{\sin(B-A)\cdot\sin(B-C)}{\sin 2A}\geqslant 0$$

因 $\dfrac{\sin(C-A)\cdot\sin(C-B)}{\sin 2C}\geqslant 0$，所以

$$\frac{\sin(A-B)\cdot\sin(A-C)}{\sin 2A}+\frac{\sin(B-A)\cdot\sin(B-C)}{\sin 2B}+$$
$$\frac{\sin(C-A)\cdot\sin(C-B)}{\sin 2C}\geqslant 0$$

例 45 （2012 年美国数学奥林匹克试题）求一切满足下述条件的大于 2 的整数 n，在任意满足 $\max(a_1,a_2,\cdots,a_n)\leqslant n\cdot\min(a_1,a_2,\cdots,a_n)$ 的 n 个正实数 $a_1,a_2,\cdots,a_n$ 中，必存在以 $a_i,a_j,a_k(i,j,k$ 互不相同) 为边长的锐角三角形.

解 不妨设 $a_1\leqslant a_2\leqslant\cdots\leqslant a_n$，则 $a_i,a_j,a_k(i<j<k)$ 组成锐角三角形，当且仅当 $a_i^2+a_j^2>a_k^2$.

设 $F_1=F_2=1,F_{n+2}=F_{n+1}+F_n(n\geqslant 1)$，记 $a_1=a,a_2=b$. 若某个 n 不满足条件，则 $a_3\geqslant\sqrt{a^2+b^2},a_4\geqslant\sqrt{a_2^2+a_3^2}\geqslant\sqrt{a^2+2b^2}$.

设

$$a_k\geqslant\sqrt{F_{k-2}a^2+F_{k-1}b^2},a_{k+1}\geqslant\sqrt{F_{k-1}a^2+F_kb^2}\quad(k\geqslant 3)$$

则

$$a_{k+2}\geqslant\sqrt{a_{k+1}^2+a_k^2}\geqslant\sqrt{(F_{k-1}a^2+F_kb^2)+(F_{k-2}a^2+F_{k-1}b^2)}=\sqrt{F_ka^2+F_{k+1}b^2}$$

由数学归纳法知

$$a_n\geqslant\sqrt{F_{n-2}a^2+F_{n-1}b^2}$$

因此

$$na\geqslant a_n\geqslant\sqrt{F_{n-2}a^2+F_{n-1}b^2}\geqslant\sqrt{F_{n-2}a^2+F_{n-1}a^2}=a\sqrt{F_n}$$

即 $n^2\geqslant F_n$.

而 $F_{13}=233>13^2,F_{14}=377>14^2$，由数学归纳法易知，对任意 $n\geqslant 13,F_n>n^2$，因此 $n\geqslant 13$ 均满足条件.

对 $n\leqslant 12$，令 $(a_1,a_2,\cdots,a_n)=(\sqrt{F_1},\sqrt{F_2},\cdots,\sqrt{F_n})$，容

第16章 排序思想的应用

易验证

$$\max(a_1, a_2, \cdots, a_n) \leqslant n \cdot \min(a_1, a_2, \cdots, a_n)$$

成立,而对于任意 $i < j < k$, $F_i + F_j \leqslant F_{k-2} + F_{k-1} = F_k$,因此 ($\sqrt{F_i}, \sqrt{F_j}, \sqrt{F_k}$) 不能组成锐角三角形,所以 $n \leqslant 12$ 不满足条件.

综上所述,所求的一切整数 n 为大于 12 的所有整数.

5. 在解极值问题中的应用

例 46 (1991 年中国国家队集训队测验题)求最小的实数 a,使得对于任意其和为 1 的非负实数 x, y, z 都有

$$a(x^2 + y^2 + z^2) + xyz \geqslant \frac{a}{3} + \frac{1}{27}$$

解 令 $I = a(x^2 + y^2 + z^2) + xyz$. 不妨设 $x \leqslant y \leqslant z$,令 $x = \frac{1}{3} + \delta_1, y = \frac{1}{3} + \delta_2, z = \frac{1}{3} + \delta_3$,则

$$-\frac{1}{3} \leqslant \delta_1 \leqslant 0, 0 \leqslant \delta_3 \leqslant \frac{2}{3}, \delta_1 + \delta_2 + \delta_3 = 0 \quad (16.65)$$

用新变量 $\delta_1, \delta_2, \delta_3$ 表示 I,则

$$I = \frac{a}{3} + \frac{1}{27} + a(\delta_1^2 + \delta_2^2 + \delta_3^2) + \frac{1}{3}(\delta_1 \delta_2 + \delta_2 \delta_3 + \delta_3 \delta_1) + \delta_1 \delta_2 \delta_3$$

由式(16.65)可知 $\delta_1 \delta_2 + \delta_2 \delta_3 + \delta_3 \delta_1 = -\frac{1}{2}(\delta_1^2 + \delta_2^2 + \delta_3^2)$,从而

$$I = \frac{a}{3} + \frac{1}{27} + \left(a - \frac{1}{6}\right)(\delta_1^2 + \delta_2^2 + \delta_3^2) + \delta_1 \delta_2 \delta_3$$

若 $a < \frac{2}{9}$,取 $x = 0, y = z = \frac{1}{2}$,即 $\delta_1 = -\frac{1}{3}, \delta_2 = \delta_3 = \frac{1}{6}$,由于

$$\left(a - \frac{1}{6}\right)(\delta_1^2 + \delta_2^2 + \delta_3^2) + \delta_1 \delta_2 \delta_3 < \frac{1}{18} \times \left(\frac{1}{9} + \frac{2}{36}\right) - \frac{1}{3 \times 36} = 0$$

所以此时

$$I < \frac{a}{3} + \frac{1}{27}$$

于是所求的 $a \geqslant \frac{2}{9}$. 当 $a \geqslant \frac{2}{9}$ 时,若 $\delta_2 \leqslant 0$,则由式(16.65)可知 $\delta_1 \delta_2 \delta_3 \geqslant 0$,由此立即可得 $I \geqslant \frac{a}{3} + \frac{1}{27}$.

Cauchy 不等式. 下

设 $\delta_2 \geqslant 0$，由 $\delta_1 = -(\delta_2 + \delta_3)$，则

$$I = \frac{a}{3} + \frac{1}{27} + \left(a - \frac{1}{6}\right)(2\delta_2^2 + 2\delta_3^2 + 2\delta_2\delta_3) - (\delta_2 + \delta_3)\delta_2\delta_3 =$$

$$\frac{a}{3} + \frac{1}{27} + 2\left(a - \frac{1}{6}\right)(\delta_2 - \delta_3)^2 +$$

$$\left[6\left(a - \frac{1}{6}\right) - (\delta_2 + \delta_3)\right]\delta_2\delta_3$$

由 $a \geqslant \frac{2}{9}$ 可得 $a - \frac{1}{6} \geqslant \frac{1}{18}$，又从式(16.65)得 $0 \leqslant \delta_2 + \delta_3 = -\delta_1 \leqslant \frac{1}{3}$，所以 $I \geqslant \frac{a}{3} + \frac{1}{27}$.

综上可知所求最小的实数 $a = \frac{2}{9}$.

例 47 （1992 年上海市高中数学竞赛试题）设 n 是给定的自然数，$n \geqslant 3$，对 n 个给定的实数 $a_1, a_2, \cdots, a_n$，记 $|a_i - a_j|$ ($1 \leqslant i < j \leqslant n$) 的最小值为 m. 求在 $a_1^2 + a_2^2 + \cdots + a_n^2 = 1$ 的条件下，上述 m 的最大值.

解 不妨设 $a_1 \leqslant a_2 \leqslant \cdots \leqslant a_n$.

于是

$$a_2 - a_1 \geqslant m, a_3 - a_2 \geqslant m, \cdots, a_n - a_{n-1} \geqslant m, a_j - a_i \geqslant (j-i)m$$
$$(1 \leqslant i < j \leqslant n)$$

$$\sum_{1 \leqslant i < j \leqslant n} (a_i - a_j)^2 \geqslant$$

$$m^2 \sum_{1 \leqslant i < j \leqslant n} (i - j)^2 =$$

$$m^2 \sum_{k=1}^{n-1} \frac{k(k+1)(2k+1)}{6} =$$

$$\frac{m^2}{6} \sum_{k=1}^{n-1} [2k(k+1)(k+2) - 3k(k+1)] =$$

$$\frac{m^2}{6} \left[\frac{1}{2}(n-1)n(n+1)(n+2) - (n-1)n(n+1)\right] =$$

$$\frac{m^2}{12} n^2(n^2 - 1)$$

另一方面，由 $a_1^2 + a_2^2 + \cdots + a_n^2 = 1$ 可得

$$\sum_{1 \leqslant i < j \leqslant n} (a_i - a_j)^2 = n - 1 - 2 \sum_{1 \leqslant i < j \leqslant n} a_i a_j = n - \left(\sum_{i=1}^n a_i\right)^2 \leqslant n$$

第16章 排序思想的应用

故
$$n \geqslant \frac{m^2}{12} n^2(n^2-1)$$

$$m \leqslant \sqrt{\frac{12}{n(n^2-1)}}$$

当且仅当 $\sum_{i=1}^{n} a_i = 0, a_1, a_2, \cdots, a_n$ 成等差数列时取等号.

所以,m 的最大值为 $\sqrt{\dfrac{12}{n(n^2-1)}}$.

例 48 (1974 年第 6 届加拿大数学奥林匹克试题)设 n 是固定的正整数,对于满足 $0 \leqslant x_i \leqslant 1 (i=1,2,\cdots,n)$ 的任何 n 个实数,对应着和式

$$\sum_{1 \leqslant i<j \leqslant n} |x_i-x_j| = |x_1-x_2|+|x_1-x_3|+\cdots+$$
$$|x_1-x_{n-1}|+|x_1-x_n|+|x_2-x_3|+$$
$$|x_2-x_4|+\cdots+|x_2-x_{n-1}|+$$
$$|x_2-x_n|+\cdots+|x_{n-2}-x_{n-1}|+$$
$$|x_{n-2}-x_n|+|x_{n-1}-x_n|$$

设 $S(n)$ 表示和式的最大可能值,求 $S(n)$.

解 不失一般性,设 $0 \leqslant x_1 \leqslant x_2 \leqslant \cdots \leqslant x_n \leqslant 1$.由题意

$$S(n) = \sum_{1 \leqslant i<j \leqslant n} |x_i-x_j| = \sum_{1 \leqslant i<j \leqslant n} (x_j-x_i)$$

这个和式有 $C_n^2 = \dfrac{n(n-1)}{2}$(项).对于每个 $k, 1 \leqslant k \leqslant n, x_k$ 出现在这些项中的 $n-1$ 项.$k-1$ 次在左边位置(即在 $x_k-x_1, x_k-x_2, \cdots, x_k-x_{k-1}$ 各项中),且 $n-k$ 次在右边位置(即在 $x_{k+1}-x_k, x_{k+2}-x_k, \cdots, x_n-x_k$ 各项中).因此

$$S(n) = \sum_{k=1}^{n} x_k[k-1-(n-k)] = \sum_{k=1}^{n} x_k(2k-n-1)$$

当 $k < \dfrac{n+1}{2}$ 时,x_k 的系数 $2k-n-1$ 是负数,弃掉这些项(只需令 $x_k=0$ 即可),我们看出

$$S(n) \leqslant \sum_{k \geqslant \frac{n+1}{2}} x_k(2k-n-1)$$

因此,当 n 为偶数时

237

Cauchy 不等式. 下

$$S(n) \leqslant \sum_{k=\frac{n+1}{2}}^{n} x_k(2k-n-1) \leqslant$$

$$\sum_{k=\frac{n}{2}+1}^{n}(2k-n-1) =$$

$$1+3+5+\cdots+(n-1) = \frac{n^2}{4}$$

当 n 为奇数时

$$S(n) \leqslant \sum_{k=\frac{n+1}{2}}^{n} x_k(2k-n-1) \leqslant$$

$$\sum_{k=\frac{n+1}{2}+1}^{n}(2k-n-1) =$$

$$2+4+6+\cdots+(n-1) = \frac{n^2-1}{4}$$

所以

$$\begin{cases} S(n) \leqslant \dfrac{n^2}{4}, \text{如果 } n \text{ 为偶数} \\ S(n) \leqslant \dfrac{n^2-1}{4}, \text{如果 } n \text{ 为奇数} \end{cases}$$

或者简单地写成 $S(n) \leqslant \left[\dfrac{n^2}{4}\right]$(即不超过 $\dfrac{n^2}{4}$ 的最大整数).

等式出现的条件是:当 n 为偶数时

$$x_1 = x_2 = \cdots = x_{\frac{n}{2}} = 0$$

$$x_{\frac{n}{2}+1} = x_{\frac{n}{2}+2} = \cdots = x_n = 1$$

当 n 为奇数时

$$x_1 = x_2 = \cdots = x_{\frac{n-1}{2}} = 0$$

$$x_{\frac{n+1}{2}} = x_{\frac{n+3}{2}} = \cdots = x_n = 1$$

所以 $S(n) = \left[\dfrac{n^2}{4}\right]$

例 49 (1991 年第 32 届国际数学奥林匹克预选题)设 $x_i \geqslant 0, i=1,2,\cdots,n, n \geqslant 2$ 且 $\sum_{i=1}^{n} x_i = 1$,求 $\sum_{1 \leqslant i < j \leqslant n} x_i x_j (x_i + x_j)$ 的最大值.

第16章 排序思想的应用

解 记 $z = \{(x_1, x_2, \cdots, x_n) \mid x_i \geq 0, i = 1, 2, \cdots, n$ 且 $\sum_{i=1}^{n} x_i = 1\}$, $F(v) = \sum_{1 \leq i < j \leq n} x_i x_j (x_i + x_j)$. 当 $n = 2$ 时,显然
$$\max_{v \in z} F(v) = \frac{1}{4}$$
且当 $x_1 = x_2 = \frac{1}{2}$ 时达到. 考虑 $n \geq 3$ 的情况,任取 $v = (x_1, x_2, \cdots, x_n) \in z$, 不妨设 $x_1 \geq x_2 \geq \cdots \geq x_n$. 令
$$w = (x_1, x_2, \cdots, x_{n-1} + x_n, 0)$$
则 $w \in z$ 且
$$F(w) = \sum_{1 \leq i < j \leq n-2} x_i x_j (x_i + x_j) + \sum_{i=1}^{n-2} x_i (x_{n-1} + x_n)(x_i + x_{n-1} + x_n) =$$
$$\sum_{1 \leq i < j \leq n-2} x_i x_j (x_i + x_j) + \sum_{i=1}^{n-2} x_i x_{n-1}(x_i + x_{n-1}) +$$
$$\sum_{i=1}^{n-2} x_i x_n (x_i + x_n) + 2 x_{n-1} x_n \sum_{i=1}^{n-2} x_i$$

于是
$$F(w) = F(v) + x_{n-1} x_n \left(2 \sum_{i=1}^{n-2} x_i - x_{n-1} - x_n \right)$$

由于 $n \geq 3$, $x_1 \geq x_2 \geq \cdots \geq x_n$, 所以
$$\sum_{i=1}^{n-2} x_i \geq \frac{1}{3}, x_{n-1} + x_n \leq \frac{2}{3}$$

从而 $F(w) \geq F(v)$. 由归纳法易知,对于任何 $v \in z$, 存在 $u = (a, b, 0, \cdots, 0) \in z$, 使得
$$F(u) \geq F(v)$$

由此可得所求的最大值是 $\frac{1}{4}$, 且当 $x_1 = x_2 = \frac{1}{2}, x_3 = \cdots = x_n = 0$ 时达到.

例 50 (2009 年中国数学奥林匹克试题) 给定整数 $n(n \geq 3)$, 实数 $a_1, a_2, \cdots, a_n$ 满足 $\min_{1 \leq i < j \leq n} |a_i - a_j| = 1$. 求 $\sum_{k=1}^{n} |a_k|^3$ 的最小值.

解 不妨设 $a_1 < a_2 < \cdots < a_n$. 则对 $1 \leq k \leq n$ 有
$$|a_k| + |a_{n-k+1}| \geq |a_{n-k+1} - a_k| \geq |n+1-2k|$$

239

Cauchy 不等式. 下

故

$$\sum_{k=1}^{n}|a_k|^3 =$$

$$\frac{1}{2}\sum_{k=1}^{n}(|a_k|^3+|a_{n+1-k}|^3) =$$

$$\frac{1}{2}\sum_{k=1}^{n}(|a_k|+|a_{n+1-k}|) \cdot$$

$$\left[\frac{3}{4}(|a_k|-|a_{n+1-k}|)^2+\frac{1}{4}(|a_k|+|a_{n+1-k}|)^2\right] \geqslant$$

$$\frac{1}{8}\sum_{k=1}^{n}(|a_k|+|a_{n+1-k}|)^3 \geqslant \frac{1}{8}\sum_{k=1}^{n}|n+1-2k|^3$$

当 n 为奇数时

$$\sum_{k=1}^{n}|n+1-2k|^3 = 2 \cdot 2^3 \sum_{i=1}^{\frac{n-1}{2}} i^3 = \frac{1}{4}(n^2-1)^2$$

当 n 为偶数时

$$\sum_{k=1}^{n}|n+1-2k|^3 = 2\sum_{i=1}^{\frac{n}{2}}(2i-1)^3 =$$

$$2\left[\sum_{j=1}^{n}j^3 - \sum_{i=1}^{\frac{n}{2}}(2i)^3\right] =$$

$$\frac{1}{4}n^2(n^2-2)$$

故当 n 为奇数时

$$\sum_{k=1}^{n}|a_k|^3 \geqslant \frac{1}{32}(n^2-1)^2$$

当 n 为偶数时

$$\sum_{k=1}^{n}|a_k|^3 \geqslant \frac{1}{32}n^2(n^2-2)$$

等号均在 $a_i = i - \frac{n+1}{2}(i=1,2,\cdots,n)$ 时成立.

因此，$\sum_{k=1}^{n}|a_k|^3$ 的最小值为 $\frac{1}{32}(n^2-1)^2$（n 为奇数），或者 $\frac{1}{32}n^2(n^2-2)$（n 为偶数）.

第16章 排序思想的应用

例51 (2006年中国国家队测试题)不全为正数的实数 x, y, z 满足 $k(x^2-x+1)(y^2-y+1)(z^2-z+1) \geqslant (xyz)^2 - xyz + 1$, 求实数 k 的最小值.

解 取 $x=0, y=z=\dfrac{1}{2}$, 得 $k \geqslant \dfrac{16}{9}$, 下面证明: $k=\dfrac{16}{9}$ 满足

$$\dfrac{16}{9}(x^2-x+1)(y^2-y+1)(z^2-z+1) \geqslant (xyz)^2 - xyz + 1 \tag{16.66}$$

若 x, y, z 中有一个为 0, 不妨设 $x=0$, 则

$$\dfrac{16}{9}(x^2-x+1)(y^2-y+1)(z^2-z+1) =$$

$$\dfrac{16}{9}(y^2-y+1)(z^2-z+1) =$$

$$\dfrac{16}{9}\left[\left(y-\dfrac{1}{2}\right)^2 + \dfrac{3}{4}\right]\left[\left(z-\dfrac{1}{2}\right)^2 + \dfrac{3}{4}\right] \geqslant$$

$$\dfrac{16}{9} \times \dfrac{3}{4} \times \dfrac{3}{4} = 1 = (xyz)^2 - xyz + 1$$

此时式(16.66)成立.

若 x, y, z 均不为 0, 不妨设 $x \leqslant y \leqslant z$.

(1) $\qquad x < 0 < y \leqslant z$

设 $f(x) = \dfrac{(xyz)^2 - xyz + 1}{x^2 - x + 1}$ $(x<0)$, 则

$$f(x) \leqslant \max\{y^2 z^2, 1\}$$

而

$$\dfrac{16}{9}(y^2-y+1)(z^2-z+1) =$$

$$\dfrac{16}{9}\left[\left(\dfrac{1}{2}y-1\right)^2 + \dfrac{3}{4}y^2\right]\left[\left(\dfrac{1}{2}z-1\right)^2 + \dfrac{3}{4}z^2\right] \geqslant$$

$$\dfrac{16}{9} \cdot \dfrac{3}{4}y^2 \cdot \dfrac{3}{4}z^2 = y^2 z^2$$

$$\dfrac{16}{9}(y^2-y+1)(z^2-z+1) =$$

$$\dfrac{16}{9}\left[\left(y-\dfrac{1}{2}\right)^2 + \dfrac{3}{4}\right]\left[\left(z-\dfrac{1}{2}\right)^2 + \dfrac{3}{4}\right] \geqslant$$

$$\dfrac{16}{9} \times \dfrac{3}{4} \times \dfrac{3}{4} = 1$$

Cauchy 不等式·下

所以
$$\frac{16}{9}(y^2-y+1)(z^2-z+1) \geqslant f(x) = \frac{(xyz)^2 - xyz + 1}{x^2 - x + 1}$$

即 $\frac{16}{9}(x^2-x+1)(y^2-y+1)(z^2-z+1) \geqslant (xyz)^2 - xyz + 1$.

此时式(16.66)成立.

(2) $x \leqslant y < 0 < z$
$$(x^2-x+1)(y^2-y+1)(z^2-z+1) \geqslant$$
$$(x^2-x+1)[y^2-(-y)+1](z^2-z+1)$$

由(1)可知
$$\frac{16}{9}(x^2-x+1)[y^2-(-y)+1](z^2-z+1) \geqslant$$
$$[x(-y)z]^2 - x(-y)z + 1 > (xyz)^2 - xyz + 1$$

此时式(16.66)成立.

(3) $x \leqslant y \leqslant z < 0$
$$(x^2-x+1)(y^2-y+1)(z^2-z+1) \geqslant$$
$$(x^2-x+1)[(-y)^2-(-y)+1] \cdot$$
$$[(-z)^2-(-z)+1]$$

由(1)可知
$$\frac{16}{9}(x^2-x+1)[y^2-(-y)+1][(-z)^2-(-z)+1] \geqslant$$
$$[x(-y)(-z)]^2 - x(-y)(-z) + 1 = (xyz)^2 - xyz + 1$$

此时式(16.66)成立.

综上所述,实数 k 的最小值为 $\frac{16}{9}$.

例 52 (1990 年加拿大 IMO 训练题)(1)令 a,b,c 是实数.证明
$$\min[(b-c)^2,(c-a)^2,(a-b)^2] \leqslant \frac{1}{2}(a^2+b^2+c^2)$$

(2)如果数 k 是使得
$\min[(a-b)^2,(a-c)^2,(a-d)^2,(b-c)^2,(b-d)^2,(c-d)^2] \leqslant k(a^2+b^2+c^2+d^2)$
对任意实数 a,b,c,d 都成立.试求 k 的最小值.

解 一般地,有

第 16 章 排序思想的应用

$$\min_{1\leqslant i<j\leqslant n}(a_i-a_j)^2 \leqslant \frac{12}{n(n^2-1)}\sum_{i=1}^n a_i^2 \qquad (16.67)$$

不妨设
$$a_1 \geqslant a_2 \geqslant \cdots \geqslant a_n$$
$$\min_{1\leqslant i<j\leqslant n}(a_i-a_j)^2 = t, \sum_{i=1}^n a_i^2 = S$$

则
$$(a_1-a_2)^2 \geqslant t, (a_1-a_3)^2 = (a_1-a_2+a_2-a_3)^2 \geqslant 2^2 t, \cdots$$
$$(a_1-a_n)^2 \geqslant (n-1)^2 t, (a_2-a_3)^2 \geqslant t, \cdots, (a_2-a_n)^2 \geqslant (n-2)^2 t, \cdots$$
$$(a_{n-1}-a_n)^2 \geqslant t$$

这些不等式的左边相加等于
$$(n-1)S - 2\sum_{1\leqslant i<j\leqslant n} a_i a_j = (n-1)S - \left[\left(\sum_{i=1}^n a_i\right)^2 - S\right] =$$
$$nS - \left(\sum_{i=1}^n a_i\right)^2 \leqslant nS$$

右边相加等于
$$t\sum_{k=1}^{n-1}(n-k)\cdot k^2 =$$
$$\frac{t}{2}\sum_{k=1}^{n-1}\left[(n-k)\cdot k^2+(n-k)^2\cdot k\right] =$$
$$\frac{t}{2}\sum_{k=1}^{n-1} nk(n-k) = \frac{tn}{2}\left[\sum_{k=1}^{n-1} nk - \sum_{k=1}^{n-1} k^2\right] = \frac{tn^2(n^2-1)}{12}$$

所以
$$nS \geqslant \frac{tn^2(n^2-1)}{12}$$

即
$$\min_{1\leqslant i<j\leqslant n}(a_i-a_j)^2 \leqslant \frac{12}{n(n^2-1)}\sum_{i=1}^n a_i^2$$

当 $a_i-a_{i+1}=c(常数), i=1,2,\cdots,n-1,$ 且 $\sum_{i=1}^n a_i=0$ 时,
式(16.67)等号成立.

(1) 当 $n=3$ 时, 得(1) 成立.

(2) 当 $n=4$ 时, 知(2) 的 k 的最小值为 $\frac{1}{5}$.

例 53 已知 $\triangle ABC$ 的三边长分别为 $a,b,c,$ 且满足

243

Cauchy 不等式. 下

$$abc = 2(a-1)(b-1)(c-1)$$

(1) 是否存在边长均为整数的 $\triangle ABC$？若存在，求出三边长；若不存在，说明理由.

(2) 若 $a>1, b>1, c>1$，求 $\triangle ABC$ 周长的最小值.

解 (1) 不妨设 $a \geqslant b \geqslant c$，显然 $c \geqslant 2$. 若 $c \geqslant 5$，这时 $\dfrac{1}{a} \leqslant \dfrac{1}{b} \leqslant \dfrac{1}{c} \leqslant \dfrac{1}{5}$.

由 $abc = 2(a-1)(b-1)(c-1)$，可得

$$\frac{1}{2} = \left(1-\frac{1}{a}\right)\left(1-\frac{1}{b}\right)\left(1-\frac{1}{c}\right) \geqslant \left(\frac{4}{5}\right)^3$$

矛盾.

故 c 只可能取 $2, 3, 4$.

当 $c=2$ 时，$ab = (a-1)(b-1)$，有 $a+b=1$.

又 $a \geqslant b \geqslant 2$，故无解.

当 $c=3$ 时，$3ab = 4(a-1)(b-1)$，即

$$(a-4)(b-4) = 12$$

又 $a \geqslant b \geqslant 3$，故

$$\begin{cases} a-4=12 \\ b-4=1 \end{cases} \text{或} \begin{cases} a-4=6 \\ b-4=2 \end{cases} \text{或} \begin{cases} a-4=4 \\ b-4=3 \end{cases}$$

解得 $\begin{cases} a=16 \\ b=5 \end{cases}$ 或 $\begin{cases} a=10 \\ b=6 \end{cases}$ 或 $\begin{cases} a=8 \\ b=7 \end{cases}$.

能构成三角形的只有 $a=8, b=7, c=3$.

当 $c=4$ 时，同理解得 $a=9, b=4$ 或 $a=6, b=5$. 能构成三角形的只有 $a=6, b=5, c=4$.

故存在三边长均为整数的 $\triangle ABC$，其三边长分别为 $4, 5, 6$ 或 $3, 7, 8$.

(2) 由 $abc = 2(a-1)(b-1)(c-1)$，可得

$$\frac{1}{2} = \left(1-\frac{1}{a}\right)\left(1-\frac{1}{b}\right)\left(1-\frac{1}{c}\right) \leqslant$$

$$\left[\frac{\left(1-\frac{1}{a}\right)+\left(1-\frac{1}{b}\right)+\left(1-\frac{1}{c}\right)}{3}\right]^3$$

所以 $\dfrac{1}{a} + \dfrac{1}{b} + \dfrac{1}{c} \leqslant 3 - \dfrac{3}{\sqrt[3]{2}}$.

又 $(a+b+c)\left(\dfrac{1}{a}+\dfrac{1}{b}+\dfrac{1}{c}\right) \geqslant 9$,则有

$$a+b+c \geqslant \dfrac{9}{\dfrac{1}{a}+\dfrac{1}{b}+\dfrac{1}{c}} \geqslant \dfrac{9}{3-\dfrac{3}{\sqrt[3]{2}}} = \dfrac{3\sqrt[3]{2}}{\sqrt[3]{2}-1}$$

故 $\triangle ABC$ 的周长最小值为 $\dfrac{3\sqrt[3]{2}}{\sqrt[3]{2}-1}$,当且仅当 $a=b=c=\dfrac{\sqrt[3]{2}}{\sqrt[3]{2}-1}$ 时,取得此最小值.

例 54 (1992年中国国家集训队选拔试题)已给两个大于 1 的自然数 n 和 m. 求所有的自然数 l,使得对任意正数 a_1, $a_2,\cdots,a_n$ 都有

$$\sum_{k=1}^{n} \dfrac{1}{s_k}\left(lk+\dfrac{1}{4}l^2\right) < m^2 \sum_{k=1}^{n} \dfrac{1}{a_k}$$

其中 $s_k = a_1 + a_2 + \cdots + a_k$.

解 易知

$$\sum_{k=1}^{n} \dfrac{1}{s_k}\left(lk+\dfrac{1}{4}l^2\right) =$$

$$\sum_{k=1}^{n}\left[\dfrac{1}{s_k}\left(\dfrac{l}{2}+k\right)^2 - \dfrac{k^2}{s_k}\right] =$$

$$\left(\dfrac{l}{2}+1\right)^2 \dfrac{1}{s_1} - \dfrac{n^2}{s_n} + \sum_{k=2}^{n}\left[\dfrac{1}{s_k}\left(\dfrac{l}{2}+k\right)^2 - \dfrac{(k-1)^2}{s_{k-1}}\right]$$

由于当 $k=2,\cdots,n$ 时,有

$$\dfrac{1}{s_k}\left(\dfrac{l}{2}+k\right)^2 - \dfrac{(k-1)^2}{s_{k-1}} =$$

$$\dfrac{1}{s_k s_{k-1}}\left[\left(\dfrac{l}{2}+1\right)^2 s_{k-1} + (l+2)(k-1)s_{k-1} + (k-1)^2(s_{k-1}-s_k)\right] =$$

$$\dfrac{1}{s_k s_{k-1}}\left[\left(\dfrac{l}{2}+1\right)^2 s_{k-1} - \left(\sqrt{a_k}(k-1) - \left(\dfrac{l}{2}+1\right)\dfrac{s_{k-1}}{\sqrt{a_k}}\right)^2 + \left(\dfrac{l}{2}+1\right)^2 \dfrac{s_{k-1}^2}{a_k}\right] \leqslant$$

$$\dfrac{1}{s_k s_{k-1}}\left(\dfrac{l}{2}+1\right)^2\left(s_{k-1} + \dfrac{s_{k-1}^2}{a_k}\right) = \left(\dfrac{l}{2}+1\right)^2 \dfrac{1}{a_k}$$

245

Cauchy 不等式. 下

所以
$$\sum_{k=1}^{n}\frac{1}{s_k}\left(lk+\frac{1}{4}l^2\right)\leqslant \left(\frac{l}{2}+1\right)^2\sum_{k=1}^{n}\frac{1}{a_k}-\frac{n^2}{s_n}<$$
$$\left(\frac{l}{2}+1\right)^2\sum_{k=1}^{n}\frac{1}{a_k}$$

显然 $\frac{l}{2}+1\leqslant m$,即 $l\leqslant 2(m-1)$ 满足所要的条件.

另一方面,当 $l>2(m-1)$,即 $l\geqslant 2m-1$ 时,可以证明存在正数 $a_1,a_2,\cdots,a_n$ 使得所要求的不等式不成立.事实上,任意给定 $a_1>0$,令
$$a_k=\frac{l+2}{2(k-1)}s_{k-1}\quad (k=2,3,\cdots,n)$$

由前段证明可知
$$\sum_{k=1}^{n}\frac{1}{s_k}\left(lk+\frac{1}{4}l^2\right)>\left(\frac{l}{2}+1\right)^2\sum_{k=1}^{n}\frac{1}{a_k}-\frac{n^2}{s_n}=$$
$$\left[\left(\frac{l}{2}+1\right)^2-1\right]\sum_{k=1}^{n}\frac{1}{a_k}+\sum_{k=1}^{n}\frac{1}{a_k}-\frac{n^2}{s_n}$$

由 $l\geqslant 2m-1$ 可推出
$$\left(\frac{l}{2}+1\right)^2-1\geqslant \left(m+\frac{1}{2}\right)^2-1=m^2+m+\frac{1}{4}-1>m^2$$

利用柯西不等式可得
$$n^2\leqslant \left(\sum_{k=1}^{n}a_k\right)\left(\sum_{k=1}^{n}\frac{1}{a_k}\right)=s_n\sum_{k=1}^{n}\frac{1}{a_k}$$

即
$$\sum_{k=1}^{n}\frac{1}{a_k}-\frac{n^2}{s_n}\geqslant 0$$

从而
$$\sum_{k=1}^{n}\frac{1}{s_k}\left(lk+\frac{1}{4}l^2\right)>m^2\sum_{k=1}^{n}\frac{1}{a_k}$$

于是 $1,2,\cdots,2(m-1)$ 是满足要求的所有自然数 l.

6. 在解数论问题中的应用

例 55 （2011 年第 8 届中国东南地区数学奥林匹克试题）已知 a,b,c 为两两互质的正整数,且 $a^2\mid (b^3+c^3),b^2\mid (a^3+c^3),c^2\mid (a^3+b^3)$,求 a,b,c 的值.

解 由题设可得到:$a^2\mid (a^3+b^3+c^3),b^2\mid (a^3+b^3+c^3),$

第16章 排序思想的应用

$c^2 \mid (a^3+b^3+c^3)$，又因为 a,b,c 两两互质，所以 $a^2 b^2 c^2 \mid (a^3+b^3+c^3)$．

不妨设 $a \geqslant b \geqslant c$，所以
$$3a^3 \geqslant a^3+b^3+c^3 \geqslant a^2 b^2 c^2 \Rightarrow a \geqslant \frac{b^2 c^2}{3}$$

又
$$2b^3 \geqslant b^3+c^3 \geqslant a^2 \Rightarrow 2b^3 \geqslant \frac{b^4 c^4}{9} \Rightarrow b \leqslant \frac{18}{c^4}$$

当 $c \geqslant 2$ 时可得 $b \leqslant 1$，与 $b \geqslant c$ 矛盾．所以 $c=1$．
显然 $(1,1,1)$ 是一组解．
当 $b \geqslant 2$ 时，$a \geqslant b > c$．由
$$a^2 b^2 \mid (a^3+b^3+1) \Rightarrow 2a^3 \geqslant a^3+b^3+1 \geqslant a^2 b^2 \Rightarrow a \geqslant \frac{b^2}{2}$$

又由
$$a^2 \mid (b^3+1) \Rightarrow b^3+1 \geqslant a^2 \geqslant \frac{b^4}{4} \Rightarrow 4b^3+4 \geqslant b^4$$

当 $b > 5$ 时，上式无解．逐个验证 $b=2,3,4,5$ 得 $b=2, b=3$．
所以满足条件正整数为 $(1,1,1),(1,2,3),(1,3,2),(2,1,3),(2,3,1),(3,2,1),(3,1,2)$．

例56 求证在不大于 $2n$ 的任意 $n+1$ 个正整数中，至少有一个能被另一个整除．

证明 若这 $n+1$ 个数中有相同的，则显然成立．若这 $n+1$ 个数各不相同，不妨假设
$$1 \leqslant a_1 < a_2 < \cdots < a_{n+1} \leqslant 2n$$
令 $a_i = 2^{\beta_i} \cdot b_i$，其中 $\beta_i \geqslant 0, b_i$ 为奇数，$i=1,2,\cdots,n+1$，则 $b_i < 2n$．

因为在 $1,2,\cdots,2n$ 中共有 n 个不同的奇数，所以在 $b_1, b_2,\cdots,b_{n+1}$ 这 $n+1$ 个奇数中至少有两个相同，设 $b_k=b_l (k<l)$，这时，$a_k<a_l$，则 $2^{\beta_k}<2^{\beta_l}$．

于是由 $2^{\beta_k} \mid 2^{\beta_l}$，知 $a_k \mid a_l$．

例57 （1991年江苏省数学夏令营试题）自然数 n 的约数中没有不等于 1 的平方数，且所有正约数的和等于 $2n$，求 n．

解 根据题设，可令 $n = p_1 p_2 \cdots p_k$，其中

Cauchy 不等式. 下

$$p_1 < p_2 < \cdots < p_k \qquad (16.68)$$

$p_i(i=1,2,\cdots,k)$ 都是质数,又据题设可得

$$(1+p_1)(1+p_2)\cdots(1+p_k) = 2n = 2p_1 p_2 \cdots p_k \quad (16.69)$$

注意到质数 p_k 应整除式(16.69)左端一个因数,但 p_k 不整除 p_k+1,由式(16.68)可得

$$1+p_1 < 1+p_2 < \cdots < 1+p_{k-2} \leqslant p_{k-1} < p_k$$

故 p_k 不整除 $1+p_i(i=1,2,\cdots,k-2)$,于是 p_k 整除 $1+p_{k-1}$,又由式(16.68)知 $1+p_{k-1} \leqslant p_k$,故 $1+p_{k-1}=p_k$,而相差 1 的两质数只有 2 与 3,故 $p_{k-1}=2,p_k=3$.由此得 $n=6$.

例 58 有十二个不同的自然数,它们都小于 37,求证:这些自然数两两相减所得的差中,至少有三个相等.

证明 不失一般性,设十二个自然数按大小排列为 $a_1 < a_2 < \cdots < a_{12}$,若命题不成立,则 $a_{i+1} - a_i(i=1,2,\cdots,11)$ 这 11 个数中,至多有两个是相等的,于是

$$a_{12} = (a_{12}-a_{11}) + (a_{11}-a_{10}) + \cdots + (a_3-a_2) + (a_2-a_1) + a_1 \geqslant$$
$$[2(1+2+3+4+5)] + 6 + 1 = 37$$

这与已知矛盾.

例 59 已知十个不同的正数 $a_1,a_2,\cdots,a_{10}$,求证:至少有 55 个互不相等的形如 $k_1 a_1 + k_2 a_2 + \cdots + k_{10} a_{10}$ 的正数($k_i=0$ 或 $1,i=1,2,\cdots,10$).

证明 不失一般性,设 $0 < a_1 < a_2 < \cdots < a_9 < a_{10}$,于是可得如下 55 个互不相等的正数

$a_1;a_2;\cdots;a_{10};a_{10}+a_i(i=1,\cdots,9);a_{10}+a_9+a_i(i=1,2,\cdots,8);$
$a_{10}+a_9+a_8+a_i(i=1,\cdots,7);\cdots;a_{10}+a_9+\cdots+a_2+a_1$

由此得证.

本例可推广如下:

已知 n 个互不相同的正数 $a_1,a_2,\cdots,a_n$,求证:至少有 $\dfrac{n(n+1)}{2}$ 个互不相等的形如 $k_1 a_1 + k_2 a_2 + \cdots + k_n a_n$ 的正数 ($k_i=0$ 或 $1,i=1,2,\cdots,n$).

例 60 (2011 年第 8 届中国东南地区数学奥林匹克试题)设集合 $M=\{1,2,3,\cdots,50\}$,正整数 n 满足:M 的任意一个 35 元子集中至少存在两个不同的元素 a,b,使 $a+b=n$ 或 $a-b=$

第16章 排序思想的应用

n. 求出所有这样的 n.

解 取 $A=\{1,2,3,\cdots,35\}$，则对任意 $a,b\in A, a-b, a+b \leqslant 34+35=69$.

下面证明：$1\leqslant n\leqslant 69$. 设 $A=\{a_1,a_2,\cdots,a_{35}\}$，不妨设 $a_1<a_2<\cdots<a_{35}$.

(1) 当 $1\leqslant n\leqslant 19$ 时，考虑
$$1\leqslant a_1<a_2<\cdots<a_{35}\leqslant 50$$
$$1\leqslant a_1+n<a_2+n<\cdots<a_{35}+n\leqslant 50+19=69$$
由抽屉原理知，存在 $1\leqslant i,j\leqslant 35(i\neq j)$，使 $a_i+n=a_j$，即 $a_j-a_i=n$.

(2) 当 $51\leqslant n\leqslant 69$ 时，由
$$1\leqslant a_1<a_2<\cdots<a_{35}\leqslant 50$$
$$1\leqslant n-a_{35}<n-a_{34}<\cdots<n-a_1\leqslant 68$$
由抽屉原理知，至少存在 $1\leqslant i,j\leqslant 35(i\neq j)$，使 $n-a_i=a_j$，即 $a_i+a_j=n$.

(3) 当 $20\leqslant n\leqslant 24$ 时，由于
$$50-(2n+1)+1=50-2n\leqslant 50-40=10$$
所以 $a_1,a_2,\cdots,a_{35}$ 中至少有 25 个属于 $[1,2n]$.

又由于 $\{1,n+1\},\{2,n+2\},\cdots,\{n,2n\}$ 至少有 24 个，存在 a_i,a_j，使 $\{a_i,a_j\}=\{i,n+i\}$，所以 $a_j-a_i=n$.

(4) 当 $25\leqslant n\leqslant 34$ 时，由 $\{1,n+1\},\{2,n+2\},\cdots,\{n,2n\}$ 至多有 34 个. 由抽屉原理知，存在 $1\leqslant i,j\leqslant 35(i\neq j)$，使 $a_i=i$，$a_j=n+i$，即 $a_j-a_i=n$.

(5) 当 $n=35$ 时，$\{1,34\},\{2,33\},\cdots,\{17,18\},\{35\}$，$\{36\},\cdots,\{50\}$ 共 33 个. 所以，存在 $1\leqslant i,j\leqslant 35(i\neq j)$，使得 $a_i+a_j=35$.

(6) 当 $36\leqslant n\leqslant 50$ 时.

若 $n=2k+1$，$\{1,2k\},\{2,2k-1\},\cdots,(k,k+1)$，$\{2k+1\},\cdots,\{50\}$.

当 $18\leqslant k\leqslant 20$ 时
$$50-(2k+1)+1=50-2k\leqslant 50-36=14$$

当 $21\leqslant k\leqslant 24$ 时
$$50-(2k+1)+1=50-2k\leqslant 50-42=8$$

Cauchy 不等式. 下

均存在 $1 \leqslant i, j \leqslant 35 (i \neq j)$, 使 $a_i + a_j = 2k+1 = n$.

若 $n = 2k$, $\{1, 2k-1\}, \{2, 2k-2\}, \cdots, \{k-1, k+1\}, \{k\}$, $\{2k\}, \{2k+1\}, \cdots, \{50\}$.

当 $18 \leqslant k \leqslant 19$ 时, $50 - (2k+1) + 3 \leqslant 16$, $k - 1 \leqslant 19 - 1 = 18$;

当 $20 \leqslant k \leqslant 23$ 时, $50 - (2k+1) + 3 \leqslant 50 - 2k + 2 \leqslant 12$, $k - 1 \leqslant 23 - 1 = 22$;

当 $24 \leqslant k \leqslant 25$ 时, $50 - (2k+1) + 3 \leqslant 50 - 2k + 2 \leqslant 4$, $k - 1 \leqslant 25 - 1 = 24$.

所以, 均存在 $1 \leqslant i, j \leqslant 35 (i \neq j)$, 使 $a_i + a_j = 2k = n$.

例 61 (2011 年日本数学奥林匹克试题) 求所有五元正整数数组 (a, n, p, q, r), 使得
$$a^n - 1 = (a^p - 1)(a^q - 1)(a^r - 1)$$

解 若 $a = 1$, 则任意正整数 n, p, q, r 均满足原方程.

若 $a \geqslant 2$, 不妨假设 $p \leqslant q \leqslant r$.

则原方程可改写为
$$a^n = a^{p+q+r} - (a^{p+q} + a^{p+r} + a^{q+r}) + a^p + a^q + a^r \quad (16.70)$$

由 $a^{p+q} > a^p$, $a^{q+r} > a^q$, $a^{p+r} > a^r$ 及 $a^p + a^q + a^r > 0$, 得
$$a^{p+q+r} > a^n > a^{p+q+r} - (a^{p+q} + a^{p+r} + a^{q+r}) \quad (16.71)$$

由式 (16.70) 得
$$n \leqslant p + q + r - 1$$

结合式 (16.71) 得
$$a^{p+q+r-1} > a^{p+q+r} - (a^{p+q} + a^{p+r} + a^{q+r})$$

即
$$a^{-1} + a^{-p} + a^{-q} + a^{-r} > 1$$

因为 $1 \leqslant p \leqslant q \leqslant r$, 所以
$$a^{-1} \geqslant a^{-p} \geqslant a^{-q} \geqslant a^{-r}$$

于是, $4a^{-1} > 1$, 即 $a = 2$ 或 3.

(1) $a = 3$.

则
$$3^{-p} + 3^{-q} + 3^{-r} > 1 - 3^{-1} = \frac{2}{3} \Rightarrow 3^{-p} > \frac{2}{9} \Rightarrow p = 1$$

由
$$3^{-q} + 3^{-r} > \frac{1}{3} \Rightarrow 3^{-q} > \frac{1}{6} \Rightarrow q = 1$$

第16章 排序思想的应用

故原方程化为 $3^n = 4 \times 3^r - 3$.

由于 $4 \times 3^r < 9 \times 3^r = 3^{r+2}$, 于是 $n \leqslant r+1$.

则
$$3^{r+1} \geqslant 4 \times 3^r - 3 \Rightarrow 3^r \leqslant 3 \Rightarrow r = 1 \text{ 且 } n = 2$$

因此,$(3,2,1,1,1)$ 满足原方程.

(2) $a = 2$.

则 $2^{-p} + 2^{-q} + 2^{-r} > \dfrac{1}{2} \Rightarrow 2^{-p} > \dfrac{1}{6} \Rightarrow p = 1$ 或 2.

① 当 $p = 2$ 时
$$2^{-q} + 2^{-r} > \dfrac{1}{4} \Rightarrow 2^{-q} > \dfrac{1}{8}$$

由 $q \geqslant p = 2$, 得 $q = 2$.

则原方程化为 $2^n = 9 \times 2^r - 8$.

由
$$9 \times 2^r < 16 \times 2^r = 2^{r+4} \Rightarrow$$
$$2^{r+3} \geqslant 9 \times 2^r - 8 \Rightarrow$$
$$2^r \leqslant 8 \Rightarrow r = 2 \text{ 或 } 3$$

若 $r = 2$, 则 $2^n = 7 \times 2^2$, 无解;

若 $r = 3$, 则 $n = 6$.

因此,$(2,6,2,2,3)$ 满足原方程.

② 当 $p = 1$ 时,原方程化为
$$2^n = 2^{q+r} - 2^q - 2^r + 2$$

由
$$2^n < 2^{q+r} \Rightarrow n \leqslant q + r - 1 \Rightarrow$$
$$2^{q+r-1} \geqslant 2^{q+r} - 2^q - 2^r + 2 \Rightarrow$$
$$2^{q+r-1} + 2 \leqslant 2^q + 2^r$$

又
$$2^q + 2^r \leqslant 2^{r+1} \Rightarrow 2^{q+r-1} < 2^{r+1} \Rightarrow q + r - 1 < r + 1 \Rightarrow q = 1$$

故原方程化为 $2^n = 2^r$, 即 $n = r$.

因此,对于任意正整数 k,$(2,k,1,1,k)$ 满足原方程.

综上,所有 (a,n,p,q,r) 满足:

$a = 1$,n,p,q,r 为任意正整数;

$(a,n,p,q,r) = (3,2,1,1,1)$;

251

Cauchy 不等式. 下

$(a,n,p,q,r)=(2,6,2,2,3),(2,6,3,2,2),(2,6,2,3,2)$；
$(a,n,p,q,r)=(2,k,1,1,k),(2,k,1,k,1),(2,k,1,k,1)$，
其中，k 为任意正整数.

7. 在解组合及其他问题中的应用

例 62 （2003 年中国女子数学奥林匹克试题）(1)证明：存在和为 1 的五个非负实数 a,b,c,d,e，使得将它们任意放置在一个圆周上，总有两个相邻数的乘积不小于 $\frac{1}{9}$；

(2)证明：对于和为 1 的任意五个非负实数 a,b,c,d,e，总可以将它们适当放置在一个圆周上，且任意相邻两数的乘积均不大于 $\frac{1}{9}$.

证明 (1)当 $a=b=c=\frac{1}{3}$，$d=e=0$ 时，把 a,b,c,d,e 任意放置在一个圆周上，总有两个 $\frac{1}{3}$ 是相邻的，它们的乘积不小于 $\frac{1}{9}$.

(2)不妨设 $a \geq b \geq c \geq d \geq e \geq 0$，把 a,b,c,d,e 按图 16.4 所示放置. 因为 $a+b+c+d+e=1$，所以

$$a+3d \leq 1$$

$$a \cdot 3d \leq \left(\frac{a+3d}{2}\right)^2 \leq \frac{1}{4}$$

图 16.4

从而，$ad \leq \frac{1}{12}$.

又因为 $a+b+c \leq 1$，所以 $b+c \leq \frac{2}{3}$. 于是

$$bc \leq \frac{(b+c)^2}{4} \leq \frac{1}{9}$$

因为 $ce \leq ae \leq ad$，$bd \leq bc$，所以，相邻两数的乘积均小于或等于 $\frac{1}{9}$.

例 63 （1990 年全国初中数学联赛试题）已知六边形的周长等于 20，各边长都是整数，且以它的任意三条边都不能构成

第16章 排序思想的应用

三角形,那么这样的六边形有多少个? 为什么?

解 设六边形的边长分别为 $a_1, a_2, \cdots, a_6$,且可令 $a_1 \leqslant a_2 \leqslant a_3 \leqslant a_4 \leqslant a_5 \leqslant a_6$,注意到任意三角形三边都不能构成三角形的充要条件是 $a_1 + a_2 \leqslant a_3, a_2 + a_3 \leqslant a_4, a_3 + a_4 \leqslant a_5, a_4 + a_5 \leqslant a_6$. 由于六边形的周长为 20,所以可取 $a_1 = a_2 = 1, a_3 = 2, a_4 = 3, a_5 = 5, a_6 = 8$,正是符合题意的一个六边形,又因已知边长的六边形的不稳定性,所以共有无穷多个六边形.

例64 已知平面上有 n 个点,那么在平面上必有一个圆,使圆内恰有 $m(<n)$ 个点,圆上恰有一个点,圆外有 $n-m-1$ 个点.

分析 如果在平面上能找到一点 C,使 C 到已知的 n 个点的距离都不相等,那么用排序法,按线段 $CA_i (i = 1, \cdots, n)$ 长,由小到大地排列,比如 $CA_1 < CA_2 < \cdots < CA_m < CA_{m+1} < CA_{m+2} < \cdots < CA_n$. 这时,以 C 为圆心, CA_{m+1} 的长为半径作一圆,即为所求.

证明 取平面上一点 C,它不在 $A_1, A_2, \cdots, A_n$ 的任意两点连线的垂直平分线上,于是 C 到这 n 个点的距离都不相等. 再重复上述分析中的一段话,即得所证.

类似地可得:

已知平面上有 n 个点,求证:存在 $n+1$ 个同心圆,使得 $n+1$ 个圆周所组成的 n 个圆环中,每个圆环内恰有 n 个点中的一个点.

例65 在 $2n \times 2n$ 的棋盘上放上 $3n$ 枚棋子. 求证:一定可以找到 n 行 n 列,使它们包括了全部 $3n$ 枚棋子.

分析 显然,要尽量找那些棋子多的行或列,若能多到 n 行中包括了 $2n$ 枚棋子,则问题得证. 但是我们不知道哪行或哪列的棋子较多,怎么办? 仿照上面的方法,引进字母并作有序假设.

证明 用 $d_1, d_2, \cdots, d_{2n}$ 表示 $2n$ 行中各行的棋子数(d_i 并不限定为第 i 行的棋子数),并作有序化假设

$$d_1 \geqslant d_2 \geqslant \cdots \geqslant d_n \geqslant d_{n+1} \geqslant \cdots \geqslant d_{2n}$$

若 $d_n \geqslant 2$,则

$$d_1 + d_2 + \cdots + d_n \geqslant nd_n \geqslant 2n \qquad (16.72)$$

Cauchy 不等式. 下

若 $d_n < 2$, 则 $d_{n+1} \leqslant 1$, 且
$$d_{n+1} + d_{n+2} + \cdots + d_{2n} \leqslant nd_{n+1} \leqslant n$$
但 $d_1 + d_2 + \cdots + d_n + d_{n+1} + \cdots + d_{2n} = 3n$, 故得
$$d_1 + d_2 + \cdots + d_n = 3n - (d_{n+1} + d_{n+2} + \cdots + d_{2n}) \geqslant 3n - n = 2n$$
由此可见不等式(16.72)总成立.

据此, 可以先取 $d_1, d_2, \cdots, d_n$ 所对应的 n 行, 至少取走 $2n$ 枚棋子, 剩下的棋子不超过 n 枚, 再取 n 列必可以包括全部 $3n$ 枚棋子.

例 66 (1990 年全国初中数学联赛试题)设有 $2n \times 2n$ 的正方形方格棋盘, 在其中任意 $3n$ 个方格中, 各放一枚棋子, 求证: 可以选出 n 行和 n 列, 使得 $3n$ 枚棋子都在这 n 行和 n 列中.

证明 设 $3n$ 枚棋子已分别放在棋盘的 $3n$ 个方格中, 观察这 $2n$ 个行, 不失一般性, 令第 $1,2,\cdots,2n$ 行中棋子枚数分别为 $a_1, a_2, \cdots, a_{2n}$, 且 $a_1 \leqslant a_2 \leqslant \cdots \leqslant a_{2n}$, 据题设得
$$a_1 + a_2 + \cdots + a_n + a_{n+1} + \cdots + a_{2n} = 3n \quad (16.73)$$
注意到 $a_1, \cdots, a_{2n}$ 全是非负整数, 故 $a_{n+1} + \cdots + a_{2n} \geqslant 2n$. 这是因为若
$$a_{n+1} + \cdots + a_{2n} < 2n \quad (16.74)$$
则 $a_{n+1} \leqslant 1$, 于是 $a_1 \leqslant a_2 \leqslant \cdots \leqslant a_n \leqslant 1$, 得
$$a_1 + a_2 + \cdots + a_n \leqslant n \quad (16.75)$$
由式(16.74)与式(16.75)得
$$a_1 + a_2 + \cdots + a_n + a_{n+1} + \cdots + a_{2n} < 3n$$
这与式(16.73)矛盾. 由此可见, $a_1 + a_2 + \cdots + a_n \leqslant n$. 于是可在这 $2n$ 行中, 先取出第 $n+1, n+2, \cdots, 2n$ 行, 这时, 仅剩下的第 $1, 2, \cdots, n$ 行中, 棋子枚数 $\leqslant n$, 这至多 n 枚棋子, 至多分布在棋盘中的 n 列, 现取棋子所在的 n 列, 即为所求.

类似地, 可证下列问题:

设有 $(m+n) \times (m+n)$ 的正方形方格棋盘, 在其任意 $m+2n$ 个方格中各放一枚棋子, 求证: 可选出 n 行和 m 列使得 $m+2n$ 枚棋子都在这 n 行和 m 列中.

例 67 在一张向四面无限伸展的方格纸上, 每一方格内任意填上一个实数, 证明: 纸上必有一个方格内的数不大于这一

第 16 章 排序思想的应用

方格周围八个方格中至少四个方格内所填的数.

分析 本例的条件很一般,在纸的每一方格内可以有无限种不同的填法,从表面上看来,一时无从下手,但是从题意看,相邻各数需比较大小,所以就容易想到有序化思想,但是无限个小方格的数排次序不大好办,为此,不得已而求其次,先从 4×4 方格纸上任意填 16 个实数 $a_1, a_2, \cdots, a_{16}$. 经考察,可先有序化,令 $a_1 \leqslant a_2 \leqslant \cdots \leqslant a_{16}$,先看 a_1,如果 a_1 符合题意,那么命题得证,如果 a_1 不合题意,那么 a_1 必在 4×4 方格纸的一个角上的方格内,再依次地考察 a_2, a_3, a_4,如果 a_2, a_3, a_4 都不符合题意,那么它们必定在 4×4 方格纸的四个角上的方格内,这时,看 a_5,无论它填在剩下的 12 个方格内的哪一个,a_5 周围相邻的方格中至少有 4 格内填了 $a_6, \cdots, a_{16}$ 中的某 4 个,可见 a_5 必合题意.

证明 (略).

说明:本例可改述为下列命题:

在 4×4 方格纸上,每一方格内任意填上一个实数,证明:其中有一方格内的数不大于这一方格周围相邻的一些格子中至少有四个格内所填的数.

Cauchy 不等式．下

习题十六

1. (1983 年第 15 届加拿大数学奥林匹克试题)求满足 $w! = x! + y! + z!$ 的所有正整数 w, x, y, z.

2. (2008 年俄罗斯数学奥林匹克试题)找出所有三元实数组 (x, y, z) 满足
$$\begin{cases} 1+x^4 \leqslant 2(y-z)^2 \\ 1+y^4 \leqslant 2(z-x)^2 \\ 1+z^4 \leqslant 2(x-y)^2 \end{cases}$$

3. (2005 年第 36 届奥地利数学奥林匹克试题)确定所有的三元正整数 (a,b,c)，使得 $a+b+c$ 是 a,b,c 的最小公倍数.

4. 50 个正数的和为 231，它们的平方和为 2009．则这 50 个数中，求最大数的最大值.

5. (2012 年俄罗斯数学奥林匹克试题)实数 a_1, a_2, a_3, a_4, a_5 中任意两个数的差的绝对值不小于 1. 已知存在实数 k 满足: $a_1+a_2+a_3+a_4+a_5=2k, a_1^2+a_2^2+a_3^2+a_4^2+a_5^2=2k^2$. 求证: $k^2 \geqslant \dfrac{25}{3}$.

6. 把 100 个苹果分给 7 个人，每个人的苹果数都不一样．求证:必存在 3 个人的苹果数之和不小于 50．

7. 作五个数 $x_1, x_2, x_3, x_4, x_5 (x_1 \leqslant x_2 \leqslant x_3 \leqslant x_4 \leqslant x_5)$ 中每两个数的和，共得 10 个数，分别记作 $a_1, a_2, \cdots, a_{10}$. 试问: 如果知道了这 10 个数 $a_1, a_2, \cdots, a_{10}$ (但不知道它们中每一个是哪两个 $x_i(i=1,2,\cdots,5)$ 之和)，是否能求出原来的 5 个数 x_1, x_2, x_3, x_4, x_5? 请说明你的理由.

8. 已知 a,b,c 为非负实数，且 $ab+bc+ac=1$. 求证: $\dfrac{1}{a+b} + \dfrac{1}{b+c} + \dfrac{1}{a+c} \geqslant \dfrac{5}{2}$.

9. 设 $x,y,z \geqslant 0$，则
$$x^3y + y^3z + z^3x + xyz(x+y+z) \leqslant \dfrac{27}{256}(x+y+z)^4$$
当且仅当 $x=0, y=3z$，或 $y=0, z=3x$，或 $z=0, x=3y$ 时等号成立.

10. 设 x,y,z 为实数,且 $x,y,z \geq 0$,则

$$\sum \frac{x^2}{x+y+y^3z} \geq \frac{1}{3}\sum x$$

当且仅当 $x=y=z$ 时原不等式取等号.

11. 设 $a,b,c \geq 0$,则

$$a^3b+b^3c+c^3a \leq abc\sum a + \frac{2}{3}\sum bc \cdot \sum(b-c)^2 \quad (1)$$

12. 已知 $a,b,c \geq 0$,求证:$\sum a + 3\sqrt[3]{abc} \geq 2\sum \sqrt{bc}$,当且仅当 $a=b=c$ 或 a,b,c 中一个为零,另外两个相等时取等号.

13. 设 $a,b,c \in \mathbf{R}_+$,则

$$\sum \frac{a}{b+c} \geq \frac{3}{2} + \frac{\sum(b-c)^2}{(\sum a)^2}$$

当且仅当 $a=b=c$ 时等号成立.

14. 设 $x,y,z \in$ 是非负实数,则

$$\sum yz \cdot \sum \frac{1}{(y+z)^2} \geq \frac{9}{4} \quad (1)$$

当且仅当 $x=y=z$ 或 x,y,z 中一个为零,其余两个相等时,式(1)取等号.

15. 设 $a,b,c \geq 0$,求证

$$\frac{1}{b+c}+\frac{1}{c+a}+\frac{1}{a+b} \geq \frac{a}{a^2+bc}+\frac{b}{b^2+ca}+\frac{c}{c^2+ab}$$

16. 已知 $a,b,c \geq 0$,求证

$$\frac{1}{b+c}+\frac{1}{c+a}+\frac{1}{a+b} \geq \frac{2a}{3a^2+bc}+\frac{2b}{3b^2+ca}+\frac{2c}{3c^2+ab}$$

17. 设 $a,b,c \geq 0$,且满足 $a+b+c=2$.证明

$$\frac{bc}{a^2+1}+\frac{ca}{b^2+1}+\frac{ab}{c^2+1} \leq 1$$

18. 已知 $a,b,c \in \mathbf{R}_+$,求证

$$\frac{(b+c)^2}{a^2+bc}+\frac{(c+a)^2}{b^2+ca}+\frac{(a+b)^2}{c^2+ab} \geq 6$$

19. 已知 $a,b,c \in \mathbf{R}_+, n \in \mathbf{N}$. 证明

$$\frac{2a^n-b^n-c^n}{b^2-bc+c^2}+\frac{2b^n-c^n-a^n}{c^2-ca+a^2}+\frac{2c^n-a^n-b^n}{a^2-ab+b^2} \geq 0$$

20. 设 a,b,c 为正数,$\sum$ 表示对有关量求循环和.则对于

Cauchy 不等式. 下

$n \geqslant 1$ 有

$$\sum \frac{a^n}{b^n + c^n} \geqslant \sum \frac{a^{n-1}}{b^{n-1} + c^{n-1}} \qquad (1)$$

$$\sum \frac{a^{n+1}}{b^n + c^n} \geqslant \sum \frac{a^n}{b^{n-1} + c^{n-1}} \qquad (2)$$

21. 设 a, b, c 为 $\triangle ABC$ 的三边,n 为任意实数. 求证

$$\sum \frac{c}{a+b+c}(a^n - b^n)^2 \geqslant \frac{1}{4} \sum (a^n - b^n)^2 \qquad (1)$$

其中 $\sum$ 表示三元循环和.

22. (1994 年波兰数学奥林匹克试题) 假设正整数 $n \geqslant 4$, $x_1, x_2, \cdots, x_n$ 是两两不同的实数,满足条件: $x_1 + x_2 + \cdots + x_n = 0$ 和 $x_1^2 + x_2^2 + \cdots + x_n^2 = 1$. 证明:一定能在 $x_1, x_2, \cdots, x_n$ 中找到 4 个不同的实数 a, b, c, d 使得

$$a + b + c + nabc \leqslant x_1^3 + x_2^3 + \cdots + x_n^3 \leqslant a + b + d + nabd$$

23. 设有 5 条线段,其中任意三条都可以组成一个三角形. 求证:至少有一个三角形是锐角三角形.

24. (2005 年新西兰数学奥林匹克试题) 求满足下列条件的最小实数 t:存在两个边长都是整数的三角形,这两个三角形不全等,而且这两个三角形的面积都是 t.

25. 设 n 是给定的正整数,且 $n \geqslant 3$,对于 n 个实数 x_1, $x_2, \cdots, x_n$,记 $(x_i - x_j)(1 \leqslant i < j \leqslant n)$ 的最小值为 m. 若 $x_1^2 + x_2^2 + \cdots + x_n^2 = 1$. 试求 m 的最大值.

切比雪夫不等式及其应用

切比雪夫不等式 设 $x_1, x_2, \cdots, x_n; y_1, y_2, \cdots, y_n$ 为任意两组实数. 若 $x_1 \leqslant x_2 \leqslant \cdots \leqslant x_n$, 且 $y_1 \leqslant y_2 \leqslant \cdots \leqslant y_n$, 或 $x_1 \geqslant x_2 \geqslant x_3 \cdots \geqslant x_n$ 且 $y_1 \geqslant y_2 \geqslant \cdots \geqslant y_n$, 则

$$\frac{1}{n}\sum_{i=1}^{n} x_i y_i \geqslant \left(\frac{1}{n}\sum_{i=1}^{n} x_i\right)\left(\frac{1}{n}\sum_{i=1}^{n} y_i\right) \tag{17.1}$$

若 $x_1 \leqslant x_2 \leqslant \cdots \leqslant x_n$ 且 $y_1 \geqslant y_2 \geqslant \cdots \geqslant y_n$, 或 $x_1 \geqslant x_2 \geqslant \cdots \geqslant x_n$ 且 $y_1 \leqslant y_2 \leqslant \cdots \leqslant y_n$, 则

$$\frac{1}{n}\sum_{i=1}^{n} x_i y_i \leqslant \left(\frac{1}{n}\sum_{i=1}^{n} x_i\right)\left(\frac{1}{n}\sum_{i=1}^{n} y_i\right) \tag{17.2}$$

两式(17.1),(17.2)中的等号当且仅当 $x_1 = x_2 = \cdots = x_n$ 或 $y_1 = y_2 = \cdots = y_n$ 时成立.

证明 见第14章例2.

利用切比雪夫不等式解题的关键也是恰到好处地构造出两组数.

下面举例说明切比雪夫不等式的应用.

例1 (1994年国家数学集训队测验试题) 设 $0 \leqslant a \leqslant b \leqslant c \leqslant d \leqslant e$, 且 $a+b+c+d+e=1$. 求证: $ad+dc+cb+be+ea \leqslant \dfrac{1}{5}$.

分析 仔细观察会发现每个字母都出现了两次. 当把含同字母的两项合并同类项后, 发现恰恰是两组数的反序和. 于是, 想到应用切比雪夫不等式.

Cauchy 不等式. 下

证明 因为
$$a \leqslant b \leqslant c \leqslant d \leqslant e$$
所以
$$d+e \geqslant c+e \geqslant b+d \geqslant a+c \geqslant a+b$$
利用切比雪夫不等式,有
$$a(d+e)+b(c+e)+c(b+d)+d(a+c)+e(a+b) \leqslant \frac{1}{5}(a+b+c+d+e)[(d+e)+(c+e)+(b+d)+(a+c)+(a+b)] = \frac{2}{5}$$
即
$$ad+dc+cb+be+ea \leqslant \frac{1}{5}$$

例 2 已知 $a_1 \geqslant a_2 \geqslant \cdots \geqslant a_n > 0, b_n \geqslant b_{n-1} \geqslant \cdots \geqslant b_1 > 0$. 求证

$$\sum_{i=1}^{n} \frac{a_i}{b_i} \geqslant n \frac{\sum_{i=1}^{n} a_i}{\sum_{i=1}^{n} b_i} \qquad (17.3)$$

证明 取 $x_i = a_i, y_i = \frac{1}{b_i}$,则由
$$a_1 \geqslant a_2 \geqslant \cdots \geqslant a_n > 0, b_n \geqslant b_{n-1} \geqslant \cdots \geqslant b_1 > 0$$
可知 x_i, y_i 满足式(17.1)的条件,故
$$\frac{1}{n} \sum_{i=1}^{n} a_i \cdot \frac{1}{b_i} \geqslant \left(\frac{1}{n} \sum_{i=1}^{n} a_i \right) \left(\frac{1}{n} \sum_{i=1}^{n} \frac{1}{b_i} \right)$$

又正数 $b_1, b_2, \cdots, b_n$ 的调和平均数不大于它们的算术平均数,故
$$\frac{n}{\sum_{i=1}^{n} \frac{1}{b_i}} \leqslant \frac{\sum_{i=1}^{n} b_i}{n}$$

其中等号当且仅当 $b_1 = b_2 = \cdots = b_n$ 时成立. 这样有

第17章 切比雪夫不等式及其应用

$$\frac{1}{n}\sum_{i=1}^{n}\frac{a_i}{b_i} \geqslant \frac{\sum_{i=1}^{n}a_i}{\sum_{i=1}^{n}b_i}$$

即式(17.3)成立. 而且等号当且仅当 $b_1 = b_2 = \cdots = b_n$ 时成立.

最后,若把式(17.3)改写为

$$\frac{1}{n}\sum_{i=1}^{n}\frac{a_i}{b_i} \geqslant \frac{\frac{1}{n}\sum_{i=1}^{n}a_i}{\frac{1}{n}\sum_{i=1}^{n}b_i} \quad (17.4)$$

此式表示,在满足所设条件下,商的算术平均值不小于其算术平均值的商.

利用式(17.3)可以解决一些较难的分式型不等式的证明问题.

例3 题目见本套书上册第2章例6.

证明 令

$$S = \frac{a_1}{1+a_2+\cdots+a_n} + \frac{a_2}{1+a_1+a_3+\cdots+a_n} + \cdots + \frac{a_n}{1+a_1+\cdots+a_{n-1}} = \frac{a_1}{2-a_1} + \frac{a_2}{2-a_2} + \cdots + \frac{a_n}{2-a_n}$$

不妨设 $1 > a_1 \geqslant a_2 \geqslant \cdots \geqslant a_n > 0$,则 $0 < 2-a_1 \leqslant 2-a_2 \leqslant \cdots \leqslant 2-a_n$.

由式(17.3),得

$$S \geqslant n \cdot \frac{a_1+a_2+\cdots+a_n}{(2-a_1)+(2-a_2)+\cdots+(2-a_n)} = \frac{n}{2n-1}$$

当且仅当 $a_1 = a_2 = \cdots = a_n = \frac{1}{n}$ 时,等号成立.

故 S 的最小值为 $\frac{n}{2n-1}$.

例4 (1990年《数学通报》第8期问题668) 设 $x, y, z, \lambda, \mu, 3\lambda-\mu$ 均大于零,且 $x+y+z = 1$. 求证

$$f(x,y,z) = \frac{x}{\lambda-\mu x} + \frac{y}{\lambda-\mu y} + \frac{z}{\lambda-\mu z} \geqslant \frac{3}{3\lambda-\mu}$$

分析 此题应把已知条件"$3\lambda-\mu > 0$"强化为"$\lambda-\mu x > 0$,

Cauchy 不等式. 下

$\lambda-\mu y>0, \lambda-\mu z>0$"才成立. 否则取 $x=\dfrac{2}{3}, y=z=\dfrac{1}{6}, \lambda=3,$ $\mu=6$ 时, 左边 $=-\dfrac{1}{2}<$ 右边 $=1$.

证明 不妨设 $x\geqslant y\geqslant z>0$, 因为 $\lambda,\mu>0$, 所以 $0<\lambda-\mu x\leqslant \lambda-\mu y\leqslant \lambda-\mu z$. 由式(17.3), 得

$$f(x,y,z)\geqslant 3\cdot \dfrac{x+y+z}{(\lambda-\mu x)+(\lambda-\mu y)+(\lambda-\mu z)}=$$
$$\dfrac{3(x+y+z)}{3\lambda-\mu(x+y+z)}=\dfrac{3}{3\lambda-\mu}$$

例 5 (1993 年《数学通报》第 6 期问题 839) 若 α,β,γ 均为锐角, 且满足 $\cos^2\alpha+\cos^2\beta+\cos^2\gamma=1$. 求证

$$\cot^2\alpha+\cot^2\beta+\cot^2\gamma\geqslant \dfrac{3}{2}$$

证明 不妨设 $1>\cos^2\alpha\geqslant \cos^2\beta\geqslant \cos^2\gamma>0$, 则 $0<1-\cos^2\alpha\leqslant 1-\cos^2\beta\leqslant 1-\cos^2\gamma$. 由式(17.3), 得

$$\cot^2\alpha+\cot^2\beta+\cot^2\gamma=$$
$$\dfrac{\cos^2\alpha}{1-\cos^2\alpha}+\dfrac{\cos^2\beta}{1-\cos^2\beta}+\dfrac{\cos^2\gamma}{1-\cos^2\gamma}\geqslant$$
$$3\cdot \dfrac{\cos^2\alpha+\cos^2\beta+\cos^2\gamma}{(1-\cos^2\alpha)+(1-\cos^2\beta)+(1-\cos^2\gamma)}=$$
$$\dfrac{3(\cos^2\alpha+\cos^2\beta+\cos^2\gamma)}{3-(\cos^2\alpha+\cos^2\beta+\cos^2\gamma)}=\dfrac{3}{2}$$

例 6 (1989 年第 4 届中学生数学冬令营试题) 设 $x_1, x_2, x_3, \cdots, x_n$ 都是正数 $(n\geqslant 2)$, 且 $\sum\limits_{i=1}^{n} x_i = 1$. 求证

$$\sum_{i=1}^{n}\dfrac{x_i}{\sqrt{1-x_i}}\geqslant \left(\sum_{i=1}^{n}\sqrt{x_i}\right)\cdot \dfrac{1}{\sqrt{n-1}}$$

证明 不妨设 $x_1\leqslant x_2\leqslant \cdots \leqslant x_n$, 显然

$$\dfrac{1}{\sqrt{1-x_1}}\leqslant \dfrac{1}{\sqrt{1-x_2}}\leqslant \cdots \leqslant \dfrac{1}{\sqrt{1-x_n}}$$

由切比雪夫不等式知

$$\sum_{i=1}^{n}\dfrac{x_i}{\sqrt{1-x_i}}\geqslant \dfrac{1}{n}\sum_{i=1}^{n}x_i\sum_{i=1}^{n}\dfrac{1}{\sqrt{1-x_i}}=\dfrac{1}{n}\sum_{i=1}^{n}\dfrac{1}{\sqrt{1-x_i}}\geqslant$$

第17章 切比雪夫不等式及其应用

$$\frac{1}{n} \cdot n^2 \frac{1}{\sum_{i=1}^{n}\sqrt{1-x_i}} = \frac{1}{\frac{1}{n}\sum_{i=1}^{n}\sqrt{1-x_i}}$$

由平方平均-算术平均不等式可知

$$\frac{1}{n}\sum_{i=1}^{n}\sqrt{1-x_i} \leqslant \left(\frac{(1-x_1)+\cdots+(1-x_n)}{n}\right)^{\frac{1}{2}} = \left(\frac{n-1}{n}\right)^{\frac{1}{2}}$$

所以

$$\sum_{i=1}^{n}\frac{x_i}{\sqrt{1-x_i}} \geqslant \sqrt{\frac{n}{n-1}}$$

另外,由柯西不等式,有

$$\sum_{i=1}^{n}\sqrt{x_i} \leqslant \left(\sum_{i=1}^{n}1 \cdot \sum_{i=1}^{n}x_i\right)^{\frac{1}{2}} = \sqrt{n}$$

所以

$$\sum_{i=1}^{n}\frac{x_i}{\sqrt{1-x_i}} \geqslant \frac{1}{\sqrt{n-1}}\sum_{i=1}^{n}\sqrt{x_i}$$

例 7 求证:不等式

$$\sum_{i=1}^{n}\frac{a_i}{S-a_i} \geqslant \frac{n}{n-1} \tag{17.5}$$

其中 $S = a_1 + a_2 + \cdots + a_n$.

证明 设 $a_i > a_{i+1}(i=1,2,\cdots,n-1)$,则 $S-a_i$ 与 a_i 反序,于是由切比雪夫不等式,有

$$\frac{\sum_{i=1}^{n}\frac{a_i}{S-a_i}(S-a_i)}{\sum_{i=1}^{n}(S-a_i)} \leqslant \frac{\sum_{i=1}^{n}\frac{a_i}{S-a_i}}{n}$$

但上式左边 $= \frac{1}{n-1}$. 所以

$$\sum_{i=1}^{n}\frac{a_i}{S-a_i} \geqslant \frac{n}{n-1}$$

例 8 证明:循环不等式

$$\frac{S_{k_1}}{S-S_{k_1}}+\frac{S_{k_2}}{S-S_{k_2}}+\cdots+\frac{S_{k_n}}{S-S_{k_n}} \geqslant \frac{nk}{n-k} \tag{17.6}$$

其中

$$S = x_1+x_2+\cdots+x_n$$
$$S_{k_1} = x_1+x_2+\cdots+x_k$$

263

Cauchy 不等式.下

$$S_{k_2} = x_2 + x_3 + \cdots + x_{k+1}$$
$$\vdots$$
$$S_{k_n} = x_n + x_1 + \cdots + x_{k-1} \quad (1 \leqslant k \leqslant n)$$

证明 若 $i \neq j$,则当 $S_{k_i} < S_{k_j}$ 时,易证

$$\frac{S_{k_i}}{S - S_{k_i}} < \frac{S_{k_j}}{S - S_{k_j}}, 且 S - S_{k_i} > S - S_{k_j}$$

故知 $S - S_{k_i}$ 与 $\dfrac{S}{S - S_{k_i}}$ 反序,由切比雪夫不等式有

$$\frac{1}{n}\sum_{i=1}^{n}\left[(S - S_{k_i}) \cdot \frac{S_{k_i}}{S - S_{k_i}}\right] \leqslant$$
$$\frac{1}{n}\sum_{i=1}^{n}\frac{S_{k_i}}{S - S_{k_i}} \cdot \frac{1}{n}\sum_{i=1}^{n}(S - S_{k_i})$$

即

$$\sum_{i=1}^{n}\frac{S_{k_i}}{S - S_{k_i}} \geqslant \frac{nk}{n-k}$$

令 $k=1$,则上式即为例 7,因此,例 8 可以看作是例 7 的一种推广.

例 9 (2005 年巴西数学奥林匹克试题)试确定最小的实数 c,满足不等式

$$c(x_1^{2\,005} + x_2^{2\,005} + \cdots + x_5^{2\,005}) \geqslant$$
$$x_1 x_2 \cdots x_5 (x_1^{125} + x_2^{125} + \cdots + x_5^{125})^{16}$$

其中,$x_1, x_2, \cdots, x_5$ 均为任意的正实数.

解 根据切比雪夫不等式有

$$5(x_1^{2\,005} + x_2^{2\,005} + x_3^{2\,005} + x_4^{2\,005} + x_5^{2\,005}) \geqslant$$
$$(x_1^5 + x_2^5 + x_3^5 + x_4^5 + x_5^5) \cdot$$
$$(x_1^{2\,000} + x_2^{2\,000} + x_3^{2\,000} + x_4^{2\,000} + x_5^{2\,000})$$

且

$$x_1^5 + x_2^5 + x_3^5 + x_4^5 + x_5^5 \geqslant 5 x_1 x_2 x_3 x_4 x_5$$
$$\frac{x_1^{2\,000} + x_2^{2\,000} + x_3^{2\,000} + x_4^{2\,000} + x_5^{2\,000}}{5} \geqslant$$
$$\left(\frac{x_1^{125} + x_2^{125} + x_3^{125} + x_4^{125} + x_5^{125}}{5}\right)^{16}$$

结合这些不等式,可得 $c \leqslant 5^{15}$.

但当 $x_1 = x_2 = x_3 = x_4 = x_5 = 1$ 时,得 $c \geqslant 5^{15}$.

第17章 切比雪夫不等式及其应用

所以,$c = 5^{15}$.

例10 设 $x_i > 0 (i=1,2,\cdots,n)$,求证

$$x_1^{x_1} x_2^{x_2} \cdots x_n^{x_n} \geqslant (x_1 x_2 \cdots x_n)^{\frac{1}{n}(x_1 + x_2 + \cdots + x_n)} \qquad (17.7)$$

证明 不妨设 $x_1 \geqslant x_2 \geqslant \cdots \geqslant x_n > 0$,则 $\ln x_1 \geqslant \ln x_2 \geqslant \cdots \geqslant \ln x_n$,故由切比雪夫不等式得

$$x_1 \ln x_1 + x_2 \ln x_2 + \cdots + x_n \ln x_n \geqslant$$
$$\frac{1}{n}(x_1 + x_2 + \cdots + x_n)(\ln x_1 + \ln x_2 + \cdots + \ln x_n)$$

即

$$\ln(x_1^{x_1} x_2^{x_2} \cdots x_n^{x_n}) \geqslant \ln(x_1 x_2 \cdots x_n)^{\frac{1}{n}(x_1 + x_2 + \cdots + x_n)}$$

所以

$$x_1^{x_1} x_2^{x_2} \cdots x_n^{x_n} \geqslant (x_1 x_2 \cdots x_n)^{\frac{1}{n}(x_1 + x_2 + \cdots + x_n)}$$

说明:在(17.7)中,取 $n=3, x_1=a, x_2=b, x_3=c$,则有

$$a^a b^b c^c \geqslant (abc)^{\frac{1}{3}(a+b+c)}$$

这是第3届美国奥林匹克数学竞赛试题.

将上式两边3次方并化简,得

$$a^{2a} b^{2b} c^{2c} \geqslant a^{b+c} b^{c+a} c^{a+b}$$

这是1978年上海市中学数学竞赛试题.

在式(17.7)中,取 $n=5, x_1=a, x_2=b, x_3=c, x_4=d, x_5=e$,即有 $a^a b^b c^c d^d e^e \geqslant (abcde)^{\frac{1}{5}(a+b+c+d+e)}$. 这是1979年青海省中学数学竞赛试题.

例11 设 $x_i \in \mathbf{R}_+ (i=1,2,\cdots,n)$,$\sum_{i=1}^{n} x_i = 1$. 求证

$$\sum_{i=1}^{n} \sqrt{\frac{1}{x_i} - 1} \geqslant (n-1) \sum_{i=1}^{n} \frac{1}{\sqrt{\frac{1}{x_i} - 1}}$$

分析 本题不好处理就在于两边都是和式,而且很难合并. 不过,容易发现函数 $\sqrt{\frac{1}{x} - 1}$ 是单调的,于是,考虑用切比雪夫不等式进行变形去根号.

证明 不妨设 $x_1 \geqslant x_2 \geqslant \cdots \geqslant x_n$. 对 $i < j$

$$\sqrt{\frac{1}{x_i} - 1} - \sqrt{\frac{1}{x_j} - 1} = \frac{x_j - x_i}{x_i x_j \left(\sqrt{\frac{1}{x_i} - 1} + \sqrt{\frac{1}{x_j} - 1}\right)} \leqslant 0$$

Cauchy 不等式. 下

则
$$\sqrt{\frac{1}{x_i}-1} \leqslant \sqrt{\frac{1}{x_j}-1}$$

从而
$$\frac{1}{\sqrt{\frac{1}{x_i}-1}} \geqslant \frac{1}{\sqrt{\frac{1}{x_j}-1}}$$

又
$$\sqrt{x_i(1-x_i)} - \sqrt{x_j(1-x_j)} = \frac{(x_i-x_j)(1-x_i-x_j)}{\sqrt{x_i(1-x_i)} + \sqrt{x_j(1-x_j)}} \geqslant 0$$

则
$$\sqrt{x_i(1-x_i)} \geqslant \sqrt{x_j(1-x_j)}$$

由切比雪夫不等式

$$\sum_{i=1}^{n}\sqrt{\frac{1}{x_i}-1} \cdot \sum_{i=1}^{n}\sqrt{x_i(1-x_i)} \geqslant$$

$$n\sum_{i=1}^{n}\sqrt{\frac{1}{x_i}-1} \cdot \sqrt{x_i(1-x_i)} = n(n-1)$$

$$(n-1)\sum_{i=1}^{n}\frac{1}{\sqrt{\frac{1}{x_i}-1}} \cdot \sum_{i=1}^{n}\sqrt{x_i(1-x_i)} \leqslant$$

$$n(n-1)\sum_{i=1}^{n}\frac{1}{\sqrt{\frac{1}{x_i}-1}} \cdot \sqrt{x_i(1-x_i)} = n(n-1)$$

故

$$\sum_{i=1}^{n}\sqrt{\frac{1}{x_i}-1} \cdot \sum_{i=1}^{n}\sqrt{x_i(1-x_i)} \geqslant$$

$$(n-1)\sum_{i=1}^{n}\frac{1}{\sqrt{\frac{1}{x_i}-1}} \cdot$$

$$\sum_{i=1}^{n}\sqrt{x_i(1-x_i)}$$

即
$$\sum_{i=1}^{n}\sqrt{\frac{1}{x_i}-1} \geqslant (n-1)\sum_{i=1}^{n}\frac{1}{\sqrt{\frac{1}{x_i}-1}}$$

注 本题巧妙地引入 $\sum_{i=1}^{n}\sqrt{x_i(1-x_i)}$,利用切比雪夫不等

第17章 切比雪夫不等式及其应用

式去掉原式中的根号,以便用上 $\sum_{i=1}^{n} x_i = 1$ 的条件,使问题顺利解决.

例 12 (2006 年第 5 届中国女子数学奥林匹克试题)设 $x_i > 0 (i=1,2,\cdots,n), k \geqslant 1$. 求证

$$\sum_{i=1}^{n} \frac{1}{1+x_i} \cdot \sum_{i=1}^{n} x_i \leqslant \sum_{i=1}^{n} \frac{1}{x_i^k} \cdot \sum_{i=1}^{n} \frac{x_i^{k+1}}{1+x_i}$$

分析 此题运用切比雪夫不等式还是比较明显的. 由于当 $x > 0$ 时, $\frac{x^k}{1+x}$ 关于 x 递增,不难想到如何来构造.

证明 不妨设 $x_1 \geqslant x_2 \geqslant \cdots \geqslant x_n$. 由条件易得

$$\frac{1}{x_1^k} \leqslant \frac{1}{x_2^k} \leqslant \cdots \leqslant \frac{1}{x_n^k}$$

$$\frac{x_1^k}{1+x_1} \geqslant \frac{x_2^k}{1+x_2} \geqslant \cdots \geqslant \frac{x_n^k}{1+x_n}$$

两次应用切比雪夫不等式得

$$\sum_{i=1}^{n} \frac{1}{1+x_i} \cdot \sum_{i=1}^{n} x_i =$$

$$\sum_{i=1}^{n} x_i \cdot \sum_{i=1}^{n} \left(\frac{1}{x_i^k} \cdot \frac{x_i^k}{1+x_i} \right) \leqslant$$

$$\frac{1}{n} \sum_{i=1}^{n} x_i \cdot \sum_{i=1}^{n} \frac{1}{x_i^k} \cdot \sum_{i=1}^{n} \frac{x_i^k}{1+x_i} \leqslant$$

$$\frac{1}{n} \sum_{i=1}^{n} \frac{1}{x_i^k} \cdot \sum_{i=1}^{n} n x_i \cdot \frac{x_i^k}{1+x_i} = \sum_{i=1}^{n} \frac{1}{x_i^k} \cdot \sum_{i=1}^{n} \frac{x_i^{k+1}}{1+x_i}$$

例 13 设 $a_i (i=1,2,\cdots,n)$ 为正数, $r = s+t$, 其中 s,t 为非零实数,则当 s,t 同号时,有

$$\frac{1}{n} \sum_{i=1}^{n} a_i^r \geqslant \left(\frac{1}{n} \sum_{i=1}^{n} a_i^s \right) \left(\frac{1}{n} \sum_{i=1}^{n} a_i^t \right) \quad (17.8)$$

当 s,t 异号时

$$\frac{1}{n} \sum_{i=1}^{n} a_i^r \leqslant \left(\frac{1}{n} \sum_{i=1}^{n} a_i^s \right) \left(\frac{1}{n} \sum_{i=1}^{n} a_i^t \right) \quad (17.9)$$

证明 不失一般性,假定 $a_1 \geqslant a_2 \geqslant \cdots \geqslant a_n > 0$,则当 $s > 0$, $t > 0$ 时, $a_1^s \geqslant a_2^s \geqslant \cdots \geqslant a_n^s$, 且 $a_1^t \geqslant a_2^t \geqslant \cdots \geqslant a_n^t$; 当 $s < 0, t < 0$ 时,

Cauchy 不等式. 下

$a_1^s \leqslant a_2^s \leqslant \cdots \leqslant a_n^s$, 且 $a_1^t \leqslant a_2^t \leqslant \cdots \leqslant a_n^t$; 当 $s>0, t<0$ 时, $a_1^s \geqslant a_2^s \geqslant \cdots \geqslant a_n^s$, 而 $a_1^t \leqslant a_2^t \leqslant \cdots \leqslant a_n^t$; 当 $s<0, t>0$ 时, $a_1^s \leqslant a_2^s \leqslant \cdots \leqslant a_n^s$, 而 $a_1^t \geqslant a_2^t \geqslant \cdots \geqslant a_n^t$.

因此,由式(17.1),(17.2)即得式(17.8),(17.9).

例 13 可以看作是切比雪夫不等式的一种推广形式. 同样,还可以得到以下三个定理:

定理 1 设 $x_i \in \mathbf{R}_+$ $(i=1,2,\cdots,n), \prod_{i=1}^{n} x_i = 1, r > s > 0.$ 则 $\sum_{i=1}^{n} x_i^r \geqslant \sum_{i=1}^{n} x_i^s.$

证明 事实上

$$\sum_{i=1}^{n} x_i^r \geqslant \frac{1}{n} \sum_{i=1}^{n} x_i^{r-s} \cdot \sum_{i=1}^{n} x_i^s \geqslant$$

$$\frac{1}{n} \cdot n \left(\prod_{i=1}^{n} x_i^{r-s} \right)^{\frac{1}{n}} \cdot \sum_{i=1}^{n} x_i^s = \sum_{i=1}^{n} x_i^s.$$

定理 2 设 $a_1, a_2, \cdots, a_n, b_1, b_2, \cdots, b_n \in \mathbf{R}$, 且 $a_1 \geqslant a_2 \geqslant \cdots \geqslant a_n, b_1 \geqslant b_2 \geqslant \cdots \geqslant b_n$, 或 $a_1 \leqslant a_2 \leqslant \cdots \leqslant a_n, b_1 \leqslant b_2 \leqslant \cdots \leqslant b_n, m_i \in \mathbf{R}_+$ $(i=1,2,\cdots,n)$. 则

$$\sum_{i=1}^{n} m_i \cdot \sum_{i=1}^{n} m_i a_i b_i \geqslant \sum_{i=1}^{n} m_i a_i \cdot \sum_{i=1}^{n} m_i b_i.$$

证明 事实上

$$\sum_{i=1}^{n} m_i \cdot \sum_{i=1}^{n} m_i a_i b_i - \sum_{i=1}^{n} m_i a_i \cdot \sum_{i=1}^{n} m_i b_i =$$

$$\frac{1}{2} \sum_{i=1}^{n} \sum_{j=1}^{n} m_i m_j (a_i - a_j)(b_i - b_j) \geqslant 0.$$

定理 2 是切比雪夫不等式的加权形式. 显然,当 $m_1 = m_2 = \cdots = m_n$ 时, 就是切比雪夫不等式.

注 切比雪夫不等式与定理 2 等号成立的条件均为

$$a_1 = a_2 = \cdots = a_n, b_1 = b_2 = \cdots = b_n$$

中至少一组成立.

式(17.8),(17.9)两个不等式在解题中也常常用到,例如下面的一些问题就可以利用它们来解.

1. 设 a, b, c, d 均为正数, 求证

第 17 章 切比雪夫不等式及其应用

$$(a^2+b^2+c^2+d^2)^3 \leqslant 16(a^6+b^6+c^6+d^6) \leqslant$$
$$4(a^9+b^9+c^9+d^9) \cdot \left(\frac{1}{a^3}+\frac{1}{b^3}+\frac{1}{c^3}+\frac{1}{d^3}\right)$$

2.(1958~1959 年波兰数学竞赛试题)求证:对于任何实数 a,b,下列不等式成立

$$\frac{a+b}{2} \cdot \frac{a^2+b^2}{2} \cdot \frac{a^3+b^3}{2} \leqslant \frac{a^6+b^6}{2}$$

3.(1962~1963 年波兰数学竞赛试题)求证:如果 a,b,c 是正数,那么

$$a+b+c \leqslant \frac{a^4+b^4+c^4}{abc}$$

定理 3 设 $f(x)$ 是区间 (a,b) 上的增(或减)函数,则对任意 $a_1,a_2,\cdots,a_n \in (a,b)$,有

$$\frac{\sum_{i=1}^{n} a_i f(a_i)}{n} \underset{(\text{或} \leqslant)}{\geqslant} \frac{\sum_{i=1}^{n} a_i}{n} \cdot \frac{\sum_{i=1}^{n} f(a_i)}{n} \qquad (17.10)$$

又若 $f(x)$ 是严格单调的,则当且仅当 $a_1=a_2=\cdots=a_n$ 时,等号成立.

证明 仅对 $f(x)$ 为区间 (a,b) 上的严格递增函数情况进行证明,$f(x)$ 为减函数的情况证法类似.

因为 $a_1,a_2,\cdots,a_n$ 在(17.1)中对称,故可设 $a_1 \leqslant a_2 \leqslant \cdots \leqslant a_n$,则 $f(a_1) \leqslant f(a_2) \leqslant \cdots \leqslant f(a_n)$,从而利用切比雪夫不等式得式(17.10)成立,其中等号成立的主要条件为 $a_1=a_2=\cdots=a_n$ 或 $f(a_1)=f(a_2)=\cdots=f(a_n)$,依 $f(x)$ 的严格单调性,后者等价于 $a_1=a_2=\cdots=a_n$.

在这个定理中,选择不同的函数 $f(x)$ 可得到一系列不等式(下列各式中 a_i 均属正值).

取 $f(x)=x$(增函数),得

$$\frac{\sum_{i=1}^{n} a_i^2}{n} \geqslant \frac{\left(\sum_{i=1}^{n} a_i\right)^2}{n^2} \quad \text{或} \quad \sqrt{\frac{\sum_{i=1}^{n} a_i^2}{n}} \geqslant \frac{\sum_{i=1}^{n} a_i}{n}$$

此即均方根-算术平均值不等式.

取 $f(x) = \frac{1}{x}, x \in \mathbf{R}_+$(减函数),得

Cauchy 不等式. 下

$$\frac{\sum_{i=1}^{n}a_i}{n}\cdot\frac{\sum_{i=1}^{n}\frac{1}{a_i}}{n}\geqslant 1$$

即

$$\frac{\sum_{i=1}^{n}a_i}{n}\geqslant\frac{n}{\sum_{i=1}^{n}\frac{1}{a_i}}$$

这是算术-调和平均不等式.

取 $f(x)=x^{\frac{s}{r}}$, $x\in \mathbf{R}_+$, r,s 为正有理数, 且 $m=r+s$, 易知 $f(x)$ 是增函数. 根据式 (17.10) 并以 a_i^r 代替 a_i, 得

$$\frac{1}{n}(a_1^m+a_2^m+\cdots+a_n^m)\geqslant\frac{a_1^r+a_2^r+\cdots+a_n^r}{n}\cdot\frac{a_1^s+a_2^s+\cdots+a_n^s}{n}$$

上面的定理 3 有很广泛的应用,下面的例 14～例 16 即是.

例 14 设 A,B,C 是锐角 $\triangle ABC$ 的三个内角,求证

$$\frac{\sin A}{A}+\frac{\sin B}{B}+\frac{\sin C}{C}\geqslant\frac{3}{\pi}(\sin A+\sin B+\sin C)$$

证明 取 $f(x)=\frac{\sin x}{x}$, $x\in\left(0,\frac{\pi}{2}\right)$, 则 $x<\tan x$, 从而

$$f'(x)=\frac{x\cos x-\sin x}{x^2}=\frac{1}{x^2}\cos x\cdot(x-\tan x)<0$$

故 $f(x)$ 为减函数.

由定理 3 得

$$\frac{Af(A)+Bf(B)+Cf(C)}{3}\leqslant\frac{A+B+C}{3}\cdot\frac{f(A)+f(B)+f(C)}{3}$$

利用此式及 $A+B+C=\pi$ 就能证得原式.

例 15 求证: $\sqrt[3]{3}\cdot\sqrt[4]{4}\cdot\sqrt[5]{5}\cdots\sqrt[n]{n}>\left(\frac{n!}{2}\right)^{\frac{2}{n+3}}$ ($n>3$).

证明 取 $f(x)=\frac{\ln x}{x}$, $x\in(e,+\infty)$, $f'(x)=\frac{1-\ln x}{x^2}<0$,

所以 $f(x)$ 是减函数, 又因为 $3,4,\cdots,n\in(e,+\infty)$, 由定理 3 得

$$\frac{1}{n-2}\left(3\cdot\frac{\ln 3}{3}+4\cdot\frac{\ln 4}{4}+\cdots+n\cdot\frac{\ln n}{n}\right)<$$

$$\frac{1}{(n-2)^2}(3+4+\cdots+n)\left(\frac{\ln 3}{3}+\frac{\ln 4}{4}+\cdots+\frac{\ln n}{n}\right)$$

故

第17章 切比雪夫不等式及其应用

$$(n-2)\ln(3 \cdot 4 \cdot \cdots \cdot n) < \frac{n^2+n-6}{2} \cdot \ln(\sqrt[3]{3} \cdot \sqrt[4]{4} \cdot \cdots \cdot \sqrt[n]{n})$$

则

$$\ln(\sqrt[3]{3} \cdot \sqrt[4]{4} \cdot \cdots \cdot \sqrt[n]{n}) > \frac{2}{n+3}\ln\left(\frac{n!}{2}\right)$$

于是原不等式成立.

例 16 已知 a,b,c 为 $\triangle ABC$ 的三边

$$p = \frac{1}{2}(a+b+c)$$

求证

$$\frac{a^2}{b+c} + \frac{b^2}{a+c} + \frac{c^2}{a+b} \geqslant p$$

其中等号成立的充要条件为 $\triangle ABC$ 是正三角形.

证明 取 $f(x) = \dfrac{x}{2p-x}, x \in (0, +\infty)$.

因为 $f'(x) = \dfrac{2p}{(2p-x)^2} > 0$, 所以 $f(x)$ 为增函数.

由定理得

$$\frac{1}{3}(af(a)+bf(b)+cf(c)) \geqslant \frac{a+b+c}{3} \cdot \frac{f(a)+f(b)+f(c)}{3}$$

即

$$\frac{a^2}{b+c} + \frac{b^2}{c+a} + \frac{c^2}{a+b} \geqslant \frac{1}{3}(a+b+c) \cdot \left(\frac{a}{b+c} + \frac{b}{c+a} + \frac{c}{a+b}\right) =$$

$$\frac{1}{3}\left(\frac{a^2}{b+c} + \frac{b^2}{c+a} + \frac{c^2}{a+b} + a+b+c\right)$$

亦即

$$3\left(\frac{a^2}{b+c} + \frac{b^2}{c+a} + \frac{c^2}{a+b}\right) \geqslant \frac{a^2}{b+c} + \frac{b^2}{c+a} + \frac{c^2}{a+b} + 2p$$

移项得

$$2\left(\frac{a^2}{b+c} + \frac{b^2}{c+a} + \frac{c^2}{a+b}\right) \geqslant 2p$$

原式等号成立的充要条件为 $a=b=c$, 即 $\triangle ABC$ 为正三角形.

下列几题用定理 3 也容易证明:

1. 设 a,b,c 为正数, 求证

$$3(a^3+b^3+c^3) \geqslant (a+b+c)(a^2+b^2+c^2)$$

2. $\triangle ABC$ 中, 求证

$$\frac{a}{a+b} + \frac{b}{c+a} + \frac{c}{b+c} \geqslant \frac{3}{2}$$

Cauchy 不等式. 下

3. 设 x,y,z 是互不相等的正数,p,q 是正数,求证
$$3(x^{p-q}+y^{p-q}+z^{p-q})<(x^p+y^p+z^p)(x^{-q}+y^{-q}+z^{-q})$$

4. 求证:在锐角 $\triangle ABC$ 中
$$\cos A+\cos B+\cos C \leqslant \frac{1}{3}(\sin A+\sin B+\sin C) \cdot (\cot A+\cot B+\cot C)$$

例 17 (1979 年上海市中学数学竞赛试题)在 $\triangle ABC$ 中,求证:

(1) $\sin A\cos\frac{A}{2}+\sin B\cos\frac{B}{2}+\sin C\cos\frac{C}{2}\leqslant\frac{9}{4}$;

(2) $\sin 2A+\sin 2B+\sin 2C\leqslant\sin A+\sin B+\sin C$.

证明 (1)不妨假定 $A\geqslant B\geqslant C$,则
$$\sin A\geqslant\sin B\geqslant\sin C,\cos\frac{A}{2}\leqslant\cos\frac{B}{2}\leqslant\cos\frac{C}{2}$$

故由式(17.2)得
$$\sin A\cos\frac{A}{2}+\sin B\cos\frac{B}{2}+\sin C\cos\frac{C}{2}\leqslant$$
$$\frac{1}{3}(\sin A+\sin B+\sin C)\left(\cos\frac{A}{2}+\cos\frac{B}{2}+\cos\frac{C}{2}\right)$$

但
$$\sin A+\sin B+\sin C=4\cos\frac{A}{2}\cos\frac{B}{2}\cos\frac{C}{2}\leqslant\frac{3\sqrt{3}}{2}$$

且
$$\cos\frac{A}{2}+\cos\frac{B}{2}+\cos\frac{C}{2}\leqslant\frac{3\sqrt{3}}{2}$$

由于 $0<\frac{\pi-A}{2},\frac{\pi-B}{2},\frac{\pi-C}{2}<\pi$,且
$$\frac{\pi-A}{2}+\frac{\pi-B}{2}+\frac{\pi-C}{2}=\pi$$

故可在
$$\sin A+\sin B+\sin C\leqslant\frac{3\sqrt{3}}{2}$$

中分别以 $\frac{\pi-A}{2},\frac{\pi-B}{2},\frac{\pi-C}{2}$ 代替 A,B,C 即得此式,因此
$$\sin A\cos\frac{A}{2}+\sin B\cos\frac{B}{2}+\sin C\cos\frac{C}{2}\leqslant\frac{9}{4}$$

第17章 切比雪夫不等式及其应用

(2) 设 $A \geqslant B \geqslant C$,则 $\sin A \geqslant \sin B \geqslant \sin C$,$\cos A \leqslant \cos B \leqslant \cos C$,故由式(17.2)得

$$\sin A\cos A + \sin B\cos B + \sin C\cos C \leqslant$$
$$\frac{1}{3}(\sin A + \sin B + \sin C)(\cos A + \cos B + \cos C)$$

但

$$\cos A + \cos B + \cos C = 1 + 4\sin\frac{A}{2}\sin\frac{B}{2}\sin\frac{C}{2} \leqslant \frac{3}{2}$$

因此

$$\frac{1}{2}(\sin 2A + \sin 2B + \sin 2C) \leqslant \frac{1}{2}(\sin A + \sin B + \sin C)$$

此即

$$\sin 2A + \sin 2B + \sin 2C \leqslant \sin A + \sin B + \sin C$$

例 18 在 $\triangle ABC$ 中,求证

$$\cot\frac{A}{2}\cot\frac{B}{2} + \cot\frac{B}{2}\cot\frac{C}{2} + \cot\frac{C}{2}\cot\frac{A}{2} \geqslant 9$$

证明 不妨假定 $A \geqslant B \geqslant C$,则有

$$\tan\frac{A}{2}\tan\frac{B}{2} \geqslant \tan\frac{C}{2}\tan\frac{A}{2} \geqslant \tan\frac{B}{2}\tan\frac{C}{2}$$

$$\cot\frac{A}{2}\cot\frac{B}{2} \leqslant \cot\frac{C}{2}\cot\frac{A}{2} \leqslant \cot\frac{B}{2}\cot\frac{C}{2}$$

由切比雪夫不等式,得

$$9 = 3\left(\tan\frac{A}{2}\tan\frac{B}{2} \cdot \cot\frac{A}{2}\cot\frac{B}{2} + \tan\frac{C}{2}\tan\frac{A}{2} \cdot \right.$$
$$\cot\frac{C}{2}\cot\frac{A}{2} + \tan\frac{B}{2}\tan\frac{C}{2} \cdot \cot\frac{B}{2}\cot\frac{C}{2}\bigg) \leqslant$$
$$\left(\tan\frac{A}{2}\tan\frac{B}{2} + \tan\frac{B}{2}\tan\frac{C}{2} + \tan\frac{C}{2}\tan\frac{A}{2}\right) \cdot$$
$$\left(\cot\frac{A}{2}\cot\frac{B}{2} + \cot\frac{B}{2}\cot\frac{C}{2} + \cot\frac{C}{2}\cot\frac{A}{2}\right)$$

但

$$\tan\frac{A}{2}\tan\frac{B}{2} + \tan\frac{B}{2}\tan\frac{C}{2} + \tan\frac{C}{2}\tan\frac{A}{2} = 1$$

所以

$$\cot\frac{A}{2}\cot\frac{B}{2} + \cot\frac{B}{2}\cot\frac{C}{2} + \cot\frac{C}{2}\cot\frac{A}{2} \geqslant 9$$

例 19 (2007年第四届中国东南地区数学奥林匹克试题)

Cauchy 不等式. 下

设 $a,b,c>0, abc=1$. 求证: 对整数 $k(k\geq 2)$, $\dfrac{a^k}{b+c}+\dfrac{b^k}{c+a}+\dfrac{c^k}{a+b}\geq \dfrac{3}{2}$.

分析 当变量排序后, 分子越大, 则分母越小, 分式的值越大. 因此, 可以通过乘以分母利用切比雪夫不等式使分式变成整式, 实现去分母.

证明 不妨设 $a\geq b\geq c$. 则
$$\dfrac{a^k}{b+c}\geq \dfrac{b^k}{c+a}\geq \dfrac{c^k}{a+b}$$
$$b+c\leq c+a\leq a+b$$

由切比雪夫不等式得
$$\left(\dfrac{a^k}{b+c}+\dfrac{b^k}{c+a}+\dfrac{c^k}{a+b}\right)(b+c+c+a+a+b)\geq 3(a^k+b^k+c^k)$$

又由例 13 加定理 1 知 $a^k+b^k+c^k\geq a+b+c$. 则
$$\dfrac{a^k}{b+c}+\dfrac{b^k}{c+a}+\dfrac{c^k}{a+b}\geq \dfrac{3}{2}\cdot \dfrac{a^k+b^k+c^k}{a+b+c}\geq \dfrac{3}{2}$$

例 20 (2008 年塞尔维亚、克罗地亚数学奥林匹克试题) 设 $a,b,c>0, a+b+c=1$. 求证
$$\sum \dfrac{1}{bc+a+\dfrac{1}{a}}\leq \dfrac{27}{31}$$

分析 把分式变形为 $\dfrac{a}{abc+a^2+1}$. 如果把 abc 看成常数, 那么, 这个式子只与 a 有关. 当 a 增大时, 分子、分母都增大, 那分式的值呢? 不妨算一下看.

证明 不妨设 $a\geq b\geq c$. 于是
$$abc+a^2+1\geq abc+b^2+1\geq abc+c^2+1$$
则
$$\dfrac{a}{abc+a^2+1}-\dfrac{b}{abc+b^2+1}=$$
$$\dfrac{abc(a-b)+(1-ab)(a-b)}{(abc+a^2+1)(abc+b^2+1)}\geq 0$$

同理 $\dfrac{b}{abc+b^2+1}-\dfrac{c}{abc+c^2+1}\geq 0$

第17章 切比雪夫不等式及其应用

故
$$\frac{a}{abc+a^2+1} \geqslant \frac{b}{abc+b^2+1} \geqslant \frac{c}{abc+c^2+1}$$

由切比雪夫不等式得
$$\sum \frac{1}{bc+a+\frac{1}{a}} \cdot \sum (abc+a^2+1) \leqslant 3\sum a = 3$$

则
$$\sum \frac{1}{bc+a+\frac{1}{a}} \leqslant \frac{3\sum a}{\sum (abc+a^2+1)} = \frac{3}{3abc+a^2+b^2+c^2+3}$$

于是,只需证
$$\frac{3}{3abc+a^2+b^2+c^2+3} \leqslant \frac{27}{31} \Leftrightarrow$$
$$27abc + 9(a^2+b^2+c^2)(a+b+c) \geqslant 4(a+b+c)^3 \Leftrightarrow$$
$$\sum a(a-b)(a-c) + 2\sum (a+b)(a-b)^2 \geqslant 0$$

由 Schur 不等式的特例知
$$\sum a(a-b)(a-c) \geqslant 0$$

因此,原不等式得证.

例 21 (2007年罗马尼亚数学奥林匹克试题)设 $a,b,c>0$,
$$\frac{1}{a+b+1} + \frac{1}{b+c+1} + \frac{1}{c+a+1} = 1$$
求证:$a+b+c \geqslant ab+bc+ca$.

分析 注意到结论是 a,b,c 与 ab,bc,ca 的关系式,把分式 $\frac{1}{a+b+1}$ 变成 $\frac{c}{ac+bc+c}$,考虑用切比雪夫不等式去分母.

证明 注意到
$$\sum \frac{1}{a+b+1} = 1 \Leftrightarrow \sum \frac{c}{ac+bc+c} = 1$$

不妨设 $a \geqslant b \geqslant c$. 则
$$ac+bc+c \leqslant ab+bc+b \leqslant ab+ac+a$$
$$\frac{c}{ac+bc+c} \leqslant \frac{b}{ab+bc+b} \leqslant \frac{a}{ab+ac+a}$$

275

Cauchy 不等式·下

由切比雪夫不等式得

$$\sum \frac{c}{ac+bc+c} \sum (ac+bc+c) \leqslant 3\sum c$$

则 $\dfrac{3\sum c}{\sum(ac+bc+c)} \geqslant 1$,即 $\sum c \geqslant \sum ab$.

因此,原不等式成立.

注 此题第一步变形比较关键. 很多时候在利用切比雪夫不等式去分母之前,都要先变形得到一个有利于解决问题的式子. 具体方法要视题目而定.

例 22 (1998 年第 39 届 IMO 预选题)设 x,y,z 是正实数,且 $xyz=1$. 证明

$$\frac{x^3}{(1+y)(1+z)} + \frac{y^3}{(1+z)(1+x)} + \frac{z^3}{(1+x)(1+y)} \geqslant \frac{3}{4}$$

证明 假设 $x \leqslant y \leqslant z$,则

$$\frac{1}{(1+y)(1+z)} \leqslant \frac{1}{(1+z)(1+x)} \leqslant \frac{1}{(1+x)(1+y)}$$

由切比雪夫不等式,有

$$\frac{x^3}{(1+y)(1+z)} + \frac{y^3}{(1+z)(1+x)} + \frac{z^3}{(1+x)(1+y)} \geqslant$$

$$\frac{1}{3}(x^3+y^3+z^3)\left[\frac{1}{(1+y)(1+z)} + \frac{1}{(1+z)(1+x)} + \frac{1}{(1+x)(1+y)}\right] =$$

$$\frac{1}{3}(x^3+y^3+z^3) \cdot \frac{3+(x+y+z)}{(1+x)(1+y)(1+z)}$$

令 $\dfrac{1}{3}(x+y+z)=a$,由琴生不等式及均值不等式,得

$$\frac{1}{3}(x^3+y^3+z^3) \geqslant a^3$$

$$x+y+z \geqslant 3\sqrt[3]{xyz} = 3$$

$$(1+x)(1+y)(1+z) \leqslant \left[\frac{(1+x)+(1+y)+(1+z)}{3}\right]^3 = (1+a)^3$$

所以

$$\frac{x^3}{(1+y)(1+z)} + \frac{y^3}{(1+z)(1+x)} + \frac{z^3}{(1+x)(1+y)} \geqslant a^3 \cdot \frac{3+3}{(1+a)^3}$$

只需证明

第17章 切比雪夫不等式及其应用

$$\frac{6a^3}{(1+a)^3} \geqslant \frac{3}{4}$$

由于 $a \geqslant 1$,上式显然成立.

等号当且仅当 $x=y=z=1$ 时成立.

例 23 (2000 年韩国数学奥林匹克试题)设 $a \geqslant b \geqslant c > 0$, $x \geqslant y \geqslant z > 0$. 证明

$$\frac{a^2 x^2}{(by+cz)(bz+cy)} + \frac{b^2 y^2}{(cz+ax)(cx+az)} + \frac{c^2 z^2}{(ax+by)(ay+bx)} \geqslant \frac{3}{4}$$

证明 由二元均值不等式得

$$(by+cz)(bz+cy) \leqslant \left[\frac{(by+cz)+(bz+cy)}{2}\right]^2 = \frac{(b+c)^2(y+z)^2}{4}$$

同理

$$(cz+ax)(cx+az) \leqslant \frac{(c+a)^2(z+x)^2}{4}$$

$$(ax+by)(ay+bx) \leqslant \frac{(a+b)^2(x+y)^2}{4}$$

于是,只需证明

$$A = \frac{a^2 x^2}{(b+c)^2(y+z)^2} + \frac{b^2 y^2}{(c+a)^2(z+x)^2} + \frac{c^2 z^2}{(a+b)^2(x+y)^2} \geqslant \frac{3}{16}$$

由柯西不等式得

$$A \geqslant \frac{1}{3}\left[\frac{ax}{(b+c)(y+z)} + \frac{by}{(c+a)(z+x)} + \frac{cz}{(a+b)(x+y)}\right]^2 = \frac{1}{3} B^2$$

又 $a \geqslant b \geqslant c > 0$, $x \geqslant y \geqslant z > 0$,则

$$\frac{a}{b+c} \geqslant \frac{b}{c+a} \geqslant \frac{c}{a+b}$$

$$\frac{x}{y+z} \geqslant \frac{y}{z+x} \geqslant \frac{z}{x+y}$$

由切比雪夫不等式得

$$B \geqslant \frac{1}{3}\left(\frac{a}{b+c} + \frac{b}{c+a} + \frac{c}{a+b}\right)\left(\frac{x}{y+z} + \frac{y}{z+x} + \frac{z}{x+y}\right)$$

277

Cauchy 不等式. 下

又

$$[(b+c)+(c+a)+(a+b)]\left(\frac{1}{b+c}+\frac{1}{c+a}+\frac{1}{a+b}\right)\geqslant 9$$

即

$$\frac{a+b+c}{b+c}+\frac{a+b+c}{c+a}+\frac{a+b+c}{a+b}\geqslant \frac{9}{2}$$

从而

$$\frac{a}{b+c}+\frac{b}{c+a}+\frac{c}{a+b}\geqslant \frac{3}{2}$$

同理

$$\frac{x}{y+z}+\frac{y}{z+x}+\frac{z}{x+y}\geqslant \frac{3}{2}$$

所以,原不等式得证.

例 24 (2007 年塞尔维亚数学奥林匹克试题)已知 x,y,z 是正数,且 $x+y+z=1$,k 是正整数.证明

$$\frac{x^{k+2}}{x^{k+1}+y^k+z^k}+\frac{y^{k+2}}{y^{k+1}+z^k+x^k}+\frac{z^{k+2}}{z^{k+1}+x^k+y^k}\geqslant \frac{1}{7}$$

证明 不妨设 $x\geqslant y\geqslant z$. 则 $x^k\geqslant y^k\geqslant z^k$.

由切比雪夫不等式得

$$3(x^{k+1}+y^{k+1}+z^{k+1})\geqslant (x+y+z)(x^k+y^k+z^k)$$

(17.11)

因为 $x\geqslant y\geqslant z$,所以

$$x^{k+1}+y^k+z^k\leqslant y^{k+1}+z^k+x^k\leqslant z^{k+1}+x^k+y^k$$

事实上,由 $x\geqslant y\geqslant z$,有

$$x^{k-1}\geqslant y^{k-1}\geqslant z^{k-1}$$

$$x(1-x)-y(1-y)=x(y+z)-y(z+x)=z(x-y)\geqslant 0$$

即

$$x(1-x)\geqslant y(1-y)$$

从而

$$x^k(1-x)\geqslant y^k(1-y)$$

所以

$$x^{k+1}+y^k+z^k\leqslant y^{k+1}+z^k+x^k$$

同理

$$y^{k+1}+z^k+x^k\leqslant z^{k+1}+x^k+y^k$$

故

$$\frac{x^{k+1}}{x^{k+1}+y^k+z^k}\geqslant \frac{y^{k+1}}{y^{k+1}+z^k+x^k}\geqslant \frac{z^{k+1}}{z^{k+1}+x^k+y^k}$$

由切比雪夫不等式得

$$\frac{x^{k+2}}{x^{k+1}+y^k+z^k}+\frac{y^{k+2}}{y^{k+1}+z^k+x^k}+\frac{z^{k+2}}{z^{k+1}+x^k+y^k}\geqslant$$

$$\frac{1}{3}(x+y+z)\left(\frac{x^{k+1}}{x^{k+1}+y^k+z^k}+\frac{y^{k+1}}{y^{k+1}+z^k+x^k}+\frac{z^{k+1}}{z^{k+1}+x^k+y^k}\right)=$$

第17章 切比雪夫不等式及其应用

$$\frac{1}{3}\left(\frac{x^{k+1}}{x^{k+1}+y^k+z^k}+\frac{y^{k+1}}{y^{k+1}+z^k+x^k}+\frac{z^{k+1}}{z^{k+1}+x^k+y^k}\right)=$$

$$\frac{1}{3}\left(\frac{x^{k+1}}{x^{k+1}+y^k+z^k}+\frac{y^{k+1}}{y^{k+1}+z^k+x^k}+\frac{z^{k+1}}{z^{k+1}+x^k+y^k}\right)\cdot$$

$$\left[(x^{k+1}+y^k+z^k)+(y^{k+1}+z^k+x^k)+(z^{k+1}+x^k+y^k)\right]\cdot$$

$$\frac{1}{x^{k+1}+y^{k+1}+z^{k+1}+2(x^k+y^k+z^k)} \geqslant$$

$$\frac{x^{k+1}+y^{k+1}+z^{k+1}}{x^{k+1}+y^{k+1}+z^{k+1}+2(x^k+y^k+z^k)}=$$

$$\frac{x^{k+1}+y^{k+1}+z^{k+1}}{x^{k+1}+y^{k+1}+z^{k+1}+2(x+y+z)(x^k+y^k+z^k)} \geqslant$$

$$\frac{x^{k+1}+y^{k+1}+z^{k+1}}{x^{k+1}+y^{k+1}+z^{k+1}+2\times 3(x^{k+1}+y^{k+1}+z^{k+1})}=\frac{1}{7}$$

最后一步用的是不等式(17.11).

注 条件 $x+y+z=1$ 是用来调整不等式的次数的. 这里多次采用排序, 使用切比雪夫不等式, 使得证明完美.

例25 (2010年泰国数学奥林匹克试题) 设 $a,b,c\in \mathbf{R}_+$, 且 $a+b+c=3$. 证明

$$\sum \frac{1}{a\sqrt{2(a^2+bc)}} \geqslant \sum \frac{1}{a+bc}$$

其中, $\sum$ 表示轮换对称和.

证明 不失一般性, 令 $a\geqslant b\geqslant c$. 则 $\dfrac{(c-a)(c-b)}{3(c+ab)}\geqslant 0$, 及

$$\frac{(a-b)(a-c)}{3(a+bc)}+\frac{(b-a)(b-c)}{3(b+ac)}=\frac{c(a-b)^2}{3}\left[\frac{1+a+b-c}{(a+bc)(b+ac)}\right]\geqslant 0$$

故

$$\sum \frac{(a-b)(a-c)}{3(a+bc)} \geqslant 0$$

而

$$\sum \frac{1}{a+bc} \leqslant \frac{9}{2(ab+bc+ca)} \Leftrightarrow$$

$$\sum \frac{1}{a(a+b+c)+3bc} \leqslant \frac{3}{2(ab+bc+ca)} \Leftrightarrow$$

$$\sum \left[\frac{1}{2(ab+bc+ca)}-\frac{1}{a(a+b+c)+3bc}\right] \geqslant 0 \Leftrightarrow$$

$$\sum \frac{(a-b)(a-c)}{a(a+b+c)+3bc}=\sum \frac{(a-b)(a-c)}{3(a+bc)} \geqslant 0$$

279

Cauchy 不等式. 下

由均值不等式知

$$\frac{1}{a\sqrt{2(a^2+bc)}} = \frac{\sqrt{b+c}}{\sqrt{2a}\cdot\sqrt{(ab+ac)(a^2+bc)}} \geqslant$$

$$\frac{\sqrt{2(b+c)}}{\sqrt{a}(a+c)(a+b)}$$

只需证

$$\sum\sqrt{\frac{b+c}{2a}}\cdot\frac{1}{(a+c)(a+b)} \geqslant \frac{9}{4(ab+bc+ca)}$$

又

$$\sqrt{\frac{b+c}{2a}} \leqslant \sqrt{\frac{a+c}{2b}} \leqslant \sqrt{\frac{a+b}{2c}}$$

$$\frac{1}{(a+c)(a+b)} \leqslant \frac{1}{(b+c)(a+b)} \leqslant \frac{1}{(a+c)(c+b)}$$

由切比雪夫不等式,知

$$\sum\sqrt{\frac{b+c}{2a}}\cdot\frac{1}{(a+c)(a+b)} \geqslant$$

$$\frac{1}{3}\left(\sum\sqrt{\frac{b+c}{2a}}\right)\sum\frac{1}{(a+c)(a+b)} =$$

$$\frac{2}{(a+b)(b+c)(c+a)}\sum\sqrt{\frac{b+c}{2a}}$$

只需证

$$\sum\sqrt{\frac{b+c}{2a}} \geqslant \frac{9(a+b)(b+c)(c+a)}{8(ab+bc+ca)}$$

令 $t = \sqrt[6]{\frac{(a+b)(b+c)(c+a)}{8abc}} \geqslant 1$,则

$$\frac{9(a+b)(b+c)(c+a)}{8(ab+bc+ca)} = \frac{27t^6}{8t^6+1}$$

由均值不等式,知 $\sum\sqrt{\frac{b+c}{2a}} \geqslant 3t$. 所以

$$3t \geqslant \frac{27a^6}{8t^6+1} \Leftrightarrow 8t^6 - 9t^5 + 1 \geqslant 0$$

而当 $t \geqslant 1$ 时,上式不等式恒成立.

例 26 设 a,b,c 为 $\triangle ABC$ 的边长, s 为半周长. 求使下式成立的所有实数 k

$$\frac{b+c-a}{a^k A} + \frac{c+a-b}{b^k B} + \frac{a+b-c}{c^k C} \geqslant \frac{3^{k+1}}{\pi(2s)^{k-1}}$$

第17章 切比雪夫不等式及其应用

分析 本题答案为 $k \geqslant -1$ 的一切实数. 这里用排序不等式对 $k > 0$ 情况给出证明.

证明 由 $\left(\dfrac{1}{A} + \dfrac{1}{B} + \dfrac{1}{C}\right)(A+B+C) \geqslant 3^2$ 及 $A+B+C = \pi$，有

$$\dfrac{1}{A} + \dfrac{1}{B} + \dfrac{1}{C} \geqslant \dfrac{3^2}{\pi} \tag{17.12}$$

又由

$$\left(\dfrac{1}{a^k} + \dfrac{1}{b^k} + \dfrac{1}{c^k}\right)(a+b+c)^k \geqslant 3 \cdot \sqrt[3]{\dfrac{1}{a^k b^k c^k}} \cdot (3 \cdot \sqrt[3]{abc})^k = 3^{k+1}$$

所以

$$\dfrac{1}{a^k} + \dfrac{1}{b^k} + \dfrac{1}{c^k} \geqslant \dfrac{3^{k+1}}{(2s)^k} \tag{17.13}$$

设 $a \leqslant b \leqslant c$. 有 $b+c-a \geqslant c+a-b \geqslant a+b-c$，且 $\dfrac{1}{a^k} \geqslant \dfrac{1}{b^k} \geqslant \dfrac{1}{c^k}$ 及 $\dfrac{1}{A} \geqslant \dfrac{1}{B} \geqslant \dfrac{1}{C}$，知所证不等式左边为顺序和，记为 M. 由切比雪夫不等式，有

$$M \geqslant \dfrac{1}{3}\left(\dfrac{b+c-a}{a^k} + \dfrac{a+c-b}{b^k} + \dfrac{a+b-c}{c^k}\right) \cdot \left(\dfrac{1}{A} + \dfrac{1}{B} + \dfrac{1}{C}\right) \geqslant$$

$$\dfrac{1}{3} \cdot \dfrac{1}{3}(a+b+c) \cdot \left(\dfrac{1}{a^k} + \dfrac{1}{b^k} + \dfrac{1}{c^k}\right) \cdot \left(\dfrac{1}{A} + \dfrac{1}{B} + \dfrac{1}{C}\right) \geqslant$$

$$\dfrac{1}{3^2} \cdot (2s) \cdot \dfrac{3^{k+1}}{(2s)^k} \cdot \dfrac{3^2}{\pi} = \dfrac{3^{k+1}}{\pi(2s)^{k-1}}$$

对 $k \in [-1, 0]$ 情况由读者自己完成.

例27 （1993 年波兰数学奥林匹克试题）正整数 $n \geqslant 3$，$x_1, x_2, \cdots, x_n$ 是正整数，满足关系式 $\displaystyle\sum_{i=1}^{n} \dfrac{1}{1+x_i} = 1$，求证：$\displaystyle\sum_{i=1}^{n} \sqrt{x_i} \geqslant (n-1) \displaystyle\sum_{i=1}^{n} \dfrac{1}{\sqrt{x_i}}$.

证法一 由柯西不等式得

$$\sum_{i=1}^{n} \dfrac{\sqrt{x_i}}{1+x_i} \sum_{i=1}^{n} \dfrac{1+x_i}{\sqrt{x_i}} \geqslant n^2 \tag{17.14}$$

即

281

Cauchy 不等式. 下

$$\sum_{i=1}^{n} \frac{\sqrt{x_i}}{1+x_i} \left(\sum_{i=1}^{n} \sqrt{x_i} + \sum_{i=1}^{n} \frac{1}{\sqrt{x_i}} \right) \geqslant n^2 \quad (17.15)$$

由于题设条件和结论都是关于 $x_1, x_2, \cdots, x_n$ 对称的,故不妨设 $x_1 \leqslant x_2 \leqslant \cdots \leqslant x_n$,于是有

$$\frac{1}{\sqrt{x_1}} \geqslant \frac{1}{\sqrt{x_2}} \geqslant \cdots \geqslant \frac{1}{\sqrt{x_n}} \quad (17.16)$$

对于不同的下标 $i, j, 1 \leqslant i, j \leqslant n$,我们首先证明

$$x_i x_j \geqslant 1 \quad (17.17)$$

用反证法. 如果存在某对 $(i, j), i \neq j$,有 $x_i x_j < 1$,则

$$(1+x_i)(1+x_j) = 1 + x_i + x_j + x_i x_j < 2 + x_i + x_j$$

由 $n \geqslant 3$,得

$$1 > \frac{1}{1+x_i} + \frac{1}{1+x_j} = \frac{2+x_i+x_j}{(1+x_i)(1+x_j)} > 1$$

矛盾,从而式(17.17)成立. 当 $i < j$ 时,$0 < x_i \leqslant x_j$,则

$$\frac{\sqrt{x_i}}{1+x_i} - \frac{\sqrt{x_j}}{1+x_j} = \frac{\sqrt{x_i}(1+x_j) - \sqrt{x_j}(1+x_i)}{(1+x_i)(1+x_j)} =$$

$$\frac{(\sqrt{x_i} - \sqrt{x_j})(1 - \sqrt{x_i x_j})}{(1+x_i)(1+x_j)} \geqslant 0$$

于是,有

$$\frac{\sqrt{x_1}}{1+x_1} \geqslant \frac{\sqrt{x_2}}{1+x_2} \geqslant \cdots \geqslant \frac{\sqrt{x_n}}{1+x_n} \quad (17.18)$$

由式(17.16)和式(17.18),利用切比雪夫不等式得

$$\frac{1}{n} \sum_{i=1}^{n} \frac{1}{\sqrt{x_i}} \sum_{i=1}^{n} \frac{\sqrt{x_i}}{1+x_i} \leqslant \sum_{i=1}^{n} \left(\frac{1}{\sqrt{x_i}} \cdot \frac{\sqrt{x_i}}{1+x_i} \right) =$$

$$\sum_{i=1}^{n} \frac{1}{1+x_i} = 1 \quad (17.19)$$

式(17.15)两端同时乘以 $\frac{1}{n} \sum_{i=1}^{n} \frac{1}{\sqrt{x_i}}$,再利用式(17.19)有

$$\sum_{i=1}^{n} \frac{1}{\sqrt{x_i}} + \sum_{i=1}^{n} \sqrt{x_i} \geqslant n \sum_{i=1}^{n} \frac{1}{\sqrt{x_i}}$$

移项得

$$\sum_{i=1}^{n} \sqrt{x_i} \geqslant (n-1) \sum_{i=1}^{n} \frac{1}{\sqrt{x_i}}$$

第17章 切比雪夫不等式及其应用

证法二 不妨设 $x_1 \leqslant x_2 \leqslant \cdots \leqslant x_n$,我们证明

$$\sum_{i=1}^{n} \frac{x_i+1}{\sqrt{x_i}} \sum_{i=1}^{n} \frac{1}{x_i+1} \geqslant n \sum_{i=1}^{n} \frac{1}{\sqrt{x_i}}$$

因为函数 $f(x) = \dfrac{x+1}{\sqrt{x}}$ 在 $[1, +\infty)$ 上是增函数,满足 $f(x) = f\left(\dfrac{1}{x}\right)$,由于 $\sum_{i=1}^{n} \dfrac{1}{1+x_i} = 1, x_1 \leqslant x_2 \leqslant \cdots \leqslant x_n$,所以当 $n \geqslant 3$ 时仅有 $x_1 \leqslant 1$,否则 $x_1 \leqslant 1, x_2 \leqslant 1$,则

$$\sum_{i=1}^{n} \frac{1}{1+x_i} > \frac{1}{1+x_1} + \frac{1}{1+x_2} = \frac{2+x_1+x_2}{1+x_1+x_2+x_1 x_2} \geqslant 1$$

所以

$$\frac{1}{1+x_2} \leqslant 1 - \frac{1}{1+x_1} = \frac{x_1}{1+x_1}$$

所以

$$x_2 \geqslant \frac{1}{x_1}, f(x_1) = f\left(\frac{1}{x_1}\right) \leqslant f(x_2) \leqslant \cdots \leqslant f(x_n)$$

由切比雪夫不等式得

$$\sum_{i=1}^{n} \frac{x_i+1}{\sqrt{x_i}} \sum_{i=1}^{n} \frac{1}{x_i+1} \geqslant n \sum_{i=1}^{n} \frac{1}{\sqrt{x_i}}$$

当且仅当 $x_1 = x_2 = \cdots = x_n = n-1$ 时等号成立.

因为 $\sum_{i=1}^{n} \dfrac{1}{1+x_i} = 1$,所以 $\sum_{i=1}^{n} \sqrt{x_i} \geqslant (n-1) \sum_{i=1}^{n} \dfrac{1}{\sqrt{x_i}}$.

证法三 设 $\dfrac{1}{1+x_i} = a_i$,所以由 $\sum_{i=1}^{n} \dfrac{1}{1+x_i} = 1$ 得 $\sum_{i=1}^{n} a_i = 1$,不等式变为

$$\sum_{i=1}^{n} \sqrt{\frac{1-a_i}{a_i}} \geqslant (n-1) \sum_{i=1}^{n} \sqrt{\frac{a_i}{1-a_i}} \Leftrightarrow$$

$$\sum_{i=1}^{n} \frac{1}{\sqrt{a_i(1-a_i)}} \geqslant n \sum_{i=1}^{n} \sqrt{\frac{a_i}{1-a_i}} \Leftrightarrow$$

$$n \sum_{i=1}^{n} \sqrt{\frac{a_i}{1-a_i}} \leqslant \left(\sum_{i=1}^{n} a_i\right)\left(\sum_{i=1}^{n} \frac{1}{\sqrt{a_i(1-a_i)}}\right)$$

最后一个不等式只要对数组 $(a_1, a_2, \cdots, a_n)$ 和 $\left(\dfrac{1}{\sqrt{a_1(1-a_1)}}, \dfrac{1}{\sqrt{a_2(1-a_2)}}, \cdots, \dfrac{1}{\sqrt{a_n(1-a_n)}}\right)$ 利用切比雪夫

Cauchy 不等式. 下

不等式即可.

证法四 设 $\dfrac{1}{1+x_i}=a_i$, 由 $\sum\limits_{i=1}^{n}\dfrac{1}{1+x_i}=1$ 得 $\sum\limits_{i=1}^{n}a_i=1$, 所以不等式变为

$$(n-1)\sum_{i=1}^{n}\sqrt{\dfrac{a_i}{1-a_i}} \leqslant \sum_{i=1}^{n}\sqrt{\dfrac{1-a_i}{a_i}}$$

$$(n-1)\sum_{i=1}^{n}\sqrt{\dfrac{a_i}{a_1+a_2+\cdots+a_{i-1}+a_{i+1}+\cdots+a_n}} \leqslant$$

$$\sum_{i=1}^{n}\sqrt{\dfrac{a_1+a_2+\cdots+a_{i-1}+a_{i+1}+\cdots+a_n}{a_i}}$$

由柯西不等式和均值不等式得

$$\sum_{i=1}^{n}\sqrt{\dfrac{a_1+a_2+\cdots+a_{i-1}+a_{i+1}+\cdots+a_n}{a_i}} \geqslant$$

$$\sum_{i=1}^{n}\dfrac{\sqrt{a_1}+\sqrt{a_2}+\cdots+\sqrt{a_{i-1}}+\sqrt{a_{i+1}}+\cdots+\sqrt{a_n}}{\sqrt{n-1}\cdot\sqrt{a_i}} =$$

$$\sum_{i=1}^{n}\dfrac{\sqrt{a_i}}{\sqrt{n-1}}\left(\dfrac{1}{\sqrt{a_1}}+\dfrac{1}{\sqrt{a_2}}+\cdots+\dfrac{1}{\sqrt{a_{i-1}}}+\dfrac{1}{\sqrt{a_{i+1}}}+\cdots+\dfrac{1}{\sqrt{a_n}}\right) \geqslant$$

$$\sum_{i=1}^{n}\dfrac{(n-1)\sqrt{n-1}\cdot\sqrt{a_i}}{\sqrt{a_1}+\sqrt{a_2}+\cdots+\sqrt{a_{i-1}}+\sqrt{a_{i+1}}+\cdots+\sqrt{a_n}} \geqslant$$

$$\sum_{i=1}^{n}(n-1)\sqrt{\dfrac{a_i}{a_1+a_2+\cdots+a_{i-1}+a_{i+1}+\cdots+a_n}}$$

例 28 设 $a_1,a_2,\cdots,a_N$ 是正实数, 且 $2S=a_1+a_2+\cdots+a_N$, $n\geqslant m\geqslant 1$, 则

$$\sum_{k=1}^{N}\dfrac{a_k^n}{(2S-a_k)^m} \geqslant \dfrac{(2S)^{n-m}}{N^{n-m-1}(N-1)^m}$$

证明 不妨设 $a_1\geqslant a_2\geqslant\cdots\geqslant a_N$, 则

$$\dfrac{1}{2S-a_1}\geqslant\dfrac{1}{2S-a_2}\geqslant\cdots\geqslant\dfrac{1}{2S-a_N}$$

由切比雪夫不等式得

$$\sum_{k=1}^{N}\dfrac{a_k^n}{(2S-a_k)^m} \geqslant \dfrac{1}{N}\left(\sum_{k=1}^{N}a_k^n\right)\left[\sum_{k=1}^{N}\dfrac{1}{(2S-a_k)^m}\right]$$

(17.20)

由幂平均值不等式得

$$\frac{1}{N}\sum_{k=1}^{N}a_k^n \geqslant \left(\frac{1}{N}\sum_{k=1}^{N}a_k\right)^n = \left(\frac{2S}{N}\right)^n \quad (17.21)$$

又

$$\frac{1}{N}\sum_{k=1}^{N}\frac{1}{(2S-a_k)^m} \geqslant \left(\frac{1}{N}\sum_{k=1}^{N}\frac{1}{2S-a_k}\right)^m \quad (17.22)$$

由柯西不等式得

$$\sum_{k=1}^{N}(2S-a_k)\sum_{k=1}^{N}\frac{1}{2S-a_k} \geqslant N^2 \quad (17.23)$$

即

$$2(N-1)S\sum_{k=1}^{N}\frac{1}{2S-a_k} \geqslant N^2$$

$$\sum_{k=1}^{N}\frac{1}{2S-a_k} \geqslant \frac{N^2}{2(N-1)S}$$

代入式(17.22)得

$$\sum_{k=1}^{N}\frac{1}{(2S-a_k)^m} \geqslant N\left(\frac{N}{2(N-1)S}\right)^m \quad (17.24)$$

将式(17.21),(17.24)代入式(17.20)得

$$\sum_{k=1}^{N}\frac{a_k^n}{(2S-a_k)^m} \geqslant \left(\frac{2S}{N}\right)^n N\left[\frac{N}{2(N-1)S}\right]^m = \frac{(2S)^{n-m}}{N^{n-m-1}(N-1)^m}$$

当且仅当 $a_1=a_2=\cdots=a_N$ 时等号成立.

取 $N=3, k=3, m=1$ 得第 28 届 IMO 预选题:若 a,b,c 是三角形的三边,且 $2S=a+b+c$,则

$$\frac{a^n}{b+c}+\frac{b^n}{c+a}+\frac{c^n}{a+b} \geqslant \left(\frac{2}{3}\right)^{n-2}S^{n-1} \quad (n \geqslant 1)$$

例 29 (1995 年第 36 届 IMO 预选题)设 $n \geqslant 3(n \in \mathbf{N})$,并设 $x_1, x_2, \cdots, x_n$ 是一列实数,且满足 $x_i < x_{i+1}(1 \leqslant i \leqslant n-1)$. 证明

$$\frac{n(n-1)}{2}\sum_{1 \leqslant i<j \leqslant n}x_ix_j > \left[\sum_{i=1}^{n-1}(n-i)x_i\right]\left[\sum_{j=2}^{n}(j-1)x_j\right]$$

证明 为运用切比雪夫不等式,取两组数,每组 $\frac{n(n-1)}{2}$ 个

$$x_2, x_3, x_3, x_4, x_4, x_4, \cdots, \underbrace{x_{n-1}, \cdots, x_{n-1}}_{n-2 \uparrow}, \underbrace{x_n, \cdots, x_n}_{n-1 \uparrow}$$

Cauchy 不等式. 下

$$x_1, \frac{x_1+x_2}{2}, \frac{x_1+x_2}{2}, \frac{x_1+x_2+x_3}{3}, \frac{x_1+x_2+x_3}{3}, \frac{x_1+x_2+x_3}{3}, \cdots$$

$$\underbrace{\frac{x_1+x_2+\cdots+x_{n-2}}{n-2}, \cdots, \frac{x_1+x_2+\cdots+x_{n-2}}{n-2}}_{n-2\text{个}},$$

$$\underbrace{\frac{x_1+x_2+\cdots+x_{n-1}}{n-1}, \cdots, \frac{x_1+x_2+\cdots+x_{n-1}}{n-1}}_{n-1\text{个}}$$

由切比雪夫不等式得

$$[x_2+2x_3+3x_4+\cdots+(n-2)x_{n-1}+(n-1)x_n] \cdot$$
$$[(n-1)x_1+(n-2)x_2+\cdots+2x_{n-2}+x_{n-1}] =$$
$$(x_2+x_3+x_3+x_4+x_4+x_4+\cdots+$$
$$\underbrace{x_{n-1}+\cdots+x_{n-1}}_{n-2\text{个}}+\underbrace{x_n+\cdots+x_n}_{n-1\text{个}}) \cdot$$
$$(x_1+\frac{x_1+x_2}{2}+\frac{x_1+x_2}{2}+\frac{x_1+x_2+x_3}{3}+\frac{x_1+x_2+x_3}{3}+$$
$$\frac{x_1+x_2+x_3}{3}+\cdots+\underbrace{\frac{x_1+x_2+\cdots+x_{n-2}}{n-2}+\cdots+\frac{x_1+x_2+\cdots+x_{n-2}}{n-2}}_{n-2\text{个}}+$$
$$\underbrace{\frac{x_1+x_2+\cdots+x_{n-1}}{n-1}+\cdots+\frac{x_1+x_2+\cdots+x_{n-1}}{n-1}}_{n-1\text{个}}) <$$
$$[x_1x_2+(x_1+x_2)x_3+(x_1+x_2+x_3)x_4+\cdots+$$
$$(x_1+x_2+\cdots+x_{n-1})x_n]\frac{n(n-1)}{2} = \frac{n(n-1)}{2}\sum_{1\leqslant i<j\leqslant n} x_i x_j$$

即 $\dfrac{n(n-1)}{2}\sum_{1\leqslant i<j\leqslant n} x_i x_j > \left[\sum_{i=1}^{n-1}(n-i)x_i\right]\left[\sum_{j=2}^{n}(j-1)x_j\right].$

例 30 设 $\{a_n\}$ 为凸数列. 证明

$$\frac{1}{2^n}\sum_{i=0}^{n} a_i C_n^i \leqslant \frac{1}{n+1}\sum_{i=0}^{n} a_i \leqslant \frac{1}{2}(a_0+a_n) \quad (17.25)$$

证明 易知,式(17.25)右边的不等式成立.

下证式(17.25)左边的不等式.只需证明

$$(n+1)\sum_{i=0}^{n} a_i C_n^i \leqslant 2^n \sum_{i=0}^{n} a_i$$

当 n 为奇数,即 $k=\dfrac{n-1}{2}$ 时,有

第 17 章 切比雪夫不等式及其应用

$$a_0 + a_n \geqslant a_1 + a_{n-1} \geqslant \cdots \geqslant a_k + a_{k+1}$$
$$C_n^0 \leqslant C_n^1 \leqslant \cdots \leqslant C_n^k$$

于是,由切比雪夫不等式得

$$(n+1)\sum_{i=0}^{n} a_i C_n^i =$$

$$(n+1)\sum_{i=0}^{k}(a_i + a_{n-i})C_n^i \leqslant$$

$$(n+1)\frac{1}{k+1}\Big[\sum_{i=0}^{k}(a_i + a_{n-i})\Big]\Big(\sum_{i=0}^{k} C_n^i\Big) =$$

$$2\Big[\sum_{i=0}^{k}(a_i + a_{n-i})\Big]\Big(\sum_{i=0}^{k} C_n^i\Big) = 2^n \sum_{i=0}^{n} a_i$$

当 n 为偶数时, $n-1$ 为奇数,则对于两数列 $a_0, a_1, \cdots, a_{n-1}$ 及 $a_1, a_2, \cdots, a_n$ 分别使用上述方法得

$$n\sum_{i=0}^{n-1} a_i C_{n-1}^i \leqslant 2^{n-1}\sum_{i=0}^{n-1} a_i$$

$$n\sum_{i=1}^{n} a_i C_{n-1}^{i-1} \leqslant 2^{n-1}\sum_{i=1}^{n} a_i$$

以上两式相加,并注意到

$$C_{n-1}^i + C_{n-1}^{i-1} = C_n^i$$

得

$$n\sum_{i=0}^{n} a_i C_n^i \leqslant 2^{n-1}\Big(2\sum_{i=0}^{n} a_i - a_0 - a_n\Big)$$

再由 $\sum_{i=0}^{n} a_i C_n^i \leqslant 2^{n-1}(a_0 + a_n)$,得

$$(n+1)\sum_{i=0}^{n} a_i C_n^i \leqslant 2^n \sum_{i=0}^{n} a_i$$

至此,命题得证.

例 31 (2009 年中国国家队集训队选拔考试题)给定整数 $n \geqslant 2$,求具有下述性质的最大常数 $\lambda(n)$:若实数列 $a_0, a_1, a_2, \cdots, a_n$ 满足

$$0 = a_0 \leqslant a_1 \leqslant a_2 \leqslant \cdots \leqslant a_n$$

及

$$a_i \geqslant \frac{1}{2}(a_{i+1} + a_{i-1}) \quad (i=1,2,\cdots,n-1)$$

则有

$$\Big(\sum_{i=1}^{n} i a_i\Big)^2 \geqslant \lambda(n)\sum_{i=1}^{n} a_i^2$$

Cauchy 不等式. 下

解 $\lambda(n)$ 的最大值为 $\dfrac{n(n+1)^2}{4}$.

首先,令 $a_1=a_2=\cdots=a_n=1$,得 $\lambda(n)\leqslant\dfrac{n(n+1)^2}{4}$.

下面证明:对任何满足条件的序列 $a_0,a_1,a_2,\cdots,a_n$,有不等式

$$\Big(\sum_{i=1}^{n}ia_i\Big)^2\geqslant\dfrac{n(n+1)^2}{4}\Big(\sum_{i=1}^{n}a_i^2\Big) \tag{17.26}$$

首先证明:$a_1\geqslant\dfrac{a_2}{2}\geqslant\cdots\geqslant\dfrac{a_n}{n}$.

事实上,由条件知 $2ia_i\geqslant i(a_{i+1}+a_{i-1})$,对任意 $i=1,2,\cdots,n-1$ 成立. 对于给定的正整数 $1\leqslant l\leqslant n-1$,将上式对 $i=1,2,\cdots,l$ 求和,得

$$(l+1)a_l\geqslant la_{l+1}$$

即 $\dfrac{a_l}{l}\geqslant\dfrac{a_{l+1}}{l+1}$,对任意 $l=1,2,\cdots,n-1$ 成立.

下面证明:对于 $i,j,k\in\{1,2,\cdots,n\}$,若 $i>j$,则

$$\dfrac{2ik^2}{i+k}>\dfrac{2jk^2}{j+k}$$

事实上,上式等价于

$$2ik^2(j+k)>2jk^2(i+k)$$

即 $(i-j)k^3>0$,显然成立.

现在证明式 (17.26). 首先对于 $1\leqslant i<j\leqslant n$,估计 a_ia_j 的下界. 由前述,知 $\dfrac{a_i}{i}\geqslant\dfrac{a_j}{j}$,即 $ja_i-ia_j\geqslant 0$. 又因为 $a_i-a_j\leqslant 0$,故

$$(ja_i-ia_j)(a_j-a_i)\geqslant 0$$

即

$$a_ia_j\geqslant\dfrac{i}{i+j}a_j^2+\dfrac{j}{i+j}a_i^2$$

这样,我们有

$$\Big(\sum_{i=1}^{n}ia_i\Big)^2=\sum_{i=1}^{n}i^2a_i^2+2\sum_{1\leqslant i<j\leqslant n}ija_ia_j\geqslant$$
$$\sum_{i=1}^{n}(i^2\cdot a_i^2)+2\sum_{1\leqslant i<j\leqslant n}\Big(\dfrac{i^2j}{i+j}a_j^2+\dfrac{ij^2}{i+j}a_i^2\Big)=$$

第 17 章 切比雪夫不等式及其应用

$$\sum_{i=1}^{n}\left(a_i^2 \cdot \sum_{k=1}^{n}\frac{2ik^2}{i+k}\right)$$

记 $b_i = \sum_{k=1}^{n}\dfrac{2ik^2}{i+k}$，由前面证明可知 $b_1 \leqslant b_2 \leqslant \cdots \leqslant b_n$. 又 $a_1^2 \leqslant a_2^2 \leqslant \cdots \leqslant a_n^2$，由切比雪夫不等式得

$$\sum_{i=1}^{n} a_i^2 b_i \geqslant \frac{1}{n}\Big(\sum_{i=1}^{n} a_i^2\Big)\Big(\sum_{i=1}^{n} b_i\Big)$$

这样

$$\Big(\sum_{i=1}^{n} ia_i\Big)^2 \geqslant \frac{1}{n}\Big(\sum_{i=1}^{n} a_i^2\Big)\Big(\sum_{i=1}^{n} b_i\Big)$$

而

$$\sum_{i=1}^{n} b_i = \sum_{i=1}^{n}\sum_{k=1}^{n}\frac{2ik^2}{i+k} = \sum_{i=1}^{n} i^2 + 2\sum_{1\leqslant i<j\leqslant n}\Big(\frac{i^2j}{i+j}+\frac{ij^2}{i+j}\Big) =$$
$$\sum_{i=1}^{n} i^2 + 2\sum_{1\leqslant i<j\leqslant n} ij = \Big(\sum_{i=1}^{n} i\Big)^2 = \frac{n^2(n+1)^2}{4}$$

因此，$\Big(\sum_{i=1}^{n} ia_i\Big)^2 \geqslant \dfrac{n(n+1)^2}{4}\sum_{i=1}^{n} a_i^2$. 故式（17.26）得证.

综上所述，可知 $\lambda(n)$ 的最大值为 $\dfrac{n(n+1)^2}{4}$.

例 32 （2009 年中国国家集训队测试题）设 $0 < x_1 \leqslant \dfrac{x_2}{2} \leqslant \cdots \leqslant \dfrac{x_n}{n}, 0 < y_n \leqslant y_{n-1} \leqslant \cdots \leqslant y_1$，证明

$$\Big(\sum_{k=1}^{n} x_k y_k\Big)^2 \leqslant \Big(\sum_{k=1}^{n} y_k\Big)\Big[\sum_{k=1}^{n}(x_k^2 - \frac{1}{4}x_k x_{k-1}) y_k\Big] \quad (17.27)$$

其中 $x_0 = 0$.

证明 对 n 用数学归纳法.

当 $n=1$ 时，不等式（17.27）成为等式.

假设式（17.27）对 $n-1$ 成立，即

$$\Big(\sum_{k=1}^{n-1} x_k y_k\Big)^2 \leqslant \Big(\sum_{k=1}^{n-1} y_k\Big)\Big[\sum_{k=1}^{n-1}(x_k^2 - \frac{1}{4}x_k x_{k-1}) y_k\Big]$$

要证明式（17.27），只要证明

$$\Big(\sum_{k=1}^{n} x_k y_k\Big)^2 - \Big(\sum_{k=1}^{n-1} x_k y_k\Big)^2 \leqslant$$

Cauchy 不等式. 下

$$\left(\sum_{k=1}^{n} y_k\right)\left[\sum_{k=1}^{n}(x_k^2 - \frac{1}{4}x_k x_{k-1})y_k\right] -$$
$$\left(\sum_{k=1}^{n-1} y_k\right)\left[\sum_{k=1}^{n-1}(x_k^2 - \frac{1}{4}x_k x_{k-1})y_k\right] \Leftrightarrow$$
$$\frac{1}{4}x_n x_{n-1} y_n + 2x_n \left(\sum_{k=1}^{n-1} x_k y_k\right) \leqslant$$
$$\left(x_n^2 - \frac{1}{4}x_n x_{n-1}\right)\left(\sum_{k=1}^{n-1} y_k\right) + \left[\sum_{k=1}^{n-1}(x_k^2 - \frac{1}{4}x_k x_{k-1})y_k\right] \Leftrightarrow$$
$$\frac{1}{4}x_n x_{n-1} y_n \leqslant \sum_{k=1}^{n-1} y_k \left((x_n - x_k)^2 - \frac{1}{4}x_k x_{k-1} - \frac{1}{4}x_n x_{n-1}\right)$$

$$(17.28)$$

记 $z_k = (x_n - x_k)^2 - \frac{1}{4}x_k x_{k-1} - \frac{1}{4}x_n x_{n-1}, 1 \leqslant k \leqslant n.$

由于 $0 < x_1 < x_2 < \cdots < x_n$, 所以 $z_1 > z_2 > \cdots > z_{n-1}.$

由切比雪夫不等式得

$$\sum_{k=1}^{n-1} y_k z_k \geqslant \frac{1}{n-1}\left(\sum_{k=1}^{n-1} y_k\right)\left(\sum_{k=1}^{n-1} z_k\right).$$

因此要证明式(17.28), 只需证明

$$\frac{1}{4}x_n x_{n-1} y_n \leqslant \frac{1}{n-1}\left(\sum_{k=1}^{n-1} y_k\right)\left(\sum_{k=1}^{n-1} z_k\right).$$

又 $\frac{1}{n-1}\left(\sum_{k=1}^{n-1} y_k\right) \geqslant y_n$, 故只需证明

$$\frac{1}{4}x_n x_{n-1} \leqslant \sum_{k=1}^{n-1} z_k.$$

即

$$\frac{n}{4}x_n x_{n-1} + \frac{1}{4}\sum_{k=1}^{n-1} x_k x_{k-1} + 2\sum_{k=1}^{n-1} x_n x_k \leqslant (n-1)x_n^2 + \sum_{k=1}^{n-1} x_k^2.$$

$$(17.29)$$

下面证明式(17.29).

事实上, 对 $1 \leqslant k \leqslant n-1, 2x_n x_k \leqslant \frac{n}{k}x_n^2 + \frac{k}{n}x_n^2 = x_k^2 + \frac{n-k}{k}x_k^2 + \frac{k}{n}x_n^2 \leqslant x_k^2 + \left[\frac{(n-k)k}{n^2} + \frac{k}{n}\right]x_n^2$, 所以

290

第 17 章 切比雪夫不等式及其应用

$$2\sum_{k=1}^{n-1}x_n x_k \leqslant \sum_{k=1}^{n-1}x_k^2 + x_n^2\sum_{k=1}^{n-1}\left[\frac{(n-k)k}{n^2}+\frac{k}{n}\right]$$

又

$$\frac{n}{4}x_n x_{n-1} \leqslant \frac{n-1}{4}x_n^2$$

而

$$\frac{1}{4}\sum_{k=1}^{n-1}x_k x_{k-1} \leqslant x_n^2\sum_{k=1}^{n-1}\frac{k(k-1)}{4n^2}$$

所以

$$\frac{n}{4}x_n x_{n-1} + \frac{1}{4}\sum_{k=1}^{n-1}x_k x_{k-1} + 2\sum_{k=1}^{n-1}x_n x_k \leqslant$$

$$\sum_{k=1}^{n-1}x_k^2 + x_n^2\left\{\frac{n-1}{4}+\sum_{k=1}^{n-1}\left[\frac{(n-k)k}{n^2}+\frac{k}{n}\right]+\sum_{k=1}^{n-1}\frac{k(k-1)}{4n^2}\right\}=$$

$$\sum_{k=1}^{n-1}x_k^2 + (n-1)x_n^2$$

从而式(17.29)成立. 原不等式得证.

例 33 (2002 年中国数学奥林匹克试题) 给定实数 $c\in\left(\frac{1}{2},1\right)$. 求最小的常数 M,使得对任意的整数 $n\geqslant 2$ 及实数 a_1, $a_2,\cdots,a_n$. $0<a_1\leqslant a_2\leqslant\cdots\leqslant a_n$,只要满足

$$\frac{1}{n}\sum_{k=1}^{n}ka_k = c\sum_{k=1}^{n}a_k$$

总有 $\sum_{k=1}^{n}a_k\leqslant M\sum_{k=1}^{m}a_k$,其中,$m=[cn]$ 为不超过实数 cn 的最大整数.

分析 要求 M,需要建立 $\sum_{k=1}^{n}a_k$ 与 $\sum_{k=1}^{m}a_k$ 的关系. 但根据已知条件如何得出 $\sum_{k=1}^{m}a_k$ 呢?由 $0<a_1\leqslant a_2\leqslant\cdots\leqslant a_n$ 以及 $m=[cn]$,联想到使用切比雪夫不等式.

证明 由已知条件得

$$\sum_{k=1}^{m}(cn-k)a_k = \sum_{k=m+1}^{n}(k-cn)a_k$$

因为 $\frac{1}{2}<c<1$,$m=[cn]$,所以

Cauchy 不等式. 下

$$n \geqslant m+1 > cn \geqslant m \geqslant 1$$

注意到

$$a_1 \leqslant a_2 \leqslant \cdots \leqslant a_m$$

$$cn - 1 \geqslant cn - 2 \geqslant \cdots \geqslant cn - m$$

由切比雪夫不等式得

$$\sum_{k=1}^{m}(cn-k)a_k \leqslant \frac{1}{m}\sum_{k=1}^{m}(cn-k) \cdot \sum_{k=1}^{m}a_k = $$

$$\left(cn - \frac{m+1}{2}\right)\sum_{k=1}^{m}a_k$$

又 $a_{m+1} \leqslant \cdots \leqslant a_n, m+1-cn \leqslant \cdots \leqslant n-cn$,由切比雪夫不等式得

$$\sum_{k=m+1}^{n}(k-cn)a_k \geqslant \frac{1}{n-m}\sum_{k=m+1}^{n}(k-cn) \cdot \sum_{k=m+1}^{n}a_k = $$

$$\left(\frac{m+n+1}{2} - cn\right)\sum_{k=m+1}^{n}a_k$$

则

$$\left(cn - \frac{m+1}{2}\right)\sum_{k=1}^{m}a_k \geqslant \left(\frac{m+n+1}{2} - cn\right)\sum_{k=m+1}^{n}a_k$$

从而

$$n\sum_{k=1}^{m}a_k \geqslant (m+n+1-2cn)\sum_{k=1}^{n}a_k$$

故 $\sum_{k=1}^{n}a_k \leqslant \frac{n}{m+n+1-2cn}\sum_{k=1}^{m}a_k = \frac{1}{1+\frac{m+1}{n}-2c}\sum_{k=1}^{m}a_k.$

又 $m+1 > cn$,则 $\frac{1}{1+\frac{m+1}{n}-2c} < \frac{1}{1-c}.$

因此,对满足条件 $0 < a_1 \leqslant a_2 \leqslant \cdots \leqslant a_n$ 及 $\frac{1}{n}\sum_{k=1}^{n}ka_k = c\sum_{k=1}^{n}a_k$ 的实数 $a_1, a_2, \cdots, a_n$,总有 $\sum_{k=1}^{n}a_k \leqslant \frac{1}{1-c}\sum_{k=1}^{m}a_k.$

于是,$M \leqslant \frac{1}{1-c}.$

另一方面,令

$$a_1 = a_2 = \cdots = a_m > 0$$

第 17 章 切比雪夫不等式及其应用

$$a_{m+1} = a_{m+2} = \cdots = a_n > 0 (a_{m+1} \geqslant a_m)$$

且 $a_1, a_2, \cdots, a_n$ 满足题设条件.

根据切比雪夫不等式取等号的条件,可知前面两处放缩不等号均为等号,即

$$\left(cn - \frac{m+1}{2}\right)\sum_{k=1}^{m} a_k = \left(\frac{m+n+1}{2} - cn\right)\sum_{k=m+1}^{n} a_k$$

于是 $\quad n\sum_{k=1}^{m} a_k = (m+n+1-2cn)\sum_{k=1}^{n} a_k$

故 $\sum_{k=1}^{n} a_k = \dfrac{n}{m+n+1-2cn}\sum_{k=1}^{m} a_k = \dfrac{1}{1+\dfrac{m+1}{n}-2c}\sum_{k=1}^{m} a_k.$

因为 $m \leqslant cn$,所以

$$\frac{1}{1+\dfrac{m+1}{n}-2c}\sum_{k=1}^{m} a_k \geqslant \frac{1}{1-c+\dfrac{1}{n}}\sum_{k=1}^{m} a_k$$

上式对任意的正整数 $n \geqslant 2$ 均成立.于是,取充分大的 n,总有

$$\sum_{k=1}^{n} a_k \geqslant \frac{1}{1-c}\sum_{k=1}^{m} a_k$$

因此 $\quad M \geqslant \dfrac{1}{1-c}$

综上,$M = \dfrac{1}{1-c}$.

说明:此题中用切比雪夫不等式分离出和式的方式非常典型.这是切比雪夫不等式在多元极值问题化简中的主要作用.

例 34 给定正整数 r, s, t,满足 $1 < r < s < t$. 对满足条件

$$\frac{x_j}{x_{j+1}} \leqslant 1 + \frac{s-t}{j+t} \quad (j = 1, 2, \cdots, n)$$

的所有正实数 $x_1, x_2, \cdots, x_n$,求

$$M = \frac{\sum_{j=1}^{n} j(j+1)\cdots(j+s-1)x_j}{\sum_{j=1}^{n} (j+r)\cdots(j+s-1)x_j}$$

的最小值.

293

Cauchy 不等式. 下

分析 注意到 $\dfrac{x_j}{x_{j+1}} \leqslant \dfrac{j+s}{j+t}$.

先把缺失的项补齐,变形为
$$\frac{x_j}{x_{j+1}} \leqslant \frac{(j+s)(j+s+1)\cdots(j+t-1)}{(j+s+1)\cdots(j+t)}$$

猜测当等号全部成立时取到最小值. 于是,取 $x_j = (j+s) \cdot (j+s+1) \cdots (j+t-1)$,再验证此时分式的值最小即可.

解 取 $x_j = (j+s)(j+s+1)\cdots(j+t-1)(j=1,2,\cdots,n)$. 则
$$M = \frac{\sum_{j=1}^{n} j(j+1)\cdots(j+t-1)}{\sum_{j=1}^{n}(j+r)\cdots(j+t-1)}$$

下面证明:对满足题设要求的正实数 $x_1, x_2, \cdots, x_n$,有
$$M \geqslant \frac{\sum_{j=1}^{n} j(j+1)\cdots(j+t-1)}{\sum_{j=1}^{n}(j+r)\cdots(j+t-1)}$$

事实上,设
$$x_j = (j+s)(j+s+1)\cdots(j+t-1)a_j$$
$$m_j = (j+r)\cdots(j+t-1)$$
$$b_j = j(j+1)\cdots(j+r-1) \quad (j=1,2,\cdots,n)$$

于是,只需证明
$$\sum_{j=1}^{n} m_j a_j b_j \cdot \sum_{j=1}^{n} m_j \geqslant \sum_{j=1}^{n} m_j a_j \cdot \sum_{j=1}^{n} m_j b_j \quad (17.30)$$

注意到
$$0 < a_j \leqslant a_{j+1} \quad (j=1,2,\cdots,n-1)$$
$$0 < b_j < b_{j+1} \quad (j=1,2,\cdots,n-1)$$
$$m_j > 0 \quad (j=1,2,\cdots,n)$$

由切比雪夫不等式的加权形式知式(17.30)成立.

故 M 的最小值为
$$\frac{\sum_{j=1}^{n} j(j+1)\cdots(j+t-1)}{\sum_{j=1}^{n}(j+r)\cdots(j+t-1)}$$

第 17 章 切比雪夫不等式及其应用

即 $\dfrac{t-r+1}{t+1} \cdot \dfrac{n \cdot (n+1) \cdot \cdots \cdot (n+t)}{(n+r) \cdot \cdots \cdot (n+t) - r \cdot (r+1) \cdot \cdots \cdot t}$

注 (1) 最后一步的化简可通过裂项相消法得到.

(2) 将 x_j 代换成 a_j,这一步很关键,确定 m_j,b_j 也需要较强的洞察力. 其实用到切比雪夫不等式的加权形式的机会不是很多,此题可以算是经典的一例.

例 35 (1961 年第 3 届 IMO 试题)设 $\triangle ABC$ 的三边长分别为 a,b,c,面积为 S,求证:$a^2+b^2+c^2 \geqslant 4\sqrt{3}S$,并指出在什么条件下等号成立?

证明 由海伦公式,得

$$S = \sqrt{p(p-a)(p-b)(p-c)} = \dfrac{1}{4}\sqrt{(a+b+c)(a+b-c)(b+c-a)(c+a-b)}$$

所以

$$16S^2 = 2a^2b^2 + 2b^2c^2 + 2c^2a^2 - a^4 - b^4 - c^4$$

不妨设 $a \geqslant b \geqslant c$,于是 $a^2 \geqslant b^2 \geqslant c^2$

$$b^2+c^2-a^2 \leqslant c^2+a^2-b^2 \leqslant a^2+b^2-c^2$$

故由切比雪夫不等式得

$$a^2(b^2+c^2-a^2) + b^2(c^2+a^2-b^2) + c^2(a^2+b^2-c^2) \leqslant$$
$$\dfrac{1}{3}(a^2+b^2+c^2)(b^2+c^2-a^2+c^2+a^2-b^2+a^2+b^2-c^2) =$$
$$\dfrac{1}{3}(a^2+b^2+c^2)^2$$

或 $48S^2 \leqslant (a^2+b^2+c^2)^2$

从而 $a^2+b^2+c^2 \geqslant 4\sqrt{3}S$

且由式(17.2)等号成立的条件知其中的等号当且仅当

$$a^2 = b^2 = c^2$$

或 $b^2+c^2-a^2 = c^2+a^2-b^2 = a^2+b^2-c^2$

即 $\triangle ABC$ 为正三角形时成立.

例 36 $\triangle ABC$ 的三边 a,b,c 上的高分别是 h_a,h_b,h_c,它的面积及内切圆半径分别为 S 及 r.

求证:(1) $h_a + h_b + h_c \geqslant 9r$;

(2) $a+b+c \geqslant 2\sqrt[4]{27} \cdot \sqrt{S}$.

Cauchy 不等式.下

证明 因为

$$\sin A\sin B+\sin B\sin C+\sin C\sin A\leqslant \frac{1}{3}(\sin A+\sin B+\sin C)^2$$

及

$$\sin A+\sin B+\sin C=4\cos\frac{A}{2}\cos\frac{B}{2}\cos\frac{C}{2}\leqslant\frac{3\sqrt{3}}{2}$$

所以

$$\sin A\sin B+\sin B\sin C+\sin C\sin A\leqslant\frac{\sqrt{3}}{2}(\sin A+\sin B+\sin C)$$

上式两边同时乘以 $2R$,得

$$h_a+h_b+h_c\leqslant\frac{\sqrt{3}}{2}(a+b+c) \qquad (17.31)$$

这里 R 为 $\triangle ABC$ 的外接圆半径.

(1)设 $a\geqslant b\geqslant c$,则 $h_a\leqslant h_b\leqslant h_c$,由式(17.2)得

$$3(ah_a+bh_b+ch_c)\leqslant(a+b+c)(h_a+h_b+h_c)$$

即

$$18S\leqslant(a+b+c)(h_a+h_b+h_c) \qquad (17.32)$$

将 $S=\frac{1}{2}r(a+b+c)$ 代入上式,得

$$h_a+h_b+h_c\geqslant 9r$$

(2)由式(17.31),(17.32)得

$$18S\leqslant\frac{\sqrt{3}}{2}(a+b+c)^2$$

即

$$a+b+c\geqslant 2\sqrt[4]{27}\cdot\sqrt{S}$$

例 37 锐角 $\triangle ABC$ 的垂心为 H,内切圆半径为 r,求证

$$HD+HE+HF\leqslant 3r$$

证明 假设锐角 $\triangle ABC$ 的三边 a,b,c 满足 $a\geqslant b\geqslant c$,则不难得到

$$HD\geqslant HE\geqslant HF$$

于是由式(17.1),得

$$HD\cdot a+HE\cdot b+HF\cdot c\geqslant\frac{1}{3}(HD+HE+HF)\cdot(a+b+c)$$

但

$$HD\cdot a+HE\cdot b+HF\cdot c=2S=r(a+b+c)$$

第17章 切比雪夫不等式及其应用

所以 $HD+HE+HF \leqslant 3r$.

例38 $\triangle ABC$ 的内切圆分别切三边于 D,E,F,若 a,b,c 及 a',b',c' 分别表示 $\triangle ABC$ 的三边长及 $\triangle DEF$ 的三边长,求证

$$a'b'+b'c'+c'a' \leqslant \frac{1}{4}(ab+bc+ca)$$

证明 容易求得 $\triangle DEF$ 的三边长分别为 $2r\cos\frac{A}{2}$, $2r\cos\frac{B}{2}$, $2r\cos\frac{C}{2}$,这里 r 为 $\triangle ABC$ 的内切圆半径. 于是

$a'b'+b'c'+c'a' =$

$4r^2 \left(\cos\frac{A}{2}\cos\frac{B}{2}+\cos\frac{B}{2}\cos\frac{C}{2}+\cos\frac{C}{2}\cos\frac{A}{2}\right) =$

$4 \cdot 16R^2 \sin^2\frac{A}{2}\sin^2\frac{B}{2}\sin^2\frac{C}{2} \cdot$

$\left(\cos\frac{A}{2}\cos\frac{B}{2}+\cos\frac{B}{2}\cos\frac{C}{2}+\cos\frac{C}{2}\cos\frac{A}{2}\right) =$

$16R^2 \sin\frac{A}{2}\sin\frac{B}{2}\sin\frac{C}{2} \cdot$

$\left(\sin A\sin B\sin\frac{C}{2}+\sin B\sin C\sin\frac{A}{2}+\sin C\sin A\sin\frac{B}{2}\right)$

这里 R 为 $\triangle ABC$ 的外接圆半径.

设 $a \geqslant b \geqslant c$,则

$$\sin A\sin B \geqslant \sin C\sin A \geqslant \sin B\sin C$$

及

$$\sin\frac{C}{2} \leqslant \sin\frac{B}{2} \leqslant \sin\frac{A}{2}$$

由式(17.2),得

$\sin A\sin B\sin\frac{C}{2}+\sin B\sin C\sin\frac{A}{2}+\sin C\sin A\sin\frac{B}{2} \leqslant$

$\frac{1}{3}(\sin A\sin B+\sin B\sin C+\sin C\sin A) \cdot$

$\left(\sin\frac{A}{2}+\sin\frac{B}{2}+\sin\frac{C}{2}\right)$

再由熟知的不等式

$$\sin\frac{A}{2}\sin\frac{B}{2}\sin\frac{C}{2} \leqslant \frac{1}{8}$$

及

$$\sin\frac{A}{2}+\sin\frac{B}{2}+\sin\frac{C}{2} \leqslant \frac{3}{2}$$

Cauchy 不等式. 下

所以
$$a'b'+b'c'+c'a' \leqslant R^2(\sin A\sin B+\sin B\sin C+\sin C\sin A)=$$
$$\frac{1}{4}(ab+bc+ca)$$

例 39 在四面体 $ABCD$ 中，$BC=AD=a$，$AC=BD=b$，$AB=CD=c$，AB,AC,AD 和 $\triangle BCD$ 所在平面成的角分别为 α,β,γ，求证
$$\sin\alpha\sin\beta+\sin\beta\sin\gamma+\sin\gamma\sin\alpha\leqslant 2$$

证明 对如此的四面体 $ABCD$，容易证明它的四个面均为全等的锐角三角形，由此知点 A 在 $\triangle BCD$ 所在平面的射影点 H 必在 $\triangle BCD$ 内.

经计算知四面体 $ABCD$ 的体积
$$V=\frac{1}{3}\sqrt{(k^2-a^2)(k^2-b^2)(k^2-c^2)}$$

这里
$$k^2=\frac{1}{2}(a^2+b^2+c^2)$$

因为
$$k^2-a^2=\frac{1}{2}(b^2+c^2-a^2)=$$
$$2R^2(\sin^2 B+\sin^2 C-\sin^2 A)=$$
$$4R^2\sin B\sin C\cos A$$

其中 R 为 $\triangle ABC$ 的外接圆半径.

所以
$$V=\frac{8}{3}R^3\sin A\sin B\sin C\sqrt{\cos A\cos B\cos C}$$

又 S 为 $\triangle BCD$ 的面积
$$S=\triangle ABC \text{ 的面积}=2R^2\sin A\sin B\sin C$$

若令 $AH=h$，则
$$h=\frac{3V}{S}=4R\sqrt{\cos A\cos B\cos C}$$

所以
$$\sin\alpha\sin\beta+\sin\beta\sin\gamma+\sin\gamma\sin\alpha=$$
$$R^2\left(\frac{1}{ab}+\frac{1}{bc}+\frac{1}{ca}\right)=$$

第17章 切比雪夫不等式及其应用

$$4\cos A\cos B\cos C\left(\frac{1}{\sin A\sin B}+\frac{1}{\sin B\sin C}+\frac{1}{\sin C\sin A}\right)=$$

$$4(\cos A\cot B\cot C+\cos B\cot C\cot A+\cos C\cot A\cot B)$$

假设 $\angle A\geqslant\angle B\geqslant\angle C$,注意到 $\angle A,\angle B,\angle C$ 均为锐角,则有

$$\cos A\leqslant\cos B\leqslant\cos C$$
$$\cot B\cot C\geqslant\cot C\cot A\geqslant\cot A\cot B$$

由式(17.2),得

$$\cos A\cot B\cot C+\cos B\cot C\cot A+\cos C\cot A\cot B\leqslant$$
$$\frac{1}{3}(\cos A+\cos B+\cos C)\cdot$$
$$(\cot A\cot B+\cot B\cot C+\cot C\cot A)$$

但

$$\cos A+\cos B+\cos C=1+4\sin\frac{A}{2}\sin\frac{B}{2}\sin\frac{C}{2}\leqslant\frac{3}{2}$$

且

$$\cot A\cot B+\cot B\cot C+\cot C\cot A=1$$

所以 $\sin\alpha\sin\beta+\sin\beta\sin\gamma+\sin\gamma\sin\alpha\leqslant 2$.

例 40 非锐角 $\triangle ABC$ 的三内角 A,B,C 所对的边长为 a,b,c,外接圆半径为 R. 求证

$$3(a+b+c)\leqslant\pi\left(\frac{a}{A}+\frac{b}{B}+\frac{c}{C}\right)\leqslant 9\sqrt{3}R$$

证明 考虑函数 $y=\frac{\sin x}{x}\left(0<x\leqslant\frac{\pi}{2}\right)$.

因为 $y'_x=\frac{x\cos x-\sin x}{x^2}=\frac{\cos x}{x^2}(x-\tan x)$,所以对一切 $x\in\left(0,\frac{\pi}{2}\right]$,$y'_x<0\left(y'_{x=\frac{\pi}{2}}=-\frac{4}{\pi^2}\right)$

$$y''_x=-\frac{x^2\sin x+2x\cos x-2\sin x}{x^3}$$

当 $x=\frac{\pi}{2}$ 时,$y''_x<0$,显然成立,当 $0<x<\frac{\pi}{2}$ 时,令

$$f(x)=x^2\sin x+2x\cos x-2\sin x$$

则

$$f(0)=0$$
$$f'(x)=2x\sin x+x^2\cos x-2\sin x+2\cos x-2\cos x=$$
$$x^2\cos x>0$$

299

Cauchy 不等式. 下

所以 $y''_x < 0$ 对一切 $x \in \left(0, \dfrac{\pi}{2}\right]$ 成立.

假设 $A \geqslant B \geqslant C$, 由于 $\dfrac{\sin x}{x}$ 是 x 的减函数(因为 $y'_x < 0$), 故 $\dfrac{\sin A}{A} \leqslant \dfrac{\sin B}{B} \leqslant \dfrac{\sin C}{C}$. 由不等式(17.2), 得

$$3\left(\dfrac{\sin A}{A} \cdot A + \dfrac{\sin B}{B} \cdot B + \dfrac{\sin C}{C} \cdot C\right) \leqslant$$
$$\left(\dfrac{\sin A}{A} + \dfrac{\sin B}{B} + \dfrac{\sin C}{C}\right)(A + B + C)$$

两边同时乘以 $2R$, 得

$$3(a + b + c) \leqslant \pi \left(\dfrac{a}{A} + \dfrac{b}{B} + \dfrac{c}{C}\right)$$

因为 $y''_x < 0$, 所以 $\dfrac{\sin x}{x}$ 为 $\left(0, \dfrac{\pi}{2}\right]$ 上的上凸函数, 由凸函数的琴生不等式, 得

$$\dfrac{1}{3}\left(\dfrac{\sin A}{A} + \dfrac{\sin B}{B} + \dfrac{\sin C}{C}\right) \leqslant \dfrac{\sin \dfrac{A+B+C}{3}}{\dfrac{A+B+C}{3}}$$

于是有

$$\pi\left(\dfrac{a}{A} + \dfrac{b}{B} + \dfrac{c}{C}\right) \leqslant 9\sqrt{3} R$$

所以 $\quad 3(a+b+c) \leqslant \pi\left(\dfrac{a}{A} + \dfrac{b}{B} + \dfrac{c}{C}\right) \leqslant 9\sqrt{3} R$

还要指出, 由算术-几何平均不等式得

$$\dfrac{\sin A \sin B \sin C}{ABC} \leqslant \dfrac{1}{27}\left(\dfrac{\sin A}{A} + \dfrac{\sin B}{B} + \dfrac{\sin C}{C}\right)^3$$

再由前面所证

$$\dfrac{\sin A}{A} + \dfrac{\sin B}{B} + \dfrac{\sin C}{C} \leqslant \dfrac{9\sqrt{3}}{2\pi}$$

故 $\quad \dfrac{\sin A \sin B \sin C}{ABC} \leqslant \dfrac{1}{27} \cdot \dfrac{9^3 \cdot 3\sqrt{3}}{8\pi^3} = \dfrac{81\sqrt{3}}{8\pi^3}$

对此式, 还有更一般的结论:

若 $0 < x_i \leqslant \pi (i = 1, 2, \cdots, n)$, 令

$$\overline{x} = \dfrac{1}{n}\sum_{i=1}^{n} x_i$$

第17章 切比雪夫不等式及其应用

则有
$$\prod_{i=1}^{n} \frac{\sin x_i}{x_i} \leqslant \left(\frac{\sin x}{x}\right)^n$$

例41 在锐角 $\triangle ABC$ 中,求证
$$\frac{1}{\cos A\cos B}+\frac{1}{\cos B\cos C}+\frac{1}{\cos C\cos A} \geqslant 3\left(\frac{1}{\sin A\sin B}+\frac{1}{\sin B\sin C}+\frac{1}{\sin C\sin A}\right)$$

证明 不妨设 $\angle A \geqslant \angle B \geqslant \angle C$,注意到 $\angle A, \angle B, \angle C$ 均为锐角,则有 $\cos A \leqslant \cos B \leqslant \cos C$,且
$$\cot B\cot C \geqslant \cot C\cot A \geqslant \cot A\cot B$$
故由切比雪夫不等式知
$$\cos A\cot B\cot C + \cos B\cot C\cot A + \cos C\cot A\cot B \leqslant$$
$$\frac{1}{3}(\cos A + \cos B + \cos C) \cdot$$
$$(\cot B\cot C + \cot C\cot A + \cot A\cot B)$$
但在 $\triangle ABC$ 中,有恒等式
$$\cot B\cot C + \cot C\cot A + \cot A\cot B = 1$$
所以
$$\cos A\cot B\cot C + \cos B\cot C\cot A + \cos C\cot A\cot B \leqslant$$
$$\frac{1}{3}(\cos A + \cos B + \cos C)$$

上式两边同时除以 $\frac{1}{3}\cos A\cos B\cos C$,即得
$$\frac{1}{\cos A\cos B}+\frac{1}{\cos B\cos C}+\frac{1}{\cos C\cos A} \geqslant$$
$$3\left(\frac{1}{\sin A\sin B}+\frac{1}{\sin B\sin C}+\frac{1}{\sin C\sin A}\right)$$

上式中的等号当且仅当 $\cos A = \cos B = \cos C$ 或 $\cot B\cot C = \cot C\cot A = \cot A\cot B$,亦即 $\triangle ABC$ 为正三角形时成立.

例42 在 $\triangle ABC$ 和 $\triangle A'B'C'$ 中,求证
$$\frac{1}{h_a h_a'}+\frac{1}{t_b t_b'}+\frac{1}{m_c m_c'} \geqslant \frac{12}{aa'+bb'+cc'} \qquad (17.33)$$

其中 h_a, t_b, m_c 分别表示 $\triangle ABC$ 边 a 上的高,$\angle B$ 的平分线长和边 c 对应的中线长.

证明 由平面几何知识可知,若三角形的两边不等,则这

Cauchy 不等式. 下

两边上的中线、高以及这两边所对角的平分线也不等,大边上的中线、高以及所对角的平分线较小. 据此,不妨设 $a \geqslant b \geqslant c > 0$,则有 $h_a \leqslant h_b \leqslant h_c, t_a \leqslant t_b \leqslant t_c, m_a \leqslant m_b \leqslant m_c$. 注意到
$$h_a \leqslant t_a \leqslant m_a$$
得
$$h_a \leqslant t_b \leqslant m_c \Rightarrow \frac{1}{h_a} \geqslant \frac{1}{t_b} \geqslant \frac{1}{m_c}$$

同理设 $a' \geqslant b' \geqslant c' > 0$,则
$$\frac{1}{h_a'} \geqslant \frac{1}{t_b'} \geqslant \frac{1}{m_c'}$$

由切比雪夫不等式及不等式
$$\frac{1}{h_a} + \frac{1}{t_b} + \frac{1}{m_c} \geqslant \frac{3\sqrt{3}}{S} \left(\text{其中 } S = \frac{1}{2}(a+b+c)\right)$$
得
$$\frac{1}{h_a h_a'} + \frac{1}{t_b t_b'} + \frac{1}{m_c m_c'} \geqslant$$
$$\frac{1}{3}\left(\frac{1}{h_a} + \frac{1}{t_b} + \frac{1}{m_c}\right)\left(\frac{1}{h_a'} + \frac{1}{t_b'} + \frac{1}{m_c'}\right) \geqslant$$
$$\frac{1}{3} \cdot \frac{3\sqrt{3}}{S} \cdot \frac{3\sqrt{3}}{S'} =$$
$$\frac{9}{SS'} = \frac{36}{(a+b+c)(a'+b'+c')} \geqslant$$
$$\frac{36}{3(aa'+bb'+cc')} = \frac{12}{(aa'+bb'+cc')}$$

切比雪夫不等式可以推广为下面的形式:
若 $0 \leqslant x_1 \leqslant \cdots \leqslant x_m, 0 \leqslant y_1 \leqslant \cdots \leqslant y_m, \cdots, 0 \leqslant V_1 \leqslant \cdots \leqslant V_m$,
则
$$\frac{\sum_{k=1}^{m} x_k}{m} \cdot \frac{\sum_{k=1}^{m} y_k}{m} \cdot \cdots \cdot \frac{\sum_{k=1}^{m} V_k}{m} \leqslant \frac{\sum_{k=1}^{m} x_k y_k \cdots V_k}{m} \quad (17.34)$$

利用式(17.34)可以将例 42 推广为一般情形:

设 $\triangle A_i B_i C_i (i=1,2,\cdots,n)$ 的三边长为 a_i, b_i, c_i,且 a_i 边上的高、$\angle B_i$ 的平分线长和 c_i 边对应的中线长分别为 $h_{a_i}, t_{b_i}, m_{c_i}$,则
$$\frac{1}{h_{a_1} h_{a_2} \cdots h_{a_n}} + \frac{1}{t_{b_1} t_{b_2} \cdots t_{b_n}} + \frac{1}{m_{c_1} m_{c_2} \cdots m_{c_n}} \geqslant$$

第 17 章 切比雪夫不等式及其应用

$$\frac{(2\sqrt{3})^n}{3^{n-2}} \cdot \frac{1}{a_1 a_2 \cdots a_n + b_1 b_2 \cdots b_n + c_1 c_2 \cdots c_n}$$

显然,当 $n=2$ 时,此式即退化为式(17.33).

例 43 若 $\angle A + \angle B + \angle C = \pi$,求证

$$a^2(h_b^2 + h_c^2 - h_a^2) + b^2(h_c^2 + h_a^2 - h_b^2) + c^2(h_a^2 + h_b^2 - h_c^2) \geq 324 r^4$$

其中 r 为 $\triangle ABC$ 内接圆半径.

证明 设 $a \geq b \geq c$,则 $a^2 \geq b^2 \geq c^2$,则

$$h_b^2 + h_c^2 - h_a^2 \geq h_c^2 + h_a^2 - h_b^2 \geq h_a^2 + h_b^2 - h_c^2$$

从而

原不等式左边 $\geq \dfrac{1}{3}(a^2 + b^2 + c^2)(h_a^2 + h_b^2 + h_c^2) \geq$

$$a^2 h_a^2 + b^2 h_b^2 + c^2 h_c^2 = 3 \times 2^2 S^2 = 12 S^2$$

又

$$S = \frac{1}{2} r(a+b+c) = r^2 \left(\cot \frac{A}{2} + \cot \frac{B}{2} + \cot \frac{C}{2} \right) \geq$$

$$3 r^2 \cdot \sqrt[3]{\cot \frac{A}{2} \cot \frac{B}{2} \cot \frac{C}{2}}$$

所以

$$\cot \frac{A}{2} \cot \frac{B}{2} \cot \frac{C}{2} = \cot \frac{A}{2} + \cot \frac{B}{2} + \cot \frac{C}{2} \geq$$

$$3 \sqrt[3]{\cot \frac{A}{2} + \cot \frac{B}{2} + \cot \frac{C}{2}}$$

所以

$$\cot \frac{A}{2} + \cot \frac{B}{2} + \cot \frac{C}{2} \geq 3\sqrt{3}$$

所以 $S \geq 3\sqrt{3} r^2$

所以

$$a^2(h_b^2 + h_c^2 - h_a^2) + b^2(h_c^2 + h_a^2 - h_b^2) + c^2(h_a^2 + h_b^2 - h_c^2) \geq$$

$$3 \times 2^2 S^2 \geq 3^4 \times 2^2 r^4 = 324 r^4$$

一般地,若 $n \in \mathbf{N}$,有

$$a^n(h_b^n + h_c^n - h_a^n) + b^n(h_c^n + h_a^n - h_b^n) + c^n(h_a^n + h_b^n - h_c^n) \geq$$

$$3^{\frac{3n+2}{2}} \cdot 2^n r^{2n}$$

类似地,还可推得:

在 $\triangle ABC$ 中,$p = \dfrac{1}{2}(a+b+c)$,$\triangle ABC$ 的面积为 S,则

Cauchy 不等式.下

$$m_a(p-a)+m_b(p-b)+m_c(p-c)\geqslant 3S$$

其中 m_a, m_b, m_c 为对应边上的中线.

例 44 (1990 年第 31 届 IMO 预选题)设 a, b, c, d 是满足 $ab+bc+cd+da=1$ 的非负实数.求证

$$\frac{a^3}{b+c+d}+\frac{b^3}{a+c+d}+\frac{c^3}{a+b+d}+\frac{d^3}{a+b+c}\geqslant\frac{1}{3}$$

证明 利用柯西不等式得

$$a^2+b^2+c^2+d^2\geqslant ab+bc+cd+da=1 \quad (17.35)$$

不失一般性,可设 $a\geqslant b\geqslant c\geqslant d\geqslant 0$,于是 $a^3\geqslant b^3\geqslant c^3\geqslant d^3\geqslant 0$,且

$$\frac{1}{b+c+d}\geqslant\frac{1}{c+d+a}\geqslant\frac{1}{d+a+b}\geqslant\frac{1}{a+b+c}>0$$

两次利用切比雪夫不等式,得

$$\frac{a^3}{b+c+d}+\frac{b^3}{c+d+a}+\frac{c^3}{d+a+b}+\frac{d^3}{a+b+c}\geqslant$$

$$\frac{1}{4}(a^3+b^3+c^3+d^3)\cdot$$

$$\left(\frac{1}{b+c+d}+\frac{1}{c+d+a}+\frac{1}{d+a+b}+\frac{1}{a+b+c}\right)\geqslant$$

$$\frac{1}{16}(a^2+b^2+c^2+d^2)\cdot(a+b+c+d)\cdot$$

$$\left(\frac{1}{b+c+d}+\frac{1}{c+d+a}+\frac{1}{d+a+b}+\frac{1}{a+b+c}\right)\geqslant$$

$$\frac{1}{3\times 16}(a^2+b^2+c^2+d^2)\cdot[(b+c+d)+$$

$$(c+d+a)+(d+a+b)+(a+b+c)]\cdot$$

$$\left(\frac{1}{b+c+d}+\frac{1}{c+d+a}+\frac{1}{d+a+b}+\frac{1}{a+b+c}\right) \quad (17.36)$$

由算术-几何平均不等式,得

$$[(b+c+d)+(c+d+a)+(d+a+b)+(a+b+c)]\cdot$$

$$\left(\frac{1}{b+c+d}+\frac{1}{c+d+a}+\frac{1}{d+a+b}+\frac{1}{a+b+c}\right)\geqslant 16$$

以此代入式(17.36)右端,并利用式(17.35),即得

$$\frac{a^3}{b+c+d}+\frac{b^3}{c+d+a}+\frac{c^3}{a+b+d}+\frac{d^3}{a+b+c}\geqslant$$

第17章 切比雪夫不等式及其应用

$$\frac{1}{3}(a^2+b^2+c^2+d^2) \geqslant \frac{1}{3}$$

例45 (1987年第28届IMO备选题)求证:若 a,b,c 是三角形边长,且 $2p=a+b+c$,则

$$\frac{a^n}{b+c}+\frac{b^n}{c+a}+\frac{c^n}{a+b} \geqslant \left(\frac{2}{3}\right)^{n-2} p^{n-1} \quad (n \geqslant 1) \quad (17.37)$$

此题可以推广为:

推广1 若 $a_1, a_2, \cdots, a_m$ 为正数,$m>1$,且

$$(m-1)p = a_1+a_2+\cdots+a_m$$

则

$$\frac{a_1^n}{a_2+\cdots+a_m}+\frac{a_2^n}{a_3+\cdots+a_m+a_1}+\cdots+\frac{a_m^n}{a_1+\cdots+a_{m-1}} \geqslant$$

$$\left(\frac{m-1}{m}\right)^{n-2} p^{n-1} \tag{17.38}$$

证明 不妨设 $a_1 \geqslant a_2 \geqslant \cdots \geqslant a_m > 0$,则

$$a_1^n \geqslant a_2^n \geqslant \cdots \geqslant a_m^n > 0$$

$$0 < a_2+\cdots+a_m \leqslant a_3+\cdots+a_m+a_1 \leqslant a_1+\cdots+a_{m-1}$$

$$\frac{a_1^n}{a_2+\cdots+a_m} \geqslant \frac{a_2^n}{a_3+\cdots+a_m+a_1} \geqslant \cdots \geqslant \frac{a_m^n}{a_1+\cdots+a_{m-1}} > 0$$

由切比雪夫不等式,得

$$(a_2+\cdots+a_m) \cdot \frac{a_1^n}{a_2+\cdots+a_m} + (a_3+\cdots+a_m+a_1) \cdot$$

$$\frac{a_2^n}{a_3+\cdots+a_m+a_1} + \cdots + (a_1+\cdots+a_{m-1}) \cdot \frac{a_m^n}{a_1+\cdots+a_{m-1}} \leqslant$$

$$\frac{1}{m}\left[(a_2+\cdots+a_m)+(a_3+\cdots+a_m+a_1)+\cdots+(a_1+\cdots+a_{m-1})\right] \cdot \left(\frac{a_1^n}{a_2+\cdots+a_m}+\frac{a_2^n}{a_3+\cdots+a_m+a_1}+\cdots+\frac{a_m^n}{a_1+\cdots+a_{m-1}}\right)$$

从而

式(17.38)左边 $\geqslant \dfrac{m}{m-1} \cdot \dfrac{1}{a_1+a_2+\cdots+a_m}(a_1^n+a_2^n+\cdots+a_m^n)$

又

$$\frac{1}{m}(a_1^n+a_2^n+\cdots+a_m^n) \geqslant \left(\frac{a_1+a_2+\cdots+a_m}{m}\right)^n$$

所以

Cauchy 不等式. 下

式(17.38)左边 $\geqslant$

$$\frac{m}{m-1} \cdot \frac{1}{a_1+a_2+\cdots+a_m} \cdot m \cdot \left(\frac{a_1+a_2+\cdots+a_m}{m}\right)^n =$$

$$\frac{1}{(m-1)m^{n-2}} \cdot (a_1+a_2+\cdots+a_m)^{n-1} =$$

$$\frac{1}{(m-1)m^{n-2}}[(m-1)p]^{n-1} =$$

$$\left(\frac{m-1}{m}\right)^{n-2} p^{n-1}$$

显然当 $m=3$ 时,式(17.38)即为式(17.37);当 $n=1$ 时,式(17.38)即为本章例 7,因此,式(17.38)既是式(17.37)的推广,也是例 7 的推广.

推广 2 若 $a_1, a_2, \cdots, a_m$ 是正数,$m>1$

$$(m-1)p = a_1+a_2+\cdots+a_m$$

则

$$\frac{a_1^n}{a_2^i+\cdots+a_m^i} + \frac{a_2^n}{a_3^i+\cdots+a_m^i+a_1^i} + \cdots + \frac{a_m^n}{a_1^i+\cdots+a_{m-1}^i} \geqslant$$

$$\left(\frac{m-1}{m}\right)^{n-i-1} p^{n-i} \tag{17.39}$$

其中 $n \geqslant i > 1, n-i \geqslant 1$.

证明 不妨设 $a_1 \geqslant a_2 \geqslant \cdots \geqslant a_m > 0$,则

$$a_1^{n-i} \geqslant a_2^{n-i} \geqslant \cdots \geqslant a_m^{n-i} > 0$$

$$\frac{a_1^i}{a_2^i+\cdots+a_m^i} \geqslant \frac{a_2^i}{a_3^i+\cdots+a_m^i+a_1^i} \geqslant \cdots \geqslant \frac{a_m^i}{a_1^i+\cdots+a_{m-1}^i} > 0$$

由切比雪夫不等式得

$$a_1^{n-i} \cdot \frac{a_1^i}{a_2^i+\cdots+a_m^i} + a_2^{n-i} \cdot \frac{a_2^i}{a_3^i+\cdots+a_m^i+a_1^i} + \cdots +$$

$$a_m^{n-i} \cdot \frac{a_m^i}{a_1^i+\cdots+a_{m-1}^i} \geqslant$$

$$\frac{1}{m}(a_1^{n-i}+\cdots+a_m^{n-i}) \cdot \left(\frac{a_1^i}{a_2^i+\cdots+a_m^i} + \frac{a_2^i}{a_3^i+\cdots+a_m^i+a_1^i} + \cdots + \frac{a_m^i}{a_1^i+\cdots+a_{m-1}^i}\right) \geqslant$$

$$\frac{1}{m} \cdot \frac{m}{m-1}(a_1^{n-i}+a_2^{n-i}+\cdots+a_m^{n-i}) \geqslant$$

第17章 切比雪夫不等式及其应用

$$\frac{m}{m-1} \cdot \left(\frac{a_1+a_2+\cdots+a_m}{m}\right)^{n-i} (幂平均不等式) =$$

$$\frac{m}{m-1}\left[\frac{(m-1)p}{m}\right]^{n-i} = \left(\frac{m-1}{m}\right)^{n-i-1} p^{n-i}$$

式(17.39)也可以利用证明式(17.38)的方法来证明,请读者自己完成.

推广 3 若 $a_1, a_2, \cdots, a_m$ 为正数,且

$$(m-k)p = a_1 + a_2 + \cdots + a_m$$

则

$$\frac{a_1^n+\cdots+a_k^n}{a_{k+1}+\cdots+a_m} + \frac{a_2^n+\cdots+a_{k+1}^n}{a_{k+2}+\cdots+a_m+a_1} + \cdots + \frac{a_m^n+a_1^n+\cdots+a_{k-1}^n}{a_k+\cdots+a_{m-1}} \geqslant$$

$$k\left(\frac{m-k}{m}\right)^{n-2} p^{n-1} \tag{17.40}$$

其中 $n \geqslant 1, m > k \geqslant 1$.

证明 不妨设

$$a_1^n + \cdots + a_k^n \geqslant a_2^n + \cdots + a_{k+1}^n \geqslant \cdots \geqslant a_m^n + a_1^n + \cdots + a_{k-1}^n$$

则

$$a_1 \geqslant a_{k+1}, a_2 \geqslant a_{k+2}, \cdots, a_{m-1} \geqslant a_{k-1}$$

从而

$$a_{k+1} + \cdots + a_m \leqslant a_{k+2} + \cdots + a_m + a_1 \leqslant \cdots \leqslant a_k + \cdots + a_{m-1}$$

$$\frac{a_1^n+\cdots+a_k^n}{a_{k+1}+\cdots+a_m} \geqslant \frac{a_2^n+\cdots+a_{k+1}^n}{a_{k+2}+\cdots+a_m+a_1} \geqslant \cdots \geqslant \frac{a_m^n+a_1^n+\cdots+a_{k-1}^n}{a_k+\cdots+a_{m-1}}$$

由切比雪夫不等式,得

$$(a_{k+1}+\cdots+a_m) \cdot \frac{a_1^n+\cdots+a_k^n}{a_{k+1}+\cdots+a_m} + (a_{k+2}+\cdots+a_m+a_1) \cdot$$

$$\frac{a_2^n+\cdots+a_{k+1}^n}{a_{k+2}+\cdots+a_m+a_1} + \cdots + (a_k+\cdots+a_{m-1}) \cdot$$

$$\frac{a_m^n+a_1^n+\cdots+a_{k-1}^n}{a_k+\cdots+a_{m-1}} \leqslant$$

$$\frac{1}{m}[(a_{k+1}+\cdots+a_m)+(a_{k+2}+\cdots+a_m+a_1)+\cdots+(a_k+\cdots+a_{m-1})] \cdot$$

$$\left(\frac{a_1^n+\cdots+a_k^n}{a_{k+1}+\cdots+a_m} + \frac{a_2^n+\cdots+a_{k+1}^n}{a_{k+2}+\cdots+a_m+a_1} + \cdots + \frac{a_m^n+a_1^n+\cdots+a_{k-1}^n}{a_k+\cdots+a_{m-1}}\right)$$

即

Cauchy 不等式. 下

$$k(a_1^n + a_2^n + \cdots + a_m^n) \leqslant$$
$$\frac{1}{m}(m-k)(a_1 + a_2 + \cdots + a_m) \cdot$$
$$\left(\frac{a_1^n + \cdots + a_k^n}{a_{k+1} + \cdots + a_m} + \frac{a_2^n + \cdots + a_{k+1}^n}{a_{k+2} + \cdots + a_m + a_1} + \cdots + \frac{a_m^n + a_1^n + \cdots + a_{k-1}^n}{a_k + \cdots + a_{m-1}}\right)$$

所以

$$式(17.40)左边 \geqslant \frac{mk}{m-k} \cdot \frac{a_1^n + a_2^n + \cdots + a_m^n}{a_1 + a_2 + \cdots + a_m} \geqslant$$
$$\frac{mk}{m-k} \cdot \frac{1}{a_1 + a_2 + \cdots + a_m} \cdot m\left(\frac{a_1 + a_2 + \cdots + a_m}{m}\right)^n =$$
$$k \cdot \frac{1}{(m-k)m^{n-2}} \cdot (a_1 + a_2 + \cdots + a_m)^{n-1} = k\left(\frac{m-k}{m}\right)^{n-2} p^{n-1}$$

推广 4 若 $a_1, a_2, \cdots, a_m$ 为正数,且
$$(m-k)p = a_1 + a_2 + \cdots + a_m$$

则

$$\frac{a_1^n + \cdots + a_k^n}{a_{k+1}^i + \cdots + a_m^i} + \frac{a_2^n + \cdots + a_{k+1}^n}{a_{k+2}^i + \cdots + a_m^i + a_1^i} + \cdots + \frac{a_m^n + a_1^n + \cdots + a_{k-1}^n}{a_k^i + \cdots + a_{m-1}^i} \geqslant$$
$$k\left(\frac{m-k}{m}\right)^{n-i-1} p^{n-i} \tag{17.41}$$

其中 $n \geqslant i > 1, n - i \geqslant 1, m > k \geqslant 1.$

证明 由于

$$式(17.41)左边 \geqslant \frac{mk}{m-k} \cdot \frac{a_1^n + \cdots + a_m^n}{a_1^i + \cdots + a_m^i}$$

由切比雪夫不等式易证

$$a_1^{n-i} a_1^i + \cdots + a_m^{n-i} a_m^i \geqslant \frac{1}{m}(a_1^{n-i} + \cdots + a_m^{n-i})(a_1^i + \cdots + a_m^i)$$

所以

$$\frac{a_1^n + \cdots + a_m^n}{a_1^i + \cdots + a_m^i} \geqslant \frac{1}{m}(a_1^{n-i} + \cdots + a_m^{n-i}) \geqslant \left(\frac{a_1 + \cdots + a_m}{m}\right)^{n-i} =$$
$$\left(\frac{m-k}{m}\right)^{n-i} p^{n-i}$$

所以式(17.41)左边 $\geqslant k\left(\frac{m-k}{m}\right)^{n-i-1} p^{n-i}.$

推广 5 设 $a_1, a_2, \cdots, a_N \in \mathbf{R}_+$,且

第 17 章 切比雪夫不等式及其应用

$$2p = \sum_{i=1}^{N} a_i, n \geqslant m \geqslant 1$$

则

$$\sum_{i=1}^{N} \frac{a_i^n}{(2p - a_i)^m} \geqslant \frac{(2p)^{n-m}}{N^{n-m-1}(N-1)^m} \qquad (17.42)$$

证明 不妨设 $a_1 \geqslant a_2 \geqslant \cdots \geqslant a_N$,则

$$\frac{1}{2p - a_1} \geqslant \frac{1}{2p - a_2} \geqslant \cdots \geqslant \frac{1}{2p - a_N}$$

由切比雪夫不等式,可得

$$\sum_{i=1}^{N} \frac{a_i^n}{(2p - a_i)^m} \geqslant \frac{1}{N} \left(\sum_{i=1}^{N} a_i^n \right) \left(\sum_{i=1}^{N} \frac{1}{(2p - a_i)^m} \right) \qquad (17.43)$$

由幂平均不等式,有

$$\frac{1}{N} \sum_{i=1}^{N} a_i^n \geqslant \left(\frac{\sum_{i=1}^{N} a_i}{N} \right)^n = \left(\frac{2p}{N} \right)^n \qquad (17.44)$$

又

$$\frac{1}{N} \sum_{i=1}^{N} \frac{1}{(2p - a_i)^m} \geqslant \left(\frac{\sum_{i=1}^{N} \frac{1}{2p - a_i}}{N} \right)^m \qquad (17.45)$$

$$\sum_{i=1}^{N} (2p - a_i) \sum_{i=1}^{N} \frac{1}{2p - a_i} \geqslant N^2 \qquad (17.46)$$

即

$$2(N-1)p \sum_{i=1}^{N} \frac{1}{2p - a_i} \geqslant N^2$$

$$\sum_{i=1}^{N} \frac{1}{2p - a_i} \geqslant \frac{N^2}{2(N-1)p}$$

代入式(17.45),得

$$\sum_{i=1}^{N} \frac{1}{(2p - a_i)^m} \geqslant N \left(\frac{N}{2(N-1)p} \right)^m \qquad (17.47)$$

将式(17.44),(17.47) 代入式(17.43),得

$$\sum_{i=1}^{N} \frac{a_i^n}{(2p - a_i)^m} \geqslant \left(\frac{2p}{N} \right)^n N \left(\frac{N}{2(N-1)p} \right)^m = \frac{(2p)^{n-m}}{N^{n-m-1}(N-1)^m}$$

当且仅当 $a_1 = a_2 = \cdots = a_N$ 时等号成立.

Cauchy 不等式. 下

在式(17.42)中取 $N=3, m=1$,即为式(17.37).

例 46 双圆 n 边形外接圆圆心到各边距离之和不小于内切圆半径的 n 倍.

证明 设双圆 n 边形 $A_1 A_2 \cdots A_n$(如图 17.1)

$$A_i A_{i+1} = a_i \quad (i=1,2,\cdots,n)$$

外接圆和内切圆圆心分别为点 O 和点 O',点 O 到边 $A_i A_{i+1}$ 的距离为 h_i,外接圆和内切圆半径分别为 R 和 r,于是本题即为证

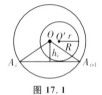

图 17.1

$$\sum_{i=1}^n h_i \geqslant nr$$

不妨设 $a_{i1} \geqslant a_{i2} \geqslant \cdots \geqslant a_{in}$,$i_1, i_2, \cdots, i_n$ 是 $1, 2, \cdots, n$ 的一个排列,由于各三角形 $\triangle A_i O A_{i+1}$ 都是以 R 为腰的等腰三角形,所以底边 a_i 大者其相应高 h_i 反而小,即若

$$a_{i1} \geqslant a_{i2} \geqslant \cdots \geqslant a_{in}$$

则

$$h_{i1} \leqslant h_{i2} \leqslant \cdots \leqslant h_{in}$$

于是由切比雪夫不等式知 n 边形 $A_1 A_2 \cdots A_n$ 的面积

$$S_\triangle = \frac{1}{2} \sum_{i=1}^n a_i h_i = \frac{1}{2} \sum_{j=1}^n a_{ij} h_{ij} \leqslant$$

$$\frac{1}{2} \left(\frac{1}{n} \sum_{j=1}^n a_{ij} \cdot \sum_{j=1}^n h_{ij} \right) = \frac{1}{2n} \sum_{i=1}^n a_i \cdot \sum_{i=1}^n h_i$$

所以

$$\sum_{i=1}^n h_i \geqslant \frac{2n S_\triangle}{\sum_{i=1}^n a_i}$$

但

$$S_\triangle = \frac{1}{2} \sum_{i=1}^n a_i r$$

所以

$$\sum_{i=1}^n h_i \geqslant \frac{2n \cdot \frac{1}{2} r \cdot \sum_{i=1}^n a_i}{\sum_{i=1}^n a_i} = nr$$

例 47 设 t_a, t_b, t_c 为 $\triangle ABC$ 三条角平分线长,且

$$p = \frac{1}{2}(a+b+c)$$

第17章 切比雪夫不等式及其应用

r 和 R 分别为内切圆和外接圆半径,则

$$t_a^2+t_b^2+t_c^2 \leqslant p^2-r\left(\frac{R}{2}-r\right)$$

当且仅当 $\triangle ABC$ 为正三角形时取等号.

证明 由余弦定理,有

$$t_a^2=bc-\frac{a^2bc}{(b+c)^2}=bc-\frac{a^2bc}{(2p-a)^2}$$

则

$$t_a^2+t_b^2+t_c^2=bc+ca+ab-abc \cdot$$

$$\left(\frac{a}{(2p-a)^2}+\frac{b}{(2p-b)^2}+\frac{c}{(2p-c)^2}\right)$$

不妨设 $a \geqslant b \geqslant c>0$,则

$$\frac{1}{2p-a} \geqslant \frac{1}{2p-b} \geqslant \frac{1}{2p-c}>0$$

由切比雪夫不等式,有

$$\frac{a}{(2p-a)^2}+\frac{b}{(2p-b)^2}+\frac{c}{(2p-c)^2} \geqslant$$

$$\frac{1}{3}(a+b+c)\left[\frac{1}{(2p-a)^2}+\frac{1}{(2p-b)^2}+\frac{1}{(2p-c)^2}\right] \geqslant$$

$$\frac{2p}{3} \cdot \frac{1}{3}\left[\frac{1}{2p-a}+\frac{1}{2p-b}+\frac{1}{2p-c}\right]^2 \geqslant$$

$$\frac{2p}{9}(2p-a+2p-b+2p-c)^{-2} \cdot 9^2=\frac{9}{8p}$$

所以 $\quad t_a^2+t_b^2+t_c^2 \leqslant bc+ca+ab-\dfrac{9}{8p}abc$

又 $\quad p^2r^2=p(p-a)(p-b)(p-c)$

$pr^2=p^3-(a+b+c)p^2+(ab+bc+ca)p-abc=$

$-p^3+(ab+bc+ca)p-abc$

故 $\quad bc+ca+ab=p^2+r^2+\dfrac{abc}{p}$

所以 $\quad t_a^2+t_b^2+t_c^2 \leqslant p^2+r^2-\dfrac{abc}{8p}$

注意到 $\dfrac{abc}{p}=4Rr$,证毕.

例48 设

Cauchy 不等式. 下

$$f(x) = \log_b \frac{1}{n}[1 + 2^x + \cdots + (n-1)^x + n^x a]$$

其中 $a \in [c, 1]$

$$c = \max\left\{ \left(1 - \frac{1}{n}\right)^{x_1}, \left(1 - \frac{1}{n}\right)^{x_2} \right\}$$

$$x_1, x_2 \in \mathbf{R}_+, b \in (1, +\infty)$$

n 为任意给定的自然数,$n \geq 2$,则

(1) $f(x_1) + f(x_2) < f(x_1 + x_2)$;

(2) 对于任意给定的自然数 k_1, k_2,有

$$k_1 f(x_1) + k_2 f(x_2) < f(k_1 x_1 + k_2 x_2)$$

这是 1990 年全国高考数学理科压轴题的一种推广形式,原试题请见第 2 章例 5.

证明 (1) 只需证明

$$\frac{1 + 2^{x_1} + \cdots + (n-1)^{x_1} + n^{x_1} a}{n} \cdot \frac{1 + 2^{x_2} + \cdots + (n-1)^{x_2} + n^{x_2} a}{n} <$$

$$\frac{1 + 2^{x_1 + x_2} + \cdots + (n-1)^{x_1 + x_2} + n^{x_1 + x_2} a}{n}$$

当 $a = 1, x_1 > 0, x_2 > 0$ 时

$$1 < 2^{x_1} < \cdots < (n-1)^{x_1} < n^{x_1}$$
$$1 < 2^{x_2} < \cdots < (n-1)^{x_2} < n^{x_2}$$

由切比雪夫不等式,得

$$\frac{1 + 2^{x_1} + \cdots + (n-1)^{x_1} + n^{x_1}}{n} \cdot \frac{1 + 2^{x_2} + \cdots + (n-1)^{x_2} + n^{x_2}}{n} <$$

$$\frac{1 + 2^{x_1 + x_2} + \cdots + (n-1)^{x_1 + x_2} + n^{x_1 + x_2}}{n}$$

当 $c \leq a \leq 1, x_1 > 0, x_2 > 0$ 时,$a^2 \leq a$,因为

$$n^{x_1} a \geq n^{x_1} c \geq n^{x_1} \left(1 - \frac{1}{n}\right)^{x_1} = (n-1)^{x_1}$$

所以 $\qquad 1 < 2^{x_1} < \cdots < (n-1)^{x_1} \leq n^{x_1} a$

同理 $\qquad 1 < 2^{x_2} < \cdots < (n-1)^{x_2} \leq n^{x_2} a$

所以

$$\frac{1 + 2^{x_1} + \cdots + (n-1)^{x_1} + n^{x_1} a}{n} \cdot$$

$$\frac{1 + 2^{x_2} + \cdots + (n-1)^{x_2} + n^{x_2} a}{n} <$$

第 17 章 切比雪夫不等式及其应用

$$\frac{1+2^{x_1+x_2}+\cdots+(n-1)^{x_1+x_2}+n^{x_1+x_2}a^2}{n} \leqslant$$
$$\frac{1+2^{x_1+x_2}+\cdots+(n-1)^{x_1+x_2}+n^{x_1+x_2}a}{n}$$

故有 $f(x_1)+f(x_2) < f(x_1+x_2)$.

(2) 先证 $k_1 f(x_1) \leqslant f(k_1 x_1), k_2 f(x_2) \leqslant f(k_2 x_2)$,其中当且仅当 $k_1=k_2=1$ 时等号成立.所以
$$k_1 f(x_1)+k_2 f(x_2) \leqslant f(k_1 x_1)+f(k_2 x_2)$$

今取
$$c_1 = \max\left\{\left(1-\frac{1}{n}\right)^{k_1 x_1}, \left(1-\frac{1}{n}\right)^{k_2 x_2}\right\}$$

则当 $a \in [c_1, 1]$ 时,由(1)知
$$f(k_1 x_1)+f(k_2 x_2) < f(k_1 x_1+k_2 x_2)$$

所以
$$k_1 f(x_1)+k_2 f(x_2) < f(k_1 x_1+k_2 x_2) \qquad (17.48)$$

由于 $c_1 \leqslant c$,所以 $[c,1] \subseteq [c_1,1]$.

故当 $a \in [c,1]$ 时,式(17.48)也成立.

例 48 可以推广为:

设
$$f(x) = \log_b \frac{1+2^x+\cdots+(n-1)^x+n^x a}{n}$$

其中 $a \in [c,1]$,$c = \max\left\{\left(1-\frac{1}{n}\right)^{x_1}, \left(1-\frac{1}{n}\right)^{x_2}, \cdots, \left(1-\frac{1}{n}\right)^{x_m}\right\}$,$m,n$ 是任意给定的不小于 2 的自然数,$x_i \in \mathbf{R}_+$ $(i=1,2,\cdots,m)$,$b \in (1,+\infty)$.则:

(1) $f(x_1)+f(x_2)+\cdots+f(x_m) < f(x_1+x_2+\cdots+x_m)$;

(2) 对于任意给定的自然数 $k_i (i=1,2,\cdots,m)$,有
$$k_1 f(x_1)+k_2 f(x_2)+\cdots+k_m f(x_m) <$$
$$f(k_1 x_1+k_2 x_2+\cdots+k_m x_m)$$

仿照例 48 的证法,并利用式(17.34)可证此命题.证明略.

例 49 非负实数 $a_i (i=1,2,\cdots,r)$ 满足
$$\sum_{i=1}^{r} a_i = k > 0, p,q \in \mathbf{R}_+$$

Cauchy 不等式. 下

m 为非负实数, 则

$$\sum_{i=1}^{r} \frac{a_i^p}{(m+k-a_i)^q} \geqslant \frac{k^p r^{1+q-p}}{(mr+kr-k)^q} \quad (17.49)$$

证明 不妨设 $a_1 \geqslant a_2 \geqslant \cdots \geqslant a_r \geqslant 0$, 则

$$a_1^p \geqslant a_2^p \geqslant \cdots \geqslant a_r^p$$

$$\frac{1}{(m+k-a_1)^q} \geqslant \frac{1}{(m+k-a_2)^q} \geqslant \cdots \geqslant \frac{1}{(m+k-a_r)^q}$$

由切比雪夫不等式得

$$\sum_{i=1}^{r} \frac{a_i^p}{(m+k-a_i)^q} \geqslant \frac{1}{r} \cdot \sum_{i=1}^{r} a_i^p \cdot \sum_{i=1}^{r} \frac{1}{(m+k-a_i)^q}$$

$$(17.50)$$

由幂平均不等式得

$$\frac{1}{r} \sum_{i=1}^{r} a_i^p \geqslant \left(\sum_{i=1}^{r} \frac{a_i}{r} \right)^p = \left(\frac{k}{r} \right)^p \quad (17.51)$$

$$\frac{1}{r} \sum_{i=1}^{r} \frac{1}{(m+k-a_i)^q} \geqslant \left[\frac{\sum_{i=1}^{r} \frac{1}{m+k-a_i}}{r} \right]^q \quad (17.52)$$

又由算术平均-几何平均不等式, 得

$$\sum_{i=1}^{r}(m+k-a_i) \cdot \sum_{i=1}^{r} \frac{1}{m+k-a_i} \geqslant r^2$$

$$\sum_{i=1}^{r}(m+k-a_i) = mr + kr - k$$

故

$$\sum_{i=1}^{r} \frac{1}{m+k-a_i} \geqslant \frac{r^2}{mr+kr-k} \quad (17.53)$$

由式(17.50) ~ 式(17.53), 即得

$$\sum_{i=1}^{r} \frac{a_i^p}{(m+k-a_i)^q} \geqslant \frac{k^p r^{1+q-p}}{(mr+kr-k)^q}$$

说明: 此例是 1982 年西德一道数学竞赛题的一种推广. 原题参见本书第 2 章例 6.

利用式(17.49)可以使许多竞赛题得到统一的证明.

1. 在式(17.49)中, 取

$$p=q=1, m=0, r=3, k=a+b+c$$

314

第17章 切比雪夫不等式及其应用

即得1963年莫斯科竞赛题,见本书第5章例37.

2. 取 $p=2, q=1, r=3, m=0, k=a+b+c$,即得1988年"友谊杯"国际数学竞赛题,见第11章例17.

3. 取 $p=n, q=1, m=0, r=3, k=2S$,即得1987年第28届IMO预选题,见本章例45.

4. 取 $p=1, q=\frac{1}{2}, m=0, k=1, r=n$,并利用柯西不等式,即可得1989年第4届冬令营试题,见本章例6.

5. 取 $p=3, q=1, m=0, k=a+b+c+d, r=4$,则可得1990年第31届IMO备选题,见本章例44.

例50 设 a, b, c 是 $\triangle ABC$ 的三边长,p 为其半周长,内角为 A, B, C,求出使下式成立的所有实数 k

$$\frac{b+c-a}{a^k A}+\frac{c+a-b}{b^k B}+\frac{a+b-c}{c^k C} \geqslant \frac{3^{1+k}(2p)^{1-k}}{\pi} \quad (17.54)$$

下面来论证 $k \geqslant -1$ 的所有实数是本题的解.

解 (1)不妨设 $A \leqslant B \leqslant C$,则因为 $f(x)=\dfrac{\sin x}{x}$ 在 $(0, \pi)$ 上递减(因为 $g(x)=x^2 f'(x)=x\cos x-\sin x$,$g(0)=0$,$g'(x)=-x\sin x<0$,所以 $f'(x)<0$),所以

$$\frac{\sin A}{A} \geqslant \frac{\sin B}{B} \geqslant \frac{\sin C}{C}$$

即

$$\frac{a}{A} \geqslant \frac{b}{B} \geqslant \frac{c}{C} \quad (17.55)$$

由切比雪夫不等式,得

$$(A+B+C) \cdot \left(\frac{a}{A}+\frac{b}{B}+\frac{c}{C}\right) \geqslant 3(a+b+c)$$

即

$$\frac{a}{A}+\frac{b}{B}+\frac{c}{C} \geqslant \frac{3}{\pi}(a+b+c) \quad (17.56)$$

又因为

$$a \leqslant b \leqslant c$$

所以

$$b+c-a \geqslant c+a-b \geqslant a+b-c \quad (17.57)$$
$$a^{-1-k} \geqslant b^{-1-k} \geqslant c^{-1-k} \quad (17.58)$$

Cauchy 不等式. 下

由切比雪夫不等式,幂平均不等式以及式(17.56),得
$$\frac{b+c-a}{a^kA}+\frac{c+a-b}{b^kB}+\frac{a+b-c}{c^kC} \geqslant$$
$$\frac{1}{9}[(b+c-a)+(c+a-b)+(a+b-c)] \cdot$$
$$(a^{-1-k}+b^{-1-k}+c^{-1-k}) \cdot \left(\frac{a}{A}+\frac{b}{B}+\frac{c}{C}\right) \geqslant$$
$$\frac{1}{9}(a+b+c) \cdot 3^{2+k}(a+b+c)^{-1-k} \cdot \frac{3}{\pi}(a+b+c)=$$
$$\frac{3^{1+k}(2p)^{1-k}}{\pi} \qquad (17.59)$$

(2) 当 $k<-1$ 时,令 $b=c=1, a \to 0$,则
$$\frac{b+c-a}{a^kA}+\frac{c+a-b}{b^kB}+\frac{a+b-c}{c^kC}=\frac{2-a}{a^kA}+\frac{a}{B}+\frac{a}{C} \to 0$$
$$\frac{3^{1+k}(2p)^{1-k}}{\pi}=\frac{3^{1+k}(2+a)^{1-k}}{\pi} \to \frac{3^{1+k} \cdot 2^{1-k}}{\pi}$$
即不等式(17.54)不等号反向.

可以进一步证明:当 $\lambda \geqslant 0, \mu \geqslant 1, k \geqslant \max\{1, 2(1-\lambda)\}-\mu$ 时,有
$$\sum \frac{(b+c-a)^\lambda}{a^kA^\mu} \geqslant 3\left(\frac{3}{\pi}\right)^\mu\left(\frac{2p}{3}\right)^{\lambda-k} \qquad (17.60)$$

在例 45 的推广 1 中,当 $m=3$,得
$$\sum \frac{a^n}{b+c} \geqslant \frac{3}{2}\left(\frac{1}{3}\sum a\right)^{n-1} \qquad (17.61)$$

利用切比雪夫不等式,加权的幂平均不等式以及不等式(17.61) 和(17.56),得
$$\sum \frac{(b+c-a)^\lambda}{a^kA^\mu}=$$
$$\sum \frac{(b+c-a)^\lambda}{a^{k+\mu}} \cdot \left(\frac{a}{A}\right)^\mu \geqslant$$
$$\frac{1}{3}\sum \frac{(b+c-a)^\lambda}{a^{k+\mu}} \cdot \sum\left(\frac{a}{A}\right)^\mu \geqslant$$
$$\frac{1}{3}\left[\sum (b+c-a)\right]^{1-k-\mu} \cdot \left[\sum\left(\frac{(b+c-a)^{1+\frac{\lambda-1}{k+\mu}}}{a}\right)^{k+\mu}\right] \cdot$$
$$3^{1-\mu} \cdot \left(\sum \frac{a}{A}\right)^\mu =$$

第 17 章 切比雪夫不等式及其应用

$$(\sum a)^{1-k-\mu} \cdot \left[\sum \left(\frac{2a^{1+\frac{\lambda-1}{k+\mu}}}{b+c}\right)\right]^{k+\mu} \cdot \left(\sum \frac{a}{3A}\right)^{\mu} \geqslant$$

$$(\sum a)^{1-k-\mu} \cdot 3^{k+\mu} \left(\frac{1}{3}\sum a\right)^{\lambda-1} \cdot \left(\frac{1}{\pi}\sum a\right)^{\mu} =$$

$$3\left(\frac{3}{\pi}\right)^{\mu} \cdot \left(\frac{2p}{3}\right)^{\lambda-k}$$

等号成立当且仅当 $\triangle ABC$ 是正三角形时成立.

例 51 (2010 年第 23 届韩国数学奥林匹克试题)对于任意一个 $\triangle ABC$,记其面积为 S,周长为 l,P,Q,R 依次为 $\triangle ABC$ 内切圆在边 BC,CA,AB 上的切点. 证明

$$\left(\frac{AB}{PQ}\right)^3 + \left(\frac{BC}{QR}\right)^3 + \left(\frac{CA}{RP}\right)^3 \geqslant \frac{2}{\sqrt{3}} \cdot \frac{l^2}{S}$$

证明 记 $BC=a,CA=b,AB=c,QR=p,RP=q,PQ=r$. 设 $AR=x,BP=y,CQ=z$.

由 $x+y=c,y+z=a,z+x=b$,得

$$x=t-a, y=t-b, z=t-c \quad \left(t=\frac{a+b+c}{2}\right)$$

在 $\triangle ABC,\triangle ARQ$ 中,由余弦定理分别得

$$a^2 = b^2+c^2-2bc\cos A = (b-c)^2+2bc(1-\cos A)$$
$$p^2 = 2x^2(1-\cos A) = 2(t-a)^2(1-\cos A)$$

两式消去 $1-\cos A$ 有

$$p^2 = (t-a)^2 \cdot \frac{a^2-(b-c)^2}{bc} = \frac{4(t-a)(t-b)(t-c)}{abc} \cdot a(t-a)$$

(17.62)

注意到

$$4(t-a)(t-b) = (b+c-a)(a-b+c) = c^2-(b-a)^2 \leqslant c^2$$

同理

$$4(t-b)(t-c) \leqslant a^2$$
$$4(t-c)(t-a) \leqslant b^2$$

则

$$8(t-a)(t-b)(t-c) \leqslant abc$$

代入式(17.62)得

$$p^2 \leqslant \frac{a(t-a)}{2} \text{ 或 } \left(\frac{a}{p}\right)^3 \geqslant 2\sqrt{2}\left(\frac{a}{t-a}\right)^{\frac{3}{2}}$$

同理

$$\left(\frac{b}{q}\right)^3 \geqslant 2\sqrt{2}\left(\frac{b}{t-b}\right)^{\frac{3}{2}}$$

Cauchy 不等式. 下

$$\left(\frac{c}{r}\right)^3 \geqslant 2\sqrt{2}\left(\frac{c}{t-c}\right)^{\frac{3}{2}}$$

记 M 为所证不等式左边. 则

$$M \geqslant 2\sqrt{2}\left[\left(\frac{a}{t-a}\right)^{\frac{3}{2}} + \left(\frac{b}{t-b}\right)^{\frac{3}{2}} + \left(\frac{c}{t-c}\right)^{\frac{3}{2}}\right] \geqslant$$

$$\frac{2\sqrt{2}}{\sqrt{3}}\left(\frac{a}{t-a} + \frac{b}{t-b} + \frac{c}{t-c}\right)^{\frac{3}{2}} \tag{17.63}$$

又

$$a \geqslant b \geqslant c \Leftrightarrow \frac{1}{t-a} \geqslant \frac{1}{t-b} \geqslant \frac{1}{t-c}$$

由切比雪夫不等式及均值不等式得

$$\frac{a}{t-a} + \frac{b}{t-b} + \frac{c}{t-c} \geqslant \frac{1}{3}(a+b+c)\left(\frac{1}{t-a} + \frac{1}{t-b} + \frac{1}{t-c}\right) \geqslant$$

$$\frac{a+b+c}{\left[(t-a)(t-b)(t-c)\right]^{\frac{1}{3}}} =$$

$$\frac{(a+b+c)t^{\frac{1}{3}}}{\left[t(t-a)(t-b)(t-c)\right]^{\frac{1}{3}}} =$$

$$\frac{1}{2^{\frac{1}{3}}}\left(\frac{l^2}{S}\right)^{\frac{2}{3}} \tag{17.64}$$

由式(17.63),(17.64)得

$$M \geqslant \frac{2\sqrt{2}}{\sqrt{3}} \cdot \frac{1}{\sqrt{2}} \cdot \frac{l^2}{S} = \frac{2}{\sqrt{3}} \cdot \frac{l^2}{S}$$

例 52 （2007 年美国数学奥林匹克试题）设锐角 $\triangle ABC$ 的内切圆、外接圆分别为 ω,Ω，外接圆半径为 R. 圆 ω_A 与 Ω 内切于点 A 且与 ω 外切；圆 Ω_A 与 Ω 内切于点 A 且与 ω 内切. 设点 P_A,Q_A 分别是 ω_A,Ω_A 的圆心. 同理定义点 P_B,Q_B,P_C,Q_C. 证明

$$8P_AQ_A \cdot P_BQ_B \cdot P_CQ_C \leqslant R^3$$

当且仅当 $\triangle ABC$ 是正三角形时，上式等号成立.

证明 如图 17.2，设

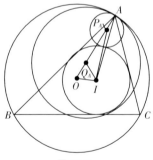

图 17.2

第 17 章 切比雪夫不等式及其应用

△ABC 的内切圆半径为点 r,内心为点 I,外心为点 O,圆 ω_A,Ω_A 的半径分别为 u,v,则

$$AP_A = u, P_A O = R-u, IP_A = r+u$$

注意到点 P_A 是 △AOI 的边 OA 上的点,由斯特瓦尔特 (Stewart) 定理得

$$(r+u)^2 = \frac{u \cdot OI^2 + (R-u) \cdot IA^2}{R} - u(R-u)$$

将 $OI = \sqrt{R(R-2r)}$ 代入得

$$u = \frac{(IA^2 - r^2)R}{IA^2 + 4Rr}$$

又 $IA = \dfrac{r}{\sin\dfrac{A}{2}} = 4R\sin\dfrac{B}{2} \cdot \sin\dfrac{C}{2}$,则

$$u = \frac{(4R)^2 \sin^2\dfrac{B}{2} \cdot \sin^2\dfrac{C}{2} \cdot \cos^2\dfrac{A}{2}}{(4R)^2 \sin\dfrac{B}{2} \cdot \sin\dfrac{C}{2} \left(\sin\dfrac{A}{2} + \sin\dfrac{B}{2} + \sin\dfrac{C}{2}\right)} R =$$

$$\frac{\sin\dfrac{B}{2} \cdot \sin\dfrac{C}{2} \cdot \cos^2\dfrac{A}{2}}{\sin\dfrac{A}{2} + \sin\dfrac{B}{2} + \sin\dfrac{C}{2}} R$$

同理,因为 $AQ_A = v, Q_A O = R-v, IQ_A = v-r$,所以

$$(v-r)^2 = \frac{v \cdot OI^2 + (R-v) \cdot IA^2}{R} - v(R-v)$$

于是

$$v = \frac{(IA^2 - r^2)R}{IA^2} = \cos^2\dfrac{A}{2} \cdot R$$

故

$$P_A Q_A = v - u = \frac{\sin\dfrac{A}{2} \cdot \cos^2\dfrac{A}{2}}{\sin\dfrac{A}{2} + \sin\dfrac{B}{2} + \sin\dfrac{C}{2}} R =$$

$$\frac{\sin\dfrac{A}{2} \cdot \cos^2\dfrac{A}{2}}{\cos\dfrac{B}{2} \cdot \cos\dfrac{C}{2}} R$$

同理

Cauchy 不等式. 下

$$P_BQ_B = \frac{\sin\frac{B}{2} \cdot \cos^2\frac{B}{2}}{\cos\frac{C}{2} \cdot \cos\frac{A}{2}}R$$

$$P_CQ_C = \frac{\sin\frac{C}{2} \cdot \cos^2\frac{C}{2}}{\cos\frac{A}{2} \cdot \cos\frac{B}{2}}R$$

故 $8P_AQ_A \cdot P_BQ_B \cdot P_CQ_C = 8R^3 \sin\frac{A}{2} \cdot \sin\frac{B}{2} \cdot \sin\frac{C}{2}$.

由均值不等式和琴生不等式得

$$\sin\frac{A}{2} \cdot \sin\frac{B}{2} \cdot \sin\frac{C}{2} \leqslant \left(\frac{\sin\frac{A}{2} + \sin\frac{B}{2} + \sin\frac{C}{2}}{3}\right)^3 \leqslant$$

$$\left(\sin\frac{\frac{A}{2}+\frac{B}{2}+\frac{C}{2}}{3}\right)^3 = \frac{1}{8}$$

故 $8P_AQ_A \cdot P_BQ_B \cdot P_CQ_C = 8R^3 \sin\frac{A}{2} \cdot \sin\frac{B}{2} \cdot \sin\frac{C}{2} \leqslant R^3$.

当且仅当 $\triangle ABC$ 是正三角形时,上式等号成立.

注 $\sin\frac{A}{2} \cdot \sin\frac{B}{2} \cdot \sin\frac{C}{2} \leqslant \frac{1}{8}$ 也可以由欧拉不等式 $R \geqslant 2r$ 得到. 实际上,只要将 $r = 4R\sin\frac{A}{2} \cdot \sin\frac{B}{2} \cdot \sin\frac{C}{2}$ 代入欧拉不等式即可.

受上面证明方法的启发,可以得到 P_AQ_A,P_BQ_B,P_CQ_C 与 R,r(r 表示 $\triangle ABC$ 的内切圆半径)之间的如下关系式

$$3r \leqslant P_AQ_A + P_BQ_B + P_CQ_C \leqslant \frac{3}{2}R \quad (17.65)$$

$$3r^2 \leqslant P_AQ_A \cdot P_BQ_B + P_BQ_B \cdot P_CQ_C + P_CQ_C \cdot P_AQ_A \leqslant \frac{3}{4}R^2 \quad (17.66)$$

$$r^3 \leqslant P_AQ_A \cdot P_BQ_B \cdot P_CQ_C \leqslant \frac{1}{8}R^3 \quad (17.67)$$

当且仅当 $\triangle ABC$ 是正三角形时,不等式(17.65)~(17.67)的等号成立.

由上面的计算结果知

第17章 切比雪夫不等式及其应用

$$P_A Q_A = \frac{\sin\frac{A}{2} \cdot \cos^2\frac{A}{2}}{\cos\frac{B}{2} \cdot \cos\frac{C}{2}} \cdot R$$

$$P_B Q_B = \frac{\sin\frac{B}{2} \cdot \cos^2\frac{B}{2}}{\cos\frac{C}{2} \cdot \cos\frac{A}{2}} \cdot R$$

$$P_C Q_C = \frac{\sin\frac{C}{2} \cdot \cos^2\frac{C}{2}}{\cos\frac{A}{2} \cdot \cos\frac{B}{2}} \cdot R$$

不妨设 $\angle A \geqslant \angle B \geqslant \angle C$. 则

$$\frac{\sin\frac{A}{2}}{\cos\frac{B}{2} \cdot \cos\frac{C}{2}} \geqslant \frac{\sin\frac{B}{2}}{\cos\frac{C}{2} \cdot \cos\frac{A}{2}} \geqslant \frac{\sin\frac{C}{2}}{\cos\frac{A}{2} \cdot \cos\frac{B}{2}}$$

$$\cos^2\frac{A}{2} \leqslant \cos^2\frac{B}{2} \leqslant \cos^2\frac{C}{2}$$

由切比雪夫不等式知

$$P_A Q_A + P_B Q_B + P_C Q_C \leqslant$$

$$R \cdot \frac{1}{3}\left(\frac{\sin\frac{A}{2}}{\cos\frac{B}{2} \cdot \cos\frac{C}{2}} + \frac{\sin\frac{B}{2}}{\cos\frac{C}{2} \cdot \cos\frac{A}{2}} + \frac{\sin\frac{C}{2}}{\cos\frac{A}{2} \cdot \cos\frac{B}{2}}\right) \cdot$$

$$\left(\cos^2\frac{A}{2} + \cos^2\frac{B}{2} + \cos^2\frac{C}{2}\right)$$

而

$$\frac{\sin\frac{A}{2}}{\cos\frac{B}{2} \cdot \cos\frac{C}{2}} + \frac{\sin\frac{B}{2}}{\cos\frac{C}{2} \cdot \cos\frac{A}{2}} + \frac{\sin\frac{C}{2}}{\cos\frac{A}{2} \cdot \cos\frac{B}{2}} =$$

$$\frac{\sin A + \sin B + \sin C}{2\cos\frac{A}{2} \cdot \cos\frac{B}{2} \cdot \cos\frac{C}{2}} = \frac{4\cos\frac{A}{2} \cdot \cos\frac{B}{2} \cdot \cos\frac{C}{2}}{2\cos\frac{A}{2} \cdot \cos\frac{B}{2} \cdot \cos\frac{C}{2}} = 2$$

$$\cos^2\frac{A}{2} + \cos^2\frac{B}{2} + \cos^2\frac{C}{2} =$$

$$\frac{3}{2} + \frac{1}{2}(\cos A + \cos B + \cos C) =$$

Cauchy 不等式. 下

$$\frac{3}{2}+\frac{1}{2}\left(1+4\sin\frac{A}{2}\cdot\sin\frac{B}{2}\cdot\sin\frac{C}{2}\right)=$$
$$2+2\sin\frac{A}{2}\cdot\sin\frac{B}{2}\cdot\sin\frac{C}{2}$$

再由

$$\sin\frac{A}{2}\cdot\sin\frac{B}{2}\cdot\sin\frac{C}{2}\leqslant\frac{1}{8} \qquad (17.68)$$

故

$$P_AQ_A+P_BQ_B+P_CQ_C\leqslant\frac{3}{2}R \qquad (17.69)$$

由切比雪夫不等式等号成立条件及不等式(17.68)等号成立条件知,当且仅当 $\triangle ABC$ 为正三角形时,不等式(17.69)中的等号成立.

注 不等式(17.68)为熟知的三角不等式.

由于 $P_AQ_A \cdot P_BQ_B \cdot P_CQ_C = R^3\sin\frac{A}{2}\cdot\sin\frac{B}{2}\cdot\sin\frac{C}{2}$,

而 $r=4R\sin\frac{A}{2}\cdot\sin\frac{B}{2}\cdot\sin\frac{C}{2}$,故

$$P_AQ_A \cdot P_BQ_B \cdot P_CQ_C = \frac{r^3}{64\sin^2\frac{A}{2}\cdot\sin^2\frac{B}{2}\cdot\sin^2\frac{C}{2}}$$

再次利用不等式(17.68)得

$$P_AQ_A \cdot P_BQ_B \cdot P_CQ_C \geqslant r^3 \qquad (17.70)$$

且由式(17.68)等号成立条件知,当且仅当 $\triangle ABC$ 为正三角形时,不等式(17.70)中的等号成立.

由式(17.69),(17.70),利用对称平均不等式

$$P_AQ_A \cdot P_BQ_B + P_BQ_B \cdot P_CQ_C + P_CQ_C \cdot P_AQ_A \leqslant$$
$$\frac{1}{3}(P_AQ_A+P_BQ_B+P_CQ_C)^2$$

及算术-几何平均不等式

$$P_AQ_A \cdot P_BQ_B + P_BQ_B \cdot P_CQ_C + P_CQ_C \cdot P_AQ_A \geqslant$$
$$3\sqrt[3]{(P_AQ_A \cdot P_BQ_B \cdot P_CQ_C)^2}$$

即可证明式(17.66),(17.65)的左边及式(17.67)的左边,易知当且仅当 $\triangle ABC$ 为正三角形时,不等式的等号成立.

在本书的最后,我们来讨论著名的 Neuberg-Pedoe 不等

第17章 切比雪夫不等式及其应用

式.

1891年,纽贝格(J. Neuberg)首次发现了一个涉及两个三角形的不等式:

定理1 设 $\triangle A_1A_2A_3$ 和 $\triangle B_1B_2B_3$ 的边长分别为 a_1, a_2, a_3 和 b_1, b_2, b_3,它们的面积分别记为 Δ_1, Δ_2,则有

$$a_1^2(b_2^2+b_3^2-b_1^2)+a_2^2(b_3^2+b_1^2-b_2^2)+a_3^2(b_1^2+b_2^2-b_3^2) \geqslant 16\Delta_1\Delta_2 \qquad (17.71)$$

式中等号当且仅当 $\triangle A_1A_2A_3 \backsim \triangle B_1B_2B_3$ 时成立.

但是纽贝格当时并没有给出证明,直到20世纪1943年美国普渡(Purdue)大学教授佩多(D. Pedoe)重新发现并证明了这个不等式.据不完全统计,它的各种美妙证明不下二十余种.1988年中国科技大学陈计先生利用柯西不等式给出了一种相当简捷的代数证法.

将式(17.71)稍作变形后可得到其等价形式

$$16\Delta_1\Delta_2 \leqslant (a_1^2+a_2^2+a_3^2)(b_1^2+b_2^2+b_3^2)-2(a_1^2b_1^2+a_2^2b_2^2+a_3^2b_3^2) \qquad (17.72)$$

移项并用柯西不等式,得

$$16\Delta_1\Delta_2+2(a_1^2b_1^2+a_2^2b_2^2+a_3^2b_3^2) \leqslant \sqrt{[16\Delta_1^2+2(a_1^4+a_2^4+a_3^4)][16\Delta_2^2+2(b_1^4+b_2^4+b_3^4)]} = (a_1^2+a_2^2+a_3^2)(b_1^2+b_2^2+b_3^2)$$

等号当且仅当 $\Delta_1:\Delta_2=a_1^2:b_1^2=a_2^2:b_2^2=a_3^2:b_3^2$ 时成立,亦即 $\triangle A_1A_2A_3 \backsim \triangle B_1B_2B_3$ 时成立.

1988年,陈计、马援给出了式(17.71)的两种四边形推广:

定理2 设 $a_i, b_i (1 \leqslant i \leqslant 4)$ 分别表示四边形 $A_1A_2A_3A_4$ 和 $B_1B_2B_3B_4$ 的四边长,F_1 和 F_2 分别表示它们的面积,则有

$$a_1^2(-b_1^2+b_2^2+b_3^2+b_4^2)+a_2^2(b_1^2-b_2^2+b_3^2+b_4^2)+ a_3^2(b_1^2+b_2^2-b_3^2+b_4^2)+a_4^2(b_1^2+b_2^2+b_3^2-b_4^2)+ 4\left(\frac{b_1^2+b_2^2+b_3^2+b_4^2}{a_1^2+a_2^2+a_3^2+a_4^2} \cdot a_1a_2a_3a_4 + \frac{a_1^2+a_2^2+a_3^2+a_4^2}{b_1^2+b_2^2+b_3^2+b_4^2} \cdot b_1b_2b_3b_4\right) \geqslant 16F_1F_2 \qquad (17.73)$$

式中等号当且仅当四边形 $A_1A_2A_3A_4$ 和 $B_1B_2B_3B_4$ 为相似的圆内接四边形时成立.

证明 由 Steiner 定理,对给定边长的四边形以存在外接

Cauchy 不等式. 下

圆者的面积为最大. 若以 a,b,c,d 表示四边长，p 表示它的半周长，则最大面积可由 Brahmagupta 公式得到

$$F=\sqrt{(p-a)(p-b)(p-c)(p-d)}$$

再由柯西不等式和算术-几何平均不等式，得

$$2\sum a_i^2 b_i^2 + 16 F_1 F_2 \leqslant$$

$$\sqrt{\left(2\sum a_i^4 + 16 F_1^2\right)\left(2\sum b_i^4 + 16 F_2^2\right)} \leqslant$$

$$\sqrt{\left[\left(\sum a_i^2\right)^2 + 8\prod a_i\right]\left[\left(\sum b_i^2\right)^2 + 8\prod b_i\right]} =$$

$$\left(\sum a_i^2\right)\left(\sum b_i^2\right)\sqrt{1+\frac{8\prod a_i}{\left(\sum a_i^2\right)^2}} \cdot \sqrt{1+\frac{8\prod b_i}{\left(\sum b_i^2\right)^2}} \leqslant$$

$$\left(\sum a_i^2\right)\left(\sum b_i^2\right)\left[1+\frac{4\prod a_i}{\left(\sum a_i^2\right)^2}+\frac{4\prod b_i}{\left(\sum b_i^2\right)^2}\right]$$

所以

$$\left(\sum a_i^2\right)\left(\sum b_i^2\right) - 2\sum a_i^2 b_i^2 + 4\left\{\frac{\sum b_i^2}{\sum a_i^2}\cdot\prod a_i + \frac{\sum a_i^2}{\sum b_i^2}\cdot\prod b_i\right\} \geqslant 16 F_1 F_2$$

它可转化为式(17.73)，等号成立条件是 $a_1^2:a_2^2:a_3^2:a_4^2:F_1 = b_1^2:b_2^2:b_3^2:b_4^2:F_2$，且这两个四边形均有外接圆. 这表明四边形 $A_1 A_2 A_3 A_4$ 和 $B_1 B_2 B_3 B_4$ 为相似的圆内接四边形.

约定 $a_i,b_i(i=1,2,\cdots,n)$ 分别表示两个凸 n 边形的边长，S,S' 分别表示其面积. 且记

$$a_1^2(-b_1^2+b_2^2+\cdots+b_n^2)+a_2^2(b_1^2-b_2^2+\cdots+b_n^2)+\cdots+$$
$$a_n^2(b_1^2+b_2^2+\cdots+b_{n-1}^2-b_n^2)=\sum a_1^2(-b_1^2+b_2^2+\cdots+b_n^2)$$

类似地

$$a_1^m(-b_1^m+b_2^m+\cdots+b_n^m)+a_2^m(b_1^m-b_2^m+b_3^m+\cdots+b_n^m)+\cdots+$$
$$a_n^m(b_1^m+b_2^m+\cdots+b_{n-1}^m-b_n^m)=\sum a_1^m(-b_1^m+b_2^m+\cdots+b_n^m)$$

定理 3 在两个凸 n 边形中，若 $a_1 \geqslant a_2 \geqslant \cdots \geqslant a_n, b_1 \leqslant b_2 \leqslant b_3 \leqslant \cdots \leqslant b_n$，则有

第 17 章 切比雪夫不等式及其应用

$$\sum a_1^2(-b_1^2+b_2^2+\cdots+b_n^2) \geqslant \frac{n-2}{n}\left(4\sqrt{SS'}\tan\frac{\pi}{n}\right)^2 \tag{17.74}$$

当且仅当两个凸 n 边形都为正 n 边形时等号成立.

证明 由第 8 章例 25 的证明,有

$$a_1^2+a_2^2+\cdots+a_n^2 \geqslant 4S\tan\frac{\pi}{n} \tag{17.75}$$

$$b_1^2+b_2^2+\cdots+b_n^2 \geqslant 4S'\tan\frac{\pi}{n} \tag{17.76}$$

由题设有

$$a_1^2 \geqslant a_2^2 \geqslant \cdots \geqslant a_n^2$$

及

$$-b_1^2+b_2^2+\cdots+b_n^2 \geqslant b_1^2-b_2^2+b_3^2+\cdots+b_n^2 \geqslant \cdots \geqslant$$
$$b_1^2+b_2^2+\cdots+b_{n-1}^2-b_n^2$$

由切比雪夫不等式 (17.1) 及 (17.75),(17.76),得

$$\sum a_1^2(-b_1^2+b_2^2+\cdots+b_n^2) \geqslant \frac{1}{n}(a_1^2+a_2^2+\cdots+a_n^2)\cdot$$
$$(n-2)(b_1^2+b_2^2+\cdots+b_n^2) \geqslant$$
$$\frac{n-2}{n}\cdot 4S\tan\frac{\pi}{n}\cdot 4S'\tan\frac{\pi}{n} =$$
$$\frac{n-2}{n}\left[4\sqrt{SS'}\tan\frac{\pi}{n}\right]^2$$

若两凸 n 边形都为正 n 边形,不难推得等号成立.反之,若等号成立,易知 $a_1=a_2=\cdots=a_n$,$b_1=b_2=\cdots=b_n$,即两凸 n 边形都为正 n 边形.

显然,当 $n=3$ 时,式 (17.74) 即为式 (17.71),亦即为匹多不等式.

考虑更一般的情形,有:

定理 4 在两个凸 n 边形 $A_1A_2\cdots A_n$ 和 $B_1B_2\cdots B_n$ 中,若 $a_1 \geqslant a_2 \geqslant \cdots \geqslant a_n$,$b_1 \leqslant b_2 \leqslant \cdots \leqslant b_n$,且 $m \geqslant 1$,则有

$$\sum a_1^m(-b_1^m+b_2^m+\cdots+b_n^m) \geqslant n(n-2)\left(\frac{4\tan\frac{\pi}{n}}{n}\right)^m \cdot (SS')^{\frac{m}{2}} \tag{17.77}$$

当且仅当两个凸 n 边形都为正 n 边形时等号成立.

Cauchy 不等式. 下

先证下面的引理.

引理 符号同上所设,则

$$a_1^m + a_2^m + \cdots + a_n^m \geqslant n\left(\frac{4S\tan\frac{\pi}{n}}{n}\right)^{\frac{m}{2}}$$

等号当且仅当 $a_1 = a_2 = \cdots = a_n$ 时成立.

引理的证明 因为函数 $f(x) = x^m$（m 为常数, $m < 0$ 或 $m > 1$）在 $\mathbf{R}_+$ 上是下凸函数,所以

$$\frac{a_1^m + a_2^m + \cdots + a_n^m}{n} \geqslant \left(\frac{a_1 + a_2 + \cdots + a_n}{n}\right)^m \quad (17.78)$$

令凸 n 边形 $A_1 A_2 \cdots A_n$ 的周长 $a_1 + a_2 + \cdots + a_n = l$,则式(17.78)为

$$a_1^m + a_2^m + \cdots + a_n^m \geqslant n\left(\frac{l}{n}\right)^m \quad (17.79)$$

设与凸 n 边形等周长的正 n 边形的周长为 l,那么这个正 n 边形的边长为 $\frac{l}{n}$,记其面积为 $S_{正n}$,则有

$$S_{正n} \geqslant S \quad (17.80)$$

且 $\quad S_{正n} = n \cdot \left(\frac{l}{2n}\right) \cdot \left(\frac{l}{2n}\cot\frac{\pi}{n}\right) = \frac{l^2}{4n}\cot\frac{\pi}{n}$

代入式(17.80),得

$$\frac{l^2}{4n}\cot\frac{\pi}{n} \geqslant S$$

所以 $\quad l^2 \geqslant 4n \cdot S\tan\frac{\pi}{n}(>0)$

所以

$$l^m \geqslant \left(\sqrt{4nS\tan\frac{\pi}{n}}\right)^m \quad (17.81)$$

将式(17.81)代入式(17.79)中,得

$$a_1^m + a_2^m + \cdots + a_n^m \geqslant n\left(\frac{l}{n}\right)^m \geqslant n \cdot \left(\frac{\sqrt{4nS\tan\frac{\pi}{n}}}{n}\right)^m =$$

$$n\left(\frac{4S\tan\frac{\pi}{n}}{n}\right)^{\frac{m}{2}}$$

第 17 章 切比雪夫不等式及其应用

下面回过头来证明定理 4.

证明 由已知得 $a_1^m \geqslant a_2^m \geqslant \cdots \geqslant a_n^m$,及

$$-b_1^m + b_2^m + \cdots + b_n^m \geqslant b_1^m - b_2^m + b_3^m + \cdots + b_n^m \geqslant \cdots \geqslant b_1^m + b_2^m + \cdots + b_{n-1}^m - b_n^m$$

于是利用切比雪夫不等式及引理,得

$$\sum a_1^m(-b_1^m + b_2^m + \cdots + b_n^m) \geqslant$$
$$\frac{1}{n}(a_1^m + a_2^m + \cdots + a_n^m) \cdot$$
$$(n-2) \cdot (b_1^m + b_2^m + \cdots + b_n^m) \geqslant$$
$$\frac{n-2}{n} \cdot n \left(\frac{4S\tan\frac{\pi}{n}}{n}\right)^{\frac{m}{2}} \cdot n \left(\frac{4S'\tan\frac{\pi}{n}}{n}\right)^{\frac{m}{2}} =$$
$$n(n-2)\left(\frac{4\tan\frac{\pi}{n}}{n}\right)^m (SS')^{\frac{m}{2}}$$

显然,当 $m = 1$ 时,有

$$\sum a_1(-b_1 + b_2 + \cdots + b_n) \geqslant 4(n-2)\sqrt{SS'} \tan\frac{\pi}{n}$$

当 $m = 2$ 时,即为定理 3.

当 $n = 3$ 时,有

$$\sum a_1^m(-b_1^m + b_2^m + b_3^m) \geqslant 3 \cdot \left(\frac{16SS'}{3}\right)^{\frac{m}{2}}$$

仿照定理 4 的证法,可得

定理 5 在两个凸 n 边形 $A_1A_2\cdots A_n$ 和 $B_1B_2\cdots B_n$ 中,若 $a_1 \geqslant a_2 \geqslant \cdots \geqslant a_n, b_1 \geqslant b_2 \geqslant \cdots \geqslant b_n$,则

$$a_1^m b_1^m + a_2^m b_2^m + \cdots + a_n^m b_n^m \geqslant n\left(\frac{4\tan\frac{\pi}{n}}{n}\right)^m (SS')^{\frac{m}{2}} \quad (17.82)$$

当且仅当两个凸 n 边形都为正 n 边形时等号成立.

显然,当 $n = 3$ 时,有

$$a_1^m b_1^m + a_2^m b_2^m + a_3^m b_3^m \geqslant 3\left(\frac{16SS'}{3}\right)^{\frac{m}{2}}$$

当且仅当两个三角形都为正三角形时,等号成立.

定理 6 在两个凸 n 边形 $A_1A_2\cdots A_n$ 和 $B_1B_2\cdots B_n$ 中,若

327

Cauchy 不等式. 下

$a_1 \geqslant a_2 \geqslant \cdots \geqslant a_n$ 且 $b_1 \leqslant b_2 \leqslant \cdots \leqslant b_n$，或 $a_1 \leqslant a_2 \leqslant \cdots \leqslant a_n$ 且 $b_1 \geqslant b_2 \geqslant \cdots \geqslant b_n$，$p_1, p_2 \geqslant 1$，$p = p_1 + p_2$，则有

$$a_1^{p_1}(-b_1^{p_2} + b_2^{p_2} + \cdots + b_n^{p_2}) + a_2^{p_1}(b_1^{p_2} - b_2^{p_2} + \cdots + b_n^{p_2}) + \cdots +$$
$$a_n^{p_1}(b_1^{p_2} + b_2^{p_2} + \cdots + b_{n-1}^{p_2} - b_n^{p_2}) \geqslant$$

$$n(n-2)\left[\frac{4\tan\frac{\pi}{n}}{n}\right]^{\frac{p}{2}} S^{\frac{p_1}{2}} S'^{\frac{p_2}{2}} \qquad (17.83)$$

证明　不失一般性，设

$$b_1 \geqslant b_2 \geqslant \cdots \geqslant b_n \text{ 且 } a_1 \leqslant a_2 \leqslant \cdots \leqslant a_n$$

因为　　　　　　　　　　$a_i, b_i > 0$

所以　　　$a_1^{p_1} \leqslant a_2^{p_1} \leqslant \cdots \leqslant a_n^{p_1}$，$b_1^{p_2} \geqslant b_2^{p_2} \geqslant \cdots \geqslant b_n^{p_2}$

所以

$$-b_1^{p_2} + b_2^{p_2} + \cdots + b_n^{p_2} \leqslant b_1^{p_2} - b_2^{p_2} + \cdots + b_n^{p_2} \leqslant \cdots \leqslant$$
$$b_1^{p_2} + b_2^{p_2} + \cdots + b_{n-1}^{p_2} - b_n^{p_2}$$

由切比雪夫不等式，得

$$\frac{1}{n}[a_1^{p_1}(-b_1^{p_2} + b_2^{p_2} + \cdots + b_n^{p_2}) + a_2^{p_1}(b_1^{p_2} - b_2^{p_2} + \cdots + b_n^{p_2}) + \cdots +$$
$$a_n^{p_1}(b_1^{p_2} + b_2^{p_2} + \cdots + b_{n-1}^{p_2} - b_n^{p_2})] \geqslant$$
$$\left[\frac{1}{n}(a_1^{p_1} + a_2^{p_1} + \cdots + a_n^{p_1})\right]\left\{\frac{1}{n}[(-b_1^{p_2} + b_2^{p_2} + \cdots + b_n^{p_2}) +$$
$$(b_1^{p_2} - b_2^{p_2} + \cdots + b_n^{p_2}) + \cdots + (b_1^{p_2} + b_2^{p_2} + \cdots + b_{n-1}^{p_2} - b_n^{p_2})]\right\} =$$
$$(n-2)\left(\frac{a_1^{p_1} + a_2^{p_1} + \cdots + a_n^{p_1}}{n}\right) \cdot \left(\frac{b_1^{p_2} + b_2^{p_2} + \cdots + b_n^{p_2}}{n}\right) \geqslant$$
$$(n-2) \cdot \left[\frac{4\tan\frac{\pi}{n}}{n}\right]^{\frac{p_1}{2}} \cdot S^{\frac{p_1}{2}} \cdot \left[\frac{4\tan\frac{\pi}{n}}{n}\right]^{\frac{p_2}{2}} S'^{\frac{p_2}{2}} \geqslant$$
$$(n-2) \cdot \left[\frac{4\tan\frac{\pi}{n}}{n}\right]^{\frac{p}{2}} S^{\frac{p_1}{2}} S'^{\frac{p_2}{2}}$$

对于 $n=3$，即三角形的情形，式(17.83)可加强为 p_1, p_2 只要大于 0 即可. 即：

$\triangle ABC$ 和 $\triangle A'B'C'$ 的边长分别为 a, b, c 和 a', b', c'，面积为 S, S'，且满足 $a \geqslant b \geqslant c$ 且 $a' \leqslant b' \leqslant c'$，或 $a \leqslant b \leqslant c$ 且 $a' \geqslant b' \geqslant$

第17章 切比雪夫不等式及其应用

$c', p_1, p_2 > 0, p = p_1 + p_2$,则

$$a^{p_1}(-a'^{p_2}+b'^{p_2}+c'^{p_2})+b^{p_1}(a'^{p_2}-b'^{p_2}+c'^{p_2})+$$
$$c^{p_1}(a'^{p_2}+b'^{p_2}-c'^{p_2}) \geqslant 2^p \cdot 3^{1-\frac{p}{4}} S^{\frac{p_1}{2}} \cdot S'^{\frac{p_2}{2}} \qquad (17.84)$$

Cauchy 不等式. 下

习题十七

1. (1976 年英国数学奥林匹克试题) 设 $a_1, a_2, \cdots, a_n$ 是正数, 且 $a_1 + a_2 + \cdots + a_n = S$, 求证

$$\frac{a_1}{S-a_1} + \frac{a_2}{S-a_2} + \cdots + \frac{a_n}{S-a_n} \geqslant \frac{n}{n-1} \quad (1)$$

2. (1998 年亚太地区数学奥林匹克试题) 设 a, b, c 是正数, 求证

$$\left(1+\frac{a}{b}\right)\left(1+\frac{b}{c}\right)\left(1+\frac{c}{a}\right) \geqslant 2\left(1+\frac{a+b+c}{\sqrt[3]{abc}}\right)$$

3. (2006 年罗马尼亚国家集训队试题) 设 a, b, c 是正实数, 且 $a+b+c=3$, 证明

$$\frac{1}{a^2} + \frac{1}{b^2} + \frac{1}{c^2} \geqslant a^2 + b^2 + c^2$$

4. (2003 年摩尔多瓦数学奥林匹克试题) 设 x, y, z 都是正数, 且 $x+y+z \geqslant 1$, 证明

$$\frac{x\sqrt{x}}{y+z} + \frac{y\sqrt{y}}{z+x} + \frac{z\sqrt{z}}{x+y} \geqslant \frac{\sqrt{3}}{2}$$

5. (2005 年摩尔多瓦数学奥林匹克试题) 已知 a, b, c 是正数, 且 $a^4 + b^4 + c^4 = 3$, 证明: $\dfrac{1}{4-ab} + \dfrac{1}{4-bc} + \dfrac{1}{4-ca} \leqslant 1$.

6. (2004 年中国女子数学奥林匹克试题) 设 $u, v, w > 0$, 满足

$$u\sqrt{vw} + v\sqrt{uw} + w\sqrt{uv} \geqslant 1$$

求 $u+v+w$ 的最小值.

7. 设 $a, b, c > 0$, $a+b+c = \dfrac{1}{a} + \dfrac{1}{b} + \dfrac{1}{c}$, $a \leqslant b \leqslant c$. 求证: $ab^2c^3 \geqslant 1$.

8. 已知 $x_1, x_2, \cdots, x_n \in \mathbf{R}_+$, 且

$$\frac{x_1}{1+x_1} + \frac{x_2}{1+x_2} + \cdots + \frac{x_n}{1+x_n} = 1$$

求证: $x_1 + x_2 + \cdots + x_n \geqslant \dfrac{n}{n-1}$.

9. 设 $x_1, x_2, \cdots, x_n$ 是 $n(n \geqslant 2, n \in \mathbf{N}_+)$ 个非负实数, 且

第17章 切比雪夫不等式及其应用

$$\sum_{i=1}^{n} x_i = n, \sum_{i=1}^{n} i x_i = 2n - 2$$

求 $x_1 + 4x_2 + \cdots + n^2 x_n$ 的最大值.

10. 设 $a,b,c \in \mathbf{R}_+$,且 $a+b+c=3$. 证明

$$\sum \frac{1}{a\sqrt{2(a^2+bc)}} \geqslant \sum \frac{1}{a+bc}$$

其中,$\sum$ 表示轮换对称和.

11. (2015 年中国国家队集训选拔考试题)给定整数 $n \geqslant 2$,设 $x_1, x_2, \cdots, x_n$ 为单调不减的正数序列,并使 $x_1, \dfrac{x_2}{2}, \cdots, \dfrac{x_n}{n}$ 构成一个单调不增的序列.

证明:$\dfrac{A_n}{G_n} \leqslant \dfrac{n+1}{2\sqrt[n]{n!}}$.

其中,A_n 与 G_n 分别表示 $x_1, x_2, \cdots, x_n$ 的算术平均与几何平均.

12. (2005 年塞尔维亚数学奥林匹克试题)已知 x, y, z 是正数,求证:$\dfrac{x}{\sqrt{y+z}} + \dfrac{y}{\sqrt{z+x}} + \dfrac{z}{\sqrt{x+y}} \geqslant \sqrt{\dfrac{3}{2}(x+y+z)}$.

13. (第 28 届 IMO 试题)若 a,b,c 为正数,$2s = a+b+c$,$n \in \mathbf{N}$,则

$$\frac{a^n}{b+c} + \frac{b^n}{c+a} + \frac{c^n}{a+b} \geqslant \left(\frac{2}{3}\right)^{n-2} s^{n-1}$$

14. (2010 年土耳其国家集训队选拔试题)已知 a,b,c 是正实数,证明

$$\sqrt[4]{\frac{(a^2+b^2)(a^2-ab+b^2)}{2}} + \sqrt[4]{\frac{(b^2+c^2)(b^2-bc+c^2)}{2}} +$$
$$\sqrt[4]{\frac{(c^2+a^2)(c^2-ca+a^2)}{2}} \leqslant$$
$$\frac{2}{3}(a^2+b^2+c^2)\left(\frac{1}{a+b} + \frac{1}{b+c} + \frac{1}{c+a}\right)$$

15. (2008 年土耳其集训队试题)方程 $x^3 - ax^2 + bx - c = 0$ 有三个正数根(可以相等),求 $\dfrac{1+a+b+c}{3+2a+b} - \dfrac{c}{b}$ 的最小值.

16. (1999 年波兰数学奥林匹克试题)设 α, β, γ 是一个三角

Cauchy 不等式. 下

形的三个内角,它们的对边分别为 a,b,c,证明:$\dfrac{a}{\alpha(b+c-a)}+\dfrac{b}{\beta(c+a-b)}+\dfrac{c}{\gamma(a+b-c)}\geqslant \dfrac{1}{\alpha}+\dfrac{1}{\beta}+\dfrac{1}{\gamma}$.

17.(2015 年中国西部数学奥林匹克邀请赛试题)设整数 $n\geqslant 2$,正实数 $x_1,x_2,\cdots,x_n$ 满足 $\sum\limits_{i=1}^{n}x_i=1$. 证明

$$\left(\sum_{i=1}^{n}\dfrac{1}{1-x_i}\right)\left(\sum_{1\leqslant i<j\leqslant n}x_ix_j\right)\leqslant \dfrac{n}{2}$$

18.(第 28 届 IMO 预选题的推广)设 $a_1,a_2,\cdots,a_N$ 是正实数,且 $2S=a_1+a_2+\cdots+a_N$,$n\geqslant m\geqslant 1$,记 $P=\sum\limits_{k=1}^{N}a_k^m$,则

$$\sum_{k=1}^{N}\dfrac{a_k^n}{P-a_k^m}\geqslant \dfrac{(2S)^{n-m}}{(N-1)N^{n-m-1}}.$$

19.(2009 年波兰数学奥林匹克试题)已知 a,b,c 是正实数,$n\geqslant 1$ 是正整数,证明:$\dfrac{a^{n+1}}{b+c}+\dfrac{b^{n+1}}{c+a}+\dfrac{c^{n+1}}{a+b}\geqslant \left(\dfrac{a^n}{b+c}+\dfrac{b^n}{c+a}+\dfrac{c^n}{a+b}\right)\sqrt[n]{\dfrac{a^n+b^n+c^n}{3}}$.

20.设 $x_1,x_2,\cdots,x_n>0$,且满足 $x_1x_2\cdots x_n=1$,$n\geqslant 3$,$n\in\mathbf{N}$,记 $S=\sum\limits_{i=1}^{n}x_i$,证明

$$\sum_{i=1}^{n}\dfrac{1}{1+S-x_i}\leqslant 1 \qquad (1)$$

21.(2014 年全国高中数学联赛福建赛区预赛题)给定 2 014 个和为 1 的非负实数 $a_1,a_2,\cdots,a_{2014}$. 证明:存在 $a_1,a_2,\cdots,a_{2014}$ 的一个排列 $x_1,x_2,\cdots,x_{2014}$,满足

$$x_1x_2+x_2x_3+\cdots+x_{2013}x_{2014}+x_{2014}x_1\leqslant \dfrac{1}{2\,014}$$

最新竞赛题选讲

第 18 章

例 1（2014 年第 11 届中国东南地区数学奥林匹克试题）设 $\triangle ABC$ 与 $\triangle xyz$ 均为锐角三角形. 证明

$$\cot A(\cot y+\cot z), \cot B(\cot z+\cot x),$$
$$\cot C(\cot x+\cot y)$$

三个数的最大值不小于 $\dfrac{2}{3}$.

证明 将 $\cot A, \cot B, \cot C, \cot x, \cot y, \cot z$ 分别记为 a, b, c, x, y, z, 则

$$ab+bc+ca=xy+yz+zx=1$$

其中 $a, b, c, x, y, z > 0$.

由柯西不等式得

$$(a+b+c)^2(x+y+z)^2=$$
$$(a^2+b^2+c^2+2)(x^2+y^2+z^2+2)\geqslant$$
$$(ax+by+cz+2)^2\Rightarrow$$
$$(a+b+c)(x+y+z)\geqslant ax+by+cz+2\Rightarrow$$
$$a(y+z)+b(z+x)+c(x+y)\geqslant 2\Rightarrow$$
$$\max\{a(y+z),b(z+x),c(x+y)\}\geqslant\dfrac{2}{3}$$

例 2（2014 年中国西部数学邀请赛预选赛试题）设实数 a, b, c, d 互不相同. 证明

$$\left|\dfrac{a}{b-c}\right|+\left|\dfrac{b}{c-d}\right|+\left|\dfrac{c}{d-a}\right|+\left|\dfrac{d}{a-b}\right|\geqslant 2$$

证明 注意到

$$\dfrac{|a|}{|b-c|}+\dfrac{|b|}{|c-d|}+\dfrac{|c|}{|d-a|}+\dfrac{|d|}{|a-b|}\geqslant$$

Cauchy 不等式. 下

$$\frac{|a|}{|b|+|c|}+\frac{|b|}{|c|+|d|}+\frac{|c|}{|d|+|a|}+\frac{|d|}{|a|+|b|}$$

下设 $a,b,c,d \geqslant 0$,其中 a,b,c,d 中至多有一个 0. 现证明

$$\frac{a}{b+c}+\frac{b}{c+d}+\frac{c}{d+a}+\frac{d}{a+b} \geqslant 2$$

由柯西不等式得

$$\left(\frac{a}{b+c}+\frac{b}{c+d}+\frac{c}{d+a}+\frac{d}{a+b}\right) \cdot$$
$$[a(b+c)+b(c+d)+c(d+a)+d(a+b)] \geqslant$$
$$(a+b+c+d)^2$$

而

$$(a+b+c+d)^2-2[a(b+c)+b(c+d)+$$
$$c(d+a)+d(a+b)]=(a-c)^2+(b-d)^2 \geqslant 0$$

故

$$\frac{a}{b+c}+\frac{b}{c+d}+\frac{c}{d+a}+\frac{d}{a+b} \geqslant 2$$

综上所述,原不等式得证.

例 3 设 $x,y,z>0$,且 $x^2+y^2+z^2=3$. 证明

$$\frac{x^2+x}{(\sqrt{yz}+1)^2}+\frac{y^2+y}{(\sqrt{zx}+1)^2}+\frac{z^2+z}{(\sqrt{xy}+1)^2} \geqslant \frac{3}{2}$$

证明 由柯西不等式得

$$\left(\frac{yz}{x^2}+\frac{1}{x}\right)(x^2+x) \geqslant (\sqrt{yz}+1)^2 \Rightarrow \frac{x^2+x}{(\sqrt{yz}+1)^2} \geqslant \frac{x^2}{x+yz}$$

类似地

$$\frac{y^2+y}{(\sqrt{zx}+1)^2} \geqslant \frac{y^2}{y+zx}$$

$$\frac{z^2+z}{(\sqrt{xy}+1)^2} \geqslant \frac{z^2}{z+xy}$$

以上三式相加得

$$\frac{x^2+x}{(\sqrt{yz}+1)^2}+\frac{y^2+y}{(\sqrt{zx}+1)^2}+\frac{z^2+z}{(\sqrt{xy}+1)^2} \geqslant$$
$$\frac{x^2}{x+yz}+\frac{y^2}{y+zx}+\frac{z^2}{z+xy}$$

再由柯西不等式得

334

第18章 最新竞赛题选讲

$$\frac{x^2}{x+yz}+\frac{y^2}{y+zx}+\frac{z^2}{z+xy}\geqslant$$

$$\frac{(x+y+z)^2}{x+y+z+xy+yz+zx}=$$

$$\frac{(x+y+z)^2}{x+y+z+\frac{(x+y+z)^2-(x^2+y^2+z^2)}{2}}=$$

$$\frac{(x+y+z)^2}{x+y+z+\frac{(x+y+z)^2}{2}-\frac{3}{2}}$$

由 $(x+y+z)^2\leqslant 3(x^2+y^2+z^2)$,有 $x+y+z\leqslant 3$.

令 $f(u)=\dfrac{u^2}{u+\dfrac{u^2}{2}-\dfrac{3}{2}}$ $(u\in(0,3])$.则

$$f(u)=\frac{1}{-\dfrac{3}{2}\left(\dfrac{1}{u}\right)^2+\dfrac{1}{u}+\dfrac{1}{2}}=$$

$$\frac{1}{-\dfrac{3}{2}\left(\dfrac{1}{u}-\dfrac{1}{3}\right)^2+\dfrac{2}{3}}\geqslant\frac{3}{2}$$

故

$$\frac{(x+y+z)^2}{x+y+z+\dfrac{(x+y+z)^2}{2}-\dfrac{3}{2}}\geqslant\frac{3}{2}$$

当且仅当 $x=y=z=1$ 时,上述不等式等号同时成立.

故

$$\frac{x^2+x}{(\sqrt{yz}+1)^2}+\frac{y^2+y}{(\sqrt{zx}+1)^2}+\frac{z^2+z}{(\sqrt{xy}+1)^2}\geqslant\frac{3}{2}$$

例 4 (2014 年土耳其国家队选拔考试题)设非负实数 a,b,c 满足 $a^2+b^2+c^2=1$.证明

$$\sqrt{a+b}+\sqrt{b+c}+\sqrt{c+a}\geqslant 5abc+2$$

证明 先证明

$$\sqrt{a+b}+\sqrt{b+c}+\sqrt{c+a}\geqslant\sqrt{7(a+b+c)-3} \quad (18.1)$$

设 $a+b+c=x$,则 $ab+bc+ca=\dfrac{x^2-1}{2}$.

由柯西不等式得

Cauchy 不等式. 下

$$1 = a^2 + b^2 + c^2 \leqslant (a+b+c)^2 \leqslant 3(a^2+b^2+c^2)$$

于是,$1 \leqslant x \leqslant \sqrt{3}$. 容易证明

$$(\sqrt{a+b} + \sqrt{b+c} + \sqrt{c+a})^2 =$$
$$2x + 2\left(\sqrt{a^2 + \frac{x^2-1}{2}} + \sqrt{b^2 + \frac{x^2-1}{2}} + \sqrt{c^2 + \frac{x^2-1}{2}}\right)$$

注意到,$0 \leqslant a \leqslant 1, x \geqslant 1$. 则

$$\sqrt{a^2 + \frac{x^2-1}{2}} \geqslant a + \frac{x-1}{2} \tag{18.2}$$

事实上,式(18.2)等价于

$$a^2 + \frac{x^2-1}{2} \geqslant a^2 + a(x-1) + \frac{(x-1)^2}{4} \Leftrightarrow$$
$$(x-1)(x+3-4a) \geqslant 0$$

因为 $x \geqslant 1 \geqslant a$,所以,式(18.2)成立.

由式(18.2)及类似的不等式,知式(18.1)成立.

因此,只要证

$$7(a+b+c) - 3 \geqslant (5abc+2)^2$$

由均值不等式得

$$ab + bc + ca \geqslant 3\sqrt[3]{a^2 b^2 c^2}$$

于是,$abc \leqslant \left(\frac{x^2-1}{6}\right)^{\frac{3}{2}}$. 因此

$$(5abc+2)^2 \leqslant \left[5\left(\frac{x^2-1}{6}\right)^{\frac{3}{2}} + 2\right]^2$$

从而,只要证

$$\left[5\left(\frac{x^2-1}{6}\right)^{\frac{3}{2}} + 2\right]^2 \leqslant 7x - 3$$

事实上

$$\left[5\left(\frac{x^2-1}{6}\right)^{\frac{3}{2}} + 2\right]^2 \leqslant 7x - 3 \Leftrightarrow$$
$$7(x-1) \geqslant 25\left(\frac{x^2-1}{6}\right)^3 + 20\left(\frac{x^2-1}{6}\right)^{\frac{3}{2}} \Leftrightarrow$$
$$\left[\frac{25(x^2-1)^2(x+1)}{216} + \frac{5\sqrt{6}(x^2-1)^{\frac{1}{2}}(x+1)}{9} - 7\right](x-1) \leqslant 0$$
$$\tag{18.3}$$

因为 $1 \leqslant x \leqslant \sqrt{3}$，且关于 x 的函数

$$f(x) = \frac{25(x^2-1)^2(x+1)}{216} + \frac{5\sqrt{6}(x^2-1)^{\frac{1}{2}}(x+1)}{9}$$

严格递增，所以

$$f(x) \leqslant f(\sqrt{3}) = \frac{205 + 85\sqrt{3}}{54} \approx 6.52 < 7$$

由 $f(x) - 7 \leqslant 0$ 及 $x - 1 \geqslant 0$，知式(18.3)成立.

例 5 （2012 年第 25 届韩国数学奥林匹克试题）已知 x, y, z 是正实数. 证明

$$\frac{2x^2 + xy}{(y + \sqrt{zx} + z)^2} + \frac{2y^2 + yz}{(z + \sqrt{xy} + x)^2} + \frac{2z^2 + zx}{(x + \sqrt{yz} + y)^2} \geqslant 1$$

证明 由柯西不等式得

$$(xy + x^2 + x^2)\left(\frac{y}{x} + \frac{z}{x} + \frac{z^2}{x^2}\right) \geqslant (y + \sqrt{zx} + z)^2$$

即 $\dfrac{2x^2 + xy}{(y + \sqrt{zx} + z)^2} \geqslant \dfrac{x^2}{xy + zx + z^2}$.

同理

$$\frac{2z^2 + zx}{(x + \sqrt{yz} + y)^2} \geqslant \frac{z^2}{zx + yz + y^2}$$

$$\frac{2y^2 + yz}{(z + \sqrt{xy} + x)^2} \geqslant \frac{y^2}{yz + xy + x^2}$$

只需证明

$$M = \frac{x^2}{xy + zx + z^2} + \frac{y^2}{yz + xy + x^2} + \frac{z^2}{zx + yz + y^2} \geqslant 1$$

由柯西不等式得

$$M[(xy + zx + z^2) + (yz + xy + x^2) + (zx + yz + y^2)] \geqslant (x + y + z)^2$$

因为

$$(xy + zx + z^2) + (yz + xy + x^2) + (zx + yz + y^2) = (x + y + z)^2$$

所以，$M \geqslant 1$.

例 6 （2014 年第 24 届日本数学奥林匹克试题）求最大的正实数 k，使得对于任意满足 $a + b + c = 1$ 的非负实数 a, b, c，均有

$$\sum \frac{a}{1 + 9bc + k(b-c)^2} \geqslant \frac{1}{2}$$

Cauchy 不等式.下

证明 在所给的不等式中,令 $a=0, b=c=\dfrac{1}{2}$,则

$$\frac{\dfrac{1}{2}}{1+\dfrac{1}{4}k}+\frac{\dfrac{1}{2}}{1+\dfrac{1}{4}k}\geqslant \frac{1}{2}$$

解得 $k\leqslant 4$.

下面证明:当 $k=4$ 时,所证不等式恒成立.

根据柯西不等式得

$$\left[\sum \frac{a}{1+9bc+4(b-c)^2}\right]\left\{\sum a[1+9bc+4(b-c)^2]\right\}\geqslant (a+b+c)^2=1 \qquad (18.4)$$

又

$$\sum a[1+9bc+4(b-c)^2]=a+b+c+3abc+4\sum(a^2b+a^2c)$$

且根据舒尔不等式知

$$3abc+4\sum(a^2b+a^2c)\leqslant$$

$$3abc+(a^3+b^3+c^3+3abc)+3\sum(a^2b+a^2c)=$$

$$(a+b+c)^3$$

综合上述两个不等式知

$$\sum a[1+9bc+4(b-c)^2]\leqslant (a+b+c)+(a+b+c)^3=2 \qquad (18.5)$$

根据式(18.4),(18.5)得

$$\sum \frac{a}{1+9bc+4(b-c)^2}\geqslant \frac{1}{2}$$

综上,满足条件的正实数 k 的最大值为 4.

例 7 (2013 年希腊国家队选拔考试题)对任意正实数 x,$y,z,xy+yz+zx=1$.确定 M 的最大值,使得

$$\frac{x}{1+\dfrac{yz}{x}}+\frac{y}{1+\dfrac{zx}{y}}+\frac{z}{1+\dfrac{xy}{z}}\geqslant M$$

证明 原不等式可变成

$$\frac{x^2}{x+yz}+\frac{y^2}{y+zx}+\frac{z^2}{z+xy}\geqslant M$$

因为 $x,y,z>0$,所以,由柯西不等式得

第 18 章 最新竞赛题选讲

$$\left(\frac{x^2}{x+yz}+\frac{y^2}{y+zx}+\frac{z^2}{z+xy}\right)(x+yz+y+zx+z+xy)\geqslant$$
$$(x+y+z)^2\Leftrightarrow$$
$$\frac{x^2}{x+yz}+\frac{y^2}{y+zx}+\frac{z^2}{z+xy}\geqslant\frac{(x+y+z)^2}{x+y+z+xy+yz+zx}\Leftrightarrow$$
$$\frac{x^2}{x+yz}+\frac{y^2}{y+zx}+\frac{z^2}{z+xy}\geqslant\frac{(x+y+z)^2}{x+y+z+1} \qquad (18.6)$$

故对任意正实数 $x,y,z,xy+yz+zx=1$,当且仅当
$$\frac{x^2}{x^2+xyz}=\frac{y^2}{y^2+xyz}=\frac{z^2}{z^2+xyz}$$
时,式(18.6)等号成立,即 $x=y=z=\frac{\sqrt{3}}{3}$.

由 $(x+y+z)^2\geqslant 3(xy+yz+zx)$,有
$$x+y+z\geqslant\sqrt{3} \qquad (18.7)$$

当 $x=y=z=\frac{\sqrt{3}}{3}$ 时,式(18.7)等号成立.

下面来证明函数 $f(u)=\frac{u^2}{u+1}(u\geqslant\sqrt{3})$ 严格递增.

事实上
$$f(u)>f(v)\Leftrightarrow$$
$$\frac{u^2}{u+1}>\frac{v^2}{v+1}\Leftrightarrow$$
$$u^2v+u^2-uv^2-v^2>0\Leftrightarrow$$
$$(u-v)(uv+u+v)>0\Leftrightarrow$$
$$u-v>0$$

于是 $f(u)>f(\sqrt{3})=\frac{3(\sqrt{3}-1)}{2}$. 故对任意正实数 $x,y,z,xy+yz+zx=1$,均有
$$\frac{x^2}{x+yz}+\frac{y^2}{y+zx}+\frac{z^2}{z+xy}\geqslant\frac{(x+y+z)^2}{x+y+z+1}\geqslant\frac{3(\sqrt{3}-1)}{2}$$

因此,$M_{\max}=\frac{3(\sqrt{3}-1)}{2}$.

例 8 (2013 年中国台湾数学奥林匹克训练营试题)设 a,b,c 为正实数.证明

Cauchy 不等式. 下

$$\frac{8a^2+2ab}{(b+\sqrt{6ac}+3c)^2}+\frac{2b^2+3bc}{(3c+\sqrt{2ab}+2a)^2}+\frac{18c^2+6ac}{(2a+\sqrt{3bc}+b)^2} \geqslant 1$$

证明 令 $a=\dfrac{1}{2}x, b=y, c=\dfrac{1}{3}z$,则原不等式变为

$$\frac{2x^2+xy}{(y+\sqrt{xz}+2)^2}+\frac{2y^2+yz}{(z+\sqrt{xy}+x)^2}+\frac{2z^2+xz}{(x+\sqrt{yz}+y)^2} \geqslant 1$$

由柯西不等式,得

$$(yx+x^2+x^2)\left(\frac{y}{x}+\frac{z}{x}+\frac{z^2}{x^2}\right) \geqslant (y+\sqrt{xz}+z)^2$$

因此

$$\frac{2x^2+xy}{(y+\sqrt{xz}+z)^2} \geqslant \frac{x^2}{xy+xz+z^2}$$

当且仅当 $x=z$ 时,上式等号成立.

类似地,得

$$\frac{2y^2+yz}{(z+\sqrt{xy}+x)^2} \geqslant \frac{y^2}{yz+yx+x^2}, \frac{2z^2+xz}{(x+\sqrt{yz}+y)^2} \geqslant \frac{z^2}{zx+zy+y^2}$$

当且仅当 $y=x, z=y$ 时,以上两式等号分别成立.

令

$$M=\frac{x^2}{xy+xz+z^2}+\frac{y^2}{yz+yx+x^2}+\frac{z^2}{zx+zy+y^2}$$

再次使用柯西不等式得

$$M\sum(xy+xz+z^2) \geqslant (x+y+z)^2$$

而 $\sum(xy+xz+z^2)=(x+y+z)^2$,则 $M \geqslant 1$.

当且仅当 $x=y=z$,即 $2a=b=3c$ 时,所证不等式等号成立.

例9 设 $a,b,c>0$,求证

$$\frac{a^3}{a^3+(b+c)^3}+\frac{b^3}{b^3+(c+a)^3}+\frac{c^3}{c^3+(a+b)^3} \geqslant \frac{1}{3}$$

证明 由柯西不等式的变形式

$$\frac{a_1^2}{b_1}+\frac{a_2^2}{b_2}+\frac{a_3^2}{b_3} \geqslant \frac{(a_1+a_2+a_3)^2}{b_1+b_2+b_3} \quad (a_i, b_i>0, i=1,2,3)$$

得

$$\frac{a^3}{a^3+(b+c)^3}+\frac{b^3}{b^3+(c+a)^3}+\frac{c^3}{c^3+(a+b)^3}=$$

第18章 最新竞赛题选讲

$$\frac{a^6}{a^6+a^3(b+c)^3}+\frac{b^6}{b^6+b^3(c+a)^3}+\frac{c^6}{c^6+c^3(a+b)^3}\geqslant$$

$$\frac{(a^3+b^3+c^3)^2}{a^6+b^6+c^6+a^3(b+c)^3+b^3(c+a)^3+c^3(a+b)^3}$$

于是要证原不等式成立,只需证以下不等式

$$\frac{(a^3+b^3+c^3)^2}{a^6+b^6+c^6+a^3(b+c)^3+b^3(c+a)^3+c^3(a+b)^3}\geqslant\frac{1}{3}\Leftrightarrow$$

$$3(a^3+b^3+c^3)^2\geqslant$$

$$a^6+b^6+c^6+a^3(b+c)^3+b^3(c+a)^3+c^3(a+b)^3\Leftrightarrow$$

$$4(a^6+b^6+c^6)+8(a^3b^3+b^3c^3+c^3a^3)\geqslant$$

$$6(a^3b^2c+a^3bc^2+b^3c^2a+b^3ca^2+c^3a^2b+c^3ab^2) \quad (18.8)$$

由 6 元均值不等式得

$$a^6+a^3b^3+a^3b^3+a^3b^3+b^3c^3+c^3a^3\geqslant 6\sqrt[6]{a^{18}b^{12}c^6}=6a^3b^2c$$

即

$$a^6+3a^3b^3+b^3c^3+c^3a^3\geqslant 6a^3b^2c$$

同理

$$a^6+3c^3a^3+a^3b^3+b^3c^3\geqslant 6a^3bc^2$$

$$b^6+3b^3c^3+c^3a^3+a^3b^3\geqslant 6b^3c^2a$$

$$b^6+3a^3b^3+b^3c^3+c^3a^3\geqslant 6b^3ca^2$$

$$c^6+3c^3a^3+a^3b^3+b^3c^3\geqslant 6c^3a^2b$$

$$c^6+3b^3c^3+c^3a^3+a^3b^3\geqslant 6c^3ab^2$$

以上 6 个不等式相加得

$$2(a^6+b^6+c^6)+10(a^3b^3+b^3c^3+c^3a^3)\geqslant$$

$$6(a^3b^2c+a^3bc^2+b^3c^2a+b^3ca^2+c^3a^2b+c^3ab^2) \quad (18.9)$$

又由二元均值不等式得

$$a^6+b^6\geqslant 2a^3b^3, b^6+c^6\geqslant 2b^3c^3, c^6+a^6\geqslant 2c^3a^3$$

此三个不等式相加得

$$2(a^6+b^6+c^6)\geqslant 2(a^3b^3+b^3c^3+c^3a^3)$$

所以

$$4(a^6+b^6+c^6)+8(a^3b^3+b^3c^3+c^3a^3)\geqslant$$

$$2(a^6+b^6+c^6)+10(a^3b^3+b^3c^3+c^3a^3) \quad (18.10)$$

由式(18.9),(18.10)知式(18.8)成立,从而原不等式得证.

例 10 (2013 年第 30 届伊朗国家队选拔考试题)已知

341

Cauchy 不等式. 下

$\triangle ABC$ 的三边长分别为 a,b,c,且 $a \geq b \geq c$. 证明
$$\sqrt{a(a+b-\sqrt{ab})} + \sqrt{b(a+c-\sqrt{ac})} + \sqrt{c(b+c-\sqrt{bc})} \geq a+b+c$$

证明 设 $a=x^2, b=y^2, c=z^2 (x,y,z>0)$,则 $x \geq y \geq z$.

由于 $x^2 \leq y^2 + z^2 < (y+z)^2$,知 $x < y+z$. 于是 x,y,z 也是一个三角形的三边长. 设 $A_x = \sqrt{y^2+z^2-yz}$, $A_y = \sqrt{z^2+x^2-zx}$, $A_z = \sqrt{x^2+y^2-xy}$. 则

$A_x \leq A_y \Leftrightarrow y^2+z^2-yz \leq z^2+x^2-zx \Leftrightarrow (x-y)(x+y-z) \geq 0$
$A_y \leq A_z \Leftrightarrow z^2+x^2-zx \leq x^2+y^2-xy \Leftrightarrow (y-z)(y+z-x) \geq 0$

故 $A_x \leq A_y \leq A_z$.

又
$$xA_z + yA_y \geq yA_z + xA_y \Leftrightarrow (A_z-A_y)(x-y) \geq 0$$
$$yZ_y + zA_x \geq zA_y + yA_x \Leftrightarrow (A_y-A_x)(y-z) \geq 0$$

则
$$2(xA_z + yA_y + zA_x) =$$
$$(xA_z + yA_y) + (yA_y + zA_x) + xA_z + zA_x \geq$$
$$(yA_z + xA_y) + (zA_y + yA_x) + xA_z + zA_x =$$
$$(y+z)A_x + (x+z)A_y + (x+y)A_z$$

由柯西不等式得
$$(x+y)A_z = (x+y)\sqrt{x^2+y^2-xy} = \sqrt{(x+y)(x^3+y^3)} \geq x^2+y^2$$

同理
$$(y+z)A_x \geq y^2+z^2, (x+z)A_y \geq x^2+z^2$$

于是, $xA_z + yA_y + zA_x \geq x^2+y^2+z^2$. 这就是要证明的不等式.

例 11 (2013 年第 62 届捷克和斯洛伐克数学奥林匹克试题)求所有实数 p,使得对于任意实数 a,b,均有
$$\sqrt{a^2+pb^2} + \sqrt{b^2+pa^2} \geq a+b+(p-1)\sqrt{ab} \quad (18.11)$$

证明 显然 a,b 同号. 先估计实数 p 的取值范围.

令 $a=0$,由根号定义知 $p \geq 2$. 令 $a=b=1$,参数 $p \geq 0$,则不等式(18.11)可化为

$2\sqrt{1+p} \geqslant p+1 \Rightarrow 2 \geqslant \sqrt{1+p} \Rightarrow p \leqslant 3$

只需证明：当 $p \in [0,3]$ 时，对任意实数 a,b，不等式 (18.11) 成立.

事实上，当 $p \in [0,1]$ 时，显然
$$\sqrt{a^2+pb^2} \geqslant a, \sqrt{b^2+pa^2} \geqslant b, 0 \geqslant (p-1)\sqrt{ab}$$

故不等式 (18.11) 成立.

当 $p \in (1,3]$ 时，式 (18.11) 不等号前边的式子可看成向量 $\boldsymbol{a}=(a,b\sqrt{p})$ 和 $\boldsymbol{b}=(b,a\sqrt{p})$ 的模长之和.

根据三角形不等式得
$$\sqrt{a^2+pb^2}+\sqrt{b^2+pa^2}=|(a,b\sqrt{p})|+|(b,a\sqrt{p})| \geqslant$$
$$|(a+b,(a+b)\sqrt{p})|=|a+b||(1,\sqrt{p})|=|a+b|\sqrt{1+p}$$
(18.12)

$$a+b+(p-1)\sqrt{ab} \leqslant |a+b|+(p-1)\frac{|a+b|}{2}=\frac{|a+b|(p+1)}{2}$$

则由 $\sqrt{p+1} \leqslant 2$，当 $p \in (1,3]$ 时成立，知不等式 (18.11) 成立.

综上，满足题目条件的实数 p 的取值范围为 $p \in (0,3]$.

事实上，利用柯西不等式，也可以证明不等式 (18.12).

由柯西不等式得
$$|a+pb| \leqslant \sqrt{a^2+pb^2} \cdot \sqrt{1+p}$$

故 $\sqrt{a^2+pb^2} \geqslant \dfrac{|a+pb|}{\sqrt{1+p}}$.

同理，有 $\sqrt{b^2+pa^2} \geqslant \dfrac{|b+pa|}{\sqrt{1+p}}$

两式相加得
$$\sqrt{a^2+pb^2}+\sqrt{b^2+pa^2} \geqslant \left|\frac{a+pb+b+pa}{\sqrt{1+p}}\right|=$$
$$\frac{|(a+b)(1+p)|}{\sqrt{1+p}}=|a+b|\sqrt{1+p}$$

例 12 （2011 年第 19 届土尔其数学奥林匹克试题）若正实数 x,y,z 满足 $xyz=1$.

证明：$\dfrac{1}{x+y^{20}+z^{11}}+\dfrac{1}{y+z^{20}+x^{11}}+\dfrac{1}{z+x^{20}+y^{11}} \leqslant 1$.

Cauchy 不等式. 下

证明 由柯西不等式得
$$\frac{1}{a+b^{20}+c^{11}} \leqslant \frac{a^{13}+b^{-6}+c^3}{(a^7+b^7+c^7)^2}$$

其中,a,b,c 为任意正实数.

当 $(a,b,c)=(x,y,z),(y,z,x),(z,x,y)$ 时,求和得
$$\frac{1}{x+y^{20}+z^{11}}+\frac{1}{y+z^{20}+x^{11}}+\frac{1}{z+x^{20}+y^{11}} \leqslant$$
$$\frac{x^{13}+y^{-6}+z^3}{(x^7+y^7+z^7)^2}+\frac{y^{13}+z^{-6}+x^3}{(x^7+y^7+z^7)^2}+\frac{z^{13}+x^{-6}+y^3}{(x^7+y^7+z^7)^2}.$$

因此,只需证
$$x^{13}+y^{13}+z^{13}+x^{-6}+y^{-6}+z^{-6}+x^3+y^3+z^3 \leqslant$$
$$x^{14}+y^{14}+z^{14}+2(x^7y^7+y^7z^7+z^7x^7).$$

因为 $xyz=1$,所以
$$x^{13}+y^{13}+z^{13}=\sum x^{13\frac{1}{3}}y^{\frac{1}{3}}z^{\frac{1}{3}}$$
$$x^{-6}+y^{-6}+z^{-6}=\sum x^{6\frac{2}{3}}y^{6\frac{2}{3}}z^{\frac{2}{3}}$$
$$x^3+y^3+z^3=\sum x^{6\frac{2}{3}}y^{3\frac{2}{3}}z^{3\frac{2}{3}}$$

又
$$\left(13\frac{1}{3},\frac{1}{3},\frac{1}{3}\right) \prec (14,0,0)$$
$$\left(6\frac{2}{3},6\frac{2}{3},\frac{2}{3}\right) \prec (7,7,0)$$
$$\left(6\frac{2}{3},3\frac{2}{3},3\frac{2}{3}\right) \prec (7,7,0)$$

由 Muirhead 不等式得
$$\sum x^{13\frac{1}{3}}y^{\frac{1}{3}}z^{\frac{1}{3}} \leqslant \sum x^{14}y^0z^0$$
$$\sum x^{6\frac{2}{3}}y^{6\frac{2}{3}}z^{\frac{2}{3}} \leqslant \sum x^7y^7z^0$$
$$\sum x^{6\frac{2}{3}}y^{3\frac{2}{3}}z^{3\frac{2}{3}} \leqslant \sum x^7y^7z^0$$

注:Muirhead 不等式见 1965 年科学出版社《不等式》(第 46 页)G. H. 哈代,J. E. 李特伍德,G. 波利亚著,赵民义译.

例 13 (2015 年全国高中数学联赛题)设 $a_1,a_2,\cdots,a_n$ ($n \geqslant 2$)是实数,证明:可以选取 $\varepsilon_1,\varepsilon_2,\cdots,\varepsilon_n \in \{1,-1\}$,使得

第18章 最新竞赛题选讲

$$\left(\sum_{i=1}^{n} a_i\right)^2 + \left(\sum_{i=1}^{n} \varepsilon_i a_i\right)^2 \leqslant (n+1)\left(\sum_{i=1}^{n} a_i^2\right)$$

证法一 我们证明

$$\left(\sum_{i=1}^{n} a_i\right)^2 + \left(\sum_{i=1}^{\left[\frac{n}{2}\right]} a_i - \sum_{j=\left[\frac{n}{2}\right]+1}^{n} a_j\right)^2 \leqslant (n+1)\left(\sum_{i=1}^{n} a_i^2\right)$$

(18.13)

即对 $i=1,\cdots,\left[\dfrac{n}{2}\right]$, 取 $\varepsilon_i=1$, 对 $i=\left[\dfrac{n}{2}\right]+1,\cdots,n$, 取 $\varepsilon_i=-1$ 符合要求(这里 $[x]$ 表示实数 x 的整数部分).

事实上,式(18.13)的左边为

$$\left(\sum_{i=1}^{\left[\frac{n}{2}\right]} a_i + \sum_{j=\left[\frac{n}{2}\right]+1}^{n} a_j\right)^2 + \left(\sum_{i=1}^{\left[\frac{n}{2}\right]} a_i - \sum_{j=\left[\frac{n}{2}\right]+1}^{n} a_j\right)^2 =$$

$$2\left(\sum_{i=1}^{\left[\frac{n}{2}\right]} a_i\right)^2 + 2\left(\sum_{j=\left[\frac{n}{2}\right]+1}^{n} a_j\right)^2 \leqslant$$

$$2\left[\frac{n}{2}\right]\left(\sum_{i=1}^{\left[\frac{n}{2}\right]} a_i^2\right) + 2\left(n-\left[\frac{n}{2}\right]\right)\left(\sum_{j=\left[\frac{n}{2}\right]+1}^{n} a_j^2\right) \text{(利用柯西不等式)} =$$

$$2\left[\frac{n}{2}\right]\left(\sum_{i=1}^{\left[\frac{n}{2}\right]} a_i^2\right) + 2\left(\left[\frac{n+1}{2}\right]\right)\left(\sum_{j=\left[\frac{n}{2}\right]+1}^{n} a_j^2\right)$$

$$\left(\text{利用 } n-\left[\frac{n}{2}\right]=\left[\frac{n+1}{2}\right]\right) \leqslant$$

$$n\left(\sum_{i=1}^{\left[\frac{n}{2}\right]} a_i^2\right) + (n+1)\left(\sum_{j=\left[\frac{n}{2}\right]+1}^{n} a_j^2\right) \text{(利用}[x]\leqslant x\text{)} \leqslant$$

$$(n+1)\left(\sum_{i=1}^{n} a_i^2\right)$$

所以式(18.13)得证,从而本题得证.

证法二 首先,由于问题中 $a_1,a_2,\cdots,a_n$ 的对称性,可设 $a_1 \geqslant a_2 \geqslant \cdots \geqslant a_n$. 此外,若将 $a_1,a_2,\cdots,a_n$ 中的负数均改变符号,则问题中的不等式左边的 $\left(\sum_{i=1}^{n} a_i\right)^2$ 不减,而右边的 $\sum_{i=1}^{n} a_i^2$ 不变,并且这一改变不影响 $\varepsilon_i=\pm 1$ 的选取,因此我们可进一步设

Cauchy 不等式 . 下

$a_1 \geqslant a_2 \geqslant \cdots \geqslant a_n \geqslant 0$.

引理 设 $a_1 \geqslant a_2 \geqslant \cdots \geqslant a_n \geqslant 0$,则 $0 \leqslant \sum_{i=1}^{n}(-1)^{i-1}a_i \leqslant a_1$.

引理的证明 事实上,由于 $a_i \geqslant a_{i+1}(i=1,2,\cdots,n-1)$,故当 n 是偶数时

$$\sum_{i=1}^{n}(-1)^{i-1}a_i = (a_1-a_2)+(a_3-a_4)+\cdots+(a_{n-1}-a_n) \geqslant 0$$

$$\sum_{i=1}^{n}(-1)^{i-1}a_i = a_1-(a_2-a_3)-\cdots-(a_{n-2}-a_{n-1})-a_n \leqslant a_1$$

当 n 是奇数时

$$\sum_{i=1}^{n}(-1)^{i-1}a_i = (a_1-a_2)+(a_3-a_4)+\cdots+(a_{n-2}-a_{n-1})+a_n \geqslant 0$$

$$\sum_{i=1}^{n}(-1)^{i-1}a_i = a_1-(a_2-a_3)-\cdots-(a_{n-1}-a_n) \leqslant a_1$$

引理得证.

回到原题,由柯西不等式及上面引理可知

$$\Big(\sum_{i=1}^{n}a_i\Big)^2 + \Big(\sum_{i=1}^{n}(-1)^{i-1}a_i\Big)^2 \leqslant n\Big(\sum_{i=1}^{n}a_i^2\Big)+a_1^2 \leqslant (n+1)\sum_{i=1}^{n}a_i^2$$

这就证明了结论.

例 14 (2013 年第 26 届韩国数学奥林匹克试题)已知正整数 $n \geqslant 2$. 定义集合 T 为

$$T=\{(i,j)\mid 1 \leqslant i<j \leqslant n, i,j \in \mathbf{Z}, \text{且 } i\mid j\}$$

对任意满足 $x_1+x_2+\cdots+x_n=1$ 的非负实数 $x_1,x_2,\cdots,x_n$,求 $\sum_{(i,j)\in T} x_i x_j$ 的最大值(表示为关于 n 的函数).

解 设 $\sum_{(i,j)\in T} x_i x_j$ 的最大值为 $M(n)$.

下面证明: $M(n) = \dfrac{[\log_2 n]}{2([\log_2 n]+1)}$.

设 $k=[\log_2 n]$,取 $x_{2^0}=x_{2^1}=\cdots=x_{2^k}=\dfrac{1}{k+1}$,其余的 $x_i=0$.则 $x_1+x_2+\cdots+x_n=1$,且

$$\sum_{(i,j)\in T} x_i x_j = \dfrac{1}{(k+1)^2} C_{k+1}^2 = \dfrac{k}{2(k+1)}$$

于是
$$M(n) \geqslant \frac{[\log_2 n]}{2([\log_2 n]+1)}$$

考虑能够得到 $M(n)$ 的 $x_1, x_2, \cdots, x_n$,且使得满足 $x_i = 0$ 的 i 的个数最多. 在这种情况下,若 $x_a, x_b \neq 0$ 且 $a < b$,则 $(a, b) \in T$.

事实上,若 $(a,b) \notin T$,则令
$$x'_a = x_a - \varepsilon, x'_b = x_b + \varepsilon, x'_i = x_i (i \neq a, b)$$
故 $x'_1 + x'_2 + \cdots + x'_n = 1$ 仍然成立.

于是,$\sum_{(i,j) \in T} x'_i x'_j$ 是关于 ε 的线性函数.

对于 $\varepsilon = x_a$ 或 $-x_b$,有 $\sum_{(i,j) \in T} x'_i x'_j \geqslant \sum_{(i,j) \in T} x_i x_j$

这与满足 $x_i = 0$ 的 i 的个数最多矛盾.

设 $C = \{i \mid x_i > 0\}$. 若 $i, j \in C$,且 $i < j$,则 $(i, j) \in T$. 于是,若
$$C = \{i_1, i_2, \cdots, i_t\} \text{ 且 } i_1 < i_2 < \cdots < i_t$$
则对于所有的 $l = 2, 3, \cdots, t$,均有 $i_l \geqslant 2 i_{l-1}$.

因此,$n \geqslant i_t \geqslant 2^{t-1} i_1 \geqslant 2^{t-1}$. 这表明,$t - 1 \leqslant \log_2 n$,即 $|C| \leqslant k + 1$.

由柯西不等式得
$$\sum_{(i,j) \in T} x_i x_j = \frac{1}{2} \Big[\Big(\sum_{i \in C} x_i\Big)^2 - \sum_{i \in C} x_i^2\Big] \leqslant$$
$$\frac{1}{2}\Big[1 - \frac{1}{|C|}\Big(\sum_{i \in C} x_i\Big)^2\Big] \leqslant$$
$$\frac{1}{2}\Big(1 - \frac{1}{k+1}\Big) = \frac{k}{2(k+1)}$$

特别地,有 $M(n) \leqslant \frac{[\log_2 n]}{2([\log_2 n]+1)}$.

综上,$M(n) = \frac{[\log_2 n]}{2([\log_2 n]+1)}$.

例 15 (2012 年第 15 届中国香港数学奥林匹克试题)对任意正整数 n 及实数 $a_i > 0 (i = 1, 2, \cdots, n)$.

证明:$\sum_{k=1}^{n} \frac{k}{a_1^{-1} + a_2^{-1} + \cdots + a_k^{-1}} \leqslant 2 \sum_{k=1}^{n} a_k$.

证明 由柯西不等式得

Cauchy 不等式. 下

$$\frac{k^2(k+1)^2}{4} = \left(\sum_{j=1}^k j\right)^2 \leqslant \left(\sum_{j=1}^k j^2 a_j\right)\sum_{j=1}^k a_j^{-1}$$

即

$$\frac{k}{a_1^{-1}+a_2^{-1}+\cdots+a_k^{-1}} \leqslant \frac{4}{k(k+1)^2}\sum_{j=1}^k j^2 a_j$$

则

$$x = \sum_{k=1}^n \frac{k}{a_1^{-1}+a_2^{-1}+\cdots+a_k^{-1}} \leqslant \sum_{k=1}^n \sum_{j=1}^k j^2 a_j \frac{4}{k(k+1)^2}$$

注意到

$$\frac{1}{k^2} - \frac{1}{(k+1)^2} = \frac{2k+1}{k^2(k+1)^2} \geqslant \frac{2}{k(k+1)^2}$$

故

$$x \leqslant \sum_{k=1}^n \sum_{j=1}^k 2j^2 a_j \left[\frac{1}{k^2} - \frac{1}{(k+1)^2}\right] =$$
$$\sum_{j=1}^n \sum_{k=j}^n 2j^2 a_j \left[\frac{1}{k^2} - \frac{1}{(k+1)^2}\right] =$$
$$2\sum_{j=1}^n j^2 a_j \sum_{k=j}^n \left[\frac{1}{k^2} - \frac{1}{(k+1)^2}\right] =$$
$$2\sum_{j=1}^n j^2 a_j \left[\frac{1}{j^2} - \frac{1}{(n+1)^2}\right] < 2\sum_{j=1}^n a_j$$

2 不能再小. 令 $a_j = \frac{1}{j}$, 则

$$x = \sum_{k=1}^n \frac{k}{1+2+\cdots+k} = \sum_{k=1}^n \frac{2}{k+1}, \sum_{k=1}^n a_k = \sum_{k=1}^n \frac{1}{k}$$

若 $0 < c < 2$ 时,则当 n 充分大时

$$c\sum_{k=1}^n a_k - x = c + (c-2)\sum_{k=2}^n \frac{1}{k} - \frac{2}{n+1} < 0$$

例 16 已知实数 $a_1, a_2, \cdots, a_n$, 记 $M = \max\limits_{1 \leqslant k \leqslant n} |a_k - a_{k+1}|$. 证明:

(1) $\left|\frac{1}{n}\sum_{k=1}^n a_k - \frac{1}{n+1}\sum_{k=1}^{n+1} a_k\right| \leqslant \frac{1}{2}M$;

(2) $\left(\sum_{k=1}^n a_k\right)^2 - \left(\sum_{k=1}^{n+1} a_k\right)^2 \leqslant \frac{n^2(n+1)^2}{4(2n+1)}M^2$.

证明 先证明

$$(n+1)\sum_{k=1}^{n}a_k - n\sum_{k=1}^{n+1}a_k = \sum_{k=1}^{n}k(a_k - a_{k+1})$$

由阿贝尔公式得

$$\sum_{k=1}^{n}a_k = \sum_{k=1}^{n}a_k \cdot 1 =$$

$$\left(\sum_{k=1}^{n}1\right)a_n + \sum_{k=1}^{n-1}\left(\sum_{i=1}^{k}1\right)(a_k - a_{k+1}) \Rightarrow$$

$$\sum_{k=1}^{n+1}a_k = (n+1)a_{n+1} + \sum_{k=1}^{n}k(a_k - a_{k+1}) \Rightarrow$$

$$(n+1)\sum_{k=1}^{n}a_k = n(n+1)a_{n+1} + (n+1)\sum_{k=1}^{n}k(a_k - a_{k+1})$$

$$n\sum_{k=1}^{n+1}a_k = n(n+1)a_{n+1} + n\sum_{k=1}^{n}k(a_k - a_{k+1})$$

两式相减得

$$(n+1)\sum_{k=1}^{n}a_k - n\sum_{k=1}^{n+1}a_k = \sum_{k=1}^{n}k(a_k - a_{k+1}) \quad (18.14)$$

(1) 由式(18.14)得

$$\left|\frac{1}{n}\sum_{k=1}^{n}a_k - \frac{1}{n+1}\sum_{k=1}^{n+1}a_k\right| =$$

$$\left|\frac{1}{n(n+1)}\sum_{k=1}^{n}k(a_k - a_{k+1})\right| \leqslant$$

$$\frac{1}{n(n+1)}\sum_{k=1}^{n}|k(a_k - a_{k+1})| \leqslant$$

$$\frac{M}{n(n+1)}\sum_{k=1}^{n}k = \frac{1}{2}M$$

(2) 由反向柯西不等式和式(18.14)得

$$\left[\sum_{k=1}^{n}k(a_k - a_{k+1})\right]^2 = \left[(n+1)\sum_{k=1}^{n}a_k - n\sum_{k=1}^{n+1}a_k\right]^2 \geqslant$$

$$[(n+1)^2 - n^2]\left[\left(\sum_{k=1}^{n}a_k\right)^2 - \left(\sum_{k=1}^{n+1}a_k\right)^2\right]$$

故

$$\left(\sum_{k=1}^{n}a_k\right)^2 - \left(\sum_{k=1}^{n+1}a_k\right)^2 \leqslant \frac{1}{2n+1}\left[\sum_{k=1}^{n}k(a_k - a_{k+1})\right]^2 \leqslant$$

Cauchy 不等式. 下

$$\frac{1}{2n+1}\Big(\sum_{k=1}^{n}k\Big)^{2}M^{2}=$$

$$\frac{n^{2}(n+1)^{2}}{4(2n+1)}M^{2}$$

例 17 给定正整数 $n(n\geqslant 3)$. 试求最大的常数 $\lambda(n)$, 使得对任意的 $a_1, a_2, \cdots, a_n \in \mathbf{R}_+$, 均有

$$\prod_{i=1}^{n}(a_i^2 + n - 1) \geqslant \lambda(n)\Big(\sum_{i=1}^{n}a_i\Big)^2$$

证明 令 $a_1 = a_2 = \cdots = a_n = 1$, 有 $\lambda(n) \leqslant n^{n-2}$.
用数学归纳法容易证明下面的引理.

引理 设 $n \in \mathbf{Z}_+$, $b_1, b_2, \cdots, b_n \in (-1, +\infty)$, 且这 n 个数同号. 则

$$\prod_{i=1}^{n}(1+b_i) \geqslant 1 + \sum_{i=1}^{n}b_i$$

回到原题.

不妨设

$$a_1 \leqslant a_2 \leqslant \cdots \leqslant a_k \leqslant 1 < a_{k+1} \leqslant \cdots \leqslant a_n$$

则

$$\frac{a_1^2-1}{n}, \frac{a_2^2-1}{n}, \cdots, \frac{a_k^2-1}{n} \in (-1, 0]$$

$$\frac{a_{k+1}^2-1}{n}, \frac{a_{k+2}^2-1}{n}, \cdots, \frac{a_n^2-1}{n} \in (0, +\infty)$$

由引理知

$$\prod_{i=1}^{k}\frac{n-1+a_i^2}{n} = \prod_{i=1}^{k}\Big(1+\frac{a_i^2-1}{n}\Big) \geqslant$$

$$1 + \sum_{i=1}^{k}\frac{a_i^2-1}{n} = \frac{1}{n}\Big(\sum_{i=1}^{k}a_i^2 + n - k\Big)$$

$$\prod_{i=k+1}^{n}\frac{n-1+a_i^2}{n} = \prod_{i=k+1}^{n}\Big(1+\frac{a_i^2-1}{n}\Big) \geqslant$$

$$1 + \sum_{i=k+1}^{n}\frac{a_i^2-1}{n} =$$

$$\frac{1}{n}\Big(k + \sum_{i=k+1}^{n}a_i^2\Big)$$

上述两式相乘, 由柯西不等式得

$$\prod_{i=1}^{n} \frac{n-1+a_i^2}{n} \geqslant \frac{1}{n^2} \Big(\sum_{i=1}^{k} a_i^2 + n - k\Big)\Big(k + \sum_{i=k+1}^{n} a_i^2\Big) \geqslant$$
$$\frac{1}{n^2}\Big(\sum_{i=1}^{n} a_i\Big)^2 \Rightarrow$$
$$\prod_{i=1}^{n}(a_i^2 + n - 1) \geqslant n^{n-2}\Big(\sum_{i=1}^{n} a_i\Big)^2$$

故所求最大的常数 $\lambda(n)$ 为 n^{n-2}.

例18 （2014年中国国家队集训队测试题）对任意一个实数列 $\{x_n\}$，定义数列 $\{y_n\}$ 如下

$$y_1 = x_1, y_{n+1} = x_{n+1} - \Big(\sum_{i=1}^{n} x_i^2\Big)^{\frac{1}{2}} \quad (n \geqslant 1)$$

求最小的正数 λ，使得对任意实数列 $\{x_n\}$ 及一切正整数 m，均有

$$\frac{1}{m}\sum_{i=1}^{m} x_i^2 \leqslant \sum_{i=1}^{m} \lambda^{m-i} y_i^2$$

解 首先证明 $\lambda \geqslant 2$.

事实上，取 $x_1 = 1, x_n = \sqrt{2^{n-2}} \ (n \geqslant 2)$，则 $y_1 = 1, y_n = 0 \ (n \geqslant 2)$，因此有

$$\frac{1}{m}\sum_{i=1}^{m} x_i^2 = \frac{1}{m}\Big(1 + \sum_{i=2}^{m} 2^{i-2}\Big) = \frac{1}{m} \cdot 2^{m-1}$$
$$\sum_{i=1}^{m} \lambda^{m-i} y_i^2 = \lambda^{m-1}$$

由 $\frac{1}{m} \cdot 2^{m-1} \leqslant \lambda^{m-1}$，即 $\Big(\frac{2}{\lambda}\Big)^{m-1} \leqslant m$ 对任意正整数 m 成立知，$\frac{2}{\lambda} \leqslant 1$，即 $\lambda \geqslant 2$.

下面用数学归纳法证明：当 $\lambda = 2$ 时结论成立，即对满足条件的数列 $\{x_n\}, \{y_n\}$ 及一切正整数 m，均有

$$\frac{1}{m}\sum_{i=1}^{m} x_i^2 \leqslant \sum_{i=1}^{m} 2^{m-i} y_i^2$$

当 $m = 1$ 时，$x_1^2 = y_1^2 \leqslant y_1^2$，结论成立.

设结论在 $m = k$ 时成立，则当 $m = k+1$ 时，由条件及柯西不等式得

Cauchy 不等式. 下

$$x_{k+1}^2 = (y_{k+1} + \sqrt{x_1^2 + x_2^2 + \cdots + x_k^2})^2 \leqslant$$
$$\left((k+1)y_{k+1}^2 + \frac{k+1}{k}\sum_{i=1}^{k}x_i^2\right)\left(\frac{1}{k+1} + \frac{k}{k+1}\right) =$$
$$(k+1)y_{k+1}^2 + \left(1 + \frac{1}{k}\right)\sum_{i=1}^{k}x_i^2$$

因此根据归纳假设,可得

$$\sum_{i=1}^{k+1}x_i^2 \leqslant (k+1)y_{k+1}^2 + \left(2 + \frac{1}{k}\right)\sum_{i=1}^{k}x_i^2 \leqslant$$
$$(k+1)y_{k+1}^2 + \left(2 + \frac{1}{k}\right) \cdot k\sum_{i=1}^{k}2^{k-i}y_i^2 =$$
$$(k+1)y_{k+1}^2 + \left(k + \frac{1}{2}\right)\sum_{i=1}^{k}2^{k+1-i}y_i^2 \leqslant$$
$$(k+1) \cdot \sum_{i=1}^{k+1}2^{k+1-i}y_i^2$$

上式两边同时除以 $k+1$ 知,当 $m=k+1$ 时结论成立. 由数学归纳法可知结论成立.

综上,正数 λ 的最小值为 2.

例 19 (2015 年第 11 届中国北方数学奥林匹克试题) 给定正整数 $n \geqslant 3$,求最小的实数 k,使得对任意正实数 $a_1, a_2, \cdots, a_n$,均有

$$\sum_{i=1}^{n-1}\frac{a_i}{S-a_i} + \frac{ka_n}{S-a_n} \geqslant \frac{n-1}{n-2}$$

其中,$S = a_1 + a_2 + \cdots + a_n$.

解 令 $a_1 = a_2 = \cdots = a_{n-1} = 1, a_n = x > 0$. 于是

$$\frac{n-1}{n-2+x} + \frac{kx}{n-1} \geqslant \frac{n-1}{n-2}$$

故对任意的 $x > 0$,均有 $k \geqslant \frac{(n-1)^2}{(n-2)(n-2+x)}$. 从而 $k \geqslant \left(\frac{n-1}{n-2}\right)^2$.

另一方面,只需证明在 $k = \left(\frac{n-1}{n-2}\right)^2$ 时,不等式成立.

记 $\sum_{i=1}^{n-1}\frac{a_i}{S-a_i} + \frac{ka_n}{S-a_n} = A$. 由柯西不等式,知

第 18 章 最新竞赛题选讲

$$A\sum_{i=1}^{n}a_i(S-a_i) \geqslant \left(\sum_{i=1}^{n-1}a_i+\frac{n-1}{n-2}a_n\right)^2 \Rightarrow$$

$$A \geqslant \frac{\left(t+\frac{n-1}{n-2}a_n\right)^2}{(t+a_n)^2-a_1^2-a_2^2-\cdots-a_n^2}$$

其中,$t=a_1+a_2+\cdots+a_{n-1}$.

又由柯西不等式,得

$$a_1^2+a_2^2+\cdots+a_{n-1}^2 \geqslant \frac{t^2}{n-1} \Rightarrow$$

$$A \geqslant \frac{\left(t+\frac{n-1}{n-2}a_n\right)^2}{(t+a_n)^2-a_1^2-a_2^2-\cdots-a_n^2} \geqslant$$

$$\frac{\left(t+\frac{n-1}{n-2}a_n\right)^2}{(t+a_n)^2-\frac{t^2}{n-1}-a_n^2} \geqslant$$

$$\frac{t^2+2\cdot\frac{n-1}{n-2}ta_n}{\frac{n-2}{n-1}t^2+2ta_n} = \frac{n-1}{n-2}$$

例 20 （2012 年亚太地区数学奥林匹克试题）已知 $n \geqslant 2(n \in \mathbf{N})$,$a_1,a_2,\cdots,a_n \in \mathbf{R}$,满足 $\sum_{i=1}^{n}a_i^2=n$.证明

$$\sum_{1 \leqslant i<j \leqslant n}\frac{1}{n-a_ia_j} \leqslant \frac{n}{2}$$

证明 对于 $i \neq j$,因为 $a_ia_j \leqslant \frac{a_i^2+a_j^2}{2}$,所以

$$n-a_ia_j \geqslant n-\frac{a_i^2+a_j^2}{2} \geqslant n-\frac{n}{2}=\frac{n}{2}>0$$

令 $b_i=|a_i|\ (i=1,2,\cdots,n)$,则 $\sum_{i=1}^{n}b_i^2=n$,且 $\frac{1}{n-a_ia_j} \leqslant \frac{1}{n-b_ib_j}$.所以,不妨设 $a_1,a_2,\cdots,a_n$ 均是非负的.

要证 $\sum_{1 \leqslant i<j \leqslant n}\frac{1}{n-a_ia_j} \leqslant \frac{n}{2}$,只需证：$\sum_{1 \leqslant i<j \leqslant n}\frac{n}{n-a_ia_j} \leqslant \frac{n^2}{2}$.

又 $\frac{n}{n-a_ia_j}=1+\frac{a_ia_j}{n-a_ia_j}$,所以,只需证

353

Cauchy 不等式. 下

$$\sum_{1\leqslant i<j\leqslant n}\frac{a_ia_j}{n-a_ia_j}\leqslant \frac{n}{2} \qquad (18.15)$$

若存在 $1\leqslant i\leqslant n$, 使得 $a_i^2=n$, 则当 $1\leqslant j\leqslant n(j\neq i)$ 时, $a_j=0$, 此时

$$\sum_{1\leqslant i<j\leqslant n}\frac{a_ia_j}{n-a_ia_j}\leqslant \frac{n}{2} \Leftrightarrow 0\leqslant \frac{n}{2}$$

故式(18.15)得证.

下面证明: $a_i^2<n(1\leqslant i\leqslant n)$ 的情形.

对任意的 $i\neq j$, 由

$$0\leqslant a_ia_j\leqslant \left(\frac{a_i+a_j}{2}\right)^2\leqslant \frac{a_i^2+a_j^2}{2}$$

知

$$\frac{a_ia_j}{n-a_ia_j}\leqslant \frac{a_ia_j}{n-\frac{a_i^2+a_j^2}{2}}\leqslant \frac{\left(\frac{a_i+a_j}{2}\right)^2}{n-\frac{a_i^2+a_j^2}{2}}=\frac{1}{2}\cdot\frac{(a_i+a_j)^2}{n-a_i^2+n-a_j^2}$$

即

$$\frac{a_ia_j}{n-a_ia_j}\leqslant \frac{1}{2}\cdot\frac{(a_i+a_j)^2}{(n-a_i^2)+(n-a_j^2)} \qquad (18.16)$$

又 $n-a_i^2>0$, $n-a_j^2>0$, 由柯西不等式, 得

$$\left(\frac{a_j^2}{n-a_i^2}+\frac{a_i^2}{n-a_j^2}\right)[(n-a_i^2)+(n-a_j^2)]\geqslant (a_j+a_i)^2$$

故

$$\frac{(a_i+a_j)^2}{(n-a_i^2)+(n-a_j^2)}\leqslant \left(\frac{a_j^2}{n-a_i^2}+\frac{a_i^2}{n-a_j^2}\right) \qquad (18.17)$$

由式(18.16),(18.17) 得

$$\sum_{1\leqslant i<j\leqslant n}\frac{a_ia_j}{n-a_ia_j}\leqslant \frac{1}{2}\sum_{1\leqslant i<j\leqslant n}\left(\frac{a_j^2}{n-a_i^2}+\frac{a_i^2}{n-a_j^2}\right)=$$

$$\frac{1}{2}\sum_{i\neq j}\frac{a_j^2}{n-a_i^2}=\frac{1}{2}\sum_{i=1}^{n}\frac{n-a_i^2}{n-a_i^2}=\frac{n}{2}$$

从而, 式(18.15)得证.

例 21 (2014 年第 30 届中国数学奥林匹克试题)给定实数 $r\in(0,1)$. 证明: 若 n 个复数 $z_1, z_2, \cdots, z_n$ 满足 $|z_k-1|\leqslant r(k=1,2,\cdots,n)$, 则

$$|z_1+z_2+\cdots+z_n|\cdot\left|\frac{1}{z_1}+\frac{1}{z_2}+\cdots+\frac{1}{z_n}\right|\geqslant n^2(1-r^2)$$

第18章 最新竞赛题选讲

证明 设 $z_k = x_k + y_k \mathrm{i}$,其中 $x_k, y_k \in \mathbf{R}, k=1,2,\cdots,n$. 先证明

$$\frac{x_k^2}{x_k^2+y_k^2} \geq 1-r^2 \quad (k=1,2,\cdots,n) \qquad (18.18)$$

记 $u = \dfrac{x_k^2}{x_k^2+y_k^2}$,由 $|x_k-1| \leq r < 1$,知 $x_k > 0$. 则 $u > 0$,且 $y_k^2 = \left(\dfrac{1}{u}-1\right)x_k^2$. 故

$$r^2 \geq |z_k-1|^2 = (x_k-1)^2 + \left(\frac{1}{u}-1\right)x_k^2 =$$
$$\frac{1}{u}(x_k-u)^2 + 1 - u \geq 1 - u$$

从而 $u \geq 1-r^2$,即式(18.18)成立.

注意到

$$|z_1+z_2+\cdots+z_n| \geq |\operatorname{Re}(z_1+z_2+\cdots+z_n)| = \sum_{k=1}^{n} x_k$$

又 $\dfrac{1}{z_k} = \dfrac{x_k - y_k \mathrm{i}}{x_k^2 + y_k^2} (k=1,2,\cdots,n)$,故

$$\left|\frac{1}{z_1}+\frac{1}{z_2}+\cdots+\frac{1}{z_n}\right| \geq \left|\operatorname{Re}\left(\frac{1}{z_1}+\frac{1}{z_2}+\cdots+\frac{1}{z_n}\right)\right| =$$
$$\sum_{k=1}^{n} \frac{x_k}{x_k^2+y_k^2}$$

因为 $x_k > 0 (k=1,2,\cdots,n)$,所以,由柯西不等式,得

$$|z_1+z_2+\cdots+z_n|\left|\frac{1}{z_1}+\frac{1}{z_2}+\cdots+\frac{1}{z_n}\right| \geq$$
$$\left(\sum_{k=1}^{n} x_k\right)\left(\sum_{k=1}^{n} \frac{x_k}{x_k^2+y_k^2}\right) \geq$$
$$\left(\sum_{i=1}^{n} \sqrt{\frac{x_k^2}{x_k^2+y_k^2}}\right)^2 \geq (n\sqrt{1-r^2})^2 = n^2(1-r^2)$$

例22 (2013年第十届中国东南地区数学奥林匹克试题) 设整数 $n \geq 3, \alpha, \beta, \gamma \in (0,1), a_k, b_k, c_k \geq 0 (k=1,2,\cdots,n)$ 满足

$$\sum_{k=1}^{n}(k+\alpha)a_k \leq \alpha, \sum_{k=1}^{n}(k+\beta)b_k \leq \beta, \sum_{k=1}^{n}(k+\gamma)c_k \leq \gamma$$

若对任意满足上述条件的 $a_k, b_k, c_k (k=1,2,\cdots,n)$,均有

Cauchy 不等式. 下

$$\sum_{k=1}^{n}(k+\lambda)a_k b_k c_k \leqslant \lambda$$

求 λ 的最小值.

解 令 $a_1 = \dfrac{\alpha}{1+\alpha}$, $b_1 = \dfrac{\beta}{1+\beta}$, $c_1 = \dfrac{\gamma}{1+\gamma}$, 其中 $a_i, b_i, c_i = 0$ ($i=2,3,\cdots,n$), 此时,条件成立. 故 λ 只需满足

$$(1+\lambda)\dfrac{\alpha}{1+\alpha} \cdot \dfrac{\beta}{1+\beta} \cdot \dfrac{\gamma}{1+\gamma} \leqslant \lambda \Rightarrow \lambda \geqslant \dfrac{\alpha\beta\gamma}{(1+\alpha)(1+\beta)(1+\gamma)-\alpha\beta\gamma}$$

记 $\dfrac{\alpha\beta\gamma}{(1+\alpha)(1+\beta)(1+\gamma)-\alpha\beta\gamma} = \lambda_0$. 下面证明,对任意满足条件的 $a_k, b_k, c_k, k=1,2,\cdots,n$, 有

$$\sum_{k=1}^{n}(k+\lambda_0)a_k b_k c_k \leqslant \lambda_0 \tag{18.9}$$

由题目条件知

$$\sum_{k=1}^{n}\left(\dfrac{k+\alpha}{\alpha}a_k \cdot \dfrac{k+\beta}{\beta}b_k \cdot \dfrac{k+\gamma}{\gamma}c_k\right)^{\frac{1}{3}} \leqslant$$

$$\left(\sum_{k=1}^{n}\dfrac{k+\alpha}{\alpha}a_k\right)^{\frac{1}{3}} \cdot \left(\sum_{k=1}^{n}\dfrac{k+\beta}{\beta}b_k\right)^{\frac{1}{3}} \cdot \left(\sum_{k=1}^{n}\dfrac{k+\gamma}{\gamma}c_k\right)^{\frac{1}{3}} \leqslant 1$$

这里用到了结论:当 $x_i, y_i, z_i \geqslant 0$ ($i=1,2,\cdots,n$) 时,有

$$\left(\sum_{i=1}^{n}x_i y_i z_i\right)^3 \leqslant \left(\sum_{i=1}^{n}x_i^3\right)\left(\sum_{i=1}^{n}y_i^3\right)\left(\sum_{i=1}^{n}z_i^3\right) \tag{18.20}$$

(为方便起见,式(18.20)的证明放在后面)

因此,为证式(18.19),只需证明对 $k=1,2,\cdots,n$, 有

$$\dfrac{k+\lambda_0}{\lambda_0}a_k b_k c_k \leqslant \left(\dfrac{k+\alpha}{\alpha} \cdot \dfrac{k+\beta}{\beta} \cdot \dfrac{k+\gamma}{\gamma} \cdot a_k b_k c_k\right)^{\frac{1}{3}}$$

即

$$\dfrac{k+\lambda_0}{\lambda_0}(a_k b_k c_k)^{\frac{2}{3}} \leqslant \left(\dfrac{(k+\alpha)(k+\beta)(k+\gamma)}{\alpha\beta\gamma}\right)^{\frac{1}{3}} \tag{18.21}$$

事实上

$$\lambda_0 = \dfrac{\alpha\beta\gamma}{1+(\alpha+\beta+\gamma)+(\alpha\beta+\beta\gamma+\gamma\alpha)} \geqslant$$

$$\dfrac{\alpha\beta\gamma}{k^2+(\alpha+\beta+\gamma)k+(\alpha\beta+\beta\gamma+\gamma\alpha)} =$$

$$\dfrac{k\alpha\beta\gamma}{(k+\alpha)(k+\beta)(k+\gamma)-\alpha\beta\gamma}$$

因此
$$\frac{k+\lambda_0}{\lambda_0} \leqslant \frac{(k+\alpha)(k+\beta)(k+\gamma)}{\alpha\beta\gamma} \qquad (18.22)$$

又由于$(k+\alpha)a_k \leqslant \alpha, (k+\beta)b_k \leqslant \beta, (k+\gamma)c_k < \gamma$,故

$$(a_k b_k c_k)^{\frac{2}{3}} \leqslant \left(\frac{\alpha\beta\gamma}{(k+\alpha)(k+\beta)(k+\gamma)}\right)^{\frac{2}{3}} \qquad (18.23)$$

由式(18.22),(18.23)可知式(18.21)成立,从而式(18.19)成立.

综上所述,$\lambda_{\min} = \lambda_0 = \frac{\alpha\beta\gamma}{(1+\alpha)(1+\beta)(1+\gamma)-\alpha\beta\gamma}$. 式(18.20)可以直接用 Hölder 不等式证明,也可用柯西不等式进行如下证明

$$\left(\sum_{i=1}^n x_i^3\right)\left(\sum_{i=1}^n y_i^3\right) \geqslant \left(\sum_{i=1}^n \sqrt{x_i^3 y_i^3}\right)^2$$

$$\left(\sum_{i=1}^n z_i^3\right)\left(\sum_{i=1}^n x_i y_i z_i\right) \geqslant \left(\sum_{i=1}^n \sqrt{x_i y_i z_i^4}\right)^2$$

$$\left(\sum_{i=1}^n \sqrt{x_i^3 y_i^3}\right)\left(\sum_{i=1}^n \sqrt{x_i y_i z_i^4}\right) \geqslant \left(\sum_{i=1}^n \sqrt{\sqrt{x_i^3 y_i^3} \cdot \sqrt{x_i y_i z_i^4}}\right)^2 = \left(\sum_{i=1}^n x_i y_i z_i\right)^2$$

由以上三式,知

$$\left(\sum_{i=1}^n x_i^3\right)\left(\sum_{i=1}^n y_i^3\right)\left(\sum_{i=1}^n z_i^3\right) \geqslant \frac{\left(\sum_{i=1}^n \sqrt{x_i^3 y_i^3}\right)^2 \left(\sum_{i=1}^n \sqrt{x_i y_i z_i^4}\right)^2}{\sum_{i=1}^n x_i y_i z_i} \geqslant \left(\sum_{i=1}^n x_i y_i z_i\right)^3$$

例23 (2014年第十届北方数学奥林匹克邀请赛试题)在一次选举中,共有12名候选人,一个选举委员会每名成员投6票.已知任意两位委员所投的票中至多有2名候选人相同,求委员会人数的最大值.

解 委员会人数最大值为4.

设委员会人数为k,候选人用$1,2,\cdots,12$表示,每人所投的选票为集合$A_i (1 \leqslant i \leqslant k)$,每名候选人所得的票数为$m_i$

Cauchy 不等式. 下

$(1 \leqslant i \leqslant 12)$, 则

$$\sum_{i=1}^{12} m_i = \sum_{i=1}^{k} 6 = 6k$$

由柯西不等式知

$$2 \sum_{1 \leqslant i < j \leqslant k} |A_i \cap A_j| = 2 \sum_{i=1}^{12} C_{m_i}^2 = \sum_{i=1}^{12} m_i^2 - \sum_{i=1}^{12} m_i \geqslant$$

$$\frac{\left(\sum_{i=1}^{12} m_i\right)^2}{\sum_{i=1}^{12} 1^2} - \sum_{i=1}^{12} m_i = \frac{(6k)^2}{12} - 6k = 3k^2 - 6k$$

注意到

$$\sum_{1 \leqslant i < j \leqslant k} |A_i \cap A_j| \leqslant \sum_{1 \leqslant i < j \leqslant k} 2 = 2C_k^2 = k^2 - k \Rightarrow$$

$$3k^2 - 6k \leqslant 2(k^2 - k) \Rightarrow k \leqslant 4$$

当 $k = 4$ 时,满足条件的构造为

$$A_1 = \{1,2,3,4,5,6\}, A_2 = \{1,2,7,8,9,10\}$$
$$A_3 = \{3,4,7,8,11,12\}, A_4 = \{5,6,9,10,11,12\}$$

例 24 (2013 年全国高中数学联赛题)一次考试共有 m 道试题,n 名学生参加,其中,$m,n \geqslant 2$ 为给定的整数.每道题的得分规则是:若该题恰有 x 名学生没有答对,则每名对该题的学生得 x 分,未答对的学生得零分.每名学生的总分为其 m 道题的得分总和.将所有学生总分从高到低排列为 $P_1 \geqslant P_2 \geqslant \cdots \geqslant P_n$.求 $P_1 + P_n$ 的最大可能值.

解 对 $k = 1, 2, \cdots, m$, 设第 k 题没有答对者 x_k 人,则第 k 题答对者有 $(n - x_k)$ 人.由得分规则,知这 $(n - x_k)$ 个人在第 k 题均得 x_k 分.设 n 名学生的得分之和为 S,则

$$\sum_{i=1}^{n} P_i = S = \sum_{k=1}^{m} x_k(n - x_k) = n \sum_{k=1}^{m} x_k - \sum_{k=1}^{m} x_k^2$$

因为每一个人在第 k 道题上至多得 x_k 分,所以,$P_1 \leqslant \sum_{k=1}^{m} x_k$.

由 $P_1 \geqslant P_2 \geqslant \cdots \geqslant P_n$, 知

$$P_n \leqslant \frac{P_2 + P_3 + \cdots + P_n}{n - 1} = \frac{S - P_1}{n - 1}$$

358

所以

$$P_1 + P_n \leqslant P_1 + \frac{S - P_1}{n-1} = \frac{n-2}{n-1} P_1 + \frac{S}{n-1} \leqslant$$

$$\frac{n-2}{n-1} \sum_{k=1}^{m} x_k + \frac{1}{n-1} \left(n \sum_{k=1}^{m} x_k - \sum_{k=1}^{m} x_k^2 \right) =$$

$$2 \sum_{k=1}^{m} x_k - \frac{1}{n-1} \sum_{k=1}^{m} x_k^2$$

由柯西不等式,得

$$\sum_{k=1}^{m} x_k^2 \geqslant \frac{1}{m} \left(\sum_{k=1}^{m} x_k \right)^2$$

故

$$P_1 + P_n \leqslant 2 \sum_{k=1}^{m} x_k - \frac{1}{m(n-1)} \left(\sum_{k=1}^{m} x_k \right)^2 =$$

$$-\frac{1}{m(n-1)} \left[\sum_{k=1}^{m} x_k - m(n-1) \right]^2 + m(n-1) \leqslant$$

$$m(n-1)$$

另一方面,若有一名学生全部答对,其他 $(n-1)$ 名学生全部答错,则

$$P_1 + P_n = P_1 = \sum_{k=1}^{m} (n-1) = m(n-1)$$

综上所述,$P_1 + P_n$ 的最大值为 $m(n-1)$.

例 25 (2013 年美国国家队选拔考试题)一个联谊俱乐部有 $2k+1$ 名成员,每名成员均精通相同的 k 种语言,任意两名成员只能用一种语言进行交谈.若不存在三名成员,他们两两之间用的是同一种语言进行交谈,设 A 是由三名成员构成的子集的个数,且每个子集中的三名成员两两之间用的是互不相同的语言进行交谈.求 A 的最大值.

解 A 的最大值为 $\dfrac{2k(k-2)(2k+1)}{3}$.

将联谊俱乐部看成是有 $2k+1$ 个点的完全图,每种语言对应着一种颜色,并将用这种语言进行交谈的两名成员对应的点之间所连的边染为其对应的颜色.

设顶点的集合为 V,语言或颜色的集合为 $L = \{l_1, l_2, \cdots, l_k\}$,$d_i(v)$ 表示由顶点 v 引出的颜色为 l_i 的边的数目.则对于

Cauchy 不等式·下

每个点 v,均有 $\sum_{i=1}^{k} d_i(v) = 2k$.

若一个三角形有两条边同色,则称该三角形是"等腰的".

接下来,通过计算共用一个顶点的两条同色边构成的边对的数目来得到共用顶点 v 的等腰三角形的数目为 $C_{d_1(v)}^2 + C_{d_2(v)}^2 + \cdots + C_{d_k(v)}^2$.

由柯西不等式得

$$C_{d_1(v)}^2 + C_{d_2(v)}^2 + \cdots + C_{d_k(v)}^2 =$$

$$\frac{1}{2}\sum_{i=1}^{k} d_i^2(v) - \frac{1}{2}\sum_{i=1}^{k} d_i(v) \geqslant$$

$$\frac{1}{2} \cdot \frac{\left(\sum_{i=1}^{k} d_i(v)\right)^2}{k} - \frac{1}{2} \cdot 2k =$$

$$\frac{1}{2} \cdot \frac{(2k)^2}{k} - k = k$$

对所有顶点求和,可得等腰三角形的数目至少为

$$\sum_{v \in V}\sum_{i=1}^{k} C_{d_i(v)}^2 \geqslant \sum_{v \in V} k = k(2k+1)$$

因为不存在同色三角形,所以,每个三角形要么为等腰三角形,要么为三边颜色互不相同的三角形(记这样的三角形的数目为 A).于是

$$A \leqslant C_{2k+1}^3 - k(2k+1) = \frac{2k(k-2)(2k+1)}{3}$$

下面给出一个 $A = \dfrac{2k(k-2)(2k+1)}{3}$ 的例子.

考虑到上述不等式等号成立的条件是对于所有的 i, v,均有 $d_i(v) = 2$.

因此,只需证明:对任意有 $2k+1$ 个顶点的完全图均能分成 k 个两两不交的哈密顿圈.

这样只需给每个哈密顿圈分别染一种不同的颜色.

事实上,由顶点 u_0 开始交替连接两个点列 $v_1, v_2, \cdots, v_k$ 和 $v_{2k}, v_{2k-1}, \cdots, v_{k+1}$ 得到一个圈

$$C_0 = (u_0, v_1, v_{2k}, v_2, v_{2k-1}, \cdots, v_k, v_{k+1}, u_0)$$

将圈 C_0 中的每个顶点(不含 u_0)的下标加上 i,得到圈 C_i

$(1 \leqslant i \leqslant k-1)$, 其中, 对于任意整数 $j, v_j = v_{j+2k}$.

经验证, 这样的 k 个哈密顿圈两两不交.

例 26 设 a, b, c 为有理数, 且 $a+b+c$ 与 $a^2+b^2+c^2$ 为相等的整数. 证明: 存在整数 u, v, 满足 $abcv^3 = u^2$, 其中 $(u,v)=1$.

证明 设 $a+b+c = a^2+b^2+c^2 = t$, 则 $t \geqslant 0$.

由柯西不等式得
$$3(a^2+b^2+c^2) \geqslant (a+b+c)^2$$

从而, $0 \leqslant t \leqslant 3$, 即 $t \in \{0, 1, 2, 3\}$.

(1) 若 $t=0$, 则 $a=b=c=0$, 此时, 取 $u=0, v=1$, 满足 $abcv^3 = u^2$, 其中, $(u,v)=1$.

(2) 若 $t=3$, 由
$$a+b+c = 3, a^2+b^2+c^2 = 3$$
得 $$ab+bc+ca = \frac{1}{2}[(a+b+c)^2 - (a^2+b^2+c^2)] = 3$$

从而, $a=b=c=1$, 此时, 取 $u=v=1$, 满足 $abcv^3 = u^2$, 其中, $(u,v)=1$.

(3) 若 $t=1$, 记 $a = \frac{n_1}{m_1}, b = \frac{n_2}{m_2}, c = \frac{n_3}{m_3}$, 其中, $m_1, m_2, m_3 \in \mathbf{Z}_+, n_1, n_2, n_3 \in \mathbf{Z}$.

令 $m_1 m_2 m_3 = m$, 则 $m > 0, ma, mb, mc \in \mathbf{Z}$.

设 $ma=x, mb=y, mc=z$, 则 $x, y, z \in \mathbf{Z}$, 且
$$x+y+z = m, x^2+y^2+z^2 = m^2$$

由 $(x+y+z)^2 = x^2+y^2+z^2$, 得 $xy+yz+zx = 0$.

于是, x, y, z 中必有负数, 也必有正数, 不妨设 $z < 0$.

注意到
$$(x+z)(y+z) = xy+yz+zx+z^2 = z^2$$

令 $x+z = rp^2, y+z = rq^2, z = -|r|pq$, 其中, p, q 为互素的正整数, r 为非零整数.

由 $0 < m = x+y+z = r(p^2+q^2) + |r|pq$, 知 $r > 0$.

故
$$m = r(p^2+q^2+pq)$$
$$x = rp(p+q)$$
$$y = rq(q+p)$$

Cauchy不等式·下

则
$$z = -rpq$$

$$abcr^3(p^2+q^2+pq)^3 = abcm^3 = xyz = r^3[pq(p+q)]^2$$

显然,$u = pq(p+q)$ 与 $v = -(p^2+q^2+pq)$ 互素.

(4) 若 $t = 2$,即
$$a+b+c = 2, a^2+b^2+c^2 = 2$$

令 $a_1 = 1-a, b_1 = 1-b, c_1 = 1-c$,则
$$a_1+b_1+c_1 = a_1^2+b_1^2+c_1^2 = 1$$

据(3),知此时有 $a_1b_1+b_1c_1+c_1a_1 = 0$,且存在互素的整数 u, v,使得 $a_1b_1c_1v^3 = u^2$.

而
$$abc = (1-a_1)(1-b_1)(1-c_1) =$$
$$1-(a_1+b_1+c_1)(a_1b_1+b_1c_1+c_1a_1)-a_1b_1c_1 =$$
$$-a_1b_1c_1 = \frac{u^2}{(-v)^3} \Rightarrow$$
$$abc(-v)^3 = u^2$$

因此,结论得证.

第18章 最新竞赛题选讲

习题十八

1. (2014年第十届北方数学奥林匹克邀请赛试题) 设 $x, y, z, w \in \mathbf{R}$, 且 $x+2y+3z+4w=1$. 求 $S = x^2 + y^2 + z^2 + w^2 + (x+y+z+w)^2$ 的最小值.

2. (2012年土耳其数学奥林匹克国家队选拔考试题) 已知正实数 a, b, c 满足 $ab+bc+ca \leqslant 1$. 证明
$$a+b+c+\sqrt{3} \geqslant 8abc\left(\frac{1}{a^2+1}+\frac{1}{b^2+1}+\frac{1}{c^2+1}\right)$$

3. 已知正实数 a, b, c, d 满足 $a+b+c+d=1$. 证明
$$\sum \frac{a}{a^2+1} \leqslant \frac{16}{17}$$

4. 给定实数 x, y, z 满足 $x+y+z=0$. 证明
$$\frac{x(x+2)}{2x^2+1} + \frac{y(y+2)}{2y^2+1} + \frac{z(z+2)}{2z^2+1} \geqslant 0$$

5. (2006年第23届巴尔干数学奥林匹克试题) 令 $a, b, c > 0$, 求证: 不等式
$$\frac{1}{a(1+b)} + \frac{1}{b(1+c)} + \frac{1}{c(1+a)} \geqslant \frac{3}{1+abc}$$

6. (2006年保加利亚IMO团队选拔赛试题) 如果 $a, b, c > 0$, 则 $\dfrac{ab}{3a+4b+5c} + \dfrac{bc}{3b+4c+5a} + \dfrac{ca}{3c+4a+5b} \leqslant \dfrac{a+b+c}{12}$.

7. 设 $x, y, z > 0$, 证明
$$\left(\sqrt{\frac{x}{y+z}} + \sqrt{\frac{y}{z+x}} + \sqrt{\frac{z}{x+y}}\right)^2 \geqslant 4\left(\frac{x}{y+z} \cdot \frac{y}{z+x} \cdot \frac{z}{x+y} + 1\right)$$

8. (2014年第58届摩尔多瓦数学奥林匹克试题) 在 $\triangle ABC$ 中, 已知 $\angle A = 90°$, 点 A 在边 BC 上的投影为点 D, 点 D 在 AB, AC 上的投影分别为点 E, F. 证明
$$\sqrt{5}BC \geqslant \sqrt{2}(BF+CE)$$

9. 已知正数 a, b, c, d 满足 $a+2b+3c+4d \leqslant 10$. 证明
$$\frac{1}{1+3a} + \frac{1}{1+3b^2} + \frac{1}{1+3c^3} + \frac{1}{1+3d^4} \geqslant 1$$

10. (2014年第31届伊朗国家队选拔考试题) 若正实数 x,

Cauchy 不等式. 下

y,z 满足
$$x^2+y^2+z^2=x^2y^2+y^2z^2+z^2x^2$$
证明
$$(x-y)^2(y-z)^2(z-x)^2 \leqslant (x^2-y^2)^2+(y^2-z^2)^2+(z^2-x^2)^2$$

11.（2004 年德国国家队选拔考试题）设正数 a,b,c 满足 $abc=1, n \in \mathbf{N}_+$. 证明
$$\frac{c^n}{a+b}+\frac{b^n}{c+a}+\frac{a^n}{b+c} \geqslant \frac{3}{2}$$

12.（2012 年第 29 届伊朗数学奥林匹克试题（第三轮））设正实数 a,b,c 满足 $ab+bc+ca=1$. 证明
$$\sqrt{3}(\sqrt{a}+\sqrt{b}+\sqrt{c}) \leqslant \frac{a\sqrt{a}}{bc}+\frac{b\sqrt{b}}{ca}+\frac{c\sqrt{c}}{ab}$$

13.（2012 年希腊国家队选拔考试题）设正实数 a,b,c 满足 $a+b+c=3$. 证明
$$\frac{a^2}{(b+c)^3}+\frac{b^2}{(c+a)^3}+\frac{c^2}{(a+b)^3} \geqslant \frac{3}{8} \qquad (1)$$
并说明等号成立的条件.

14.（2014 年第 63 届捷克和斯洛伐克数学奥林匹克试题）设 a,b 为非负实数. 证明
$$\frac{a}{\sqrt{b^2+1}}+\frac{b}{\sqrt{a^2+1}} \geqslant \frac{a+b}{\sqrt{ab+1}} \qquad (1)$$
并指出等号成立的条件.

15.（2014 年爱沙尼亚国家队选拔考试题）记 a,b,c 为正实数，且 $a+b+c=1$. 证明
$$\frac{a^2}{b^3+c^4+1}+\frac{b^2}{c^3+a^4+1}+\frac{c^2}{a^3+b^4+1} > \frac{1}{5}$$

16.（2014 年第 43 届美国数学奥林匹克试题）设 a,b,c,d 均为实数，且 $b-d \geqslant 5$，多项式 $p(x)=x^4+ax^3+bx^2+cx+d$ 的所有零点 x_1,x_2,x_3,x_4 均为实数. 求 $q=(x_1^2+1)(x_2^2+1)(x_3^2+1)(x_4^2+1)$ 的最小值.

17. 将 8 128 的小于自身的全体正约数从小到大排列成 $a_1,a_1,\cdots,a_n$. 证明
$$\sum_{k=2}^{n} \frac{a_k}{k(a_1^2+a_2^2+\cdots+a_k^2)} < \frac{8\,127}{8\,128}$$

第18章 最新竞赛题选讲

18. 一次循环赛中有 $2n+1$ 支参赛队,其中每队与其他队均只进行一场比赛,且比赛结果中没有平局. 若三支参赛队 A, B, C 满足: A 击败 B, B 击败 C, C 击败 A, 则称他们形成一个"环形三元组", 求:

(1)环形三元组的最小可能数目;

(2)环形三元组的最大可能数目.

19. 已知 $x, y, z > 0$, 求

$$f(x,y,z) = \frac{\sqrt{x^2+y^2}+\sqrt{y^2+4z^2}+\sqrt{z^2+16x^2}}{9x+3y+5z}$$

的最小值.

20. (2013年第42届美国数学奥林匹克试题)求所有的实数 $x, y, z \geq 1$, 满足

$$\min\{\sqrt{x+xyz}, \sqrt{y+xyz}, \sqrt{z+xyz}\} =$$
$$\sqrt{x-1}+\sqrt{y-1}+\sqrt{z-1} \tag{1}$$

21. (2014年第27届韩国数学奥林匹克试题)已知正实数 x, y, z 满足 $x+y+z=1$. 证明

$$\frac{(1+xy+yz+zx)(1+3x^2+3y^2+3z^2)}{9(x+y)(y+z)(z+x)} \geq$$
$$\left(\frac{x\sqrt{1+x}}{\sqrt[4]{3+9x^2}}+\frac{y\sqrt{1+y}}{\sqrt[4]{3+9y^2}}+\frac{z\sqrt{1+z}}{\sqrt[4]{3+9z^2}}\right) \tag{1}$$

22. 设 $a, b, c > 0$, $\lambda \geq 1$. 证明

$$\sum \frac{a^2}{a^2+\lambda ab+b^2} \geq \frac{3}{\lambda+2} \tag{1}$$

23. (2014年新加坡数学奥林匹克试题)记 $a_1, a_2, \cdots, a_n$ 为实数, 且满足 $0 < a_1 < a_2 < \cdots < a_n$. 证明

$$\left(\frac{1}{1+a_1}+\frac{1}{1+a_2}+\cdots+\frac{1}{1+a_n}\right)^2 \leq$$
$$\frac{1}{a_1}+\frac{1}{a_2-a_1}+\frac{1}{a_3-a_2}+\cdots+\frac{1}{a_n-a_{n-1}}$$

24. (2014年第十届北方数学奥林匹克邀请赛试题)已知 $\{a_n\}$ 为正数数列, 满足 $a_1=1$, $(n^2+1)a_{n-1}^2=(n-1)^2 a_n^2$ ($n \geq 2$). 证明

$$\frac{1}{a_1}+\frac{1}{2a_2}+\cdots+\frac{1}{na_n} \leq 1+\sqrt{1-\frac{n^2}{a_n^2}}$$

Cauchy 不等式. 下

25. （2015 年中国女子数学奥林匹克试题）设 $x_1, x_2, \cdots, x_n \in (0,1), n \geqslant 2$. 证明

$$\sum_{i=1}^{n} \frac{\sqrt{1-x_i}}{x_i} < \frac{\sqrt{n-1}}{x_1 x_2 \cdots x_n}$$

26. （2013 年中国女子数学奥林匹克试题）给定正实数 $a_1, a_2, \cdots, a_n$. 证明：存在正实数 $x_1, x_2, \cdots, x_n$, 满足 $\sum_{i=1}^{n} x_i = 1$, 且对任意满足 $\sum_{i=1}^{n} y_i = 1$ 的正实数 $y_1, y_2, \cdots, y_n$, 均有

$$\sum_{i=1}^{n} \frac{a_i x_i}{x_i + y_i} \geqslant \frac{1}{2} \sum_{i=1}^{n} a_i$$

27. 已知 $x_i \in \mathbf{R}_+ (i=1,2,\cdots,n)$. 证明

$$\sum_{i=1}^{n} \frac{1}{(1+\sqrt{x_i})^2} \geqslant \frac{n^2}{2\left(n + \sum_{i=1}^{n} x_i\right)}$$

28. （2014 年第 11 届中国东南地区数学奥林匹克高二年级试题）设 n 为大于 1 的整数, 正实数 $x_1, x_2, \cdots, x_n$ 满足 $x_1 + x_2 + \cdots + x_n = 1$. 证明

$$\sum_{i=1}^{n} \frac{x_i}{x_{i+1} - x_{i+1}^3} \geqslant \frac{n^3}{n^2 - 1} \quad (x_{n+1} = x_1)$$

29. 设 $x_i \in \mathbf{R}_+ (i=1,2,\cdots,k), m \geqslant 1, n \in \mathbf{Z}_+$. 证明

$$\sum_{i=1}^{k} \sqrt[n]{\frac{x_i}{(m-1)x_i + \sum_{j=1}^{k} x_j}} \leqslant \frac{k}{\sqrt[n]{k+m-1}}$$

30. （2013 年中国台湾数学奥林匹克训练营试题）已知 $m \geqslant 0, f(x) = x^2 + \sqrt{m} x + m + 1$. 证明：对任意正实数 $x_1, x_2, \cdots, x_n$ 均有

$$f(\sqrt[n]{x_1 x_2 \cdots x_n}) \leqslant \sqrt[n]{f(x_1) f(x_2) \cdots f(x_n)}$$

上式等号成立的充分必要条件为 $x_1 = x_2 = \cdots = x_n$.

31. （2014 年福建省高中数学竞赛题）给定 2 014 个和为 1 的非负实数 $a_1, a_2, \cdots, a_{2014}$. 证明：存在 $a_1, a_2, \cdots, a_{2014}$ 的一个排列 $x_1, x_2, \cdots, x_{2014}$, 满足 $x_1 x_2 + x_2 x_3 + \cdots + x_{2013} x_{2014} + x_{2014} x_1 \leqslant \frac{1}{2014}$.

第18章 最新竞赛题选讲

32.(第33届IMO预选题)若 $x,y,z>1$,且 $\dfrac{1}{x}+\dfrac{1}{y}+\dfrac{1}{z}=z$,证明
$$\sqrt{x+y+z}\geqslant\sqrt{x-1}+\sqrt{y-1}+\sqrt{z-1}$$

习题解答或提示

习题十一

1. 由 $a>1, b>1$,知 $a-1>0, b-1>0$,则 $\dfrac{a^2}{b-1}+\dfrac{b^2}{a-1}\geqslant \dfrac{(a+b)^2}{a+b-2}$. 由于 $(a+b-4)^2\geqslant 0$,于是,有 $(a+b)^2\geqslant 8(a+b-2)$. 故 $\dfrac{(a+b)^2}{a+b-2}\geqslant 8$. 因此,原不等式成立.

2. 由于
$$\left(1+\frac{1}{\sin\alpha}\right)\left(1+\frac{1}{\cos\alpha}\right)=$$
$$1+\frac{1}{\sin\alpha}+\frac{1}{\cos\alpha}+\frac{1}{\sin\alpha\cdot\cos\alpha}\geqslant$$
$$1+\frac{4}{\sin\alpha+\cos\alpha}+\frac{2}{\sin 2\alpha}=$$
$$1+\frac{4}{\sqrt{2}\sin\left(\alpha+\frac{\pi}{4}\right)}+\frac{2}{\sin 2\alpha}\geqslant 1+2\sqrt{2}+2>5$$

3. 由不等式(11.3)得
$$\frac{1}{x}+\frac{4}{y}+\frac{9}{z}=\frac{1^2}{x}+\frac{2^2}{y}+\frac{3^2}{z}\geqslant \frac{(1+2+3)^2}{x+y+z}=36$$
当 $x=\dfrac{1}{6}, y=\dfrac{1}{3}, z=\dfrac{1}{2}$ 时上式取等号,故最小值为 36.

4. 注意到
$$\frac{a^2}{b}=2a-b+\frac{(a-b)^2}{b}$$
$$\frac{b^2}{c}=2b-c+\frac{(b-c)^2}{c}$$
$$\frac{c^2}{a}=2c-a+\frac{(c-a)^2}{a}$$

习题解答或提示

于是,所证不等式可化为

$$\frac{(a-b)^2}{b}+\frac{(b-c)^2}{c}+\frac{(c-a)^2}{a} \geqslant \frac{(2a-2b)^2}{a+b+c} \quad (1)$$

不等式(1)是柯西-施瓦兹不等式的一个直接结论

$$(b+c+a)\left[\frac{(a-b)^2}{b}+\frac{(b-c)^2}{c}+\frac{(c-a)^2}{a}\right] \geqslant$$
$$(|a-b|+|b-c|+|c-a|)^2 \geqslant$$
$$(2|a-b|)^2$$

显然,当 $a=b=c$ 时,等号成立.

另一种情况为 $a>0, c=ak, b=ck$,其中,$k=\dfrac{1+\sqrt{5}}{2}$.

5. 令 $a=y+z, b=z+x, c=x+y$. 则由第 11 章例 10 知
$$\frac{y+z}{(z+x)+(x+y)}+\frac{z+x}{(x+y)+(y+z)}+\frac{x+y}{(y+z)+(z+x)}=$$
$$\frac{a}{b+c}+\frac{b}{c+a}+\frac{c}{a+b} \geqslant \frac{3}{2}$$

故
$$\frac{x}{2x+y+z}+\frac{y}{x+2y+z}+\frac{z}{x+y+2z}=$$
$$\frac{1}{2}\left[\left(\frac{2x+y+z}{2x+y+z}-\frac{y+z}{2x+y+z}\right)+\left(\frac{x+2y+z}{x+2y+z}-\frac{z+x}{x+2y+z}\right)+\right.$$
$$\left.\left(\frac{x+y+2z}{x+y+2z}-\frac{x+y}{x+y+2z}\right)\right] \leqslant \frac{1}{2}\left(3-\frac{3}{2}\right)=\frac{3}{4}$$

因此,原不等式成立.

6. 设原式为 A. 由柯西不等式,有
$$A[a_1(a_2+3a_3+5a_4+7a_5)+a_2(a_3+3a_4+5a_5+7a_1)+\cdots+$$
$$a_5(a_1+3a_2+5a_3+7a_4)] \geqslant (a_1+a_2+a_3+a_4+a_5)^2 \quad (1)$$

于是,有
$$A \geqslant \frac{\left(\sum_{i=1}^{5} a_i\right)^2}{8\sum_{1 \leqslant i<j \leqslant 5} a_i a_j}$$

因为
$$4\left(\sum_{i=1}^{5} a_i\right)^2 - 10\sum_{1 \leqslant i<j \leqslant 5} a_i a_j = \sum_{1 \leqslant i<j \leqslant 5} (a_i-a_j)^2 \geqslant 0 \quad (2)$$

Cauchy 不等式. 下

所以
$$\left(\sum_{i=1}^{5}a_i\right)^2 \geqslant \frac{5}{2}\sum_{1\leqslant i<j\leqslant 5}a_ia_j$$

从而,$A \geqslant \frac{5}{16}$.

当 $a_1=a_2=a_3=a_4=a_5$ 时,式(1),(2)中的等号均成立,即有 $A = \frac{5}{16}$.

综上所述,所求的最小值为 $\frac{5}{16}$.

习题十二

1. 由柯西不等式的推广,得
$$(2+a_1)(2+a_2)\cdots(2+a_n) \geqslant (2+\sqrt[n]{a_1a_2\cdots a_n})^n - 3^n$$

2. 由柯西不等式的推广,得 $(1+1)(1+1)\cdots(1+1)(a^n+b^n) \geqslant (a+b)^n$,于是 $\frac{a^n+b^n}{2} \geqslant \left(\frac{a+b}{2}\right)^n$.

3. 由于(1)
$f(x_1)f(x_2)\cdots f(x_n) =$
$(ax_1^2+bx_1+c)(ax_2^2+bx_2+c)\cdots(ax_n^2+bx_n+c) \geqslant$
$[a(\sqrt[n]{x_1x_2\cdots x_n})^2 + b\sqrt[n]{x_1x_2\cdots x_n} + c]^n =$
$(a+b+c)^n = 1$

(2) 同(1).

4. 由柯西不等式的推广,得
$(x_1^{n+1}+x_2^{n+1}+\cdots+x_n^{n+1}) \cdot (x_1^{n+1}+x_2^{n+1}+\cdots+x_n^{n+1}) \cdot$
$(x_2^{n+1}+x_3^{n+1}+\cdots+x_1^{n+1}) \cdots (x_n^{n+1}+x_1^{n+1}+\cdots+x_{n-1}^{n+1}) \geqslant$
$(x_1^2x_2\cdots x_n + x_1x_2^2\cdots x_n + \cdots + x_1x_2\cdots x_n^2)^{n+1} =$
$[x_1x_2\cdots x_n(x_1+x_2+\cdots+x_n)]^{n+1}$

两边同时开 $n+1$ 次方得
$x_1^{n+1}+x_2^{n+1}+\cdots+x_n^{n+1} \geqslant x_1x_2\cdots x_n(x_1+x_2+\cdots+x_n)$

等号当且仅当 $x_1=x_2=\cdots=x_n$ 时成立.

习题解答或提示

直接利用柯西不等式的推广.

5.由赫尔德不等式得

$$(b_1^k x_1^k + b_2^k x_2^k + \cdots + b_n^k x_n^k)^{\frac{1}{k}} \left[\left(\frac{a_1}{b_1}\right)^{\frac{k}{k-1}} + \left(\frac{a_2}{b_2}\right)^{\frac{k}{k-1}} + \cdots + \left(\frac{a_n}{b_n}\right)^{\frac{k}{k-1}} \right]^{\frac{k-1}{k}} \geqslant$$
$$a_1 x_1 + a_2 x_2 + \cdots + a_n x_n = p$$

所以

$$y^{\frac{1}{k}} \left[\left(\frac{a_1}{b_1}\right)^{\frac{k}{k-1}} + \left(\frac{a_2}{b_2}\right)^{\frac{k}{k-1}} + \cdots + \left(\frac{a_n}{b_n}\right)^{\frac{k}{k-1}} \right]^{\frac{k-1}{k}} \geqslant p$$

$$y \geqslant \frac{p^k}{\left[\left(\frac{a_1}{b_1}\right)^{\frac{k}{k-1}} + \left(\frac{a_2}{b_2}\right)^{\frac{k}{k-1}} + \cdots + \left(\frac{a_n}{b_n}\right)^{\frac{k}{k-1}} \right]^{k-1}}$$

即 y 的最小值是

$$\frac{p^k}{\left[\left(\frac{a_1}{b_1}\right)^{\frac{k}{k-1}} + \left(\frac{a_2}{b_2}\right)^{\frac{k}{k-1}} + \cdots + \left(\frac{a_n}{b_n}\right)^{\frac{k}{k-1}} \right]^{k-1}}$$

6.由柯西不等式的推广,得

$$(y+z+x)[(1+y)+(1+z)+(1+x)][(1-y)+(1-z)+(1-x)]\left[\frac{x^4}{y(1-y^2)} + \frac{y^4}{z(1-z^2)} + \frac{z^4}{x(1-x^2)}\right] \geqslant (x+y+z)^4$$

因为 $x+y+z=1$,所以

$$\frac{x^4}{y(1-y^2)} + \frac{y^4}{z(1-z^2)} + \frac{z^4}{x(1-x^2)} \geqslant \frac{1}{8}$$

7.由柯西不等式的推广,得

$$\left(\frac{x}{\sqrt{y+z}} + \frac{y}{\sqrt{z+x}} + \frac{z}{\sqrt{x+y}}\right) \cdot \left(\frac{x}{\sqrt{y+z}} + \frac{y}{\sqrt{z+x}} + \frac{z}{\sqrt{x+y}}\right) \cdot$$
$$[x(y+z) + y(z+x) + z(x+y)] \geqslant (x+y+z)^3$$

又由于 $(x+y+z)^2 \geqslant 3(xy+yz+zx)$,所以

$$\frac{x}{\sqrt{y+z}} + \frac{y}{\sqrt{z+x}} + \frac{z}{\sqrt{x+y}} \geqslant$$

$$\sqrt{\frac{(x+y+z)^3}{2(xy+yz+zx)}} =$$

$$\sqrt{\frac{(x+y+z)^2(x+y+z)}{2(xy+yz+zx)}} \geqslant$$

$$\sqrt{\frac{3}{2}(x+y+z)}$$

371

Cauchy 不等式.下

8. 由
$$\sqrt[3]{\frac{a}{b}} + \sqrt[3]{\frac{b}{a}} \leqslant \sqrt[3]{2\left(1+\frac{a}{b}\right)\left(1+\frac{b}{a}\right)} \Leftrightarrow$$
$$\sqrt[3]{a^2} + \sqrt[3]{b^2} \leqslant \sqrt[3]{2(a+b)^2} \Leftrightarrow (\sqrt[3]{a^2} + \sqrt[3]{b^2})^3 \leqslant 2(a+b)^2$$

由柯西不等式的推广,得
$$(1+1)(a+b)(a+b) \geqslant (\sqrt[3]{a^2} + \sqrt[3]{b^2})^3$$

成立.

9. 由
$$9(x^2 + yz)(y^2 + zx)(z^2 + xy) \leqslant$$
$$\frac{9}{8}(2x^2 + y^2 + z^2)(x^2 + 2y^2 + z^2)(x^2 + y^2 + 2z^2) \leqslant$$
$$\frac{9}{8}\left(\frac{4(x^2+y^2+z^2)}{3}\right)^3 = 9 \times 8 \left(\frac{x^2+y^2+z^2}{3}\right)^3 \leqslant$$
$$9 \times 8 \left(\frac{x^3+y^3+z^3}{3}\right)^2 = 8(x^3+y^3+z^3)^2$$

10. 由柯西不等式的推广,得
$$\left(\frac{c^3}{a}+\frac{d^3}{b}\right)\left(\frac{c^3}{a}+\frac{d^3}{b}\right)(a^2+b^2) \geqslant (c^2+d^2)^3$$

而 $a^2 + b^2 = (c^2+d^2)^3$,所以 $\frac{c^3}{a}+\frac{d^3}{b} \geqslant 1$.

11. 由柯西不等式的推广得
$$\left(abc + abc + \cdots + abc + \frac{a^3+b^3+c^3}{3}\right) \cdot$$
$$\underbrace{(1+1+\cdots+1+1)}_{9\uparrow 1}\underbrace{(1+1+\cdots+1+1)}_{9\uparrow 1} \geqslant$$
$$\left(\sqrt[3]{abc} + \sqrt[3]{abc} + \cdots + \sqrt[3]{abc} + \sqrt[3]{\frac{a^3+b^3+c^3}{3}}\right)^3$$

即
$$81\left(8abc + \frac{a^3+b^3+c^3}{3}\right) \geqslant \left(8\sqrt[3]{abc} + \sqrt[3]{\frac{a^3+b^3+c^3}{3}}\right)^3$$

下面证明 $[3(a+b+c)]^3 \geqslant 81\left(8abc + \frac{a^3+b^3+c^3}{3}\right)$,即
$$(a+b+c)^3 \geqslant 24abc + a^3+b^3+c^3$$

此不等式等价于 $a(b^2+c^2) + b(c^2+a^2) + c(a^2+b^2) \geqslant$

372

$6abc$,这由均值不等式不难得到.

所以
$$3(a+b+c) \geqslant 8\sqrt[3]{abc} + \sqrt[3]{\frac{a^3+b^3+c^3}{3}}$$

12. 由柯西不等式的推广,得
$$\left(\frac{a^3c}{b(a+c)} + \frac{b^3a}{c(a+b)} + \frac{c^3b}{a(b+c)}\right)\left(\frac{b}{c} + \frac{c}{a} + \frac{a}{b}\right) \cdot$$
$$[(a+c)+(a+b)+(b+c)] \geqslant (a+b+c)^3$$
$$\left(\frac{a^3c}{b(a+c)} + \frac{b^3a}{c(a+b)} + \frac{c^3b}{a(b+c)}\right)\left(\frac{b}{c} + \frac{c}{a} + \frac{a}{b}\right) \geqslant$$
$$\frac{1}{2}(a+b+c)^2$$

因为 $a+b+c \geqslant \frac{a}{b} + \frac{b}{c} + \frac{c}{a}$,所以
$$\frac{a^3c}{b(a+c)} + \frac{b^3a}{c(a+b)} + \frac{c^3b}{a(b+c)} \geqslant \frac{1}{2}(a+b+c)$$

由已知条件
$$a+b+c \geqslant \frac{a}{b} + \frac{b}{c} + \frac{c}{a} \geqslant 3\sqrt[3]{\frac{a}{b} \cdot \frac{b}{c} \cdot \frac{c}{a}} = 3$$

所以
$$\frac{a^3c}{b(a+c)} + \frac{b^3a}{c(a+b)} + \frac{c^3b}{a(b+c)} \geqslant \frac{3}{2}$$

13. 因为
$$\left(\frac{1}{x^2} - x\right)\left(\frac{1}{y^2} - y\right)\left(\frac{1}{z^2} - z\right) =$$
$$\left(\frac{1-x}{x}\right)\left(\frac{1-y}{y}\right)\left(\frac{1-z}{z}\right)\left(\frac{1+x+x^2}{x}\right)\left(\frac{1+y+y^2}{y}\right)\left(\frac{1+z+z^2}{z}\right) =$$
$$\left(\frac{y+z}{x}\right)\left(\frac{x+z}{y}\right)\left(\frac{x+y}{z}\right)\left(x+\frac{1}{x}+1\right)\left(y+\frac{1}{y}+1\right)\left(z+\frac{1}{z}+1\right)$$

由均值不等式得
$$\left(\frac{y+z}{x}\right)\left(\frac{x+z}{y}\right)\left(\frac{x+y}{z}\right) \geqslant \left(\frac{2\sqrt{yz}}{x}\right)\left(\frac{2\sqrt{xz}}{y}\right)\left(\frac{2\sqrt{xy}}{z}\right) = 8$$
(1)

由柯西不等式的推广得

Cauchy 不等式. 下

$$\left(x+\frac{1}{x}+1\right)\left(y+\frac{1}{y}+1\right)\left(z+\frac{1}{z}+1\right) \geqslant$$
$$\left(\sqrt[3]{xyz}+\sqrt[3]{\frac{1}{xyz}}+1\right)^3 \qquad (2)$$

由均值不等式得 $x+y+z=1 \geqslant 3\sqrt[3]{xyz}$,所以 $\sqrt[3]{xyz} \leqslant \frac{1}{3}$,从而

$$\sqrt[3]{xyz}+\sqrt[3]{\frac{1}{xyz}}-\left(\frac{1}{3}+3\right)=\frac{(3\sqrt[3]{xyz}-1)(\sqrt[3]{xyz}-3)}{3\sqrt[3]{xyz}} \geqslant 0$$

即

$$\sqrt[3]{xyz}+\sqrt[3]{\frac{1}{xyz}}+1 \geqslant \frac{1}{3}+3+1=\frac{13}{3}$$

于是

$$\sqrt[3]{xyz}+\sqrt[3]{\frac{1}{xyz}}+1 \geqslant \frac{13}{3} \qquad (3)$$

所以由式(1),(2),(3) 得

$$\left(\frac{1}{x^2}-x\right)\left(\frac{1}{y^2}-y\right)\left(\frac{1}{z^2}-z\right) \geqslant \left(\frac{26}{3}\right)^3 \qquad (4)$$

14. 记 $P=\frac{1}{a(1+b)}+\frac{1}{b(1+c)}+\frac{1}{c(1+a)}$,由不等式 $(x+y+z)^2 \geqslant 3(xy+yz+zx)$ 得

$$P^2 \geqslant 3\left[\frac{1}{ab(1+b)(1+c)}+\frac{1}{bc(1+c)(1+a)}+\frac{1}{ca(1+a)(1+b)}\right]=$$
$$\frac{3[c(1+a)+a(1+b)+b(1+c)]}{abc(1+a)(1+b)(1+c)}=$$
$$\frac{3(a+b+c+ab+bc+ca)}{abc(1+a)(1+b)(1+c)}=$$
$$\frac{3[(1+a)(1+b)(1+c)-1-abc]}{abc(1+a)(1+b)(1+c)}=$$
$$\frac{3}{abc}-\frac{3}{abc(1+a)(1+b)(1+c)}-\frac{3}{(1+a)(1+b)(1+c)}$$

记 $t=\sqrt[3]{abc}$,则由柯西不等式的推广得

$$(1+a)(1+b)(1+c) \geqslant (1+\sqrt[3]{abc})^3$$

所以

习题解答或提示

$$P^2 \geqslant \frac{3}{abc} - \frac{3}{abc(1+\sqrt[3]{abc})^3} - \frac{3}{(1+\sqrt[3]{abc})^3} =$$

$$\frac{3[(1+t)^3 - (1+t^3)]}{t^3(1+t)^3} = \frac{9}{t^2(1+t)^2}$$

即 $P \geqslant \dfrac{3}{t(1+t)} = \dfrac{3}{\sqrt[3]{abc}(1+\sqrt[3]{abc})}$,不等式得证.

15. 由幂平均值不等式得 $\sqrt{\dfrac{a^2+b^2}{2}} \leqslant \sqrt[3]{\dfrac{a^3+b^3}{2}}$,所以

$\left(\sqrt{\dfrac{a^2+b^2}{2}}\right)^3 \leqslant \dfrac{a^3+b^3}{2}$,所以由均值不等式得

$\sqrt{x^2+y^2}(x^2+y^2+z^2) =$

$2\sqrt{2}\left(\sqrt{\dfrac{x^2+y^2}{2}}\right)^3 + \sqrt{2}z \cdot z\sqrt{\dfrac{x^2+y^2}{2}} \leqslant$

$2\sqrt{2} \cdot \dfrac{x^3+y^3}{2} + \dfrac{\sqrt{2}}{3}\left[z^3 + z^3 + \left(\sqrt{\dfrac{x^2+y^2}{2}}\right)^3\right] \leqslant$

$\sqrt{2}(x^3+y^3) + \dfrac{\sqrt{2}}{3}\left(2z^3 + \dfrac{x^3+y^3}{2}\right) = \sqrt{2}\left(\dfrac{7x^3+7y^3+4z^3}{6}\right)$

同理

$$\sqrt{y^2+z^2}(x^2+y^2+z^2) \leqslant \sqrt{2}\left(\frac{4x^3+7y^3+7z^3}{6}\right)$$

$$\sqrt{z^2+x^2}(x^2+y^2+z^2) \leqslant \sqrt{2}\left(\frac{7x^3+4y^3+7z^3}{6}\right)$$

相加得

$(\sqrt{x^2+y^2} + \sqrt{y^2+z^2} + \sqrt{z^2+x^2})(x^2+y^2+z^2) \leqslant$
$3\sqrt{2}(x^3+y^3+z^3)$

即

$$\sqrt{x^2+y^2} + \sqrt{y^2+z^2} + \sqrt{z^2+x^2} \leqslant 3\sqrt{2} \cdot \frac{x^3+y^3+z^3}{x^2+y^2+z^2}$$

16. 因为 $c+d=1$,由均值不等式

$$(c+d)\left(\frac{1}{c}+\frac{1}{d}\right) \geqslant 4$$

由幂平均值不等式得

$$\left(c+\frac{1}{c}\right)^3 + \left(d+\frac{1}{d}\right)^3 \geqslant$$

375

Cauchy 不等式. 下

$$\frac{1}{4}\left[\left(c+\frac{1}{c}\right)+\left(d+\frac{1}{d}\right)\right]^3 =$$
$$\frac{1}{4}\left[(c+d)+\left(\frac{1}{c}+\frac{1}{d}\right)\right]^3 \geqslant \frac{125}{4}$$

不妨设 $a = \min\{a,b\}$，则 $1 = a^3 + ab + b^3 \geqslant 2a^3 + a^2$，则 $a < \frac{2}{3}$，否则，$a \geqslant \frac{2}{3}$，则

$$a^3 + ab + b^3 \geqslant 2a^3 + a^2 \geqslant 2\left(\frac{2}{3}\right)^3 + \left(\frac{2}{3}\right)^2 = \frac{28}{27} > 1$$

所以 $a \leqslant \frac{2}{3}$. 又因为函数 $y = x + \frac{1}{x}$ 在 $(0,1)$ 上单调递减，所以当 $a \leqslant \frac{2}{3}$ 时，$a + \frac{1}{a} \geqslant \frac{2}{3} + \frac{3}{2} = \frac{13}{6}$，于是

$$\left(a + \frac{1}{a}\right)^3 \geqslant \left(\frac{13}{6}\right)^3 \geqslant \frac{2\,197}{216} > 10 > \frac{35}{4}$$

所以

$$\sum_{cyc}\left(a+\frac{1}{a}\right)^3 > \left(a+\frac{1}{a}\right)^3 + \left(c+\frac{1}{c}\right)^3 + \left(d+\frac{1}{d}\right)^3 > 40$$

17. 由柯西不等式的推广得

$$\left(\frac{x_1^3}{\alpha x_1 + \beta x_2} + \frac{x_2^3}{\alpha x_2 + \beta x_3} + \cdots + \frac{x_n^3}{\alpha x_n + \beta x_1}\right) \cdot \left[(\alpha x_1 + \beta x_2) + (\alpha x_2 + \beta x_3) + \cdots + (\alpha x_n + \beta x_1)\right] \cdot (1 + 1 + \cdots + 1) \geqslant (x_1 + x_2 + \cdots + x_n)^3$$

因为 $x_1 + x_2 + \cdots + x_n = 1$，所以

$$\frac{x_1^3}{\alpha x_1 + \beta x_2} + \frac{x_2^3}{\alpha x_2 + \beta x_3} + \cdots + \frac{x_n^3}{\alpha x_n + \beta x_1} \geqslant \frac{1}{n(\alpha+\beta)}$$

18. 由柯西不等式的推广得

$$\left(\sum_{i=1}^{n}\frac{1}{\sqrt{1-x_i}}\right)\left(\sum_{i=1}^{n}\frac{1}{\sqrt{1-x_i}}\right)\left[\sum_{i=1}^{n}(1-x_i)\right] \geqslant$$
$$\left(\sum_{i=1}^{n}\frac{1}{\sqrt[6]{1-x_i}} \cdot \frac{1}{\sqrt[6]{1-x_i}} \cdot \sqrt[3]{1-x_i}\right)^3 = n^3$$

即

$$\sum_{i=1}^{n}\frac{1}{\sqrt{1-x_i}} \geqslant n\sqrt{\frac{n}{n-1}}$$

19. 由柯西不等式的推广得 $(a_k^3 + 1)(a_k^3 + 1)(a_{k+1}^3 + 1) \geqslant$

习题解答或提示

$(a_k^2 a_{k+1}+1)^3$, $k=1,2,\cdots,n$,其中 $a_{n+1}=a_1$.

将它们相乘得

$$\prod_{k=1}^{n}(a_k^3+1)^3 \geqslant \prod_{k=1}^{n}(a_k^2 a_{k+1}+1)^3$$

即

$(a_1^3+1)(a_2^3+1)\cdots(a_n^3+1) \geqslant (a_1^2 a_2+1)(a_2^2 a_3+1)\cdots(a_n^2 a_1+1)$

20. 因为 a_i 是正实数$(i=1,2,\cdots,n)$,所以$(a_i^k-1)(a_i^n-1) \geqslant 0$,所以 $a_i^{n+k}-a_i^k \geqslant a_i^n-1$,所以 $a_i^{n+k}-a_i^k+n \geqslant a_i^n+n-1$,所以

$$\prod_{i=1}^{n}(a_i^{n+k}-a_i^k+n) \geqslant \prod_{i=1}^{n}(a_i^n+n-1) =$$
$(a_1^n+1+1+\cdots+1)\cdot(1+a_2^n+1+\cdots+1)\cdot\cdots\cdot$
$(1+1+\cdots+1+a_n^n) \geqslant (a_1+a_2+\cdots+a_n)^n$

易知当 $a_1=a_2=\cdots=a_n=1$ 时,上式等号成立.

取 $k=2, n=3$,这便是 2004 年美国数学奥林匹克试题.

21. 先固定 i,由柯西不等式的推广得

$$\prod_{j=1}^{n}\left(1+\frac{a_i}{a_j}\right) \geqslant \left[1+\frac{a_i}{(\prod_{j=1}^{n}a_j)^{\frac{1}{n}}}\right]^n$$

所以

$$\left[\prod_{i=1}^{n}\prod_{j=1}^{n}\left(1+\frac{a_i}{a_j}\right)\right]^{\frac{1}{n}} \geqslant \left\{\prod_{i=1}^{n}\left[1+\frac{(\prod_{i=1}^{n}a_i)^{\frac{1}{n}}}{(\prod_{j=1}^{n}a_j)^{\frac{1}{n}}}\right]^n\right\}^{\frac{1}{n}} = 2^n$$

22. 应用柯西不等式的推广有

$$\prod_{i=1}^{n}\frac{x_i}{1+x_i} =$$
$$\prod_{i=1}^{n}\left(1-\frac{1}{1+x_i}\right) =$$
$\left(\dfrac{1}{1+x_2}+\dfrac{1}{1+x_3}+\cdots+\dfrac{1}{1+x_{n-1}}+\dfrac{1}{1+x_n}\right)\cdot$
$\left(\dfrac{1}{1+x_3}+\dfrac{1}{1+x_4}+\cdots+\dfrac{1}{1+x_n}+\dfrac{1}{1+x_1}\right)\cdot\cdots\cdot$
$\left(\dfrac{1}{1+x_n}+\dfrac{1}{1+x_1}+\cdots+\dfrac{1}{1+x_{n-3}}+\dfrac{1}{1+x_{n-2}}\right).$

377

Cauchy 不等式. 下

$$\left(\frac{1}{1+x_1}+\frac{1}{1+x_2}+\cdots+\frac{1}{1+x_{n-2}}+\frac{1}{1+x_{n-1}}\right) \geqslant$$

$$\left(\frac{1}{\sqrt[n]{1+x_2}} \cdot \frac{1}{\sqrt[n]{1+x_3}} \cdot \cdots \cdot \frac{1}{\sqrt[n]{1+x_n}} \cdot \frac{1}{\sqrt[n]{1+x_1}} + \right.$$

$$\frac{1}{\sqrt[n]{1+x_3}} \cdot \frac{1}{\sqrt[n]{1+x_4}} \cdot \cdots \cdot \frac{1}{\sqrt[n]{1+x_1}} \cdot \frac{1}{\sqrt[n]{1+x_2}} + \cdots +$$

$$\left. \frac{1}{\sqrt[n]{1+x_n}} \cdot \frac{1}{\sqrt[n]{1+x_1}} \cdot \cdots \cdot \frac{1}{\sqrt[n]{1+x_{n-2}}} \cdot \frac{1}{\sqrt[n]{1+x_{n-1}}} \right)^n =$$

$$\left(\frac{n-1}{\sqrt[n]{(1+x_1)(1+x_2)\cdots(1+x_n)}}\right)^n$$

于是 $\qquad x_1 x_2 \cdots x_n \geqslant (n-1)^n$

($n=4$ 是 1986 年合肥市数学竞赛试题.)

23. 不妨设 c 是最大边,则 $c = \sqrt{a^2+b^2}$,且

$$a^3+b^3+c^3 = a^3+b^3+2\sqrt{2}\left(\sqrt{\frac{a^2+b^2}{2}}\right)^3$$

由加权的幂平均值不等式得

$$\sqrt[3]{\frac{a^3+b^3+2\sqrt{2}\left(\sqrt{\frac{a^2+b^2}{2}}\right)^3}{1+1+2\sqrt{2}}} \geqslant$$

$$\sqrt{\frac{a^2+b^2+2\sqrt{2}\left(\sqrt{\frac{a^2+b^2}{2}}\right)^2}{1+1+2\sqrt{2}}} = \sqrt{\frac{a^2+b^2}{2}} \qquad (1)$$

又因为 $\sqrt{\frac{a^2+b^2}{2}} \geqslant \frac{a+b}{2}$,所以

$$(\sqrt{2}+1)\sqrt{a^2+b^2} \geqslant a+b+\sqrt{a^2+b^2}$$

$$\sqrt{\frac{a^2+b^2}{2}} \geqslant \frac{1}{2+\sqrt{2}}(a+b+\sqrt{a^2+b^2}) = \frac{1}{2+\sqrt{2}}(a+b+c)$$

(2)

由式(1),(2)得

$$a^3+b^3+c^3 \geqslant \frac{1}{\sqrt{2}(1+\sqrt{2})^2}(a+b+c)^3$$

当 $a=b=1, c=\sqrt{2}$ 时,上式等号成立. 所以最大的正实数 $k=\dfrac{1}{\sqrt{2}(1+\sqrt{2})^2}$.

24. 令 $s=a_1+a_2+a_3+\cdots+a_n$,在 $k=1$ 时

$$\dfrac{a_1}{a_2+a_3+\cdots+a_n}+\dfrac{a_2}{a_1+a_3+\cdots+a_n}+\cdots+$$

$$\dfrac{a_n}{a_1+a_2+\cdots+a_{n-1}}=$$

$$\dfrac{s}{s-a_1}+\dfrac{s}{s-a_2}+\cdots+\dfrac{s}{s-a_n}-n$$

由柯西不等式,有

$$\left(\dfrac{s}{s-a_1}+\dfrac{s}{s-a_2}+\cdots+\dfrac{s}{s-a_n}\right)\left(\dfrac{s-a_1}{s}+\dfrac{s-a_2}{s}+\cdots+\dfrac{s-a_n}{s}\right)\geqslant n^2$$

即

$$\dfrac{s}{s-a_1}+\dfrac{s}{s-a_2}+\cdots+\dfrac{s}{s-a_n}\geqslant \dfrac{n^2}{n-1}$$

于是

$$\dfrac{a_1}{a_2+a_3+\cdots+a_n}+\dfrac{a_2}{a_1+a_3+\cdots+a_n}+\cdots+$$

$$\dfrac{a_n}{a_1+a_2+\cdots+a_{n-1}}\geqslant \dfrac{n}{n-1}$$

在 $k>1$ 时,令 $x_i^k=\left(\dfrac{a_i}{s-a_i}\right)^k, i=1,2,\cdots,n$,由幂平均值不等式得

$$\dfrac{x_1^k+x_2^k+\cdots+x_n^k}{n}\geqslant \left(\dfrac{x_1+x_2+\cdots+x_n}{n}\right)^k$$

所以

$$\left(\dfrac{a_1}{a_2+a_3+\cdots+a_n}\right)^k+\left(\dfrac{a_2}{a_1+a_3+\cdots+a_n}\right)^k+\cdots+$$

$$\left(\dfrac{a_n}{a_1+a_2+\cdots+a_{n-1}}\right)^k\geqslant$$

$$n\left(\dfrac{a_1}{a_2+a_3+\cdots+a_n}+\dfrac{a_2}{a_1+a_3+\cdots+a_n}+\cdots+\right.$$

$$\left.\dfrac{a_n}{a_1+a_2+\cdots+a_{n-1}}\right)^k\geqslant$$

Cauchy 不等式. 下

$$n\left(\frac{n}{n-1}\right)^k = \frac{n^{k+1}}{(n-1)^k}$$

25. 由均值不等式得

$$\frac{a+b+c}{3} = \frac{\frac{a+b}{2}+\frac{b+c}{2}+\frac{c+a}{2}}{3} \geqslant \sqrt[3]{\frac{(a+b)(b+c)(c+a)}{8}}$$

利用赫尔德不等式得

$$\sqrt[3]{\frac{(a+b)(b+c)(c+a)}{8}} =$$

$$\sqrt[3]{\frac{\frac{a+b}{2}+a+b}{3} \cdot \frac{b+\frac{b+c}{2}+c}{3} \cdot \frac{a+c+\frac{c+a}{2}}{3}} \geqslant$$

$$\frac{1}{3}\left(\sqrt[3]{\frac{a+b}{2} \cdot b \cdot a} + \sqrt[3]{b \cdot \frac{b+c}{2} \cdot c} + \sqrt[3]{a \cdot c \cdot \frac{c+a}{2}}\right) \geqslant$$

$$\frac{\sqrt{ab}+\sqrt{bc}+\sqrt{ca}}{3}$$

26. 由赫尔德不等式得

$$\left(\frac{x}{\sqrt{y^2+z^2}} + \frac{y}{\sqrt{z^2+x^2}} + \frac{z}{\sqrt{x^2+y^2}}\right)^2 [x(y^2+z^2) + y(z^2+x^2) + z(x^2+y^2)] \geqslant (x+y+z)^3$$

只要证明

$$(x+y+z)^3 > 4[x(y^2+z^2)+y(z^2+x^2)+z(x^2+y^2)] =$$
$$4(x+y+z)(xy+yz+zx) - 12xyz$$

由舒尔不等式 $(x+y+z)^3 - 4(x+y+z)(xy+yz+zx) + 9xyz \geqslant 0$,所以

$$(x+y+z)^3 \geqslant 4(x+y+z)(xy+yz+zx) - 9xyz >$$
$$4(x+y+z)(xy+yz+zx) - 12xyz$$

27. 由赫尔德不等式得

$$\sqrt[3]{a(b+1)yz} + \sqrt[3]{b(c+1)zx} + \sqrt[3]{c(a+1)xy} =$$
$$\sqrt[3]{az \cdot y \cdot (b+1)} + \sqrt[3]{z \cdot (c+1) \cdot bx} + \sqrt[3]{(a+1) \cdot cy \cdot x} \leqslant$$
$$\sqrt[3]{[az+z+(a+1)][y+(c+1)+cy][(b+1)+bx+x]} =$$
$$\sqrt[3]{(a+1)(b+1)(c+1)(x+1)(y+1)(z+1)}$$

28. 由赫尔德不等式得

$$\sum_{i=1}^{n} a_i^3 = \sum_{i=1}^{n} (a_i \cdot a_i^2) \leqslant \left(\sum_{i=1}^{n} a_i^{\frac{5}{3}}\right)^{\frac{3}{5}} \left(\sum_{i=1}^{n} (a_i^2)^{\frac{5}{2}}\right)^{\frac{2}{5}} =$$
$$\left(\sum_{i=1}^{n} a_i^{\frac{5}{3}}\right)^{\frac{3}{5}} \left(\sum_{i=1}^{n} a_i^5\right)^{\frac{2}{5}} \tag{1}$$

又可以证明

$$\sum_{i=1}^{n} a_i^{\frac{5}{3}} \leqslant \left(\sum_{i=1}^{n} a_i\right)^{\frac{5}{3}} \tag{2}$$

事实上,令 $S = \sum_{i=1}^{n} a_i$,则

$$式(2) \Leftrightarrow \sum_{i=1}^{n} \left(\frac{a_i}{S}\right)^{\frac{5}{3}} \leqslant 1 \tag{3}$$

注意到 $0 < \frac{a_i}{S} \leqslant 1, \frac{5}{3} > 1$,所以

$$\sum_{i=1}^{n} \left(\frac{a_i}{S}\right)^{\frac{5}{3}} \leqslant \sum_{i=1}^{n} \frac{a_i}{S} = 1$$

由式(1),(2)得

$$3 \leqslant \left(\sum_{i=1}^{n} a_i\right) \left(\sum_{i=1}^{n} a_i^5\right)^{\frac{2}{5}} = 5^{\frac{2}{5}} \left(\sum_{i=1}^{n} a_i\right)$$

所以 $\sum_{i=1}^{n} a_i \geqslant \frac{3}{\sqrt[5]{25}} > \frac{3}{\sqrt[5]{32}} = \frac{3}{2}$,即 $\sum_{i=1}^{n} a_i > \frac{3}{2}$.

29.(1)由赫尔德不等式得

$$(1+1+\cdots+1)^{(\alpha-\beta)/\alpha} (a_1^{\alpha} + a_2^{\alpha} + \cdots + a_n^{\alpha})^{\beta/\alpha} \geqslant$$
$$a_1^{\beta} + a_2^{\beta} + \cdots + a_n^{\beta}$$

两边同时 α 次方,得

$$(a_1^{\alpha} + a_2^{\alpha} + \cdots + a_n^{\alpha})^{\beta} n^{\alpha-\beta} \geqslant (a_1^{\beta} + a_2^{\beta} + \cdots + a_n^{\beta})^{\alpha}$$

即

$$\left(\frac{a_1^{\alpha} + a_2^{\alpha} + \cdots + a_n^{\alpha}}{n}\right)^{\beta} \geqslant \left(\frac{a_1^{\beta} + a_2^{\beta} + \cdots + a_n^{\beta}}{n}\right)^{\alpha}$$

两边同时开 $\alpha\beta$ 次方得

$$\sqrt[\alpha]{\frac{a_1^{\alpha} + a_2^{\alpha} + \cdots + a_n^{\alpha}}{n}} > \sqrt[\beta]{\frac{a_1^{\beta} + a_2^{\beta} + \cdots + a_n^{\beta}}{n}}$$

(2)由赫尔德不等式得

$$(p_1 + p_2 + \cdots + p_n)^{(\alpha-\beta)/\alpha} (p_1 a_1^{\alpha} + p_2 a_2^{\alpha} + \cdots + p_n a_n^{\alpha})^{\beta/\alpha} \geqslant$$
$$p_1 a_1^{\beta} + p_2 a_2^{\beta} + \cdots + p_n a_n^{\beta}$$

Cauchy 不等式. 下

整理得
$$\sqrt[\alpha]{\frac{p_1 a_1^\alpha + p_2 a_2^\alpha + \cdots + p_n a_n^\alpha}{p_1 + p_2 + \cdots + p_n}} > \sqrt[\beta]{\frac{p_1 a_1^\beta + p_2 a_2^\beta + \cdots + p_n a_n^\beta}{p_1 + p_2 + \cdots + p_n}}$$

30. 由赫尔德不等式得
$$\left[\sum_{i=1}^n (S - a_i)\right]^{2^t - 1} \sum_{i=1}^n \frac{a_i^{2^k}}{(S - a_i)^{2^t - 1}} \geqslant \left(\sum_{i=1}^n a_i^{2^{k-t}}\right)^{2^t}$$

再由赫尔德不等式得
$$\sum_{i=1}^n a_i^{2^{k-t}} \geqslant \frac{\sum_{i=1}^n a_i}{n^{2^{k-t} - 1}}$$

因此
$$\sum_{i=1}^n \frac{a_i^{2^k}}{(S - a_i)^{2^t - 1}} \geqslant \frac{S^{1 + 2^t - 2^t}}{(n-1)^{2^t - 1} n^{2^k - 2^t}}$$

习题十三

1. 证法一：因为 $(a^2 + b^2 + c^2)^2 \geqslant (ab + bc + ca)^2 \geqslant 3abc(a + b + c) \geqslant 3(abc)^2$，所以 $a^2 + b^2 + c^2 \geqslant \sqrt{3} abc$.

这里 $(ab + bc + ca)^2 \geqslant 3abc(a + b + c)$ 用的是不等式 $(x + y + z)^2 \geqslant 3(xy + yz + zx)$，其中 $x = ab, y = bc, z = ca$.

证法二：由均值不等式得 $\left(\frac{a + b + c}{3}\right)^3 \geqslant abc$，又已知 $a + b + c \geqslant abc$，两式相乘得 $(a + b + c)^4 \geqslant 27(abc)^2$. 所以
$$(a + b + c)^2 \geqslant 3\sqrt{3} abc$$

由柯西不等式得
$$3(a^2 + b^2 + c^2) \geqslant (a + b + c)^2 \geqslant 3\sqrt{3} abc$$
即
$$a^2 + b^2 + c^2 \geqslant \sqrt{3} abc$$

2. 由于
$$(a + b)^3 + 4c^3 = a^3 + b^3 + 3a^2b + 3ab^2 + 4c^3 =$$
$$(a^3 + b^3 + a^2b + ab^2) + 2a^2b + 2ab^2 + 4c^3 =$$

习题解答或提示

$$2(a^2b+ab^2)+(a^2+b^2)(a+b)+4c^3 \geqslant$$
$$4\sqrt{a^3b^3}+(a^{\frac{3}{2}}+b^{\frac{3}{2}})^2+4c^3 \geqslant$$
$$4\sqrt{a^3b^3}+4c^{\frac{3}{2}}(a^{\frac{3}{2}}+b^{\frac{3}{2}}) =$$
$$4(\sqrt{a^3b^3}+\sqrt{b^3c^3}+\sqrt{c^3a^3})$$

3. 证法一:由均值不等式得$(a+b)^2 \geqslant 4ab$ 及 $a+b=ab$ 得 $a+b=ab \geqslant 4$,由柯西不等式得 $\left(\dfrac{a}{b^2+4}+\dfrac{b}{a^2+4}\right)[a(b^2+4)+b(a^2+4)] \geqslant (a+b)^2$,所以

$$\frac{a}{b^2+4}+\frac{b}{a^2+4} \geqslant \frac{(a+b)^2}{a(b^2+4)+b(a^2+4)} = \frac{a+b}{ab+4} =$$
$$\frac{ab}{ab+4} = 1-\frac{4}{ab+4} \geqslant 1-\frac{4}{4+4} = \frac{1}{2}$$

证法二:由均值不等式得$(a+b)^2 \geqslant 4ab$ 及 $a+b=ab$ 得 $a+b=ab \geqslant 4$,由均值不等式得

$$\frac{a}{b^2+4} = \frac{1}{4}a\left(1-\frac{b^2}{b^2+4}\right) \geqslant \frac{1}{4}a\left(1-\frac{b^2}{4b}\right) =$$
$$\frac{1}{4}a\left(1-\frac{b}{4}\right) = \frac{1}{16}(4a-ab)$$

同理 $$\frac{b}{a^2+4} \geqslant \frac{1}{16}(4b-ab)$$

所以
$$\frac{a}{b^2+4}+\frac{b}{a^2+4} \geqslant \frac{1}{16}[4(a+b)-2ab] = \frac{1}{8}(a+b) \geqslant \frac{1}{2}$$

4. 我们用反证法证明若 $a+b+c>3$,则 $a^2+b^2+c^2+abc>4$.

由舒尔不等式有
$$2(a+b+c)(a^2+b^2+c^2)+9abc-(a+b+c)^3 =$$
$$a(a-b)(a-c)+b(b-a)(b-c)+c(c-a)(c-b) \geqslant 0$$
所以 $2(a+b+c)(a^2+b^2+c^2)+9abc \geqslant (a+b+c)^3$

于是
$$2(a+b+c)(a^2+b^2+c^2)+3abc(a+b+c) >$$
$$2(a+b+c)(a^2+b^2+c^2)+3abc \cdot 3 =$$
$$2(a+b+c)(a^2+b^2+c^2)+9abc \geqslant (a+b+c)^3$$

即

Cauchy 不等式. 下

$$2(a^2+b^2+c^2)+3abc > (a+b+c)^2 > 3^2 = 9 \quad (1)$$

又由柯西不等式得

$$(1^2+1^2+1^2)(a^2+b^2+c^2) \geqslant (a+b+c)^2 > 3^2 = 9$$

所以

$$a^2+b^2+c^2 > 3 \quad (2)$$

(1)+(2) 得 $3(a^2+b^2+c^2)+3abc > 12$,即 $a^2+b^2+c^2+abc > 4$.与题设矛盾.于是 $a+b+c \leqslant 3$.

5. 由均值不等式得 $a^3+b^3+c^3 \geqslant 3abc > 6$,所以由排序不等式和柯西不等式得

$$a^3+b^3+c^3 > \sqrt{6(a^3+b^3+c^3)} \geqslant$$
$$\sqrt{2(a^2+b^2+c^2)(a+b+c)} =$$
$$\sqrt{(a^2+b^2+c^2)[(b+c)+(c+a)+(a+b)]} \geqslant$$
$$a\sqrt{b+c}+b\sqrt{c+a}+c\sqrt{a+b}$$

6. 显然 $a^2+b^2+c^2 \neq 0, x^2+y^2+z^2 \neq 0$.

设 $\alpha = \sqrt[4]{\dfrac{a^2+b^2+c^2}{x^2+y^2+z^2}} \neq 0, a_1 = \dfrac{a}{\alpha}, b_1 = \dfrac{b}{\alpha}, c_1 = \dfrac{c}{\alpha}$,

$x_1 = x\alpha, y_1 = y\alpha, z_1 = z\alpha$,则

$$(a_1+b_1+c_1)(x_1+y_1+z_1) = (a+b+c)(x+y+z) = 3$$
$$(a_1^2+b_1^2+c_1^2)(x_1^2+y_1^2+z_1^2) = (a^2+b^2+c^2)(x^2+y^2+z^2) = 4$$
$$a_1 x_1 + b_1 y_1 + c_1 z_1 = ax+by+cz$$

且

$$a_1^2+b_1^2+c_1^2 = \dfrac{a^2+b^2+c^2}{\alpha^2} = \sqrt{(a^2+b^2+c^2)(x^2+y^2+z^2)} = 2 \quad (1)$$

$$x_1^2+y_1^2+z_1^2 = (x^2+y^2+z^2)\alpha^2 = \sqrt{(a^2+b^2+c^2)(x^2+y^2+z^2)} = 2 \quad (2)$$

故我们只需证明

$$a_1 x_1 + b_1 y_1 + c_1 z_1 \geqslant 0$$

由式(1),(2),只需证明

$$(a_1+x_1)^2 + (b_1+y_1)^2 + (c_1+z_1)^2 \geqslant 4$$

由柯西不等式得

$$(a_1+x_1)^2 + (b_1+y_1)^2 + (c_1+z_1)^2 \geqslant$$

习题解答或提示

$$\frac{1}{3}(a_1+b_1+c_1+x_1+y_1+z_1)^2 \qquad (3)$$

对和利用均值不等式得

$$\frac{1}{3}[(a_1+b_1+c_1)+(x_1+y_1+z_1)]^2 \geqslant$$
$$\frac{4}{3}(a_1+b_1+c_1)(x_1+y_1+z_1) = \frac{4}{3}\times 3 = 4 \qquad (4)$$

由式(3),(4)即得欲证的不等式.

7. 不妨设 $a = \max\{a,b,c\}$,由柯西不等式和均值不等式得

$$[(ab)^{\frac{5}{4}}+(bc)^{\frac{5}{4}}+(ca)^{\frac{5}{4}}]^2 \leqslant$$
$$[(ab)^2+(bc)^2+(ca)^2][(ab)^{\frac{1}{2}}+(bc)^{\frac{1}{2}}+(ca)^{\frac{1}{2}}] \leqslant$$
$$[(ab)^2+(bc)^2+(ca)^2](a+b+c) =$$
$$(ab)^2+(bc)^2+(ca)^2$$

另一方面,由均值不等式得

$$1 = (a+b+c)^4 \geqslant [2a^{\frac{1}{2}}(b+c)^{\frac{1}{2}}]^4 =$$
$$16a^2(b+c)^2 = 16[(ab)^2+2a^2bc+(ca)^2] >$$
$$16[(ab)^2+(bc)^2+(ca)^2]$$

所以

$$(ab)^{\frac{5}{4}}+(bc)^{\frac{5}{4}}+(ca)^{\frac{5}{4}} < \frac{1}{4}$$

8. 由柯西不等式得 $\sqrt{a}+\sqrt{b}+\sqrt{c} \leqslant \sqrt{3(a+b+c)}$,并应用 $xy+yz+zx \leqslant x^2+y^2+z^2$,于是

$$\sqrt{x^2+xy+y^2}+\sqrt{y^2+yz+z^2}+\sqrt{z^2+zx+x^2} \leqslant$$
$$\sqrt{3(2x^2+2y^2+2z^2+xy+yz+zx)} \leqslant$$
$$\sqrt{3(2x^2+2y^2+2z^2+x^2+y^2+z^2)} =$$
$$\sqrt{9(x^2+y^2+z^2)} =$$
$$3xyz\sqrt{\left(\frac{1}{yz}\right)^2+\left(\frac{1}{zx}\right)^2+\left(\frac{1}{xy}\right)^2}$$

再利用不等式 $\sqrt{3}\sqrt{ab+bc+ca} \leqslant a+b+c$ 得

$$3xyz\sqrt{\left(\frac{1}{yz}\right)^2+\left(\frac{1}{zx}\right)^2+\left(\frac{1}{xy}\right)^2} \leqslant \sqrt{3}\,xyz\left(\frac{1}{x^2}+\frac{1}{y^2}+\frac{1}{z^2}\right)$$

9. 由均值不等式得 $x^{\frac{3}{2}}+y^{\frac{3}{2}}+y^{\frac{3}{2}} \geqslant 3x^{\frac{1}{2}}y, x^{\frac{3}{2}}+z^{\frac{3}{2}}+z^{\frac{3}{2}} \geqslant$

385

Cauchy 不等式. 下

$3x^{\frac{1}{2}}z$,相加得
$$2(x^{\frac{3}{2}}+y^{\frac{3}{2}}+z^{\frac{3}{2}}) \geqslant 3x^{\frac{1}{2}}(y+z)$$

所以
$$\frac{x}{y+z} \geqslant \frac{3x^{\frac{3}{2}}}{2(x^{\frac{3}{2}}+y^{\frac{3}{2}}+z^{\frac{3}{2}})}$$

同理
$$\frac{y}{z+x} \geqslant \frac{3y^{\frac{3}{2}}}{2(x^{\frac{3}{2}}+y^{\frac{3}{2}}+z^{\frac{3}{2}})}$$

$$\frac{z}{x+y} \geqslant \frac{3z^{\frac{3}{2}}}{2(x^{\frac{3}{2}}+y^{\frac{3}{2}}+z^{\frac{3}{2}})}$$

要证明 $\frac{x\sqrt{x}}{y+z}+\frac{y\sqrt{y}}{z+x}+\frac{z\sqrt{z}}{x+y} \geqslant \frac{\sqrt{3}}{2}$,只要证明

$\frac{x^2+y^2+z^2}{x^{\frac{3}{2}}+y^{\frac{3}{2}}+z^{\frac{3}{2}}} \geqslant \frac{1}{\sqrt{3}} \Leftrightarrow 3(x^2+y^2+z^2)^2 \geqslant (x^{\frac{3}{2}}+y^{\frac{3}{2}}+z^{\frac{3}{2}})^2$

由柯西不等式得
$$(x^2+y^2+z^2)(x+y+z) \geqslant (x^{\frac{3}{2}}+y^{\frac{3}{2}}+z^{\frac{3}{2}})^2$$

及
$$3(x^2+y^2+z^2) \geqslant (x+y+z)^2 \geqslant x+y+z$$

两个不等式相乘即得.

10. 因为
$$\frac{1+\sqrt{3}}{3\sqrt{3}}(a^2+b^2+c^2)\left(\frac{1}{a}+\frac{1}{b}+\frac{1}{c}\right) \geqslant$$
$$a+b+c+\sqrt{a^2+b^2+c^2} \Leftrightarrow$$
$$\frac{1}{3}(a^2+b^2+c^2)\left(\frac{1}{a}+\frac{1}{b}+\frac{1}{c}\right)+$$
$$\frac{\sqrt{3}}{9}(a^2+b^2+c^2)\left(\frac{1}{a}+\frac{1}{b}+\frac{1}{c}\right) \geqslant$$
$$a+b+c+\sqrt{a^2+b^2+c^2} \qquad (1)$$

由柯西不等式得
$$(a+b+c)\left(\frac{1}{a}+\frac{1}{b}+\frac{1}{c}\right) \geqslant 9$$
$$3(a^2+b^2+c^2) \geqslant (a+b+c)^2$$

习题解答或提示

两式相乘得

$$\frac{1}{3}(a^2+b^2+c^2)\left(\frac{1}{a}+\frac{1}{b}+\frac{1}{c}\right) \geqslant a+b+c \quad (2)$$

又 $\sqrt{3(a^2+b^2+c^2)} \geqslant a+b+c$，所以

$$a^2+b^2+c^2 \geqslant \frac{\sqrt{3}}{3}(a+b+c)\sqrt{a^2+b^2+c^2}$$

与 $(a+b+c)\left(\dfrac{1}{a}+\dfrac{1}{b}+\dfrac{1}{c}\right) \geqslant 9$ 相乘得

$$\frac{\sqrt{3}}{9}(a^2+b^2+c^2)\left(\frac{1}{a}+\frac{1}{b}+\frac{1}{c}\right) \geqslant \sqrt{a^2+b^2+c^2} \quad (3)$$

将不等式(2),(3)相加得不等式(1).

11. 由柯西不等式得

$$\frac{a^2}{(a+b)(a+c)}+\frac{b^2}{(b+c)(b+a)}+\frac{c^2}{(c+b)(c+a)} \geqslant$$

$$\frac{(a+b+c)^2}{(a+b)(a+c)+(b+c)(b+a)+(c+b)(c+a)}=$$

$$\frac{(a+b+c)^2}{a^2+b^2+c^2+3(ab+bc+ca)}=$$

$$\frac{(a+b+c)^2}{(a+b+c)^2+(ab+bc+ca)} \geqslant$$

$$\frac{(a+b+c)^2}{(a+b+c)^2+\frac{1}{3}(a+b+c)^2}=\frac{3}{4}$$

12. 令 $a=xy, b=yz, c=zx$，则原不等式化为

$$\frac{1}{2}(x^2+y^2+z^2)+xyz\left(\frac{1}{x+y}+\frac{1}{y+z}+\frac{1}{z+x}\right) \geqslant xy+yz+zx$$

由柯西不等式得

$$\frac{1}{x+y}+\frac{1}{y+z}+\frac{1}{z+x} \geqslant \frac{9}{2(x+y+z)}$$

只要证明

$$x^2+y^2+z^2+\frac{9xyz}{x+y+z} \geqslant 2(xy+yz+zx)$$

即

$$(x+y+z)^2+\frac{9xyz}{x+y+z} \geqslant 4(xy+yz+zx) \Leftrightarrow$$

387

Cauchy 不等式. 下

$$(x+y+z)^3 - 4(x+y+z)(yz+zx+xy) + 9xyz \geqslant 0$$

这就是舒尔不等式.

13. 由均值不等式得

$$(1+x+y)(xy+x+y) \geqslant 3\sqrt[3]{xy} \cdot 3\sqrt[3]{xy \cdot x \cdot y} = 9xy$$

所以

$$\frac{xy}{xy+x+y} \leqslant \frac{1+x+y}{9}$$

同理

$$\frac{yz}{yz+y+z} \leqslant \frac{1+y+z}{9}$$

$$\frac{zx}{zx+z+x} \leqslant \frac{1+z+x}{9}$$

于是

$$\frac{xy}{xy+x+y} + \frac{yz}{yz+y+z} + \frac{zx}{zx+z+x} \leqslant \frac{3+2(x+y+z)}{9}$$

由柯西不等式得

$$(x+y+z)^2 \leqslant 3(x^2+y^2+z^2)$$

于是 $x+y+z \leqslant 3$,所以

$$\frac{xy}{xy+x+y} + \frac{yz}{yz+y+z} + \frac{zx}{zx+z+x} \leqslant 1$$

14. 由柯西不等式得

$$\left[1^2+1^2+1^2+\left(\frac{1}{3}\right)^2\right]\left[\frac{1}{a^2}+\frac{1}{b^2}+\frac{1}{c^2}+\frac{1}{(a+b+c)^2}\right] \geqslant$$

$$\left[\frac{1}{a}+\frac{1}{b}+\frac{1}{c}+\frac{1}{3(a+b+c)}\right]^2$$

即

$$\frac{1}{a^2}+\frac{1}{b^2}+\frac{1}{c^2}+\frac{1}{(a+b+c)^2} \geqslant$$

$$\frac{9}{28}\left[\frac{1}{a}+\frac{1}{b}+\frac{1}{c}+\frac{1}{3(a+b+c)}\right]^2$$

因此只要证明

$$\frac{1}{a}+\frac{1}{b}+\frac{1}{c}+\frac{1}{3(a+b+c)} \geqslant$$

$$\frac{14}{15}\left[\frac{1}{a}+\frac{1}{b}+\frac{1}{c}+\frac{1}{(a+b+c)}\right]$$

它等价于 $\dfrac{1}{a} + \dfrac{1}{b} + \dfrac{1}{c} \geqslant \dfrac{9}{a+b+c}$. 由柯西不等式得 $(a+b+c)\left(\dfrac{1}{a} + \dfrac{1}{b} + \dfrac{1}{c}\right) \geqslant 9$, 不等式得证.

15. 设 $a = \dfrac{x}{y}, b = \dfrac{y}{z}, c = \dfrac{z}{x}$, 则由柯西不等式得

$$\dfrac{1}{b(a+b)} + \dfrac{1}{c(b+c)} + \dfrac{1}{a(c+a)} =$$

$$\dfrac{z^2}{y^2 + zx} + \dfrac{x^2}{z^2 + xy} + \dfrac{y^2}{x^2 + yz} \geqslant$$

$$\dfrac{(x^2 + y^2 + z^2)^2}{x^2 y^2 + y^2 z^2 + z^2 x^2 + x^3 y + y^3 z + z^3 x}$$

只要证明

$2(x^2 + y^2 + z^2)^2 \geqslant 3(x^2 y^2 + y^2 z^2 + z^2 x^2 + x^3 y + y^3 z + z^3 x)$

由均值不等式得

$$x^4 + y^4 + z^4 = \dfrac{x^4 + x^4 + x^4 + y^4}{4} + \dfrac{y^4 + y^4 + y^4 + z^4}{4} +$$

$$\dfrac{z^4 + z^4 + z^4 + x^4}{4} \geqslant x^3 y + y^3 z + z^3 x$$

$(x^4 + x^2 y^2) + (y^4 + y^2 z^2) + (z^4 + z^2 x^2) \geqslant$
$2(x^3 y + y^3 z + z^3 x)$

将这两个不等式相加后再加上 $3(x^2 y^2 + y^2 z^2 + z^2 x^2)$ 即得.

16. 因为 $abc = 1$, 所以

$$\dfrac{1 + ab^2}{c^3} + \dfrac{1 + bc^2}{a^3} + \dfrac{1 + ca^2}{b^3} =$$

$$\dfrac{abc + ab^2}{c^3} + \dfrac{abc + bc^2}{a^3} + \dfrac{abc + ca^2}{b^3}$$

由柯西不等式和均值不等式得

$(c^3 + a^3 + b^3)\left(\dfrac{abc + ab^2}{c^3} + \dfrac{abc + bc^2}{a^3} + \dfrac{abc + ca^2}{b^3}\right) \geqslant$

$(\sqrt{ab(b+c)} + \sqrt{bc(c+a)} + \sqrt{ca(a+b)})^2 \geqslant$

$(\sqrt{ab(2\sqrt{bc})} + \sqrt{bc(2\sqrt{ca})} + \sqrt{ca(2\sqrt{ab})})^2 \geqslant$

$[3\sqrt[3]{\sqrt{ab(2\sqrt{bc})} \cdot \sqrt{bc(2\sqrt{ca})} \cdot \sqrt{ca(2\sqrt{ab})}}]^2 =$

$18 abc = 18$

Cauchy 不等式. 下

于是
$$\frac{1+ab^2}{c^3}+\frac{1+bc^2}{a^3}+\frac{1+ca^2}{b^3} \geqslant \frac{18}{a^3+b^3+c^3}$$

17. 由柯西不等式得
$$\left(\frac{x^2}{x+y^2}+\frac{y^2}{y+z^2}+\frac{z^2}{z+x^2}\right)[x^2(x+y^2)+y^2(y+z^2)+z^2(z+x^2)] \geqslant (x^2+y^2+z^2)^2$$

只要证明
$$2(x^2+y^2+z^2)^2 \geqslant 3[x^2(x+y^2)+y^2(y+z^2)+z^2(z+x^2)] \Leftrightarrow$$
$$2(x^4+y^4+z^4)+(x^2y^2+y^2z^2+z^2x^2) \geqslant$$
$$3(x^3+y^3+z^3)=(x+y+z)(x^3+y^3+z^3) \Leftrightarrow$$
$$x^4+y^4+z^4+(x^2y^2+y^2z^2+z^2x^2) \geqslant$$
$$x^3(y+z)+y^3(z+x)+z^3(x+y)$$

由均值不等式得
$$x^2y^2+y^2z^2+z^2x^2 \geqslant xyz(x+y+z)$$

由舒尔不等式得
$$x^4+y^4+z^4 \geqslant (x^3y+xy^3)+(y^3z+yz^3)+(z^3x+zx^3)-xyz(x+y+z) \geqslant 0$$

得
$$x^4+y^4+z^4+xyz(x+y+z) \geqslant x^3(y+z)+y^3(z+x)+z^3(x+y)$$

所以
$$x^4+y^4+z^4+(x^2y^2+y^2z^2+z^2x^2) \geqslant x^3(y+z)+y^3(z+x)+z^3(x+y)$$

18. 证法一：应用已知条件和柯西不等式有
$$\left(\sum a\right)^2=\left(\sum a\right)\cdot\left(\sum a\right) \geqslant \left(\sum a\right)\left(\sum \frac{1}{a}\right) \geqslant 9 \Rightarrow$$
$$3\left(\sum a\right)^2 \geqslant 9+2\left(\sum a\right)^2 \tag{2}$$

再应用三元对称不等式
$$\frac{\sum a}{abc}=\sum \frac{1}{bc} \leqslant \frac{1}{3}\left(\sum \frac{1}{a}\right)^2 \leqslant \frac{1}{3}\left(\sum a\right)^2 \Rightarrow$$
$$2\left(\sum a\right)^2 \geqslant \frac{6\sum a}{abc} \text{（结合式(2)）} \Rightarrow$$

习题解答或提示

$$3\left(\sum a\right)^2 \geqslant 9 + \frac{6\sum a}{abc} \Rightarrow$$

$$\sum a \geqslant \frac{3}{\sum a} + \frac{2}{abc}$$

即式(1)成立,等号成立当且仅当 $a = b = c = 1$.

证法二:我们令

$$p = a + b + c, q = bc + ca + ab, r = abc$$

由已知有 $pr \geqslant q$,由均值不等式有

$$(ab + bc + ca)^2 \geqslant 3abc(a + b + c) \Rightarrow$$
$$p^2 r^2 \geqslant q^2 \geqslant 3pr \Rightarrow pr \geqslant 3 \quad (3)$$

下面分两种情况讨论:

① 有

$$0 < r \leqslant 1 \Rightarrow \sqrt[3]{r} \geqslant r \Rightarrow \sqrt[3]{abc} \geqslant abc \Rightarrow$$
$$a + b + c \geqslant 3\sqrt[3]{abc} \geqslant 3abc \Leftrightarrow p \geqslant 3r \Leftrightarrow$$
$$3p \geqslant 3r + 2p \Rightarrow p^2 r = (pr) \cdot p \geqslant 3p \geqslant 3r + 2p \Rightarrow$$
$$p^2 r \geqslant 3r + 2p \Rightarrow p \geqslant \frac{3}{p} + \frac{2}{r}$$

这即为式(1);

② 有

$$r \geqslant 1 \Rightarrow \frac{2}{r} \leqslant 2 \rightarrow 2 \geqslant \frac{2}{abc}$$

由

$$p \geqslant 3 \Rightarrow (p-3)(p+1) \geqslant 0 \Rightarrow p^2 \geqslant 2p + 3 \Rightarrow$$
$$p \geqslant \frac{3}{p} + 2 \geqslant \frac{3}{p} + \frac{2}{abc} \Rightarrow p \geqslant \frac{3}{p} + \frac{2}{abc}$$

即式(1)成立.

综合 ① 和 ②,式(1)成立,等号成立仅当

$$\left. \begin{array}{l} a + b + c \geqslant \frac{1}{a} + \frac{1}{b} + \frac{1}{c} \\ r = abc = 1 \end{array} \right\} \Rightarrow a = b = c = 1$$

19. 由均值不等式得

$$\frac{a^2 + b^2 + c^2}{ab + bc + cd} + \frac{b^2 + c^2 + d^2}{bc + cd + da} + \frac{c^2 + d^2 + a^2}{cd + da + ab} + \frac{d^2 + a^2 + b^2}{da + ab + bc} \geqslant$$

Cauchy 不等式. 下

$$4\sqrt[4]{\frac{a^2+b^2+c^2}{ab+bc+cd}\cdot\frac{b^2+c^2+d^2}{bc+cd+da}\cdot\frac{c^2+d^2+a^2}{cd+da+ab}\cdot\frac{d^2+a^2+b^2}{da+ab+bc}}$$

由柯西不等式得

$$\sqrt{(a^2+b^2+c^2)(b^2+c^2+d^2)} \geqslant ab+bc+cd$$
$$\sqrt{(b^2+c^2+d^2)(c^2+d^2+a^2)} \geqslant bc+cd+da$$
$$\sqrt{(c^2+d^2+a^2)(d^2+a^2+b^2)} \geqslant cd+da+ab$$
$$\sqrt{(d^2+a^2+b^2)(a^2+b^2+c^2)} \geqslant da+ab+bc$$

所以

$$\frac{a^2+b^2+c^2}{ab+bc+cd}+\frac{b^2+c^2+d^2}{bc+cd+da}+\frac{c^2+d^2+a^2}{cd+da+ab}+\frac{d^2+a^2+b^2}{da+ab+bc} \geqslant 4$$

20. 由柯西不等式得

$$\sqrt{abc}+\sqrt{(1-a)(1-b)(1-c)} =$$
$$\sqrt{a}\cdot\sqrt{bc}+\sqrt{1-a}\cdot\sqrt{(1-b)(1-c)} \leqslant$$
$$\sqrt{a+(1-a)}\cdot\sqrt{bc+(1-b)(1-c)} =$$
$$\sqrt{bc+(1-b)(1-c)} = \sqrt{1-b-c+2bc}$$

因为 $0 < b, c < 1$,所以

$$1-b-c+2bc < 1-b^2-c^2+2bc = 1-(b-c)^2 < 1$$

从而

$$\sqrt{abc}+\sqrt{(1-a)(1-b)(1-c)} < 1$$

21. 由柯西不等式得

$$\left(\frac{a^n}{b+\lambda c}+\frac{b^n}{c+\lambda a}+\frac{c^n}{a+\lambda b}\right)[a^{n-2}(b+\lambda c)+$$
$$b^{n-2}(c+\lambda a)+c^{n-2}(a+\lambda b)] \geqslant$$
$$(a^{n-1}+b^{n-1}+c^{n-1})^2 = 1 \qquad (1)$$

由均值不等式得

$$a^{n-2}b \leqslant \frac{a^{n-1}+a^{n-1}+\cdots+a^{n-1}+b^{n-1}}{n-1} = \frac{(n-2)a^{n-1}+b^{n-1}}{n-1}$$
$$\qquad (2)$$

同理

$$a^{n-2}c \leqslant \frac{(n-2)a^{n-1}+c^{n-1}}{n-1} \qquad (3)$$

$$b^{n-2}c \leqslant \frac{(n-2)b^{n-1}+c^{n-1}}{n-1} \qquad (4)$$

$$b^{n-2}a \leqslant \frac{(n-2)b^{n-1}+a^{n-1}}{n-1} \qquad (5)$$

$$c^{n-2}a \leqslant \frac{(n-2)c^{n-1}+a^{n-1}}{n-1} \qquad (6)$$

$$c^{n-2}b \leqslant \frac{(n-2)c^{n-1}+b^{n-1}}{n-1} \qquad (7)$$

由式(2)～式(7)得

$$a^{n-2}(b+\lambda c)+b^{n-2}(c+\lambda a)+c^{n-2}(a+\lambda b) \leqslant \\ (1+\lambda)(a^{n-1}+b^{n-1}+c^{n-1})=1+\lambda \qquad (8)$$

由式(1),(8)得

$$\frac{a^n}{b+\lambda c}+\frac{b^n}{c+\lambda a}+\frac{c^n}{a+\lambda b} \geqslant \frac{1}{1+\lambda}$$

22.由柯西不等式得

$$\frac{x^4}{x(1+y)(1+z)}+\frac{y^4}{y(1+z)(1+x)}+\frac{z^4}{z(1+x)(1+y)} \geqslant \\ \frac{(x^2+y^2+z^2)^2}{x(1+y)(1+z)+y(1+z)(1+x)+z(1+x)(1+y)}$$

由柯西不等式得 $3(x^2+y^2+z^2) \geqslant (x+y+z)^2$,由均值不等式得

$$x^2+y^2+z^2 \geqslant xy+yz+zx$$
$$x+y+z \geqslant 3\sqrt[3]{xyz}=3$$

所以

$$3(x^2+y^2+z^2) \geqslant (x+y+z)^2= \\ (x+y+z)(x+y+z) \geqslant \\ 3(x+y+z)$$

即

$$x^2+y^2+z^2 \geqslant x+y+z$$

所以

$$x(1+y)(1+z)+y(1+z)(1+x)+z(1+x)(1+y)= \\ (x+y+z)+2(xy+yz+zx)+3xyz= \\ 3+(x+y+z)+2(xy+yz+zx)$$

因为

$$4(x^2+y^2+z^2)=(x^2+y^2+z^2)+2(x^2+y^2+z^2)+(x^2+y^2+z^2) \geqslant \\ 3\sqrt[3]{(xyz)^2}+2(xy+yz+zx)+(x+y+z)=$$

Cauchy 不等式. 下

$$3+(x+y+z)+2(xy+yz+zx)$$

所以

$$\frac{(x^2+y^2+z^2)^2}{x(1+y)(1+z)+y(1+z)(1+x)+z(1+x)(1+y)} \geqslant$$

$$\frac{x^2+y^2+z^2}{4} \geqslant \frac{3\sqrt[3]{(xyz)^2}}{4} = \frac{3}{4}$$

23.证法一:用分析法不难证明

$$9(x+y)(y+z)(z+x) \geqslant 8(x+y+z)(xy+yz+zx)$$

所以由柯西不等式得

$$\left(\frac{1}{\sqrt{x+y}}+\frac{1}{\sqrt{y+z}}+\frac{1}{\sqrt{z+x}}\right)^2 \leqslant$$

$$[(z+x)+(x+y)+(y+z)] \cdot$$

$$\left[\frac{1}{(x+y)(z+x)}+\frac{1}{(y+z)(x+y)}+\frac{1}{(z+x)(y+z)}\right] =$$

$$\frac{4(x+y+z)^2}{(x+y)(y+z)(z+x)} \leqslant \frac{9(x+y+z)}{2(xy+yz+zx)}$$

因为 $x+y+z=1$,所以由均值不等式得 $(x+y+z)(xy+yz+zx) \geqslant 9xyz$,所以

$$\frac{9(x+y+z)}{2(xy+yz+zx)} = \frac{9}{2(x+y+z)(xy+yz+zx)} \leqslant \frac{1}{2xyz}$$

于是

$$\frac{1}{\sqrt{x+y}}+\frac{1}{\sqrt{y+z}}+\frac{1}{\sqrt{z+x}} \leqslant \sqrt{\frac{1}{2xyz}}$$

证法二:令 $a=x+y, b=y+z, c=z+x$,则由 $x+y+z=1$,得 $a+b+c=2$,由均值不等式得 $abc \geqslant 8xyz$,所以要证明

$$\frac{1}{\sqrt{x+y}}+\frac{1}{\sqrt{y+z}}+\frac{1}{\sqrt{z+x}} \leqslant \sqrt{\frac{1}{2xyz}}$$

只要证明

$$\frac{1}{\sqrt{a}}+\frac{1}{\sqrt{b}}+\frac{1}{\sqrt{c}} =$$

$$\frac{1}{\sqrt{abc}}(\sqrt{ab}+\sqrt{bc}+\sqrt{ca}) \leqslant$$

$$\sqrt{ab}+\sqrt{bc}+\sqrt{ca} \leqslant a+b+c$$

这是显然的.

24. 由题得
$$x + y + z \geqslant xy + yz + zx$$

由柯西不等式得

$$(x\sqrt{y+z} + y\sqrt{z+x} + z\sqrt{x+y})\left(\frac{x}{\sqrt{y+z}} + \frac{y}{\sqrt{z+x}} + \frac{z}{\sqrt{x+y}}\right) \geqslant$$

$$(x+y+z)^2 \tag{1}$$

又由柯西不等式得

$$x\sqrt{y+z} + y\sqrt{z+x} + z\sqrt{x+y} =$$
$$\sqrt{x} \cdot \sqrt{x(y+z)} + \sqrt{y} \cdot \sqrt{y(z+x)} + \sqrt{z} \cdot \sqrt{z(x+y)} \leqslant$$
$$\sqrt{x+y+z} \cdot \sqrt{x(y+z) + y(z+x) + z(x+y)}$$

即

$$x\sqrt{y+z} + y\sqrt{z+x} + z\sqrt{x+y} \leqslant$$
$$\sqrt{2(x+y+z)} \cdot \sqrt{xy+yz+zx} \leqslant$$
$$\sqrt{2}(x+y+z)$$

从而

$$\frac{x}{\sqrt{y+z}} + \frac{y}{\sqrt{z+x}} + \frac{z}{\sqrt{x+y}} \geqslant \frac{\sqrt{2}}{2}(x+y+z)$$

25. 因为 $x+y+z=1$,所以

$$\sqrt{\frac{xy}{z+xy}} = \sqrt{\frac{xy}{z(x+y+z)+xy}} = \sqrt{\frac{xy}{(x+z)(y+z)}}$$

所以由柯西不等式并利用 $(x+y)(y+z)(z+x) \geqslant 8xyz$ 得

$$\sqrt{\frac{xy}{z+xy}} + \sqrt{\frac{yz}{x+yz}} + \sqrt{\frac{zx}{y+zx}} =$$

$$\frac{\sqrt{xy(x+y)} + \sqrt{yz(y+z)} + \sqrt{zx(z+x)}}{\sqrt{(x+y)(y+z)(z+x)}} \leqslant$$

$$\frac{\sqrt{(xy+yz+zx)[(x+y)+(y+z)+(z+x)]}}{\sqrt{(x+y)(y+z)(z+x)}} =$$

$$\sqrt{2}\,\frac{\sqrt{(xy+yz+zx)(x+y+z)}}{\sqrt{(x+y)(y+z)(z+x)}} =$$

$$\sqrt{2}\sqrt{1 + \frac{xyz}{(x+y)(y+z)(z+x)}} \leqslant$$

Cauchy 不等式. 下

$$\sqrt{2}\sqrt{1+\frac{1}{8}} = \frac{3}{2}$$

26. ① 当 x,y,z 中有两个为 0 时, 不妨设 $y=z=0 \Rightarrow x = \sqrt{3} \Rightarrow T = 1 < \sqrt{3}$, 此时式(1) 成立.

② 当 x,y,z 中有一个为 0 时, 不妨设
$z = 0 \Rightarrow x^2 + y^2 = 3 \Rightarrow$

$$T = \frac{x}{\sqrt{x^2+y}} + \frac{y}{\sqrt{y^2+x}} \leqslant \sqrt{3} \Leftrightarrow \qquad (2)$$

$$(x\sqrt{y^2+x} + y\sqrt{x^2+y})^2 \leqslant 3(x^2+y)(x+y^2) \Leftrightarrow$$

$$2xy\sqrt{(x^2+y)(x+y^2)} \leqslant x^2y^2 + 2(x^3+y^3) + 3xy \qquad (3)$$

但

$$2xy\sqrt{(x^2+y)(x+y^2)} =$$

$$2\sqrt{xy} \cdot \sqrt{(x^3+xy)(y^3+xy)} \leqslant$$

$$\sqrt{xy} \cdot [(x^3+xy)+(y^3+xy)] =$$

$$\sqrt{xy}(x^3+y^3+2xy) \leqslant$$

$$\frac{3}{2}(x^3+y^3+2xy) < x^2y^2 + 2(x^3+y^3) + 3xy$$

这表明式(3) 成立, 从而此时式(2) 成立.

③ 当 $x,y,z \in \mathbf{R}_+$ 时, 应用柯西不等式有
$$9 = 3(x^2+y^2+z^2) \geqslant (x+y+z)^2 \Rightarrow$$
$$x^2+y^2+z^2 = 3 \geqslant x+y+z \qquad (4)$$

又
$$(x^2+y+z)(1+y+z) \geqslant (x+y+z)^2 \Rightarrow$$
$$\frac{x}{\sqrt{x^2+y+z}} \leqslant \frac{x\sqrt{1+y+z}}{x+y+z} \Rightarrow \qquad (5)$$

$$T = \sum \frac{x}{\sqrt{x^2+y+z}} \leqslant \frac{\sum x\sqrt{1+y+z}}{x+y+z}$$

再由柯西不等式有
$$\left(\sum x\sqrt{1+y+z}\right)^2 =$$
$$\left(\sum \sqrt{x} \cdot \sqrt{x+xy+zx}\right)^2 \leqslant$$
$$\left(\sum x\right) \cdot \sum(x+xy+zx) =$$

396

习题解答或提示

$$(\sum x)(\sum x + 2\sum yz) \leqslant$$
$$(\sum x)(\sum x^2 + 2\sum yz) =$$
$$(\sum x) \cdot (\sum x)^2 = (\sum x)^3 \Rightarrow$$
$$T \leqslant \frac{\sum x \sqrt{1+y+z}}{\sum x} \leqslant \sqrt{\sum x} \leqslant \sqrt{3}$$

即式(1)成立,等号成立当且仅当 $x = y = z = 1$.

27. 由均值不等式得 $xy + x + y \geqslant 3\sqrt[3]{x^2y^2}$,即 $(x+1)(y+1) \geqslant 3\sqrt[3]{x^2y^2} + 1$,所以

$$\frac{(x+1)(y+1)^2}{3\sqrt[3]{z^2x^2}+1} + \frac{(y+1)(z+1)^2}{3\sqrt[3]{x^2y^2}+1} + \frac{(z+1)(x+1)^2}{3\sqrt[3]{y^2z^2}+1} \geqslant$$

$$\frac{(x+1)(y+1)^2}{(z+1)(x+1)} + \frac{(y+1)(z+1)^2}{(x+1)(y+1)} + \frac{(z+1)(x+1)^2}{(y+1)(z+1)} =$$

$$\frac{(y+1)^2}{z+1} + \frac{(z+1)^2}{x+1} + \frac{(x+1)^2}{y+1}$$

由柯西不等式得

$$\left[\frac{(y+1)^2}{z+1} + \frac{(z+1)^2}{x+1} + \frac{(x+1)^2}{y+1}\right] \cdot$$
$$[(z+1) + (x+1) + (y+1)] \geqslant$$
$$[(y+1) + (z+1) + (x+1)]^2$$

即

$$\frac{(y+1)^2}{z+1} + \frac{(z+1)^2}{x+1} + \frac{(x+1)^2}{y+1} \geqslant x+y+z+3$$

28. 由柯西不等式和均值不等式得
$$n(a_1 + a_2 + \cdots + a_n) \geqslant$$
$$(\sqrt{a_1} + \sqrt{a_2} + \cdots + \sqrt{a_n})^2 =$$
$$(\sqrt{a_1} + \sqrt{a_2} + \cdots + \sqrt{a_n})(\sqrt{a_1} + \sqrt{a_2} + \cdots + \sqrt{a_n}) \geqslant$$
$$n\sqrt[n]{a_1a_2\cdots a_n}(\sqrt{a_1} + \sqrt{a_2} + \cdots + \sqrt{a_n}) =$$
$$n(\sqrt{a_1} + \sqrt{a_2} + \cdots + \sqrt{a_n})$$

所以
$$\sqrt{a_1} + \sqrt{a_2} + \cdots + \sqrt{a_n} \leqslant a_1 + a_2 + \cdots + a_n$$

29. 由柯西不等式得

Cauchy 不等式. 下

$$\left[x_1^2 + \frac{x_2^2}{2^3} + \frac{x_3^2}{3^3} + \cdots + \frac{x_{i-1}^2}{(i-1)^3}\right][1^3 + 2^3 + \cdots + (i-1)^3] \geqslant$$
$$(x_1 + x_2 + \cdots + x_{i-1})^2$$

而 $\qquad 1^3 + 2^3 + \cdots + n^3 = \left[\dfrac{n(n+1)}{2}\right]^2$

所以
$$1^3 + 2^3 + \cdots + (i-1)^3 = \left[\frac{i(i-1)}{2}\right]^2$$

所以
$$\frac{x_i}{x_1 + x_2 + \cdots + x_{i-1}} \geqslant \frac{2}{i(i-1)} = \frac{2}{i-1} - \frac{2}{i} \,(2 \leqslant i \leqslant 2\,001)$$

于是
$$\sum_{i=2}^{2\,001} \frac{x_i}{x_1 + x_2 + \cdots + x_{i-1}} \geqslant \sum_{i=2}^{2\,001}\left(\frac{2}{i-1} - \frac{2}{i}\right) = 2 - \frac{2}{2\,001} >$$
$$2 - \frac{2}{2000} = 2 - \frac{1}{1000} = 1.999$$

30. 先证明
$$H_k \leqslant \frac{4}{k(k+1)^2}(a_1 + 4a_2 + \cdots + k^2 a_k)$$

由柯西不等式得
$$\left(\frac{1}{a_1} + \frac{1}{a_2} + \cdots + \frac{1}{a_k}\right)(a_1 + 4a_2 + \cdots + k^2 a_k) \geqslant$$
$$(1 + 2 + \cdots + k)^2 = \frac{k^2(k+1)^2}{4}$$

所以
$$H_k \leqslant \frac{4}{k(k+1)^2}(a_1 + 4a_2 + \cdots + k^2 a_k)$$

于是
$$H_1 + H_2 + \cdots + H_n \leqslant \alpha_1 a_1 + \alpha_2 a_2 + \cdots + \alpha_n a_n$$

其中
$$\alpha_i = 4i^2 \left(\frac{1}{i(i+1)^2} + \frac{1}{(i+1)(i+2)^2} + \cdots + \frac{1}{n(n+1)^2}\right)$$
$$(i = 1, 2, \cdots, n)$$

又

习题解答或提示

$$\frac{1}{m(m+1)^2} < \frac{1}{2} \cdot \frac{2m+1}{m^2(m+1)^2} = \frac{1}{2}\left(\frac{1}{m^2} - \frac{1}{(m+1)^2}\right)$$

所以

$$\alpha_i < 4i^2 \cdot \frac{1}{2}\left[\left(\frac{1}{i^2} - \frac{1}{(i+1)^2}\right) + \left(\frac{1}{(i+1)^2} - \frac{1}{(i+2)^2}\right) + \cdots + \left(\frac{1}{n^2} - \frac{1}{(n+1)^2}\right)\right] =$$

$$4i^2 \cdot \frac{1}{2}\left(\frac{1}{i^2} - \frac{1}{(n+1)^2}\right) < 4i^2 \cdot \frac{1}{2i^2} = 2$$

于是

$$H_1 + H_2 + \cdots + H_n \leqslant \alpha_1 a_1 + \alpha_2 a_2 + \cdots + \alpha_n a_n <$$
$$2(a_1 + a_2 + \cdots + a_n) = 2$$

31. 由均值不等式 $a_i + a_j \geqslant 2\sqrt{a_i a_j}, 1 \leqslant i < j \leqslant n$,所以 $\frac{1}{a_i + a_j} \leqslant \frac{1}{2\sqrt{a_i a_j}}, 1 \leqslant i < j \leqslant n$. 这样的式子共有 C_n^2 个,由柯西不等式得

$$4\left(\sum_{i<j} \frac{1}{a_i + a_j}\right)^2 \leqslant 4\left(\sum_{i<j} \frac{1}{2\sqrt{a_i a_j}}\right)^2 = \left(\sum_{i<j} \frac{1}{\sqrt{a_i a_j}}\right)^2 \leqslant$$

$$\left(\sum_{i<j} \frac{1}{a_i a_j}\right)(1 + 1 + \cdots + 1)(C_n^2 \text{ 个 } 1)$$

即

$$C_n^2 \sum_{i<j} \frac{1}{a_i a_j} \geqslant 4\left(\sum_{i<j} \frac{1}{a_i + a_j}\right)^2$$

32. 因为

$$1 + \sum_{i=1}^n (u_i + v_i)^2 \leqslant \frac{4}{3}\left(1 + \sum_{i=1}^n u_i^2\right)\left(1 + \sum_{i=1}^n v_i^2\right) \Leftrightarrow$$

$$3 + \sum_{i=1}^n 3(u_i + v_i)^2 \leqslant 4\left(1 + \sum_{i=1}^n u_i^2\right)\left(1 + \sum_{i=1}^n v_i^2\right) \Leftrightarrow$$

$$6\sum_{i=1}^n u_i v_i \leqslant 1 + 2\sum_{i=1}^n u_i v_i + 4\sum_{i=1}^n u_i^2 \sum_{i=1}^n v_i^2 \Leftrightarrow$$

$$4\sum_{i=1}^n u_i^2 \sum_{i=1}^n v_i^2 - 4\sum_{i=1}^n u_i v_i + 1 \geqslant 0$$

由柯西不等式得 $\sum_{i=1}^n u_i^2 \sum_{i=1}^n v_i^2 \geqslant \left(\sum_{i=1}^n u_i v_i\right)^2$,所以

Cauchy 不等式．下

$$4\sum_{i=1}^{n}u_i^2\sum_{i=1}^{n}v_i^2-4\sum_{i=1}^{n}u_iv_i+1\geqslant \left(2\sum_{i=1}^{n}u_iv_i-1\right)^2\geqslant 0$$

33．(1) 由柯西不等式可得．

(2) 由对称性，不妨设 $a_n<0$，由条件

$$a_1+a_2+\cdots+a_n\geqslant\sqrt{(n-1)(a_1^2+a_2^2+\cdots+a_n^2)}$$

得
$$a_1+a_2+\cdots+a_{n-1}>0$$

$$a_1+a_2+\cdots+a_{n-1}>a_1+a_2+\cdots+a_n\geqslant$$

$$\sqrt{(n-1)(a_1^2+a_2^2+\cdots+a_n^2)}$$

平方得
$$(a_1+a_2+\cdots+a_{n-1})^2>(n-1)(a_1^2+a_2^2+\cdots+a_n^2)\quad(1)$$

所以，对 $n-1$ 用(1)的结论，得

$$(n-1)(a_1^2+a_2^2+\cdots+a_{n-1}^2)\geqslant (a_1+a_2+\cdots+a_{n-1})^2\quad(2)$$

由式(1),(2) 得 $a_1^2+a_2^2+\cdots+a_{n-1}^2>a_1^2+a_2^2+\cdots+a_n^2$，即 $a_n^2<0$．矛盾．故 $a_n\geqslant 0$．同理 $a_1,a_2,\cdots,a_{n-1}\geqslant 0$．

34．由 $\alpha_n=\dfrac{a_1+a_2+a_3+\cdots+a_n}{n}$ 得 α_n 满足

$$\alpha_n^2-2\alpha_n a_n=\alpha_n^2-2\alpha_n[n\alpha_n-(n-1)\alpha_{n-1}]=$$
$$(1-2n)\alpha_n^2+2(n-1)\alpha_n\alpha_{n-1}\leqslant$$
$$(1-2n)\alpha_n^2+(n-1)(\alpha_n^2+\alpha_{n-1}^2)=$$
$$-n\alpha_n^2+(n-1)\alpha_{n-1}^2$$

对 n 从 1 到 N 求和，有

$$\sum_{n=1}^{N}\alpha_n^2-2\sum_{n=1}^{N}\alpha_n a_n\leqslant -N\alpha_N^2\leqslant 0$$

即
$$\sum_{n=1}^{N}\alpha_n^2\leqslant 2\sum_{n=1}^{N}\alpha_n a_n$$

对上式右端应用柯西不等式得

$$\sum_{n=1}^{N}\alpha_n^2\leqslant 2\sqrt{\left(\sum_{n=1}^{N}\alpha_n^2\right)\left(\sum_{n=1}^{N}a_n^2\right)}$$

将上式两端同时除以 $\sqrt{\sum_{n=1}^{N}\alpha_n^2}$ 并平方得 $\sum_{n=1}^{N}\alpha_n^2\leqslant 4\sum_{n=1}^{N}a_n^2$．

35．由柯西不等式得

400

$$\left(\frac{x_1^2}{x_2^2}+\frac{x_2^2}{x_3^2}+\cdots+\frac{x_{n-1}^2}{x_n^2}+\frac{x_n^2}{x_1^2}\right)(1^2+1^2+\cdots+1^2+1^2) \geqslant$$

$$\left(\frac{x_1}{x_2}+\frac{x_2}{x_3}+\cdots+\frac{x_{n-1}}{x_n}+\frac{x_n}{x_1}\right)^2$$

即

$$\frac{x_1^2}{x_2^2}+\frac{x_2^2}{x_3^2}+\cdots+\frac{x_{n-1}^2}{x_n^2}+\frac{x_n^2}{x_1^2} \geqslant$$

$$\left(\frac{x_1}{x_2}+\frac{x_2}{x_3}+\cdots+\frac{x_{n-1}}{x_n}+\frac{x_n}{x_1}\right) \cdot \left[\frac{1}{n}\left(\frac{x_1}{x_2}+\frac{x_2}{x_3}+\cdots+\frac{x_{n-1}}{x_n}+\frac{x_n}{x_1}\right)\right]$$

由均值不等式得

$$\frac{1}{n}\left(\frac{x_1}{x_2}+\frac{x_2}{x_3}+\cdots+\frac{x_{n-1}}{x_n}+\frac{x_n}{x_1}\right) \geqslant$$

$$\sqrt[n]{\frac{x_1}{x_2}\cdot\frac{x_2}{x_3}\cdot\cdots\cdot\frac{x_{n-1}}{x_n}\cdot\frac{x_n}{x_1}}=1$$

所以

$$\frac{x_1^2}{x_2^2}+\frac{x_2^2}{x_3^2}+\cdots+\frac{x_{n-1}^2}{x_n^2}+\frac{x_n^2}{x_1^2} \geqslant \frac{x_1}{x_2}+\frac{x_2}{x_3}+\cdots+\frac{x_{n-1}}{x_n}+\frac{x_n}{x_1}$$

36. 由均值不等式得

$$x^{2009}+2008 = x^{2009}+1+1+\cdots+1 \geqslant 2009x$$

同理

$$y^{2009}+2008 \geqslant 2009y, z^{2009}+2008 \geqslant 2009z$$

所以

$$\frac{x^{2009}-2008(x-1)}{y+z}+\frac{y^{2009}-2008(y-1)}{z+x}+\frac{z^{2009}-2008(z-1)}{x+y} \geqslant$$

$$\frac{x}{y+z}+\frac{y}{z+x}+\frac{z}{x+y} \geqslant \frac{3}{2}$$

由柯西不等式得 $(1^2+1^2+1^2)(x^2+y^2+z^2) \geqslant (x+y+z)^2$, 而 $x^2+y^2+z^2=3, x,y,z\geqslant 0$, 所以, $3\geqslant x+y+z$, 从而

$$\frac{x^{2009}-2008(x-1)}{y+z}+\frac{y^{2009}-2008(y-1)}{z+x}+\frac{z^{2009}-2008(z-1)}{x+y} \geqslant$$

$$\frac{1}{2}(x+y+z)$$

37. 证法一:(1) 由于

$$(n-1)p^2-2nq = (n-1)\left(\sum_{i=1}^n x_i\right)^2-2n\sum_{1\leqslant i\leqslant j\leqslant n}x_ix_j =$$

Cauchy 不等式. 下

$$(n-1)\Big(\sum_{i=1}^{n} x_i^2\Big) - \sum_{1\leqslant i<j\leqslant n} x_i x_j = \sum_{1\leqslant i<j\leqslant n}(x_i - x_j)^2$$

所以
$$\frac{n-1}{n} p^2 - 2q \geqslant 0$$

(2) 因为
$$\Big|x_i - \frac{p}{n}\Big| = \frac{n-1}{n}\Big|\frac{1}{n-1}\sum_{k=1}^{n}(x_i - x_k)\Big|$$

由幂平均值不等式,得
$$\Big|x_i - \frac{p}{n}\Big| \leqslant \frac{n-1}{n}\sqrt{\frac{1}{n-1}\sum_{k=1}^{n}(x_i - x_k)^2} \leqslant \frac{n-1}{n}\sqrt{\frac{1}{n-1}\sum_{1\leqslant i<j\leqslant n}(x_i - x_j)^2}$$

由 (1) 的结果,得
$$\Big|x_i - \frac{p}{n}\Big| \leqslant \frac{n-1}{n}\sqrt{p^2 - \frac{2n}{n-1}q} \quad (i=1,2,\cdots,n)$$

证法二 (单墫):先考虑 $p=0$ 的情况,这时
$$2q = \Big(\sum_{i=1}^{n} x_i\Big)^2 - \sum_{i=1}^{n} x_i^2 = -\sum_{i=1}^{n} x_i^2$$

所以 $-2q = \sum_{i=1}^{n} x_i^2 \geqslant 0$,即 (1) 成立,又由柯西不等式得
$$(n-1)\sum_{j\neq 1} x_j^2 \geqslant \Big(\sum_{j\neq 1} x_j\Big)^2 = x_1^2$$

所以
$$n x_1^2 \leqslant (n-1)\sum_{j=1}^{n} x_j^2 = -2(n-1)q$$

$$|x_1| \leqslant \sqrt{-\frac{2(n-1)}{n}q} = \frac{n-1}{n}\sqrt{-\frac{2n}{n-1}q}$$

$x_i(i=2,3,\cdots,n)$ 也满足类似的不等式,即 (2) 成立.

现在,考虑一般情形:令 $x_i' = x_i - \frac{p}{n}(i=1,2,\cdots,n)$,则 $\sum_{i=1}^{n} x_i' = 0$. 与已经证明的情形对照,我们希望 (1) 的左边就是

习题解答或提示

$\sum_{i=1}^{n} x_i'^2$. 事实上

$$\sum_{i=1}^{n} x_i'^2 = \sum_{i=1}^{n}\left(x_i - \frac{p}{n}\right)^2 =$$

$$\sum_{i=1}^{n} x_i^2 - \frac{2p}{n}\sum_{i=1}^{n} x_i + \sum_{i=1}^{n}\left(\frac{p}{n}\right)^2 =$$

$$\left(\sum_{i=1}^{n} x_i\right)^2 - 2q - \frac{2p}{n} \cdot p + n\left(\frac{p}{n}\right)^2 = \frac{n-1}{n}p^2 - 2q$$

于是(1)显然成立,并且根据上面已经获得的结果

$$|x_i'| \leqslant \frac{n-1}{n}\sqrt{\frac{n}{n-1}\sum_{i=1}^{n} x_i'^2} =$$

$$\frac{n-1}{n}\sqrt{\frac{n}{n-1}\left(\frac{n-1}{n}p^2 - 2q\right)} =$$

$$\frac{n-1}{n}\sqrt{p^2 - \frac{2n}{n-1}q} \quad (i=1,2,\cdots,n)$$

即(2)成立.

38. 利用柯西不等式得 $\sum_{i=1}^{n} a_i^2 \sum_{i=1}^{n} 1^2 \geqslant \left(\sum_{i=1}^{n} a_i\right)^2$,所以

$$\sum_{i=1}^{n} a_i^2 \geqslant \frac{\left(\sum_{i=1}^{n} a_i\right)^2}{n}$$

所以利用均值不等式得

$$\frac{\sum_{i=1}^{n} a_i^2}{\sum_{i=1}^{n} a_i} \geqslant \frac{\sum_{i=1}^{n} a_i}{n} \geqslant \sqrt[n]{\prod_{i=1}^{n} a_i}$$

从而

$$\left(\frac{\sum_{i=1}^{n} a_i^2}{\sum_{i=1}^{n} a_i}\right)^n \geqslant \prod_{i=1}^{n} a_i$$

Cauchy 不等式. 下

现在 $\dfrac{\sum_{i=1}^{n} a_i^2}{\sum_{i=1}^{n} a_i} \geqslant 1, \dfrac{k}{t} \geqslant 1$,于是

$$\left(\dfrac{\sum_{i=1}^{n} a_i^2}{\sum_{i=1}^{n} a_i}\right)^{\frac{kn}{t}} \geqslant \left(\dfrac{\sum_{i=1}^{n} a_i^2}{\sum_{i=1}^{n} a_i}\right)^n \geqslant \prod_{i=1}^{n} a_i$$

等号成立当且仅当 $a_1 = a_2 = a_3 = \cdots = a_n$.

习题十五

1. 不妨设 $a \leqslant b \leqslant c$,则

$$\dfrac{1}{bc} \leqslant \dfrac{1}{ac} \leqslant \dfrac{1}{ab}$$

$$\dfrac{a^3}{bc} + \dfrac{b^3}{ca} + \dfrac{c^3}{ab} =$$

$$\dfrac{a}{bc} \cdot a^2 + \dfrac{b}{ca} \cdot b^2 + \dfrac{c}{ab} \cdot c^2 \geqslant$$

$$\dfrac{a}{bc} \cdot b^2 + \dfrac{b}{ca} \cdot c^2 + \dfrac{c}{ab} \cdot a^2 =$$

$$\dfrac{ab}{c} + \dfrac{bc}{a} + \dfrac{ca}{b} (还是顺序和) \geqslant$$

$$\dfrac{ac}{c} + \dfrac{bc}{b} + \dfrac{ab}{a} \geqslant a + b + c$$

2. 设 p,q,r,s 是 a,b,c,d 的一个排列,且 $p \geqslant q \geqslant r \geqslant s$,则 $pqr \geqslant pqs \geqslant prs \geqslant qrs$,由排列不等式得

$a^2 bc + b^2 cd + c^2 da + d^2 ab =$

$a(abc) + b(bcd) + c(cda) + d(dab) \leqslant$

$p(pqr) + q(pqs) + r(prs) + s(qrs) =$

$(pq + rs)(pr + qs) \leqslant \left[\dfrac{(pq+rs)+(pr+qs)}{2}\right]^2 =$

$\left[\dfrac{(p+s)(q+r)}{2}\right]^2 \leqslant \dfrac{1}{4}\left[\left(\dfrac{p+q+s+r}{2}\right)^2\right]^2 = 4$

404

习题解答或提示

其中等号成立当且仅当 $pq+rs=pr+qs$ 且 $p+s=q+r=2$.

3. 不失一般性,设 $a \geqslant b \geqslant c$,于是,$1-c^2 \geqslant 1-b^2 \geqslant 1-a^2$,从而 $\dfrac{1}{1-a^2} \geqslant \dfrac{1}{1-b^2} \geqslant \dfrac{1}{1-c^2}$,注意到 $\dfrac{1}{1-a} - \dfrac{2}{1+a} = \dfrac{3a-1}{1-a^2}$,故只需证明

$$\frac{3a-1}{1-a^2} + \frac{3b-1}{1-b^2} + \frac{3c-1}{1-c^2} \geqslant 0 \tag{1}$$

由于式(1)左端三个分式的分子之和为 0,所以在不增大各个分数值的前提下,可将它们的分母变为相等. 易知在 $a \geqslant b \geqslant c$ 的条件下,有 $a \geqslant \dfrac{1}{3}$,$c \leqslant \dfrac{1}{3}$. 如果 $a \geqslant b \geqslant \dfrac{1}{3} \geqslant c$,那么只要将不等式(1)左端的分母都换成 $1-c^2$,即可保证其中的负分数值不变,且正分数的值不增加,从而式(1) 成立;如果 $a \geqslant \dfrac{1}{3} \geqslant b \geqslant c$,那么只要将式(1)左端三个分式的分母都换成 $1-b^2$,即可保证其中的一个负数值不变,另一个负数值只能减小,且正分数值不增大,从而不等式(1)成立.

4. 不妨设 $0 < z \leqslant y \leqslant x < 1$,则 $\dfrac{1}{1-z} \leqslant \dfrac{1}{1-y} \leqslant \dfrac{1}{1-x}$,由切比雪夫不等式及均值不等式得

$$\frac{x}{1-x} + \frac{y}{1-y} + \frac{z}{1-z} \geqslant$$
$$\frac{1}{3}(x+y+z)\left(\frac{1}{1-x} + \frac{1}{1-y} + \frac{1}{1-z}\right) \geqslant$$
$$\frac{1}{3}(x+y+z) \frac{9}{(1-x)+(1-y)+(1-z)} \geqslant$$
$$\frac{3(x+y+z)}{3-(x+y+z)} \geqslant \frac{9\sqrt[3]{xyz}}{3-3\sqrt[3]{xyz}} = \frac{3\sqrt[3]{xyz}}{1-\sqrt[3]{xyz}}$$

5. 设 $x \geqslant y \geqslant z$,则由于 $x,y,z \in \left(0, \dfrac{\pi}{2}\right)$,所以 $\sin x \geqslant \sin y \geqslant \sin z$. 由于 $\left(\dfrac{x}{\sin x}\right)' - \dfrac{\cos x(\tan x - x)}{\sin^2 x} > 0$,所以 $\dfrac{x}{\sin x} \geqslant \dfrac{y}{\sin y} \geqslant \dfrac{z}{\sin z}$. 由排序不等式得

405

Cauchy 不等式. 下

$$x+y+z = \frac{x}{\sin x} \cdot \sin x + \frac{y}{\sin y} \cdot \sin y + \frac{z}{\sin z} \cdot \sin z \geqslant$$

$$\frac{x}{\sin x} \cdot \sin y + \frac{y}{\sin y} \cdot \sin z + \frac{z}{\sin z} \cdot \sin x =$$

$$x\left(\frac{\sin y}{\sin x}\right) + y\left(\frac{\sin z}{\sin y}\right) + z\left(\frac{\sin x}{\sin z}\right)$$

6. 不妨设 $\alpha \leqslant \beta \leqslant \gamma$,由于 α,β,γ 是一个三角形的三个内角,所以,$\sin \alpha \leqslant \sin \beta \leqslant \sin \gamma$.

由排序不等式得

$$\frac{\sin \alpha}{\alpha} + \frac{\sin \beta}{\beta} + \frac{\sin \gamma}{\gamma} \leqslant \frac{\sin \beta}{\alpha} + \frac{\sin \gamma}{\beta} + \frac{\sin \gamma}{\alpha}$$

$$\frac{\sin \alpha}{\alpha} + \frac{\sin \beta}{\beta} + \frac{\sin \gamma}{\gamma} \leqslant \frac{\sin \beta}{\gamma} + \frac{\sin \gamma}{\alpha} + \frac{\sin \gamma}{\beta}$$

两个不等式相加得

$$2\left(\frac{\sin \alpha}{\alpha} + \frac{\sin \beta}{\beta} + \frac{\sin \gamma}{\gamma}\right) \leqslant$$

$$\left(\frac{1}{\beta} + \frac{1}{\gamma}\right)\sin \alpha + \left(\frac{1}{\gamma} + \frac{1}{\alpha}\right)\sin \beta + \left(\frac{1}{\alpha} + \frac{1}{\beta}\right)\sin \gamma$$

7.(1) 首先来证明

$$\frac{1}{1+2a} \geqslant \frac{a^{-\frac{2}{3}}}{a^{-\frac{2}{3}} + b^{-\frac{2}{3}} + c^{-\frac{2}{3}}} \Leftrightarrow$$

$$a^{-\frac{2}{3}} + b^{-\frac{2}{3}} + c^{-\frac{2}{3}} \geqslant a^{-\frac{2}{3}} + 2a^{\frac{1}{3}} \Leftrightarrow$$

$$b^{-\frac{2}{3}} + c^{-\frac{2}{3}} \geqslant 2(bc)^{-\frac{1}{3}}$$

这是显然的.

同理有

$$\frac{1}{1+2b} \geqslant \frac{b^{-\frac{2}{3}}}{a^{-\frac{2}{3}} + b^{-\frac{2}{3}} + c^{-\frac{2}{3}}}, \frac{1}{1+2c} \geqslant \frac{c^{-\frac{2}{3}}}{a^{-\frac{2}{3}} + b^{-\frac{2}{3}} + c^{-\frac{2}{3}}}$$

所以 $\frac{1}{1+2a} + \frac{1}{1+2b} + \frac{1}{1+2c} \geqslant 1$.

(2) 不妨设 $a \geqslant b \geqslant c$,那么

$$a^{n-1} \geqslant b^{n-1} \geqslant c^{n-1}, \frac{a}{b+c} \geqslant \frac{b}{c+a} \geqslant \frac{c}{a+b}$$

由排序不等式得

习题解答或提示

$$\frac{c^n}{a+b}+\frac{b^n}{c+a}+\frac{a^n}{b+c}\geqslant \frac{ca^{n-1}}{a+b}+\frac{bc^{n-1}}{c+a}+\frac{ab^{n-1}}{b+c}$$

$$\frac{c^n}{a+b}+\frac{b^n}{c+a}+\frac{a^n}{b+c}\geqslant \frac{cb^{n-1}}{a+b}+\frac{ba^{n-1}}{c+a}+\frac{ac^{n-1}}{b+c}$$

所以

$$\frac{c^n}{a+b}+\frac{b^n}{c+a}+\frac{a^n}{b+c}\geqslant$$

$$\frac{1}{3}\left(\frac{c}{a+b}+\frac{b}{c+a}+\frac{a}{b+c}\right)(a^{n-1}+b^{n-1}+c^{n-1})$$

而显然有 $a^{n-1}+b^{n-1}+c^{n-1}\geqslant 3$,下面来证明 $\frac{c}{a+b}+\frac{b}{c+a}+\frac{a}{b+c}\geqslant \frac{3}{2}$.

即证

$$\frac{a+b+c}{a+b}+\frac{a+b+c}{c+a}+\frac{a+b+c}{b+c}\geqslant \frac{9}{2}\Leftrightarrow$$

$$(a+b+c+a+b+c)\left(\frac{1}{a+b}+\frac{1}{c+a}+\frac{1}{b+c}\right)\geqslant 9$$

这由柯西不等式可知是显然的. 所以

$$\frac{c^n}{a+b}+\frac{b^n}{c+a}+\frac{a^n}{b+c}\geqslant$$

$$\frac{1}{3}\left(\frac{c}{a+b}+\frac{b}{c+a}+\frac{a}{b+c}\right)(a^{n-1}+b^{n-1}+c^{n-1})\geqslant \frac{3}{2}$$

证毕.

8. 不失一般性,设 $0<a_1\leqslant a_2\leqslant \cdots \leqslant a_n$. 且令

$A_1=\dfrac{a_1^2}{a_2+a_3+\cdots+a_n}, A_2=\dfrac{a_2^2}{a_1+a_3+\cdots+a_n},\cdots,A_n=\dfrac{a_n^2}{a_1+a_2+\cdots+a_{n-1}}.$ 则 $0<A_1\leqslant A_2\leqslant \cdots \leqslant A_n$.

由排序不等式,得

$$a_1A_1+a_2A_2+\cdots+a_nA_n\geqslant a_2A_1+a_3A_2+\cdots+a_1A_n$$

$$a_1A_1+a_2A_2+\cdots+a_nA_n\geqslant a_3A_1+a_4A_2+\cdots+a_2A_n$$

$$\vdots$$

$$a_1A_1+a_2A_2+\cdots+a_nA_n\geqslant a_nA_1+a_1A_2+\cdots+a_{n-1}A_n$$

以上各式相加,得

Cauchy 不等式. 下

$$(n-1)(a_1A_1 + a_2A_2 + \cdots + a_nA_n) \geqslant$$
$$(a_2+a_3+\cdots+a_n)A_1 + (a_1+a_3+\cdots+a_n)A_2 + \cdots +$$
$$(a_1+a_2+\cdots+a_{n-1})A_n =$$
$$a_1^2 + a_2^2 + \cdots + a_n^2 = S$$

所以

$$\frac{a_1^3}{a_2+a_3+\cdots+a_n} + \frac{a_2^3}{a_1+a_3+\cdots+a_n} + \cdots + \frac{a_n^3}{a_1+a_2+\cdots+a_{n-1}} \geqslant \frac{S}{n-1}$$

9. 设 $a \geqslant b \geqslant c > 0$,因为 $a+b+c=1$,则

$$\left(b+\frac{c}{2}\right)^n = b^n + C_n^1 b^{n-1}\frac{c}{2} + C_n^2 b^{n-2}\left(\frac{c}{2}\right)^2 + \cdots + C_n^n \left(\frac{c}{2}\right)^n \geqslant$$
$$b^n + \left[C_n^1 \frac{1}{2} + C_n^2\left(\frac{1}{2}\right)^2 + \cdots + C_n^n\left(\frac{1}{2}\right)^n\right]c^n =$$
$$b^n + \left[\left(1+\frac{1}{2}\right)^n - 1\right]c^n$$

因为 $n \geqslant 2$,则 $\left(1+\frac{1}{2}\right)^n - 1 > 1$,所以,$(b+\frac{c}{2})^n > b^n + c^n$. 故

$$\sqrt[n]{b^n+c^n} < b + \frac{c}{2} \tag{1}$$

同理

$$\sqrt[n]{c^n+a^n} < a + \frac{c}{2} \tag{2}$$

又因为 $a < \frac{1}{2}, b < \frac{1}{2}$,则

$$\sqrt[n]{a^n+b^n} < \sqrt[n]{\left(\frac{1}{2}\right)^n + \left(\frac{1}{2}\right)^n} = \frac{\sqrt[n]{2}}{2} \tag{3}$$

(1)+(2)+(3),得

$$\sqrt[n]{a^n+b^n} + \sqrt[n]{b^n+c^n} + \sqrt[n]{c^n+a^n} < 1 + \frac{\sqrt[n]{2}}{2}$$

10. "$\sum$" 表示轮换对称和. 设 $f(x) = x + \frac{3}{x}(0 < x < \sqrt[3]{3})$.

因为 $f'(x) = 1 - \frac{3}{x^2} < 0$,所以,$f(x)$ 严格单调递减. 由排序不等式,得

$$\sum \frac{ab+a}{a^2+a+3} = \sum \frac{b+1}{1+a+\frac{3}{a}} \leqslant$$

$$\sum \frac{a+1}{1+a+\frac{3}{a}} = \sum \frac{a^2+a}{a^2+a+3}$$

要证 $\sum \frac{a^2+a}{a^2+a+3} \leqslant \frac{6}{5}$,只要证 $\sum \frac{1}{a^2+a+3} \geqslant \frac{3}{5}$.

由 $(a-1)^2(a+1) \geqslant 0$,得

$$a^2+a+3 \leqslant a^3+4 \Rightarrow \sum \frac{1}{a^2+a+3} \geqslant \sum \frac{1}{a^3+4}$$

由柯西不等式得

$$\sum \frac{1}{a^3+4} \geqslant \frac{9}{\sum (a^3+4)} = \frac{9}{15} = \frac{3}{5}$$

11. 易证

$$\frac{x^3}{x^2+xy+y^2} \geqslant \frac{2}{3}x - \frac{1}{3}y \Leftrightarrow$$

$$3x^3 \geqslant (2x-y)(x^2+xy+y^2) \Leftrightarrow$$

$$x^3 + y^3 \geqslant x^2y + xy^2 \Leftrightarrow$$

$$(x-y)^2(x+y) \geqslant 0$$

最后一式显然成立.

于是

$$\frac{x^{a+3}}{x^2+xy+y^2} \geqslant \frac{2}{3}x^{a+1} - \frac{1}{3}x^a y$$

同理,得

$$\frac{y^{a+3}}{x^2+xy+y^2} \geqslant \frac{2}{3}y^{a+1} - \frac{1}{3}xy^a$$

两式相加得

$$\frac{x^{a+3}+y^{a+3}}{x^2+xy+y^2} \geqslant \frac{2}{3}(x^{a+1}+y^{a+1}) - \frac{1}{3}(x^a y + xy^a)$$

故

$$\sum \frac{x^{a+3}+y^{a+3}}{x^2+xy+y^2} \geqslant \frac{4}{3}\sum x^{a+1} - \frac{1}{3}\sum (x^a y + xy^a) \quad (1)$$

由排序不等式,得

$$2\sum x^{a+1} \geqslant \sum x^a y + \sum xy^a \quad (2)$$

Cauchy 不等式. 下

由式(1),(2) 有
$$\sum \frac{x^{a+3}+y^{a+3}}{x^2+xy+y^2} \geqslant \frac{2}{3}\sum x^{a+1} \geqslant 2\sqrt[3]{(xyz)^{a+1}}=2$$

12. 由已知得
$$\frac{a}{b}\leqslant \frac{x_i}{y_i}\leqslant \frac{b}{a} \Rightarrow \left(x_i-\frac{a}{b}y_i\right)\left(x_i-\frac{b}{a}y_i\right)\leqslant 0 \Rightarrow$$
$$x_i^2-\frac{a^2+b^2}{ab}x_iy_i+y_i^2\leqslant 0 \Rightarrow$$
$$\left(\frac{x_i}{y_i}+\frac{ab}{a^2+b^2}\right)\left(x_i^2-\frac{a^2+b^2}{ab}x_iy_i+y_i^2\right)\leqslant 0 \Rightarrow$$
$$\frac{x_i^3}{y_i}-\frac{a^4+b^4+a^2b^2}{ab(a^2+b^2)}x_i^2+\frac{ab}{a^2+b^2}y_i^2\leqslant 0 \Rightarrow$$
$$\frac{x_i^3}{y_i}\leqslant \frac{a^4+b^4+a^2b^2}{ab(a^2+b^2)}x_i^2-\frac{ab}{a^2+b^2}y_i^2 \Rightarrow$$
$$\sum_{i=1}^{n}\frac{x_i^3}{y_i}\leqslant \frac{a^4+b^4+a^2b^2}{ab(a^2+b^2)}\sum_{i=1}^{n}x_i^2-\frac{ab}{a^2+b^2}\sum_{i=1}^{n}y_i^2=$$
$$\frac{a^4+b^4}{a^3b+ab^3}\sum_{i=1}^{n}x_i^2$$

类似地,$\sum_{i=1}^{i}\frac{y_i^3}{x_i}\leqslant \frac{a^4+b^4}{a^3b+ab^3}\sum_{i=1}^{n}y_i^2.$

又由排序不等式得$\frac{a^4+b^4}{a^3b+ab^3}>1.$

故
$$\sum_{i=1}^{n}\frac{x_i^3}{y_i}+\sum_{i=1}^{n}\frac{y_i^3}{x_i}+2\sum_{i=1}^{n}x_iy_i <$$
$$\frac{a^4+b^4}{a^3b+ab^3}\left(\sum_{i=1}^{n}x_i^2+2\sum_{i=1}^{n}x_iy_i+\sum_{i=1}^{n}y_i^2\right)=$$
$$\frac{a^4+b^4}{a^3b+ab^3}\sum_{i=1}^{n}(x_i+y_i)^2\leqslant$$
$$\frac{a^4+b^4}{a^3b+ab^3}n(2b)^2=4n\cdot\frac{a^4b+b^5}{a^3+ab^2}$$

13. 设
$$\sum_{1\leqslant i<j\leqslant n}(a_j-a_i+1)^2+4\sum_{i=1}^{n}a_i^2=f(a_1,a_2,\cdots,a_n)$$
$$(a_i\in[0,1])$$

410

习题解答或提示

先证明两个引理.

引理 1 对于每一组 $(a_1, a_2, \cdots, a_n)$,均存在 $0,1$ 的数列 $(t_1, t_2, \cdots, t_n)$,使得
$$f(a_1, a_2, \cdots, a_n) \leqslant f(t_1, t_2, \cdots, t_n)$$

引理 1 的证明 由于
$$f(a_1, a_2, \cdots, a_n) = (n+3)a_i^2 + A_i a_i + B_i = g(a_i)$$
其中,A_i, B_i 为常数,则 $g(a_i)$ 为开口向上的二次函数.从而
$$g(a_i) \leqslant \max\{g(0), g(1)\}$$
故存在 $t_i \in \{0, 1\}$,使得 $g(a_i) \leqslant g(t_i)$.

按上述方法,对 $i = 1, 2, \cdots, n$ 依次调整知存在 $t_i \in \{0, 1\}$ $(i = 1, 2, \cdots, n)$,有
$$f(a_1, a_2, \cdots, a_n) \leqslant f(t_1, t_2, \cdots, t_n)$$

引理 2 设 $(y_1, y_2, \cdots, y_n)$ 为 $(a_1, a_2, \cdots, a_n)$ 的排列,且 $y_1 \leqslant y_2 \leqslant \cdots \leqslant y_n$. 则
$$f(a_1, a_2, \cdots, a_n) \leqslant f(y_1, y_2, \cdots, y_n)$$

引理 2 的证明 注意到
$$f(y_1, y_2, \cdots, y_n) =$$
$$(n+3)\sum_{i=1}^n y_i^2 - 2\sum_{1 \leqslant i < j \leqslant n} y_i y_j + \sum_{i=1}^n (4i - 2n - 2)y_i + \frac{1}{2}n(n-1) =$$
$$(n+3)\sum_{i=1}^n a_i^2 - 2\sum_{1 \leqslant i < j \leqslant n} a_i a_j + \sum_{i=1}^n (4i - 2n - 2)y_i + \frac{1}{2}n(n-1) \geqslant$$
$$(n+3)\sum_{i=1}^n a_i^2 - 2\sum_{1 \leqslant i < j \leqslant n} a_i a_j + \sum_{i=1}^n (4i - 2n - 2)a_i + \frac{1}{2}n(n-1) =$$
(排序不等式)
$$f(a_1, a_2, \cdots, a_n)$$

回到原题.

由引理 1,2,知若 $f(a_1, a_2, \cdots, a_n)$ 取到最大值,必有
$$(a_1, a_2, \cdots, a_n) = (0, 0, \cdots, 0, 1, 1, \cdots, 1)$$
故可设
$$a_1 = a_2 = \cdots = a_{n-m} = 0$$
$$a_{n-m+1} = a_{n-m+2} = \cdots = a_n = 1$$
则
$$f(a_1, a_2, \cdots, a_n) =$$

Cauchy 不等式. 下

$$(n+3)\sum_{i=1}^{n}a_i^2 - 2\sum_{1\leqslant i<j\leqslant n}a_ia_j + \sum_{i=1}^{n}(4i-2n-2)a_i + \frac{1}{2}n(n-1) =$$

$$m(n+3) - 2C_m^2 + 4\times\frac{(n-m+1)+n}{2}m - (2n+2)m + \frac{1}{2}n(n-1) =$$

$$-3m^2 + (3n+4)m + \frac{1}{2}n(n-1) =$$

$$-3\left(m - \frac{3n+4}{6}\right)^2 + \frac{15n^2 + 18n + 16}{12}$$

故当 $n=2k$ 时,m 取 $k+1$,所求最大值为 $\dfrac{5n^2+6n+4}{4}$;

当 $n=2k+1$ 时,m 取 $k+1$,所求最大值为 $\dfrac{5n^2+6n+5}{4}$.

14. 设满足条件的分割中五个矩形子块长分别为 $l_1,l_2,\cdots,l_5$,宽分别为 $w_1,w_2,\cdots,w_5$. 由题意知 $l_1,l_2,\cdots,l_5,w_1,w_2,\cdots,w_5$ 恰为 $1,2,\cdots,10$ 的一个排列.

故由排序不等式,一方面

$$m^2 = l_1w_1 + l_2w_2 + \cdots + l_5w_5 =$$

$$\frac{1}{2}(l_1w_1 + l_2w_2 + \cdots + l_5w_5 + w_1l_1 + w_2l_2 + \cdots + w_5l_5) \geqslant$$

$$\frac{1}{2}(1\times 10 + 2\times 9 + \cdots + 9\times 2 + 10\times 1) = 110$$

另一方面

$$m^2 = l_1w_1 + l_2w_2 + \cdots + l_5w_5 =$$

$$\frac{1}{2}(l_1w_1 + l_2w_2 + \cdots + l_5w_5 + w_1l_1 + w_2l_2 + \cdots + w_5l_5) \leqslant$$

$$\frac{1}{2}(1\times 1 + 2\times 2 + \cdots + 10\times 10) = 192.5$$

解得 $m=11,12,13$.

若 $m\times m(m>10)$ 正方形可分割成满足条件的五个矩形子块,则这五个子块必然为四个外部子块,恰每一个外部子块覆盖正方形的一个角,一个内部子块,正方形的任意边均不与之相邻(相邻是指矩形子块中有边在正方形的边上).

事实上,一方面,若正方形的某条边与其中三个子块相邻,则去掉这三个子块后,将得到一个有八个顶点的多边形,显然其不能由两个矩形拼接而成. 从而,正方形的每一条边至多与两个矩形子块相邻.

另一方面,注意到,$m > 10$.从而,正方形的每一条边至少与两个矩形子块相邻.由此可得每一条边恰与两个矩形子块相邻.如此一来,唯一可能满足条件的分割即为上述分割方式.

接下来分别讨论 m 的这几个取值情形.

(1) $m = 12$.

若 12×12 的正方形能分割成满足条件的五个矩形子块,记 R_1, R_2, R_3, R_4 为其中四个外部矩形子块(逆时针方向排列).若外部子块中有一条边长为 s,则与其相邻的一个外部子块,必有一条边长长度为 $12 - s$,故 $s = 1$(此时,$12 - s = 11 > 10$,矛盾)或 $s = 6$(此时,$12 - s = s$,矛盾)均不可作为外部子块的边长.于是,唯一的内部子块恰为 1×6 的矩形.设外部子块 R_1 为 $10 \times x$ 的矩形,相邻的外部子块(不妨设为 R_2)为 $2 \times y$ 的矩形,则 R_3 为 $(12-y) \times z$ 的矩形,R_4 为 $(12-z) \times (12-x)$ 的矩形.

从而,由题意知 x, y, z 中有且只有一个为偶数(且为 4 或 8),其他两个恰为奇数.

由面积相等得
$$144 = 1 \times 6 + 10x + 2y + (12-y)z + (12-z)(12-x)$$
化简得 $(y-x)(z-2) = 6$.

由于 x, y, z 中恰有一个偶数、两个奇数,故 $y - x, z - 2$ 必同奇偶,故 $(y-x)(z-2) = 6$ 必无解,即 $m = 12$ 时,12×12 的正方形不可作符合条件的分割.

(2) $m = 11$ 或 $m = 13$.

图 1(a) 为 11×11 的正方形分割;

图 1(b) 为 13×13 的正方形分割.

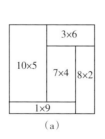
(a)

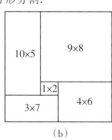
(b)

图 1

Cauchy 不等式.下

习题十六

1. 不妨设 $w \geq x \geq y \geq z$. 若 $y > z$, 则以 $z!$ 除等式两边, 得
$$w \cdot (w-1) \cdots (z+1) =$$
$$x \cdots (z+1) + y \cdots (z+1) + 1$$
其中 $z+1 > 1$ 能整除左边而不能整除右边, 等式显然不能成立.

若 $x < y = z$, 则可得
$$w \cdot (w-1) \cdots (z+1) = x \cdots (z+1) + 1 + 1 =$$
$$x \cdots (z+1) + 2$$
则 $z+1$ 应能整除 2, 从而 $z+1 = 2$, 上式又可约简为 $w \cdots 3 = x \cdots 3 + 1$. 这也显然不能成立. 于是必须 $x = y = z$, 这时等式成为
$$w! = 3z!$$
所以 $w = 3, x = y = z = 2$.

2. 满足条件的三元实数组为 $(-1, 0, 1), (-1, 1, 0)$, $(0, -1, 1), (0, 1, -1), (1, -1, 0), (1, 0, -1)$.

由对称性, 不妨设 $x \geq y \geq z$. 则
$$2x^2 \leq 1 + x^4 \leq 2(y-z)^2$$
所以 $$|x| \leq y - z$$
类似可得
$$|z| \leq x - y$$
两式相加, 得
$$|x| + |z| \leq (x-y) + (y-z) = x - z$$
这推出 $x \geq 0 \geq z$.

不等式变等式. 即中间的不等式全部变为等式
$$2x^2 = 1 + x^4, 2z^2 = 1 + z^4$$
所以 $$x^2 = z^2 = 1, x = 1, z = -1$$
将其代入到 $|x| = y - z$, 得 $y = 0$.

3. 如果三个数相等, 则有 $[a, b, c] = a$, $[a, b, c]$ 表示 a, b, c 的最小公倍数, 与 $[a, b, c] = a + b + c$ 矛盾.

不失一般性, 假设 $a \leq b \leq c$, 则

习题解答或提示

$$a+b < 2c$$

因此,$c < a+b+c < 3c$.

因为$[a,b,c]$是c的倍数,所以,$[a,b,c] = 2c$.

于是,有$a+b = c$,$[a,b,c] = 2a+2b$.

又$b \mid (2a+2b)$,所以,$b \mid 2a$.

从$a \leqslant b$可以推知$b = a$或$b = 2a$.

如果$b = a$,则$c = a+b = 2a$.因此

$$[a,b,c] = [a,a,2a] = 2a$$

但是$a+b+c = a+a+2a = 4a$,矛盾.

如果$b = 2a$,则

$$c = a+b = a+2a = 3a$$

$$[a,b,c] = [a,2a,3a] = 6a = a+b+c$$

所以,满足题目要求的三元正整数形式为$(a,2a,3a)(a \geqslant 1)$.

4. 设最大数为x,其余49个数为$a_1, a_2, \cdots, a_{49}$,且$x \geqslant a_1 \geqslant a_2 \geqslant \cdots \geqslant a_{49}$.则

$$\sum_{i=1}^{49} a_i = 231 - x$$

$$2\,009 = x^2 + \sum_{i=1}^{49} a_i^2 \geqslant x^2 + \frac{1}{49}\Big(\sum_{i=1}^{49} a_i\Big)^2 = x^2 + \frac{1}{49}(231-x)^2$$

即

$$50x^2 - 462x + 231^2 \leqslant 49 \times 2\,009$$

解得$x \leqslant 35$.

当且仅当$a_1 = a_2 = \cdots = a_{49} = 4$时,$x = 35$.

5. 不妨设$a_1 < a_2 < a_3 < a_4 < a_5$.由已知条件$a_{i+1} - a_i \geqslant 1$,$1 \leqslant i \leqslant 4$.这推出$a_j - a_i \geqslant j - i$,$1 \leqslant i < j \leqslant 5$.故

$$4\sum_{i=1}^{5} a_i^2 - 2\sum_{1 \leqslant i < j \leqslant 5} a_i a_j = \sum_{1 \leqslant i < j \leqslant 5} (a_j - a_i)^2 \geqslant \sum_{1 \leqslant i < j \leqslant 5} (j-i)^2 = 50$$

另一方面,由已知条件

$$\sum_{i=1}^{5} a_i^2 + 2\sum_{1 \leqslant i < j \leqslant 5} a_i a_j = (a_1 + \cdots + a_5)^2 = 4k^2$$

此等式与前面不等式相加得

$$5\sum_{i=1}^{5} a_i^2 = 10k^2 \geqslant 50 + 4k^2$$

Cauchy 不等式. 下

由此得 $k^2 \geqslant \dfrac{25}{3}$.

6. 不妨将这 7 个人的苹果数的大小记为 $a_1 < a_2 < a_3 < a_4 < a_5 < a_6 < a_7$,且
$$a_1 + a_2 + a_3 + a_4 + a_5 + a_6 + a_7 = 100$$

分两种情况讨论:

(1) 若 $a_4 \geqslant 15$,则
$$a_5 + a_6 + a_7 \geqslant 16 + 17 + 18 = 51$$

命题成立;

(2) 若 $a_4 \leqslant 14$,则
$$a_5 + a_6 + a_7 = 100 - (a_1 + a_2 + a_3 + a_4) \geqslant$$
$$100 - (11 + 12 + 13 + 14) = 50$$

命题也成立.

7. 设
$$S = \dfrac{1}{4}(a_1 + a_2 + \cdots + a_{10})$$

由题意知,S 等于原来 5 个数 x_1, x_2, x_3, x_4, x_5 的和.

由 $x_1 \leqslant x_2 \leqslant x_3 \leqslant x_4 \leqslant x_5$ 得
$$x_1 + x_2 \leqslant x_1 + x_3 \leqslant \cdots \leqslant x_3 + x_5 \leqslant x_4 + x_5$$

如果把 $a_1, a_2, \cdots, a_{10}$ 按大小次序排列,不妨设 $a_1 \leqslant a_2 \leqslant \cdots \leqslant a_9 \leqslant a_{10}$,则
$$a_1 = x_1 + x_2, a_2 = x_1 + x_3, \cdots$$
$$a_9 = x_3 + x_5, a_{10} = x_4 + x_5$$

故
$$x_3 = (x_1 + x_2 + x_3 + x_4 + x_5) - (x_1 + x_2 + x_4 + x_5) =$$
$$S - (a_1 + a_{10})$$

进而
$$x_1 = a_2 - x_3 = a_2 - S + a_1 + a_{10}$$
$$x_2 = a_1 - x_1 = a_1 - a_2 + S - a_1 - a_{10} = S - a_2 - a_{10}$$
$$x_5 = a_9 - x_3 = a_9 - S + a_1 + a_{10}$$
$$x_4 = a_{10} - x_5 = a_{10} - a_9 + S - a_1 - a_{10} = S - a_1 - a_9$$

因此,如果知道了 $a_1, a_2, \cdots, a_{10}$,则必能求出原来的 5 个数 x_1, x_2, x_3, x_4, x_5.

8. 由对称性,可设 $a \geqslant b \geqslant c \geqslant 0$. 由所给条件易知
$$a \geqslant b > 0$$
$$\frac{1}{b+c} + \frac{1}{a+c} \geqslant \frac{2}{\sqrt{(b+c)(a+c)}} = \frac{2}{\sqrt{ab+ac+bc+c^2}} = \frac{2}{\sqrt{1+c^2}}$$

等号成立的充分必要条件是 $a=b$. 这时,原题条件化为 $a^2+2ac=1$, $c = \frac{1-a^2}{2a}$.

由 $c \geqslant 0$ 知,$a \leqslant 1$. 再由 $1 = ab+bc+ca \leqslant 3a^2$ 知 $a \geqslant \frac{1}{\sqrt{3}}$. 于是
$$\frac{1}{a+b} + \frac{1}{b+c} + \frac{1}{c+a} = \frac{1}{2a} + \frac{2}{a+c} = \frac{1}{2a} + \frac{2}{a+\frac{1-a^2}{2a}} =$$
$$\frac{1}{2a} + \frac{4a}{a^2+1} = \frac{9a^2+1}{2a(a^2+1)} = f(a)$$

下面在 $\frac{1}{\sqrt{3}} \leqslant a \leqslant 1$ 的条件下,求 $f(a)$ 的极小值. 易知 $f(1) = \frac{5}{2}$. 下面证:当 $\frac{1}{\sqrt{3}} \leqslant a \leqslant 1$ 时,$f(a) \geqslant \frac{5}{2}$.

事实上,若
$$\frac{9a^2+1}{2a(a^2+1)} < \frac{5}{2} \tag{1}$$

则有
$$9a^2 + 1 < 5a^3 + 5a$$
或
$$5a^3 - 9a^2 + 5a - 1 > 0$$
即
$$(a-1)(5a^2 - 4a + 1) > 0$$

利用判别式小于 0,可知,$5a^2 - 4a + 1 > 0$. 故必有 $a > 1$. 因此,式(1)在所给范围内不会成立. 于是,原不等式成立,等号成立的充分必要条件是 $a = b = 1, c = 0$.

9. 当 $x \geqslant y \geqslant z$ 时,有
$$x^3y + y^3z + z^3x - (xy^3 + yz^3 + zx^3) =$$
$$(x+y+z)(x-y)(y-z)(x-z) \geqslant 0$$

417

Cauchy 不等式. 下

因此,要证原不等式成立,只需证当 $x \geqslant y \geqslant z \geqslant 0$ 时,原不等式成立即可. 而这时

$$x^3y + y^3z + z^3x + xyz(x+y+z) =$$
$$y(x+z)^3 - z^2(2xy - xz + yz) - yz(2x^2 - xy - y^2) \leqslant$$
$$y(x+z)^3 = 27\left(y \cdot \frac{x+z}{3} \cdot \frac{x+z}{3} \cdot \frac{x+z}{3}\right) \leqslant$$
$$27\left(\frac{x+y+z}{4}\right)^4 = \frac{27}{256}(x+y+z)^4$$

10. 原不等式等价于
$$\sum (x^2 - y^2)^2 \geqslant 2 \sum xy(x^2 - y^2) \qquad (1)$$

当 $x \geqslant y \geqslant z$ 时,有
$$\sum xy(x^2 - y^2) = (x+y+z)(x-y)(y-z)(x-z) \geqslant 0$$

因此,要证式(1),只要证当 $x \geqslant y \geqslant z$ 时式(1)成立即可,这时
$$\sum(x^2 - y^2)^2 - 2\sum xy(x^2 - y^2) =$$
$$(x^2 - y^2)^2 + (x^2 - y^2 + y^2 - z^2)^2 + (y^2 - z^2)^2 - 2xy(x^2 - y^2) -$$
$$2yz(y^2 - z^2) + 2xz(x^2 - y^2 + y^2 - z^2) =$$
$$2[(x^2 - y^2)^2 + (x^2 - y^2)(y^2 - z^2) + (y^2 - z^2)^2 -$$
$$x(x^2 - y^2)(y - z) + z(y^2 - z^2)(x - y)] \geqslant$$
$$2[(x^2 - y^2)^2 + (x^2 - y^2)(y^2 - z^2) - x(x^2 - y^2)(y - z)] =$$
$$2(x^2 - y^2)(x^2 - y^2 + y^2 - z^2 - xy + xz) =$$
$$2(x^2 - y^2)(x^2 - xy + xz - z^2) \geqslant 0$$

即式(1)成立,从而原不等式获证.

11. 当 $a \geqslant b \geqslant c$ 时,$a^3b + b^3c + c^3a - ab^3 - bc^3 - ca^3 = (a+b+c)(a-b)(b-c)(a-c) \geqslant 0$. 因此,只要证当 $a \geqslant b \geqslant c$ 时式(1)成立即可.

由于
$$2\sum bc \cdot \sum (b-c)^2 + 3abc \sum a - 3\sum a^3b =$$
$$2\sum bc \cdot \sum (b-c)^2 - 3\sum ab(a-b)^2 =$$
$$(2bc + 2ca - ab)(a-c)^2 + (2ca + 2ab - bc)(a-b)^2 +$$
$$(2ab + 2bc - ca)(b-c)^2 =$$
$$(4ac + bc + ab)(a-b)^2 + (4bc + ac + ab)(b-c)^2 +$$

习题解答或提示

$$2(2bc+2ac-ab)(a-b)(b-c) =$$
$$4ac[(a-b)^2+(a-b)(b-c)]+4bc[(b-c)^2+$$
$$(a-b)(b-c)]+ab[(a-b)^2+(b-c)^2-$$
$$2(a-b)(b-c)]+bc(a-b)^2+ac(b-c)^2 \geqslant 0$$

由此知式(1) 成立.

12. 令 $a=x^6, b=y^6, c=z^6$, 则原不等式等价于
$$\sum x^6 + 3x^2 y^2 z^2 \geqslant 2\sum y^3 z^3 \qquad (1)$$

今证式(1) 成立.

由对称性, 不妨设 $x \geqslant y \geqslant z$, 则
$$\sum x^6 + 3x^2 y^2 z^2 - 2\sum y^3 z^3 =$$
$$\left(\sum x^6 - \sum y^3 z^3\right) - \left(\sum y^3 z^3 - 3x^2 y^2 z^2\right) =$$
$$\frac{1}{2}\sum (y^3-z^3)^2 - \frac{1}{2}\left(\sum yz\right) \cdot \sum x^2(y-z)^2 =$$
$$\frac{1}{2}\sum \left[(y^2+yz+z^2)^2 - x^2 \sum yz\right](y-z)^2$$

由于 $x \geqslant y \geqslant z$, 则
$$(x^2+xy+y^2)^2 - z^2(yz+zx+xy) \geqslant$$
$$z^2(x+y+z)^2 - z^2(yz+zx+xy) \geqslant 0$$
$$(x^2+xz+z^2)^2 - y^2(yz+zx+xy) =$$
$$x^4+2x^2(xz+z^2)+(xz+z^2)^2-y^2(yz+zx+xy) =$$
$$(x^4-xy^3)+2(2x^3-xy^2-y^3)z+2x^2z^2+(xz+z^2)^2 \geqslant 0$$

又 $(x-z)^2 \geqslant (y-z)^2$, 因此
$$\sum \left[(y^2+yz+z^2)^2 - x^2 \sum yz\right](y-z)^2 \geqslant$$
$$\left[(x^2+xz+z^2)^2 - y^2 \sum yz\right](x-z)^2 +$$
$$\left[(y^2+yz+z^2)^2 - x^2 \sum yz\right](y-z)^2 \geqslant$$
$$\left[(x^2+xz+z^2)^2 - y^2 \sum yz +\right.$$
$$\left.(y^2+yz+z^2)^2 - x^2 \sum yz\right](y-z)^2 =$$
$$\left[(x^4+y^4-x^3y-xy^3)+(x^3+y^3-x^2y-xy^2)z+\right.$$
$$\left.2x^2z^2+2y^2z^2+(xz+z^2)^2+(yz+z^2)^2\right](y-z)^2 =$$
$$\left[(x^2+xy+y^2)(x-y)^2+z(x+y)(x-y)^2+2x^2z^2+\right.$$

Cauchy 不等式.下

$$2y^2z^2 + (xz+z^2)^2 + (yz+z^2)^2](y-z)^2 \geqslant 0$$

故式(1) 成立.

13. 由对称性,不妨设 $a \geqslant b \geqslant c > 0$,则

$$\sum \frac{a}{b+c} - \frac{3}{2} - \frac{\sum(b-c)^2}{(\sum a)^2} =$$

$$\frac{2\sum a^3 - \sum a^2(b+c)}{2\prod(b+c)} - \frac{\sum(b-c)^2}{(\sum a)^2} =$$

$$\frac{\sum(b+c)(b-c)^2}{2\prod(b+c)} - \frac{\sum(b-c)^2}{(\sum a)^2} =$$

$$\sum\left\{\left[\frac{1}{2(a+b)(a+c)} - \frac{1}{(\sum a)^2}\right](b-c)^2\right\} =$$

$$\sum \frac{(-a^2+b^2+c^2)(b-c)^2}{2(a+b)(a+c)(\sum a)^2}$$

即证

$$\sum(b+c)(-a^2+b^2+c^2)(b-c)^2 \geqslant 0 \quad (1)$$

由于

$$\sum(b+c)(-a^2+b^2+c^2)(b-c)^2 =$$
$$(b+c)(-a^2+b^2+c^2)(b-c)^2 + (a+c)(a^2-b^2+c^2)(a-b+b-c)^2 + (a+b)(a^2+b^2-c^2)(a-b)^2 \geqslant$$
$$(b+c)(-a^2+b^2+c^2)(b-c)^2 +$$
$$(a+c)(a^2-b^2+c^2)(a-b+b-c)^2 \geqslant$$
$$(b+c)(-a^2+b^2+c^2)(b-c)^2 +$$
$$(b+c)(a^2-b^2+c^2)(b-c)^2 =$$
$$2(b+c)c^2(b-c)^2 \geqslant 0$$

因此,式(1) 成立,原命题获证,易知当且仅当 $a = b = c$ 时取等号.

14. 由于

$$\sum yz \cdot \sum \frac{1}{(y+z)^2} - \frac{9}{4} =$$

420

习题解答或提示

$$\sum \frac{yz}{(y+z)^2} - \frac{3}{4} + \sum \frac{x}{y+z} - \frac{3}{2} =$$

$$-\sum \frac{(y-z)^2}{4(y+z)^2} + \frac{2\sum x^3 - \sum x^2(y+z)}{2\prod(y+z)} =$$

$$\sum \frac{(y-z)^2}{2(x+z)(x+y)} - \sum \frac{(y-z)^2}{4(y+z)^2} =$$

$$\sum \left[\frac{2(y+z)^2 - x^2 - \sum yz}{4\prod(y+z)} \cdot \frac{(y-z)^2}{y+z} \right]$$

由对称性，不妨设 $x \geqslant y \geqslant z$，则有

$$\frac{(x-z)^2}{x+z} \geqslant \frac{(y-z)^2}{y+z}$$

以及

$$2(x+z)^2 - y^2 - \sum yz = 2x^2 + 2z^2 + 3xz - y^2 - yz - xy \geqslant 0$$

$$2(x+y)^2 - z^2 - \sum yz = 2x^2 + 2y^2 + 3xy - z^2 - xz - yz \geqslant 0$$

所以

$$\sum \left[\frac{2(y+z)^2 - x^2 - \sum yz}{4\prod(y+z)} \cdot \frac{(y-z)^2}{y+z} \right] \geqslant$$

$$\frac{2(y+z)^2 - x^2 - \sum yz}{4\prod(y+z)} \cdot \frac{(y-z)^2}{y+z} +$$

$$\frac{2(x+z)^2 - y^2 - \sum yz}{4\prod(y+z)} \cdot \frac{(x-z)^2}{x+z} \geqslant$$

$$\frac{2(y+z)^2 - x^2 - \sum yz + 2(x+z)^2 - y^2 - \sum yz}{4\prod(y+z)} \cdot \frac{(y-z)^2}{y+z} =$$

$$\frac{4z^2 + 2yz + 2xz + (x-y)^2}{4\prod(y+z)} \cdot \frac{(y-z)^2}{y+z} \geqslant 0$$

因此，式(1)成立.

15. 由对称性，不妨设 $a \geqslant b \geqslant c$，则

原不等式左边 － 右边 =

$$\frac{(a-b)(a-c)}{(b+c)(a^2+bc)} - \frac{(a-b)(b-c)}{(c+a)(b^2+ca)} + \frac{(a-c)(b-c)}{(a+b)(c^2+ab)} =$$

421

Cauchy 不等式. 下

$$\frac{(a-b)\left[(a^2-c^2)(b^2+ca)-(b^2-c^2)(a^2+bc)\right]}{(b+c)(c+a)(a^2+bc)(b^2+ca)}+$$

$$\frac{(a-c)(b-c)}{(a+b)(c^2+ab)}=$$

$$\frac{(a-b)^2\left[c^2(a+b)+c(a^2+ab+b^2)-c^3\right]}{(b+c)(c+a)(a^2+bc)(b^2+ca)}+$$

$$\frac{(a-c)(b-c)}{(a+b)(c^2+ab)}\geqslant 0$$

16. 由对称性,不妨设 $a\geqslant b\geqslant c$,则

$$\sum\frac{1}{b+c}-\sum\frac{2a}{3a^2+bc}=$$

$$\sum\frac{(a-b)(a-c)+a(a-b)+a(a-c)}{(b+c)(3a^2+bc)}=$$

$$\left[\frac{(a-b)(a-c)}{(b+c)(3a^2+bc)}-\frac{(a-b)(b-c)}{(c+a)(3b^2+ac)}\right]+$$

$$\left[\frac{a(a-b)}{(b+c)(3a^2+bc)}-\frac{b(a-b)}{(c+a)(3b^2+ac)}\right]+$$

$$\left[\frac{b(b-c)}{(c+a)(3b^2+ac)}-\frac{c(b-c)}{(a+b)(3c^2+ab)}\right]+$$

$$\left[\frac{a(a-c)}{(b+c)(3a^2+bc)}-\frac{c(a-c)}{(a+b)(3c^2+ab)}\right]+$$

$$\frac{(a-c)(b-c)}{(a+b)(3c^2+ab)}=$$

$$\frac{c(a-b)^2(a^2+ab+b^2+3ac+3bc-c^2)}{(b+c)(c+a)(3a^2+bc)(3b^2+ac)}+$$

$$\frac{c(a-b)^3+c^2(a^2-b^2)}{(b+c)(c+a)(3a^2+bc)(3b^2+ac)}+$$

$$\frac{a(b-c)^3+a^2(b^2-c^2)}{(c+a)(a+b)(3b^2+ac)(3c^2+ab)}+$$

$$\frac{b(a-c)^3+b^2(a^2-c^2)}{(b+c)(a+b)(3a^2+bc)(3c^2+ab)}+\frac{(a-c)(b-c)}{(a+b)(3c^2+ab)}\geqslant 0$$

17. 由对称性,不妨设 $a\leqslant b\leqslant c$,则

$$\frac{1}{1+a^2}\leqslant\frac{1+c^2-a^2}{1+c^2},\frac{1}{1+b^2}\leqslant\frac{1+c^2-b^2}{1+c^2}$$

因此,只需证

$$\frac{(1+c^2-a^2)bc}{1+c^2}+\frac{(1+c^2-b^2)ca}{1+c^2}+\frac{ab}{1+c^2}\leqslant 1\Leftrightarrow$$

习题解答或提示

$$(1+c^2-a^2)bc+(1+c^2-b^2)ca+ab \leqslant 1+c^2 \Leftrightarrow$$
$$c(a+b)(1+c^2)-abc(a+b) \leqslant 1+c^2-ab \Leftrightarrow$$
$$(1+c^2-ab)(ca+bc) \leqslant 1+c^2-ab \quad (1)$$

因为 $\qquad a+b+c=2$

所以 $\qquad 1+c^2-ab \geqslant 0$

所以要证式(1)成立,又只需证
$$ca+bc \leqslant 1 \quad (2)$$

有
$$1-(ca+bc)=\left(\frac{a+b+c}{2}\right)^2-(ca+bc)=\frac{1}{4}(a+b-c)^2 \geqslant 0$$

因此式(2)成立,原命题获证,由以上证明知,当且仅当 a,b,c 中有一个数为 0,另外两个数都等于 1 时,原不等式取等号.

18. 因为
$$\sum \frac{(b+c)^2}{a^2+bc}-6 = \sum \left[\frac{(b+c)^2}{a^2+bc}-2\right] = \sum \frac{b^2+c^2-2a^2}{a^2+bc} =$$
$$\sum \left(\frac{1}{c^2+ab}-\frac{1}{b^2+ca}\right)(b^2-c^2) =$$
$$\sum \frac{(b+c)(-a+b+c)(b-c)^2}{(c^2+ab)(b^2+ca)}$$

所以只要证
$$\sum (b+c)(-a+b+c)(a^2+bc)(b-c)^2 \geqslant 0 \quad (1)$$

由对称性,不妨设 $a \geqslant b \geqslant c$,易知,这时式(1)中二、三两项非负,且有
$$(b^2+ac)(a-c)^2-(a^2+bc)(b-c)^2 =$$
$$(ab-bc)^2-(ab-ac)^2+c[a(a-c)^2-b(b-c)^2] =$$
$$c(a-b)(2ab-bc-ac)+c[a(a-c)^2-b(b-c)^2] \geqslant 0$$

所以
$$\sum (b+c)(-a+b+c)(a^2+bc)(b-c)^2 \geqslant$$
$$(b+c)(-a+b+c)(a^2+bc)(b-c)^2 +$$
$$(c+a)(a-b+c)(b^2+ac)(a-c)^2 \geqslant$$
$$(a^2+bc)(b-c)^2[(b+c)(-a+b+c)+$$
$$(c+a)(a-b+c)] =$$
$$(a^2+bc)(b-c)^2[(a-b)^2+c(a+b+2c)] \geqslant 0$$

423

Cauchy 不等式. 下

即式(1) 成立.

19. 由于
$$\sum \frac{2a^n - b^n - c^n}{b^2 - bc + c^2} =$$
$$\sum \frac{(a^n - b^n) - (c^n - a^n)}{b^2 - bc + c^2} =$$
$$\sum \left(\frac{1}{b^2 - bc + c^2} - \frac{1}{c^2 - ca + a^2} \right)(a^n - b^n) =$$
$$\sum \frac{(a + b - c)(a - b)(a^n - b^n)}{(b^2 - bc + c^2)(c^2 - ca + a^2)} \geqslant 0 \Leftrightarrow$$
$$\sum (a + b - c)(a^2 - ab + b^2)(a - b)(a^n - b^n) \geqslant 0 \quad (1)$$

由对称性,不妨设 $a \geqslant b \geqslant c$,则 $a - c \geqslant b - c, a^n - c^n \geqslant b^n - c^n, (a - b)(a^n - b^n) \geqslant 0, (b - c)(b^n - c^n) \geqslant 0, (a - c)(a^n - c^n) \geqslant 0$,因此,有

$$\sum (a + b - c)(a^2 - ab + b^2)(a - b)(a^n - b^n) \geqslant$$
$$(b + c - a)(b^2 - bc + c^2)(b - c)(b^n - c^n) +$$
$$(c + a - b)(c^2 - ca + a^2)(a - c)(a^n - c^n) \geqslant$$
$$[(b + c - a)(b^2 - bc + c^2) + (c + a - b)(c^2 - ca + a^2)](b - c)(b^n - c^n) \geqslant$$
$$[(b - a)(b^2 - bc + c^2) + (a - b)(c^2 - ca + a^2)](b - c)(b^n - c^n) =$$
$$[(c^2 - ca + a^2) - (b^2 - bc + c^2)](a - b)(b - c)(b^n - c^n) =$$
$$(a + b - c)(a - b)^2(b - c)(b^n - c^n) \geqslant 0$$

20.(1) 不妨设 $a \geqslant b \geqslant c$,则易证
$$a^n b^{n-1} + a^n c^{n-1} - a^{n-1} b^n - a^{n-1} c^n \geqslant 0$$
$$a^n c^{n-1} - a^{n-1} c^n + b^n c^{n-1} - b^{n-1} c^n \geqslant 0$$

且
$$\frac{a^n}{b^n + c^n} - \frac{a^{n-1}}{b^{n-1} + c^{n-1}} + \frac{b^n}{a^n + c^n} - \frac{b^{n-1}}{a^{n-1} + c^{n-1}} =$$
$$\frac{a^n b^{n-1} + a^n c^{n-1} - a^{n-1} b^n - a^{n-1} c^n}{(b^n + c^n)(b^{n-1} + c^{n-1})} +$$
$$\frac{b^n a^{n-1} + b^n c^{n-1} - b^{n-1} a^n - b^{n-1} c^n}{(a^n + c^n)(a^{n-1} + c^{n-1})} \geqslant$$

习题解答或提示

$$\frac{a^n b^{n-1} + a^n c^{n-1} - a^{n-1} b^n - a^{n-1} c^n}{(a^n + c^n)(a^{n-1} + c^{n-1})} +$$

$$\frac{b^n a^{n-1} + b^n c^{n-1} - b^{n-1} a^n - b^{n-1} c^n}{(a^n + c^n)(a^{n-1} + c^{n-1})} =$$

$$\frac{a^n c^{n-1} - a^{n-1} c^n + b^n c^{n-1} - b^{n-1} c^n}{(a^n + c^n)(a^{n-1} + c^{n-1})} \geqslant$$

$$\frac{a^n c^{n-1} - a^{n-1} c^n + b^n c^{n-1} - b^{n-1} c^n}{(a^n + b^n)(a^{n-1} + b^{n-1})} =$$

$$\frac{c^{n-1}}{a^{n-1} + b^{n-1}} - \frac{c^n}{a^n + b^n}$$

此时式(1)成立.

(2) 式(2)的证明与式(1)极其类似,证明略.

21. 当 $n \geqslant 0$ 时,式(1)等价于

$$\sum (3c - a - b)(a^n - b^n)^2 \geqslant 0 \qquad (2)$$

由于式(2)的对称性,不妨设 $a \geqslant b \geqslant c$,则 $3a - b - c > 0$,$3b - c - a = 2(b-c) + (b+c-a) > 0$,于是

$$\sum (3c - a - b)(a^n - b^n)^2 \geqslant$$
$$(3b - c - a)(a^n - c^n)^2 + (3c - a - b)(a^n - b^n)^2 \geqslant$$
$$(3b - c - a)(a^n - b^n)^2 + (3c - a - b)(a^n - b^n)^2 =$$
$$2(b + c - a)(a^n - b^n)^2 \geqslant 0$$

当 $n < 0$ 时,不妨设 $n = -m(m > 0)$,则式(1)等价于

$$\sum \frac{3c - a - b}{a^{2m} b^{2m}} (a^m - b^m)^2 \geqslant 0 \qquad (3)$$

由式(3)的对称性,不妨设 $a \geqslant b \geqslant c$,则

$$\sum \frac{3c - a - b}{a^{2m} b^{2m}} (a^m - b^m)^2 \geqslant$$

$$\frac{3b - c - a}{a^{2m} c^{2m}} (a^m - c^m)^2 + \frac{3c - a - b}{a^{2m} b^{2m}} (a^m - b^m)^2 \geqslant$$

$$\frac{3b - c - a}{a^{2m} b^{2m}} (a^m - b^m)^2 + \frac{3c - a - b}{a^{2m} b^{2m}} (a^m - b^m)^2 =$$

$$\frac{2(b + c - a)}{a^{2m} b^{2m}} (a^m - b^m)^2 \geqslant 0$$

综上所述,式(1)对一切实数 n 均成立.

22. 不妨设 $x_1 < x_2 < \cdots < x_n$. 取 $a = x_1, b = x_2, c = x_3,$

Cauchy 不等式. 下

$d = x_n$, 则有
$$(x_i - a)(x_i - b)(x_i - c) \geqslant 0$$
即
$$x_i^3 - x_i^2(a+b+c) + x_i(ab+bc+ca) - abc \geqslant 0$$
对 $i = 1, 2, 3, \cdots, n$ 求和,有
$$\sum_{i=1}^{n} x_i^3 - \sum_{i=1}^{n} x_i^2(a+b+c) + \sum_{i=1}^{n} x_i(ab+bc+ca) - nabc \geqslant 0$$
即
$$\sum_{i=1}^{n} x_i^3 \geqslant a + b + c + nabc$$

若将以上不等式的 c 换成 d,则各项都变号,从而得不等式的右端.

23. 不妨设这 5 条线段为 a_1, a_2, a_3, a_4, a_5, 且 $a_1 \leqslant a_2 \leqslant a_3 \leqslant a_4 \leqslant a_5$.

假设所组成的三角形皆非锐角三角形,则由余弦定理有
$$a_3^2 = a_1^2 + a_2^2 - 2a_1 a_2 \cos \alpha \geqslant a_1^2 + a_2^2 \quad (90° \leqslant \alpha \leqslant 180°)$$
同理
$$a_4^2 \geqslant a_2^2 + a_3^2$$
$$a_5^2 \geqslant a_3^2 + a_4^2 \geqslant (a_1^2 + a_2^2) + (a_2^2 + a_3^2) >$$
$$(a_1^2 + a_2^2) + (a_1^2 + a_2^2) \geqslant$$
$$(a_1^2 + a_2^2) + 2a_1 a_2 = (a_1 + a_2)^2$$
所以
$$a_5 > a_1 + a_2$$

因此,a_1, a_2, a_5 这三条边不可以组成三角形,矛盾.

24. 设
$$s(a,b,c) = (a+b+c)(b+c-a)(c+a-b)(a+b-c)$$
由海伦公式知,边长分别是 a, b, c 的三角形的面积是
$$\frac{1}{4}\sqrt{s(a,b,c)}$$

不失一般性,假设 $a \geqslant b \geqslant c$. 设 $b = c + x, a = b + y = c + x + y$, 其中 $x, y \geqslant 0$. 则
$$s(a,b,c) = (a+b+c)(b+c-a)(c+a-b)(a+b-c) =$$
$$(3c + 2x + y)(c - y)(c + y)(c + 2x + y)$$

由三角形三边的关系,可以得到 $y < c$.

另一方面,如果非负三元整数组 (c,x,y) 满足 $y<c$,那么,由 $c+x+y,c+x,c$ 能够构成三角形三条边.

注意到,$s(c+x+y,c+x,c)$ 随着 x 的增加而增加. 对 c 所有可能出现的情况进行讨论:

(1) 如果 $c=1$,得到 $y=0$,当 x 分别取 $0,1,2,3$ 时,$s(c+x+y,c+x,c)$ 分别等于 $3,15,35,63$.

(2) 如果 $c=2$,得到 $y=0$ 或 $y=1$.

当 $y=0$ 时,x 分别取 $0,1$ 时,$s(c+x+y,c+x,c)$ 分别等于 $48,128$;

当 $y=1$ 时,x 取 0 时,$s(c+x+y,c+x,c)$ 等于 63.

(3) 当 $c \geqslant 3$ 时
$$s(c+x+y,c+x,c) \geqslant 3c \cdot 1 \cdot c \cdot c = 3c^3 \geqslant 81 > 63$$
所以,当 $s(c+x+y,c+x,c)$ 比 63 小时,不存在两个满足条件的三角形.

又 $$s(4,4,1)=s(3,2,2)=63$$
故相对应的两个三角形的面积都是
$$t=\frac{\sqrt{63}}{4}=\frac{3\sqrt{7}}{4}$$

25. 不妨设 $x_1 \leqslant x_2 \leqslant \cdots \leqslant x_n$,则
$$x_2-x_1 \geqslant m, x_3-x_2 \geqslant m, \cdots, x_n-x_{n-1} \geqslant m$$
于是
$$x_j-x_i \geqslant (j-i)m \quad (1 \leqslant i < j \leqslant n)$$
故
$$\sum_{1 \leqslant i<j \leqslant n}(x_i-x_j)^2 \geqslant$$
$$m^2 \sum_{1 \leqslant i<j \leqslant n}(i-j)^2 =$$
$$m^2 \sum_{k=1}^{n-1}\frac{k(k+1)(2k+1)}{6}=$$
$$\frac{m^2}{6}\sum_{k=1}^{n-1}[2k(k+1)(k+2)-3k(k+1)]=$$
$$\frac{m^2}{6}\sum_{k=1}^{n-1}(12C_{k+2}^3-6C_{k+1}^2)=$$

427

Cauchy 不等式. 下

$$m^2\left(2\sum_{k=1}^{n-1}C_{k+2}^3 - \sum_{k=1}^{n-1}C_{k+1}^2\right) =$$

$$m^2(2C_{n+2}^4 - C_{n+1}^3) = \frac{1}{12}m^2n^2(n^2-1)$$

另一方面,由 $x_1^2 + x_2^2 + \cdots + x_n^2 = 1$,得

$$\sum_{1\leqslant i<j\leqslant n}(x_i - x_j)^2 = n-1-2\sum_{1\leqslant i<j\leqslant n}x_i x_j = n - \left(\sum_{k=1}^n x_k\right)^2 \leqslant n$$

所以
$$\frac{1}{12}m^2n^2(n^2-1) \leqslant n$$

故
$$m \leqslant \sqrt{\frac{12}{n(n^2-1)}}$$

当且仅当 $x_1, x_2, \cdots, x_n$ 成等差数列,且 $\sum_{k=1}^n x_k = 0$ 时,上式等号成立.

因此,$m_{\max} = \sqrt{\dfrac{12}{n(n^2-1)}}$.

习题十七

1. 下面用切比雪夫不等式证明式(1)

$$\frac{1}{n}\left(\frac{a_1}{S-a_1} + \frac{a_2}{S-a_2} + \cdots + \frac{a_n}{S-a_n}\right) \cdot$$

$$\frac{1}{n}[(S-a_1) + (S-a_2) + \cdots + (S-a_n)] \geqslant$$

$$\frac{1}{n}\left[\frac{a_1}{S-a_1}(S-a_1) + \frac{a_2}{S-a_2}(S-a_2) + \cdots + \frac{a_n}{S-a_n}(S-a_n)\right]$$

化简即得式(1).

2. 原不等式等价于

$$(a+b)(b+c)(c+a) \geqslant 2abc + 2(a+b+c)\sqrt[3]{(abc)^2} \Leftrightarrow$$

$$a^2(b+c) + b^2(c+a) + c^2(a+b) \geqslant 2(a+b+c)\sqrt[3]{(abc)^2}$$

由于
$$\sum a^2(b+c) \geqslant 2(\sqrt{a^3} + \sqrt{b^3} + \sqrt{c^3})\sqrt{abc}$$

所以只要证明

习题解答或提示

$$a\sqrt{a}+b\sqrt{b}+c\sqrt{c} \geqslant (a+b+c)\sqrt[6]{abc}$$

由切比雪夫不等式

$$a\sqrt{a}+b\sqrt{b}+c\sqrt{c} \geqslant \frac{1}{3}(a+b+c)(\sqrt{a}+\sqrt{b}+\sqrt{c}) \geqslant$$
$$(a+b+c)\sqrt[6]{abc}$$

所以原不等式成立.

3. 不等式等价于证明

$$\sum_{cyc} a^2 b^2 \geqslant a^2 b^2 c^2 \sum_{cyc} a^2 \Leftrightarrow$$
$$\sum_{cyc} a^2 b^2 (1-c^4) =$$
$$\sum_{cyc} a^2 b^2 (1-c)(1+c+c^2+c^3) \geqslant 0$$

如果 $ab \leqslant 2$,且 $a \geqslant b$,则

$$a^2(1+b+b^2+b^3) \geqslant b^2(1+a+a^2+a^3)$$

事实上,这个不等式等价于 $(a+b+ab-a^2 b^2)(a-b) \geqslant 0$,因为 $ab \leqslant 2$,由均值不等式得

$$a+b+ab-a^2 b^2 \geqslant 3\sqrt[3]{a \cdot b \cdot ab}-a^2 b^2 =$$
$$\sqrt[3]{(ab)^2}[3-\sqrt[3]{(ab)^4}] \geqslant$$
$$\sqrt[3]{(ab)^2}(3-\sqrt[3]{2^4}) > 0$$

于是当 $ab \leqslant 2$,$bc \leqslant 2$,$ca \leqslant 2$ 时,由切比雪夫不等式得

$$\sum_{cyc} a^2 b^2 (1-c)(1+c+c^2+c^3) \geqslant$$
$$\left[\sum_{sym} a^2 b^2 (1+c+c^2+c^3)\right]\left[\sum_{sym}(1-c)\right] = 0$$

否则当 $ab \geqslant 2$ 时,由均值不等式得 $a+b \geqslant 2\sqrt{ab} \geqslant 2\sqrt{2}$,所以 $c \leqslant 3-2\sqrt{2}$,$c^2 \leqslant \frac{1}{9}$,这意味着

$$\frac{1}{a^2}+\frac{1}{b^2}+\frac{1}{c^2} \geqslant 9 = (a+b+c)^2 > a^2+b^2+c^2$$

4. 由柯西不等式得

$$\left(\frac{x\sqrt{x}}{y+z}+\frac{y\sqrt{y}}{z+x}+\frac{z\sqrt{z}}{x+y}\right)[\sqrt{x}(y+z)+\sqrt{y}(z+x)+\sqrt{z}(x+y)] \geqslant (x+y+z)^2 = 1$$

不妨设 $x \geqslant y \geqslant z$,则由切比雪夫不等式得

429

Cauchy 不等式.下

$$\sqrt{x}(y+z)+\sqrt{y}(z+x)+\sqrt{z}(x+y) \leqslant$$
$$\frac{(\sqrt{x}+\sqrt{y}+\sqrt{z})[(y+z)+(z+x)+(x+y)]}{3} =$$
$$\frac{2(\sqrt{x}+\sqrt{y}+\sqrt{z})}{3}$$

再由柯西不等式得
$$\sqrt{x}+\sqrt{y}+\sqrt{z} \leqslant \sqrt{3(x+y+z)} = \sqrt{3}$$

所以
$$\frac{x\sqrt{x}}{y+z}+\frac{y\sqrt{y}}{z+x}+\frac{z\sqrt{z}}{x+y} \geqslant \frac{\sqrt{3}}{2}$$

5. 设 $x=ab$, $y=bc$, $z=ca$, 则 $\frac{1}{4-ab}+\frac{1}{4-bc}+\frac{1}{4-ca} \leqslant 1$ 等价于

$$\frac{1-x}{4-x}+\frac{1-y}{4-y}+\frac{1-z}{4-z} \geqslant 0 \Leftrightarrow$$

$$\frac{1-x^2}{4+3x-x^2}+\frac{1-y^2}{4+3y-y^2}+\frac{1-z^2}{4+3z-z^2} \geqslant 0$$

注意到 $a^4+b^4+c^4=3$, 则 $x^2+y^2+z^2 \leqslant 3$, 因此当 $x \geqslant y \geqslant z$ 时,则有 $1-x^2 \leqslant 1-y^2 \leqslant 1-z^2$, 且 $4+3x-x^2 \geqslant 4+3y-y^2 \geqslant 4+3z-z^2$.

由切比雪夫不等式得
$$\frac{1-x^2}{4+3x-x^2}+\frac{1-y^2}{4+3y-y^2}+\frac{1-z^2}{4+3z-z^2} \geqslant$$
$$\frac{1}{3}[(1-x^2)+(1-y^2)+(1-z^2)] \cdot$$
$$\left(\frac{1}{4+3x-x^2}+\frac{1}{4+3y-y^2}+\frac{1}{4+3z-z^2}\right) \geqslant 0$$

因为 $x^2+y^2+z^2 \leqslant 3$, $(x+y+z)^2 \leqslant 3(x^2+y^2+z^2) = 9$, 等式成立当且仅当 $a=b=c=1$.

6. 提示:由切比雪夫不等式得
$$\sum u\sqrt{vw} \leqslant \frac{1}{3}\sum u \cdot \sum \sqrt{vw}$$

再用柯西不等式.答案:$\sqrt{3}$.

7. 提示: $ab^2c^3 = a^2b^2c^2 \cdot \frac{c}{a} \geqslant \frac{1}{3}a^2b^2c^2\left(\frac{c}{a}+\frac{b}{b}+\frac{a}{c}\right)$.

习题解答或提示

由切比雪夫不等式得

$$\frac{1}{3}a^2b^2c^2\left(\frac{c}{a}+\frac{b}{b}+\frac{a}{c}\right) \geqslant$$

$$\frac{1}{9}a^2b^2c^2(c+b+a)\left(\frac{1}{a}+\frac{1}{b}+\frac{1}{c}\right) = $$

$$\frac{1}{9}(ab+bc+ca)^2$$

8. 考虑两个数组 $x_1, x_2, \cdots, x_n; \dfrac{1}{1+x_1}, \dfrac{1}{1+x_2}, \cdots, \dfrac{1}{1+x_n}$.

不妨设 $x_1 \geqslant x_2 \geqslant \cdots \geqslant x_n > 0$,则

$$0 < \frac{1}{1+x_1} \leqslant \frac{1}{1+x_2} \leqslant \cdots \leqslant \frac{1}{1+x_n}$$

由切比雪夫不等式得

$$\frac{1}{n}\left(\frac{x_1}{1+x_1}+\frac{x_2}{1+x_2}+\cdots+\frac{x_n}{1+x_n}\right) \leqslant$$

$$\frac{1}{n}(x_1+x_2+\cdots+x_n)\frac{1}{n}\left(\frac{1}{1+x_1}+\frac{1}{1+x_2}+\cdots+\frac{1}{1+x_n}\right)$$

又由已知得

$$\frac{1}{1+x_1}+\frac{1}{1+x_2}+\cdots+\frac{1}{1+x_n} = n-1$$

所以 $x_1+x_2+\cdots+x_n \geqslant \dfrac{n}{n-1}$.

9. 提示:设 $S_i = \displaystyle\sum_{j=i}^{n} x_j$. 则

$$x_1+4x_2+\cdots+n^2x_n = S_1+3S_2+\cdots+(2n-1)S_n$$

由切比雪夫不等式得

$$3S_2+5S_3+\cdots+(2n-1)S_n \leqslant$$

$$\frac{1}{n-1}(n^2-1)(S_2+S_3+\cdots+S_n)$$

所以,最大值为 n^2-2,当 $x_1=n-\dfrac{n-2}{n-1}, x_2=x_3=\cdots=x_{n-1}=0, x_n=\dfrac{n-2}{n-1}$ 时取到等号.

10. 不失一般性,令 $a \geqslant b \geqslant c$,则 $\dfrac{(c-a)(c-b)}{3(c+ab)} \geqslant 0$ 及

431

Cauchy 不等式. 下

$$\frac{(a-b)(a-c)}{3(a+bc)} + \frac{(b-a)(b-c)}{3(b+ac)} =$$

$$\frac{c(a-b)^2}{3}\left[\frac{1+a+b-c}{(a+bc)(b+ac)}\right] \geqslant 0$$

故

$$\sum \frac{(a-b)(a-c)}{3(a+bc)} \geqslant 0$$

而

$$\sum \frac{1}{a+bc} \leqslant \frac{9}{2(ab+bc+ca)} \Leftrightarrow$$

$$\sum \frac{1}{a(a+b+c)+3bc} \leqslant$$

$$\frac{3}{2(ab+bc+ac)} \Leftrightarrow$$

$$\sum \left[\frac{1}{2(ab+bc+ac)} - \frac{1}{a(a+b+c)+3bc}\right] \geqslant 0 \Leftrightarrow$$

$$\sum \frac{(a-b)(a-c)}{a(a+b+c)+3bc} = \sum \frac{(a-b)(a-c)}{3(a+bc)} \geqslant 0$$

由均值不等式知

$$\frac{1}{a\sqrt{2(a^2+bc)}} = \frac{\sqrt{b+c}}{\sqrt{2a}\cdot\sqrt{(ab+ac)(a^2+bc)}} \geqslant$$

$$\frac{\sqrt{2(b+c)}}{\sqrt{a}(a+c)(a+b)}$$

只需证

$$\sum \sqrt{\frac{b+c}{2a}} \cdot \frac{1}{(a+c)(a+b)} \geqslant \frac{9}{4(ab+bc+ac)}$$

又

$$\sqrt{\frac{b+c}{2a}} \leqslant \sqrt{\frac{a+c}{2b}} \leqslant \sqrt{\frac{a+b}{2c}}$$

$$\frac{1}{(a+c)(a+b)} \leqslant \frac{1}{(b+c)(a+b)} \leqslant \frac{1}{(a+c)(c+b)}$$

则由切比雪夫不等式知

$$\sum \sqrt{\frac{b+c}{2a}} \cdot \frac{1}{(a+c)(a+b)} \geqslant$$

$$\frac{1}{3}\left(\sum \sqrt{\frac{b+c}{2a}}\right) \cdot \sum \frac{1}{(a+c)(a+b)} =$$

$$\frac{2}{(a+b)(b+c)(a+c)}\sum\sqrt{\frac{b+c}{2a}}$$

只需证

$$\sum\sqrt{\frac{b+c}{2a}}\geqslant\frac{9(a+b)(b+c)(a+c)}{8(ab+bc+ac)}$$

令 $t=\sqrt[6]{\frac{(a+b)(b+c)(a+c)}{8abc}}\geqslant 1$,则

$$\frac{9(a+b)(b+c)(a+c)}{8(ab+bc+ac)}=\frac{27t^6}{8t^6+1}$$

由均值不等式知 $\sum\sqrt{\frac{b+c}{2a}}\geqslant 3t$. 故 $3t\geqslant\frac{27t^6}{8t^6+1}\Leftrightarrow 8t^5-9t^5+1\geqslant 0$. 而当 $t\geqslant 1$ 时,上述不等式恒成立.

11. 由已知条件知 $x_1\leqslant x_2\leqslant\cdots\leqslant x_n$ 及 $x_1\geqslant\frac{x_2}{2}\geqslant\cdots\geqslant\frac{x_n}{n}\Rightarrow\frac{1}{x_1}\leqslant\frac{2}{x_2}\leqslant\cdots\leqslant\frac{n}{x_n}$.

由切比雪夫不等式得

$$\left(\frac{1}{n}\sum_{i=1}^n x_i\right)\left(\frac{1}{n}\sum_{i=1}^n\frac{i}{x_i}\right)\leqslant\frac{1}{n}\sum_{i=1}^n x_i\cdot\frac{i}{x_i}=\frac{n+1}{2}\quad(1)$$

又由均值不等式得

$$\frac{1}{n}\sum_{i=1}^n\frac{i}{x_i}\geqslant\sqrt[n]{\frac{n!}{x_1x_2\cdots x_n}}=\frac{\sqrt[n]{n!}}{G_n}\quad(2)$$

结合式(1),(2),即得 $\frac{A_n}{G_n}\leqslant\frac{n+1}{2\sqrt[n]{n!}}$.

12. 不妨设 $x\geqslant y\geqslant z>0$,则

$$\frac{1}{\sqrt{y+z}}\geqslant\frac{1}{\sqrt{z+x}}\geqslant\frac{1}{\sqrt{x+y}}$$

由柯西不等式得

$$(\sqrt{y+z}+\sqrt{z+x}+\sqrt{x+y})\left(\frac{1}{\sqrt{y+z}}+\frac{1}{\sqrt{z+x}}+\frac{1}{\sqrt{x+y}}\right)\geqslant 9$$

即

$$\frac{1}{\sqrt{y+z}}+\frac{1}{\sqrt{z+x}}+\frac{1}{\sqrt{x+y}}\geqslant\frac{9}{\sqrt{y+z}+\sqrt{z+x}+\sqrt{x+y}}$$

由切比雪夫不等式得

Cauchy 不等式. 下

$$\frac{x}{\sqrt{y+z}}+\frac{y}{\sqrt{z+x}}+\frac{z}{\sqrt{x+y}} \geqslant$$

$$\frac{1}{3}(x+y+z)\left(\frac{1}{\sqrt{y+z}}+\frac{1}{\sqrt{z+x}}+\frac{1}{\sqrt{x+y}}\right) \geqslant$$

$$\frac{1}{3}(x+y+z)\frac{9}{\sqrt{y+z}+\sqrt{z+x}+\sqrt{x+y}}$$

又由柯西不等式得

$$(\sqrt{y+z}+\sqrt{z+x}+\sqrt{x+y})^2 \leqslant$$
$$(1+1+1)[(y+z)+(z+x)+(x+y)]=6(x+y+z)$$

所以

$$\frac{9}{\sqrt{y+z}+\sqrt{z+x}+\sqrt{x+y}} \geqslant \frac{9}{\sqrt{6(x+y+z)}}$$

于是

$$\frac{x}{\sqrt{y+z}}+\frac{y}{\sqrt{z+x}}+\frac{z}{\sqrt{x+y}} \geqslant \sqrt{\frac{3}{2}(x+y+z)}$$

13. 不等式两边同时除以 $(a+b+c)^{n-1}$,再进行长方体内的三角代换,得

$$\sum \frac{\cos^{2n}\alpha}{\sin^2\alpha} \geqslant \frac{1}{2} \cdot \frac{1}{3^{n-2}}$$

不妨设 $\sin^2\alpha \leqslant \sin^2\beta \leqslant \sin^2\gamma$,则

$$\cos^{2n}\alpha \geqslant \cos^{2n}\beta \geqslant \cos^{2n}\gamma$$

$$\frac{1}{\sin^2\alpha} \geqslant \frac{1}{\sin^2\beta} \geqslant \frac{1}{\sin^2\gamma}$$

由切比雪夫不等式,得

$$\sum \frac{\cos^{2n}\alpha}{\sin^2\alpha} \geqslant \frac{1}{3} \sum \frac{1}{\sin^2\alpha} \sum \cos^{2n}\alpha \qquad (1)$$

$$\sum \cos^{2n}\alpha \sin^2\alpha \leqslant \frac{1}{3} \sum \cos^{2n}\alpha \sum \sin^2\alpha = \frac{2}{3} \sum \cos^{2n}\alpha \qquad (2)$$

$$\csc^2\alpha + \csc^2\beta + \csc^2\gamma \geqslant \frac{9}{2} \qquad (3)$$

由不等式(1) 和(3),得

$$\sum \frac{\cos^{2n}\alpha}{\sin^2\alpha} \geqslant \frac{3}{2} \sum \cos^{2n}\alpha \qquad (4)$$

由不等式(2) 再利用数学归纳法易证

习题解答或提示

$$\sum \cos^{2n}\alpha \geqslant \frac{1}{3^{n-1}} \qquad (5)$$

由不等式(4),(5),得

$$\sum \frac{\cos^{2n}\alpha}{\sin^2\alpha} \geqslant \frac{3}{2} \cdot \frac{1}{3^{n-1}} = \frac{1}{2} \cdot \frac{1}{3^{n-2}}$$

故原不等式成立.

14. 由切比雪夫不等式得

$$\frac{2}{3}(a^2+b^2+c^2)\left(\frac{1}{a+b}+\frac{1}{b+c}+\frac{1}{c+a}\right)=$$

$$\frac{1}{3}[(a^2+b^2)+(b^2+c^2)+(c^2+a^2)]\left(\frac{1}{a+b}+\frac{1}{b+c}+\frac{1}{c+a}\right)\geqslant$$

$$\frac{a^2+b^2}{a+b}+\frac{b^2+c^2}{b+c}+\frac{c^2+a^2}{c+a}$$

由均值不等式得

$$\frac{a^2+b^2}{2}=\frac{1}{3}\left[\left(\frac{a+b}{2}\right)^2+\left(\frac{a+b}{2}\right)^2+(a^2-ab+b^2)\right]\geqslant$$

$$\sqrt[3]{\left(\frac{a+b}{2}\right)^2\left(\frac{a+b}{2}\right)^2(a^2-ab+b^2)}=$$

$$\sqrt[3]{\left(\frac{a+b}{2}\right)^4(a^2-ab+b^2)}$$

即

$$\left(\frac{a^2+b^2}{2}\right)^3\geqslant\left(\frac{a+b}{2}\right)^4(a^2-ab+b^2)$$

$$\left(\frac{a^2+b^2}{a+b}\right)^4\geqslant\frac{(a^2+b^2)(a^2-ab+b^2)}{2}$$

所以

$$\frac{a^2+b^2}{a+b}\geqslant\sqrt[4]{\frac{(a^2+b^2)(a^2-ab+b^2)}{2}}$$

同理

$$\frac{b^2+c^2}{b+c}\geqslant\sqrt[4]{\frac{(b^2+c^2)(b^2-bc+c^2)}{2}}$$

$$\frac{c^2+a^2}{c+a}\geqslant\sqrt[4]{\frac{(c^2+a^2)(c^2-ca+a^2)}{2}}$$

所以

$$\frac{2}{3}(a^2+b^2+c^2)\left(\frac{1}{a+b}+\frac{1}{b+c}+\frac{1}{c+a}\right)\geqslant$$

435

Cauchy 不等式. 下

$$\sqrt[4]{\frac{(a^2+b^2)(a^2-ab+b^2)}{2}} + \sqrt[4]{\frac{(b^2+c^2)(b^2-bc+c^2)}{2}} +$$
$$\sqrt[4]{\frac{(c^2+a^2)(c^2-ca+a^2)}{2}}$$

15. 设方程 $x^3 - ax^2 + bx - c = 0$ 的三个正数根（可以相等）分别为 p, q, r, 则由韦达定理得 $a = p + q + r, b = pq + qr + rp$, $c = pqr$, 所以

$$\frac{1+a+b+c}{3+2a+b} = \frac{(1+p)(1+q)(1+r)}{(1+p)(1+q)+(1+q)(1+r)+(1+r)(1+p)}$$

$$\frac{c}{b} = \frac{pqr}{pq+qr+rp}$$

记 $f(x, y, z) = \dfrac{xyz}{xy + yz + zx}$, 问题就是求 $f(p+1, q+1, r+1) - f(p, q, r)$ 的最小值.

不妨设 $p \geqslant q \geqslant r > 0$, 由切比雪夫不等式得

$$3\left(\frac{1}{p(p+1)} + \frac{1}{q(q+1)} + \frac{1}{r(r+1)}\right) \geqslant$$
$$\left(\frac{1}{p} + \frac{1}{q} + \frac{1}{r}\right)\left(\frac{1}{p+1} + \frac{1}{q+1} + \frac{1}{r+1}\right)$$

即

$$3\left[\left(\frac{1}{p} + \frac{1}{q} + \frac{1}{r}\right) - \left(\frac{1}{p+1} + \frac{1}{q+1} + \frac{1}{r+1}\right)\right] \geqslant$$
$$\left(\frac{1}{p} + \frac{1}{q} + \frac{1}{r}\right)\left(\frac{1}{p+1} + \frac{1}{q+1} + \frac{1}{r+1}\right)$$

即

$$3\left[\frac{1}{f(p,q,r)} - \frac{1}{f(p+1,q+1,r+1)}\right] \geqslant$$
$$\frac{1}{f(p,q,r)} \cdot \frac{1}{f(p+1,q+1,r+1)}$$

所以 $f(p+1, q+1, r+1) - f(p, q, r) \geqslant \dfrac{1}{3}$, 当且仅当 $p = q = r$ 时等号成立.

16. 我们先证明 $a \geqslant b \Leftrightarrow \dfrac{1}{\alpha(p-a)} \geqslant \dfrac{1}{\beta(p-b)}$.

设 $f(x) = \dfrac{\tan x}{x}$, 其中 $x \in \left(0, \dfrac{\pi}{2}\right)$. 因为

习题解答或提示

$$f'(x) = \frac{x - \sin x \cos x}{x^2 \cos^2 x} = \frac{2x - \sin 2x}{2x^2 \cos^2 x} > 0$$

由 $a \geqslant b$ 得 $\alpha \geqslant \beta, \dfrac{\alpha}{2} \geqslant \dfrac{\beta}{2}$,所以

$$\frac{\tan \dfrac{\alpha}{2}}{\dfrac{\alpha}{2}} \geqslant \frac{\tan \dfrac{\beta}{2}}{\dfrac{\beta}{2}} \Leftrightarrow \frac{r}{\alpha(p-a)} \geqslant \frac{r}{\beta(p-b)} \Leftrightarrow$$

$$\frac{1}{\alpha(p-a)} \geqslant \frac{1}{\beta(p-b)}$$

设 $a \geqslant b \geqslant c$,则

$$\frac{1}{\alpha(p-a)} \geqslant \frac{1}{\beta(p-b)} \geqslant \frac{1}{\gamma(p-c)}$$

由切比雪夫不等式得

$$[(p-a)+(p-b)+(p-c)] \cdot$$

$$\left[\frac{1}{\alpha(p-a)} + \frac{1}{\beta(p-b)} + \frac{1}{\gamma(p-c)}\right] \geqslant$$

$$3\left(\frac{1}{\alpha} + \frac{1}{\beta} + \frac{1}{\gamma}\right)$$

即

$$\left(\frac{a}{\alpha(p-a)} + \frac{b}{\beta(p-b)} + \frac{c}{\gamma(p-c)}\right) + \left(\frac{1}{\alpha} + \frac{1}{\beta} + \frac{1}{\gamma}\right) =$$

$$\frac{p}{\alpha(p-a)} + \frac{p}{\beta(p-b)} + \frac{p}{\gamma(p-c)} \geqslant 3\left(\frac{1}{\alpha} + \frac{1}{\beta} + \frac{1}{\gamma}\right)$$

所以

$$\frac{a}{\alpha(b+c-a)} + \frac{b}{\beta(c+a-b)} + \frac{c}{\gamma(a+b-c)} \geqslant \frac{1}{\alpha} + \frac{1}{\beta} + \frac{1}{\gamma}$$

17. 注意到

$$2\sum_{1 \leqslant i < j \leqslant n} x_i x_j = \sum_{i=1}^{n} \left(x_i \sum_{j \neq i} x_j\right) = \sum_{i=1}^{n} x_i(1-x_i)$$

故原不等式等价于

$$\left(\sum_{i=1}^{n} \frac{1}{1-x_i}\right)\left[\sum_{i=1}^{n} x_i(1-x_i)\right] \leqslant n \qquad (1)$$

不妨设 $0 < x_1 \leqslant x_2 \leqslant \cdots \leqslant x_n \leqslant 1$,由于对任意 $1 \leqslant i < j \leqslant n$,则

$$x_i + x_j \leqslant 1, 0 < x_i < x_j \leqslant 1$$

437

Cauchy 不等式. 下

得
$$(x_i - x_j)(1 - x_i - x_j) \leqslant 0 \Rightarrow x_i(1 - x_i) \leqslant x_j(1 - x_j) \Rightarrow$$
$$x_1(1 - x_1) \leqslant x_2(1 - x_2) \leqslant \cdots \leqslant x_n(1 - x_n)$$

又 $\dfrac{1}{1-x_1} \leqslant \dfrac{1}{1-x_2} \leqslant \cdots \leqslant \dfrac{1}{1-x_n}$,由切比雪夫不等式得

$$\frac{1}{n}\left(\sum_{i=1}^{n}\frac{1}{1-x_i}\right)\left[\sum_{i=1}^{n}x_i(1-x_i)\right] \leqslant$$
$$\sum_{i=1}^{n}\left[\left(\frac{1}{1-x_i}\right)x_i(1-x_i)\right] = 1$$

从而式(1)成立.因此,原不等式成立.

18. 不妨设 $a_1 \geqslant a_2 \geqslant \cdots \geqslant a_N$,则 $a_1^n \geqslant a_2^n \geqslant \cdots \geqslant a_N^n$,那么

$$0 \leqslant P - a_1^n \leqslant P - a_2^n \leqslant \cdots \leqslant P - a_N^n$$
$$\frac{1}{P - a_1^m} \geqslant \frac{1}{P - a_2^m} \geqslant \cdots \geqslant \frac{1}{P - a_N^m}$$

由切比雪夫不等式得

$$\sum_{k=1}^{N}\frac{a_k^n}{P - a_k^m} \geqslant \frac{1}{N}\left(\sum_{k=1}^{N}a_k^n\right)\left(\sum_{k=1}^{N}\frac{1}{P - a_k^m}\right) \quad (1)$$

由幂平均值不等式得

$$\sqrt{\frac{1}{N}\sum_{k=1}^{N}a_k^n} \geqslant \sqrt{\frac{1}{N}\sum_{k=1}^{N}a_k^m} \quad (2)$$

即

$$\frac{1}{N}\sum_{k=1}^{N}a_k^n \geqslant \sqrt{\left(\frac{1}{N}\sum_{k=1}^{N}a_k^m\right)^n} =$$
$$\left(\sqrt[m]{\left(\frac{1}{N}\sum_{k=1}^{N}a_k^m\right)^{n-m}}\right)\left(\frac{1}{N}\sum_{k=1}^{N}a_k^m\right) \quad (3)$$

又由幂平均值不等式得

$$\sqrt[m]{\frac{1}{N}\sum_{k=1}^{N}a_k^m} \geqslant \frac{1}{N}\sum_{k=1}^{N}a_k = \frac{2S}{N} \quad (4)$$

即

$$\frac{1}{N}\sum_{k=1}^{N}a_k^m \geqslant \left(\frac{2S}{N}\right)^m \quad (5)$$

于是

习题解答或提示

$$\sqrt[m]{\left(\frac{1}{N}\sum_{k=1}^{N}a_k^m\right)^{n-m}} \geqslant \left(\frac{2S}{N}\right)^{n-m} \qquad (6)$$

由式(1),(3),(6)知

$$\sum_{k=1}^{N}\frac{a_k^n}{P-a_k^m} \geqslant \left(\frac{2S}{N}\right)^{n-m}\left(\frac{1}{N}\sum_{k=1}^{N}a_k^m\right)\left(\sum_{k=1}^{N}\frac{1}{P-a_k^m}\right) \qquad (7)$$

由柯西不等式得

$$\sum_{k=1}^{N}(P-a_k^m)\sum_{k=1}^{N}\frac{1}{P-a_k^m} \geqslant N^2$$

即

$$(N-1)P\sum_{k=1}^{N}\frac{1}{P-a_k^m} \geqslant N^2$$

亦即

$$\left(\frac{1}{N}\sum_{k=1}^{N}a_k^m\right)\left(\sum_{k=1}^{N}\frac{1}{P-a_k^m}\right) \geqslant \frac{N}{N-1} \qquad (8)$$

由式(7),(8)得

$$\sum_{k=1}^{N}\frac{a_k^n}{P-a_k^m} \geqslant \left(\frac{2S}{N}\right)^{n-m}\frac{N}{N-1} = \frac{(2S)^{n-m}}{(N-1)N^{n-m-1}}$$

当且仅当 $a_1 = a_2 = \cdots = a_N$ 时等号成立.

19. 证法一:不妨设 $a \geqslant b \geqslant c > 0$,则因为

$$\frac{a}{b+c} - \frac{b}{c+a} = \frac{a(c+a)-b(b+c)}{(b+c)(c+a)} = \frac{(a-b)(a+b+c)}{(b+c)(c+a)} \geqslant 0$$

$$\frac{b}{c+a} - \frac{c}{a+b} = \frac{(b-c)(a+b+c)}{(a+b)(c+a)} \geqslant 0$$

所以

$$\frac{a}{b+c} \geqslant \frac{b}{c+a} \geqslant \frac{c}{a+b}$$

当 $n=1$ 时,由切比雪夫不等式得

$$3\left(\frac{a^2}{b+c} + \frac{b^2}{c+a} + \frac{c^2}{a+b}\right) \geqslant \left(\frac{a}{b+c} + \frac{b}{c+a} + \frac{c}{a+b}\right)(a+b+c)$$

所以

$$\frac{a^2}{b+c} + \frac{b^2}{c+a} + \frac{c^2}{a+b} \geqslant \left(\frac{a}{b+c} + \frac{b}{c+a} + \frac{c}{a+b}\right)\left(\frac{a+b+c}{3}\right)$$

即 $n=1$ 时,不等式成立.

当 $n \geqslant 2$ 时,由柯西不等式得

439

Cauchy 不等式·下

$$\left(\frac{a^{n+1}}{b+c}+\frac{b^{n+1}}{c+a}+\frac{c^{n+1}}{a+b}\right)[a^{n-1}(b+c)+b^{n-1}(c+a)+c^{n-1}(a+b)] \geqslant (a^n+b^n+c^n)^2 \tag{1}$$

由赫尔德不等式得

$$\left(\frac{a^{n+1}}{b+c}+\frac{b^{n+1}}{c+a}+\frac{c^{n+1}}{a+b}\right)^{n-1}\left(\frac{a}{b+c}+\frac{b}{c+a}+\frac{c}{a+b}\right) \geqslant \left(\frac{a^n}{b+c}+\frac{b^n}{c+a}+\frac{c^n}{a+b}\right)^n \tag{2}$$

由式(1),(2)得

$$\left(\frac{a^{n+1}}{b+c}+\frac{b^{n+1}}{c+a}+\frac{c^{n+1}}{a+b}\right)^n \cdot [a^{n-1}(b+c)+b^{n-1}(c+a)+c^{n-1}(a+b)] \cdot \left(\frac{a}{b+c}+\frac{b}{c+a}+\frac{c}{a+b}\right) \geqslant$$

$$\left(\frac{a^n}{b+c}+\frac{b^n}{c+a}+\frac{c^n}{a+b}\right)^n (a^n+b^n+c^n)^2 \tag{3}$$

只要证明

$$3(a^n+b^n+c^n) \geqslant [a^{n-1}(b+c)+b^{n-1}(c+a)+c^{n-1}(a+b)] \cdot \left(\frac{a}{b+c}+\frac{b}{c+a}+\frac{c}{a+b}\right) \tag{4}$$

由 $a \geqslant b \geqslant c > 0$,已经得到

$$\frac{a}{b+c} \geqslant \frac{b}{c+a} \geqslant \frac{c}{a+b}$$

又因为

$$a^{n-1}(b+c)-b^{n-1}(c+a) = c(a^{n-1}-b^{n-1})+ab(a^{n-2}-b^{n-2}) \geqslant 0$$
$$b^{n-1}(c+a)-c^{n-1}(a+b) = a(b^{n-1}-c^{n-1})+bc(b^{n-2}-c^{n-2}) \geqslant 0$$

所以

$$a^{n-1}(b+c) \geqslant b^{n-1}(c+a) \geqslant c^{n-1}(a+b)$$

于是由切比雪夫不等式得

$$3(a^n+b^n+c^n) \geqslant [a^{n-1}(b+c)+b^{n-1}(c+a)+c^{n-1}(a+b)] \cdot \left(\frac{a}{b+c}+\frac{b}{c+a}+\frac{c}{a+b}\right)$$

于是

$$3\left(\frac{a^{n+1}}{b+c}+\frac{b^{n+1}}{c+a}+\frac{c^{n+1}}{a+b}\right)^n \geqslant \left(\frac{a^n}{b+c}+\frac{b^n}{c+a}+\frac{c^n}{a+b}\right)^n (a^n+b^n+c^n)$$

习题解答或提示

即

$$\frac{a^{n+1}}{b+c}+\frac{b^{n+1}}{c+a}+\frac{c^{n+1}}{a+b}\geqslant \left(\frac{a^n}{b+c}+\frac{b^n}{c+a}+\frac{c^n}{a+b}\right)\sqrt[n]{\frac{a^n+b^n+c^n}{3}}$$

证法二：由赫尔德不等式得

$$\left(\frac{a^{n+1}}{b+c}+\frac{b^{n+1}}{c+a}+\frac{c^{n+1}}{a+b}\right)^n\left(\frac{1}{b+c}+\frac{1}{c+a}+\frac{1}{a+b}\right)\geqslant$$

$$\left(\frac{a^n}{b+c}+\frac{b^n}{c+a}+\frac{c^n}{a+b}\right)^{n+1} \tag{5}$$

由切比雪夫不等式得

$$\frac{a^n}{b+c}+\frac{b^n}{c+a}+\frac{c^n}{a+b}\geqslant \frac{a^n+b^n+c^n}{3}\left(\frac{1}{b+c}+\frac{1}{c+a}+\frac{1}{a+b}\right) \tag{6}$$

将不等式(5),(6)相乘得

$$\left(\frac{a^{n+1}}{b+c}+\frac{b^{n+1}}{c+a}+\frac{c^{n+1}}{a+b}\right)^n\geqslant \frac{a^n+b^n+c^n}{3}\left(\frac{a^n}{b+c}+\frac{b^n}{c+a}+\frac{c^n}{a+b}\right)^n$$

即

$$\frac{a^{n+1}}{b+c}+\frac{b^{n+1}}{c+a}+\frac{c^{n+1}}{a+b}\geqslant \left(\frac{a^n}{b+c}+\frac{b^n}{c+a}+\frac{c^n}{a+b}\right)\sqrt[n]{\frac{a^n+b^n+c^n}{3}}$$

20. 设 $x_i=a_i^n(1\leqslant i\leqslant n)$, 则有 $a_1a_2\cdots a_n=1$.

设 $S_x=\sum_{i=1}^n x_i$, 再设

$a_1\geqslant a_2\geqslant \cdots \geqslant a_n>0\Rightarrow$

$a_1^{n-1}\geqslant a_2^{n-1}\geqslant \cdots \geqslant a_n^{n-1}>0\Rightarrow$

$S_x-x_1=x_2+x_3+\cdots+x_n=$

$\qquad a_2^n+a_3^n+\cdots+a_n^n$(应用切比雪夫不等式)$\geqslant$

$\qquad \dfrac{1}{n-1}(a_2^{n-1}+a_3^{n-1}+\cdots+a_n^{n-1})\cdot$

$\qquad (a_2+a_3+\cdots+a_n)$(应用平均值不等式)$\geqslant$

$\qquad (a_2a_3\cdots a_n)(S_a-a_1)=\dfrac{S_a-a_1}{a_1}=\dfrac{S_a}{a_1}-1\Rightarrow$

$1+S_x-x_1\geqslant \dfrac{S_a}{a_1}\Rightarrow$

$t_1=\dfrac{1}{1+S_x-x_1}\leqslant \dfrac{a_1}{S_a}\Rightarrow$

441

Cauchy 不等式.下

$$t_i = \frac{1}{1+S_x-x_i} \leqslant \frac{a_i}{S_a} \Rightarrow$$

$$M_n = \sum_{i=1}^{n} t_i \leqslant \sum_{i=1}^{n} \frac{a_i}{S_a} = 1$$

即不等式(1)成立,等号成立当且仅当

$$a_1 = a_2 = \cdots = a_n = 1 \Rightarrow x_1 = x_2 = \cdots = x_n = 1$$

21. 下面给出此题的推广及其简捷证明.

推广 设 $a_i \in \mathbf{R}(i=1,2,\cdots,n)$,则必存在 $a_1,a_2,\cdots,a_n$ 的一个排列 $x_1,x_2,\cdots,x_n$,满足

$$x_1 x_2 + x_2 x_3 + \cdots + x_{n-1}x_n + x_n x_1 \leqslant \frac{1}{n}\left(\sum_{i=1}^{n} a_i\right)^2$$

证明 不妨设 $a_1 \leqslant a_2 \leqslant \cdots \leqslant a_n$.

(1) 当 n 为奇数时

$$a_1 \leqslant a_2 \leqslant a_3 \leqslant \cdots \leqslant a_{\frac{n+1}{2}} \leqslant a_{\frac{n+3}{2}} \leqslant \cdots \leqslant a_n$$

分成以下两组

$$a_1 \leqslant a_2 = a_2 \leqslant a_3 = a_3 \leqslant \cdots \leqslant a_{n-1} = a_{\frac{n-1}{2}} \leqslant a_{\frac{n+1}{2}} = a_{\frac{n+1}{2}}$$

$$a_n = a_n \geqslant a_{n-1} = a_{n-1} \geqslant a_{n-2} = \cdots \geqslant a_{\frac{n+3}{2}} = a_{\frac{n+3}{2}} \geqslant a_1$$

上述等个数的两组实数显然是逆序排列.

根据切比雪夫不等式有

$$a_1 a_n + a_n a_2 + a_2 a_{n-1} + a_{n-1} a_3 + \cdots + a_{\frac{n+1}{2}} a_1 =$$

$$a_1 a_n + a_2 a_n + a_2 a_{n-1} + a_3 a_{n-1} + \cdots + a_{\frac{n+1}{2}} a_1 \leqslant$$

$$\frac{1}{n}(a_1 + 2a_2 + 2a_3 + \cdots + 2a_{\frac{n+1}{2}}) \cdot$$

$$(2a_n + 2a_{n-1} + 2a_{n-2} + \cdots + 2a_{\frac{n+3}{2}} + a_1) \leqslant$$

$$\frac{1}{4n}[(a_1 + 2a_2 + 2a_3 + \cdots + 2a_{\frac{n+1}{2}}) +$$

$$(2a_n + 2a_{n-1} + 2a_{n-2} + \cdots + 2a_{\frac{n+3}{2}} + a_1)]^2 =$$

$$\frac{1}{n}(a_1 + a_2 + \cdots + a_n)^2$$

取 $(x_1,x_2,x_3,x_4,x_5,\cdots,x_n) = (a_1,a_n,a_2,a_{n-1},a_3,\cdots,a_{\frac{n+1}{2}})$,这就证明了当 n 为奇数时,原命题成立.

(2) 当 n 为偶数时,有

$$a_1 \leqslant a_2 \leqslant a_3 \leqslant \cdots \leqslant a_{\frac{n+2}{2}} \leqslant a_{\frac{n+4}{2}} \leqslant \cdots \leqslant a_n$$

习题解答或提示

分成以下两组

$$a_1 \leqslant a_2 = a_2 \leqslant a_3 = a_3 \leqslant \cdots \leqslant a_{\frac{n-2}{2}} \leqslant a_{\frac{n}{2}} = a_{\frac{n}{2}} \leqslant a_{\frac{n+2}{2}}$$
$$a_n = a_n \geqslant a_{n-1} = a_{n-1} \geqslant a_{n-2} = \cdots \geqslant a_{\frac{n+4}{2}} = a_{\frac{n+4}{2}} \geqslant a_{\frac{n+2}{2}} \geqslant a_1$$

上述等个数的两组实数显然是逆序排列.

根据切比雪夫不等式有

$$a_1 a_n + a_n a_2 + a_2 a_{n-1} + a_{n-1} a_3 + \cdots + a_{\frac{n+2}{2}} a_1 =$$
$$a_1 a_n + a_2 a_n + a_2 a_{n-1} + a_3 a_{n-1} + \cdots + a_{\frac{n+2}{2}} a_1 \leqslant$$
$$\frac{1}{n}(a_1 + 2a_2 + \cdots + 2a_{\frac{n}{2}} + a_{\frac{n+2}{2}}) \cdot$$
$$(2a_n + 2a_{n-1} + \cdots + 2a_{\frac{n+4}{2}} + a_{\frac{n+2}{2}} + a_1) \leqslant$$
$$\frac{1}{4n}[(a_1 + 2a_2 + \cdots + 2a_{\frac{n}{2}} + a_{\frac{n+2}{2}}) +$$
$$(2a_n + 2a_{n-1} + \cdots + 2a_{\frac{n+4}{2}} + a_{\frac{n+2}{2}} + a_1)]^2 =$$
$$\frac{1}{n}(a_1 + a_2 + \cdots + a_n)^2$$

取 $(x_1, x_2, x_3, x_4, x_5, \cdots, x_n) = (a_1, a_n, a_2, a_{n-1}, a_3, \cdots, a_{\frac{n+2}{2}})$,这就证明了当 n 为偶数时,原命题也成立.

综上所述,原命题获证.

习题十八

1. 注意到 $1 = 2(x + y + z + w) - x + 0y + z + 2w$. 由柯西不等式得

$$1^2 \leqslant [2^2 + (-1)^2 + 0^2 + 1^2 + 2^2] \cdot$$
$$[(x + y + z + w)^2 + x^2 + y^2 + z^2 + w^2]$$

故

$$S \geqslant \frac{1^2}{2^2 + (-1)^2 + 0^2 + 1^2 + 2^2} \tag{1}$$

当 $y = 0$,且 $\dfrac{x + y + z + w}{2} = -x = z = \dfrac{w}{2}$ 时,即

$$x = -\frac{1}{10}, y = 0, z = \frac{1}{10}, w = \frac{1}{5}$$

时,式(1)等号成立.

Cauchy 不等式. 下

从而, S 的最小值为 $\dfrac{1}{10}$.

2. 由均值不等式得
$$a^2+1 \geqslant a^2+ab+bc+ca \geqslant 4\sqrt[4]{a^2 \cdot ab \cdot bc \cdot ca} = 4a\sqrt{bc}$$
于是
$$2\sqrt{bc} \geqslant \dfrac{8abc}{a^2+1}$$
同理, 得
$$2\sqrt{ca} \geqslant \dfrac{8abc}{b^2+1}, 2\sqrt{ab} \geqslant \dfrac{8abc}{c^2+1}$$
因此, 只需证
$$a+b+c+\sqrt{3} \geqslant 2(\sqrt{bc}+\sqrt{ca}+\sqrt{ab})$$
由柯西不等式知
$$\sqrt{3} \geqslant \sqrt{1+1+1} \cdot \sqrt{ab+bc+ca} \geqslant \sqrt{ab}+\sqrt{bc}+\sqrt{ca}$$
而
$$a+b+c \geqslant \sqrt{ab}+\sqrt{bc}+\sqrt{ca} \Leftrightarrow$$
$$(\sqrt{a}-\sqrt{b})^2+(\sqrt{b}-\sqrt{c})^2+(\sqrt{c}-\sqrt{a})^2 \geqslant 0$$
从而, 所证不等式成立.

3. 由 $a^2+\dfrac{1}{16} \geqslant 2a \times \dfrac{1}{4} = \dfrac{9}{2}$, 得
$$\dfrac{a}{a^2+1} \leqslant \dfrac{a}{\dfrac{a}{2}+\dfrac{15}{16}} = \dfrac{16a}{8a+15}$$
于是, 只要证 $\sum \dfrac{16a}{8a+15} \leqslant \dfrac{16}{17}$.

由柯西不等式得
$$\left[\sum(8a+15)\right]\left(\sum \dfrac{15}{8a+15}\right) \geqslant$$
$$\left(\sum 1\right)^2 \times 15 = 16 \times 15 \Rightarrow$$
$$68\left(\sum \dfrac{15}{8a+15}\right) \geqslant 16 \times 15 \Rightarrow$$
$$\sum \dfrac{15}{8a+15} \geqslant \dfrac{60}{17} \Rightarrow$$
$$\sum \dfrac{16a}{8a+15} = 2\sum \dfrac{8a}{8a+15} =$$

习题解答或提示

$$2\left(4-\sum\frac{15}{8a+15}\right)\leqslant\frac{16}{17}$$

4. 由对称性,不妨设 $|x|\leqslant|y|\leqslant|z|$.
由柯西不等式得

$$\frac{(2x+1)^2}{2x^2+1}+\frac{(2y+1)^2}{2y^2+1}\geqslant$$

$$\frac{(2x+1)^2+(2y+1)^2}{2z^2+1}\geqslant$$

$$\frac{\frac{1}{2}(2x+1+2y+1)^2}{2z^2+1}=$$

$$\frac{2(1-z)^2}{2z^2+1}$$

故

$$\frac{x(x+2)}{2x^2+1}+\frac{y(y+2)}{2y^2+1}+\frac{z(z+2)}{2z^2+1}=$$

$$\frac{1}{2}\left[\frac{(2x+1)^2}{2x^2+1}+\frac{(2y+1)^2}{2y^2+1}-2\right]+\frac{z(z+2)}{2z^2+1}\geqslant$$

$$\frac{(1-z)^2}{2z^2+1}+\frac{z(z+2)}{2z^2+1}-1=0$$

5. 令 $abc=t^3$,x,y,z 是正数,使

$$a=t\frac{x}{y},b=t\frac{y}{z},c=t\frac{z}{x}$$

代入原不等式,给出

$$\frac{yz}{t^2xy+tzx}+\frac{zx}{t^2yz+txy}+\frac{xy}{t^2zx+tyz}\geqslant\frac{3}{1+t^3}$$

记 $yz=v$,$zx=u$,$xy=w$,我们得出等价不等式

$$\frac{v}{t^2w+tu}+\frac{u}{t^2v+tw}+\frac{w}{t^2u+tv}\geqslant\frac{3}{1+t^3}$$

上式可以用柯西-施瓦兹不等式证明. 我们有

$$\left(\sum(t^2uv+twu)\right)\left(\sum\frac{u^2}{t^2uv+twu}\right)\geqslant(u+v+w)^2$$

从而

$$\frac{u}{t^2v+tw}+\frac{v}{t^2w+tu}+\frac{w}{t^2u+tv}\geqslant\frac{(u+v+w)^2}{(t^2+t)(uv+vw+wu)}$$

因为

Cauchy 不等式.下

$$(u+v+w)^2 \geqslant 3(uv+vw+wu)$$

我们要证明

$$\frac{1}{t^2+t} \geqslant \frac{1}{1+t^3}$$

简单的计算证明了上式等价于显然的

$$(t-1)^2(t+1) \geqslant 0$$

6. 证法一:我们来证明给定不等式的一般形式:

如果 $x, y \geqslant 1, a, b, c > 0$,则

$$\frac{ab}{xa+yb+2c} + \frac{bc}{xb+yc+2a} + \frac{ca}{xc+ya+2b} \leqslant \frac{a+b+c}{x+y+z} \quad (1)$$

当 $x = \frac{6}{5}, y = \frac{8}{5}$ 时,即得所给不等式.

根据柯西-施瓦兹不等式,有

$$ab\frac{(x+y+2)^2}{xa+yb+2c} = ab\frac{[(x-1)+(y-1)+2+2]^2}{(x-1)a+(y-1)b+(a+c)+(b+c)} \leqslant$$

$$ab\left(\frac{x-1}{a} + \frac{y-1}{b} + \frac{4}{a+c} + \frac{4}{b+c}\right) =$$

$$(x-1)b + (y-1)a + \frac{4ab}{a+c} + \frac{4ab}{b+c}$$

类似可得另外两个不等式,将这些不等式相加,有

$$(x+y+2)^2\left(\frac{ab}{xa+yb+2c} + \frac{bc}{xb+yc+2a} + \frac{ca}{xc+ya+2b}\right) \leqslant$$

$$(x-1)(a+b+c) + (y-1)(a+b+c) + 4(a+b+c) =$$

$$(x+y+2)(a+b+c)$$

这就证明了不等式(1).

证法二:所给不等式等价于

$$0 \leqslant 30[(a^2-b^2)^2 + (b^2-c^2)^2 + (c^2-a^2)^2] +$$

$$11[ab(b-c)^2 + bc(c-a)^2 + ca(a-b)^2] +$$

$$73[ab(c-a)^2 + bc(a-b)^2 + ca(b-c)^2]$$

7. 原不等式等价于

$$\left(\sum \sqrt{x(x+y)(x+z)}\right)^2 \geqslant 4[xyz + (x+y)(y+z)(z+x)]$$

由柯西不等式,得

$$\sqrt{x(x+y)(x+z)} \cdot \sqrt{y(y+x)(y+z)} =$$

$$\sqrt{x^3 + x^2y + x^2z + xyz} \cdot \sqrt{xy^2 + y^3 + y^2z + xyz} \geqslant$$

446

$$x^2y+xy^2+xyz+xyz=x^2y+xy^2+2xyz$$

故

$$\left[\sum\sqrt{x(x+y)(x+z)}\right]^2\geqslant$$
$$x^3+y^3+z^3+3\sum(x^2y+xy^2)+15xyz$$

又

$$(x+y)(y+z)(y+x)=\sum(x^2y+xy^2)+2xyz$$

故只需证明

$$x^3+y^3+z^3-\sum(x^2y+xy^2)+3xyz\geqslant 0$$

由对称性,不妨设 $x\geqslant y\geqslant z>0$. 则

$$x^3+y^3+z^3-\sum(x^2y+xy^2)+3xyz=$$
$$\sum[x^3-x^2(y+z)+xyz]=$$
$$\sum[x(x-y)(x-z)]\geqslant$$
$$x(x-y)(x-z)+y(y-x)(y-z)=$$
$$(x-y)^2(x+y-z)\geqslant 0$$

因此,命题得证.

8. 易知,四边形 $AEDF$ 为矩形,故 $EF=AD=\sqrt{BD\cdot DC}$.

又由柯西不等式知

$$\frac{1}{2}(CE+BF)^2\leqslant CE^2+BF^2=$$
$$AC^2+AE^2+AB^2+AF^2=BC^2+EF^2=$$
$$BC^2+BD\cdot DC\leqslant BC^2+\left(\frac{BD+DC}{2}\right)^2=\frac{5}{4}BC^2$$

因此,$CE+BF\leqslant\sqrt{\frac{5}{2}}BC$.

9. 原不等式等价于

$$\frac{a}{1+3a}+\frac{b^2}{1+3b^2}+\frac{c^3}{1+3c^3}+\frac{d^4}{1+3d^4}\leqslant 1$$

由柯西不等式知

$$(1+3a)\left(1+\frac{9}{3a}\right)\geqslant(1+3)^2=16$$

447

Cauchy 不等式. 下

则 $\dfrac{1}{1+3a} \leqslant \dfrac{a}{16} + \dfrac{3}{16}.$

类似地,有
$$\dfrac{b^2}{1+3b^2} \leqslant \dfrac{b^2}{16} + \dfrac{3}{16} \leqslant \dfrac{b}{8} + \dfrac{1}{8}$$
$$\dfrac{c^3}{1+3c^3} \leqslant \dfrac{c^3}{16} + \dfrac{3}{16} \leqslant \dfrac{3c}{16} + \dfrac{1}{16}$$
$$\dfrac{d^4}{1+3d^4} \leqslant \dfrac{d^4}{4d^3} = \dfrac{d}{4}$$

故
$$\dfrac{a}{1+3a} + \dfrac{b^2}{1+3b^2} + \dfrac{c^3}{1+3c^3} + \dfrac{d^4}{1+3d^4} \leqslant \dfrac{a+2b+3c+4d}{16} + \dfrac{6}{16} \leqslant 1$$

从而,原不等式成立.

10. 由已知条件知,只要证
$$(x-y)^2(y-z)^2(z-x)^2(x^2+y^2+z^2) \leqslant$$
$$[(x^2-y^2)^2+(y^2-z^2)^2+(z^2-x^2)^2](x^2y^2+y^2z^2+z^2x^2)$$

由柯西不等式,得
$$[xy(x^2-y^2)+yz(y^2-z^2)+zx(z^2-x^2)]^2 \leqslant$$
$$[(x^2-y^2)^2+(y^2-z^2)^2+(z^2-x^2)^2](x^2y^2+y^2z^2+z^2x^2) \quad (1)$$

另一方面,容易证明
$$(x-y)^2(y-z)^2(z-x)^2(x+y+z)^2 =$$
$$[xy(x^2-y^2)+yz(y^2-z^2)+zx(z^2-x^2)]^2$$

则
$$(x-y)^2(y-z)^2(z-x)^2(x^2+y^2+z^2) \leqslant$$
$$(x-y)^2(y-z)^2(z-x)^2(x+y+z)^2 =$$
$$[xy(x^2-y^2)+yz(y^2-z^2)+zx(z^2-x^2)]^2 \quad (2)$$

由式(1),(2)知,所要证明的不等式成立.

11. 不妨设 $a \geqslant b \geqslant c$,则 $a^{n-1} \geqslant b^{n-1} \geqslant c^{n-1}$,且 $\dfrac{a}{b+c} \geqslant \dfrac{b}{c+a} \geqslant \dfrac{c}{a+b}$,由排序原理知

$$\dfrac{c^n}{a+b} + \dfrac{b^n}{c+a} + \dfrac{a^n}{b+c} \geqslant \dfrac{ca^{n-1}}{a+b} + \dfrac{bc^{n-1}}{c+a} + \dfrac{ab^{n-1}}{b+c} \text{(乱序和)}$$

$$\dfrac{c^n}{a+b} + \dfrac{b^n}{c+a} + \dfrac{a^n}{b+c} \geqslant \dfrac{cb^{n-1}}{a+b} + \dfrac{ba^{n-1}}{c+a} + \dfrac{ac^{n-1}}{b+c} \text{(乱序和)}$$

448

习题解答或提示

又

$$\frac{c^n}{a+b}+\frac{b^n}{c+a}+\frac{a^n}{b+c}=\frac{c^n}{a+b}+\frac{b^n}{c+a}+\frac{a^n}{b+c}$$

三式相加并分解因式得

$$\frac{c^n}{a+b}+\frac{b^n}{c+a}+\frac{a^n}{b+c}\geqslant$$

$$\frac{1}{3}\left(\frac{c}{a+b}+\frac{b}{c+a}+\frac{a}{b+c}\right)(a^{n-1}+b^{n-1}+c^{n-1})$$

显然

$$a^{n-1}+b^{n-1}+c^{n-1}\geqslant 3\sqrt[3]{(abc)^{n-1}}=3$$

下面证明：$\dfrac{c}{a+b}+\dfrac{b}{c+a}+\dfrac{a}{b+c}\geqslant \dfrac{3}{2}$，即

$$2(a+b+c)\left(\frac{1}{a+b}+\frac{1}{b+c}+\frac{1}{c+a}\right)\geqslant 9$$

由柯西不等式，知上式显然成立，故

$$\frac{c^n}{a+b}+\frac{b^n}{c+a}+\frac{a^n}{b+c}\geqslant\frac{1}{3}\times\frac{3}{2}\times 3=\frac{3}{2}$$

注：本题也可用切比雪夫不等式证明.

12. 由柯西不等式，得

$$\left(\sum\frac{a^2}{bc\sqrt{a}}\right)\sum bc\sqrt{a}\geqslant\left(\sum a\right)^2$$

只需证 $\left(\sum a\right)^2\geqslant\sqrt{3}\left(\sum bc\sqrt{a}\right)\sum\sqrt{a}$，即只需证

$$\left(\sum a\right)^2\cdot\sqrt{\sum ab}\geqslant\sqrt{3}\cdot\sqrt{abc}\left(\sum\sqrt{bc}\right)\sum\sqrt{a}$$

由柯西不等式得

$$\sqrt{\sum ab}\geqslant\frac{1}{\sqrt{3}}\sum\sqrt{ab},\sum a\geqslant\frac{1}{3}\left(\sum\sqrt{a}\right)^2$$

由均值不等式得

$$\sum\sqrt{a}\geqslant 3(abc)^{\frac{1}{6}},\sum a\geqslant 3(abc)^{\frac{1}{3}}$$

将以上四个不等式相乘即知要证明的不等式成立.

13. 式(1)$\Leftrightarrow 2\left(\sum a\right)\sum\dfrac{a^2}{(b+c)^3}\geqslant\dfrac{3\times 6}{8}\Leftrightarrow$

$$\left[\sum(b+c)\right]\sum\frac{a^2}{(b+c)^3}\geqslant\frac{9}{4}\Leftrightarrow$$

449

Cauchy 不等式.下

$$\left[\sum(b+c)\right]\sum\left[\frac{1}{b+c}\left(\frac{a}{b+c}\right)^2\right] \geqslant \frac{9}{4}$$

由柯西不等式,得

$$\left[\sum(b+c)\right]\sum\left[\frac{1}{b+c}\left(\frac{a}{b+c}\right)^2\right] \geqslant \left(\sum\frac{a}{b+c}\right)^2$$

故只需证明

$$\left(\sum\frac{a}{b+c}\right)^2 \geqslant \frac{9}{4} \Leftrightarrow \sum\frac{a}{b+c} \geqslant \frac{3}{2} \Leftrightarrow$$

$$\sum\frac{a+b+c}{b+c} \geqslant \frac{3}{2}+3 \Leftrightarrow$$

$$\left(\sum a\right)\sum\frac{1}{b+c} \geqslant \frac{9}{2} \Leftrightarrow$$

$$\left[\sum(a+b)\right]\sum\frac{1}{a+b} \geqslant 9$$

由柯西不等式,知上式成立.故式(1)成立,其中,当且仅当

$$\frac{a}{b+c} = \frac{b}{c+a} = \frac{c}{a+b} \Leftrightarrow$$

$$\frac{a+b+c}{b+c} = \frac{b+c+a}{c+a} = \frac{c+a+b}{a+b} \Leftrightarrow$$

$$\frac{3}{b+c} = \frac{3}{c+a} = \frac{3}{a+b} \Leftrightarrow$$

$$a = b = c$$

时,式(1)等号成立.

14. 当 $ab = 0$ 时,式(1)等号成立.

当 $a, b \in \mathbf{R}_+$ 时,由柯西不等式知

$$\left(\frac{a}{\sqrt{b^2+1}} + \frac{b}{\sqrt{a^2+1}}\right)(a\sqrt{b^2+1} + b\sqrt{a^2+1}) \geqslant (a+b)^2$$

故

$$\frac{a}{\sqrt{b^2+1}} + \frac{b}{\sqrt{a^2+1}} \geqslant \frac{(a+b)^2}{a\sqrt{b^2+1} + b\sqrt{a^2+1}} \quad (2)$$

由柯西不等式得

$$(a\sqrt{b^2+1} + b\sqrt{a^2+1})^2 = (\sqrt{a}\sqrt{ab^2+a} + \sqrt{b}\sqrt{a^2b+b})^2 \leqslant$$

$$(a+b)(ab^2+a+a^2b+b) = (a+b)^2(ab+1)$$

则

习题解答或提示

$$\frac{(a+b)^2}{a\sqrt{b^2+1}+b\sqrt{a^2+1}} \geqslant \frac{a+b}{\sqrt{ab+1}} \qquad (3)$$

由式(2),(3)得

$$\frac{a}{\sqrt{b^2+1}} + \frac{b}{\sqrt{a^2+1}} \geqslant \frac{a+b}{\sqrt{ab+1}}$$

当且仅当 $\dfrac{\dfrac{a}{\sqrt{b^2+1}}}{a\sqrt{b^2+1}} = \dfrac{\dfrac{b}{\sqrt{a^2+1}}}{b\sqrt{a^2+1}}$ 且 $\dfrac{\sqrt{ab^2+a}}{\sqrt{a}} = \dfrac{\sqrt{a^2b+b}}{\sqrt{b}}$,

即 $a=b$ 时,上述各不等式等号成立.

综上,式(1)中等号成立的条件为 $a=b$ 或 $ab=0$.

15. 因为 $a,b,c \in (0,1)$,所以 $b^3 < b, c^4 < c$. 故

$$b^3 + c^4 + 1 < b + c + 1 = 2 - a$$

于是

$$\frac{a^2}{b^3+c^4+1} > \frac{a^2}{2-a}$$

类似地

$$\frac{b^2}{c^3+a^4+1} > \frac{b^2}{2-b}, \frac{c^2}{a^3+b^4+1} > \frac{c^2}{2-c}$$

由柯西不等式,得

$$5\left(\frac{a^2}{2-a} + \frac{b^2}{2-b} + \frac{c^2}{2-c}\right) =$$
$$(2-a+2-b+2-c)\left(\frac{a^2}{2-a} + \frac{b^2}{2-b} + \frac{c^2}{2-c}\right) \geqslant$$
$$(a+b+c)^2 = 1$$

故

$$\frac{a^2}{b^3+c^4+1} + \frac{b^2}{c^3+a^4+1} + \frac{c^2}{a^3+b^4+1} >$$
$$\frac{a^2}{2-a} + \frac{b^2}{2-b} + \frac{c^2}{2-c} \geqslant \frac{1}{5}$$

16. 由韦达定理,得

$b-d = x_1x_2+x_1x_3+x_1x_4+x_2x_3+x_2x_4+x_3x_4-x_1x_2x_3x_4 \geqslant 5 \Rightarrow$
$x_1(x_2+x_3+x_4-x_2x_3x_4)+(x_2x_3+x_2x_4+x_3x_4-1) \geqslant 4 \Rightarrow$
$4^2 \leqslant [x_1(x_2+x_3+x_4-x_2x_3x_4)+(x_2x_3+x_2x_4+x_3x_4-1)]^2$

由柯西不等式得

Cauchy 不等式.下

$$4^2 \leqslant (x_1^2+1)[(x_2+x_3+x_4-x_2x_3x_4)^2 + (x_2x_3+x_2x_4+x_3x_4-1)^2] = (x_1^2+1)(x_2^2+1)(x_3^2+1)(x_4^2+1)$$

当且仅当 $x_1 = x_2 = x_3 = x_4 = 1$ 时,q 取得最小值 16.

17. 由柯西不等式有 $n\sum_{k=1}^{n} a_k^2 = \left(\sum_{k=1}^{n} 1^2\right) > \left(\sum_{k=1}^{n} a_k\right)^2$. 所以,可考虑从确定 8 128 的小于自身的全体正约数之和入手. 由 $8\,128 = 2^6 \times 127$,知 8 128 的小于自身的正约数共有 $(6+1)(1+1)-1 = 13$ 个,依次为 $1,2,2^2,2^3,2^4,2^5,2^6,127,2 \times 127,2^2 \times 127,2^3 \times 127, 2^4 \times 127, 2^5 \times 127$.

注意到,$2^m \times 127 = 2^{m+7} - 2^m (m = 0,1,\cdots,6)$,则

$$\sum_{k=1}^{13} a_k = 1 + 2 + 2^2 + \cdots + 2^6 + (2^7 - 1) + (2^8 - 2) + \cdots + (2^{12} - 2^5) = 2^6 + 2^7 + \cdots + 2^{12} = 2^6(2^7 - 1) = 8\,128$$

又

$$\sum_{k=2}^{13} \frac{a_k}{k(a_1^2 + a_2^2 + \cdots + a_k^2)} <$$
$$\sum_{k=2}^{13} \frac{a_k}{(a_1 + a_2 + \cdots + a_k)^2} <$$
$$\sum_{k=2}^{13} \frac{a_k}{(a_1 + a_2 + \cdots + a_{k-1})(a_1 + a_2 + \cdots + a_k)} =$$
$$\sum_{k=2}^{13} \left(\frac{1}{a_1 + a_2 + \cdots + a_{k-1}} - \frac{1}{a_1 + a_2 + \cdots + a_k}\right) =$$
$$\frac{1}{a_1} - \frac{1}{a_1 + a_2 + \cdots + a_{13}} = 1 - \frac{1}{8\,128} = \frac{8\,127}{8\,128}$$

故

$$\sum_{k=2}^{n} \frac{a_k}{k(a_1^2 + a_2^2 + \cdots + a_k^2)} < \frac{8\,127}{8\,128}$$

说明:此题中的 8 128 实质上是一个完全数.事实上,满足 $\delta(n) = 2n$ 的正整数 n 称为"完全数"(又称"完满数"). 这里,$\delta(n)$ 表示正整数 n 的所有正约数之和.

关于偶完全数欧拉给出了如下一个重要的结论:

偶完全数定理 正偶数 n 是一个完全数的充分必要条件

习题解答或提示

是 $n = 2^{p-1}(2^p - 1)$,其中,p 和 $2^p - 1$ 都是素数.

18.(1)最小值为 0.

对于比赛中的两支参赛队 T_i, T_j,当且仅当 $i > j$ 时,有 T_i 击败 T_j,此时环形三元组数最小.

(2)任何三支参赛队要么组成一个环形三元组,要么组成一个"支配型"三元组(即某队击败了其余两队).设前者有 c 组,后者有 d 组,则 $c + d = C_{2n+1}^3$.

假设某队 T_i 击败 x_i 支其他队,则获胜组必在 $C_{x_i}^2$ 个支配型三元组中.

注意到,所有的比赛场次为 $\sum\limits_{i=1}^{2n+1} x_i = C_{2n+1}^2$.

因此
$$d = \sum_{i=1}^{2n+1} C_{x_i}^2 = \frac{1}{2}\sum_{i=1}^{2n+1} x_i^2 - \frac{1}{2} C_{2n+1}^2$$

由柯西不等式得
$$(2n+1)\sum_{i=1}^{2n+1} x_i^2 \geqslant \Big(\sum_{i=1}^{2n+1} x_i\Big)^2 = n^2(2n+1)^2$$

故
$$c = C_{2n+1}^3 - \sum_{i=1}^{2n+1} C_{x_i}^2 \leqslant$$
$$C_{2n+1}^3 - \frac{n^2(2n+1)}{2} + \frac{1}{2} C_{2n+1}^2 =$$
$$\frac{1}{6} n(n+1)(2n+1)$$

将所有参赛队排列在一个圆周上,对每支参赛队而言,在其顺时针方向的 n 支队被它击败,在其逆时针方向的 n 支队均击败它时取到最大值.

19.引进参数 α,由柯西不等式得
$$\sqrt{x^2 + y^2} \cdot \sqrt{1 + \alpha^2} \geqslant x + 2y$$
$$\sqrt{y^2 + 4z^2} \cdot \sqrt{1 + \alpha^2} \geqslant y + 2\alpha z$$
$$\sqrt{z^2 + 16x^2} \cdot \sqrt{1 + \alpha^2} \geqslant z + 4\alpha x$$

则
$$f(x,y,z) = \frac{\sqrt{x^2+y^2} + \sqrt{y^2+4z^2} + \sqrt{z^2+16x^2}}{9x + 3y + 5z} \geqslant$$

453

Cauchy 不等式. 下

$$\frac{(1+4\alpha)x+(1+\alpha)y+(1+2\alpha)z}{(9x+3y+5z)\sqrt{1^2+\alpha^2}}$$

令 $(1+4\alpha):(1+\alpha):(1+2\alpha)=9:3:5$,则 $\alpha=2$.

而由 $y=\alpha x,2z=\alpha y,4x=\alpha z$,得 $\alpha^3=8,\alpha=2$. 故 $y=z=2x$ 时, $f(x,y,z)$ 取得最小值 $\frac{\sqrt{5}}{5}$.

20. 设非负实数 a,b,c 满足
$$x=1+a^2,y=1+b^2,c=1+c^2.$$

假设 $c\leqslant a,b$,则式(1)等价于
$$(1+c^2)[1+(1+a^2)(1+b^2)]=(a+b+c)^2.$$

由柯西不等式得
$$(a+b+c)^2\leqslant[1+(a+b)^2](c^2+1) \qquad (2)$$

由以上两式得
$$(1+a^2)(1+b^2)\leqslant(a+b)^2\Leftrightarrow(ab-1)^2\geqslant0$$

所以, $ab=1$ 且式(2)等号成立,即 $c(a+b)=1$.

反之,若 $ab=1$,且 $c(a+b)=1$,则式(1)成立
$$c=\frac{1}{a+b}<\frac{1}{b}=a,c<b$$

所以,此题的解为:

对于某些 $a>0$,有 $x=1+a^2, y=1+\frac{1}{a^2}, z=1+\left(\frac{a}{a^2+1}\right)^2$,及其置换.

21. 由 $x+y+z=1$,得
$$1+xy+yz+zx=(x+y+z)^2+xy+yz+zx=$$
$$(x+y)(y+z)+(y+z)(z+x)+(z+x)(x+y)$$

故

式(1)的左边 $=\frac{1}{9}\left(\frac{1}{1-x}+\frac{1}{1-y}+\frac{1}{1-z}\right)\cdot$
$$(x+3x^3+y+3y^3+z+3z^3)\geqslant$$
$$\left[\sqrt{\frac{3x^3+x}{9(1-x)}}+\sqrt{\frac{3y^3+y}{9(1-y)}}+\sqrt{\frac{3z^3+z}{9(1-z)}}\right]^2$$

其中,后面的不等式用到的是柯西不等式.

因此,只要证明对于任意实数 $S\in(0,1)$,均有

习题解答或提示

$$\frac{3S^2+S}{9(1-S)} \geqslant \left(\frac{S\sqrt{1+S}}{\sqrt[4]{3+9S^2}}\right)^2 \quad (2)$$

容易验证式(2)等价于$(9S^2-1) \geqslant 0$,且当$x=y=z=\dfrac{1}{3}$时,等号成立.

22. 令$\dfrac{b}{a}=\dfrac{yz}{x^2},\dfrac{c}{b}=\dfrac{zx}{y^2},\dfrac{a}{c}=\dfrac{xy}{z^2}(x,y,z>0)$,则式(1)可化为

$$\sum \frac{x^4}{x^4+\lambda x^2 yz+y^2z^2} \geqslant \frac{3}{\lambda+2}$$

由柯西不等式得

$$\sum \frac{x^4}{x^4+\lambda x^2 yz+y^2z^2} \geqslant \frac{\left(\sum x^2\right)^2}{\sum x^4+\sum x^2y^2+\lambda\sum x^2yz}$$

为此,只要证

$$\frac{\left(\sum x^2\right)^2}{\sum x^4+\sum x^2y^2+\lambda\sum x^2yz} \geqslant \frac{3}{\lambda+2}$$

即证

$$(\lambda-1)\sum x^4+(2\lambda+1)\sum x^2y^2-3\lambda\sum x^2yz \geqslant 0 \quad (2)$$

由均值不等式,得

$$2x^4+y^4+z^4 \geqslant 4\sqrt[4]{x^8y^4z^4}=4x^2yz$$

类似地

$$2y^4+z^4+x^4 \geqslant 4y^2zx,\ 2z^4+x^4+y^4 \geqslant 4z^2xy$$

将以上三式相加并整理得

$$\sum x^4 \geqslant \sum x^2yz \quad (3)$$

又

$$\sum x^2y^2 = \frac{1}{2}\sum x^2(y^2+z^2) \geqslant \sum x^2yz \quad (4)$$

于是,由式(3),(4)得

$$(\lambda-1)\sum x^4+(2\lambda+1)\sum x^2y^2-3\lambda\sum x^2yz \geqslant$$
$$[(\lambda-1)+(2\lambda+1)-3\lambda]\sum x^2yz = 0$$

故式(2)成立,从而,原不等式得证.

Cauchy 不等式. 下

23. 由柯西不等式知

$$左边 \leqslant \left(\frac{1}{a_1} + \frac{1}{a_2-a_1} + \frac{1}{a_3-a_2} + \cdots + \frac{1}{a_n-a_{n-1}}\right) \cdot$$

$$\left[\frac{a_1}{(1+a_1)^2} + \frac{a_2-a_1}{(1+a_2)^2} + \cdots + \frac{a_n-a_{n-1}}{(1+a_n)^2}\right]$$

当 $i=1$ 时,$\frac{a_1}{(1+a_1)^2} \leqslant \frac{a_1}{1+a_1}$.

对 $i=2,3,\cdots,n$,均有

$$\frac{a_i - a_{i-1}}{(1+a_i)^2} \leqslant \frac{a_i - a_{i-1}}{(1+a_{i-1})(1+a_i)} = \frac{1}{1+a_{i-1}} - \frac{1}{1+a_i}$$

则

$$\frac{a_1}{(1+a_1)^2} + \frac{a_2-a_1}{(1+a_2)^2} + \cdots + \frac{a_n-a_{n-1}}{(1+a_n)^2} \leqslant$$

$$\frac{a_1}{1+a_1} + \frac{1}{1+a_1} - \frac{1}{1+a_2} + \cdots + \frac{1}{1+a_{n-1}} - \frac{1}{1+a_n} =$$

$$1 - \frac{1}{1+a_n} < 1$$

故所证不等式成立.

24. 因为 $a_1 = 1$,所以,$\frac{1}{a_1} = 1$. 由柯西不等式,得

$$\left(\frac{1}{2a_2} + \frac{1}{3a_3} + \cdots + \frac{1}{na_n}\right)^2 \leqslant$$

$$\left(\frac{1}{2^2} + \frac{1}{3^2} + \cdots + \frac{1}{n^2}\right)\left(\frac{1}{a_2^2} + \frac{1}{a_3^2} + \cdots + \frac{1}{a_n^2}\right)$$

其中

$$\frac{1}{2^2} + \frac{1}{3^2} + \cdots + \frac{1}{n^2} \leqslant \frac{1}{1\times 2} + \frac{1}{2\times 3} + \cdots + \frac{1}{(n-1)\times n} =$$

$$\left(1 - \frac{1}{2}\right) + \left(\frac{1}{2} - \frac{1}{3}\right) + \cdots + \left(\frac{1}{n-1} - \frac{1}{n}\right) < 1$$

由

$$(n^2+1)a_{n-1}^2 = (n-1)^2 a_n^2 \Rightarrow$$

$$\frac{1}{a_n^2} = \left(\frac{n-1}{a_{n-1}}\right)^2 - \left(\frac{n}{a_n}\right)^2 \Rightarrow$$

$$\sum_{i=2}^{n} \frac{1}{a_i^2} = \left(\frac{1}{a_1}\right)^2 - \left(\frac{n}{a_n}\right)^2 = 1 - \left(\frac{n}{a_n}\right)^2 \Rightarrow$$

习题解答或提示

$$\left(\frac{1}{2a_2} + \frac{1}{3a_3} + \cdots + \frac{1}{na_n}\right)^2 \leqslant$$

$$\left(\frac{1}{2^2} + \frac{1}{3^2} + \cdots + \frac{1}{n^2}\right)\left(\frac{1}{a_2^2} + \frac{1}{a_3^2} + \cdots + \frac{1}{a_n^2}\right) <$$

$$1 \times \left[1 - \left(\frac{n}{a_n}\right)^2\right] = 1 - \left(\frac{n}{a_n}\right)^2 \Rightarrow$$

$$\frac{1}{2a_2} + \frac{1}{3a_3} + \cdots + \frac{1}{na_n} < \sqrt{1 - \left(\frac{n}{a_n}\right)^2}$$

综上

$$\frac{1}{a_1} + \frac{1}{2a_2} + \cdots + \frac{1}{na_n} \leqslant 1 + \sqrt{1 - \frac{n^2}{a_n^2}}$$

25. 对 n 用数学归纳.

当 $n = 2$ 时,由柯西不等式得

$$\frac{\sqrt{1-x_1}}{x_1} + \frac{\sqrt{1-x_2}}{x_2} = \frac{x_2\sqrt{1-x_1} + x_1\sqrt{1-x_2}}{x_1 x_2} \leqslant$$

$$\frac{\sqrt{1-x_1+x_1^2}\sqrt{1-x_2+x_2^2}}{x_1 x_2} < \frac{1}{x_1 x_2}$$

当 $n \geqslant 3$ 时,由归纳假设及柯西不等式得

$$\sum_{i=1}^{n} \frac{\sqrt{1-x_i}}{x_i} < \frac{\sqrt{n-2}}{x_1 x_2 \cdots x_{n-1}} + \frac{\sqrt{1-x_n}}{x_n} =$$

$$\frac{\sqrt{n-2}\, x_n + x_1 x_2 \cdots x_{n-1}\sqrt{1-x_n}}{x_1 x_2 \cdots x_n} \leqslant$$

$$\frac{\sqrt{n-2+(x_1 x_2 \cdots x_{n-1})^2} \cdot \sqrt{1-x_n+x_n^2}}{x_1 x_2 \cdots x_n} <$$

$$\frac{\sqrt{n-1}}{x_1 x_2 \cdots x_n}$$

26. 令 $x_i = \dfrac{a_i}{\sum\limits_{i=1}^{n} a_i}$,则 $\sum\limits_{i=1}^{n} x_i = 1$

$$\sum_{i=1}^{n} \frac{a_i x_i}{x_i + y_i} = \left(\sum_{i=1}^{n} a_i\right)\left(\sum_{i=1}^{n} \frac{x_i^2}{x_i + y_i}\right)$$

对于 $\sum\limits_{i=1}^{n} y_i = 1 (y_1, y_2, \cdots, y_n \in \mathbf{R}_+)$,由柯西不等式,知

$$2\sum_{i=1}^{n} \frac{x_i}{x_i + y_i} = \left[\sum_{i=1}^{n}(x_i+y_i)\right]\left(\sum_{i=1}^{n} \frac{x_i}{x_i + y_i}\right) \geqslant \sum_{i=1}^{n} x_i = 1$$

457

Cauchy不等式.下

故
$$\sum_{i=1}^{n}\frac{a_ix_i}{x_i+y_i} = \Big(\sum_{i=1}^{n}a_i\Big)\Big(\sum_{i=1}^{n}\frac{x_i}{x_i+y_i}\Big) \geqslant \frac{1}{2}\sum_{i=1}^{n}a_i$$

27. 由柯西不等式得
$$2(1+x_i) = (1^2+1^2)(1^2+(\sqrt{x_i})^2) \geqslant (1+\sqrt{x_i})^2$$
所以
$$\sum_{i=1}^{n}\frac{1}{(1+\sqrt{x_i})^2} \geqslant \sum_{i=1}^{n}\frac{1}{2(1+x_i)} \qquad (1)$$
再由柯西不等式得
$$\Big[\sum_{i=1}^{n}\frac{1}{2(1+x_i)}\Big]\Big[\sum_{i=1}^{n}2(1+x_i)\Big] \geqslant n^2$$
则
$$\sum_{i=1}^{n}\frac{1}{2(1+x_i)} \geqslant \frac{n^2}{\sum_{i=1}^{n}2(1+x_i)} = \frac{n^2}{2\big(n+\sum_{i=1}^{n}x_i\big)} \qquad (2)$$
综合式(1),(2)即得
$$\sum_{i=1}^{n}\frac{1}{(1+\sqrt{x_i})^2} \geqslant \frac{n^2}{2\big(n+\sum_{i=1}^{n}x_i\big)}$$

28. 显然,$0 < x_i < 1 (i=1,2,\cdots,n)$.由柯西不等式和均值不等式得
$$\Big(\sum_{i=1}^{n}\frac{x_i}{x_{i+1}-x_{i+1}^3}\Big)\Big[\sum_{i=1}^{n}(1-x_{i+1}^2)\Big] \geqslant$$
$$\Big(\sum_{i=1}^{n}\sqrt{\frac{x_i}{x_{i+1}-x_{i+1}^3}} \cdot \sqrt{1-x_{i+1}^2}\Big)^2 =$$
$$\Big(\sum_{i=1}^{n}\sqrt{\frac{x_i}{x_{i+1}}}\Big)^2 \geqslant \Big[n\Big(\prod_{i=1}^{n}\sqrt{\frac{x_i}{x_{i+1}}}\Big)^{\frac{1}{n}}\Big]^2 = n^2 \qquad (1)$$
$$\sum_{i=1}^{n}(1-x_{i+1}^2) = n - \sum_{i=1}^{n}x_i^2 \leqslant n - \frac{1}{n}\Big(\sum_{i=1}^{n}x_i\Big)^2 = \frac{n^2-1}{n} \qquad (2)$$
由式(1),(2)得
$$\sum_{i=1}^{n}\frac{x_i}{x_{i+1}-x_{i+1}^3} \geqslant \frac{n^3}{n^2-1}$$

29. 先证明:若 $x_i \in \mathbf{R}_+ (i=1,2,\cdots,k), m \geqslant 1$,则

$$\sum_{i=1}^{k} \frac{x_i}{(m-1)x_i + \sum_{j=1}^{k} x_j} \leqslant \frac{k}{k+m-1}$$

当 $m = 1$ 时,不等式中等号成立.

当 $m > 1$ 时

$$\sum_{i=1}^{k} \frac{x_i}{(m-1)x_i + \sum_{j=1}^{k} x_j} = \frac{1}{1-m} \left[\sum_{i=1}^{k} \frac{\sum_{j=1}^{k} x_j}{(m-1)x_i + \sum_{j=1}^{k} x_j} - k \right]$$

由柯西不等式得

$$\left[\sum_{i=1}^{k} \frac{1}{(m-1)x_i + \sum_{j=1}^{k} x_j} \right] \cdot \left\{ \sum_{i=1}^{k} \left[(m-1)x_i + \sum_{j=1}^{k} x_j \right] \right\} \geqslant k^2 \Rightarrow$$

$$\sum_{i=1}^{k} \frac{\sum_{j=1}^{k} x_j}{(m-1)x_i + \sum_{j=1}^{k} x_j} \geqslant \frac{k^2}{k+m-1}$$

则

$$\sum_{i=1}^{k} \frac{x_i}{(m-1)x_i + \sum_{j=1}^{k} x_j} \leqslant \frac{1}{1-m} \left(\frac{k^2}{k+m-1} - k \right) =$$

$$\frac{1}{1-m} \cdot \frac{k-km}{k+m-1} = \frac{k}{k+m-1}$$

再证原不等式.

由幂不均不等式得

$$\frac{1}{k} \sum_{i=1}^{k} \sqrt[n]{\frac{x_i}{(m-1)x_i + \sum_{j=1}^{k} x_j}} \leqslant \frac{1}{k} \sum_{i=1}^{k} \frac{x_i}{(m-1)x_i + \sum_{j=1}^{k} x_j} \leqslant$$

$$\frac{1}{k+m-1}$$

故

$$\sum_{i=1}^{k} \sqrt[n]{\frac{x_i}{(m-1)x_i + \sum_{j=1}^{k} x_j}} \leqslant \frac{k}{\sqrt[n]{k+m-1}}$$

30. 利用倒推归纳法证明.

Cauchy 不等式·下

因为判别式 $\Delta=(\sqrt{m})^2-4(m+1)<0$,所以,对任意的 x 均有 $f(x)>0$.

先利用数学归纳法证明：当 $n=2^k$ 时,命题成立.

当 $k=1$ 时,$n=2$.

由柯西不等式知
$$(x_1x_2+\sqrt{m x_1 x_2}+m+1)^2 \leqslant$$
$$(x_1^2+\sqrt{m}x_1+m+1)(x_2^2+\sqrt{m}x_2+m+1)$$
即
$$f(\sqrt{x_1 x_2})\leqslant \sqrt{f(x_1)f(x_2)}$$

并且仅当 $x_1=x_2$ 时,上式等号成立.

假设 $n=2^k$ 时,命题成立.

当 $n=2^{k+1}$ 时,有
$$f(2^{k+1}\sqrt{x_1 x_2 \cdots x_{2^{k+1}}}) \leqslant$$
$$f(\sqrt[2^k]{x_1 x_2 \cdots x_{2^k}} \cdot \sqrt[2^k]{x_{2^k+1} x_{2^k+2} \cdots x_{2^{k+1}}}) \leqslant$$
$$\sqrt{f(\sqrt[2^k]{x_1 x_2 \cdots x_{2^k}})f(\sqrt[2^k]{x_{2^k+1} x_{2^k+2} \cdots x_{2^{k+1}}})} \leqslant$$
$$\sqrt[2^{k+1}]{f(x_1)f(x_2)\cdots f(x_{2^{k+1}})}$$

考虑任意正整数 n,则一定存在整数 k,使得 $2^k \leqslant n < 2^{k+1}$.

令 $G=\sqrt[n]{x_1 x_2 \cdots x_n}$,则
$$f(G)=f(\sqrt[2^{k+1}]{x_1 x_2 \cdots x_n G^{2^{k+1}-n}}) \leqslant$$
$$\sqrt[2^{k+1}]{f(x_1)f(x_2)\cdots f(x_n)(fG)^{2^{k+1}-n}}$$

即
$$f^n(G)\leqslant f(x_1)f(x_2)\cdots f(x_n)$$

亦即
$$f(\sqrt[n]{x_1 x_2 \cdots x_n})\leqslant \sqrt[n]{f(x_1)f(x_2)\cdots f(x_n)}$$

当且仅当 $x_1=x_2=\cdots=x_n$ 时,上式等号成立.

31. 为方便起见,我们称 $y_1 y_2+y_2 y_3+\cdots+y_{2013} y_{2014}+y_{2014} y_1$ 为 2014 个实数 $y_1,y_2,\cdots,y_{2014}$ 的"循环和式".

由于 2014 个排列
$$b_1,b_2,\cdots,b_{2013},b_{2014}$$
$$b_2,b_3,\cdots,b_{2014},b_1$$

460

习题解答或提示

$$b_3, b_4, \cdots, b_1, b_2$$
$$\vdots$$
$$b_{2\,014}, b_1, \cdots, b_{2\,012}, b_{2\,013}$$

对应的循环和式为同一个循环和式,因此,$a_1, a_2, \cdots, a_{2\,014}$ 的 $2\,014!$ 个排列对应 $2\,013!$ 个循环和式. 记这 $2\,013!$ 个循环和式为 $p_1, p_2, \cdots, p_k(k=2\,013!)$.

设 $S = p_1 + p_2 + \cdots + p_k$,由于每一个 $a_m(m=1,2,\cdots,2\,014)$ 在每个循环和式中均出现两次,因此,在 S 中共出现 $2 \times 2\,013!$ 次,则

$$S = \Big(\sum_{1 \leqslant i < j \leqslant 2\,014} a_i a_j\Big) \times 2 \times 2\,012!$$

另一方面,由

$$2\Big(\sum_{1 \leqslant i < j \leqslant 2\,014} a_i a_j\Big) = (a_1 + a_2 + \cdots + a_{2\,014})^2 - (a_1^2 + a_2^2 + \cdots + a_{2\,014}^2)$$

及柯西不等式

$$(a_1 + a_2 + \cdots + a_{2\,014})^2 \leqslant (1^2 + 1^2 + \cdots + 1^2)(a_1^2 + a_2^2 + \cdots + a_{2\,014}^2)$$

得

$$a_1^2 + a_2^2 + \cdots + a_{2\,014}^2 \geqslant \frac{1}{2\,014}$$

所以

$$2\Big(\sum_{1 \leqslant i < j \leqslant 2\,014} a_i a_j\Big) \leqslant 1 - \frac{1}{2\,014}$$

故

$$\sum_{1 \leqslant i < j \leqslant 2\,014} a_i a_j \leqslant \frac{2\,013}{2 \times 2\,014}$$

所以

$$S \leqslant \frac{2\,013}{2 \times 2\,014} \times 2 \times 2\,012! = \frac{2\,013!}{2\,014}$$

从而,$p_1, p_2, \cdots, p_k$ 中至少有一个不大于 $\dfrac{S}{2\,013!} \leqslant \dfrac{1}{2\,014}$. 设 $p_l \leqslant \dfrac{1}{2\,014}$,则对应的循环和式为 p_l 的排列,符合要求.

32. 设 α, β, γ 均为锐角,则 $0 < \cos^2\alpha, \cos^2\beta, \cos^2\gamma < 1$,且

$$\frac{1}{\cos^2\alpha} > 1, \frac{1}{\cos^2\beta} > 1, \frac{1}{\cos^2\gamma} > 1$$

Cauchy 不等式.下

作三角代换，$x = \dfrac{1}{\cos^2 \alpha}, y = \dfrac{1}{\cos^2 \beta}, z = \dfrac{1}{\cos^2 \gamma}$. 则条件中的等式即为 $\cos^2 \alpha + \cos^2 \beta + \cos^2 \gamma = 2$. 即
$$\sin^2 \alpha + \sin^2 \beta + \sin^2 \gamma = 1 \tag{1}$$
于是，所证的不等式变形为
$$\sqrt{\dfrac{1}{\cos^2 \alpha} + \dfrac{1}{\cos^2 \beta} + \dfrac{1}{\cos^2 \gamma}} \geqslant$$
$$\sqrt{\dfrac{1}{\cos^2 \alpha} - 1} + \sqrt{\dfrac{1}{\cos^2 \beta} - 1} + \sqrt{\dfrac{1}{\cos^2 \gamma} - 1}$$
即
$$\sqrt{\dfrac{1}{\cos^2 \alpha} + \dfrac{1}{\cos^2 \beta} + \dfrac{1}{\cos^2 \gamma}} \geqslant \dfrac{\sin \alpha}{\cos \alpha} + \dfrac{\sin \beta}{\cos \beta} + \dfrac{\sin \gamma}{\cos \gamma} \tag{2}$$
注意到式(1)，对式(2)用柯西不等式，得
$$\dfrac{\sin \alpha}{\cos \alpha} + \dfrac{\sin \beta}{\cos \beta} + \dfrac{\sin \gamma}{\cos \gamma} \leqslant$$
$$\sqrt{\sin^2 \alpha + \sin^2 \beta + \sin^2 \gamma} \cdot \sqrt{\dfrac{1}{\cos^2 \alpha} + \dfrac{1}{\cos^2 \beta} + \dfrac{1}{\cos^2 \gamma}} =$$
$$\sqrt{\dfrac{1}{\cos^2 \alpha} + \dfrac{1}{\cos^2 \beta} + \dfrac{1}{\cos^2 \gamma}} \tag{3}$$
当且仅当 $\sin \alpha \cdot \cos \alpha = \sin \beta \cdot \cos \beta = \sin \gamma \cdot \cos \gamma$，即 $\alpha = \beta = \gamma$ 时，式(3)等号成立，故式(2)成立. 所以，原不等式得证.